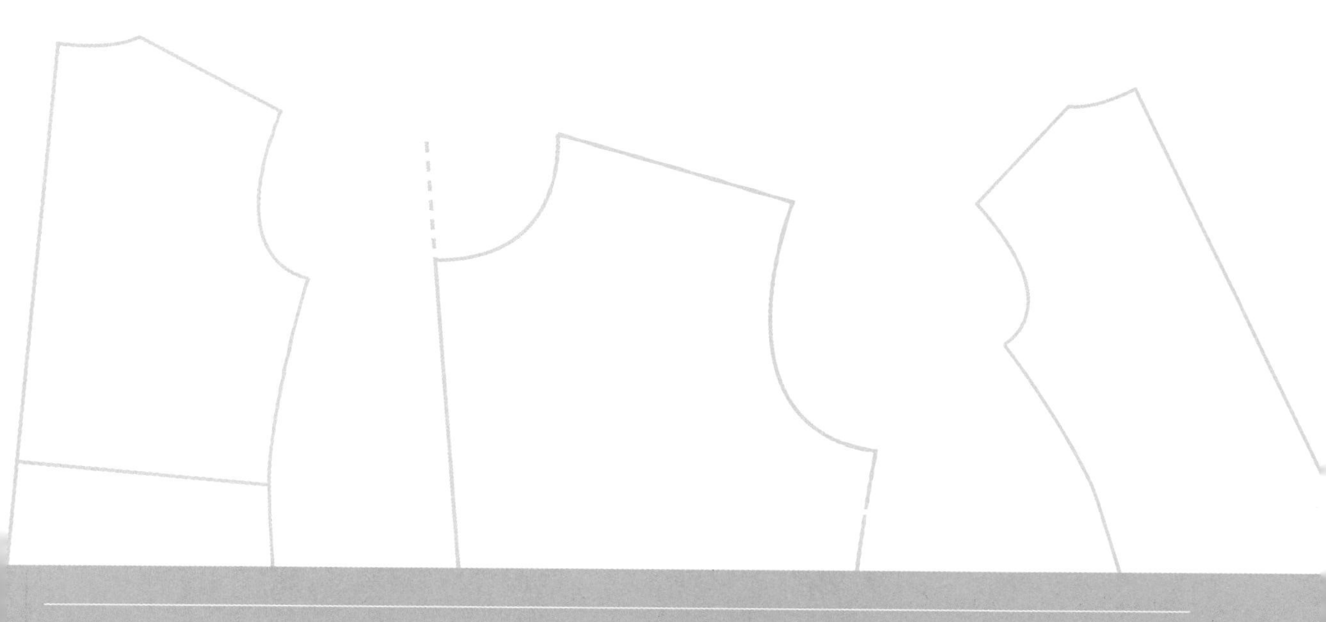

针织服装制板从入门到精通

原型×推档×排料×裁剪×缝纫

[美] 朱莉·科尔◎著　胡韵迪◎译

人民邮电出版社
北京

图书在版编目（CIP）数据

针织服装制板从入门到精通 ：原型×推档×排料×裁剪×缝纫 / （美）朱莉·科尔（Julie Cole）著 ；胡韵迪译. -- 北京 ：人民邮电出版社，2022.7
ISBN 978-7-115-54647-0

Ⅰ. ①针… Ⅱ. ①朱… ②胡… Ⅲ. ①针织物—服装设计 Ⅳ. ①TS186.3

中国版本图书馆CIP数据核字(2020)第177764号

内 容 提 要

本书针对针织服装的制板技术，从针织面料与普通机织织物的区别讲起，详细介绍了针织服装的原型、制板、排料、裁剪与缝纫的方法与技巧，服装款式包括夹克、开衫、半身裙、连衣裙、裤装、内衣、运动服装和泳装等，具体阐述面对不同弹性、不同型号、不同版型的服装制板、裁剪和缝纫的重点与难点。讲解时配合了大量制板案例及其图例，步骤讲解清晰，能够快速提高读者的实际应用能力。

本书从基础工具和基础版型讲起，逐渐提高难度，适合初学者入门，也适合作为服装设计相关专业的教材。书中涉及款式丰富、全面，步骤详尽，适合制板技术的初学者和从事制板工作的专业人士作为备查手册。

◆ 著　　　　[美] 朱莉·科尔（Julie Cole）
　译　　　　胡韵迪
　责任编辑　杨 璐
　责任印制　马振武

◆ 人民邮电出版社出版发行　北京市丰台区成寿寺路 11 号
　邮编 100164　电子邮件 315@ptpress.com.cn
　网址 http://www.ptpress.com.cn
　三河市中晟雅豪印务有限公司印刷

◆ 开本：787×1092 1/16
　印张：29　　　　2022 年 7 月第 1 版
　字数：602 千字　　2022 年 7 月河北第 1 次印刷

著作权合同登记号 图字：01-2016-5917 号

定价：129.00 元

读者服务热线：(010)81055410 印装质量热线：(010)81055316

反盗版热线：(010)81055315

广告经营许可证：京东市监广登字 20170147 号

前言 PREFACE

很多设计师的系列设计中都有针织面料服装。美国设计师拉夫·劳伦（Ralph Lauren）标志性的马球衫（Polo shirt）就是一个典型的例子。诺玛·卡玛丽（Norma Kamali）有自己专属的针织系列，伊莎贝尔·玛兰（Isabel Marant）、斯特拉·麦卡特尼（Stella McCartney）和亚历山大·王（Alexander Wang）等知名设计师的系列设计中也都有针织服装。阿迪达斯和耐克这两个知名品牌也都主打针织面料的运动装。实际上，设计和使用针织面料是每个服装学院学生的必修课。

就我个人的设计经验而言，针织服装是每季新品中必不可少的。这类服装因其功能性和实用性而备受顾客青睐。针织服装的弹性和舒适性是永远的卖点。在服装学院里，我没有学到过针织面料相关的设计内容。因此，后来我设计针织面料时，只能将机织面料原型修改成针织面料原型。这个过程真是一言难尽。所以，等到我自己有机会开设服装设计课程，并且主讲针织面料设计时，我便开发了一套自己原创的原型。

需要强调的是针织面料的弹性各不相同。针织面料根据其弹性分为以下几类：微弹[1]、中弹、高弹和超弹。每一个弹性类别都有一套独立的原型。弹性类别并不是服装尺码。例如，根据不同弹性类别裁剪、缝纫的T恤，在人台上的试样效果可以是相同的，只是拉伸度不同而已。

本书使用说明

制作针织面料的基础纸样，要从下装和衣身基础纸样开始。基础纸样是服装的局部纸样，是不同款式服装原型的基础。根据不同弹性类别（微弹、中弹、高弹和超弹）完成基础纸样后，你可以跳到相应的章节（上衣、连衣裙、半裙、裤子、夹克、开襟毛衫、针织外套、女士内衣和泳装）为相应的款式制作原型和纸样。

制作原型的目的是为了确定合体的轮廓，是制作纸样的基础。但针织面料有弹性，因此也不一定非要设计成非常贴身的款式。弹性面料服装也可以很宽松肥大。

本书属于中等难度，要求读者具备一定的制板基础知识。针织面料的制板方法与机织面料的不尽相同。因此，这本书主要概述了一些基本的、设计师必备的针织面料制板技巧。书中展示的款

1　亦称低弹。

式以基本款，而非流行款为主。这样的编排目的在于帮助你灵活运用制板技术，如能将知识、创意和流行趋势结合起来，你就能够设计出自己独创的纸样了。

需注意的是，基思·理查森（Keith Richardson）的《弹性面料的设计与制板》（*Designing and Patternmaking for Stretch Fabric*）将针织面料分为单面弹、双面弹和四面弹三类。而本书将面料类型简化为双面弹和四面弹两类。

很高兴能够将弹性针织面料的设计经验分享给大家，希望这些知识能够惠及广大服装设计专业的同学。

本书教学特色

本书包含以下特色版块。这些版块提供了一些基础材料，旨在帮助你了解弹性针织面料制板的基础知识与技术。

- **表格与图表**

  穿插在文中的表格与图表以清晰、系统的方式呈现出了你需要了解的重点内容，表格包括“针织面料表”“面料评估表”“针织面料：原型转化成服装”“推档量度表”及“弹性线迹表”等。

- **缝纫小窍门**

  “缝纫小窍门”版块将制板与缝纫联系起来。这一部分阐述了某一纸样在裁剪和缝合后构成了服装的哪一部分。

- **制板小窍门**

  “制板小窍门”旨在为你补充制板知识。例如，样板中的小调整会如何影响整体设计，以及如何在本章节中灵活运用其他章节里学到的技术。

- **重点**

  该版块强调本章节中重要的制板知识。这一部分可能探讨为什么要根据款式选择合适的布料重量和种类，或制作某一款式纸样时应选择什么原型。

- **缝纫工序**

  “缝纫工序”旨在帮助初学者了解某一类服装的缝纫工艺。例如，易走纱的面料需要小心处理，因为这类针织面料很容易破洞。知道了缝纫的先后顺序，就可以防止此类问题发生，让缝纫变得简单了。

章末特色

- **小结**

  总结章节知识点，将本章节中所学的重点内容串联起来。

- **停：遇到问题怎么办**

  旨在回答制板中出现的关键问题。由于篇幅有限，我无法对所有纸样的制板过程进行逐一解释。在“停：遇到问题怎么办”部分，希望你能够灵活运用制板技术。你可能需要综合运用几个章节里学到的内容来解决一个制板问题。这样，你的技术就会得到提高。

- **自测**

  自测部分提出了一系列问题，测试你在本章中学到的内容。该部分旨在巩固你学习理解过的内容，同时也帮助你查漏补缺。

致谢

首先，我想感谢哈珀学院（Harper College）的谢里尔·特纳（Cheryl Turnauer），是她给了我开设针织面料服装设计课程的宝贵机会。我也非常感谢布鲁姆斯伯里出版公司给了我撰写此书来分享学习经验的机会。特别感谢阿曼达·布雷恰（Amanda Breccia）、艾米·巴特勒（Amy Butler）和伊蒂·温伯格（Edie Weinberg）在本书编写过程中的大力支持与悉心指导。

其次，我要向我的丈夫格拉哈姆·科尔（Graham Cole）表示感谢。作为一名作家，他在我的写作过程中给予了我帮助、鼓励和支持。虽然他的专业领域不是时装设计，但他的建议、巧思和评价都非常受用。我也想感谢跟我一起完成这次“旅程”的家人和朋友。尤其要特别感谢朱莉·芭芭莱克（Julie Babarik）做出的贡献，她不辞辛苦地读完了每一章节，她的编辑和评论让我受益匪浅。

同时也感谢在哈珀学院（Harper College）“高级服装多样化设计”（Advanced Diversified Apparel Design）课上的同学们，他们在针织面料原型的开发设计中扮演了重要角色。“针织面料制板提高：内衣与泳装设计”课上的同学们也为第 11 章和第 12 章做出了贡献。我想特别感谢桂尼薇尔·杰奎斯·佩雷斯（Genevieve Jauquest Perez）在原型设计中的贡献和细致的测试。

由衷感谢珍·登特（Jean Dent）通过她专业的技术和不懈的辛勤工作为本书拍摄的图片。我很欣赏她展现出来的专业性。此外，也感谢照片模特阿曼达·麦克斯韦（Amanda Maxwell）的宝贵时间。

感谢阿拉巴马大学时装学院（University of Alabama fashion department）允许我们使用时装教室进行拍摄。

感谢图片世界有限公司（Graphic World Inc）在绘制本书插图过程中展现出的专业和专注。

最后，我想感谢本书审校人员给出的专业而中肯的建议：圣道大学（University of the Incarnate World）的特丽萨·C·亚历山大教授（Dr. Theresa C. Alexander）、科罗拉多艺术学院（Art Institute of Colorado）的辛蒂·班布里奇（Cindy Bainbridge）、特拉华大学（University of Delaware）的凯丽·科布（Kelly Cobb）、波特兰艺术学院（Art Institute of Portland）的帕翠西亚·克罗克特（Patricia Crockett）、布莱诺大学（Brenau University）的洛瑞·甘恩－史密斯（Lori Gann-Smith）、特拉华大学（University of Delaware）的艾德里安·格雷亚（Adriana Gorea）、普渡大学（Purdue University）的苏珊·凯伊·欧文斯（Susan Kaye Owens）、奥兰多国际设计与技术学院（IADT Orlando）的玛丽·麦卡锡（Mary McCarthy）、杜佩奇学院（College of DuPage）的帕米拉·鲍威尔（Pamela Powell）、阿拉巴马大学（University of Alabama）的保拉·罗宾逊（Paula Robinson）、贝勒大学（Baylor University）的玛丽·辛普森（Mary Simpson）、诺丁汉特伦特大学（Nottinghan Trent University）的 J· 西森（J. Sissons）、波特兰艺术学院（Art Institute of Portland）的凯特琳·斯蒂芬森（Catherine Stephenson）以及圣地亚哥艺术学院（Art Institute of San Diego）的凯西·L·泰勒（Kathie L. Taylor）。

目录 CONTENTS

第5章 制作下装和衣身基础纸样

第6章 上衣原型及纸样

第7章 连衣裙原型及纸样

第8章 夹克、开襟毛衫、毛衣和针织外套原型及纸样

第9章 半裙原型及纸样

第10章 裤装原型和纸样

第11章 女内衣原型和纸样

第12章 泳装原型及纸样

第1章 掌握针织面料的特点

为什么要使用针织面料呢？因为针织面料有拉伸性、弹性和灵活性，制衣过程其乐无穷。维多利亚·贝克汉姆说，“看着女生穿着美美的衣服，简直是最美好的事了。但我们最关心的是衣服是否舒适。[1]”

最早在女装系列中加入了平价的棉布针织物（Cotton-knit）的设计师是可可·香奈儿，这一设计从此解放了女性。（当时，平纹单面针织布仅用于制作男性的内衣。）凭借着过人的智慧和想象力，她将汗布用在了自己的系列设计中，因此被称为“汗布女孩”[2]。

掌握针织面料的诀窍，首先要了解针织面料的特点。针织面料具有弹性，其设计方法与机织面料完全不同。针织面料的主要的特点便是每种面料的弹力方向和拉伸能力都各不相同。本章节将具体阐述这些重要特性及其对设计的影响。

本章旨在引导你初步领悟针织面料的诀窍。

面料分为两类：针织面料和机织面料。两种面料的结构不同，现在让我们来具体辨析一下。

什么是针织面料

针织面料是由大型机器编织成的有拉伸性的材料，由一系列横向的、相互套结的线圈构成（见图 1.1）。纺针与纱线的型号决定了面料是细布还是粗布。针织面料使用的纤维多种多样，并且种类、结构、质地和重量都不相同。有些织物的表面非常平滑，有些表面则质地特殊，有打结（knotty）、结子花（nubby）、起圈（loopy）、拉绒（brushed）、压花（embossed）等各种纹理。线圈结构决定了面料的类型。我们可以使用**织物分析镜（pick glass）**来放大面料表面，观察面料的线圈结构。

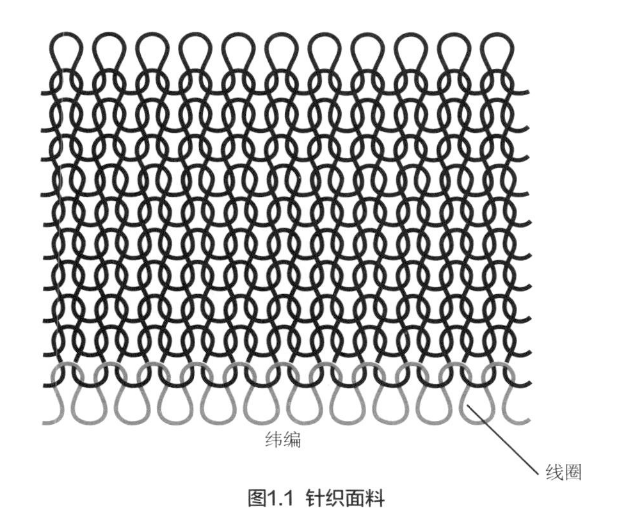

图1.1 针织面料

1 Hal Rubenstein, “Designer Profile: Donna Karan,” *InStyle*, November 2013, 149–150.

2 Justine Picardie, “The Secret Life of Coco Chanel,” *Harpers Bazaar*, June 2011, 159. Sarah Brown, “Jersey Girl Relaxed Chic with a Dash of Liberation, Bottled,” *Vogue*, November 2011, 210.

针织面料可以用动物和植物的天然纤维编织（如羊毛、棉、麻、蚕丝），也可以使用木浆等天然材料加工而成的再生纤维（如竹纤维、人造丝、黏胶纤维或莫代尔纤维），或化合物组成的**合成纤维**（如涤纶、腈纶、氨纶、锦纶）。针织面料也可混纺两种或多种纤维，以突出各种纤维的长处（例如，棉／涤纶混纺面料）。针织面料的重量多种多样，有的轻薄松垂，有的厚重紧实。

机织面料是由纵向的经纱和横纱的纬纱上下交错编织而成。机织面料的斜纹具有一定的弹性，但是面料本身不属于弹性面料。

针织面料为何有弹性

线圈结构决定了针织面料的弹性。面料被拉伸时，线圈会横向或纵向延伸（见图 1.2）。针织面料的拉伸性有的很弱，有的很强。

使用针织面料与机织面料的区别

由于针织面料具有弹性，因此使用起来与机织面料不同。以下是一些你会遇到的主要差别。

- 针织面料的制板更简单，因为通常不需要通过做省和净缝线来塑形；面料会伸展去贴合人体，但也有一些例外，例如用低弹面料制成的夹克、上衣或连衣裙。不过，针织物也可以用结构线作为装饰。因此，制衣时需要使用专门为针织面料设计的原型。
- 有些款式可能需要设计胸省。例如高腰裙的省可以塑造腰线以上的胸线。为胸型饱满的人定制服装时也需要胸省。

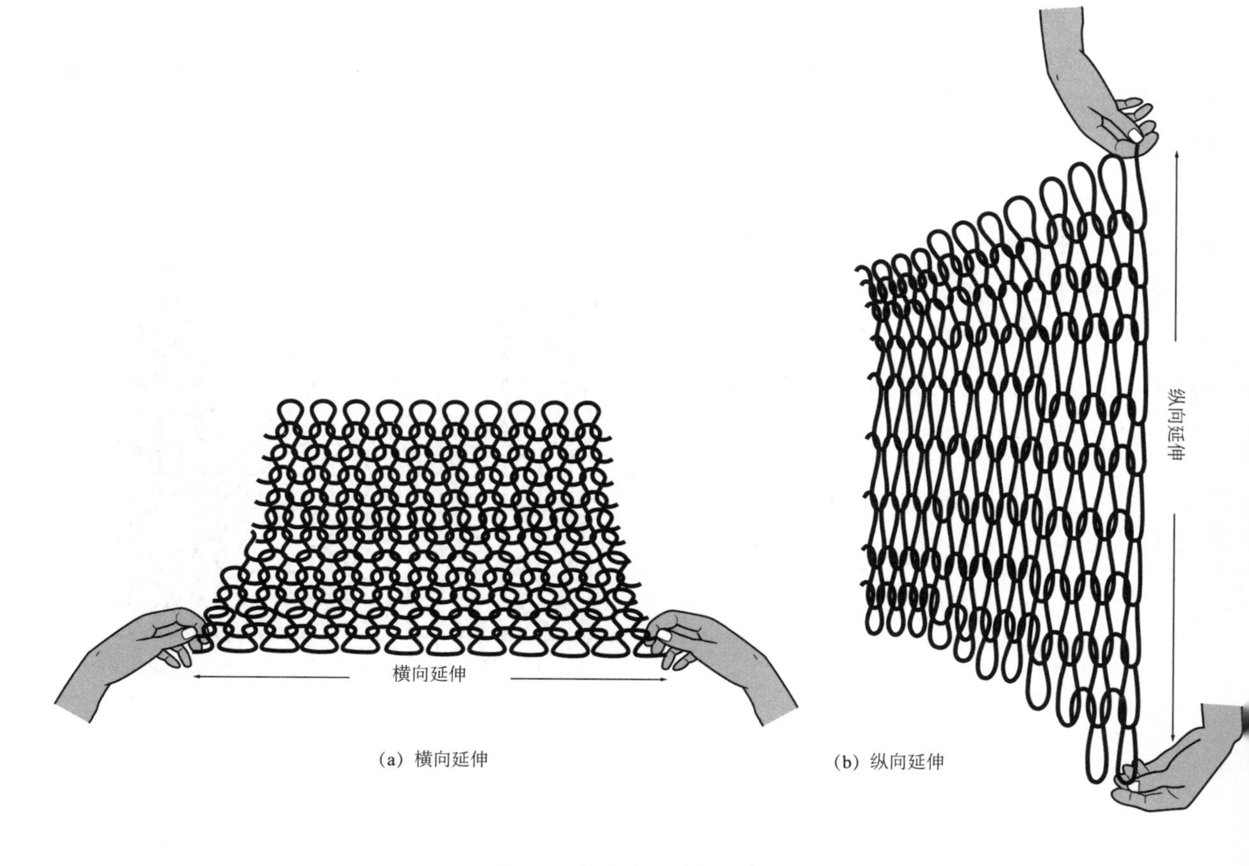

(a) 横向延伸

(b) 纵向延伸

图1.2 面料被拉伸时线圈会延伸

- 针织面料的缝纫更容易，因为缝制工艺更为简单。针织面料一般不需要拉链，面料会伸缩去贴合体型。相对而言，机织面料的连衣裙大多需要用拉链来拼合。针织半裙和裤子都有松紧腰，可以直接套穿，不需要拉链。
- 机织面料服装的试样更费时间。针织服装能够贴合身体形态，因此试样比较简单省时。
- 机织面料制衣过程中需要不断熨烫。而针织面料很少需要或不需要熨烫。

针织面料的组织结构

针织面料的结构多种多样，对于什么是“标准”的针织面料并没有一定之规。例如，有些针织面料有明显不同的正反面（如平纹单面针织物），而有些面料的两面则完全相同（如双面针织物）。有些面料的表面十分平滑，有些则有特殊纹理，例如有打结的、有结子花的、起圈的和拉绒的等。

线圈的排列方式决定了面料的类型。针织面料的基本组织结构分为两种：纬编和经编。两者的结构不同。

纬编是用一根连续的纱线沿布料的横向编织成一列列横向的线圈（见图 1.1）。每一列新的线圈都与上一列的线圈穿套起来。纬编织物横向拉伸时的弹性比经编织物更好。纬编面料包括双罗纹布、罗纹布、起绒布、毛圈织物、拉绒织物和毛线织物（sweater knit）。

纬编面料有 4 种基础组织[3]。

- 平纹组织，也叫平针组织。平纹织物正面的纵向线迹叫做纵行（rib or wales）。底部横向排列的线圈叫做横列（course）。（欲了解线圈结构，可见图 4.2。）平纹组织用于制作平纹单面针织物，变化时也可以构成毛圈织物和天鹅绒。
- 双反面组织（purl stitches）。双反面组织制成的面料正反两面相同，一般用于制作厚重的毛衣。
- 罗纹组织（rib stitches）。罗纹组织编织的面料正反面有一行行的棱纹，棱纹有很好的弹性，可用于领口。
- 双罗纹组织（interlock stiches）。双罗纹组织是罗纹组织的一种变体，面料两面相同，通常比较厚重。双面针织物都是用双罗纹针法编织的。

纬编面料可以是单面的，也可以是双面的。

- 单面针织物由单独的一套针编织而成。单面针织物包括平纹单面针织面料、运动服针织面料、天鹅绒、毛巾布（french terry）。单面针织物重量较轻或中等，最常见的单面针织物是平纹单面针织面料（正反面不同）。
- 双面针织物由两组针协同编织而成，因此面料的厚度是单面针织物的两倍。双面针织面料的

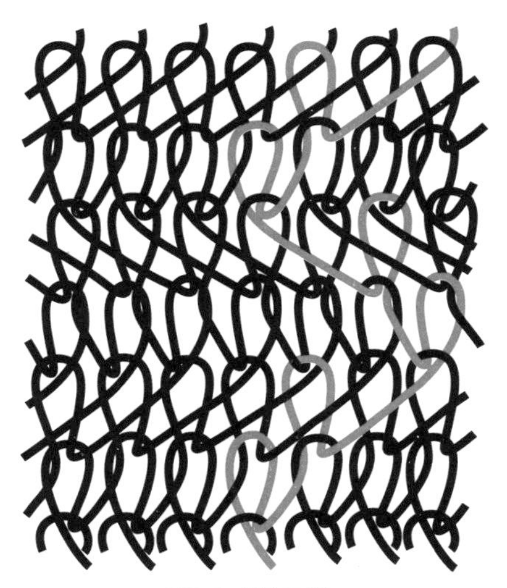

图1.3 经编面料

3 Unit III Topic A: Fibers and Fabrics, “Knit Fabrics,” accessed November 2, 2014.

两面相同，都有纵向的棱纹（与单面针织面料的正面相同）。双面针织物有双面羊毛面料、罗马布（ponte）和双罗纹布等。

经编面料由纱线线圈纵向排列组成（见图1.3），锯齿状交错走针使得线圈套结在一起。经编织物在纵向上具有一定拉伸性。经编面料包括经编斜纹布（包括泳装面料）、拉舍尔（以蕾丝组织为特点）、网眼布（mesh）和弹力网布（powernet）。

表 1.1 列出了一系列常见针织面料和辨别结构的方法，也列出了每种面料适合的款式。

表1.1 **针织面料表**

面料类型	外观	重量	弹力方向	适合款式
平纹单面针织物（纬编） 服装制作里最常见的针织面料	有正反两面 正面——纵向罗纹构成的光滑表面 反面——水平线圈，成为横列（见图1.2）	轻到中等 100%棉的悬垂性不明显。丝绸和人造丝悬垂性很好	双面弹或四面弹	上衣、连衣裙、半裙、裤子、开襟毛衫、吊带背心、连帽衫 四面弹可用于紧身连衣裤和内裤
双面针织物（纬编） • 罗马布 • 双罗纹布 • 双面羊毛平纹布 • 精炼羊毛（Boiled wool）	面料的两面相同，均有纵向罗纹	中等到重	一般为双面弹	半裙、裤子、连衣裙、夹克 微弹面料试样时通常需要接缝
毛线织物(纬编)	有些面料编织松散，像是手工编织的	面料厚重	双面弹	半裙、毛衣、开襟毛衫、连衣裙
罗纹织物（纬编） 一系列平针和反针编织形成更明显的罗纹	面料的两面相同，均有纵向罗纹	重量不等	双面弹 100%棉的罗纹面料拉伸后回复性不强，时间长了衣物会变得松垮。 棉／聚酯纤维混纺或有莱卡成分的面料，罗纹具有更强的拉伸性和回复性	背心和领子 用于领口、袖窿、袖口、脚口、底边
运动服面料 剧烈运动时需具备良好的吸湿性	运动服面料常用平纹单面织物	中等重量	有莱卡成分的四面弹面料	瑜伽服或其他运动装备 上衣、连衣裙、裤子、紧身裤
毛巾布（纬编）	正面——编织光滑的表面 反面——质地松散	中等重量		婴儿连体裤、背心、连帽衫、浴袍、居家服、运动衫、运动裤
弹力毛巾布（纬编）	正面——镂空线圈 反面——编织光滑的表面	中等到重	双面弹	浴袍
起绒布 （纬编） （拉绒织物）	正面——柔软的长绒毛 反面——编织光滑的表面	中等重量	双面弹	套装、背心、连帽衫、运动裤、居家服、浴袍
抓绒运动衫（纬编）	正面——编织光滑的表面 反面——柔软的长绒毛	中等重量	双面弹	套装、背心、连帽衫、运动裤

(continued)

（续表）

面料类型	外观	重量	弹力方向	适合款式
抓绒针织物（纬编）	双面拉绒	中等到重	双面微弹	背心、连帽衫、夹克；保暖夹克衬里
网眼布（经编） 大孔网眼 运动网眼面料 小网眼 弹力网布	有孔，两面相同	中等重量 中等重量 轻薄 重	双面弹 双面弹 双面弹和四面弹 双面弹	另类上衣、束腰外衣、连帽衫 篮球服、连帽衫衬里 上衣、泳装衬里（必须是四面弹） 内衣
弹性蕾丝（经编）	有镂空网眼的不透明蕾丝	轻到中等		上衣、连衣裙、吊带背心、衬裙、连衫衬裤、文胸、内裤 用于制作内衣的弹性蕾丝
经编针织布（经编）	正面——无光泽；纵向罗纹，类似平纹布（见图1.1） 反面——光面；横向锯齿状线圈组成（见图1.2）	中等重量	双面弹	吊带背心，衬裙(斜纹针织布不如丝织物质感奢华) 适合做吊带背心和连衣裙的衬里
泳衣面料（经编）经编斜纹针织物的一种	有光泽或哑光表面	重	四面弹	泳衣、比基尼、紧身裤、自行车短裤、滑冰服或舞蹈服、紧身连衣裤、紧身衣、弹力紧身衣
拉舍尔织物（经编）	精致的镂空设计	从细网格到厚重的面料不等	纵向双面弹（横向无弹力），因此裁剪时需留意弹力方向	上衣、连衣裙、半裙、开襟毛衫

为什么要使用针织面料

在服装学院里，学生主要学习机织面料的设计与制板。这项技术固然重要，但环顾四周，你就会发现大多数人的身上都穿着一两件针织面料服装。针织面料功能性强、穿着舒适、款式多样，适合各个季节、各种场合穿着，因此设计师在自己的服装系列中加入针织服饰是不无裨益的。此外，平纹、提花针织服装的价格大多也很实惠。

针织服装的优势

穿着针织面料服装有很多优势。

- 有弹性——面料可以拉伸，合身舒适。
- 合身灵活——面料可适应穿着者的身型与身材。
- 可穿性强——针织面料十分百搭，一件单品可以搭配出各种风格。
- 易保养——面料很少需要熨烫或免烫，很适合经常外出的忙碌人士。
- 抗皱——无需过多熨烫或保养。
- 旅行必备——可以卷起来塞进旅行箱。
- 价格实惠——针织面料生产成本低，需要的码数少，缝纫时间短。
- 面料重量——很多针织面料的服装都比机织面料服装轻盈。
- 可松可紧——针织面料有的款式贴身，有的款式宽松。
- 不易变形——面料拉伸后可以回复到原始形状。
- 速干——洗涤后可速干。

- 选择多样——面料的纤维、重量和质地多种多样。
- 悬垂性——弹性良好，针织面料比机织面料悬垂性更好。

针织面料的设计

接下来我们将讨论几个面料的重要特点，例如氨纶与莱卡成分、弹力方向、拉伸能力和面料选择等。设计师需要特别注意这些特点，它们对设计、选用的原型、样板制作，以及服装的裁剪与试样都会产生影响。

氨纶与莱卡

氨纶是一类纤维的统称。**莱卡®**是杜邦公司氨纶产品的注册商标。这种合成纤维以其出色的弹性著称，可以拉伸至原有长度的几倍，并在释放后回弹至原有尺寸。（在服装标签里，**莱卡、氨纶和弹性纤维**是可以相互替换的词汇。）面料纤维中加入一定比例的氨纶后，会更具有弹性，运动起来更加舒适、自由，服装更合身（不会显得臃肿），同时还具有抗皱、吸味吸湿的特性。氨纶服装永远不会变形，因为面料拉伸之后总能回复到原有形态与尺寸。

不同功能的服装所需氨纶含量有所不同。例如，泳装的氨纶含量一般为 15%，这样服装更贴身，着水后仍可保持原有形态。而款式修身的 T 恤仅需要 3% 到 7% 的氨纶。

重点1.1:
与弹性机织面料的区别

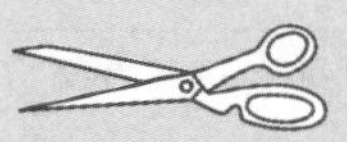

弹性机织面料只有加入少量（3%到5%）氨纶／莱卡时才具有（较低的）弹性。即便如此，它并不是针织面料！弹性机织面料无法替代针织面料。这样的服装性能不佳，上身效果也不好。弹性机织面料和针织面料都含有氨纶，但机织面料没有针织面料的线圈结构，因此自身不具有弹性（见图1.2的（a））。

弹力方向

所有针织面料都有弹性。但是，不同面料的弹力方向和拉伸能力各不相同。针织物有**双面弹**和**四面弹**之分。弹力方向决定了面料适合制成什么款式的服装，因此设计师在确定款式前要了解面料的弹力方向。

本书中，双面弹和四面弹面料的定义如下。

双面弹

双面弹面料可沿横向拉伸(见图 1.2 的(a))，可用于制作日常服装及某些体育项目等运动服。例如，从事体育运动（例如打篮球）和日常活动时，双面弹面料的上衣、半裙和裤子有足够的弹性，穿着舒适。双面弹面料的成分中可含或不含氨纶。不含氨纶的双面弹面料具有机械拉伸力（mechanical stretch），其弹性来自于线圈结构本身（见图 1.2 的（a））。

四面弹

四面弹面料可沿面料横向延伸，也可沿面料纵向从**上**到**下**延伸（见图 1.2）。四面弹面料的**经**向添加了氨纶 / 莱卡以增加弹性。四面弹面料较双面弹面料来说通常更为厚重、体积更大、拉伸性更强。泳装、舞蹈服、自行车服、轮滑服和滑冰服的面料**必须**是四面弹，以满足剧烈运动和表演时对表现力的需求。四面弹面料一般氨纶含量较高。

以下部分阐述了面料不同的拉伸能力和弹性类别。

拉伸能力

拉伸能力指面料的拉伸量（mount of stretch）。面料的拉伸量不同，弹性也就不同。设计时必须选择拉伸量合适的面料；否则，就不能实现理想的效果和功能性。我们可以用一个拉伸性量表来衡量面料的弹性，见图 1.4。

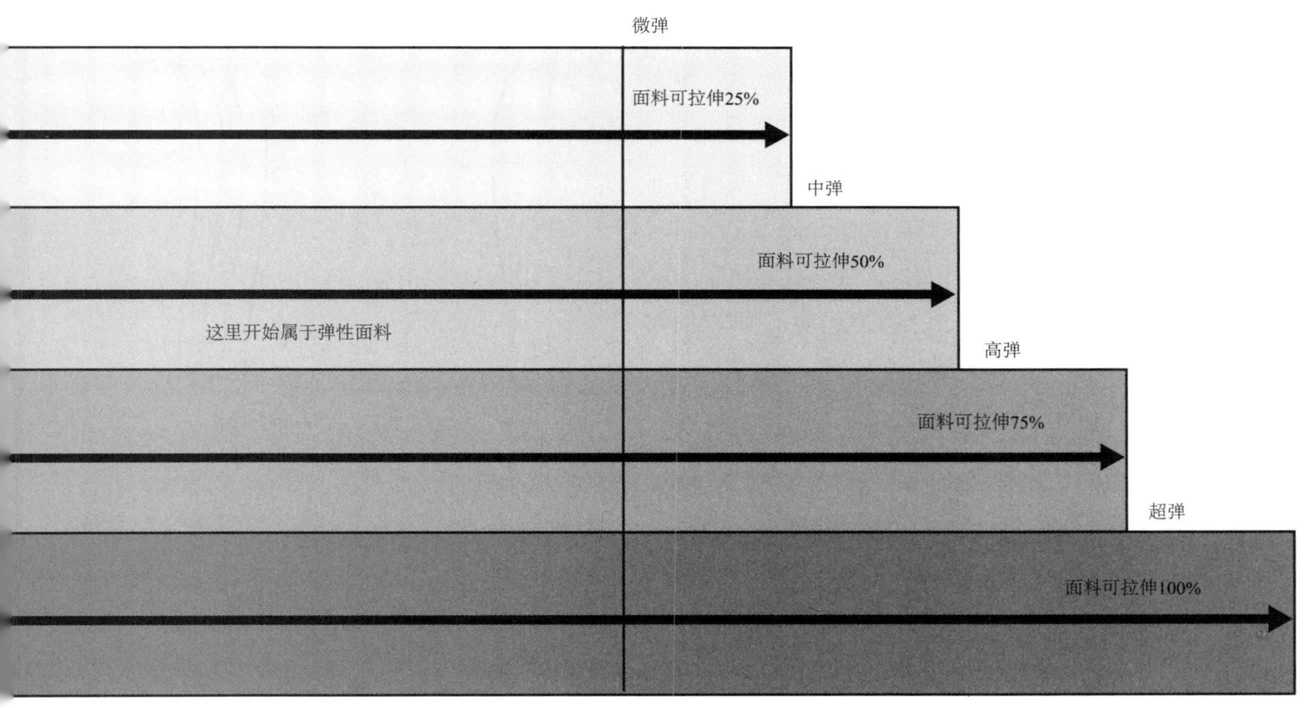

图1.4 拉伸性量表

弹性类别

面料可以基于拉伸量分为不同的弹性类别，具体分为以下几类。

- **微弹面料**拉伸量最小（小到 1/2 英寸（约 1.3 厘米，1 英寸 =2.54 厘米，余类推））。这类面料比较稳定，只在纬向上有一定的弹性。微弹面料包括双面针织布、双罗纹布、抓绒运动衫（sweatshirt fleece）、抓绒针织布、拉舍尔、毛线织物（sweater knit）和经编斜纹针织布。
- **中弹面料**可拉伸原始长度的 50%。这类面料可用于制作贴身款式。许多平纹单面针织物都是中弹面料。
- **高弹面料**可拉伸原始长度的 75%。这种含有氨纶成分的四面弹面料适合大幅度的运动，因此通常用于制作运动服。
- **超弹面料**可拉伸原始长度的 100%。四面弹面料被称为表现型面料（performance knit）（两面弹的罗纹织物除外）。这种面料混纺了 15% 至 50% 的氨纶，适合大幅度运动 [4]，泳衣的面料就是一种超弹面料。

为进一步理解弹性类别的概念，请见图 1.5。乍一看图中画的似乎是不同尺码的 T 恤。然而事实并非如此！这几件衣服的款式相同、尺码相同，是为同一种身材设计的。之所以它们看起来大小不同，是因为所使用的面料弹性不同。这几件 T 恤沿箭头方向拉伸后大小相同，不同的是每件的拉伸量不同。也就是说，它们款式相同，适合的身型相同，但拉伸量不同。

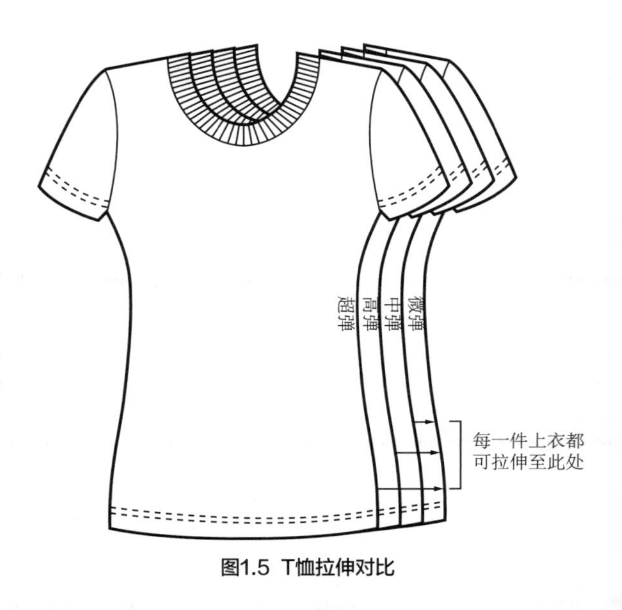

图1.5 T恤拉伸对比

4 Claire Shaeffer, *Fabric Sewing Guide* (Iola, WI: Krause Publications, 1994), 77.

欲了解某一款面料的弹性类别，可以进行拉伸性测试。

如何进行拉伸测试

按照以下步骤准备一块布样（见图 1.6）。

1. 将面料“沿纹理”裁成 4 英寸 ×4 英寸的布样（详见第 4 章“‘沿纹理’裁剪面料”）。
2. 将布样沿横纹对折。四面弹面料沿横纹对折后，再沿纵纹对折。
3. 将布样边缘固定在拉伸性量表的左端，向右拉伸到极限。
4. 记录面料的弹性类别。

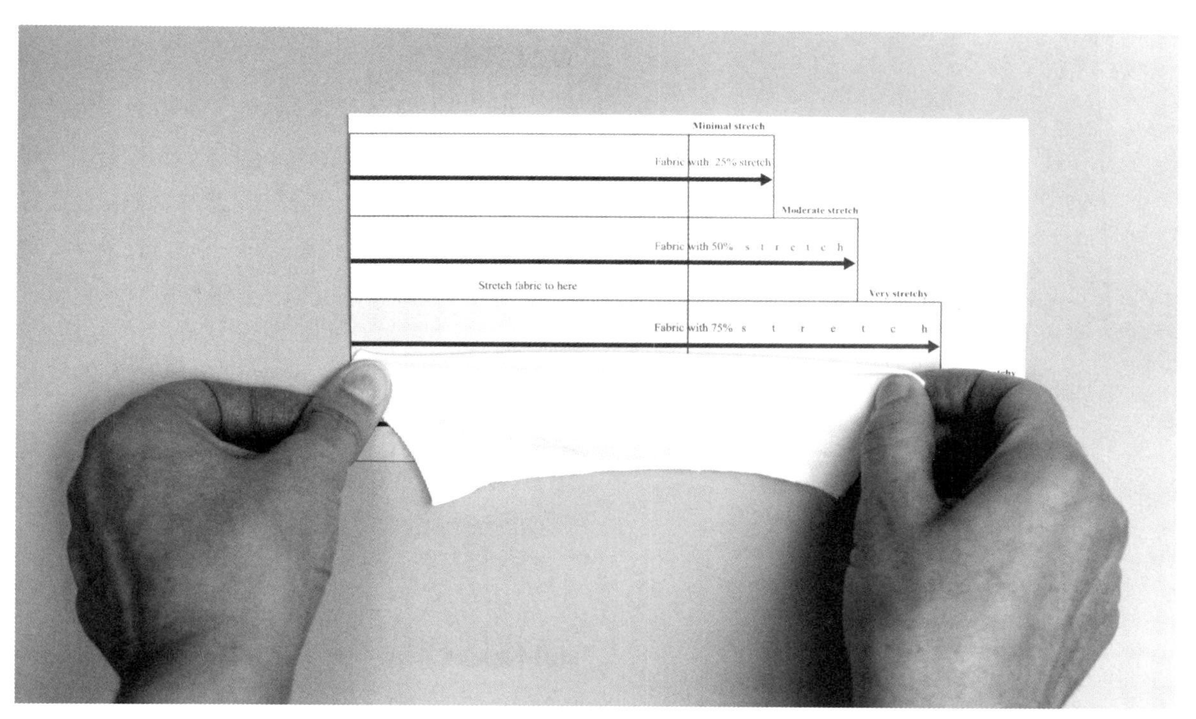

图1.6 拉伸性测试

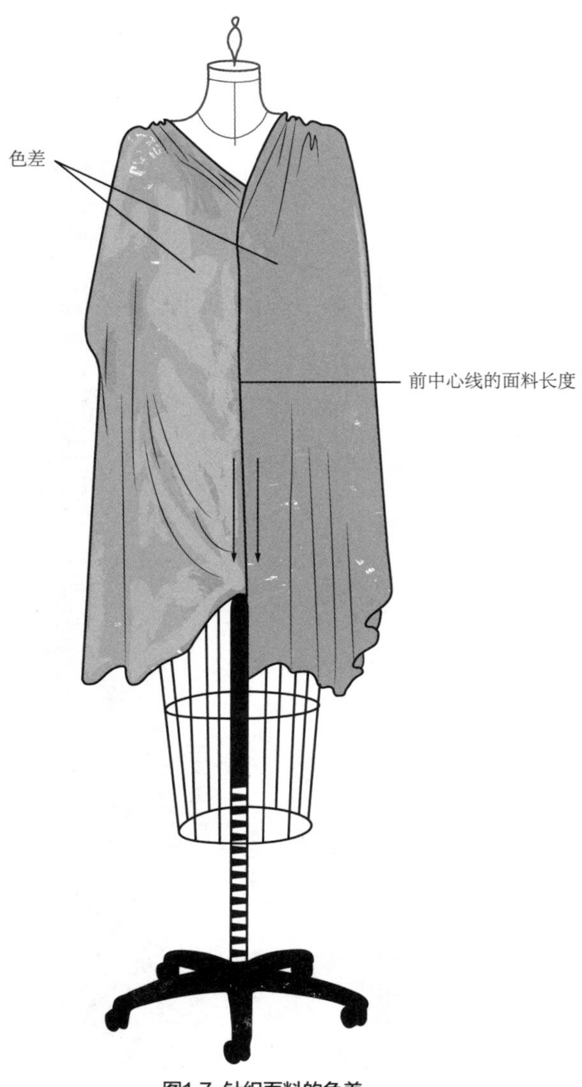

图1.7 针织面料的色差

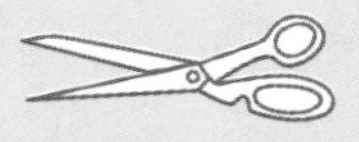

重点1.2：

聆听面料的声音

不论选择机织面料还是针织面料，唐娜 · 凯伦（Don na Karan）给出的建议是："时装设计的核心就是面料……我感觉面料会跟我说话。我拿着面料摆弄时，就会听到它们诉说想要变成什么样的衣服随着身体飞舞。好像它们都有了生命，让我灵感如泉涌。[5]"

拉伸性和回复性

拉伸性和回复性是面料最重要的两个特征。良好的拉伸性和回复性意味着面料被拉伸释放后，可回复到原始形态。在进行拉伸性测试后，要密切关注面料是否回到了原始形态。回复性不佳的面料无法很好地贴合身体。单位英寸内横行纵列数较少的松散织物拉伸后会松弛，回复性不佳。[6]

起绒织物

针织面料的编织方式决定了面料会产生轻微的色差（shading difference）。针织面料都是**起绒织物**（napped fabric），这意味着把样板放置在面料上时，样板必须面向同一个方向，称为"绒毛排料"（nap layout）。要观察面料的色差，需把面料挂在人台上，让面料的纵向边缘在前中心线的位置对接在一起。然后从上到下观察面料的色差（见图 1.7）。有些针织面料的色差明显，有些差别则比较细微。第 4 章中将详述如何根据服装的绒毛来排料。

面料选择

要想制作出合身耐穿的服装，优质的面料是关键。重点 1.2 中，唐娜 · 凯伦指出，服装设计、制板和缝纫过程中所有重要的决策都与**面料**相关。这些决策都与面料的重量、悬垂性、弹力方向和拉伸能力有关。凯伦的建议是，要聆听面料的声音，才能根据设计选择出最合适的面料。

面料的重要性可归纳为以下几点。

- 面料是设计师的媒介。
- 面料的特性决定了面料适合制成何种款式。
- 面料的重量决定了什么款式适合这种面料。

5 Rubenstein, "Designer Profile: Donna Karan," 149–150.
6 Unit III Topic A: Fibers and Fabrics, "Knit Fabrics," 87.

- 面料的纤维成分影响服装的拉伸性和贴身性。
- 面料的拉伸量影响设计的选择。
- 设计必须要适合面料。

为某一款设计选择面料时，可以参考以下建议。

- 面料重量——判断面料重量较实用的方法是把面料拿在手里颠一颠，然后确定面料的重量是轻、中等还是重。上衣通常使用轻盈的面料制成，裤子、裙装和夹克通常使用较厚重的针织物。不过，也可以使用轻盈透明的针织物来制作一条绝美的半裙，再加上一层衬裙。
- 弹力方向——弹力方向会影响设计，因此要判断你所使用的面料是双面弹还是四面弹。例如，双面弹面料就可以满足上衣、连衣裙、半裙的穿着需求，而泳装或自行车短裤必须使用四面弹的面料。

重点1.3：
面料悬垂性

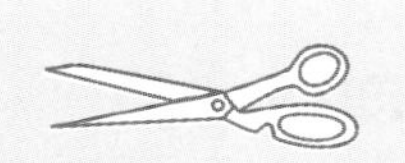

要会识别面料的悬垂性。正确的做法是将面料置于人台上，面料纵纹与前中心线平行。将面料在人台肩膀处固定住。悬垂性良好的面料会流畅垂坠成圆滑的褶皱，见图1.8a。而在图1.8b中，面料形成指向一侧的尖棱褶皱，则说明面料的悬垂性不佳。

- 拉伸能力——拉伸能力决定了面料适合制成什么样的款式。例如，如果拉伸性测试后，你发现手上的是一块四面弹的面料（同时面料重量也合适的话），那么可以用它制成泳装、自行车短裤或紧身裤。注意上衣、连衣裙和半裙也可以使用四面弹针织面料。（这几款服装的纵向拉伸不明显。）此外，用重量合适的四面弹针织物也可以制作宽松款的服装。

选择服装面料

面料会影响成衣合身与否、功能性、可穿性以及最终的销路，因此制作一款服装时必须选择"正确"的面料。

设计与面料必须相互契合。例如，如果要制作运动裤，面料必须要重量中等，具有充分的拉伸能力以适合剧烈运动，同时还要吸汗。纤维含量（fiber content）和面料特性十分重要，原因如下。

- 运动性——锻炼或从事体育运动时，**必须**保证运动的舒适性（氨纶有助于提高舒适性）。
- 速干性——这一特性对于泳装来说十分重要。（尼龙和氨纶能够速干。）

图1.8a 悬垂性良好的面料　　图1.8b 悬垂性不佳的面料

- 吸湿性——具有吸湿性的面料能够从皮肤吸走水分，使其挥发，使穿着者在剧烈运动时感觉舒适[7]。（很多新的合成纤维具有吸湿功能。）
- 舒适性——轻盈的有机纤维面料（lightweight organic）、皮马棉、精梳棉都是柔软的纤维，能够防止擦伤娇嫩的皮肤，是制作睡衣和婴儿服装的理想面料。
- 保暖性——羊毛、羊绒、马海毛和腈纶针织物在冬季有很好的保暖效果。
- 透气性——棉织物和亚麻织物在潮湿炎热的天气里有很好的透气性。
- 面料成本——奢华的丝织品较昂贵，而棉、人造丝、合成纤维面料的价格则更划算。面料的成本会影响最终成衣的成本。
- 面料保养——合成纤维和再生纤维比较容易保养。面料的保养方式会影响消费者的选择。

重点1.4：
针织面料试样：试样时如何判断面料是否拉得过紧？

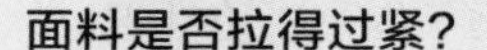

进行试样时，要关注面料的特性。有些服装设计得非常贴身（如氨纶制作的泳装和自行车短裤），而有些则不需要太贴身（如100%棉的T恤和睡衣）。面料的纤维成分会影响服装的贴身效果。有些面料需要拉得很紧，有些则不用。

选择坯布

裁料前用作试样（test-fit）的坯布（muslin）可以选用便宜的针织面料或最终使用的服装面料。值得注意的一点是，坯布的重量和拉伸性需要与最终使用的面料相同。涤纶双罗纹布（polyester interlock）就是一种便宜、轻薄的双面弹针织布，十分适合作为坯布使用。制作泳装时，一定要选择最终使用的面料来做试样，以确保最终的效果。

选择衬里

不是所有针织面料都需要衬里（lining）。服装是否需要衬里完全取决于实际要求。有衬里的衣服缝纫时更快速、经济。晚礼服就是这样一个例子，有了衬里，晚礼服的外部看起来非常光滑（没有明缝），内部的质地也很高级。

双面弹和四面弹面料可以制成各种衬里。经编布（tricot）是双面弹面料，适合制作半裙、连衣裙或裤子的衬里。尼龙/氨纶透明网眼布是四面弹面料，适合做泳装的衬里。甚至弹性涤纶机织物这种弹性很低的双面弹面料也可以制作半裙、连衣裙和夹克的衬里。

面料评估

表 1.2 是面料评估工作表，可以帮助你检测面料并记录结果。在制板、剪裁、缝纫面料前进行面料检测可以避免出现严重后果。

检测面料应按照以下步骤进行。

1. 沿纹理剪裁出两块完全相同的 4 英寸 × 4 英寸（约 10cm × 10cm，1 英寸 =2.54cm）的布样。
2. 根据面料的纤维成分按照相应的保养要求洗熨一块布样；不要洗熨另一块布样。第一块布样洗熨完成后，与另一块布样的尺寸进行对比，计算 36 英寸的面料横向和纵向的缩水量。例如，如果洗熨过的布样横向缩水了 1/8 英寸，那么 36 英寸面料的缩水量为 $1^1/_8$ 英寸（36 英寸 ÷ 4=9英寸；接下来，9 × 1/8英寸 =$1^1/_8$英寸）（$1^1/_8$英寸表示$1\frac{1}{8}$英寸，1/8英寸表示$\frac{1}{8}$英寸，

7 "Wicking Fabric Demystified," *Healthy Wage Blog*, July 9, 2010.

本书中其余数字的表达形式以此类推）。面料的缩水量会影响服装洗熨后的合身效果。

3. 用图 1.4 中的拉伸性量表检验面料的拉伸能力。（见“弹性类别”部分。）
4. 检验拉伸性与回复性。将面料拉伸后释放，注意观察针织面料是否弹回到原有形态。如果弹回到长宽正好为 4 英寸的正方形，则回复性良好。
5. 测试之后，将两块样布的正面朝上，罗纹纵向摆放。将两块样布黏贴在“面料评估工作表”上并填写表格。

表1.2 **面料评估工作表**

针织面料类别＿＿＿＿ 纤维成分＿＿＿＿ 保养方法＿＿＿＿ 面料有何特点?＿＿＿＿ ＿＿＿＿ 洗熨后面料表面有何变化? 有 / 无（附加评论） ＿＿＿＿ ＿＿＿＿ 适合款式＿＿＿＿ ＿＿＿＿	**面料重量** （圈出） 轻 中等 重	**拉伸力与回复力** （圈出） 不佳 尚可 良好 优秀	**洗熨后缩水率** （圈出） 横向：36英寸面料的缩水量 纵向：36英寸面料的缩水量
将两块样布贴在此处，洗熨过的布样置于未洗熨过的布样上方。	**弹性类别** （圈出）	**拉伸能力** （圈出）	**拉伸能力** （圈出）
4英寸x4英寸布样	机械弹性 双面弹 四面弹	**横向** 微弹 中弹 高弹 超弹	**纵向** 微弹 中弹 高弹 超弹

小结

下面这个清单总结了本章中所讲的针织面料知识。

- 针织面料的弹性来源于面料的线圈结构。
- 含莱卡成分的机织物不能算是针织面料。
- 设计师需要了解所使用面料的种类、纤维成分、拉伸能力、保养方法，这些特性都会影响面料的最终使用。
- 针织面料分为双面弹和四面弹两种。
- 不同针织面料的拉伸性不同。
- 面料的拉伸能力可用图 1.4 中的拉伸性量表进行检测。

停：遇到问题怎么办

我无法区分机织面料和针织面料的结构怎么办？

你可以借一个织物分析镜（pick glass）。将面料置于分析镜下方可放大织物的表面结构，这样就能看清针织面料的线圈结构和机织面料的经纱与纬纱了。

我购买面料时，并没有考虑到设计所需要的面料拉伸性。最后的设计效果也不错。为什么要使用拉伸性量表呢？

不检测面料的话，面料的拉伸比例可能不适合你的设计，导致严重后果。要随身携带拉伸性性量表，这样不论何时挑选面料，都可以保证面料具有设计所需要的拉伸性。

自测

1. 为什么针织面料有拉伸性？
2. 针织面料的拉伸性是如何影响制板的？（见“针织面料与机织面料的区别”。）
3. 莱卡制成的机织物属于针织面料吗？
4. 双面弹和四面弹面料有何不同？
5. 唐娜·凯伦的建议是“聆听面料的声音”。如何做到这一点？（见“面料选择”）
6. 假如你在推销一款针织服装，你会如何介绍这类面料的特性？
7. 如何辨别平纹单面针织物？（见表 1.1）
8. 评估面料

- 每种面料购买 1/8 码（单面针织布、双面针织布、双面罗纹布、罗纹布、毛线织物、泳衣面料、运动服面料、透明小网眼布或其他透明织物、抓绒针织物、弹力毛巾布、毛巾布）。
- 裁剪成 4 英寸 ×4 英寸的布样。评估每种面料的类别，并将相关信息填写在表 1.2 的“面料评估工作表”里。

重点术语

横列	单面针织物
双面针织布	涤纶
四面弹	拉伸性和回复性
针织面料	拉伸性
莱卡	弹性类别
机械弹力	高弹
微弹面料	双面弹
中弹面料	超弹
起绒织物	纵行
织物分析镜	经编
罗纹	纬编
	机织面料

第2章 针织系列原型

本章主要阐述原型系统（sloper system）及其使用方法。随着章节的展开，你会了解到“针织系列”面料如何从下装和衣身基础纸样（hip and top foundation）演化出一个完整的系统原型。借助原型，你可以设计出一系列各式各样的服装，包括日常服装、商务装、运动服（sportswear）、休闲服（activewear）等。有了准确的原型之后，接下来就可以进行试样和测试来设计制作合体的针织服装了。

原型系统阐述

原型系统是一种通过制作原型进行弹性针织面料服装制板的方法。正如第1章“使用针织面料与机织面料的区别”中所讨论的，不应使用机织面料的原型（包含了省道和放松量）为针织面料制板。制作针织面料服装需要使用特定的原型，不需设计省道或放松量。面料的弹性可以代替省道和放松量。

这一方法要求你绘制下装和衣身的基础纸样（foundations）。基础即某事物的根基、源头或基本工作。这些基础纸样是衬衫、裤子、短裤、泳衣和上衣原型的基础。你可以根据原型制作任意针织服装的纸样，见表2.1和表2.2。

下装和衣身基础纸样

下装和衣身的基础纸样本身不是完整的纸样，它们也不是原型。下装和衣身基础纸样是局部纸样（见图2.1）。下装基础纸样代表了从腰部到臀部的下半身部分，衣身基础纸样代表了从腰部向上到肩部的上半身部分。下装和衣身基础纸样是按照人台或人体尺寸制作的。针织面料服装的纸样无需考虑放松量，因为面料的弹性就是放松量。因此，针织面料的基础纸样在裁剪、缝纫及在人台上试样的时候看起来比较紧绷（见图5.10和图5.30）。

面料的弹性各不相同。因此，双面弹、四面弹和不同弹性类别（微弹、中弹、超弹及高弹）的面料都有相应的基础纸样，与图1.4中的弹性类别一一对应。

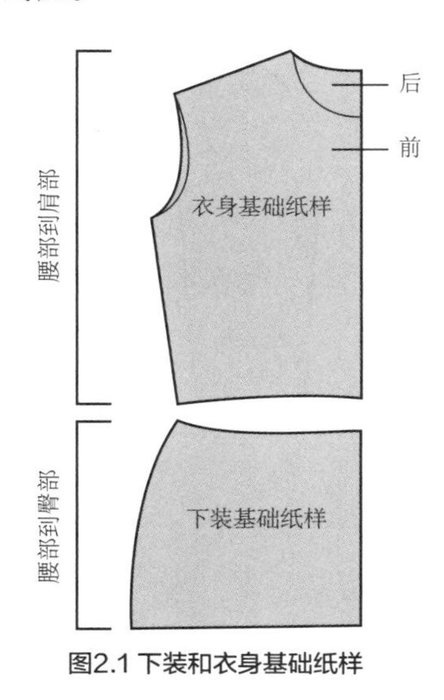

图2.1 下装和衣身基础纸样

下装和衣身基础纸样转化为原型

这是一个特殊的系统，因为所有原型都是根据双面弹和四面弹的下装和衣身基础纸样制作的，见表 2.1。本书的核心内容是如何使用基础纸样来制作原型系统中的所有原型，包括衬衫、裤子、短裤、泳装和上衣等。表 2.1 中的红色轮廓线展示了原型是如何从基础纸样发展而来的。在剪裁、缝纫和试样时，原型也是紧绷身体的（见图 6.12，用坯布缝制的上一原型）。每一款原型的制作方法都在相应的章节里进行了阐述。

使用原型系统的优势在于，一旦完成了基础纸样的制作，便可以跳到对应的章节，开始为服装设计原型了。

原型转化成服装

原型可以用于任意一类弹性针织面料服装的制板。在表 2.1 中，原型系统按照服装款式（上衣、衬衫、裤装、短裤和泳装）进行了分类。表 2.2 中每一款原型下方列出了可以使用该原型制作的服装。表 2.2 也展示了如何使用上衣原型制作连

表2.1 下装和衣身基础纸样转化为原型

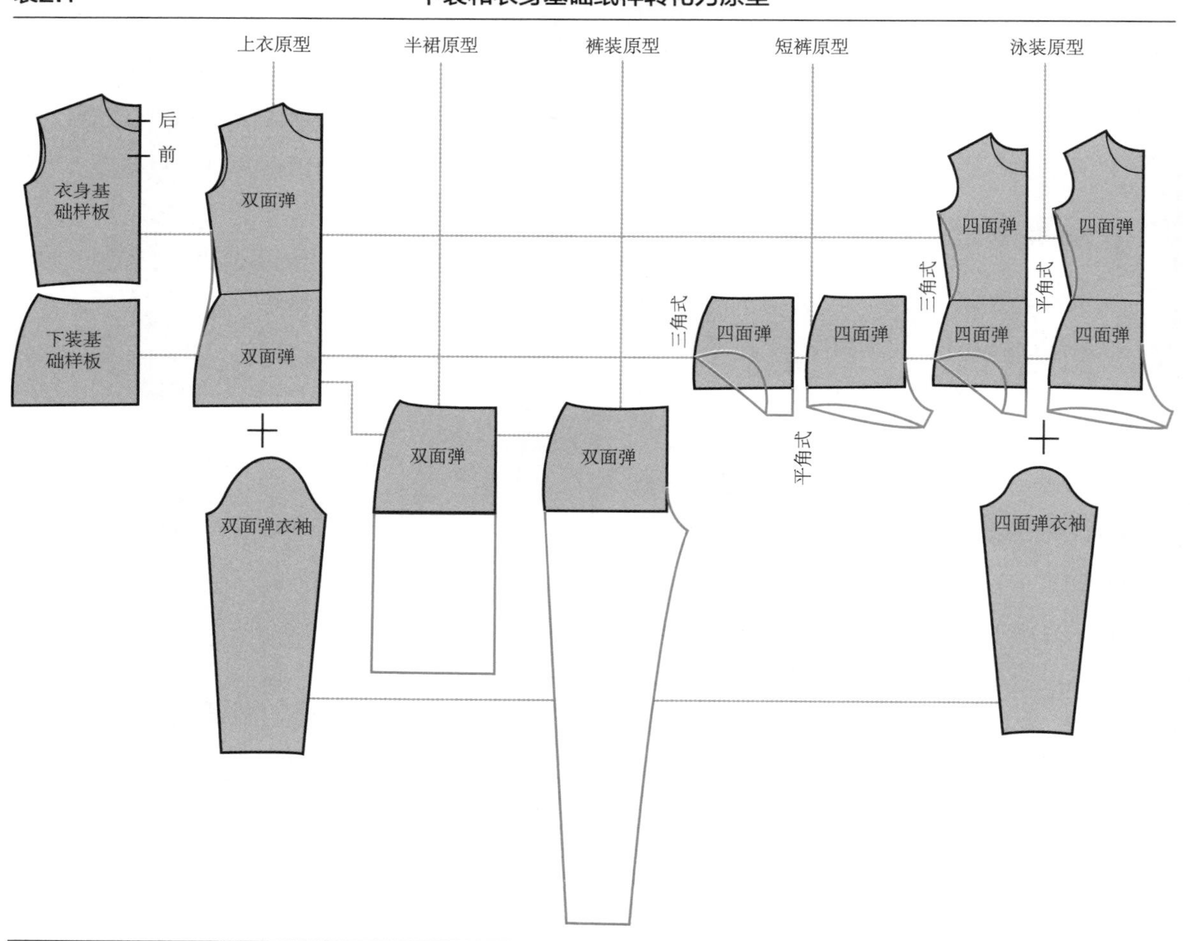

衣裙、开襟毛衣和吊带背心。设计紧身裤时，应选择裤装原型来制板；设计连体裤时，应结合双面弹衣身基础纸样和裤装原型制板。

如何使用原型系统

基础纸样是依据弹性类别（微弹、中弹、超弹、高弹）制作的，原型也是如此。按照弹性由高到低排列，每版原型之间相差 2 英尺。中弹面料的弹性较小，因此表 2.3 里的中弹衣身原型裁剪得比超弹衣身原型更大。对于同一体型，面料弹性越小时，服装就需要制作得越大来贴合身体。

在绘制某一款服装的纸样之前，设计师需要确定所使用面料的弹性（使用图 1.4 的拉伸性量表）。同时也要考虑设计中的合体程度。

合体度的灵活性：为服装预留空间

正因为面料具有弹性，所以针织服装也可以是很宽松的，不一定要紧绷身体或非常合身。这

表2.2 针织系统原型转化成服装

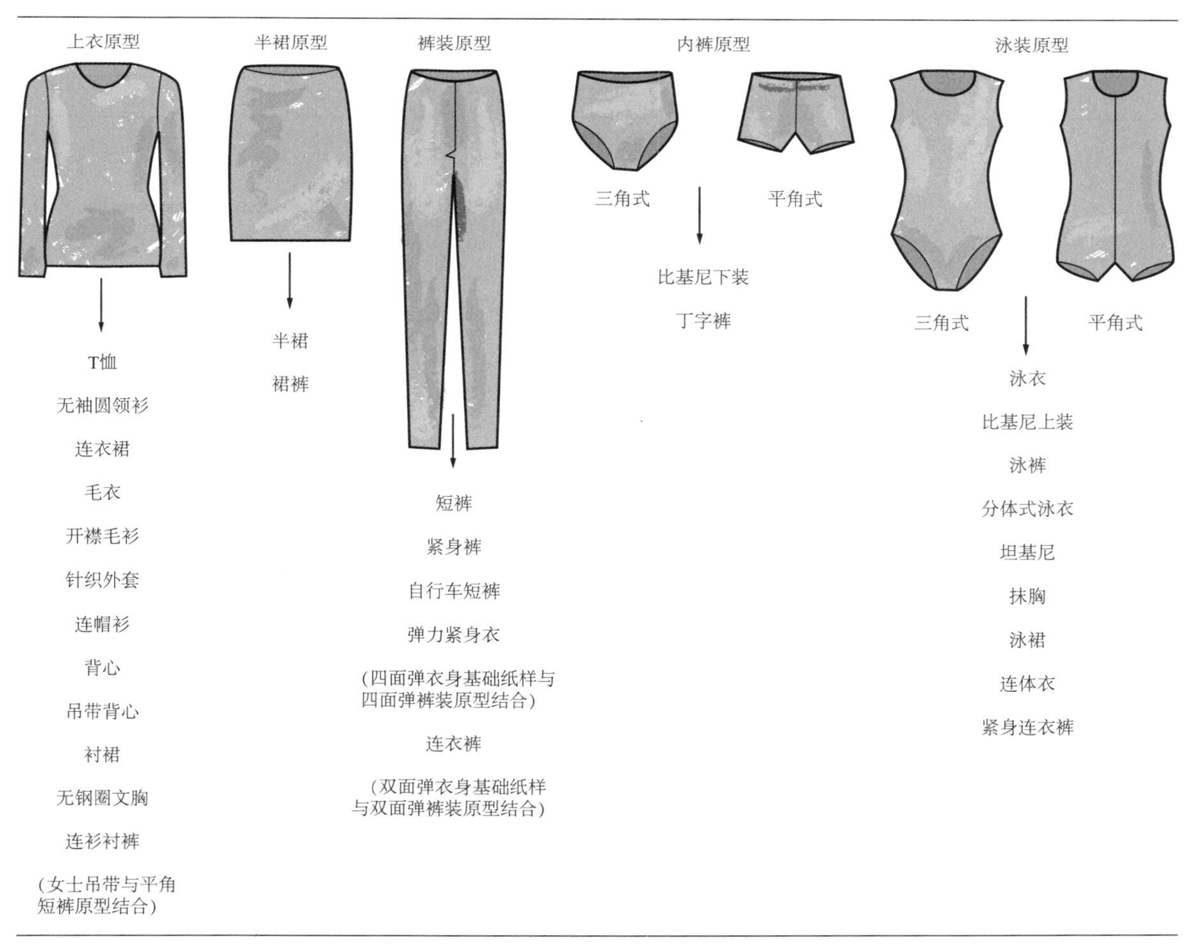

种服装的合体度可以很灵活，见表 2.3。虽然不同弹性类别的面料对应着不同弹性类别的原型，但设计师也可以自由选择原型为特定的服装制板。

如何选择原型

可以通过以下两种方法选择原型，来满足不同的制衣需求。

方法 1：根据所使用面料的弹性，选择相同弹性类别的原型进行效果试样。

在这个方法中，所选择的“原型的弹性”应与针织面料的弹性相同。例如，按照这个方法，用超弹面料制作上衣时，需要选择超弹类别的衣身原型制板试样。

方法 2：选择其他弹性类别的原型来制作款式宽松的服装，以便留出一定放松量。

在此方法中，可以根据“合体度的灵活性”选择原型。表 2.3 列出了所有合体类型，包括修身款、较修身款、较宽松款和宽松款。表中箭头从左至右指向另一个弹性类别的原型，代表了为宽松的服装制板时可以选择的原型。例如，按照这个方法，你可以选择微弹原型为高弹面料制板，以设计出更肥大的宽松款服装。（见图，侧缝也可以进行相应调整来塑造宽松的造型。）此外，

表2.3　灵活贴体：为服装预留空间

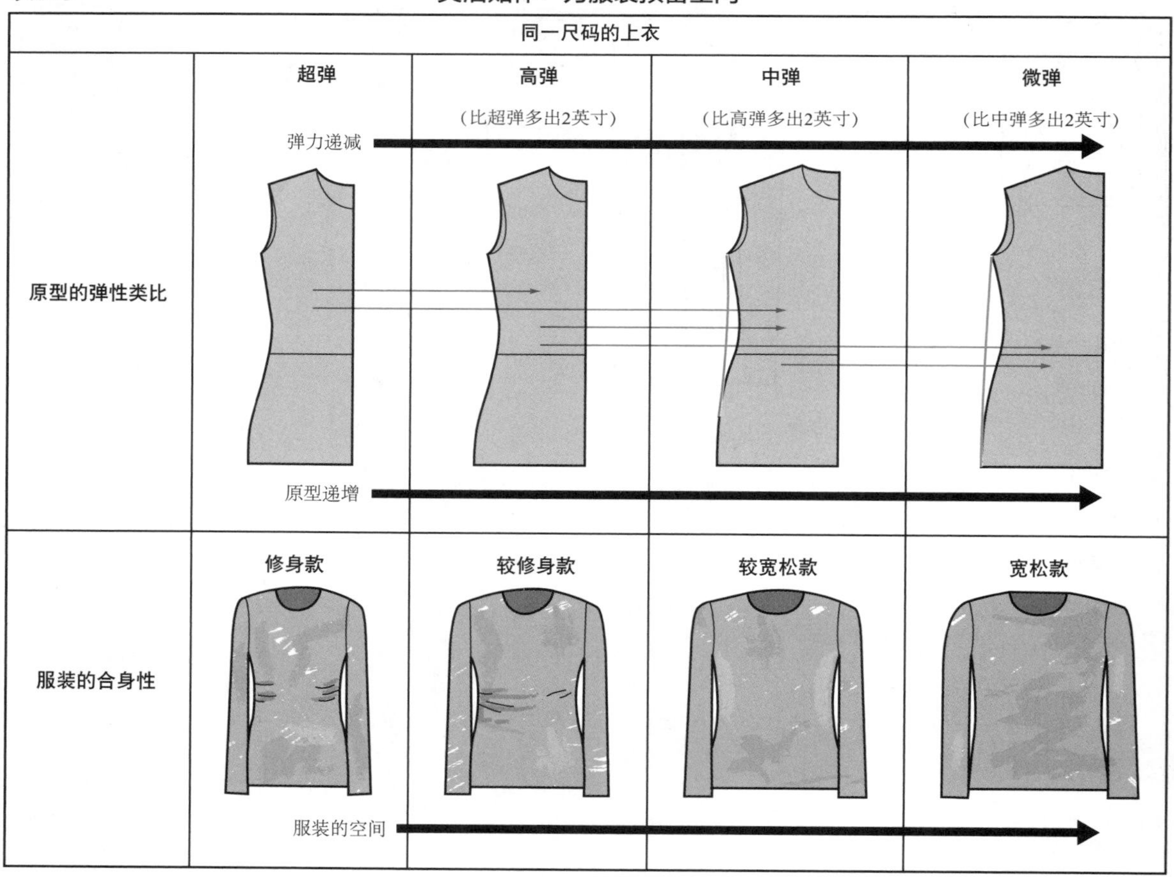

如果想设计一款特大号的上衣，可以用微弹原型放大，以获得更多空间。（你会在第 8 章“夹克、开襟毛衫、针织外套原型”的部分学到相关内容。）尽管这些原型是为毛衣、开襟毛衫和针织外套设计的，它们也可以用于制作任何款式的上衣。

小结

下面总结了本章中所讲解的有关针织系统原型的知识。

- 下装和衣身原型都是按照人台尺寸制作的局部纸样。
- 所有原型都由下装和衣身基础纸样发展而来。

任何弹性针织面料可以以针织类原型为基础进行设计。

- 选择使用何种原型制板时有一定的灵活度。

停：遇到问题怎么办

……表 2.2 里没有浴袍？我想制作浴袍的纸样，但不知道应该使用哪种原型。

并不是所有款式都列在了表 2.2 里。其实“自测”部分中的一个练习就是将其他款式列入表中。浴袍的纸样可以根据第 8 章中开襟毛衫和毛衣的原型来制作。这些原型都源于上衣原型。现在你应该知道浴袍应该被归在哪一列里了。

……我想给半裙或裤子加点空间制作成宽松款，表 2.3 里“合体度的灵活性”概念适用吗？

是的，“合体度的灵活性”概念适用于所有的服装。

自测

1. 原型系统是一种为弹性针织面料制作原型的方法。制作所有针织面料原型时都要用到两种局部纸样。是哪两种呢？

2. 哪两种基础纸样构成了上衣原型？两者是如何衔接成一个原型的？（见表 2.1，同时见图 6.4。）

3. “下装和衣身基础纸样转化成原型”部分中描述的原型系统有什么优势？

4. 为什么要按照弹性类别（微弹、中弹、高弹、超弹）制作原型？

5. 本章节讨论了合体度的灵活性”概念。相关内容提到有两种选择原型的方法。请解释应如何选择原型（见表 2.3）。

6. 解释双面弹和四面弹的区别。

7. 请在下表中勾出每款服装最适合的面料弹力方向（见表 2.1）。

服装	双面弹	四面弹
无袖圆领衫		
开襟毛衫		
连衣裙		
连体衣		
针织外套		
松紧带收腰的连衣裤		
泳裙		
自行车短裤		
半裙		
紧身裤		
短睡裤		
阔腿裤		

8. 列出其他可以添加到表 2.2 中的服装款式。

重点术语

合体行的灵活度
下装基础纸样
原型系统
衣身基础纸样

第3章 针织面料服装的制板

本章概述了弹性针织面料服装原型和纸样制板中的主要规则和重要定义。要想顺利完成制板，需合理使用制板工具。本章将对这些工具及使用方法进行介绍。

本章也将介绍如何标注和组织纸样的各个部分，包括缝份和卷边（seam and hem allowance）、纸样标记（mark）、经向线（grainlines）和文字标注（label）等。纸样制作得合理，接下来的排料、裁剪和缝纫就会更容易。

除了所需的针织面料，主要的材料有衬布和松紧带。本章将逐一介绍这些材料以及它们在服装制作中的用途。

制板工具

使用正确的工具可以使制板过程更轻松。图3.1中列出了一些主要的制板工具。图3.2和图3.3展示了这些工具在制板过程中的用途。

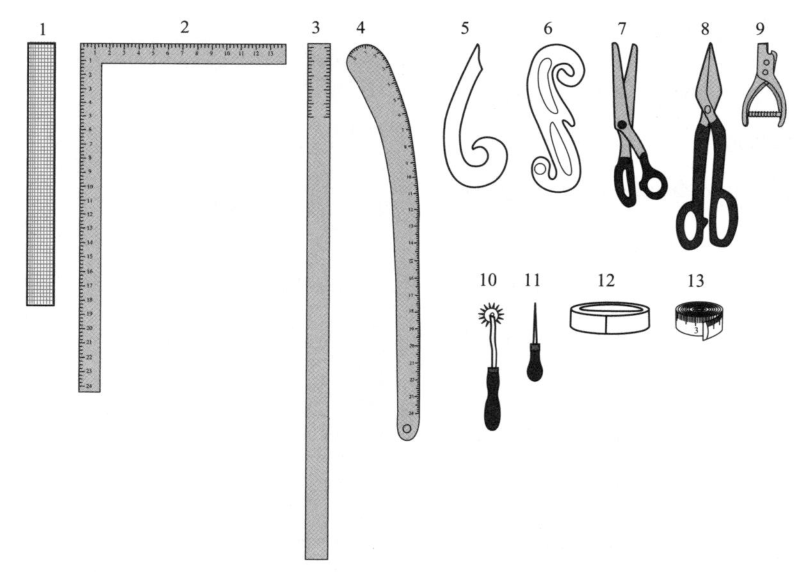

图3.1 制板工具

1—18英寸放码尺；2—L形金属直角尺；3—金属直尺；4—长曲线尺；5—曲线板；6—雪橇形弯尺；7—裁纸剪刀；8—制板裁缝剪刀；9—对位器；10—描线器；11—锥子；12—美纹胶带；13—卷尺

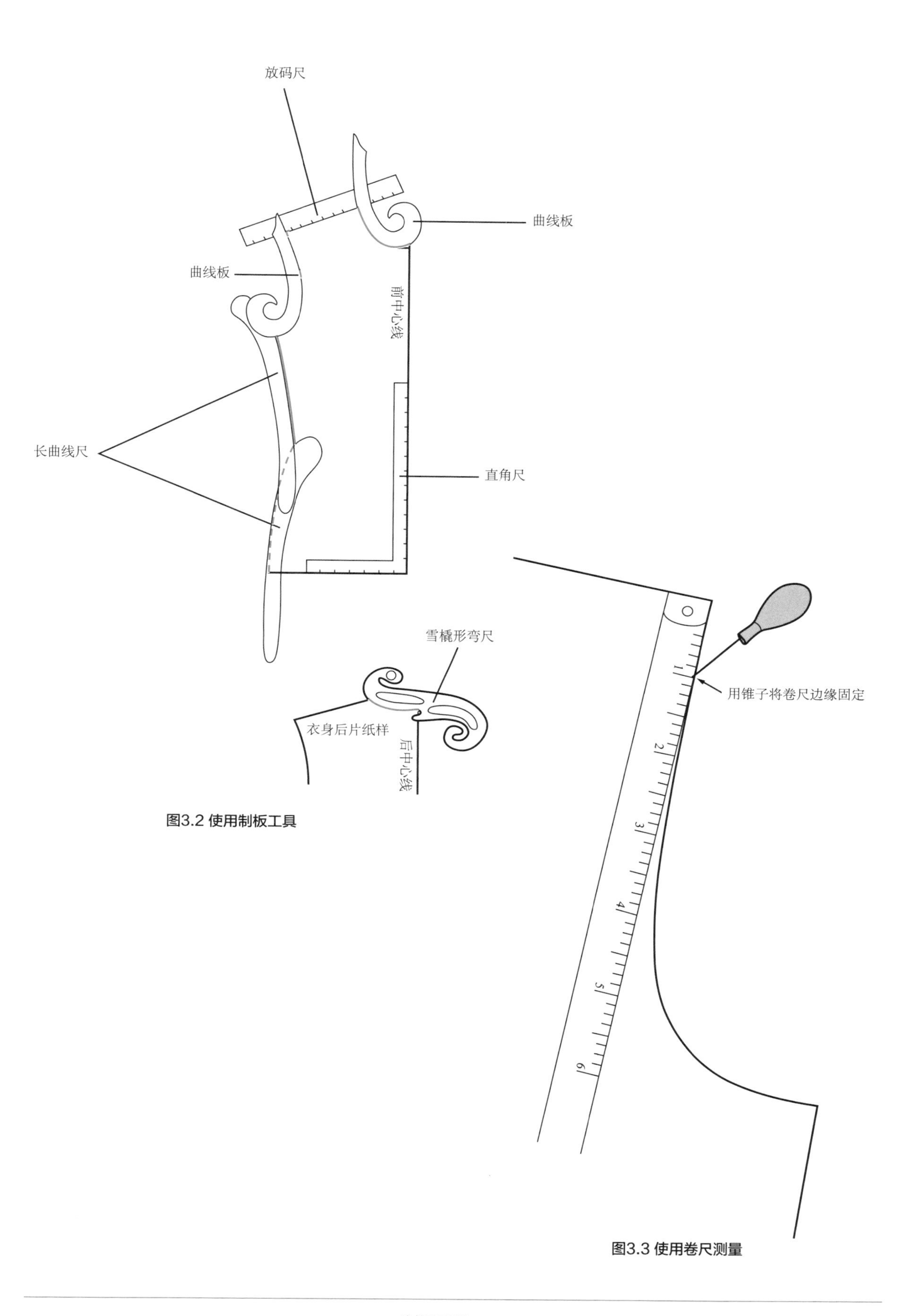

图3.2 使用制板工具

图3.3 使用卷尺测量

制板符号

熟悉表 3.1 里的符号非常重要，这些符号在所有针织面料制板的章节里都会用到。

重要定义和制板规则

本章中原型和纸样的制作规则大多与行业的标准定义和规则一致，但有些定义仅适用于弹性针织面料。

表3.1 制板符号

制板符号			
前中心线 后中心线	CF CB	测量标记	
相交线		对点位	
标记 / 标识线		对位剪口	
方角（90% 角 / 直）		顺向经向线	
垂线（垂直或水平）		折叠裁剪经向线	
十字标记		描绘纸样	
切开/展开		缉线 （stitch line ）	
切开/分开		校样后纸样的轮廓线	
拼合纸样		纽扣和扣眼位置	

重要定义

裙装／裤装人台——女性躯干的部分复制品，没有头部和手臂，有的有腿部。设计师和裁缝（dressmaker）使用人台来进行面料立裁、纸样测试，并在缝纫的时候进行试样。本书中并没有规定人台的固定型号。原型是根据人台尺寸制作的，因此可以随意选择人台。第 5 章中，制板前要在人台上固定斜纹带。

平面制板——制作原型和纸样的方法。纸样是使用图 3.1 中的制板工具、按照整套尺寸在样板纸上直接绘制的。

原型——按照人台领口、肩部、袖窿、胸部、腰部和臀部的自然形态制作的基本纸样。原型（或更常见的叫法是服装样板）不是专门为某一件服装制作的，原型上也没有结构线或缝份。原型通常使用黄板纸，一种厚重的纸制成。这种样板纸可以进行反复描绘，十分耐用。

正负放松量——机织面料的原型留有**正放松量**。原型会裁剪得比身体尺寸更大，加入放松量，以满足舒适性和运动性的需求。针织面料原型没有放松量，因为面料的弹性足以保证服装宽松灵活，满足舒适性和运动性的需求。针织服装在设计时也可以增加正放松量，这属于“穿着放松量”（wearing ease），即多加几英寸，使服装更宽松、舒适，活动时不受限制。（第 8 章概述了如何制作有穿着放松量的衣身原型。）服装也可以增加“设计放松量”，即设计中为了呈现出某种轮廓而增加的放松量。

有时针织面料的纸样需要设计**负放松量**，这是指纸样裁剪得比实际身体尺寸小。

纸样推档——指根据数学公式放缩尺寸并进行的过程。本书中纸样按照弹性类别，而非尺寸大小进行推档。

坯布——实际服装的一个（或部分）雏形。

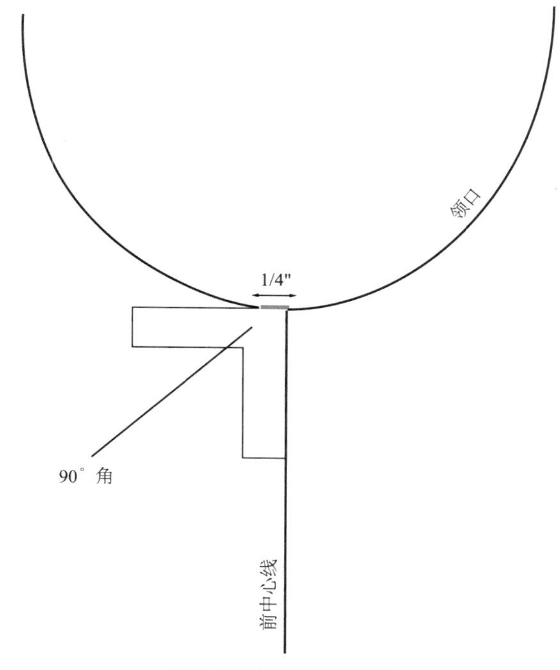

图3.4 使用垂直线线制板

注：本书图中英寸单位统一用"。

坯布也是用于服装试样的面料。用弹性针织面料制衣时，坯布必须是拉伸性与服装面料相同的针织面料。

制板规则

工作纸样（working pattern）——根据服装草图绘制的纸样。之后可通过描绘、分离、校样来制作样片。（图 6.44a 展示了工作纸样，图 6.44b 展示的是按照工作纸样描绘出的样片。）

纸样绘制——指规划和绘制纸样轮廓或形状（领口、袖窿和底边长度），以及在工作纸样上放缝的过程。

相交线——在样板纸上绘制的呈 90° 直角的垂直线和水平线（见图 3.15）。

直角——90° 角，正方形的一角或两条垂直线的交点（见图 3.4）。

垂直线——与另一条线垂直的线。要画出垂

直线，首先要有一条已经存在的线。见图 3.4，前片领口的前中心线位置画的就是一条 1/4 英寸的垂直线。因为使用了垂直线，所以只要把纸样折叠后裁剪，再摊开，领口就可以形成一个平滑的曲线。

方角——由两条相交的 1/4 英寸直线构成的 90° 角。（使用放码尺或直角尺绘制。）图 3.5 展示了在衣大身(bodice)纸样上方角的使用位置。绘制方角可以保证在拼合纸样时袖窿、腰围线和袖底弧线（underarm curves）的圆顺对接。

平行线——彼此间距相同的直线。

十字标记——两条相交的 1/4 英寸短线段，用于纸样各部分的标记和定位（见图 5.31 的胸高点）。

描线——调整正确的接缝长度（seam length）、修正、顺直、圆顺接缝并调整正确角度的过程。

圆顺——沿直角线绘制平滑曲线的过程。在制板中，当两张样片的缝线拼接在一起形成一个

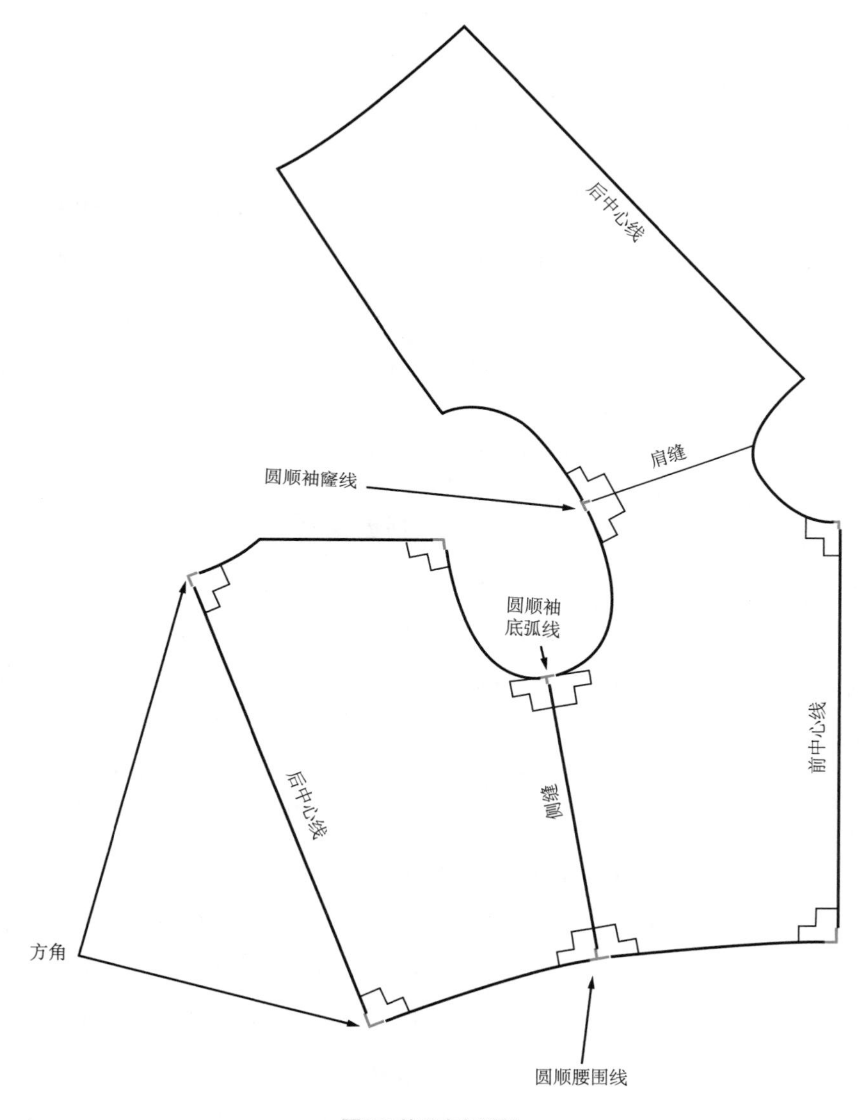

图3.5 使用方角制板

角度时，就需要圆顺，见图 3.6a 和图 3.6b。

拉齐——绘制一条新的线条来消除不整齐的缝线长度。图 3.7 展示了如何拉齐两条长度不等的缝线。

纸样操作——通过切开 / 展开技术和切开 / 分开技术变更纸样设计的过程。

切开 / 展开技术——通过沿直线剪开至轴心点（pivot point）并将纸样展开来更改纸样设计，以增加体积、制造宽摆，提升量感，见第 6 章的图 6.33b。

切开 / 分开技术——通过沿直线剪开并分开纸样来更改纸样设计，以提高量感，进行抽褶、打褶和折裥的过程，见第 6 章的图 6.39b。

倒伏线——准确符合接缝形状的缝线[1]。这种缝线可以确保缝纫的部分长度合适，不会看起来褶皱（太短的话）或累赘（多余的长度没有切掉的话），见图 3.8。

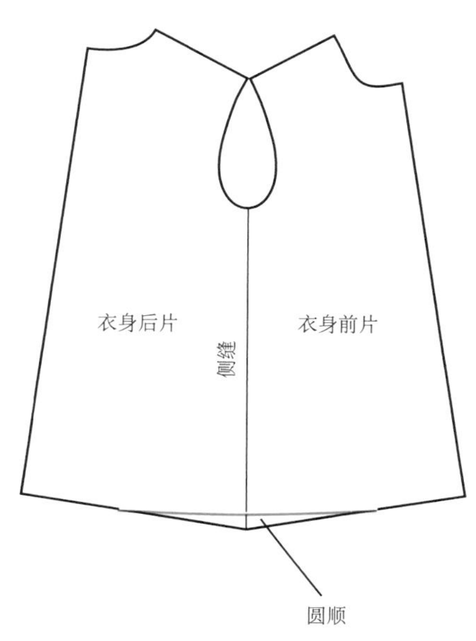

图3.6a 圆顺底边

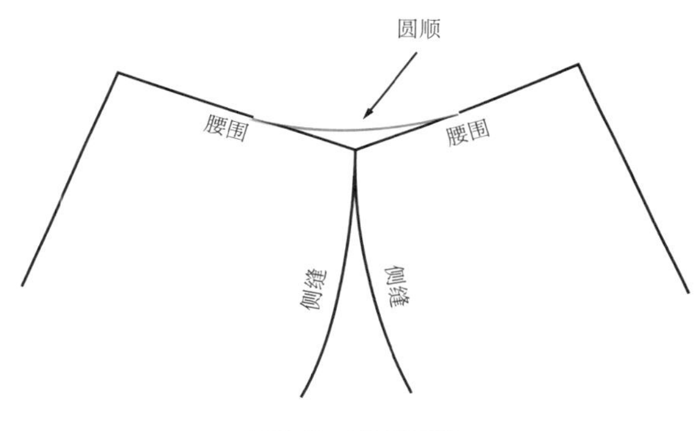

图3.6b 圆顺腰围线

1 Fashionbook, “Terminology Common to Drafting & Draping,” accessed September 12, 2014.

顺向经向线——经向线表明了纸样放置在面料上的方向和裁剪方向。本书中，T 字部位代表经向线的底部，箭头代表顶部。（可先翻到图 3.12 和图 3.13。）

缝份——缝线和纸样裁边之间的区域。缝份的宽度取决于针织面料的类型和缝制工艺。（可先翻到图 3.12 和图 3.13。）

校样纸样——修正缝线并加放卷边，标出定位标记和经向线，添加文字标注的纸样，见图 3.12。

针织面料的稳定性材料

稳定性材料（stabilizers）是一种在缝制过程中为服装增加支撑结构的产品。衬布是一种用于支撑服装衣领、前襟和袖口等部分的稳定性材料。另一种稳定性材料是牵条（stabilizing tape），用于防止服装的边缘和缝线被拉伸。松紧带也是一种稳定性材料，用于控制服装开口处的弹性，例如裤子和半裙的腰口、领口，或泳衣的开口等。

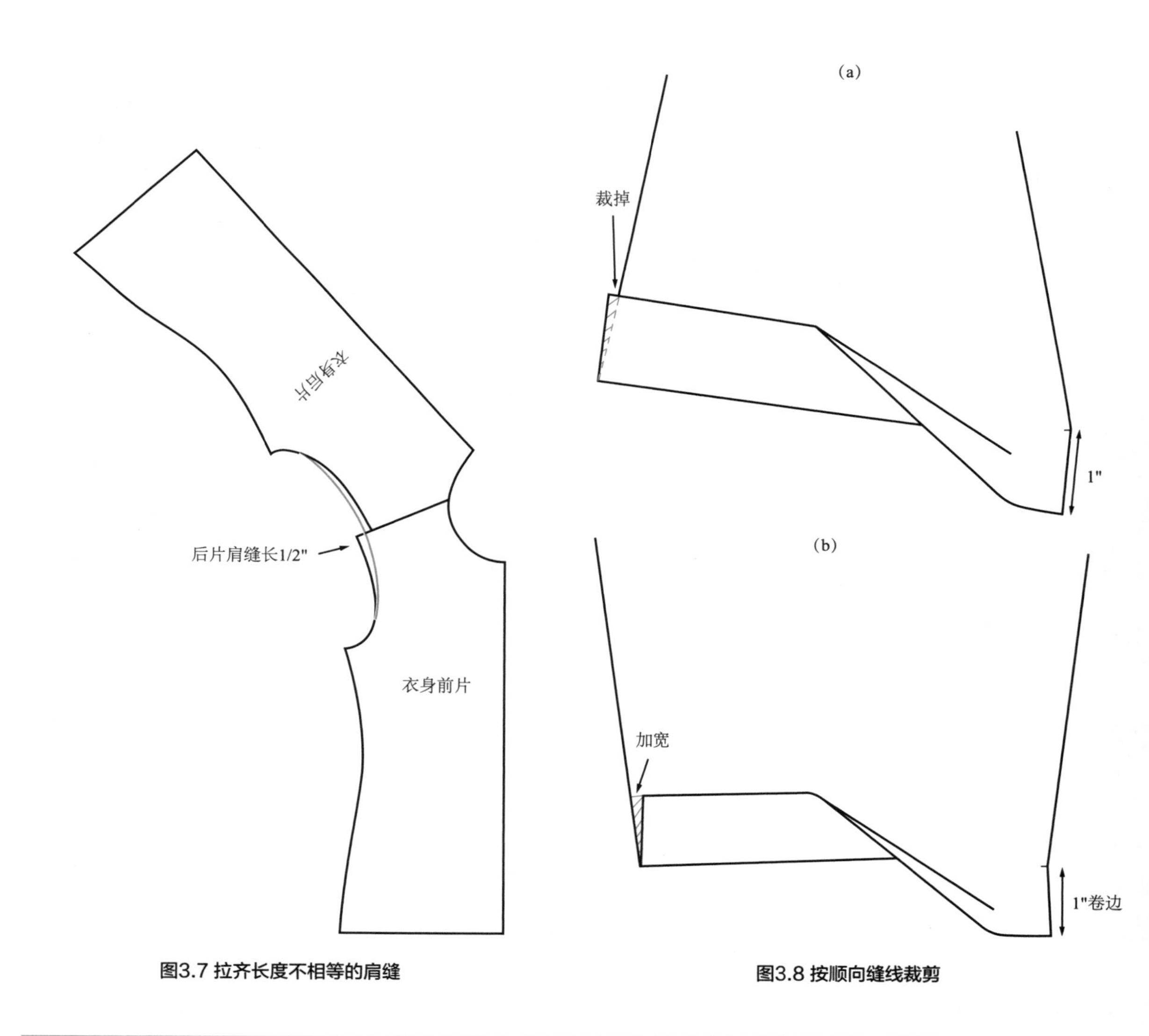

图3.7 拉齐长度不相等的肩缝

图3.8 按顺向缝线裁剪

衬布

衬布可以是双面弹、四面弹或无弹性。不同类型的衬布用处不同。

- **双面弹衬布**适合双面弹面料，两者弹力方向相同。
- **四面弹衬布**沿纵向和横向从上到下都有弹性，与四面弹面料相同，见图 1.2。较常用的一款是“柔软织物”（Softknit）。由于它可以向各个方向拉伸，因此被认为是一种“全方向”的衬布。
- **无弹衬布**没有弹性。当需要在服装的某一部分（如衣领）消除面料的拉伸性时，无弹衬布就是一个很好的选择。
- **衬条**防止服装的边缘和缝线拉伸。可以成卷购买（缝线牵条、热熔斜纹带或织物牵条），也可以从衬布上裁下 3/8 英寸到 1/2 英寸的窄步条。（见图 6.51 的（d），了解上衣领口使用的稳定性材料。）

松紧带

松紧带是根据组织结构分类的。**机织松紧带**由机织而成，**针织松紧带**如针织面料一样针织而成。**编织松紧带**则有水平方向的窄罗纹。表 3.2 中展示了不同类型的松紧带。

有些接缝和服装的开口需要使用松紧带，见图 3.9。使用的松紧带类型取决于服装的款式、松紧带的位置以及松紧带与服装的缝合方式。例如，泳衣脚口处的松紧带需要对海水和氯有耐受性，而固定连衣裙边缘的松紧带需要使用轻盈透明的材质，半裙和裤子腰头处的松紧带需要使用 1 英寸或更宽的牢固防卷的松紧带，以保证服装可以稳固地挂在腰上。

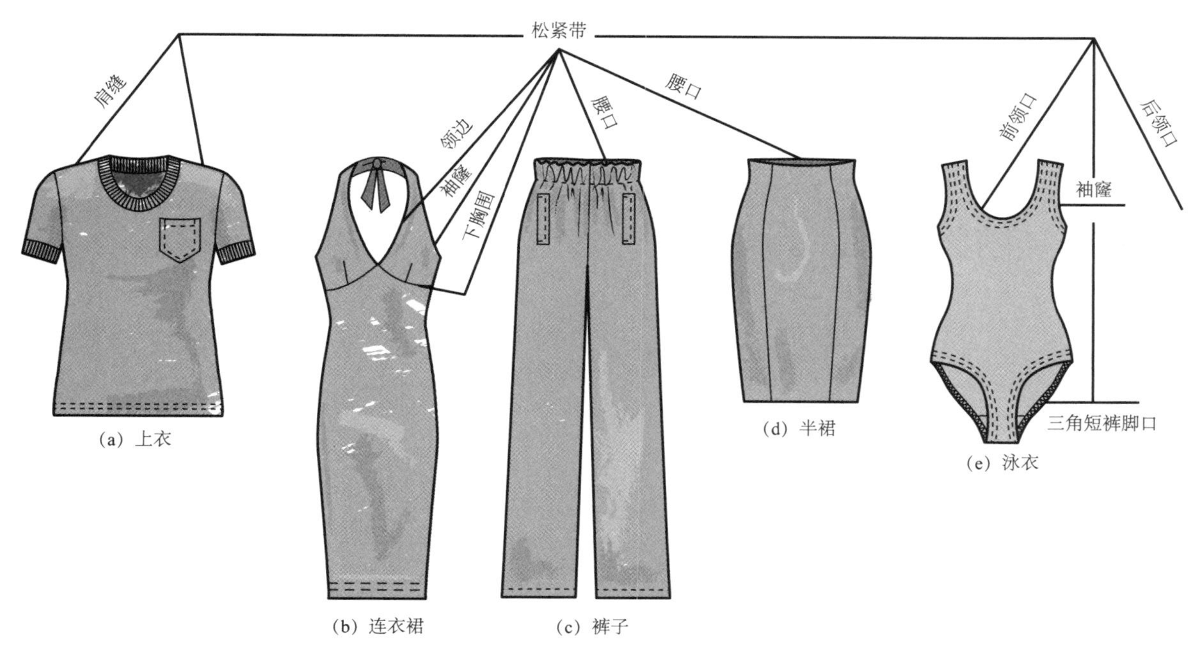

图3.9 针织服装使用松紧带的位置

表3.2 松紧带的类型

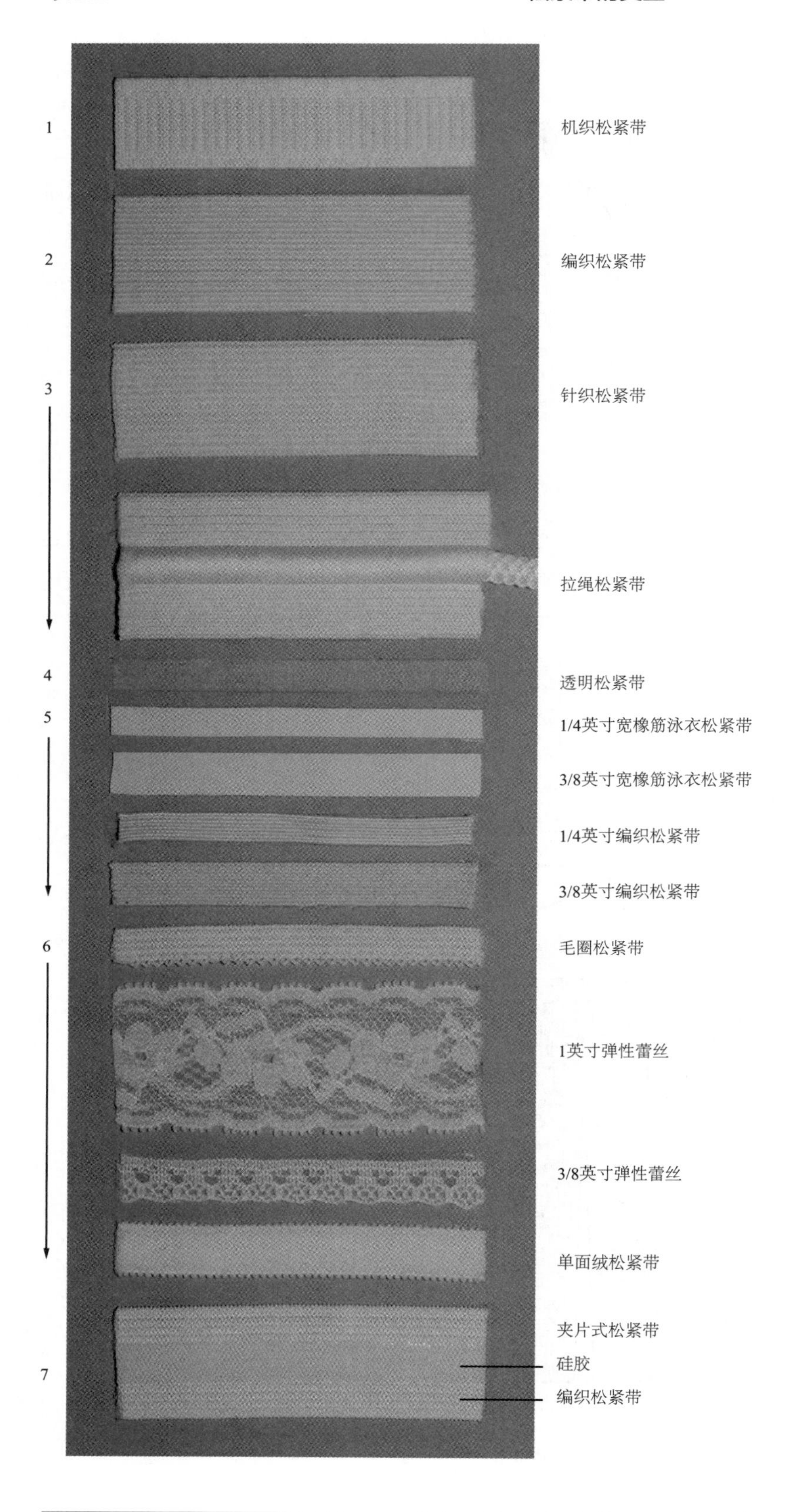
1
机织松紧带
2
编织松紧带
3
针织松紧带
拉绳松紧带
4
透明松紧带
5
1/4英寸宽橡筋泳衣松紧带
3/8英寸宽橡筋泳衣松紧带
1/4英寸编织松紧带
3/8英寸编织松紧带
6
毛圈松紧带
1英寸弹性蕾丝
3/8英寸弹性蕾丝
单面绒松紧带
7
夹片式松紧带
硅胶
编织松紧带

重点3.1:
选择松紧带

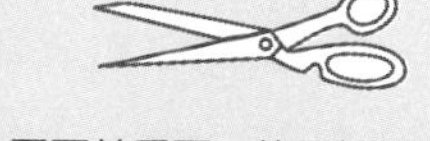

绘制纸样之前一定要选择好松紧带，松紧带的宽度决定了需要为缝纫和翻折松紧带边缘加放的量。表3.3可以帮助你为服装选择出合适的松紧带。

松紧带裁剪的长度对于制衣的成功与否至关重要。使用松紧带时，必须将松紧带裁剪得比服装开口的缝线长度略短（见具体服装款式的章节）。这样可以确保松紧带缝好后平整服帖（肩部松紧带除外）。

表3.3

松紧带表格

松紧带类型	宽度要求	使用位置
1. 机织松紧带 防卷松紧带，可缉明线。 可置于套管内部	3/4英寸～1 1/2英寸 宽度不等 3/4英寸～1英寸	半裙和裤子的腰头 袖口和底边的松紧带镶边 无肩带服装
2. 编织松紧带 质轻、柔软、柔韧性强的松紧带。是3种里最柔软的，拉伸时会变窄	腰头为1英寸或更宽 1/4英寸宽 1/8英寸宽	编织松紧带在套管内会翻卷，因此需要包缝在腰头。 用于泳衣 用于婴儿服装
3. 针织松紧带 柔软而稳定的松紧带，防卷。表面光滑，因此使用时显得比较平整。 拉绳松紧带是一种带有内芯的针织松紧带	3/4英寸～1 1/2英寸 3/4英寸～1英寸	半裙和裤子的腰围线 无肩带服装
4. 透明松紧带 由100%聚氨酯制成。 质量轻，体积小，能够拉伸直原有长度的3倍	1/4英寸和3/8英寸宽	缝合时不拉伸则，用于固定肩缝。 缝合时沿缝线拉伸以便于服装贴合身体
5. 泳衣松紧带 有两种类型：橡皮和编织松紧带	1/4英寸和3/8英寸宽	在泳衣开口处使用1/4英寸宽以防止拉伸。 在比基尼裤的腰口和比基尼上衣的底边使用3/8英寸宽
6. 内衣松紧带 必须柔软不伤皮肤。毛圈松紧带是最常用的类型。 **毛圈松紧带** **弹性蕾丝** **单面绒松紧带**	1/4英寸和3/8英寸宽 腰口和肩带使用3/4英寸～1英寸宽。裤腿使用1/4英寸和3/8英寸宽 使用1/2英寸～1英寸	短裤和吊带背心的松紧带开口 短裤、吊带背心的开口处和松紧带肩带 肩带和嵌入式文胸的下胸围
7. 夹片式松紧带 这种松紧带的中间部分为硅胶，能够贴住身体防止服装滑落	1英寸宽	缝在抹胸或无肩带上衣／连衣裙的上边缘 缝在自行车短裤的底边

纸样

要制作出高质量的服装，必须先制作出高水平的纸样,因为纸样直接影响到衣服的上身效果。制板中的一个步骤就是描线，要确保所有的缝线都能准确吻合。缝合衣片时，当两张样片的接缝长度不等时，你可能会想当然地拉长较短的缝线使其与另一条缝线等长，但这样做就会使服装扭曲（见图 3.10a）。缝线必须要严丝合缝地对齐，服装才能呈现出理想的效果。（见图 3.10.b）

对称和不对称的纸样

服装可以对称，也可以不对称。对称的服装两侧看起来相同（见图 3.11a），不对称的服装两侧不同（见图 3.11b）。服装对称与否会影响纸样的绘制与标注。注意，不对称的条纹无袖连衣裙必须用四面弹针织面料制作，因为面料的纵向和横向都有条纹（见图 4.7 的排料部分）。

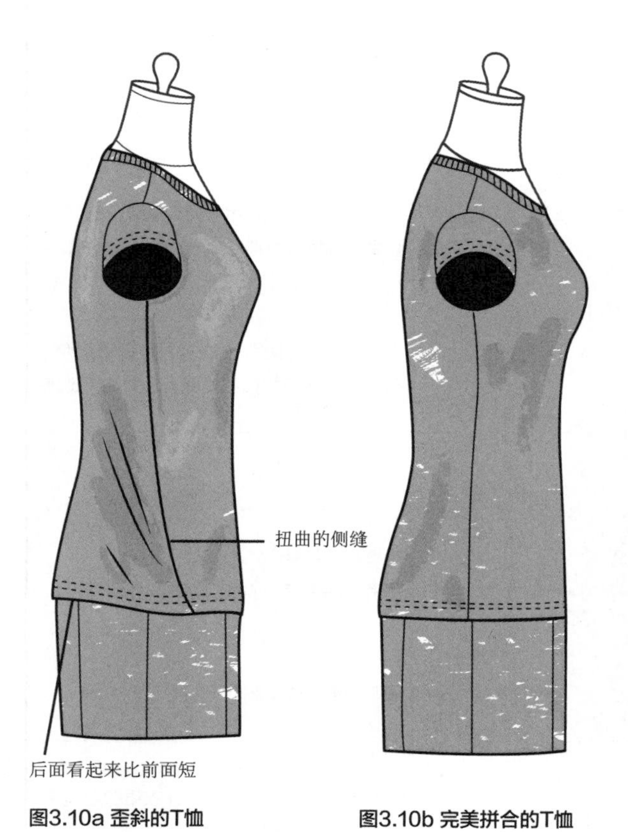

图3.10a 歪斜的T恤

图3.10b 完美拼合的T恤

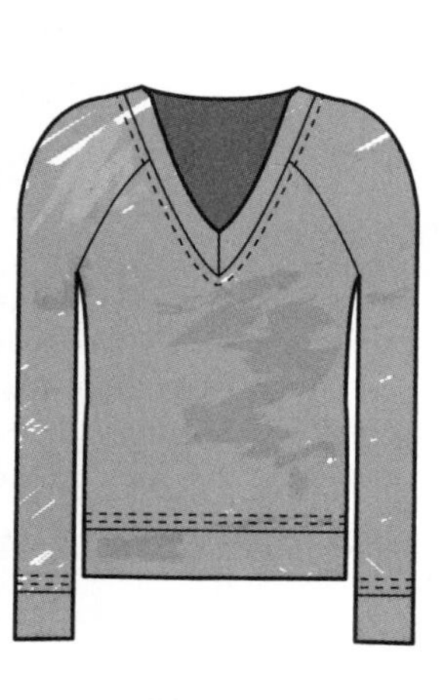

图3.11a 对称的V领插肩袖毛衣

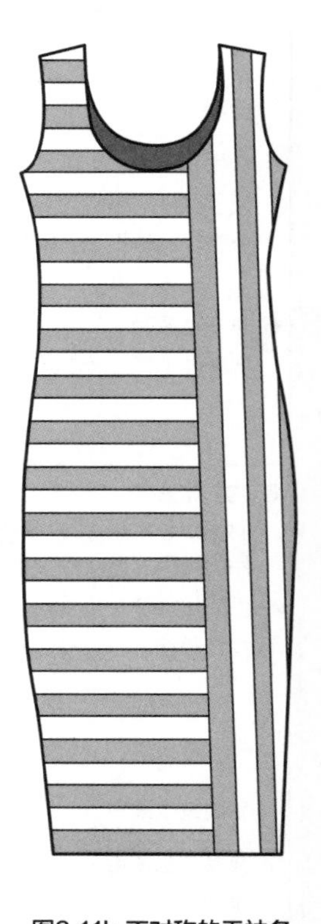

图3.11b 不对称的无袖条纹连衣裙

对称

对称的纸样可以只绘制一半，因为服装的两侧是相同的。可以在折叠的面料上剪裁衣片。图3.12中包含了领圈纸样，但未包含袖口和下摆卷边（hem bands）的纸样，这些部分的绘制方式与领圈相似。图3.12展示了对称的V领运动衫纸样。

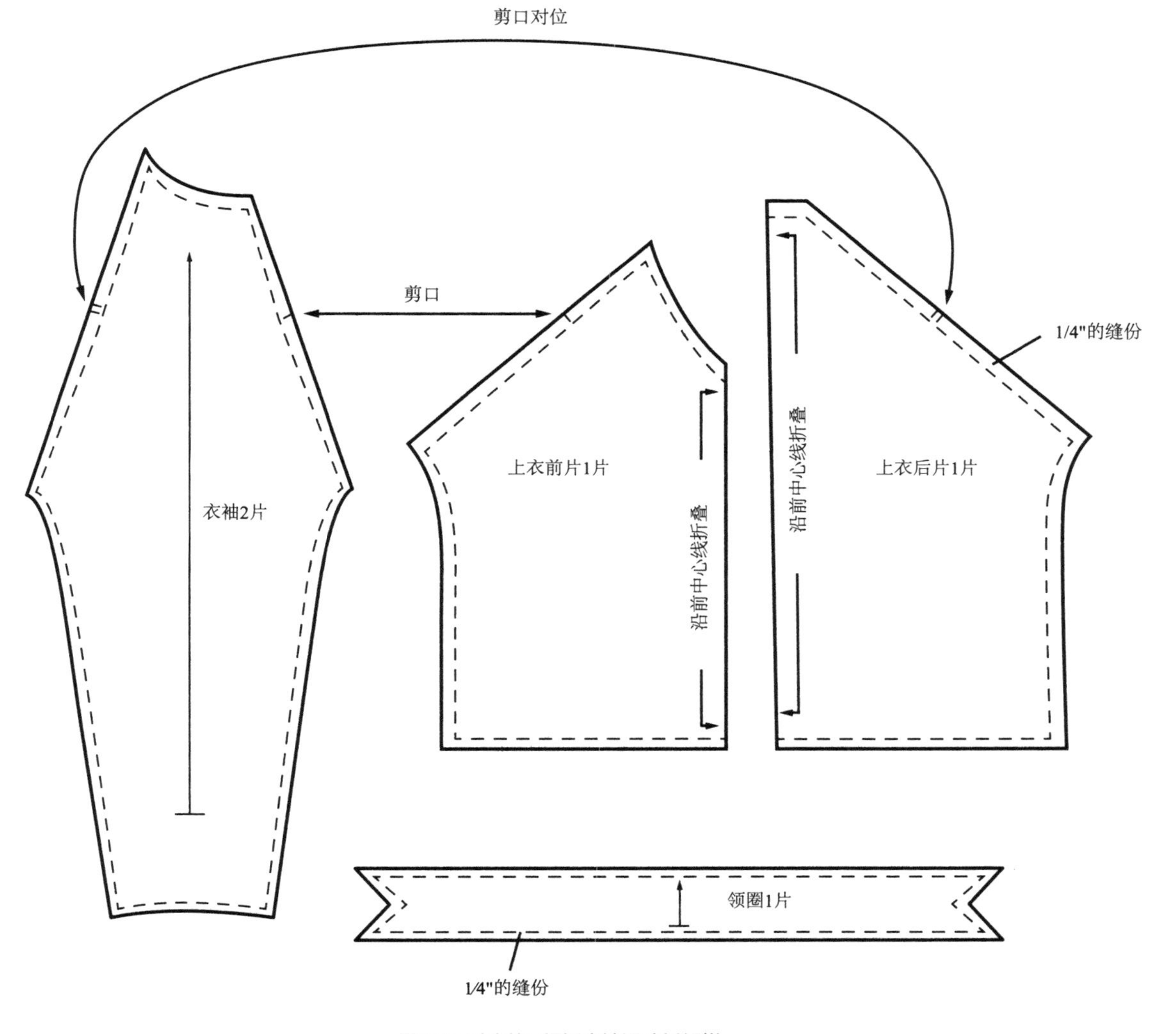

图3.12 对称的V领插肩袖运动衫纸样

不对称

不对称纸样需要绘制出有服装两侧的完整裁片。纸样要标注正面朝上（right side up R.S.U.），以便正确（按照设计）排料。图3.13展示了图3.11b中不对称的无袖条纹连衣裙纸样。

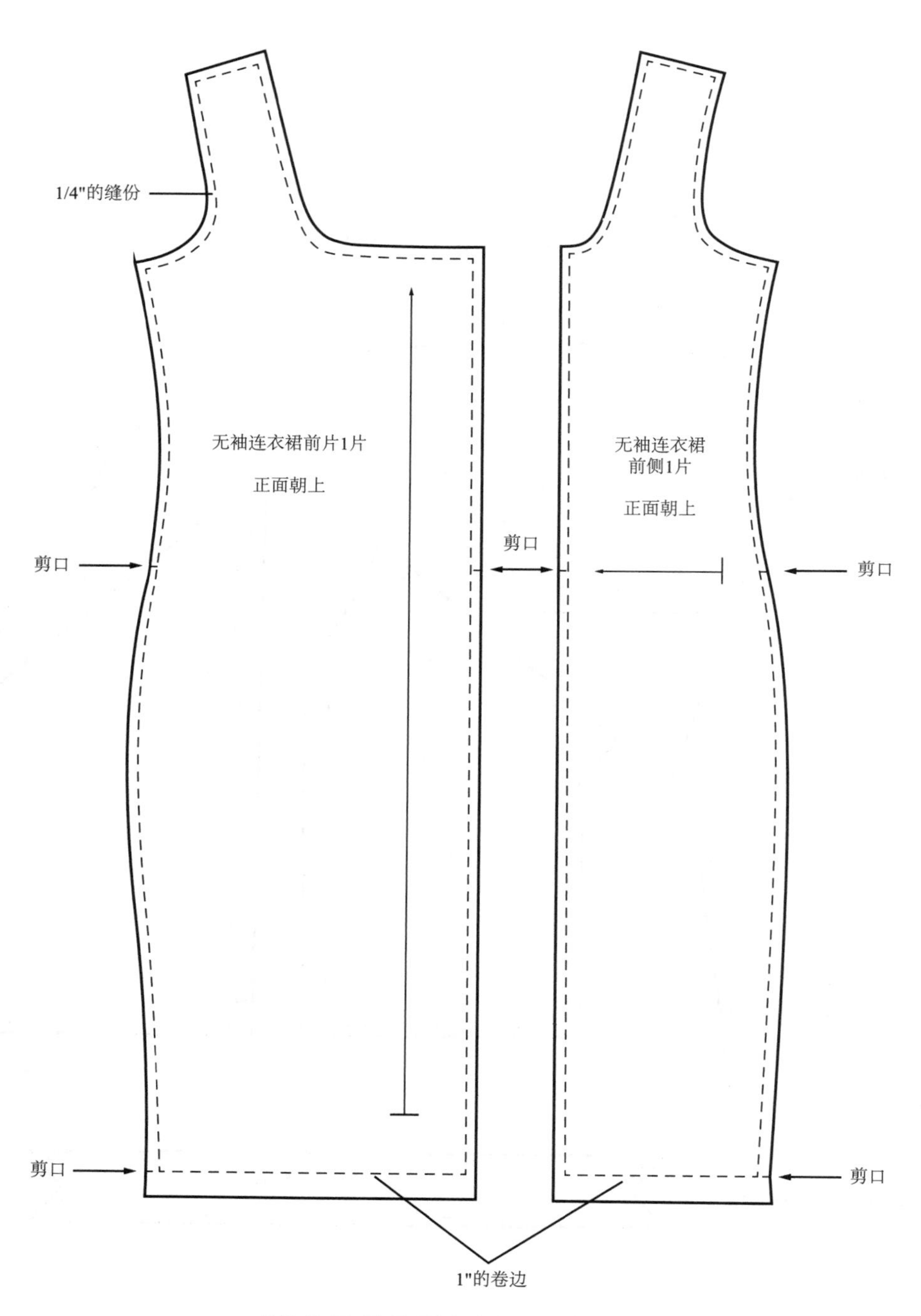

图3.13 不对称的无袖条纹连衣裙的前片和侧片

缝份和卷边

纸样绘制并校样完成后，纸样轮廓线外添加了缝份和卷边，见图 3.12 和图 3.13，原本的轮廓线则变成了缝合线（stitching line）。缝份的宽度各不相同。有些面料精细光滑，而有些则厚重、有纹理，这些都影响了缝份的宽度。一定要用你选用的面料试缝，来确定缝份的准确宽度。

缝份

关于缝份，需注意以下几点。

- 边缘稳定平整的面料需加 1/4 英寸的缝份。
- 如果需要缝制领口、袖口或下摆贴边，需加 1/4 英寸的缝份。
- 用 1/2 英寸的分开缝（open seam）缝纫稳定面料。
- 易卷边的针织面料需预留更宽的缝份，如 3/8 英寸或 1/2 英寸。
- 编织松散易开线的面料可能需留出 1/2 英寸的缝份，这样缝纫起来更容易操作。最终包缝完的接缝大约为 1/4 英寸。

卷边

关于卷边，需注意以下几点。

- 在加放卷边之前，确保纸样的底边光滑平整（见图 3.6a）。
- 上衣、半裙、连衣裙和裤子卷边的平均宽度是 1 英寸（见图 3.13）。
- 确保在卷边绘制了倒伏线。如果忽略此步骤，当你翻折缝纫卷边的时候，就会看起来褶皱（若太短）或累赘（若没有裁掉多余的宽度），见图 3.8。

经向线

针织面料需要进行绒毛排料，所以需要在每块面料上标出顺向经向线。顺向经向线表示纸样置于面料上时必须面向一个方向。如果纸样需要“折叠剪裁”，则可绘出带箭头的经向线，箭头指向纸样的前中心线或后中心线（见图 3.12 中的纸样）。

剪口

剪口代表缝制过程中需要拼合在一起的裁片。在工作纸样上，剪口用垂直于缝线的虚线表示。在针织面料上应尽可能少地使用剪口（见图 3.13）。校样完毕后，用对位器在剪口位置剪出一个 U 型缺口。裁剪面料时，用剪刀在面料上剪出“小豁口”作为剪口标记。

对位点

对位点用于表明在缝纫时哪两点需要对接在一起（见图 6.27a 的船领的对位点）。在图 6.28 中，缝制船领时需将两个对位点对齐。对位点也用于标记口袋的位置。标记对位点时，用锥子锥透纸样，做出小洞的标记。如服装是对称的并且有两个口袋，则不需要区分左右侧（见图 3.14a）；如设计只有一个口袋，则在纸样的一侧标记对位点（见图 3.14b），并写上“仅左侧”（L.S.O., left side only）。

图3.14a 代表两个口袋的对位点

图3.14b 代表一个口袋的对位点

纸样标记

纸样标记可以体现出裁片的名称和需剪裁的面料数量（1片、2片等），见图3.12和图3.13。在生产过程中，裁片也需要标号（如1、2、3等），这样剪裁师便可知道需要裁剪多少衣片。

标记以下内容。

- 标出样片的名称。
- 标出需剪裁的样片数量。
- 标出是否需要裁剪衬布。
- 标出前中心线（C.F.）和后中心线（C.B.）。
- 如果设计对称，在纸样上标出正面朝上（R.S.U.）。图3.13中的纸样是为剪裁图3.11b中不对称条纹连衣裙标记的。

纸样提示3.1：
制板过程

纸样制作得好才能生产出漂亮、合身、畅销的服装。

- 使用浅色、质轻且可以折叠的样板纸。这种纸是半透明的，可以从生产纸样上描出裁片。
- 将合适的原型描绘在样板纸上。
- 制作工作纸样。
- 绘制轮廓和设计线。
- 标出剪口和对位点。
- 在制板过程中绘制经向线。
- 从工作纸样上描出各裁片，不要裁剪生产纸样。
- 如需要可进行纸样操作。
- 校样过程中，添加缝份、卷边和经向线，然后标注纸样。

推档系统阐释

纸样推档是放大或缩小纸样尺寸，同时保持原始纸样的形状、结构平衡（balance）或比例的过程。**母板（master pattern）**是最先制作的用于推档的纸样。根据母板（微弹）可以制作出其他弹性类别的纸样（中弹、高弹、超弹），对应面料的不同弹性类别。面料的弹性越强，纸样就要裁剪得越小。在本书中，我们设定档差为2英寸。2英寸的档差并非是尺寸上的差别，而是面料拉伸能力的差别。面料的拉伸能力越强，纸样就要裁剪得越小。

可以使用尺子、铅笔和推档表（grading plan）在工作台上制作一套推档系统。一旦掌握了方法，就可以运用本章介绍推档技术去进行任何纸样的推档了。

推档坐标轴

推档需建立**推档坐标轴（the grading grid）**，坐标轴由两条相交的直线（水平和垂直）组成（见图3.15）。垂直的直线标为D。字母/数字刻度也标记在水平线上，见图3.16。借助推档坐标轴，可以**正向（positive direction）**移动来**放大**纸样（对于弹性较小的面料）或**负向**移动**缩小**纸样（对于弹性较大的面料）。

每一章都会在推档时清楚地规定出要使用的刻度，并为推档的每一步提供清晰的图示（见表3.4）。

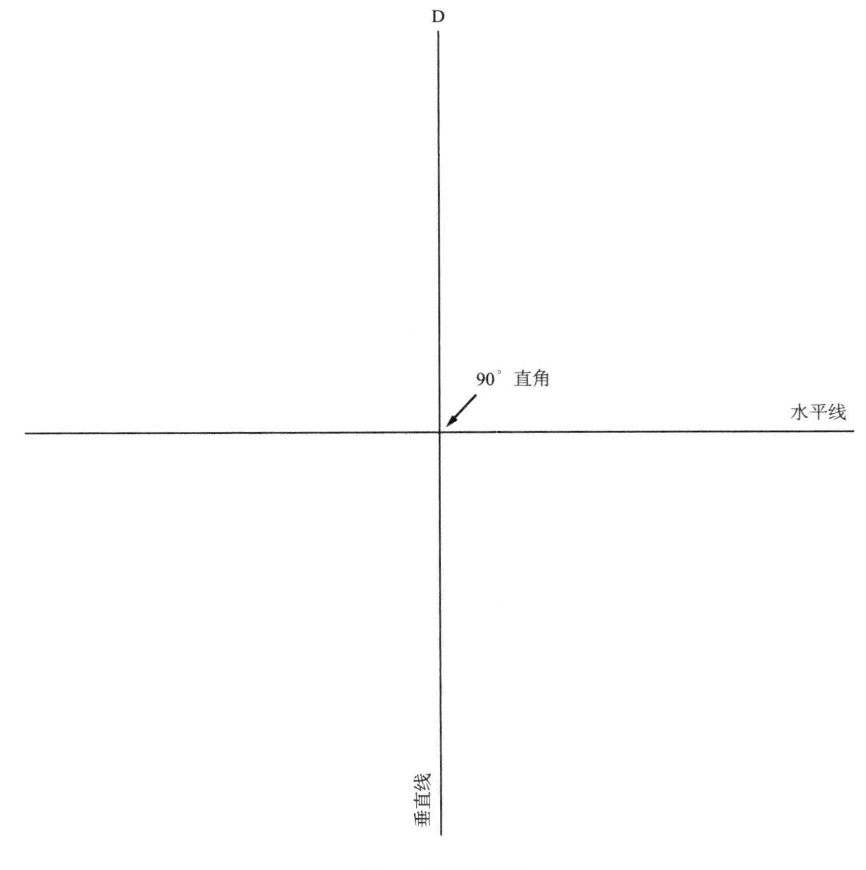

图3.15 推档坐标轴

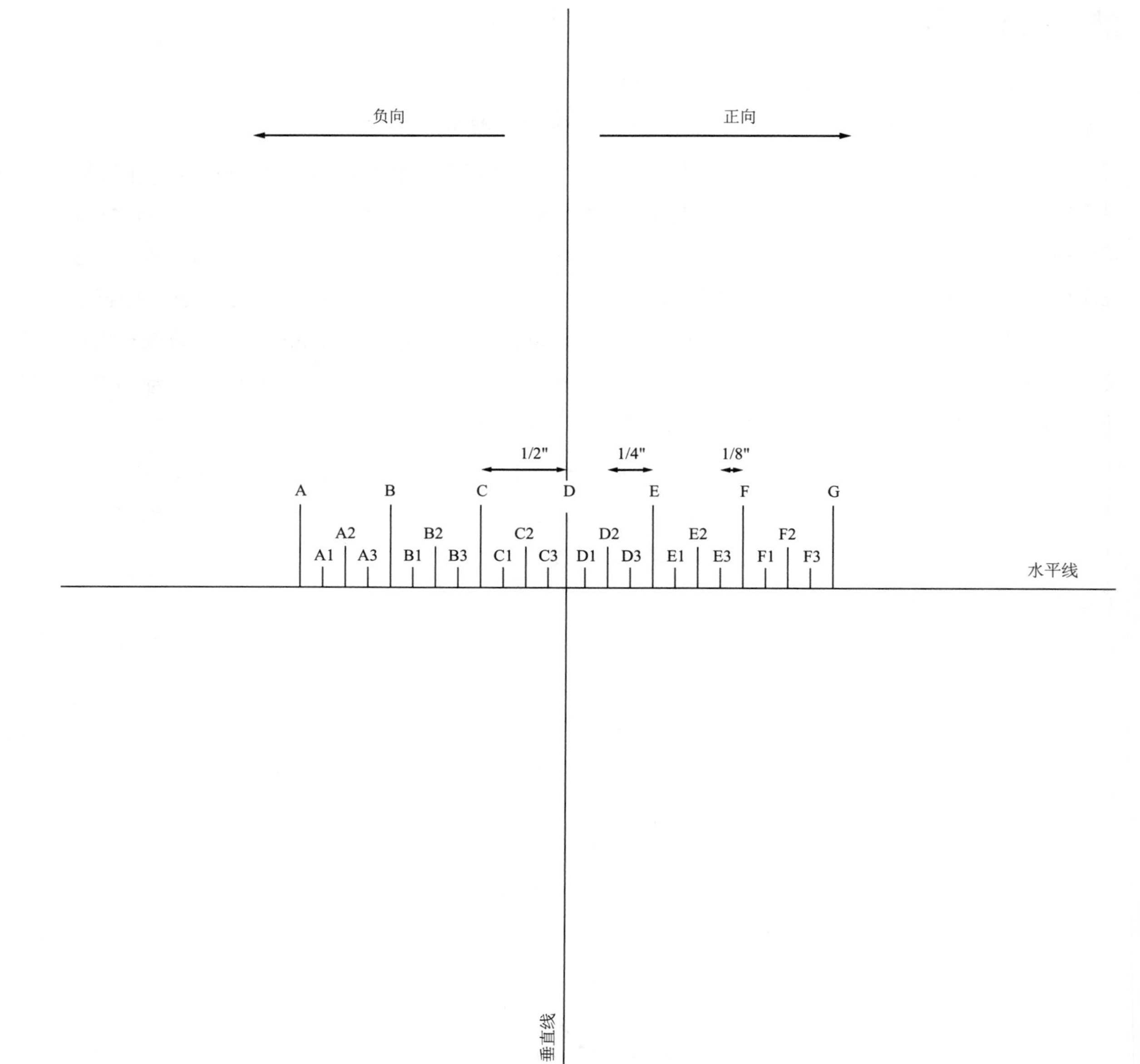

A-B-C-D-E-F-G = 1/2英寸递增

A-A2-B-B2-C-C2-D-D2-E-E2-F-F2-G = 1/4英寸递增

A-A1-A2-A3-B-B1-B2-B3-C-C1-C2-C3-D-D1-D2-D3-E-E1-E2-E3-F-F1-F2-F3-G = 1/8英寸递增

图3.16 推档坐标轴上标注的推档量度

表3.4

推档量度表

正向推档				
总衣长增加	1/4衣长增加	肩宽增加	袖山增加	袖肥增加
2英寸	1/2英寸 (E)	1/4英寸 (D2)	1/8英寸 (D1)	1/4英寸 (D2)
3英寸	3/4英寸 (E2)	3/8英寸(D3)		3/8英寸 (D3)
4英寸	1英寸 (F)	1/2英寸 (E)	1/4英寸 (D2)	1/2英寸 (E)
5英寸	1¼英寸 (F2)	5/8英寸 (E1)	3/16英寸	5/8英寸 (E1)
6英寸	1½英寸 (G)	3/4英寸 (E2)	3/8英寸 (D3)	3/4英寸 (E2)
负向推档				
总衣长减少	1/4衣长减少	肩宽减少	袖山减少	袖肥减少
2英寸	1/2英寸 (C)	1/4英寸 (C2)	1/16英寸	1/4英寸 (C2)
3英寸	3/4英寸 (B2)	3/8英寸(C1)	1/8英寸 (C3)	3/8英寸 (C3)
4英寸	1英寸 (B)	1/2英寸 (C)	1/4英寸 (C2)	1/2英寸 (C)
5英寸	1¼英寸 (A2)	5/8英寸 (E1)	3/16英寸	5/8英寸 (E1)
6英寸	1½英寸 (G)	3/4英寸 (B2)	3/8英寸 (C1)	3/4英寸 (B2)

水平公共线

水平公共线（The Horizontal Balance Line，缩写为 HBL）在推档中起到参考与对位的作用。公共线绘制在用于推档的纸样上，与前／后中心线垂直。HBL 的位置取决于推档的服装。但无论 HBL 位于哪里，推档方法都相同。在图 3.17a 中，HBL 是下装基础纸样中的臀围线。而在图 3.17b 中，HBL 位于衣大身（衣身基础纸样）的前片中部，与袖窿深线重合（根据尺码推档时，HBL 的位置可能与此处所述不同）。

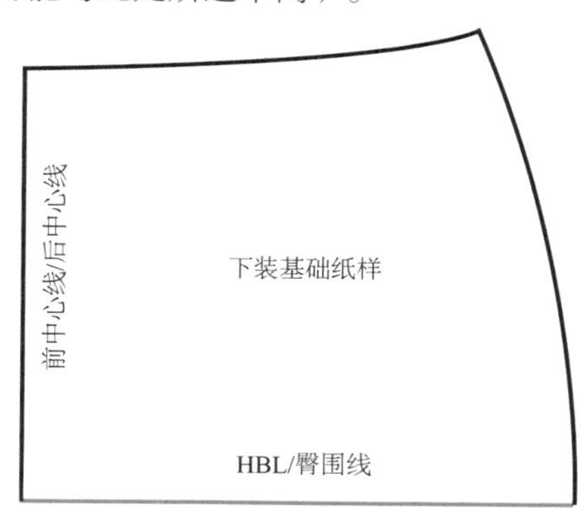

图3.17a 臀围线是水平公共线

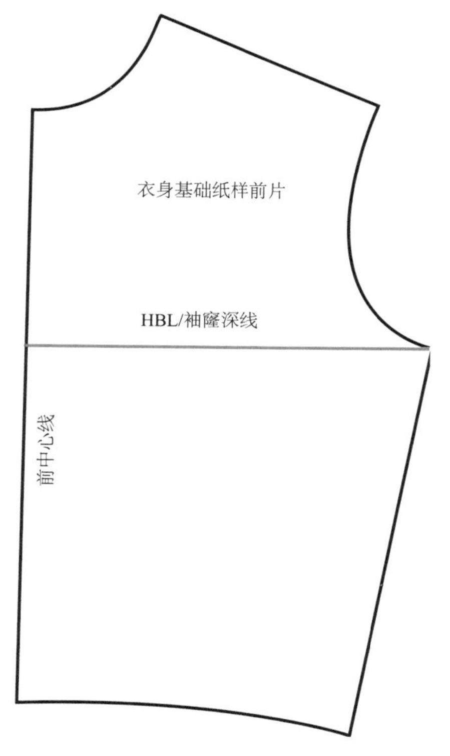

图3.17b 腋下线是水平公共线

如何推档

1. 确保推档使用的是边缘光滑（而非边缘粗糙不平整）的黄板纸。样板纸过于轻薄，不适合推档，因为用软纸描线容易出现误差。
2. 在母板上的 HBL 和前／后中心线相交的地方标记 X。
3. 将原型 X 与 D 和水平线对齐，描出原型。原型轮廓只是为了对比原有轮廓与推档的轮廓。如果推档有误，则可以很明显看出错误。
4. 使用母版依次推档，将母版沿垂直线 90° 方向正向或负向移动。将 X 移动到相应字母／数字的位置，使得 HBL 与水平线重合。然后描出相应的纸样部分，见图 3.18 和图 3.19。推档坐标轴上的所有纸样都推档、描绘完毕后，便得到了一套**分档纸样体系**（见图 5.36）。很多商业纸样就是这样出售的。

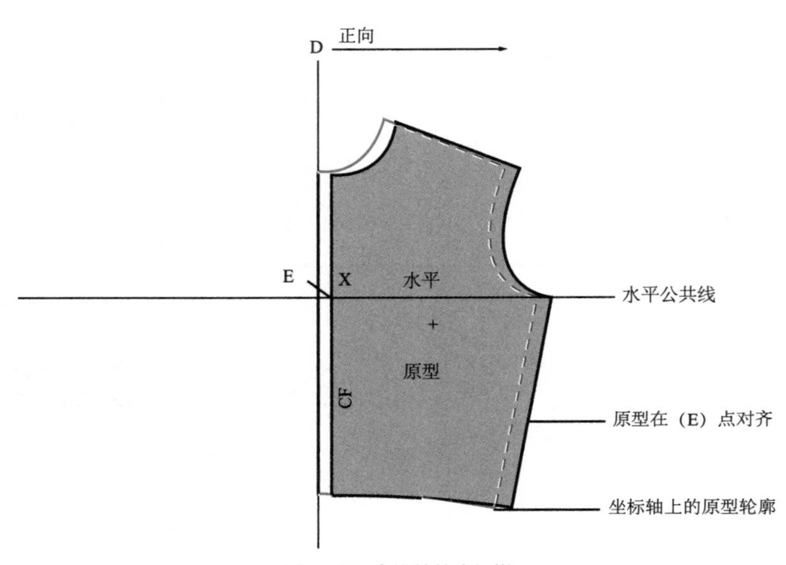

图3.18 正向推档放大纸样

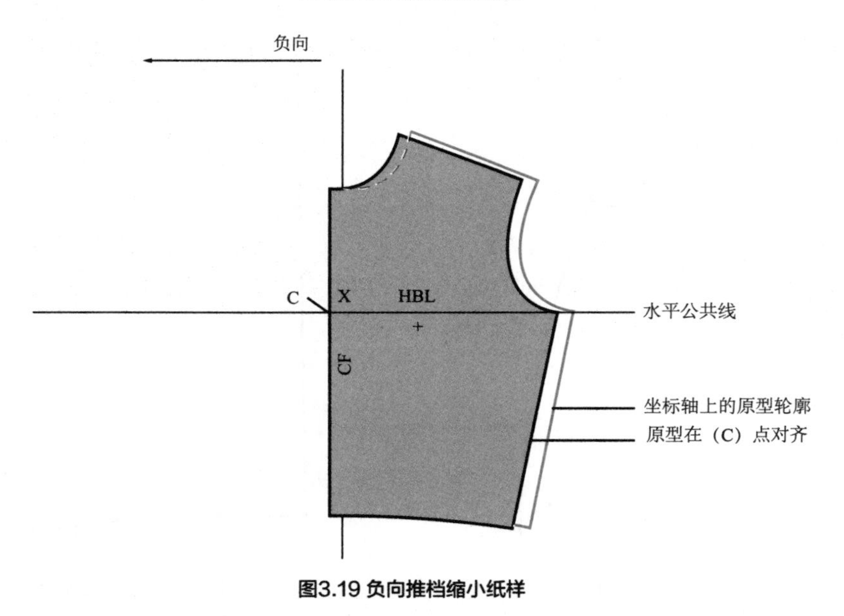

图3.19 负向推档缩小纸样

5. 然后可以从分档纸样系统上描绘出各个纸样。

小结

下面总结了本章中所讲的针织面料制板知识。

- 使用正确的制板工具可以使制板过程更轻松。
- 高质量的制板工作包括描线、圆顺弧线和拉齐不等长的缝线，以绘制出平滑的过渡线条。
- 衬布、稳定胶带和松紧带都是服装缝制过程中会用到的稳定性材料。
- 纸样**必须**绘有纵向线、标出剪口对位点，标注文字，以体现如何裁剪面料。

停：遇到问题怎么办

……我没有进行纸样描线，会有什么影响？

描线非常重要，因为它可以帮你绘制出正确的角度、接缝长度、圆顺带角度的缝线、拉齐长度不同的缝线等。

……我如何运用本章的推档方法为我自己的纸样进行不同弹性类别的推档？

你可以使用这一套推档技术来为任何纸样进行不同弹性类别的推档。面料拉伸能力差时，对你的纸样进行正向推档来扩大纸样尺寸。

自测

1. 工作纸样为何重要？
2. 解释图 3.10a 和图 3.10b 中两件 T 恤的不同点。
3. 为什么要绘制经向线、标记裁片？针织面料需要什么样的经向线？
4. 松紧带是制作针织服装的必需品，任何面料都可以使用任意一种松紧带吗？
5. 图 3.9 中的各类服装需要使用哪种松紧带？（见图 3.2 和图 3.3）
6. 产品生产的哪个阶段要求设计师为服装选择合适的松紧带类型和宽度？
7. 针织面料是否对衬布有特殊要求？如果有，为什么？
8. 为了确保松紧带缝好之后足够平整，需要裁剪到什么长度？

   ________ 裁剪得比缝线长。

   ________ 裁剪得比缝线短。

   ________ 裁剪得与缝线等长。

重点术语

不对称纸样
编织松紧带
顺向经向线
四面弹衬布
分档纸样体系
推档坐标轴
水平公共线
针织松紧带
母板
对位点
负向
负放松量
推档
正向
正放松量
稳定性材料
对称纸样
双面弹衬布
工作纸样
机织松紧带

第4章 针织面料的排料、裁剪与缝纫

能否按照针织物面料的纹理进行排料裁剪会直接影响服装的上身效果，因此排料与裁剪是服装设计师的必备技能。面料是平纹布、结子布还是印花布，图案是有规则的印花、条纹还是格纹，都会影响我们对面料的裁剪。优秀的制板清晰标注了排料和裁剪中需要的信息。设计和面料必须要相互契合。

排料与裁剪工具

直角尺和卷尺是进行排料裁剪的必备工具。此外还需用到以下工具（见图 4.1）。

1. 面料剪刀：8 ~ 10 英寸、刀刃锋利的面料剪刀。
2. 轮刀：直径 1¾ 英寸（1¾ 表示 $1\frac{3}{4}$ 英寸，此形式类同）的轮刀可将布料剪裁成直线、长条或几何形状，直径更小（1 英寸）的轮刀可裁剪出更紧凑的曲线。
3. 压铁：用小而重的物体将纸样压在面料上。这样的压铁可以专门购买，也可以用身边的重物来代替（如门挡或者罐头）。
4. 大头针：大头针可将柔软的纸样固定在面料表面。有时也在缝纫或试样前，用于临时别住接缝，或在缝纫前将口袋固定在 T 恤上。

- 使用珠针或超细大头针，避免钩破面料。
- 扁平花型大头针可用于编织松散的面料，这种顶部为花状的大头针长约 2 英寸、不易从织物的缝隙里脱落。

5. 织物记号笔：用于将黄板纸纸样勾勒在面料的表面，或者用于转移纸样内部的细节，如口袋、纽扣的位置等。应根据面料颜色选择显眼的记号笔。

- 点位褪色笔（chaco marker）笔迹精细，且易于擦除。
- 划粉不会留下永久的痕迹，可轻易擦除，但笔迹较粗。
- 水消笔和气消笔的笔尖较精细，可绘制精细线条，笔迹可以在 24 到 72 小时之内消褪。

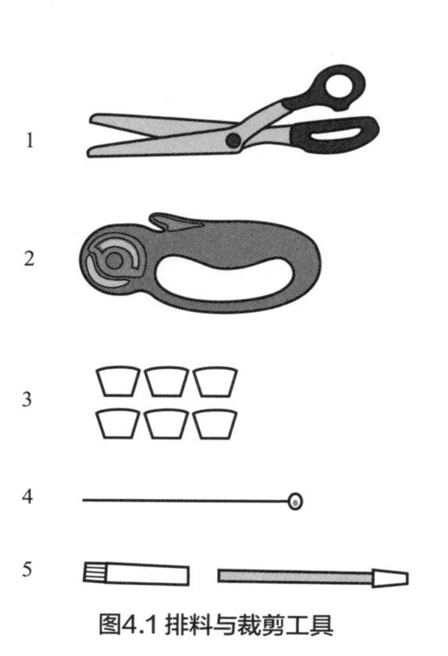

图4.1 排料与裁剪工具

面料准备

在进行排料、描样[1]和裁剪之前，应先仔细检查面料（见图 4.2），步骤如下。

- 确定面料是否有正反面。平纹单面针织布（Jersey）和经编布（tricot）有着明显的正反面。有些面料的两面看起来完全相同。确定好正反面后，用划粉在面料反面标上 X。
- 仔细检查面料是否有钩丝（snag）等疵点（flaws），有疵点的地方可以用美纹纸胶带标记，裁剪时避开瑕疵部位。
- 仔细检查布料是否有走纱（runs）的情况，有时线头会从最后一针处脱开。向两个方向轻轻拉扯布料，观察针脚是否会像尼龙袜一样出现走纱，如有走纱，则把纸样的下摆置于易走纱的一端[2]。
- 检查面料是否有条纹、格纹、花案或其他规则的纹样需要衔接。如果有，在排料的时候要花费更多时间将面料的纹样衔接妥当。

预缩处理

所有面料遇水后都会出现不同程度的缩水（棉织物尤为明显），因此需要在处理面料之前对其进行预缩处理。

1. 不要使用洗衣剂。
2. 使用冷水，反复漂洗。
3. 用烘干机烘干，或平摊晾干。

对于“只可干洗”的面料，应采取以下方法进行预缩处理。

1. 将熨斗悬于面料上方，向整块面料喷射蒸汽。
2. 在面料完全干燥之前，不要移动面料。

面料熨烫

在制衣过程中很少需要熨烫面料，但是有时确有必要。

- 从面料的反面进行熨烫；如果从正面熨烫，应使用垫布隔离，以免留下烫痕。

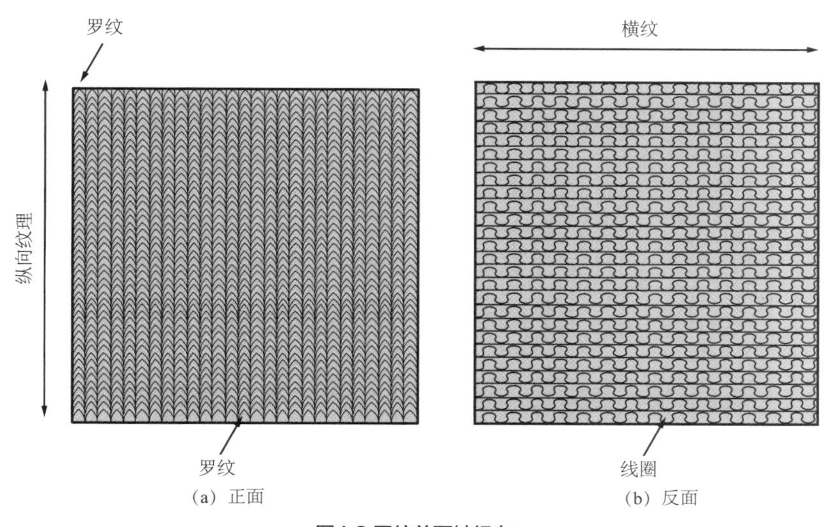

图4.2 平纹单面针织布

---

1 亦称划样——译者注。

2 Keith Richardson, Designing and Patternmaking for Stretch Fabrics（New York: Fairchild Books, 2008）, 19. 书中提到，下摆与领口相比受到的拉伸最少，因此将易走纱的截断处置于此端最为合适——译者注。

- 熨烫时采取熨烫－提起－熨烫的动作，避免面料拉伸变形。
- 如果缝纫过程中出现缝合线拉伸变形的情况，蒸汽熨烫可以帮助缝合线恢复原状。

沿纹理裁剪面料

见图 4.3，先沿纹理裁剪合适的面料码数（yardage），再将样片置于面料上。面料必须沿纹理裁剪，四角应为 90° 直角。

沿纹理裁剪面料需按照以下步骤。

1. 将面料平摊于工作台上。
2. 沿一条清晰明显的**罗纹**纵向裁剪面料（左右两侧都是如此）。罗纹是一列小小的 V 型针迹。记得要剪去布边（用尺子画一条线或目测裁剪）。对于没有罗纹的面料（如拉舍尔、网眼布和弹性蕾丝），可以用锋利的面料剪刀裁掉布边、顺直边缘。
3. 沿横纹裁剪时，在面料的反面沿线圈裁剪，也可以用直角尺和划粉沿横纹画出一条线。
4. 完成前面几步之后，如果面料未形成 90° 角的正方形，则可沿对角线方向拉伸面料，对齐四角。

需要进行绒毛排料的面料

绒毛面料反光效果不同，因此有着明显的色差。毛巾布、拉绒布、弹性天鹅绒和抓绒面料都有凸起的绒毛，属于绒毛面料。向一个方向轻抚时，表面感觉很顺滑；向相反方向轻抚时，表面

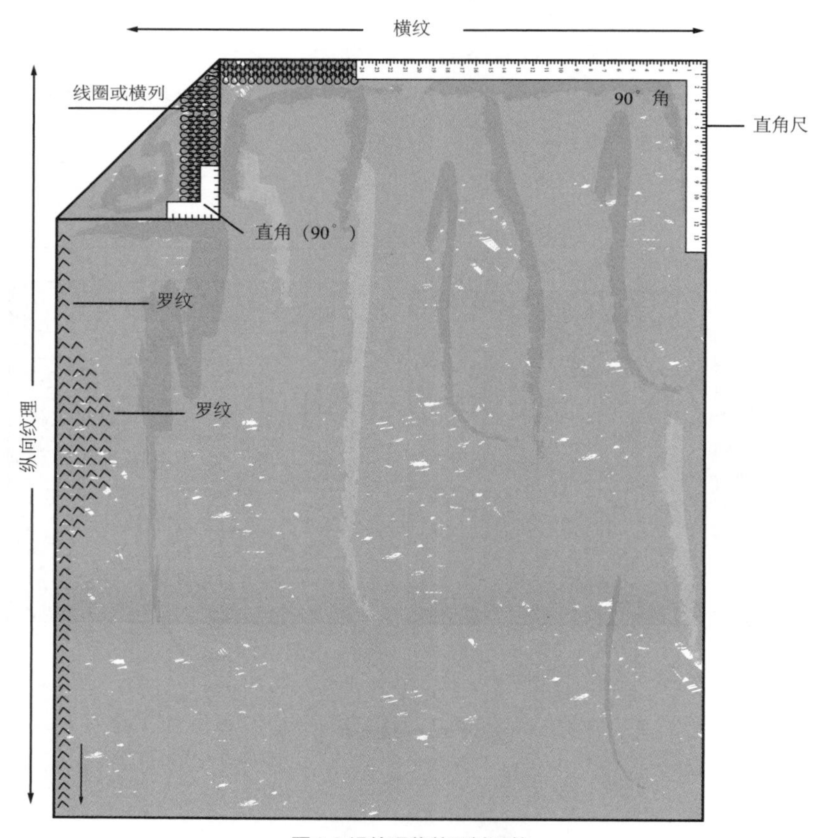

图4.3 沿纹理裁剪面料码数

则感觉粗糙。沿面料纵向往上和往下看时，会有轻微的色差。因此，此类面料需要进行绒毛排料来保证颜色的统一（见图 1.7）。**绒毛排料**时，每一张样片的顶部都要沿相同的方向朝向面料同一侧的边缘。排料时要参考纸样上的顺向纵向线。

制板小窍门4.1：
零损耗纸样裁剪技术

时装行业从业者现在对资源浪费的问题越来越关注，制作一件服装会产生15%的废弃面料，都堆积在工厂的地面上。这样既不环保，也不经济。废布碎料的解决办法之一是“零损耗设计技术”[3]。这是一个整体的设计过程，通过制作零损耗纸样，让纸样填满整个面料区域，将浪费减到最少。这意味着对最终设计要持一个开放的态度，因为纸样形状可能在这个过程中出现变化。使用针织面料时，零损耗纸样剪裁技术还面临另外一个挑战。因为针织面料有色差，排料时纸样需面朝同一个方向。这个问题在“需要进行绒毛排料的面料”部分也已经提到。（见“停：遇到问题怎么办”，讨论是否可能沿不同方向排料。）

沿纹理排料

这一部分的内容主要展示单侧纵向折叠面料、双侧纵向折叠面料、单层展开面料、环状／管状织物和有图案的、方格、条纹、不规则形状面料的裁剪方式。所有样片都必须沿纹理置于面料上，不沿纹理放置会导致试身时服装变形等问题。在这部分不会使用零损耗设计技术。这里介绍的排料技术主要是剪裁坯布作为原型试样，不适合使用零损耗裁剪技术。但是，可以留意一下如何排料以及如何循环使用废布碎料。

以下是一些关于纸样排列的小提示。

- 如面料起皱或起褶则需要先熨烫。
- 一般来说，应将纸样放置于面料的反面。但如果要看清罗纹（或接合条纹、方格面料），则应将样片置于面料正面。
- 将纸样置于面料上时，弹力方向应环绕身体。
- 纸样的经向线应与面料的直边（straightened fabric edge）或折边平行。
- 如需要，可在折叠面料或单层展开的面料上排料。

单侧纵向折叠面料

见图 4.4 和图 4.5，在单层纵向折叠面料上排料时，可以将一张衣片（garment piece）置于折线上或折线附近，并将另一张样片与其相邻排列。这种排料方式很适合裤子或开襟毛衫的剪裁。

1. 沿一条罗纹折叠面料。用大头针沿折线固定住罗纹。两侧的纵边顺直（方法见前文）、对齐后，面料便自动沿纹理纵向折叠了。（如果找不到罗纹来折叠面料，可将纸样置于单层面料上。）
2. 排料时将纸样的经向线沿面料纵向放置，使用卷尺确保经向线与折叠线平行。

双侧纵向折叠面料

见图 4.6，当前片和后片纸样都需要置于折叠面料上时，可选择双侧纵向折叠法进行排料。

1. 将两条纵边向面料中心折叠。
2. 测量两侧的距离，保证纵边到折线的距离相同。
3. 将前片和后片的中心线置于折叠线上并用大头针固定。

3 “The EcoChic Design Award Zero-Waste Design Technique,” accessed September 3, 2015.

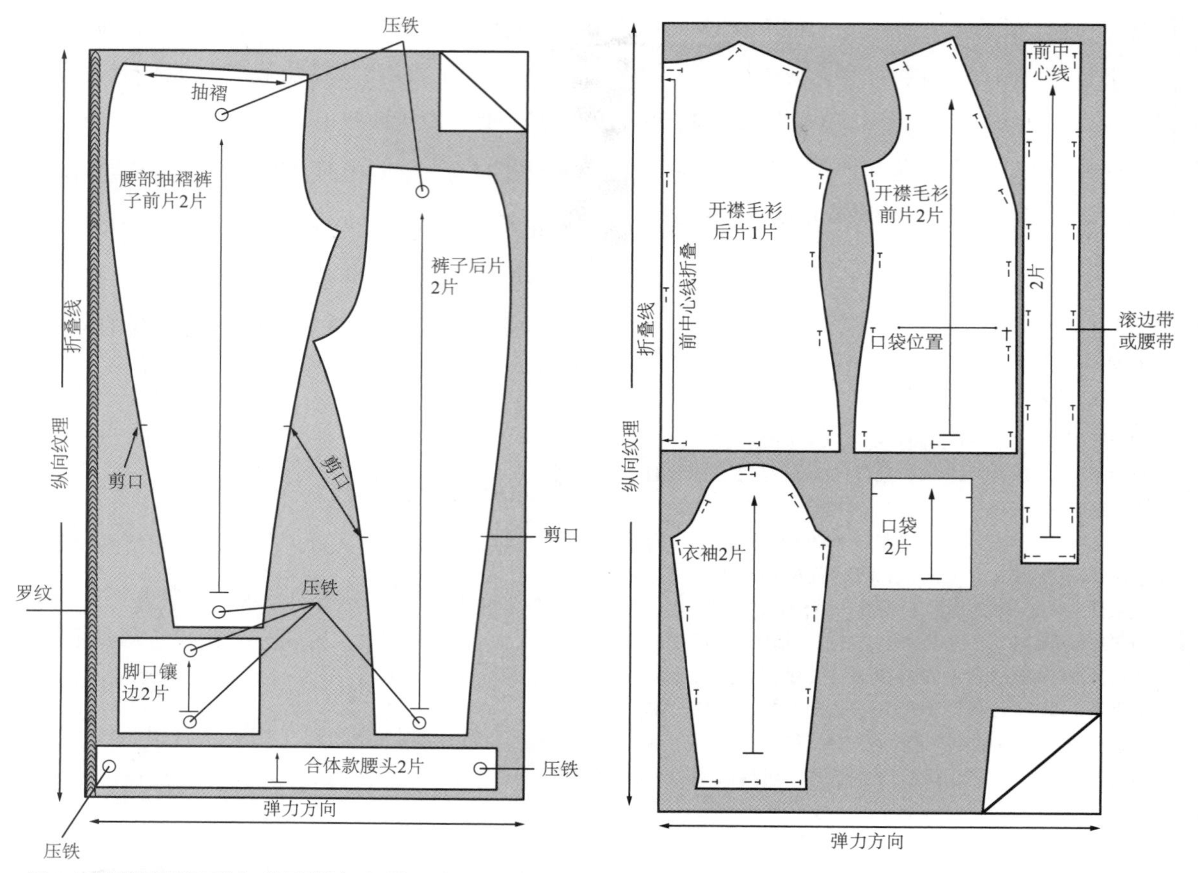

图4.4 单侧纵向折叠面料：裤子排料，纸样见图10.45a～图10.45c。

图4.5 单层纵向折叠面料：V领开襟毛衫排料，纸样见图8.16a和图8.16b

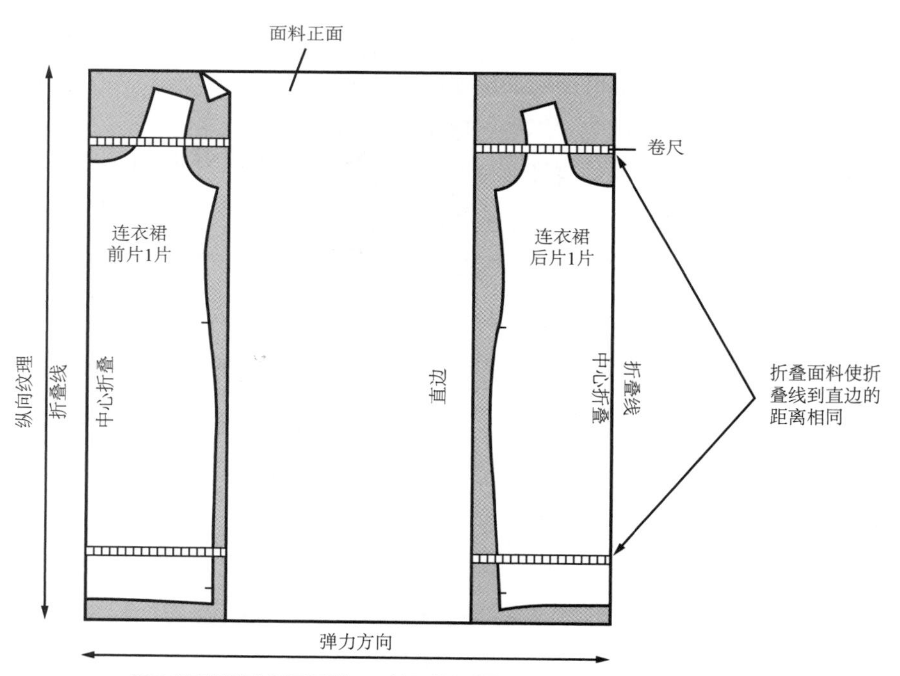

图4.6 双侧纵向折叠面料：无袖吊带裙排料，纸样见图7.7a

单层展开面料

见图 4.7，当款式不对称时，应在单层面料上排料。同时裁剪条纹、格纹面料，或带有重复印花、需要对位（matched on seams）的面料时也应使用该方法。

1. 将纸样正面朝上（R.S.U）置于面料正面。
2. 纸样纵向线与面料直边平行。
3. 对于条纹面料，将侧缝处的条纹对齐，如排料图所示。

圆筒形／管状织物

圆筒形或管状织物的折线是两条永久折痕。一定不要将样片置于折痕上，因为折痕通常是永久性的。

1. 沿一条折痕裁剪，将面料展开为单层。
2. 面料洗水后将折痕熨烫平整。
3. 避免将任何纸样置于折痕上，因为折痕会在成衣上显现出来。

不同排料方式：连续纹样、格纹、条纹面料

对于连续纹样、条纹、格纹面料，排料时必须将样片置于面料上，使其在缝线处完美衔接。这样可以确保面料设计在整个服装上都是完整的。

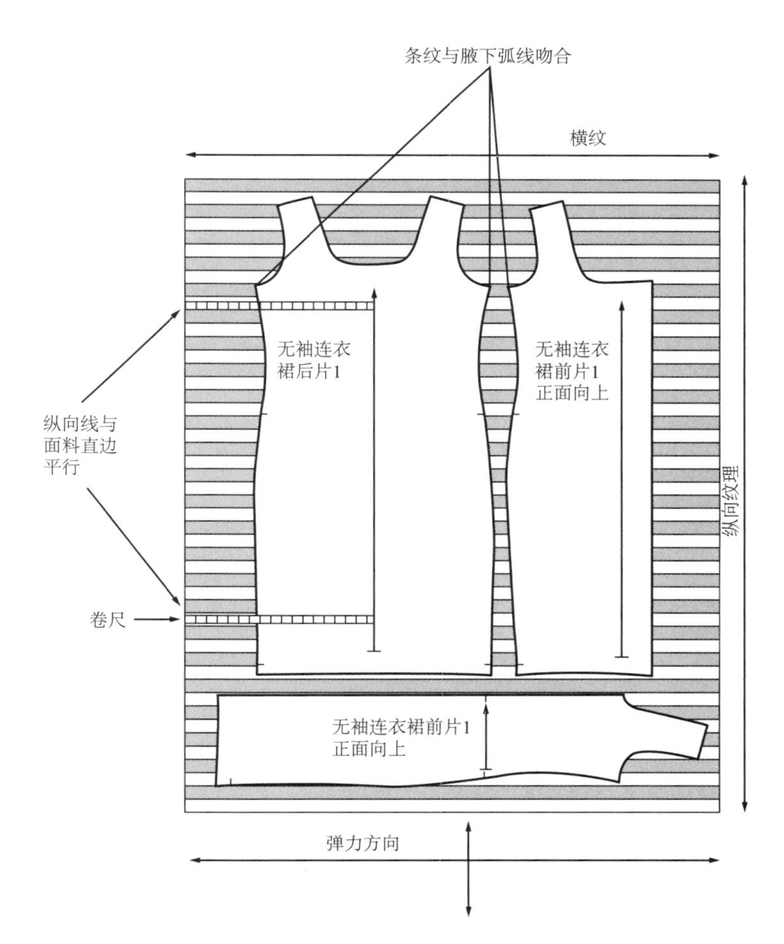

图4.7 单层展开面料：图3.11中不对称无袖圆领条纹裙排料

连续纹样

见图 4.8，使用带有连续纹样的面料时，需要多留出一些码数。测量连续纹样图案顶点到再次出现的图案相同位置的长度。将这个数量加入到所需面料码数中。将纸样置于单层展开的面料上。

1. 将前片中心线置于图案中心。
2. 如样片并排排列无法使连续纹样合理衔接，可以通过下落差排列前片。下落差排列指将前片置于略低于后片的位置，由此匹配面料纹样。

图4.8 连续纹样排料

格纹面料

图 4.9 所示为格纹面料排料。

1. 仔细地将纸样置于单层面料上，使缝线（前后袖窿深线 / 侧缝交点）在水平方向上排列整齐。同时肩缝位置垂直方向的格纹也要排列整齐。
2. 将底边置于清晰明显的格纹边缘（而不是格子中间）。

条纹面料

条纹面料可以在单层展开或折叠面料上进行排料。在图 4.7 中，不对称条纹连衣裙的纸样是置于单层展开面料上的。对于面料尺寸在一码以下的服装，可在双侧纵向折叠面料上为短袖条纹 T 恤排料，见图 4.10。

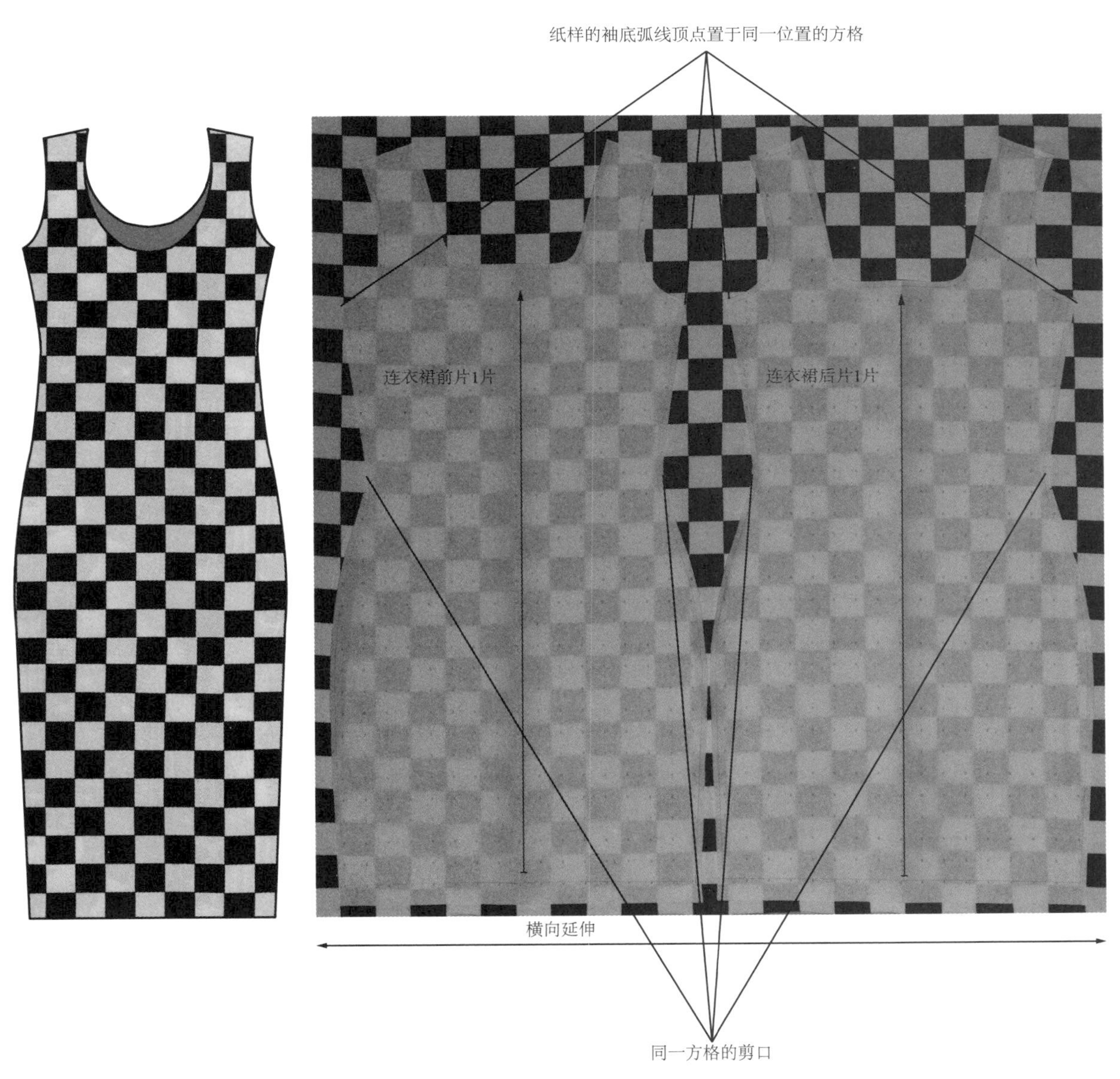

图4.9 格纹面料排料

1. 将服装纸样置于折叠面料的前中心线和后中心线上，将腋下角（underarm tips）落在同一条条纹上，以便在侧缝处对齐。

2. 将衣袖的腋下角（tip of sleeve underarm）与前后衣身的袖窿深线置于同一条条纹上，见图4.10，图中两个袖片是单独裁剪的，因为这样排料更加经济。

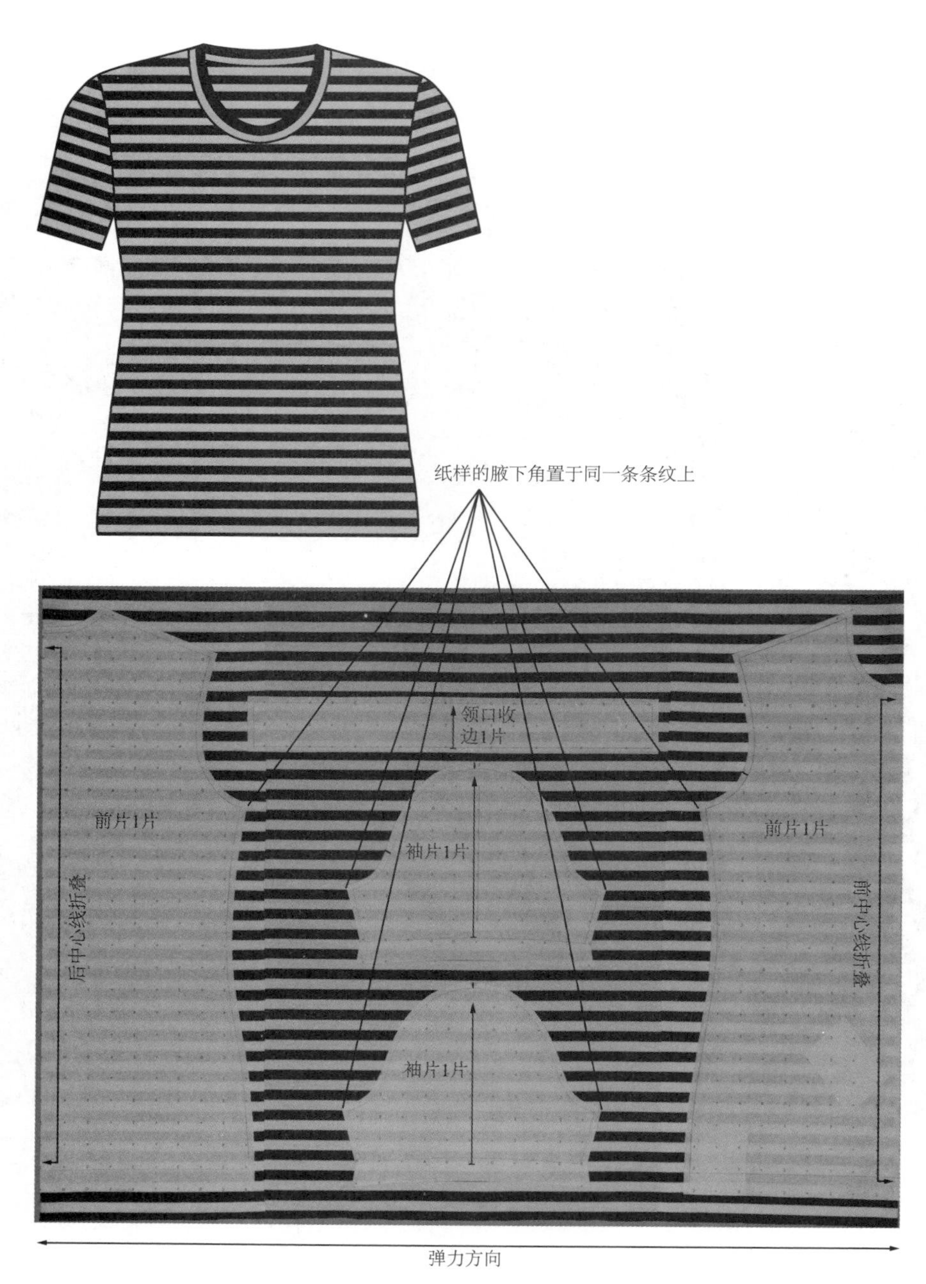

图4.10 条纹面料排料

不规则织物排料

歪扭的面料和“未沿纹理”（off-grain）的面料属于不规则织物（askew）。

1. 不要根据布边或纵边确定纵向纹理。
2. 沿纹理裁剪面料边缘或沿罗纹折叠面料，见图4.11。
3. 排列并裁剪衣片（fabric pieces）。

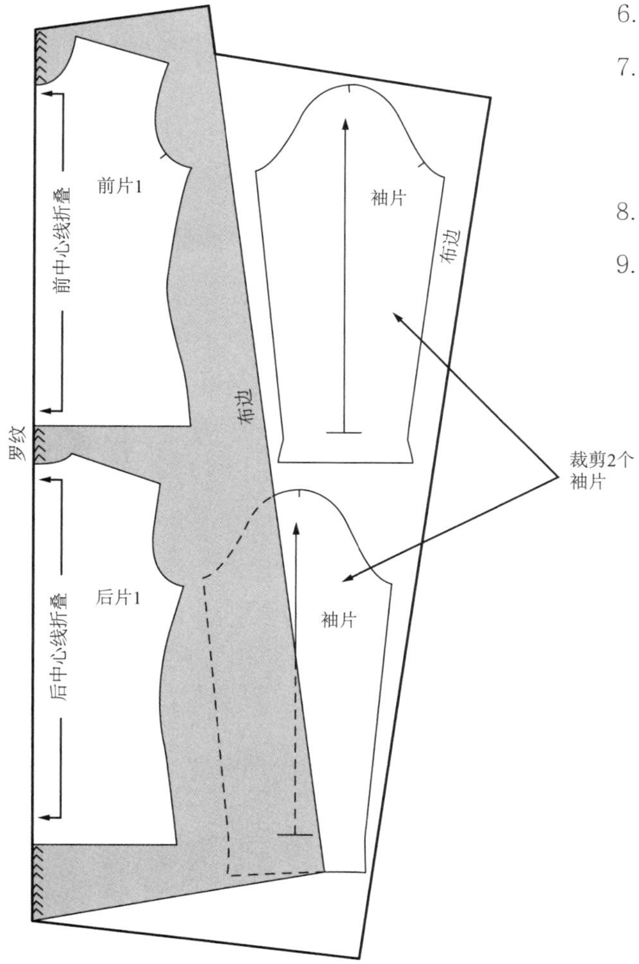

图4.11 不规则面料排料

针织面料的标记与裁剪

1. 用压铁将纸样固定在面料上，见图4.4。
2. 小心地用大头针将纸样别在面料上，见图4.5。
3. 不要将黄板纸纸样别在面料上，而是要用颜色明显的布料马克笔（fabric marker）沿边缘画出轮廓。完成之后轻轻将纸样从面料上移开。
4. 用小片美纹胶带、线钉和安全别针将纸样标记转移到编织松散的毛线织物或网眼织物上。
5. 用大头针穿过纸样孔来转移对位点。不要用锥子锥透面料来标记对位点，因为小洞会发展成大洞。在面料的一侧或左右两侧用小写 x 来标记口袋的对位点，见图4.12。
6. 沿标记线（marking line）笔迹的内侧裁剪。
7. 使用尖锐的面料剪刀或轮刀来裁剪面料。直线边缘下剪时要长而直，曲线边缘下剪时短而小。注意不要剪到纸样。
8. 裁剪时一定不要移动面料。
9. 剪出1/8英寸短小的剪口（不要过长）。

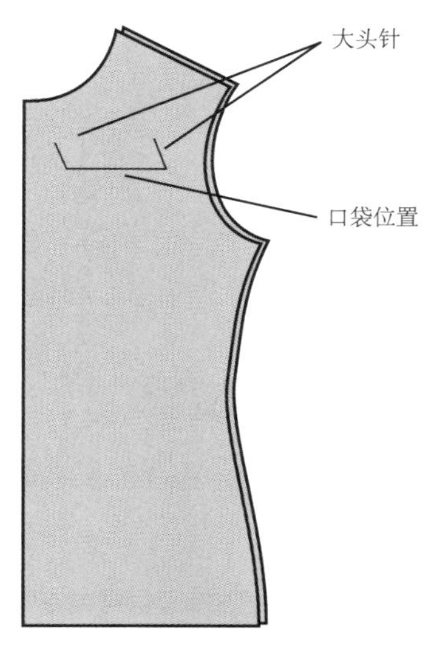

图4.12 标记口袋的对位点

各服装款式的排料

以下部分介绍如何为不同款式的服装排料。有些纸样的排料方式我们已经讨论过，所以这些服装（上衣、裤子、开襟毛衫）我们会一带而过。服装纸样可以在单层展开面料、纵向折叠面料或双侧纵向折叠面料上排料。

上衣

上衣需要在双侧纵向折叠面料上排料裁剪，见图 4.10。条纹或素织织物（plain fabric）都可以使用这种方法排料。如果样片需要在排料时进行衔接，也可以使用单层展开面料排料。

连衣裙

在双侧折叠面料上排料裁剪连衣裙见图 4.6。在单层展开面料上排料剪裁见图 4.7 ~图 4.9。

开襟毛衫

开襟毛衫的排料裁剪见图 4.5。

半裙

在图 4.13 中，前片和后片纸样置于面料的折叠部分。半裙也可以在单层展开面料上裁剪。

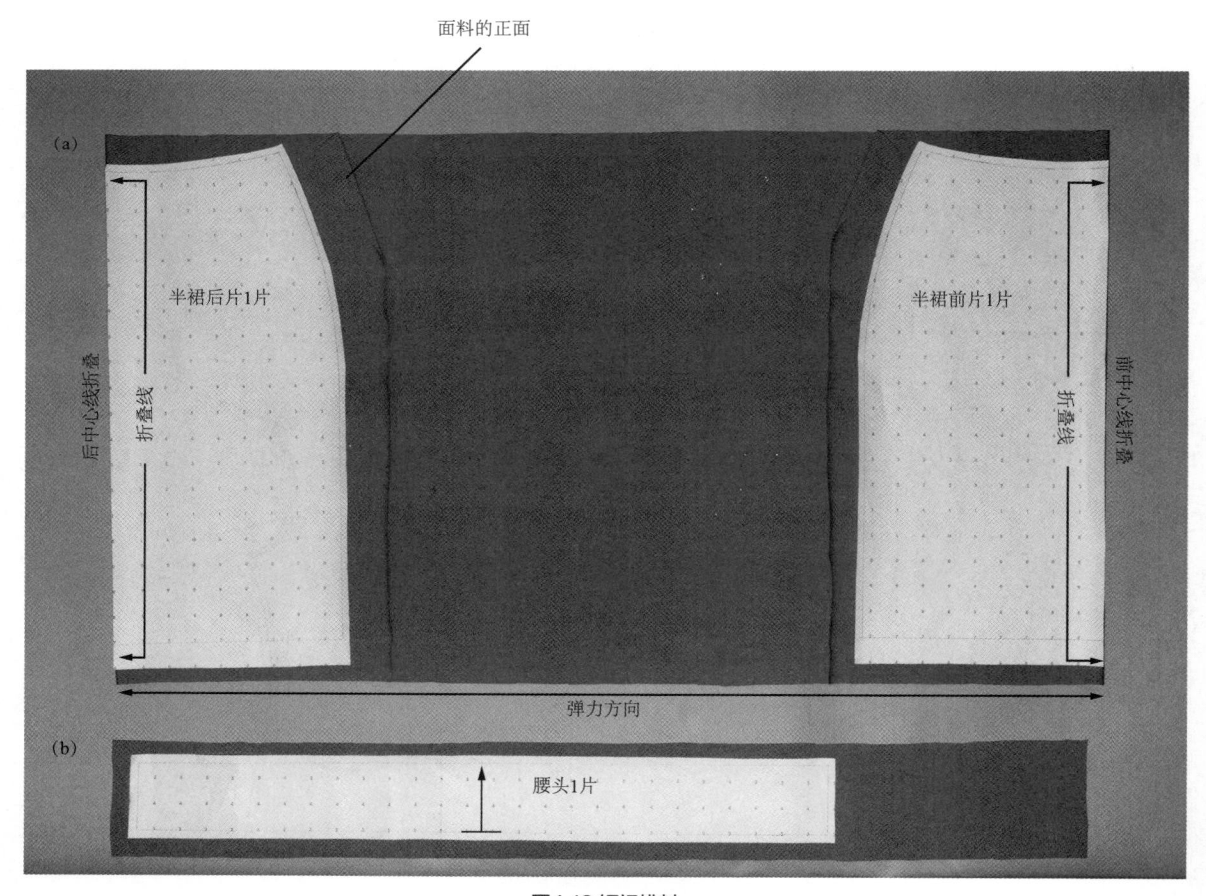

图4.13 短裙排料

裤子

裤子的排料见图 4.4，如果面料的幅宽不足以将前后片并列排列，则可如图所示进行套排（interlock）。裤子纸样也可以在单层展开面料上裁剪。

紧身裤／弹力紧身衣

紧身裤的裁剪非常简单明了，因为纸样是一整片的，见图 4.14。

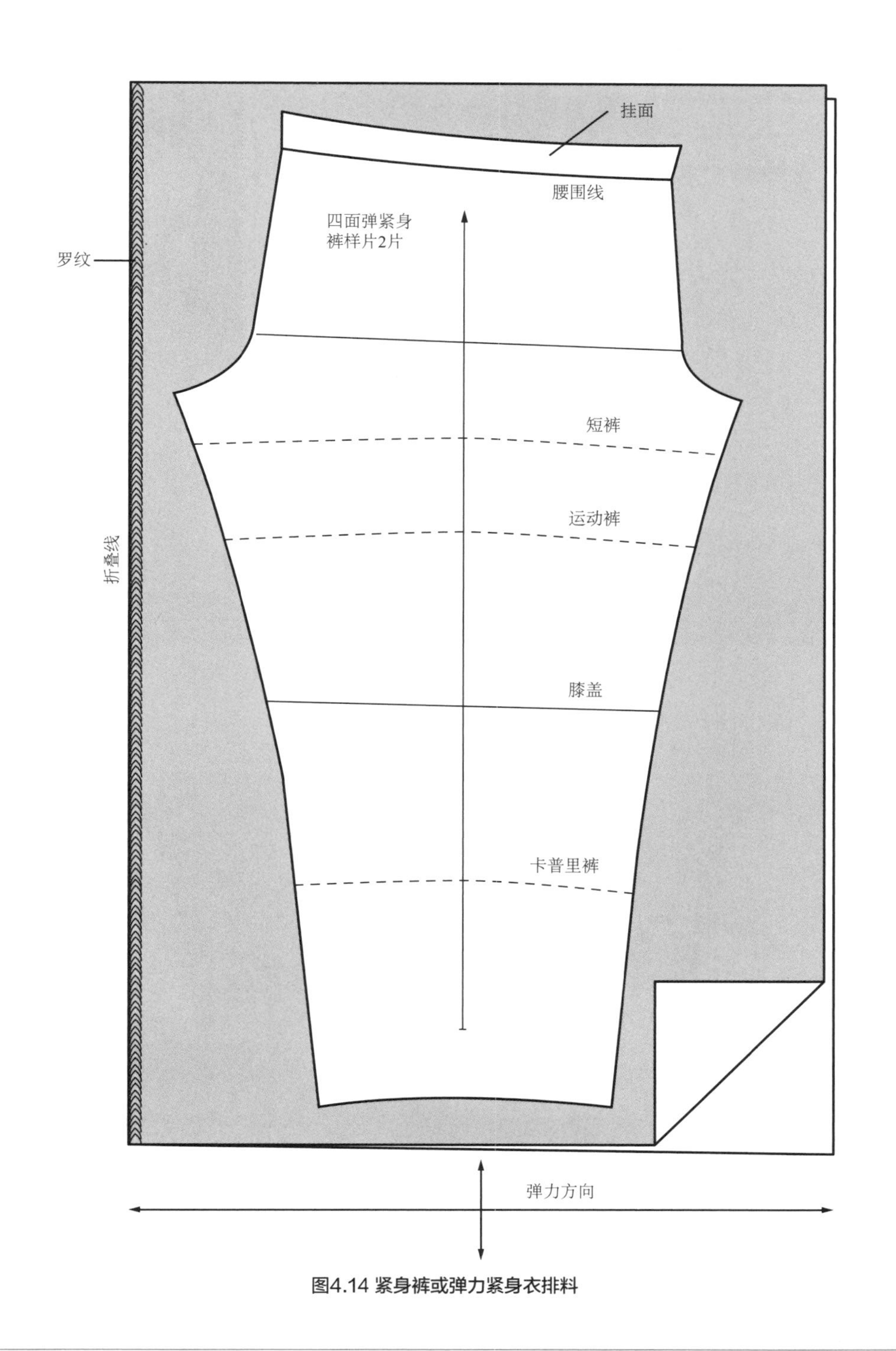

图4.14 紧身裤或弹力紧身衣排料

吊带背心

图 4.15 中，吊带背心的纸样置于双侧纵向折叠面料上。面料剩下的部分也有足够的空间，可以横向、纵向、斜向排列肩带和领口滚边纸样。

三角短裤和比基尼下装

按照图 4.16 所示排列三角短裤和比基尼下装纸样。

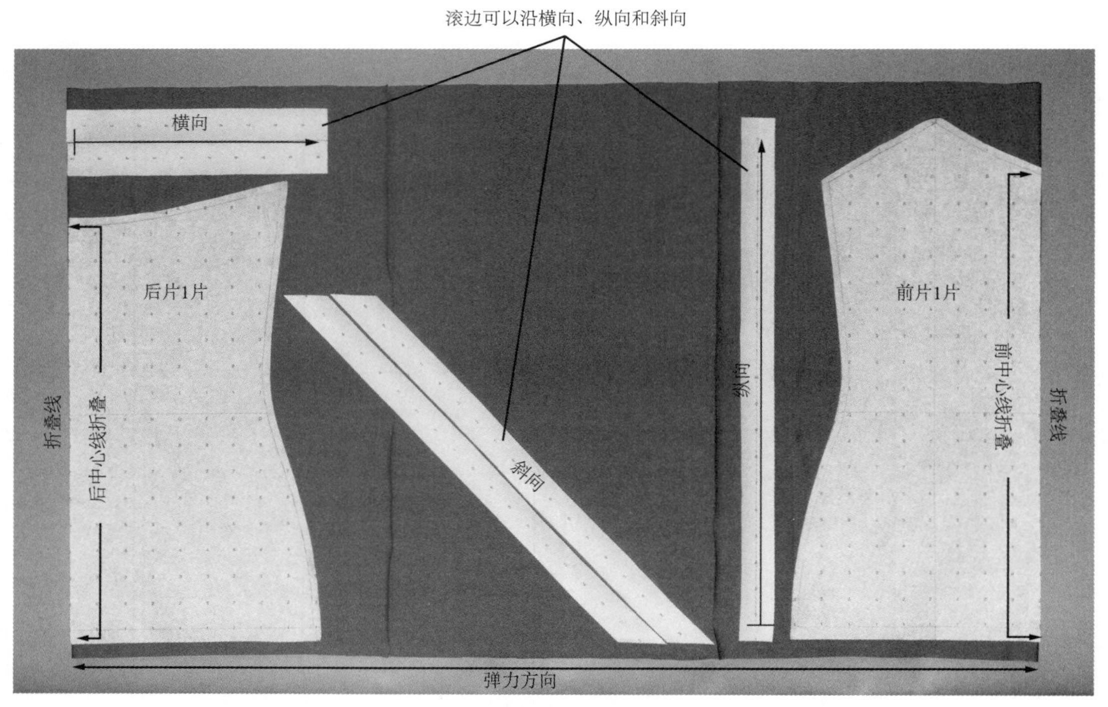

图4.15 吊带背心排料

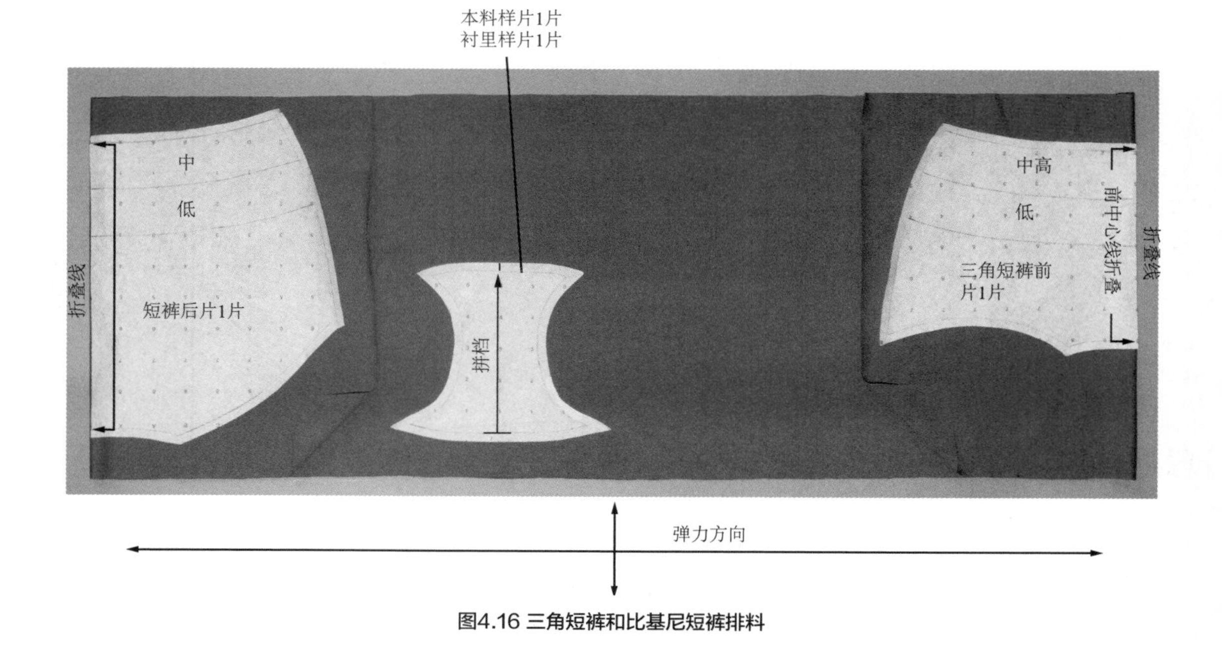

图4.16 三角短裤和比基尼短裤排料

平角短裤和泳裤

短裤或泳裤的排料可参照图 4.17。泳裤的拼裆（crotch-piece）应从同一面料或其他轻质速干面料上裁剪。短裤的拼裆需要选择透气性好的针织面料。

连裤紧身衣／紧身连裤衣

图 4.18 中的紧身连衣裤纸样置于双侧纵向折叠面料上。裁剪坯布作为泳衣原型试样时也可以使用相同的排料方法。

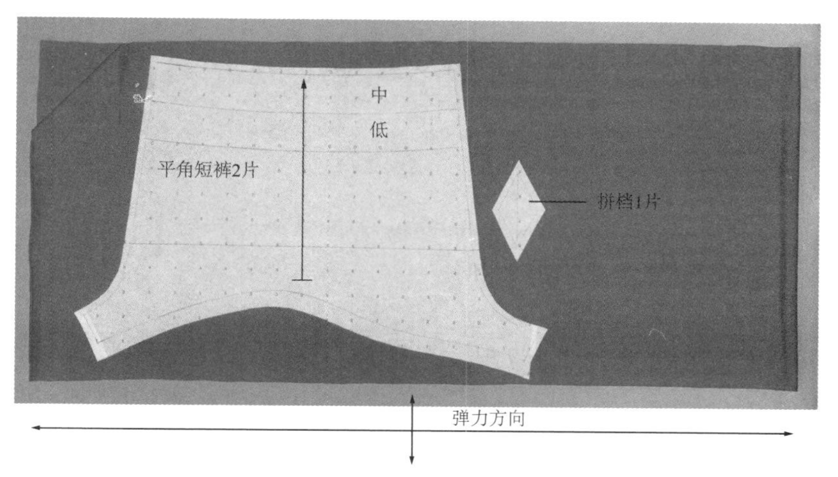

图4.17 平角短裤和泳裤排料

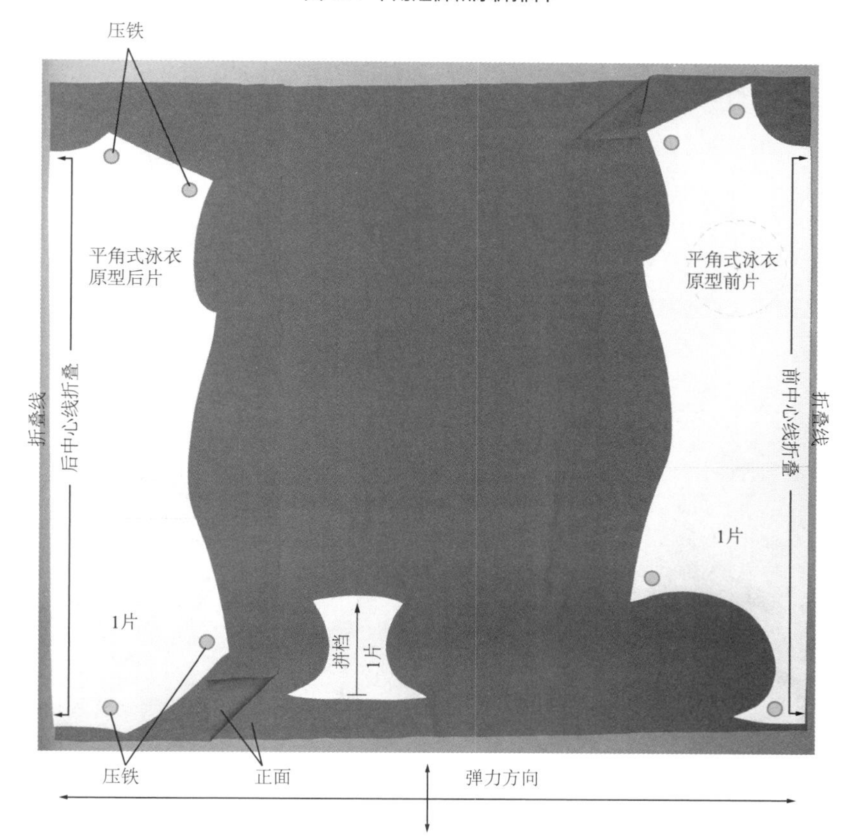

图4.18 泳装原型和连体裤/紧身连衣裤排料

无袖连体泳衣

无袖连体泳衣（one-piece tank swimsuit）排料时，只有泳衣前片位于面料折叠部分，因为后片有形状不规则的后中心接缝，见图 4.19。

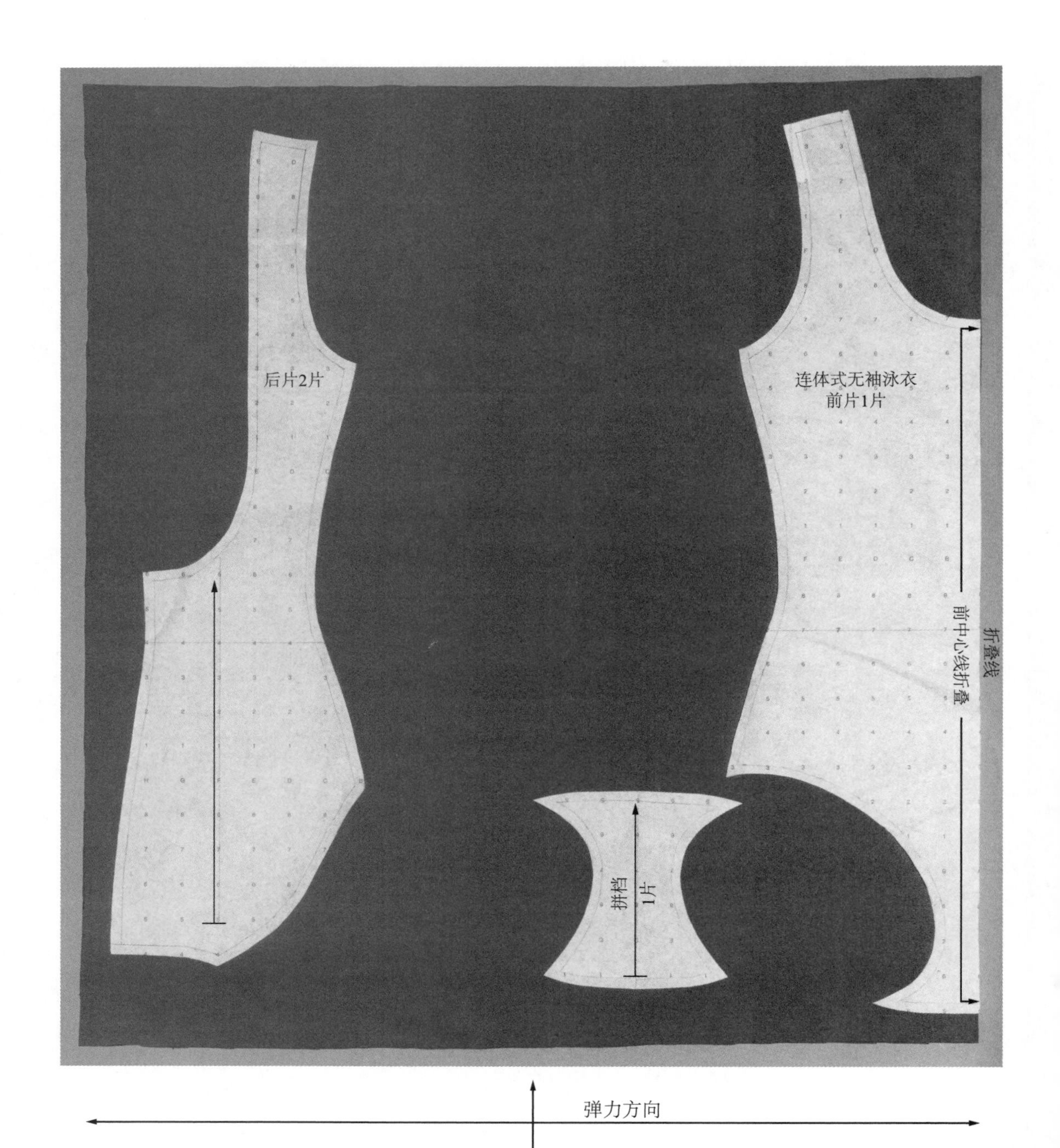

图4.19 图12.13中无袖连体泳衣的排料

比基尼上装

比基尼上装的排料裁剪见图 4.20。注意为保证弹性最大，肩带和滚边的纸样（binding pattern）是沿经向放置的。

针织面料的缝纫

弹性针织面料的缝线必须自身具有弹性。在第 1 章中，唐娜·凯伦的建议是聆听面料的声音[4]。设计中所有的重要决定都取决于面料的特点，包括衬布、缝纫机针、线，以及缝纫面料时选择的线迹，见表 4.1。如果线迹（stitches）的弹性不够，当服装随着身体拉伸时线就会断裂。

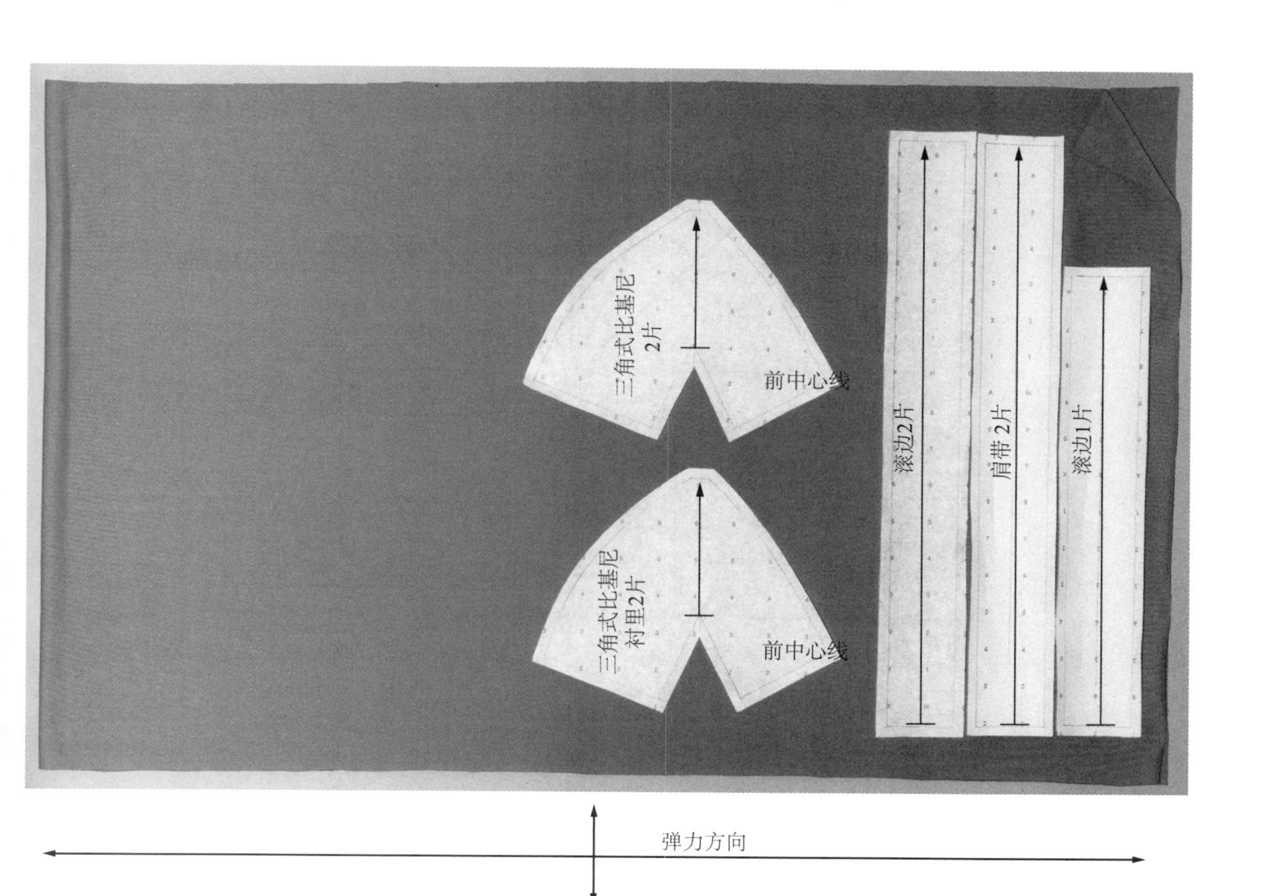

图4.20 比基尼上装排料

4 Hal Rubenstein, "Designer Profile: Donna Karan," InStyle, November 2013, 149.

表4.1 **关注面料**

不论缝制何种服装，机针、衬布、线和线迹都必须符合面料的特点。

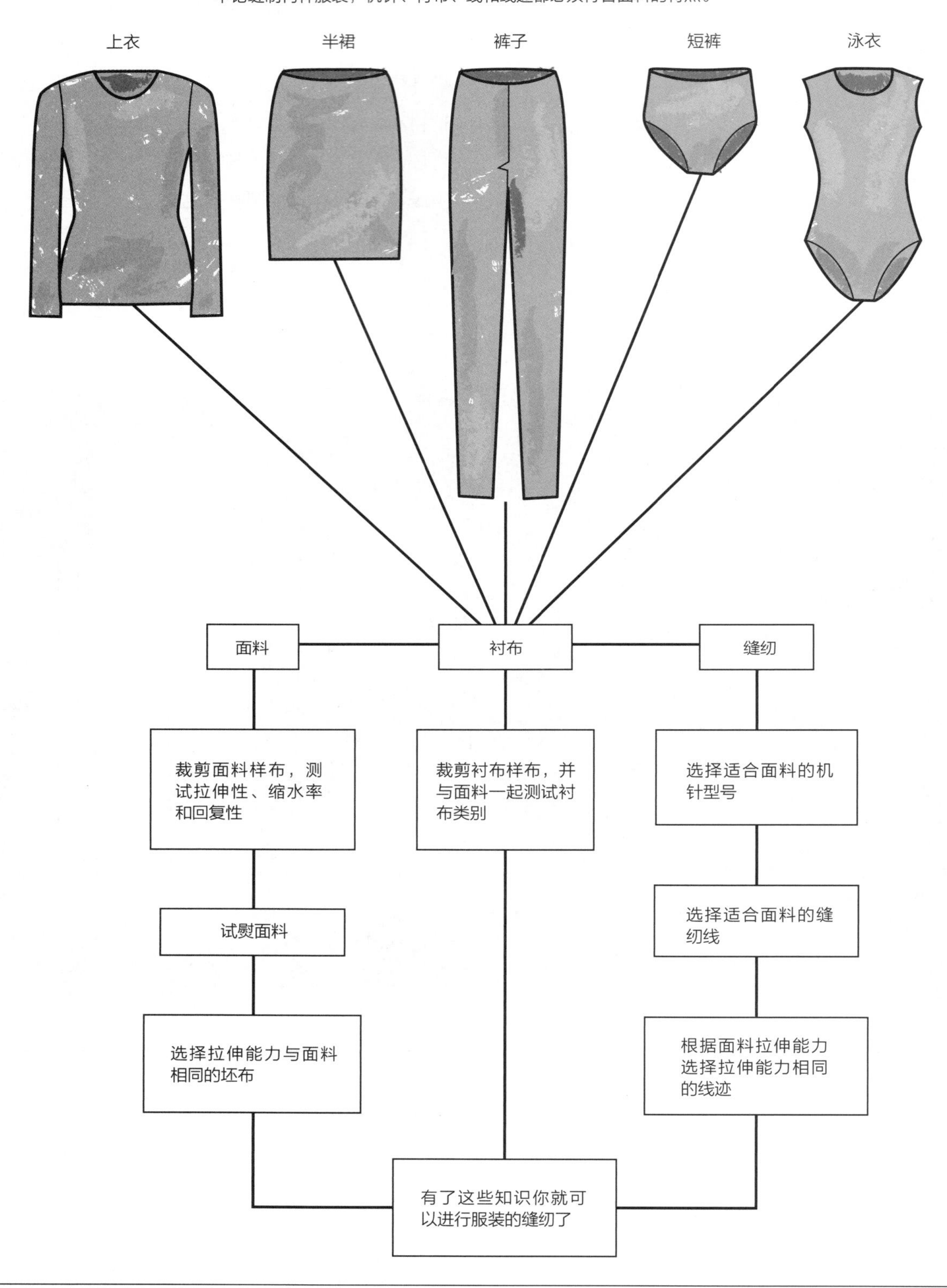

缝纫机、针和线

“之”字形线迹可以用（家用）机械缝纫机来缝合。针织面料不易磨损，所以不需要包缝。但包缝是一个简单快捷的缝纫方法，这样处理的接缝也具有更好的弹性。

缝合针织面料时，需要一些基本的缝纫工具：小剪子、纱剪、拆线器，以及帮你从包缝机的机针和弯针里穿线的镊子。

接下来对缝纫针织面料时使用的缝纫机、线和缝纫机针进行介绍。

机械缝纫机可用于缝纫直线线迹、“之”字形线迹等装饰性线迹（取决于缝纫机的类型），也可用于缝纫扣眼。有些型号的缝纫机也能缝纫不同的弹性线迹，如弹性包缝线迹（stretch overclock stitch）。图 4.21 中的机械缝纫机设定成相应的线迹和模式时可以缝制出弹性接缝和弹性底边（stretchable seam and hem）。

包缝缝纫机（也叫包缝机，见图 4.22）由弯针、张力转盘（或夹线盘）、机针（左右）、切刀、送布牙、压脚和飞轮（或手轮）构成。包缝机一般使用两根或 4 根线，线锥位于纱架上（对于某些特殊的线迹，可以使用 8 个线锥）。弯针线与机针线相互对抱形成包缝线迹。

包缝时，包缝机缝制出缝线，将布边包裹进来，并将缝线处多余的面料裁掉。此外，包缝机也可以缝纫下摆卷边、包边缝，或是绷缝线迹。

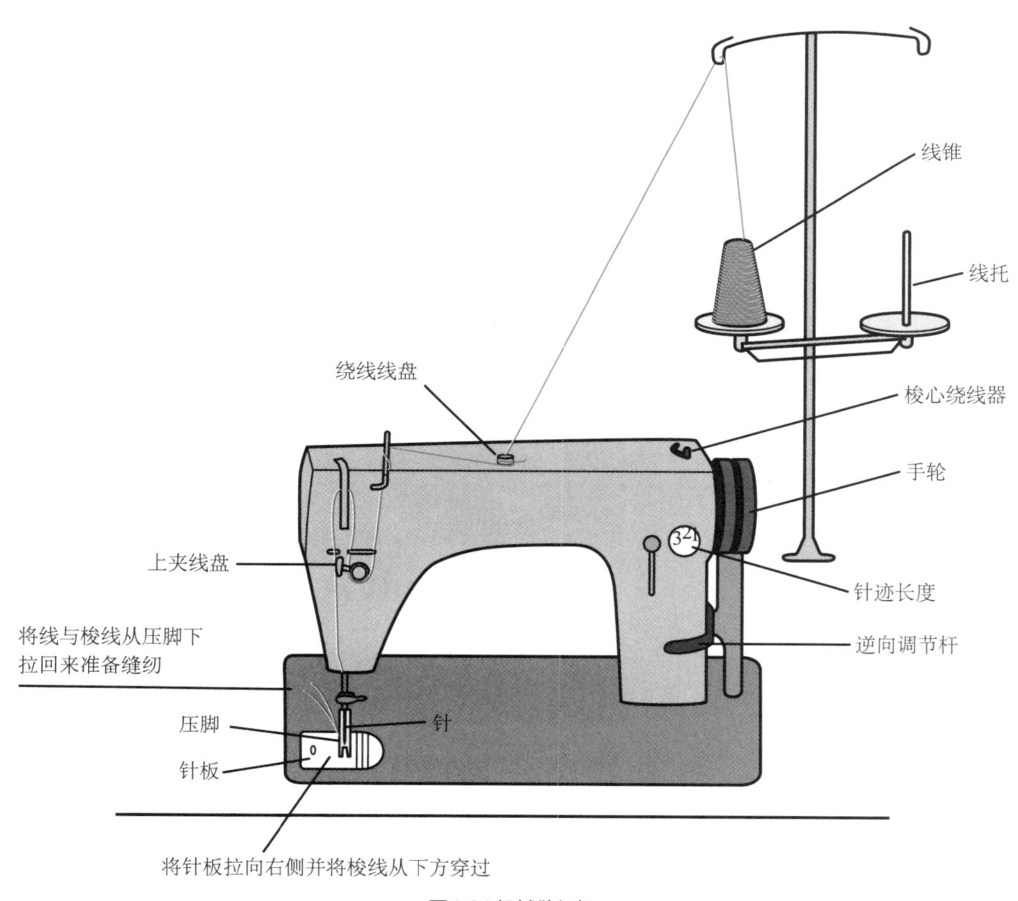

图4.21 机械缝纫机

差动送料是大多数包缝机都具备的标准功能。机器可以控制前后送布牙的运动，两部分同时运动将面料送进包缝机，而不会使面料产生拉伸或褶皱。具体穿线方式可参考包缝机使用手册。

上述两款缝纫机使用线有以下几种。

- 缝纫机线——可以使用多功能涤纶线为接缝增加强度和弹性。
- 包缝机线——Tex-27 十分适合轻质或中等重量针织面料的包缝（Tex 数越大线越沉）。线锥使用起来十分高效、经济，也可以使用小号的涤纶线轴。

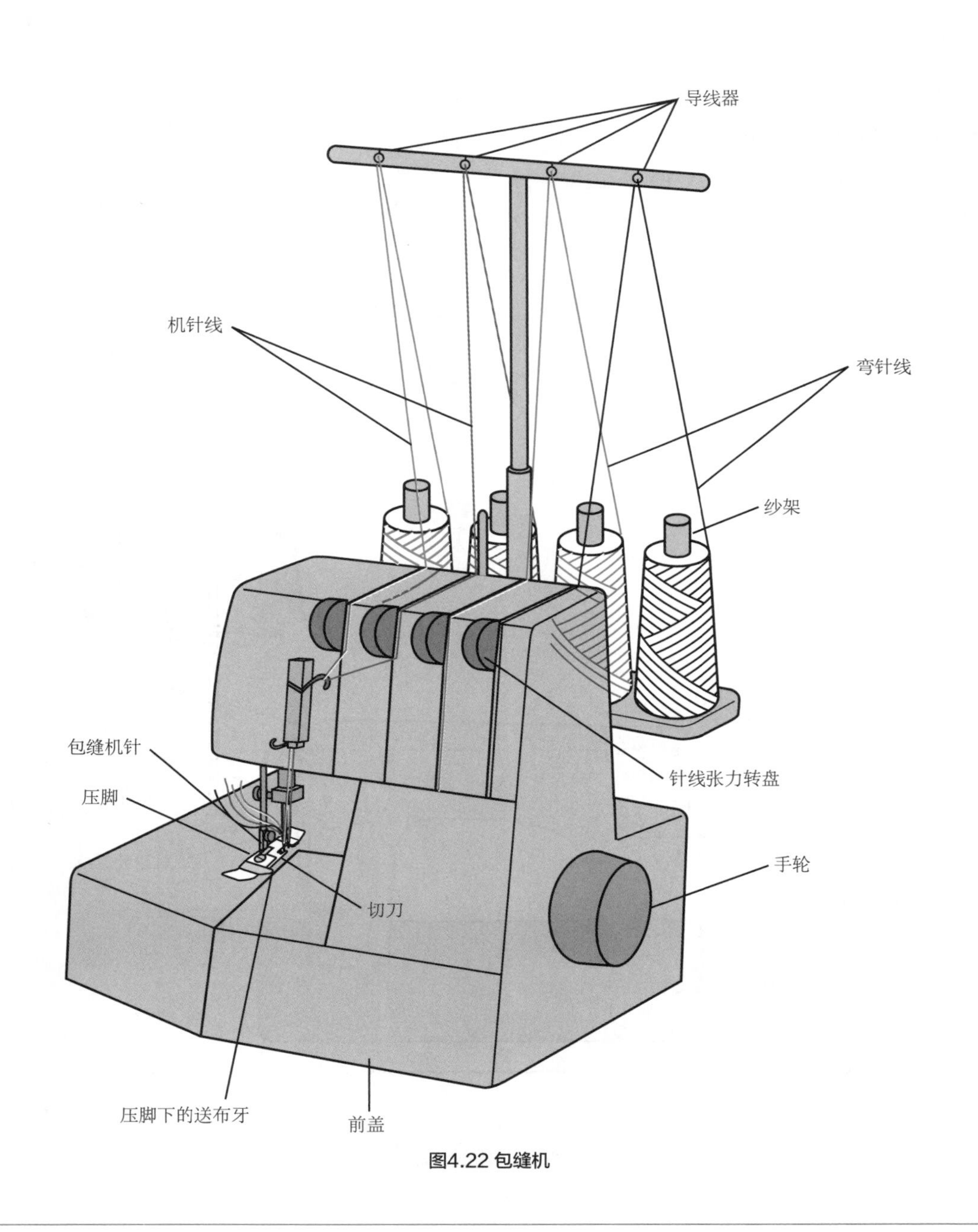

图4.22 包缝机

你会用到以下几种针。

- 缝纫机针——圆头针（ballpoint needles）和弹力面料机针（stretch needle）专门用于缝制针织面料。它们有较圆的针头，可以轻松穿过线圈而不会将线圈拆散。圆头针和机针可以是单针或者双针，见图 4.23。使用圆头针可缝制较厚重、松散的针织面料，使用弹力面料针可缝制有氨纶成分的、弹性较强的针织面料。
- 单针有一个针孔，缝制出一条线迹。
- 双针是有两根针固定在一根接头（crossbar）上的，能同时缝制出两条平行线迹。双针的规格里有两个数字（例如，4.0/80），第 1 个数代表间隔（毫米），第 2 个数是针的型号。双针可以使用弹力面料针或圆头针。
- 包缝机针——参考包缝机使用手册，了解你所使用的包缝机要求的机针体系。

重点4.1：
包缝线

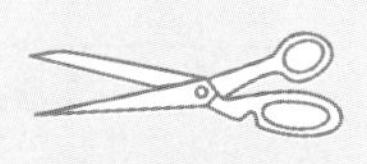

使用优质的100%涤纶包缝线，因为这种线坚韧、质地柔软，并且在包缝机高速运转状态下能够保持合适的张力。劣质的包缝线会对包缝的张力系统造成破坏，制出的针迹质量欠佳。

- 手缝针——手工缝纫可以选用圆头针，因为较圆的针头可以将线圈推开，不会钩丝。使用 5 ~ 9 号的针。面料越精细，使用的针越细；面料越厚重，使用的针越粗。

弹性线迹

针织面料必须用弹性线迹缝合。弹性线迹（stretchable stitches）是通过一前一后的动作来缝制的，因此自身具有弹性。但不同弹性线迹的弹性不同。必须使用合适的弹性线迹，保证接缝和底边的弹性与面料的弹性一致。

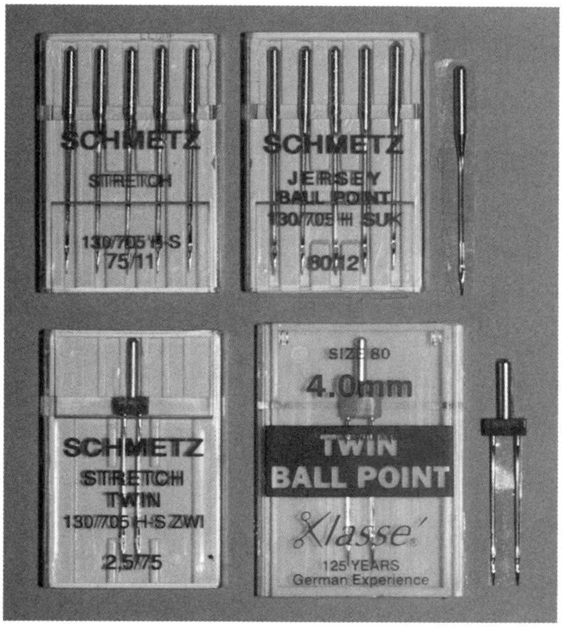

图4.23 缝纫机针

重点4.2：
使用直线线迹缝合针织面料

使用直线线迹缝合针织面料时，线迹容易“断裂”（见图 4.24）。但有些时候也可以使用直线线迹，例如下面的稳定线迹、用明接缝制服装口袋以及用明接缝制服装不拉伸的底边和止口等3个例子。表4.2列出了几种可以使用家用缝纫机和包缝机缝制的弹性线迹。

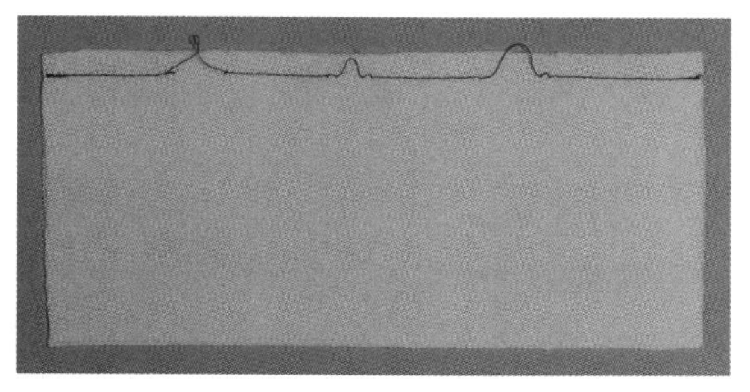

图4.24 直线线迹拉伸时断裂

表4.2

弹性线迹表格

线迹名称	线迹	使用位置
机械缝纫机		
“之”字形线迹	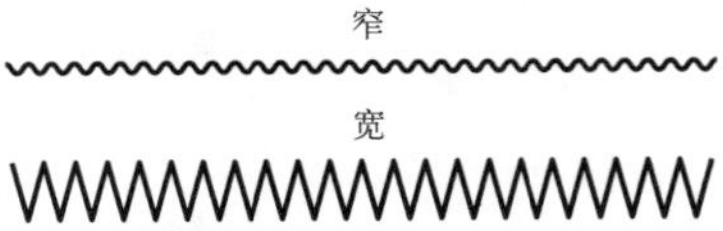 窄 宽	不要使用在接缝处 用于： 包边缝或下摆止口 止口线迹（仅使用窄线迹） 机器疏缝（宽） 明缝 缝合松紧带（仅使用宽线迹）
波浪形直线线迹 “之”字形线迹中的最小号 使用0.5宽和2.5针迹长度		不要用于高弹或超弹面料 用于： 仅用于缝制微弹到中弹面料接缝 缝制省
三步“之”字形线迹		用于： 缝合透明松紧带
双针线迹 直线线迹 （也可以使用“之”字形线迹）	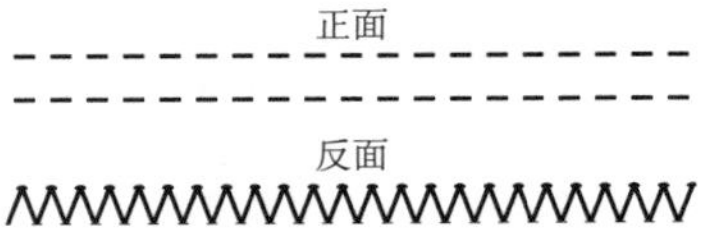 正面 反面	用于明缝 稳定针织面料的接缝 底边 领口、袖窿和其他边缘 沉重的面料使用（4.0）针迹宽度 轻质面料使用2.0/2.5针迹宽度
包缝线迹		
四线包缝 （使用左右针和上下弯钩）		用于： 缝制弹性运动服面料的接缝
三线包缝	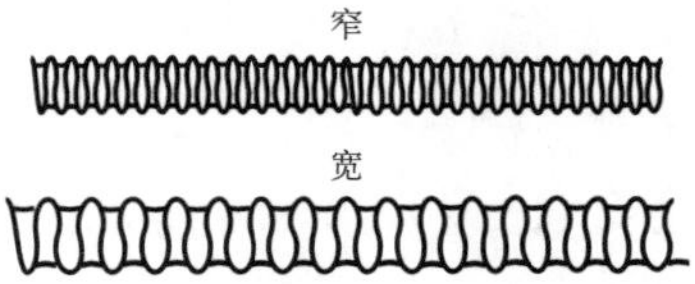 窄 宽	可缝制出优质弹性接缝 用于： 缝合薄纱针织面料接缝，弹性蕾丝或透明网眼布 缝制中等到重面料接缝
绷缝 （双面缝）	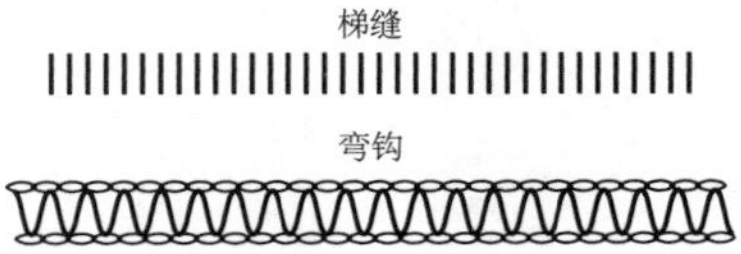 梯缝 弯钩	无体积平面表面接缝，不会摩擦身体 用于： 需要出色弹性的运动服和休闲服的接缝
双线联锁线迹（2-thread Chain stitch）	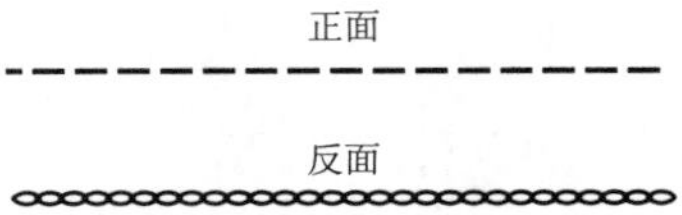 正面 反面	正面是规则的直线线迹，反面是联锁状线迹（松开切刀） 用于： 贴边的里层线迹 明缝松紧带 微弹面料的底边或止口的单行线迹

（续表）

线迹名称	线迹	使用位置
	机械缝纫机	
明缝线迹 （双面线迹） （切刀必须松开）		可缝制出超弹线迹 用于： 明缝接缝 缝制饰边（trims） 缝合底边
滚边		用于： 缝制中到轻面料的底边、领口、袖口和其他收边
波浪边 （与滚边相同的针迹。从后向前环绕边缘拉伸）		用于： 网眼布、蕾丝等轻质针织面料的弧形底边
	手工缝	
工型线迹 隐形手工缝		用于： 缝制高级针织面料服装的精美底边

弹性接缝

弹性接缝（stretchable seams）是一种随针织面料伸缩的缝。在缝制服装前，要进行试缝。试缝之后，拉伸接缝。接缝必须与面料拉伸能力相同。如果线迹断裂，则选择表4.2中的其他线迹，并重复此过程。包缝的弹性最强。因此，缝合四面弹面料最适合使用包缝。

缝纫小窍门4.1：
机械缝纫机

关于缝制接缝需要牢记以下几点。

- 使用铁氟龙压脚（Teflon foot），这种压脚缝纫时的摩擦力较小。
- 减小针迹的长度，以增加内在弹力。
- 缝制精细针织物时，在缝线或底边下垫上2英寸宽的薄包装纸。缝纫完毕后将其小心地撕掉。
- 开始缝纫的时候将线拉紧，缝纫的时候不要拉伸接缝。让面料自动送入机器。
- 如果面料起皱，将机针放下；抬起压脚放松面料。然后继续缝纫。
- 缝纫时使用拆线器或锥子放松压脚下的面料。

缝纫小窍门4.2：
包缝机

关于包缝要牢记以下几点。

- 包缝是对面料的边缘进行整理并缝线。包缝都是有弹性的，因此包缝最适合缝制四面弹面料。穿线的具体方法可参考你所使用的包缝机的使用手册。
- 包缝机的上下弯钩使用仿尼龙线以获得更好的弹性。
- 为避免拉伸过度导致接缝 / 止口变形或接缝起褶，调整差动送料功能，把面料更快送到针下。
- 一定不要在面料的末端剪断线头，这样接缝会脱散。包缝完成后，继续沿接缝多缝纫几英寸再剪断线头。
- 包缝时，用手慢慢地调整面料方向。

分开缝

缝纫微弹的较厚重针织面料（如双面针织布）时可使用 1/2 英寸的分开缝（见图 4.25）。先整理边缘，再缝合、打开、熨烫。

暗缝

大多数针织面料使用 1/4 英寸的暗缝缝制（见图 4.26）。缝制暗缝时，两片面料是一起缝纫并收边的，因此缝份转向同一边（两片面料的底部朝向同一个方向）。可以使用各种弹性接缝来缝制针织面料。不同的接缝见图 4.27 ~ 图 4.29。

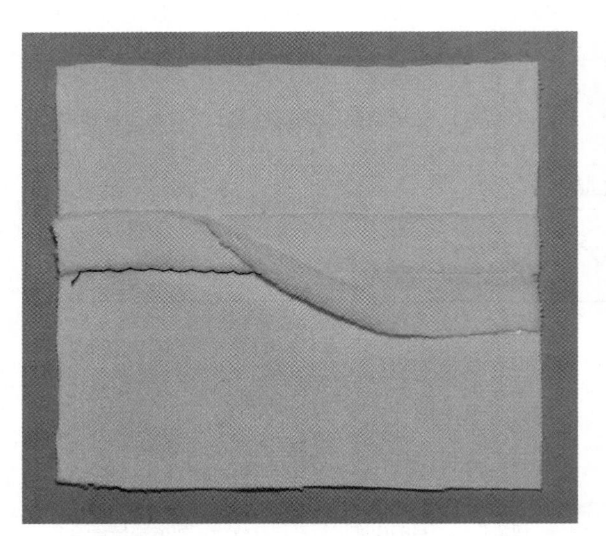

图4.25 一条1/2英寸的分开缝

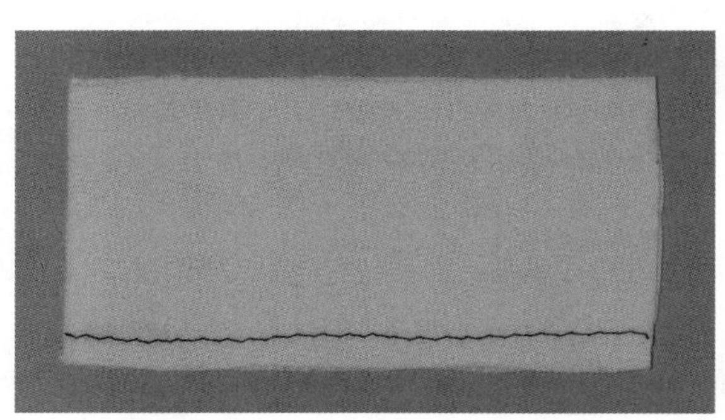

图4.26 一条1/4英寸的晴缝

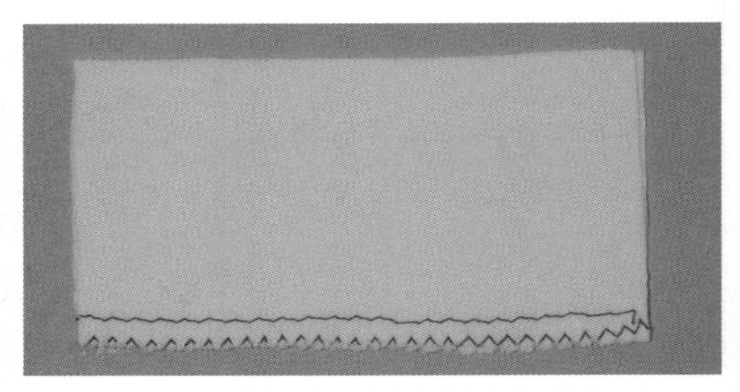

图4.27 波浪形直线线迹窄“之”字形收边

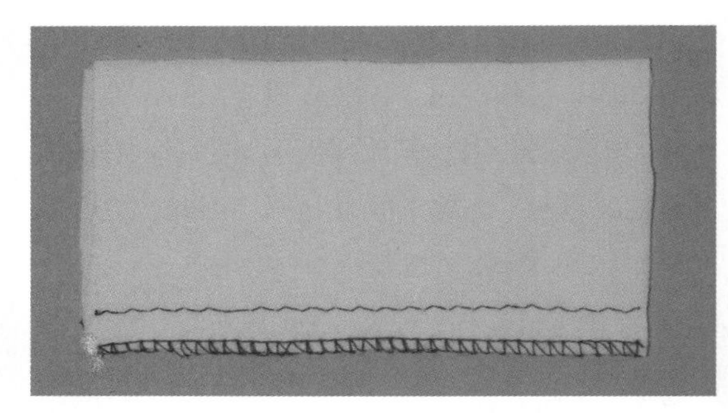

图4.28 波浪形直线线迹窄包缝收边

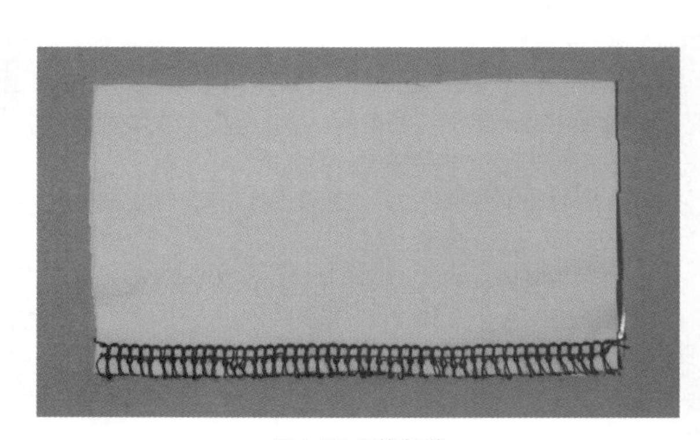

图4.29 四线包缝

松紧带缝

接缝可以用松紧带固定来防止接缝延伸。松紧带可以让服装的止口（和接缝）附着在身体上，避免下垂或松开。松紧带也可用于接缝抽褶。按照缝纫小窍门 4.3 中的每一条建议，你可以使用家用缝纫机或包缝机将松紧带缝在缝份上。

缝纫小窍门4.3:
接缝处缝纫松紧带

松紧带未拉伸，见图4.30。

把松紧带裁剪成与接缝相同的长度，将松紧带与缝份边缘对齐，小心地将松紧带缝在接缝处。

松紧带稍微或完全拉伸，见图4.31和图4.32。

- 对于稍微拉伸的松紧带，裁剪的长度应比接缝的长度约短1英寸。
- 对于完全拉伸的松紧带（为抽褶接缝），裁剪的长度应为总接缝长度的一半。
- 用大头针将松紧带固定在缝边处。接下来拉伸松紧带（让它与缝份平齐），并将其缝在固定位置上。

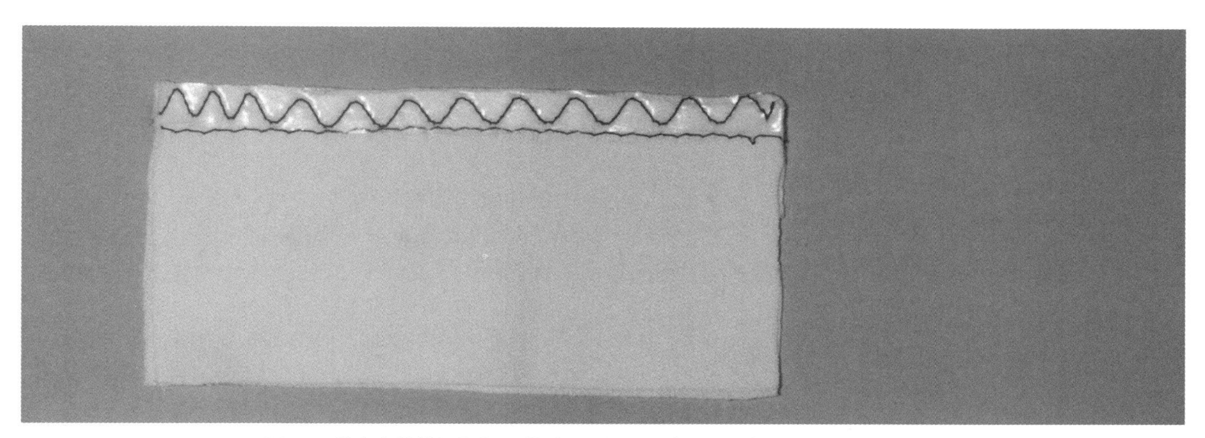

图4.30 缝在肩缝缝份处的1/4英寸透明松紧带（未拉伸），用于防止接缝拉伸

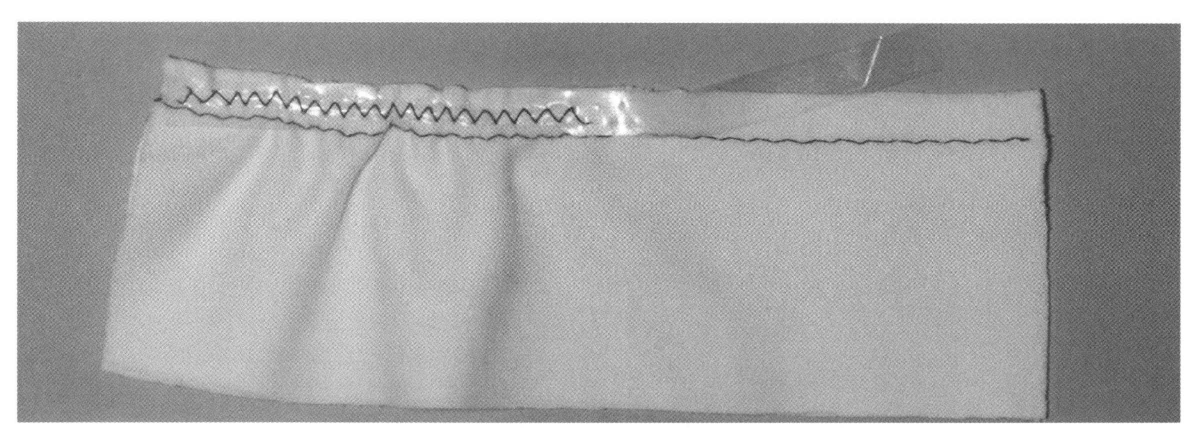

图4.31 缝在缝份处的1/4英寸透明松紧带（稍拉伸），使服装附着在身体上防止松口

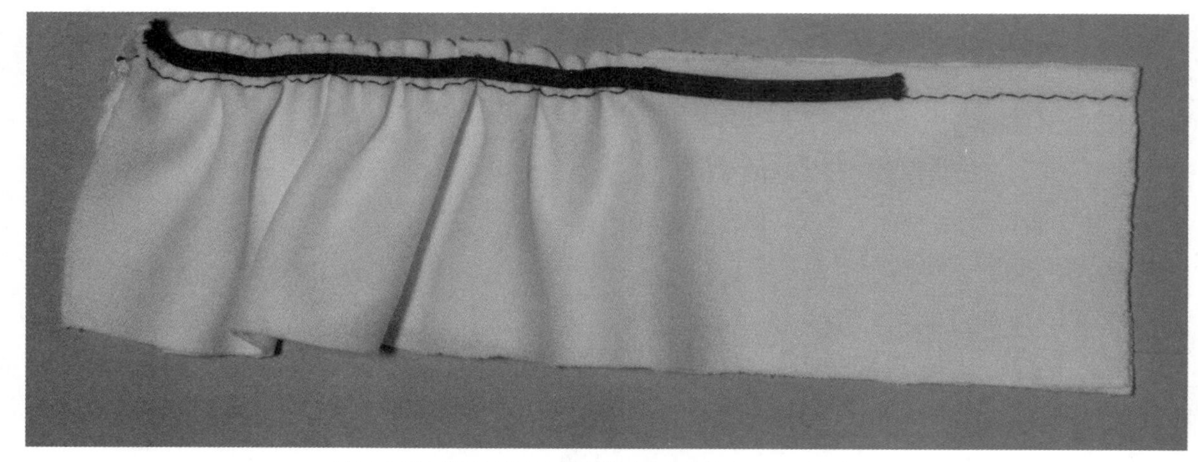

图4.32 缝在缝份处的编织松紧带（充分拉伸），用于制作抽褶

弹性底边

底边可以进行包缝、使用缝纫机缝制“之”字形线迹、双针或包缝线迹，或使用波浪边或滚边包缝。底边也可以手工缝制工型线迹或不作处理（使用轮刀小心地裁剪边缘）。双针明缝底边是缝纫针织面料服装底边时常用的技巧，因为这种底边具有弹性（见图4.33）。如果底边开口（hemline）足够宽，走路时不需拉伸，就可以使用没有弹性的直线底边（straight nonstretchable hem）。为稳定轻质针织面料的底边，进行明缝前可在贴边处热熔黏合一条狭窄的轻质针织衬布。

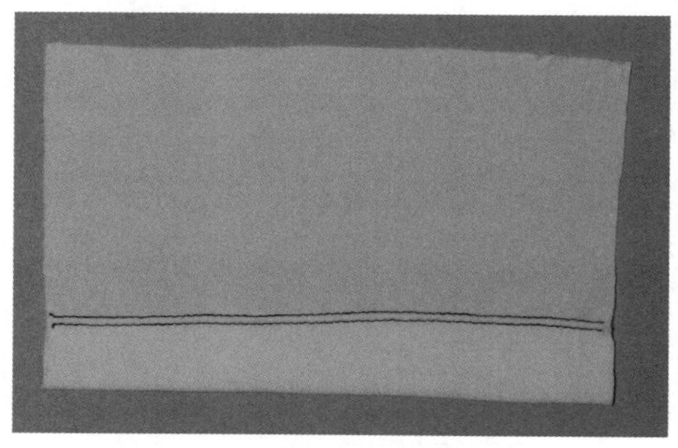

图4.33 双针明缝1"底边

缝纫小窍门4.4：工业技巧和提示

生产中，必须高效合理地分配时间，这样可以缩短制作周期，降低制作成本。以下是一些可以降低服装制作成本及损耗的小窍门。

- 有意识地降低损耗，用黄板纸纸样在排料纸（marker paper）上排料，以减少使用的面料码数（像玩拼图一样），用压铁固定样版，然后描线。
- 缝纫之前要计划好缝纫步骤，这样就可以知道先缝合哪个，再缝哪个，使用何种线迹。
- 类似的操作要一起进行。例如，裁剪热熔黏合可以一起完成。
- 使用黏合熨烫机黏合一整片面料，然后裁剪。
- 包缝是一项节省时间（和成本）的工业缝纫技巧。
- 熨烫前尽可能缝合更多的衣片。
- 连续缝纫，将衣片的底端相对，衣片之间留出几英寸供包缝使用，然后将所有衣片裁剪开。
- 缝纫时不要用大头针固定，取下大头钉会花费不少时间。袖子可以不需要大头钉固定，平面包缝到袖窿里。（工厂里的机械师可能一整天只做袖子包缝这一道工序，已经发展成了快速的操作流程。）
- 不要使用稳定线迹，在需要固定的位置使用黏合衬条。
- 更换包缝线时，在靠近线锥上方的位置剪断线，然后将新线与旧线系在一起。确保线结足够牢固。在靠近机针的部位剪断机针线。轻拉弯钩线，然后将机针线穿过包缝机。再次引线穿针。

小结

下面总结了本章中所讲解的排料、标记、裁剪面料等知识。

- 针织面料裁剪前需进行预缩。
- 熨烫针织面料时需保护面料表面，或从反面熨烫。
- 针织面料需要进行绒面排料，以保证颜色统一。
- 根据罗纹方向进行沿纹理排料。
- 缝纫机针、线、线迹都要符合面料的类型和重量。
- 接缝必须使用弹性线迹缝纫。
- 可以使用松紧带来固定缝线，并帮助服装止口贴附身体防止滑落。
- 面料可以使用双针明缝。

停：遇到问题怎么办

……我的面料码数不够进行绒毛排料怎么办？我可以将样分别向上或向下，而不将它们朝向同一个方向放置吗？

在排料裁剪衣片前，应将面料垂挂在人台上，见图 1.7。从上向下（从人台上方）观察面料是否有色差。如果面料存在色差，就不要将样片朝向不同方向码放；如果没有发现任何色差，则可以将样片朝向不同方向码放。

……如果我看不到罗纹怎么办？我应如何沿纹理排料？

请用放大镜来确认罗纹，并用粉笔标注罗纹作为参考。

自测

1. 为什么针织面料需要绒毛排料？
2. 纸样上的经向线是如何指导绒毛排料的？（见第 3 章“经向线”部分。）
3. 如果样片没有按纹理裁剪，最终的服装会有什么问题？
4. 可以使用哪些线迹来缝制一件平纹双面弹微弹针织 T 恤？（见表 4.2。）
5. 可以使用哪些线迹来缝制一件四面弹面料制成的运动上衣？（见表 4.1。）
6. 如何为一块特定的面料选择型号合适的机针和线迹？（见表 4.1。）
7. 缝制弹性面料的底边时应选用哪种缝纫机针？
8. 弹性线迹应有什么特点？

重点术语	罗纹
圆头针	包缝
差动送料	单针
下落差排列	弹性接缝
机械缝纫机	弹性针迹
莱卡	弹力面料针
绒毛排料	双针

第5章 制作下装和衣身基础纸样

要为每一款独特的设计制作纸样，首先要有一套针织面料服装的原型。由于针织面料会随身体形状伸缩，因此有放松量、省、净缝线的机织面料原型并不适合针织面料服装。你需要为弹性针织面料专门开发新的原型。

本章讨论如何制作双面弹和四面弹面料的下装和衣身基础纸样。图 5.1 展示了双面弹和四面弹的下装和衣身的基础纸样对比。基础纸样不是一件完整的服装，而是服装的一部分。基础纸样尺寸不同的原因在于四面弹面料横向和纵向都有拉伸性。而相比之下，双面弹面料仅在横向具有拉伸性。基础纸样必须要体现出这一差异（见图 1.2）。

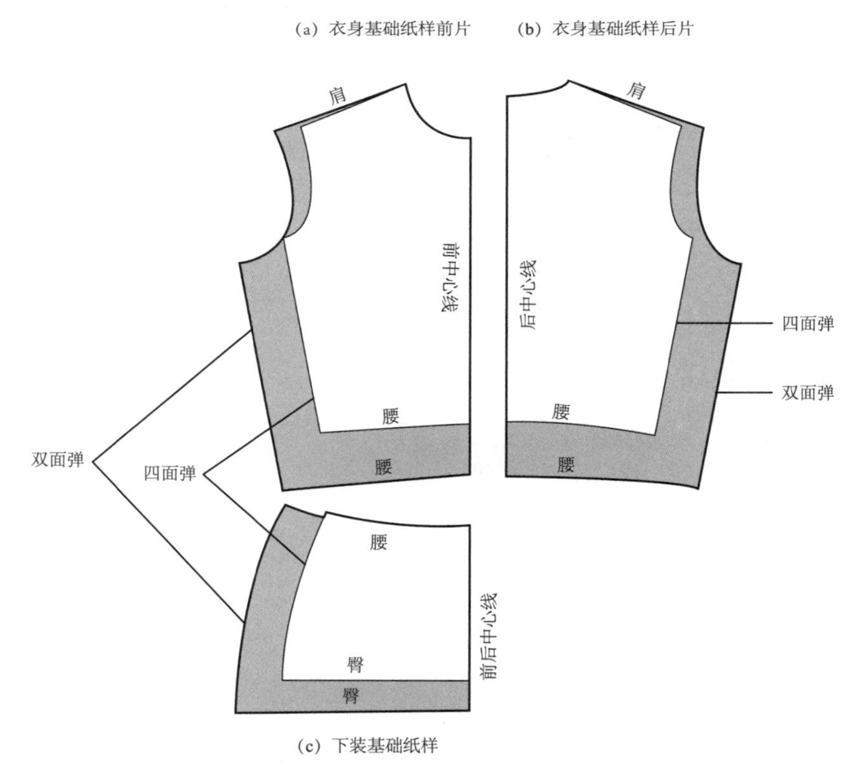

图5.1 双面弹和四面弹的下装和衣身基础纸样对比

制作下装和衣身的基础纸样要花不少时间，但之后将基础纸样转化成针织面料原型（服装样板）就会很简单了。需要的时候可以将基础纸样转化成不同弹性类别的针织面料原型（见表 2.1）。可以参考表 2.2，了解根据基础纸样绘制的原型可以制作的各种针织面料服装。

工具与材料

制作下装和衣身的基础纸样之前，要根据第 3 章的内容准备好所需的制板工具，了解制板技术中的专业术语。

用斜纹带[1]标记人台

标记人台之前，需要准备一包 1/4 英寸宽的黑色涤纶斜纹带（一包 4 码）和 Iris 的超细大头针（或真丝面料使用的细大头针）。

制作下装和衣身基础纸样的第一步是测量人台。测量出的尺寸用于制作基础纸样。但是，测量人台前，必须用斜纹带准确标记出测量位置。这些标记也可以在坯布试样、研究服装比例时提供参考。

在前胸、完整的腰围线和臀围线位置固定斜纹带。标记时，将大头针稳固地推入人台，保证针头平坦，这样坯布或服装试样时不会钩丝。人台左右两侧的斜纹带必须对称。必须要进行测量，确保对称。

标记胸围线（仅正面）

图 5.2 所示为标记胸高点。

1. 剪一段足够长的斜纹带，仅标记出前胸围线（多留出 2 英寸）。
2. 确定人台一侧的胸高点（apex）并用大头针标记。
3. 在一侧测量肩部中点（mid shoulder）到胸高点大头针标记的距离。将这个尺寸转移到人台的另一侧，以确保两侧的胸高点对称。
4. 用大头针将斜纹带固定在两侧的胸高点。不要在人台的前中心线固定斜纹带。

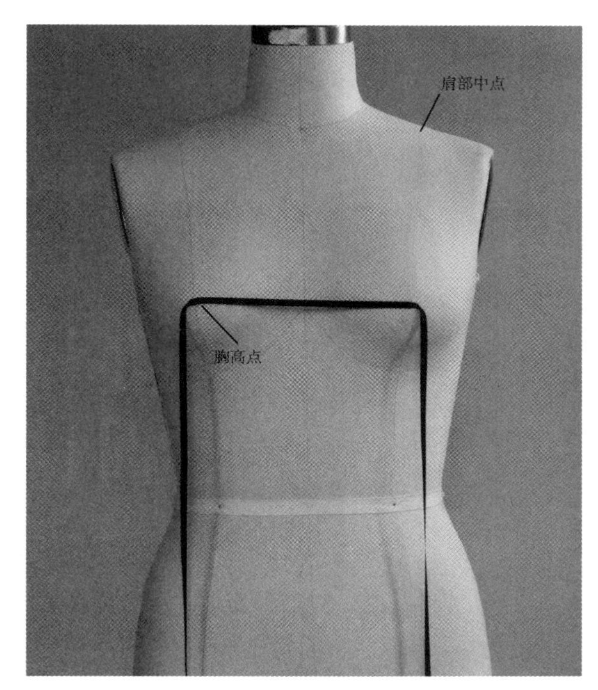

图5.2 标记胸高点

1 斜纹带是一种没有胶的带子，并不是胶带。

完成胸围线

图 5.3 所示为完成胸围线。

1. 测量胸高点到地面的距离。将卷尺拉紧、拉直到地面，不要让卷尺与地面形成角度。记下读数。
2. 将这个尺寸转移到两边侧缝。将卷尺从地面沿侧缝拉紧、拉直，随后在人台两侧用大头针标记位置。
3. 将斜纹带两端固定在侧缝处。由于斜纹带会磨损，因此需要向下折叠 1/2 英寸。

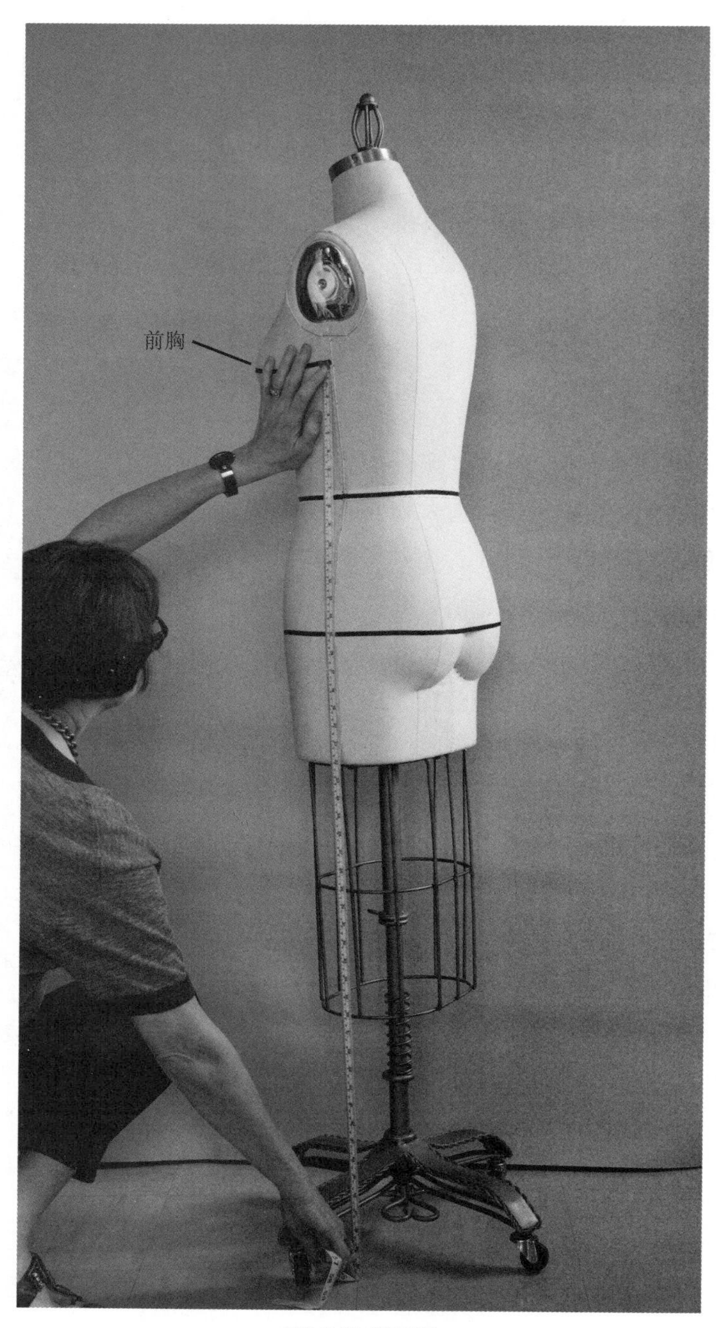

图5.3 完成胸围线

标记腰围线和臀围线

见图 5.4，胸围线、腰围线和臀围线必须相互平行，且与地面平行。

1. 按照腰围总长加 2 英寸的长度裁剪一段斜纹带。
2. 标记腰围线时，从侧缝开始，将斜纹带横跨过侧缝线 1/2 英寸，使其展平（不要折叠）。测量从胸围线到腰围线的距离，按照这个距离标记平行于胸围线的腰围线。
3. 固定完整个腰围线后，将斜纹带末端向下折叠 1/2 英寸，防止磨损。将斜纹带折线置于侧缝，并用大头钉固定。
4. 按照臀围总长加 2 英寸的长度裁剪一段斜纹带。
5. 沿臀部最丰满的部分进行标记。测量位置大约在腰围线以下 8 英寸或 9 英寸的位置，取决于人台的型号。
6. 标记平行于腰围线的臀围线。

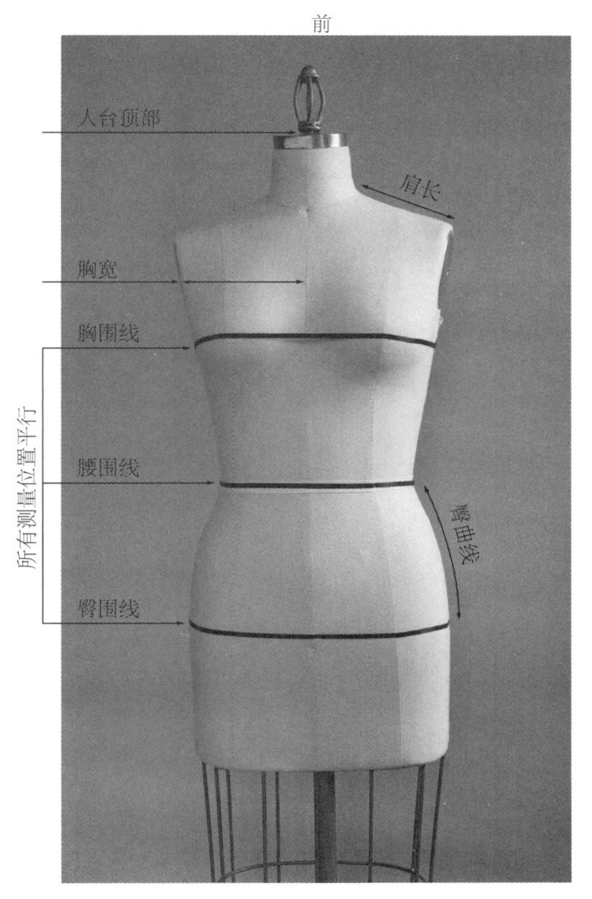

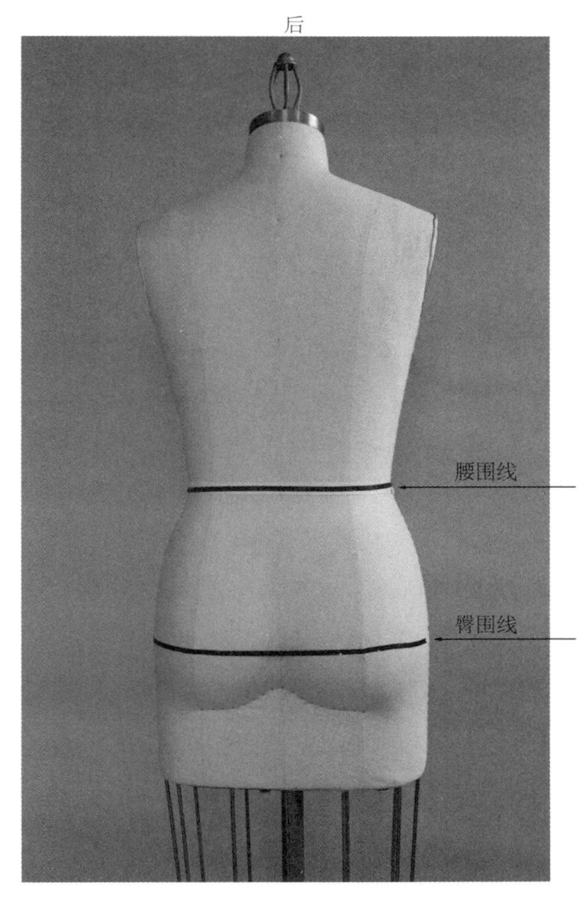

图5.4 标记腰围线和臀围线

测量尺寸

为得到准确数据，沿斜纹带的上沿测量，确保测量时拉紧卷尺。如果测量的尺寸不准确，服装就不会很合体。在获取以下人台尺寸列表中第1、2和3项数据时，从人台顶部的金属盘上沿向下，沿前中心线测量，见图5.4。

人台尺寸

测量并记录以下尺寸（英寸）：

1. 人台前部顶部到颈根（base of neck）；
2. 人台顶部到胸部；
3. 人台顶部到腰部；
4. 肩长（颈部到肩部边缘）；
5. 前胸（前中心线到袖窿金属盘前中点）；
6. 胸高点到前中心线；
7. 胸围（胸部最丰满处）；
8. 腰围；
9. 臀围（臀部最丰满处）；
10. 腰到臀围线（沿前中心线向下测量）。

量体裁衣

见图5.5a和图5.5b，为模特进行量体裁衣（custom fit）时，请模特穿着内衣，以得到紧绷、流畅的轮廓。

1. 用斜纹带沿腰围缠绕一周并固定，确定腰围线作为测量的参考。
2. 确定胸高点作为测量胸围的参考。
3. 围绕胸部和臀部最丰满的部位测量，见图5.5a。
4. 测量臂长时，沿肘部外侧轮廓从肩点测量到腕部，见图5.5b。

下一步是制作下装基础纸样，然后制作衣身基础纸样。准确制作基础纸样是制作合体的针织面料服装原型的关键。

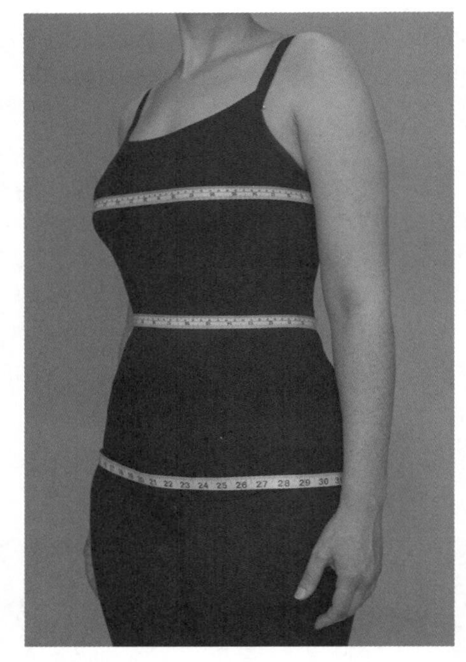

图5.5a 测量胸、腰、臀

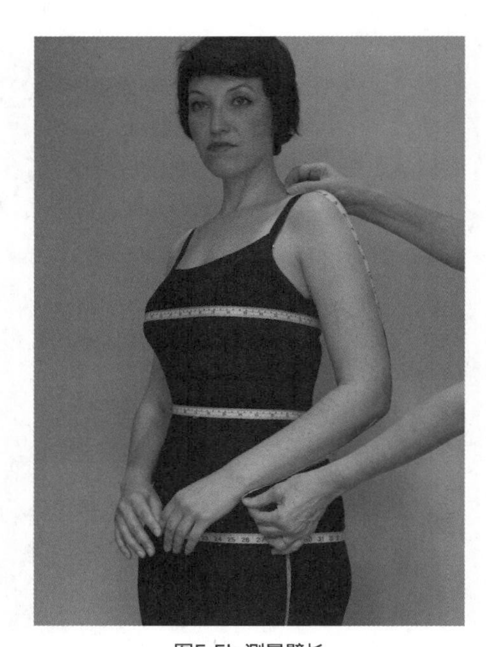

图5.5b 测量臂长

制作下装和衣身基础纸样

下装和衣身基础纸样都是根据裙装人台尺寸（或人体尺寸）制作的局部纸样。制作基础纸样包括几步。表 5.1 和表 5.2 列出了制作的 4 个步骤。

1. 第 1 步，制作双面弹基础纸样，首先要制作的是双面微弹面料基础纸样，这是用于进行推档的**母板**（**master foundations**）。
2. 第 2 步，根据双面弹基础纸样推档。（用黄板纸）完成母板后，便可以按照各弹性类别制作一套完整的基础纸样。第一个要做的是**微弹基础纸样**，这种面料的弹性最小。微弹基础纸样用于**中弹基础纸样**、**高弹基础纸样**和**超弹基础纸样**的推档。这些基础纸样代表了面料不同的弹性类别。按照此顺序推档时，基础纸样的形状和比例越来越小，但是款式细节不变。
3. 第 3 步，将双面弹纸样缩小为四面弹。制作推档完双面弹基础纸样后，需要将高弹基础纸样转化为四面弹面料使用的纸样。这一点可以通过缩减长度来实现。四面弹基础纸样可以用于制作泳衣和短裤原型。
4. 第 4 步，进行四面弹基础纸样的推档。四面弹基础纸样的推档是制作下装和衣身基础纸样的最后一步。将双面高弹基础纸样转化为四面弹后，这些基础纸样就推档完成，可以进行高弹面料制板了。

制作下装和衣身基础纸样的 4 个步骤见图 5.1。

表5.1　　下装基础纸样流程图

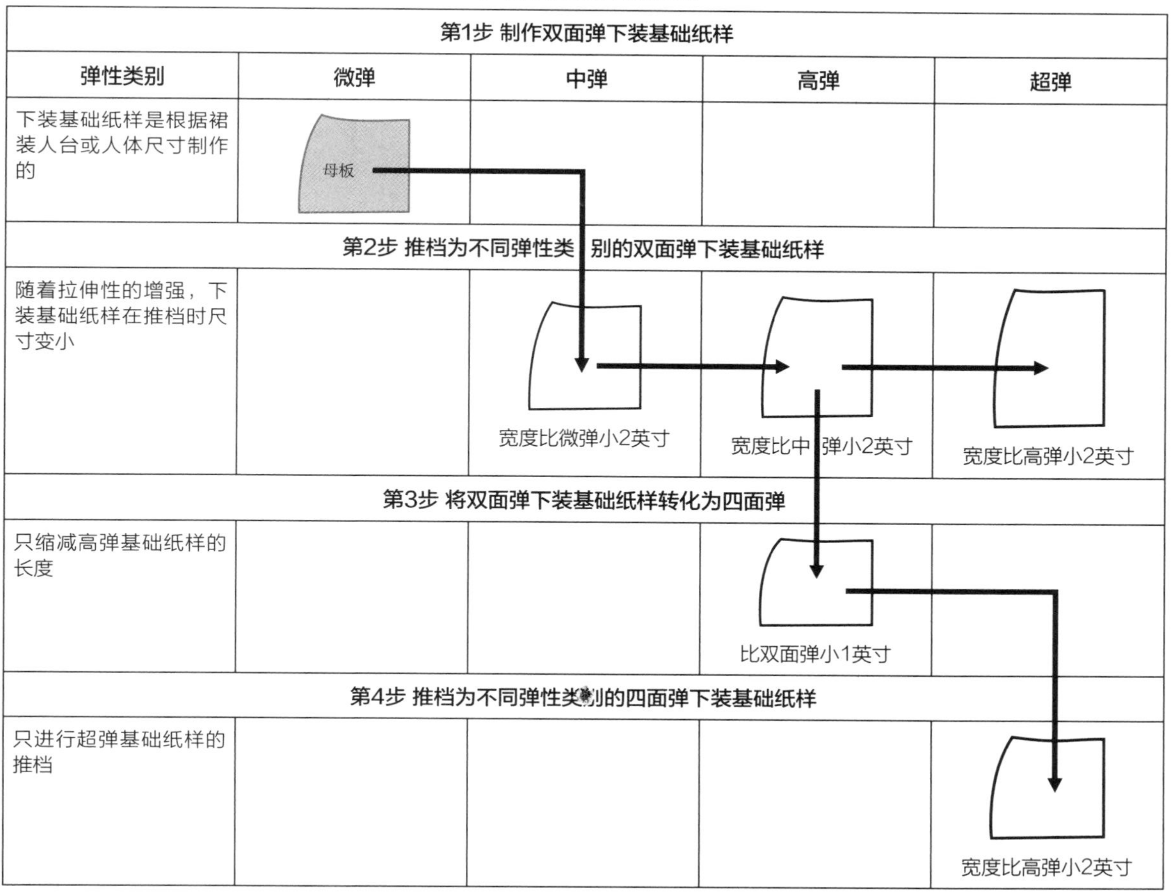

第1步 制作双面弹下装基础纸样				
弹性类别	微弹	中弹	高弹	超弹
下装基础纸样是根据裙装人台或人体尺寸制作的	母板			
第2步 推档为不同弹性类别的双面弹下装基础纸样				
随着拉伸性的增强，下装基础纸样在推档时尺寸变小		宽度比微弹小2英寸	宽度比中弹小2英寸	宽度比高弹小2英寸
第3步 将双面弹下装基础纸样转化为四面弹				
只缩减高弹基础纸样的长度			比双面弹小1英寸	
第4步 推档为不同弹性类别的四面弹下装基础纸样				
只进行超弹基础纸样的推档				宽度比高弹小2英寸

表5.2 衣身基础纸样流程图

弹性类别	微弹	中弹	高弹	超弹
第1步 制作双面弹衣身基础纸样				
衣身基础纸样是根据裙装人台或人体尺寸制作的	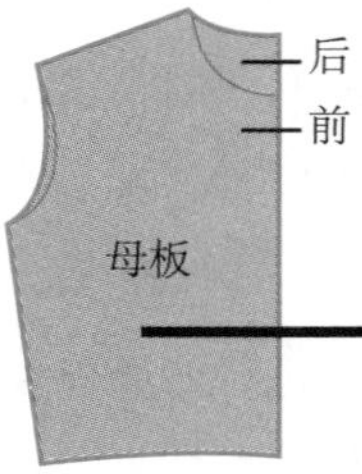 后 前 母板			
第2步 推档为不同弹性类别的双面弹衣身基础纸样				
随着拉伸性的增强，衣身基础纸样在推档时尺寸变小		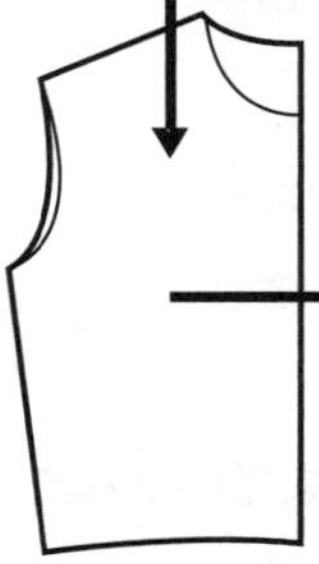 宽度比微弹小2英寸	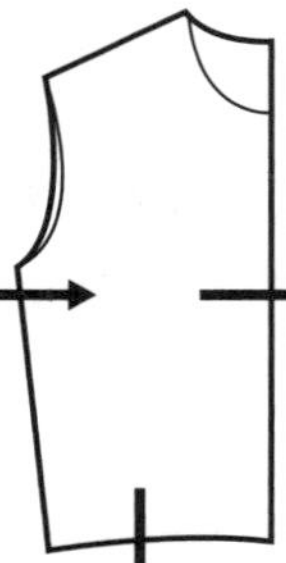 宽度比中弹小2英寸	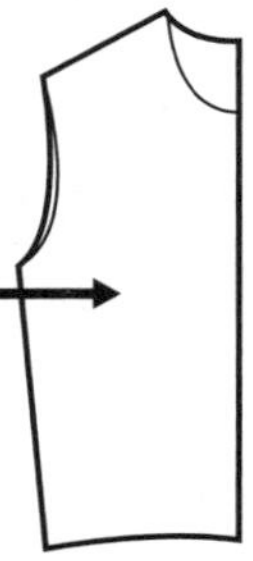 宽度比高弹小2英寸
第3步 将双面弹衣身基础纸样转化为四面弹				
只缩减高弹基础纸样的长度			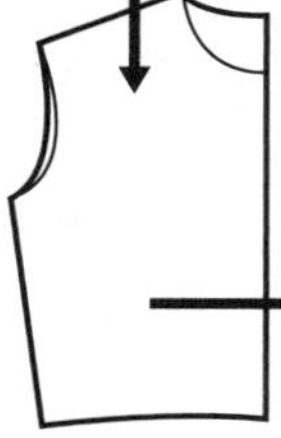 比双面弹小1英寸	
第4步 推档为不同弹性类别的四面弹衣身基础纸样				
只进行超弹基础纸样的推档				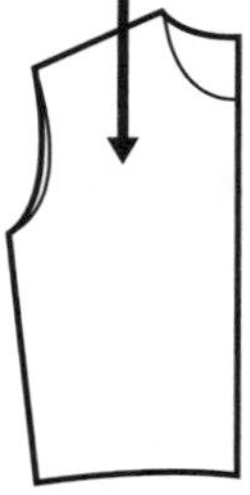 宽度比高弹小2英寸

制作下装基础纸样

第 1 步：制作双面弹下装基础纸样

我们首先制作的是双面微弹针织面料的下装基础纸样。这是制作其它弹性类别下装基础纸样的母板。

微弹

制作基础纸样需参考本章前面的“人台尺寸”部分。

绘制臀围框架线

见图 5.6，首先在样板纸上画一个直角。绘制臀围框架线（hip-box）需要用到“人台尺寸”中第 8、9、10 项尺寸。

1. 用腰围和臀围尺寸除以 4，记下数据：

   腰围 _____ 英寸 ÷4=_______ 英寸

   臀围 _____ 英寸 ÷4=_______ 英寸

2. XW：臀围的 1/4。标注为腰围线。
3. WH：腰到臀的深度。在基础纸样上标注 CF（前中心线）/ CB（后中心线）。
4. HH1：与 WX 等长，标注为臀围线。
5. XH1：与 WH 等长。

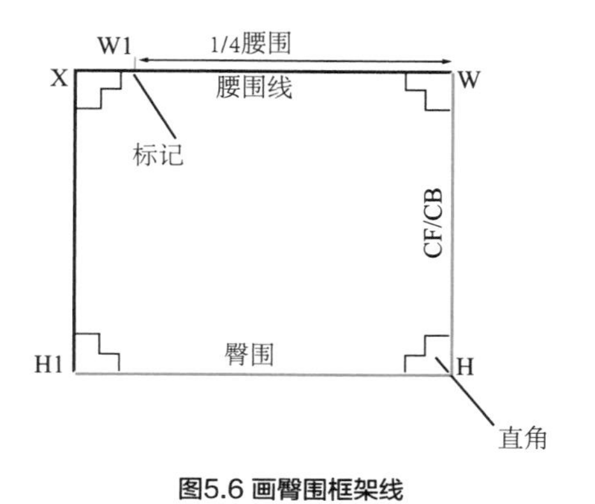

图5.6 画臀围框架线

6. 从 W 开始沿腰围线标记出腰围尺寸的 1/4。
7. W1：从腰围线向上画一条 5/8 英寸的标记（垂直线）。

画侧缝弧线

见图 5.7a 和图 5.7b。

1. H1Y：1 英寸。
2. W1Y：用长曲线尺绘一条弧形侧缝线，在 Y 处修顺弧线。使用坯布试样时可调整缝线形状。
3. 沿侧缝线放置放码尺，在 W1 处绘一条 1/4 英寸的垂直线。

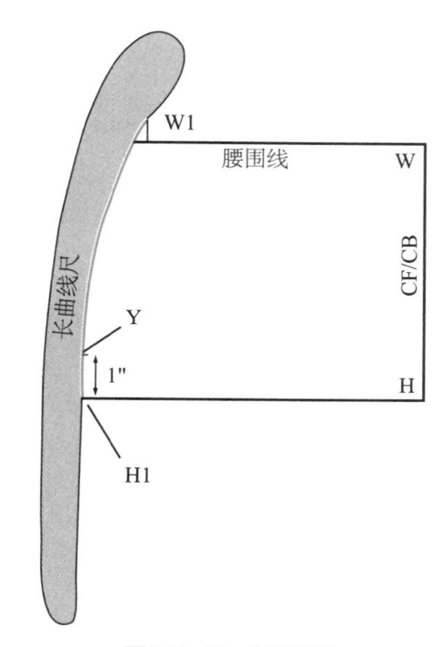

图5.7a 画一条侧缝线

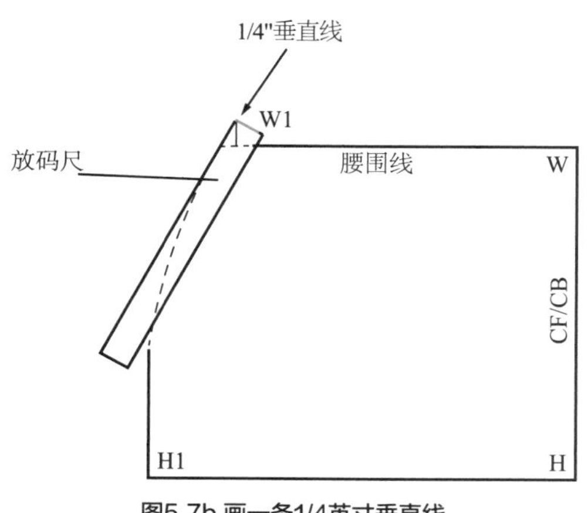

图5.7b 画一条1/4英寸垂直线

绘制腰围弧线

见图 5.8，使用长曲线尺从垂直线 W1 向 W 绘制一条平滑的腰围弧线。

描线

1. 将绘制好腰围线的下装基础纸样描在样板纸上。
2. 拼合侧缝 / 腰围线，确保腰围线是一条平滑的连续曲线，见图 3.6b。

需要用到的面料

购买 1/3 码的双面弹且微弹的双面针织物（重量适中的罗马布就是一个很好的选择）。

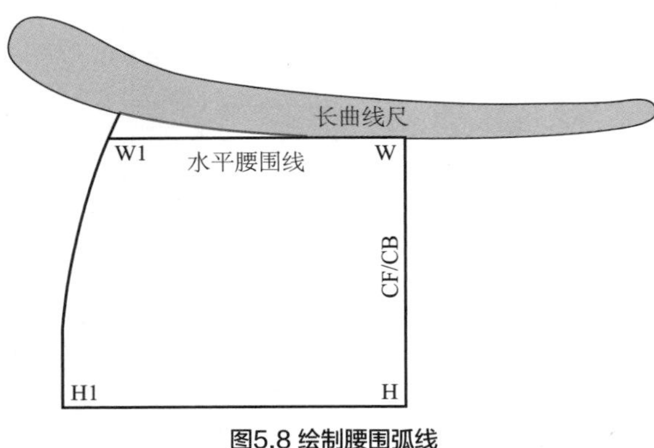

图5.8 绘制腰围弧线

裁剪与缝纫

图 5.9 所示为裁剪缝合臀部基础纸样坯布。

1. 在单侧纵向折叠面料（single lengthwise folded fabric）上裁剪下 2 片下装基础纸样。先描出基础纸样的一边，然后翻过来描另一边。
2. 仅在侧缝处加放 1/2 英寸的缝份，然后裁剪坯布（腰围和臀围处不需要留缝份）。
3. 使用波浪直线线迹缝合侧缝（参考表 4.2 中的内容）。不要包缝，因为接缝需要熨烫分开，保持平整，以便于准确试样。

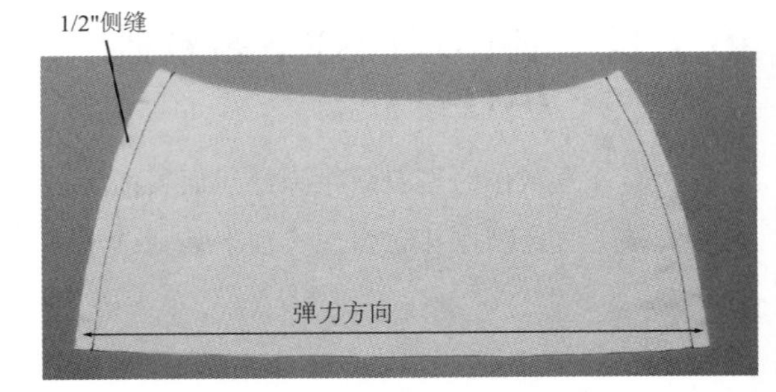

图5.9 裁剪缝合臀部基础纸样坯布

试样

见图 5.10，将下装基础纸样穿在人台上试样（Test the fit）。如需调整可用大头针固定。将这些调整在下装基础纸样上标记好，再转移到黄板纸上。

重点关注以下几点。

- 检查腰围线和臀围线是否与人台上的斜纹带完全对齐。
- 检查臀线是否符合人台的轮廓，如果不符合，就需要调整。
- 检查腰部是否合身。不要用大头针将腰围别紧，因为半裙和裤子（使用下装原型制作）在腰围

前

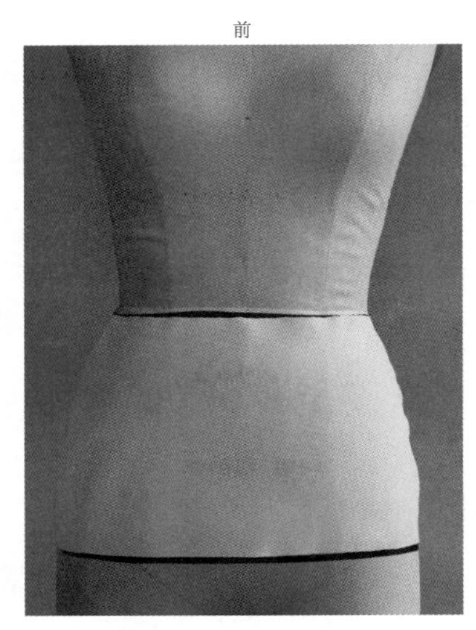
图5.10 双面弹坯布下装基础纸样的人台试样

处要有足够空间才能拉至臀部以上。

基础纸样的校样

图 5.11 为双面弹下装黄板纸基础纸样。

1. 将基础纸样转移到黄板纸上。
2. 在基础纸样上标注纸样名称“双面弹下装基础纸样”和“微弹”。

- 绘制腰线，标注字母 W、W1、H、H1。
- 在基础纸样上标注“前中心线 / 后中心线”。

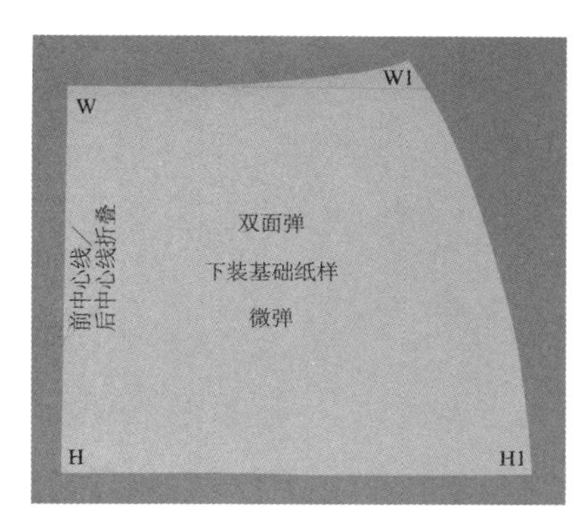

图5.11 双面弹下装黄板纸基础纸样

第 2 步：推档为不同弹性类别的双面弹下装基础纸样

第 2 步是将双面微弹下装基础纸样推档为中弹、高弹、超弹基础纸样。（见第 3 章的推档系统部分。）

准备推档坐标轴

在黄板纸上绘制推档坐标轴。标注 D 线并沿水平线负向标出 1/2 英寸的档差 ABC。

微弹

图 5.12 为微弹纸样。

图 3.17a 展示了以臀围线为水平公共线（HBL）的下装基础纸样。

1. 将 WH 置于 D 线上，水平公共线（HBL）置于水平线上。
2. 将微弹下装基础纸样描绘在推档坐标轴上。

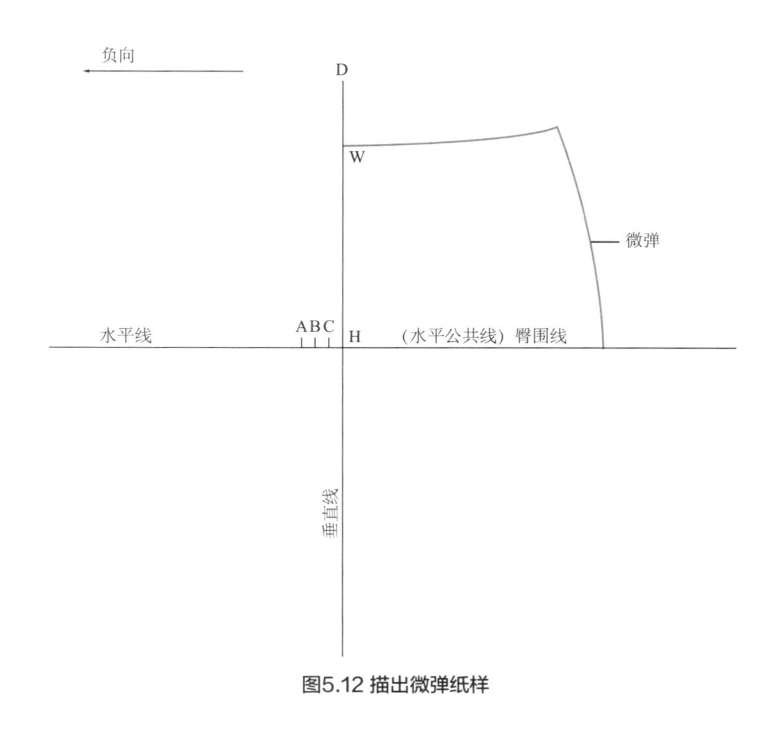

图5.12 描出微弹纸样

中弹

图 5.13 所示为中弹推档。

推档是负向进行的。推档时，确保 HBL 与推档坐标轴的水平线完全对齐。

1. 将 WH 移至 C 处，HBL 保持在水平线上。

2. 将中弹基础纸样描绘在推档坐标轴上。

高弹

图 5.14 所示为高弹推档。

1. 将 WH 移至 B，HBL 保持与水平线重合。

2. 将高弹基础纸样描绘在推档坐标轴上。

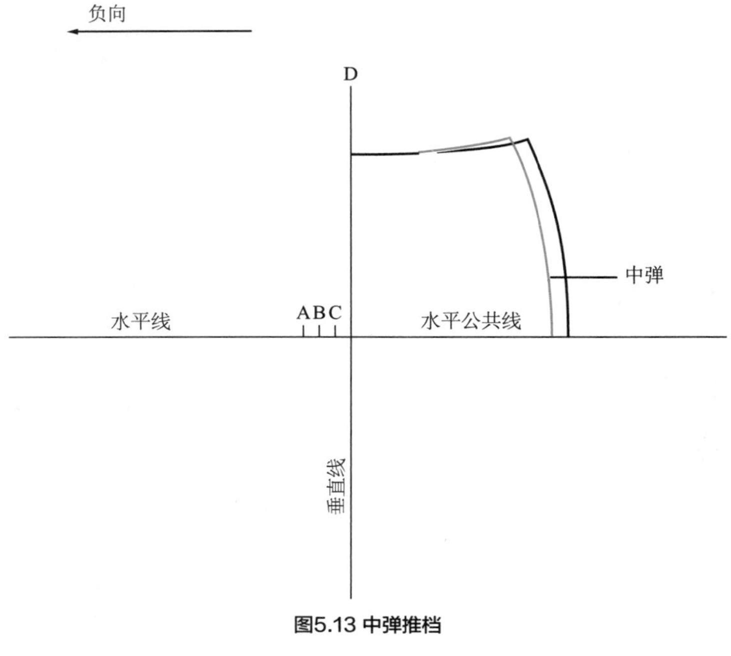

图5.13 中弹推档

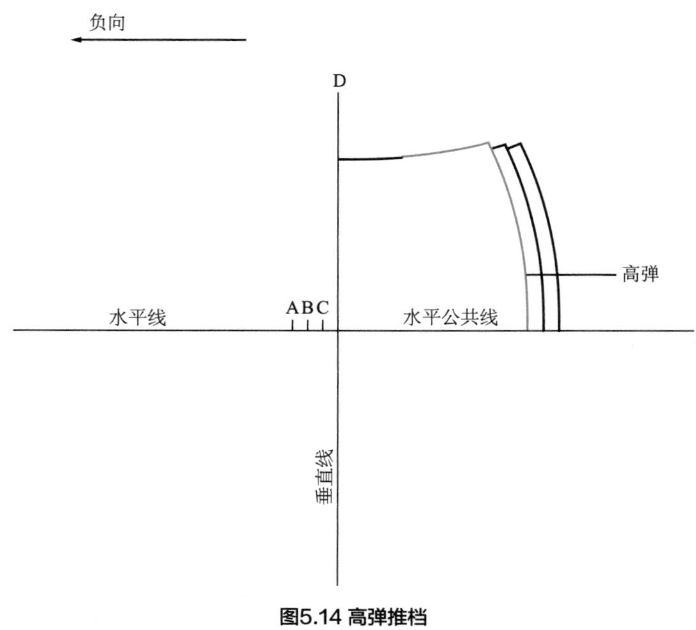

图5.14 高弹推档

超弹

图 5.15 所示为超弹推档。

1. 将 WH 移至 A，HBL 保持与水平线重合。
2. 将超弹基础纸样描绘在推档坐标轴上。
3. 推档完成后，用直角尺沿腰围 / 侧缝线交点画一条水平线。如果推档正确，各弹性类别纸样的腰围 / 侧缝线交点应落在这条与 D 线垂直的线上。

裁剪腰围线／侧缝线

图 5.16 所示为裁剪腰围 / 侧缝线。

1. 从推档坐标轴上裁剪下中弹基础纸样。（画在坐标轴上的微弹基础纸样是为了对比各个弹性类别，不需裁剪下来。）
2. 在 W1 处裁剪出各弹性类别的腰围线 / 侧缝线轮廓。

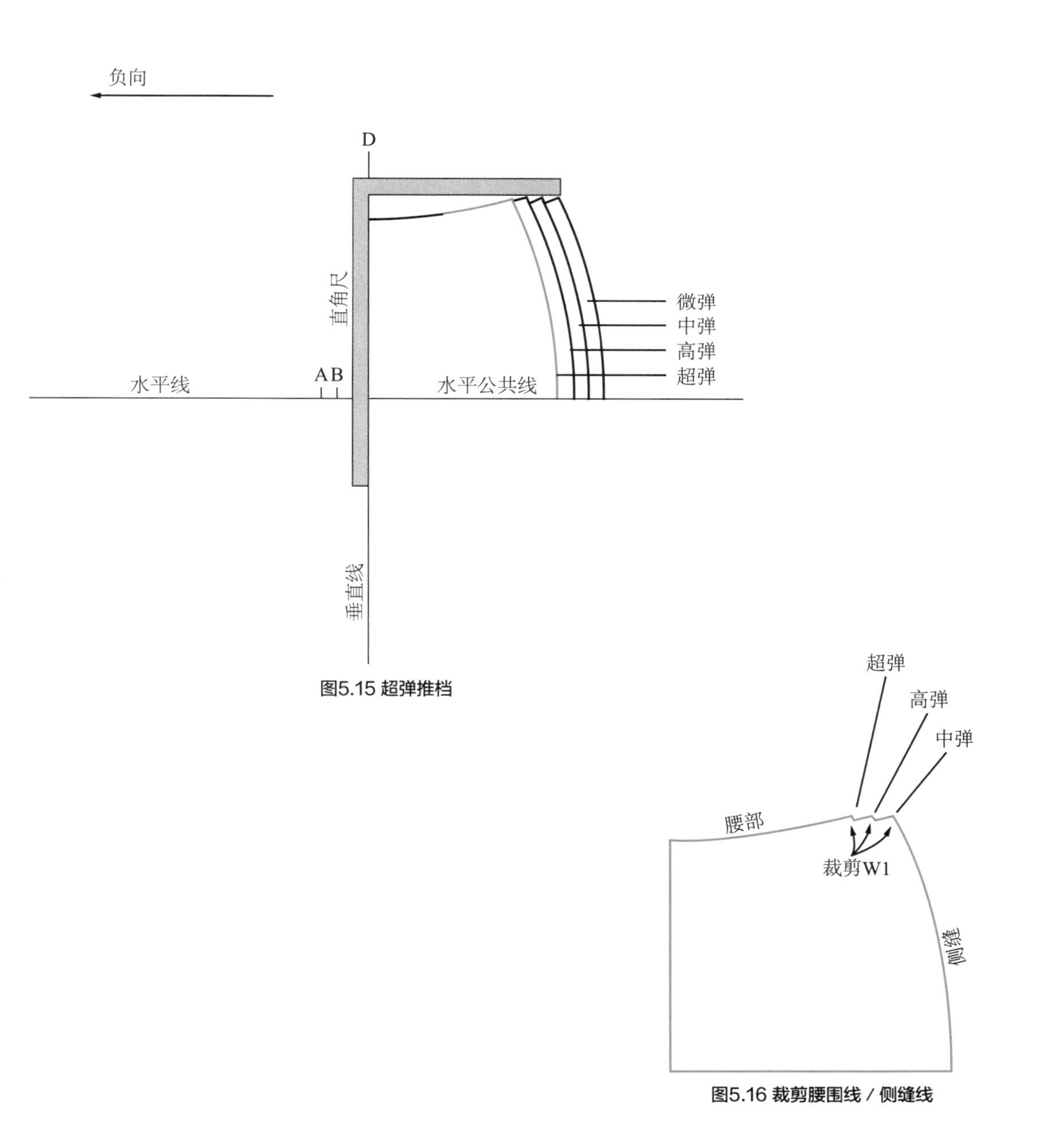

图5.15 超弹推档

图5.16 裁剪腰围线 / 侧缝线

绘制腰围弧线

图 5.17 所示为绘制腰线弧线。

1. 在黄板纸上描出中弹基础纸样。在各个弹性类别的纸样上，从前中心线开始画出腰围线。
2. 然后只在中弹纸样上画出腰围线／侧缝线。
3. 将微弹基础纸样放在中弹纸样上面。对齐腰围线／侧缝线，使用描线器将其余部分的腰围线转移到中弹基础纸样上，见图 5.17。完成纸样的裁剪。
4. 将高弹基础纸样描绘在黄板纸上。然后按照中弹基础纸样的制作方法转移腰围线并裁剪。
5. 重复以上步骤制作超弹基础纸样。

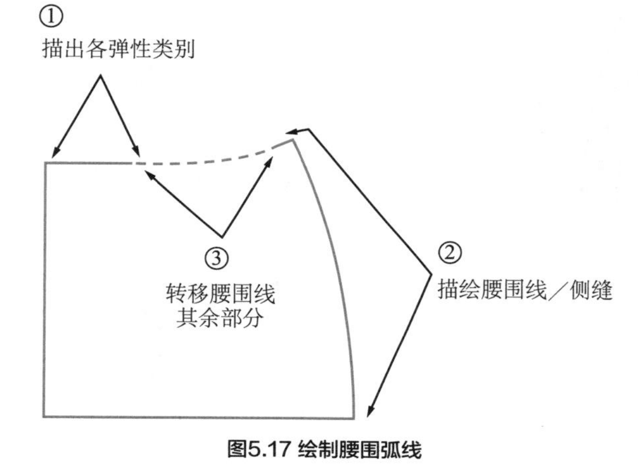

图5.17 绘制腰围弧线

基础纸样的校样

图 5.18 所示为黄板纸上的各弹性类别双面弹下装基础纸样。

1. 在基础纸样上注明纸样名称“双面弹下装基础纸样”。
2. 在每个基础纸样上注明弹性类别（中弹、高弹、超弹）。
3. 在基础纸样上标注字母 W、W1、H、H1。
4. 在所有基础纸样上绘制腰围线。
5. 在基础纸样上标注“前中心线／后中心线”，见图 5.18。

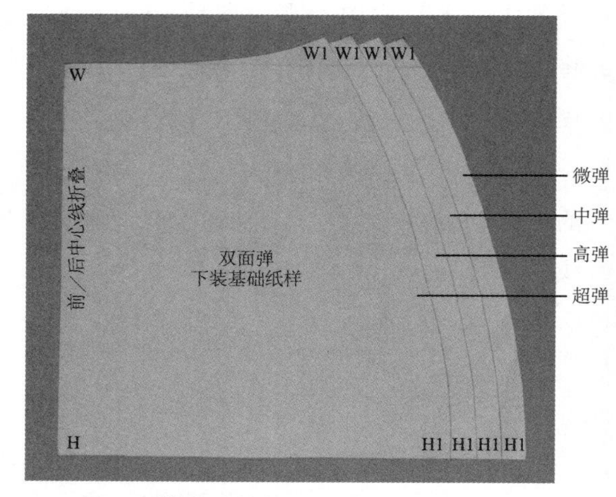

图5.18 黄板纸上的各弹性类别双面弹下装基础纸样

第 3 步：将双面弹下装基础纸样缩小为四面弹

将双面弹下装基础纸样转化成四面弹面料所使用的纸样必须要缩减长度。制作短裤原型和泳装下装原型需要使用四面弹下装基础纸样（见表 2.1）。

缩减长度

见图 5.19，首先缩减高弹基础纸样的长度。

1. 在 W1H1、WH 中间的位置绘制一条标识线。

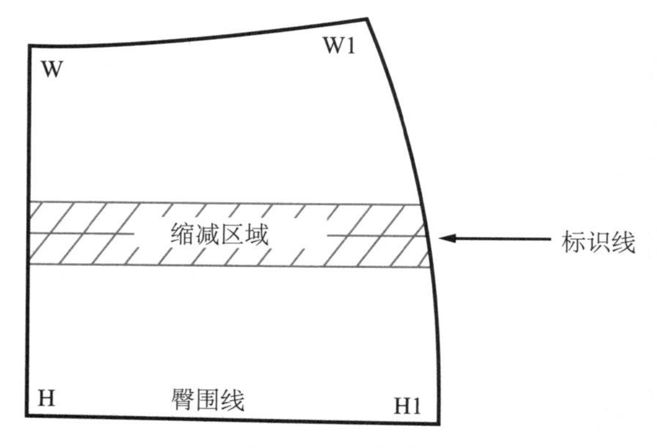

图5.19 缩减长度

2. 在标识线上下两侧各 1/2 英寸的位置绘制平行线（总共 1 英寸）。

3. 将这部分标记为“缩减区域”。

折叠“缩减区域”并绘制新的臀部曲线

图 5.20 所示为折叠减少区域并绘制新的臀部弧线（hip curve）。

1. 折叠“缩减区域”，并将两条平行线并在一起，达到减少基础纸样长度的目的。然后用美纹胶带固定。

2. 在侧缝 H1 处减掉 1/8 英寸。由 H1 处向上画一条 1/2 英寸长的垂直线。

3. 从 W1 画一条新的臀部曲线到 1/2 英寸垂直线。在侧缝处拉齐差异部分（因折叠减少部分产生的）。

试样

图 5.21 所示为四面弹坯布下装基础纸样的人台试样。

1. 从四面高弹面料上剪下两片下装基础纸样。（按照双面弹下装基础纸样试样时的裁剪方法。）

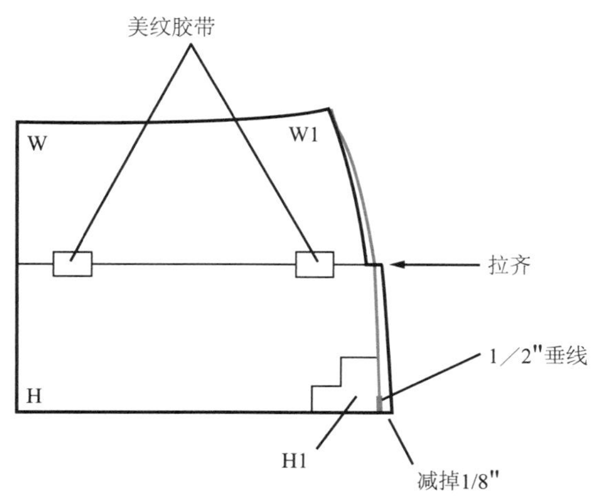

图5.20 折叠减少区域并绘制新的臀部弧线

2. 仅在侧缝处加放 1/2 英寸的缝份，腰围和臀围处不需要缝份。

3. 按照缝合双面弹面料的方法缝合侧缝。

4. 在人台上进行四面弹下装基础纸样试样。

重点关注以下这点。

- 向下拉伸针织面料时，检查面料是否可以拉伸到人台的臀围线位置。

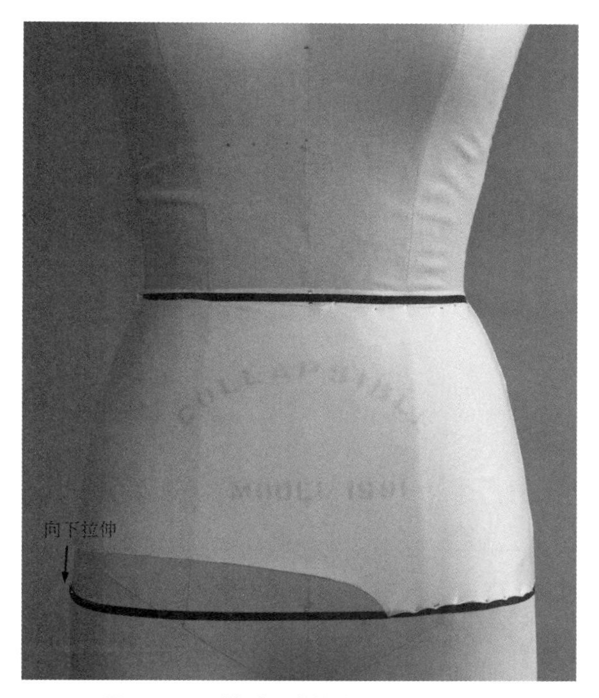

图5.21 四面弹坯布下装基础纸样的人台试样

基础纸样的校样

1. 对齐侧缝线，检查腰围弧线是否平滑、连续。

2. 将下装基础纸样转移到黄板纸上。

3. 注明纸样信息，纸样名称为“四面弹下装基础纸样”，并注明弹性类别。

4. 在基础纸样上标注“前中心线 / 后中心线。”

5. 绘制腰围线并标注字母。

第 4 步：四面弹下装基础纸样的推档

在这一步中，我们将四面超弹下装基础纸样推档为超弹基础纸样。这是制作下装基础纸样的最后一步。这里使用的推档坐标轴及方法与推档不同弹性类别的双面弹下装基础纸样的方法相同。

超弹

图 5.22 所示为超弹推档。

推档是负向进行的。

1. 将推档坐标轴绘制在黄板纸上。在水平线上将 D 负向 1/2 英寸的位置标记为 C。
2. 将 WH 置于 D 线上，HBL 与水平线对齐。按图 5.22 所示在推档坐标轴上描出高弹基础纸样。
3. 将 WH 移动到 C 点位置，HBL 保持在水平线上。在推档坐标轴上描绘出超弹基础纸样。
4. 仅剪下超弹基础纸样，因为已经有高弹基础纸样了。

基础纸样的校样

1. 注明纸样信息“四面弹下装基础纸样”和弹性类别。
2. 绘制腰围线，在样板上注明“前中心线 / 后中心线”，并在各基础纸样上标注字母（见图 5.23）。

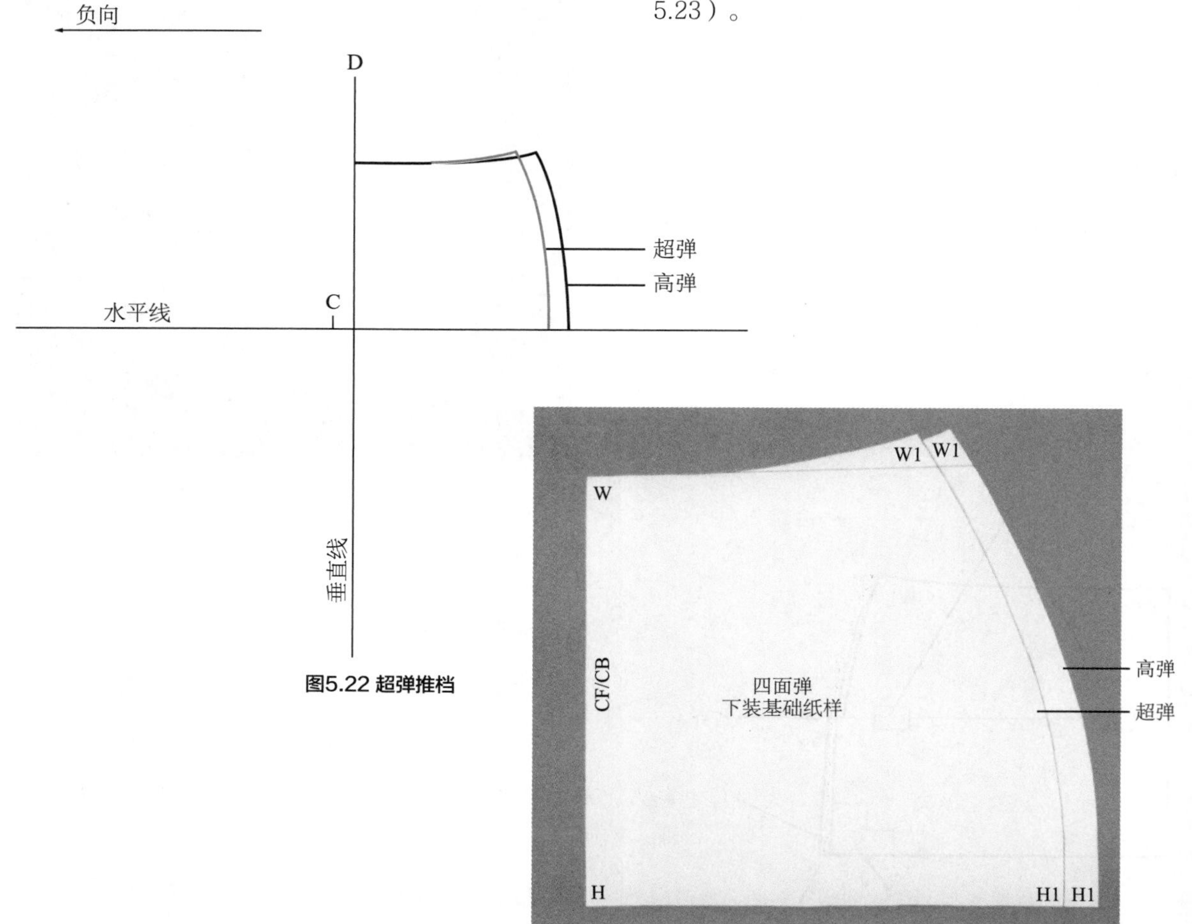

图5.22 超弹推档

图5.23 黄板纸制作的各弹性类别四面弹下装基础纸样

制作衣身基础纸样

现在我们要制作衣身基础纸样了。制作双面弹和四面弹衣身基础纸样的 4 个步骤见表 5.2。

第 1 步：制作双面弹衣身基础纸样

衣身基础纸样覆盖的是从肩部到腰部的区域（见图 5.30）。使用双面弹衣身基础纸样，可以制作出四面弹衣身基础纸样。

微弹

首先制作的是双面微弹针织面料的衣身基础纸样，这是制作其他弹性类别基础纸样的母板。制作衣身基础纸样需参考本章前面提到的“人台尺寸”。

绘制衣身框架线

图 5.24 所示为绘制衣身框架线（top-box）。

我们需要用到第 80 页“人台尺寸”中的第 3 项和第 7 项尺寸。

1. 首先在样板纸上画一个直角。
2. TW：人台顶部到腰部。
3. TT1：胸围的 1/4。
4. WX：与 TT1 等长，标记为腰围线。
5. T1X：与 TW 等长。
6. 标记“人台顶部”和“前中心线 / 后中心线”。

绘制标记／标识线

图 5.25 所示为绘制标记 / 标识线。

现在你需要用到第 80 页“人台尺寸”中的第 1 项和第 2 项尺寸。

1. 标识线：在“人台顶部”下方 1/4 英寸处画一条平行线。
2. 标记：在标识线下方 2 英寸处画一条短平行线。
3. N：后领深（back neck depth）位于标识线下方 1/2 英寸，画一条 3/4 英寸的垂直线。
4. TN1：人台顶部到前侧领根。
5. N1N2：$2^3/_8$ 英寸。画一条平行于前 / 后中心线的垂直线。

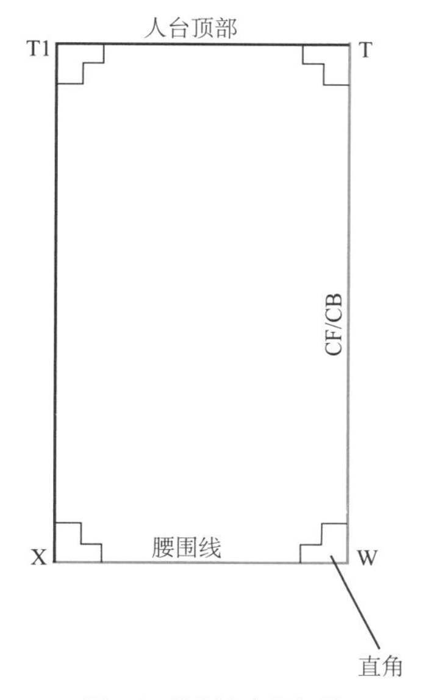

图5.24 绘制衣身框架线

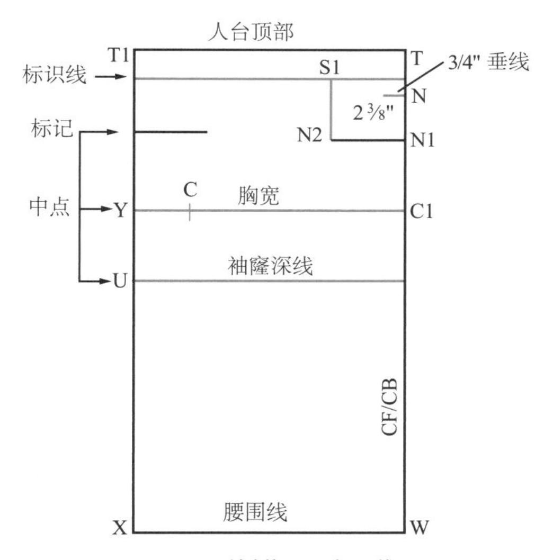

图5.25 绘制标记 / 标识线

6. N2S1：画一条从 N2 到标识线的垂直线。
7. U：袖窿深（underarm）位于标记下方 $6^3/_4$ 英寸处。画一条从 U 到前 / 后中心线且平行于 TT1 的直线。
8. Y：胸围线（chest line），位于标记到 U 的中点。
9. CC1：胸宽的一半，平行于 T1T 且垂直于前 / 后中心线。

绘制前领口、肩斜线、袖窿和胸围线

图 5.26 所示为前领口、肩斜线、袖窿和胸围线的绘制结果。

1. SS1：肩长。将放码尺置于 S1 位置，倾斜放码尺，使肩长长度与标识线相接。画出肩斜线并在 S 处画一个 1/4 英寸的直角，以便标识出肩线 / 袖窿交点。
2. 在 U 处画一个直角。使用绘制直角这一制板技术，可以保证绘制的线条总是平滑连续的。
3. SCU：将曲线板置于 U 点的直角上，连接其余几个点绘制出前袖窿弧线（armhole curve）。你可能会发现，袖窿弧线需要分两步来绘制。比如，先画 SC 部分，再将曲线板重新对齐，绘制 CU 部分。
4. TB：绘制平行于袖窿深线（underarm line）的胸围线，使用“人台尺寸”中的第 2 项（人台顶部到胸部）。
5. 在胸围线 B 上用交叉线标记胸高点。使用第 6 项（胸高点到前中心线）标记胸高点能够在设计高腰、公主线或做省时起到参考作用（见图 5.26）。

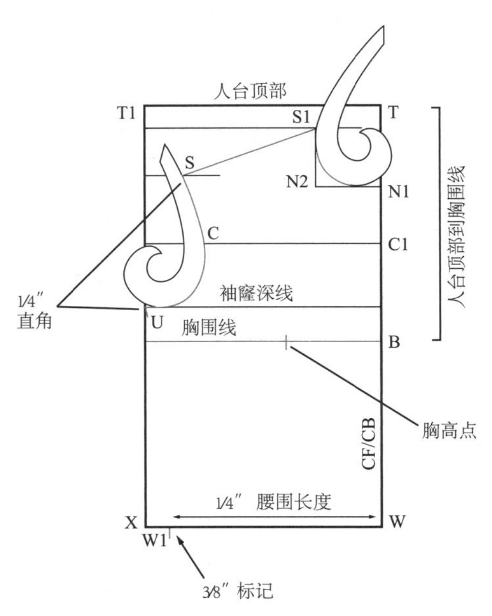

图5.26 绘制前领围、肩斜线、袖窿和胸围线

绘制侧缝线、腰围线、后袖窿和领口

图 5.27 所示为侧缝线、腰围线、后袖窿和领口的绘制结果。

1. 以 W 点为起点，在 WX 线上标记出腰围长度 1/4 的位置。这是在图 5.6 绘制下装基础纸样

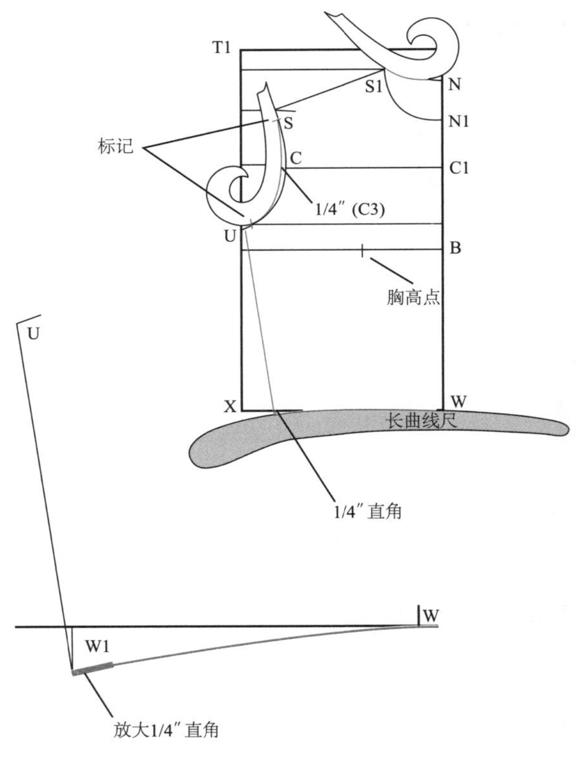

图5.27 绘制侧缝、腰围线、后袖窿和领围

时使用的腰围尺寸。

2. 在腰围线下方画一个 3/8 英寸长的垂直标记，标记为 W1。
3. 将长曲线尺置于 W1 和 W 处，绘出腰围弧线。
4. 在 W1 处画一个直角。
5. 将曲线板置于 S1 和垂直线 N 处，绘出后领口弧线（back neckline curve）。
6. 在袖窿位置，肩点 S 下方 1/2 英寸处和 U 点上方 1/2 英寸处画两个小标记。
7. CC3：1/4 英寸。
8. SC3U：将曲线尺置于标记上，绘出后袖窿弧线。
9. UW1：画出直线边缝。

测量袖窿

制作衣袖原型需要测量袖窿尺寸。测量前后袖窿的长度（分别测量）并记录在基础纸样上。前袖窿应该比后部袖窿约长 1/4 英寸。测量时应将卷尺沿袖窿弧线移动（walk），见图 3.3。

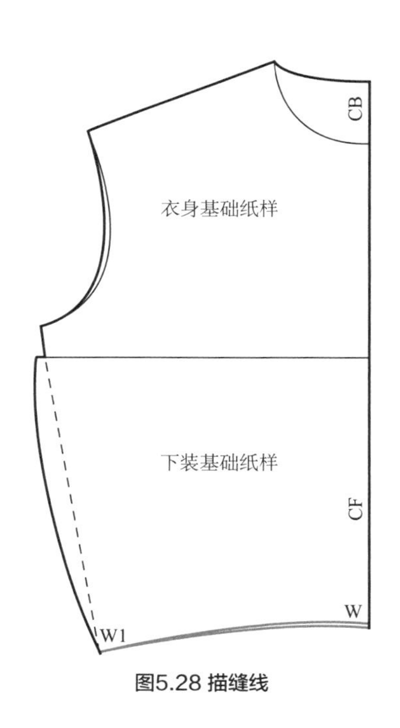

图5.28 描缝线

描线

图 5.28 所示为缝线的结果。

1. 确保下装和衣身的腰围线长度相等。将衣身的前后腰围线 WW1 与下装基础纸样的臀围线 WW1 对齐。如不等则调整为等长。
2. 检查前后侧缝线、肩线是否等长。
3. 检查基础纸样的袖窿、袖底（underarm）、肩、腰围弧线是否平滑连贯。

需要用到的面料

购买 5/8 码轻质双面微弹面料。此面料与下装基础纸样的试样面料不同，下装基础纸样使用的是更厚重的双面针织面料。

裁剪与缝纫

图 5.29 所示为裁剪坯布衣身基础纸样。

1. 裁剪坯布衣身基础纸样前，双侧纵向折叠面料，

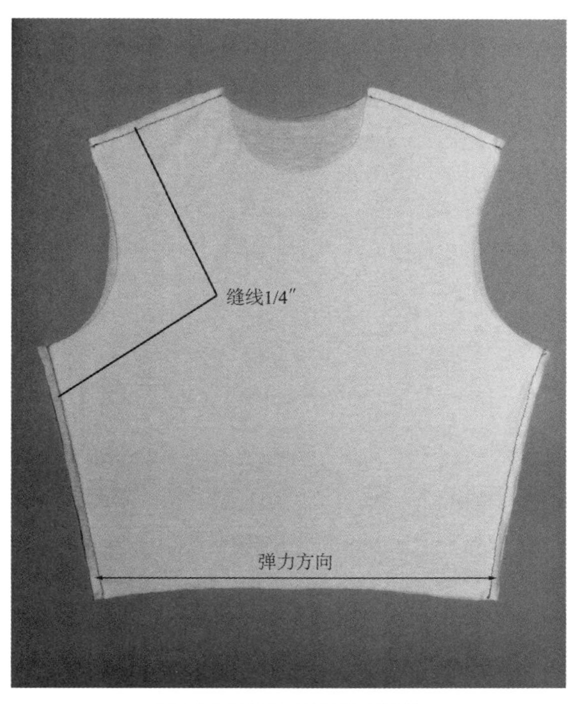

图5.29 裁剪坯布衣身基础纸样

见图 4.10。

2. 将前中心线和后中心线置于折线上，用大头针固定。
3. 仅在侧缝线和肩线处加放 1/4 英寸缝份。
4. 裁剪基础纸样。
5. 缝合基础纸样时，将前片和后片正面相对，在肩线和侧缝线 1/4 英寸处包缝或用波浪直线线迹缝合。

试样

图 5.30 所示为双面弹坯布衣身基础纸样的人台试样。

将衣身基础纸样穿在人台上进行试样。如需调整可用大头针固定。将这些调整在基础纸样上标注好，再转移到黄板纸上。

主要关注以下几点。

- 检查纸样胸高点是否与人台胸高点对齐，如未对齐则标注出位置。
- 检查腰围是否合身。腰围不要过紧，应与下装基础纸样的腰围尺寸相同。

基础纸样的校样

1. 将前后衣身基础纸样转移到黄板纸上。
2. 在基础纸样上注明样板名称“双面弹前 / 后衣身基础纸样”。
3. 在基础纸样上注明弹性类别（微弹）。
4. 绘制腰围线 W1W 和袖窿深线 U。
5. 标注胸高点并标记为 X。

前

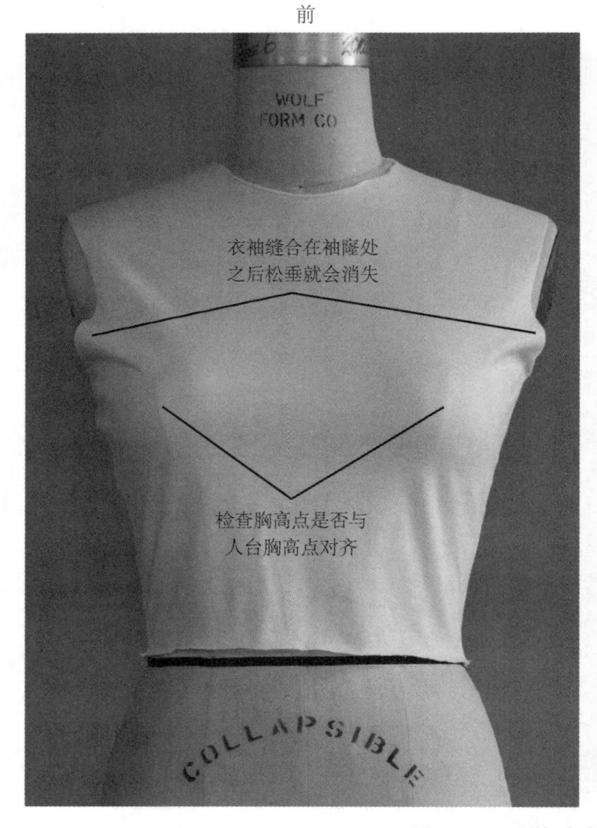

后

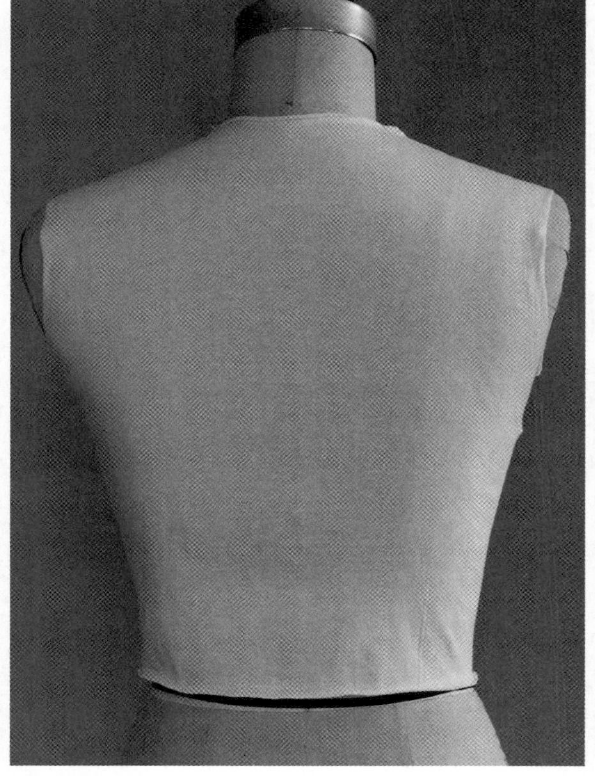

图5.30 双面弹坯布衣身基础纸样的人台试样

6. 在前袖窿处做剪口。

7. 在基础纸样上标注字母 S、C、C3、U、W、W1。

8. 在每一张纸样上标明“前中心线/后中心线”。

9. 用锥子在胸高点处穿孔，见图 5.31。

第 2 步：推档为不同弹性类别的双面弹衣身基础纸样

接下来我们要把前后衣身基础纸样推档为中弹、高弹、超弹纸样。这几种针织面料比微弹面料弹性更好。因此推档是负向进行的，每一种弹性类别的基础纸样都比前一种小 2 英寸。使用微弹母板对衣身基础纸样进行不同弹性类别的推档方法见表 5.2。

准备推档坐标轴

见图 3.15 和图 3.16 的推档坐标轴及坐标轴上的刻度。

1. 在黄板纸上绘制推档坐标轴并标出 D 线。

2. 以 D 为起点，沿水平线负向，以 1/2 英寸为档差标出 A、B、C 点。

3. 以 D 为起点，以 1/4 英寸为档差标出 C2 和 B2。

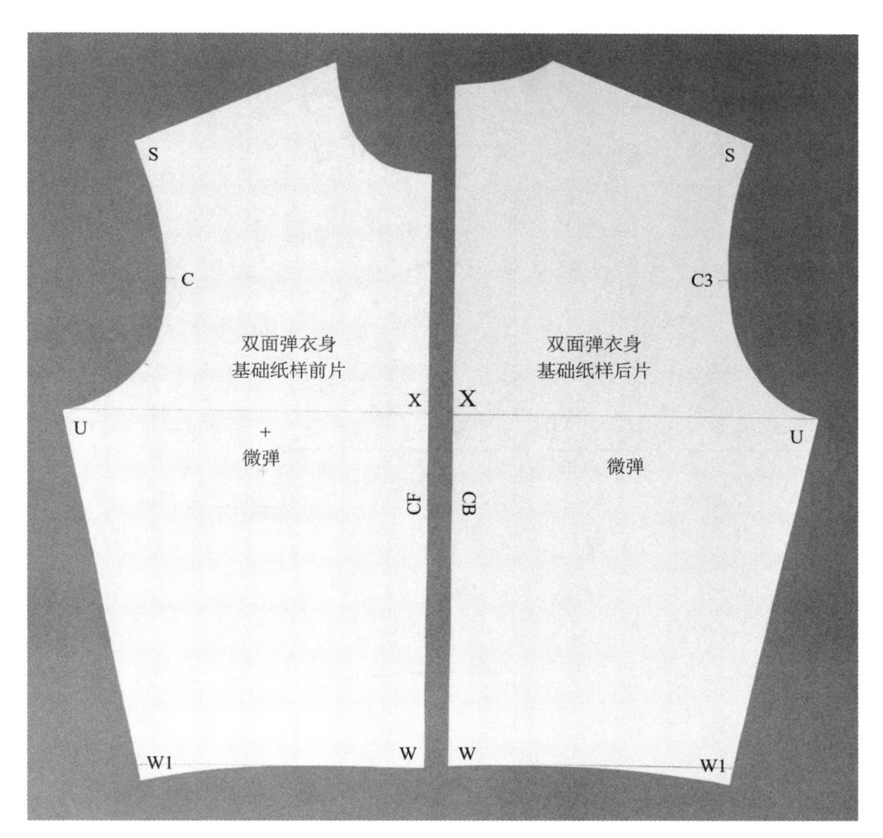

图5.31 黄板纸制作的双面弹衣身基础纸样

微弹

图 5.32 所示为绘制微弹纸样。

微弹母板用于不同弹性类别基础纸样的推档。衣身前片和后片的推档方法相同。推档时应在每个基础纸样上标注弹性类别。图 3.17b 展示了以袖窿深线为水平线的衣身基础纸样。

1. 在基础纸样上标记出 X，见图 5.31。
2. 将微弹纸样描在推档坐标轴上，X 与垂直线 D 重合。

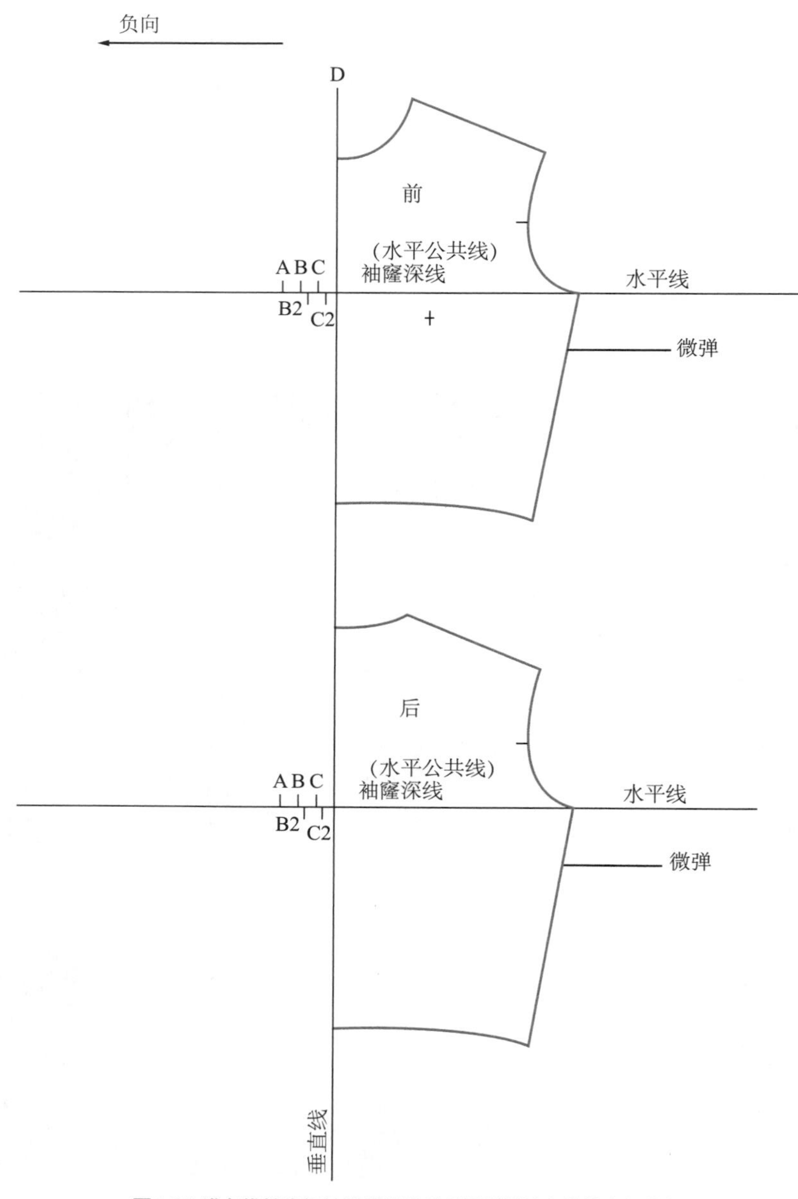

图5.32 准备推档坐标轴并将微弹基础纸样描绘在推档坐标轴上

中弹

图 5.33 所示为中弹推档。

推档是负向进行的，因此随着面料弹性增强，基础纸样的尺寸会减小。推档时，HBL 必须与推档坐标轴的水平线完全对齐。

1. 将 X 移动到 C2，标记胸高点。然后画出肩线和袖窿的交点，同时勾勒出该点到袖窿中点 C 和 C3 的线条。
2. 将 X 移动到 C 点，标记出袖窿深线和侧缝线的交点，同时勾勒出侧缝线和腰围线。

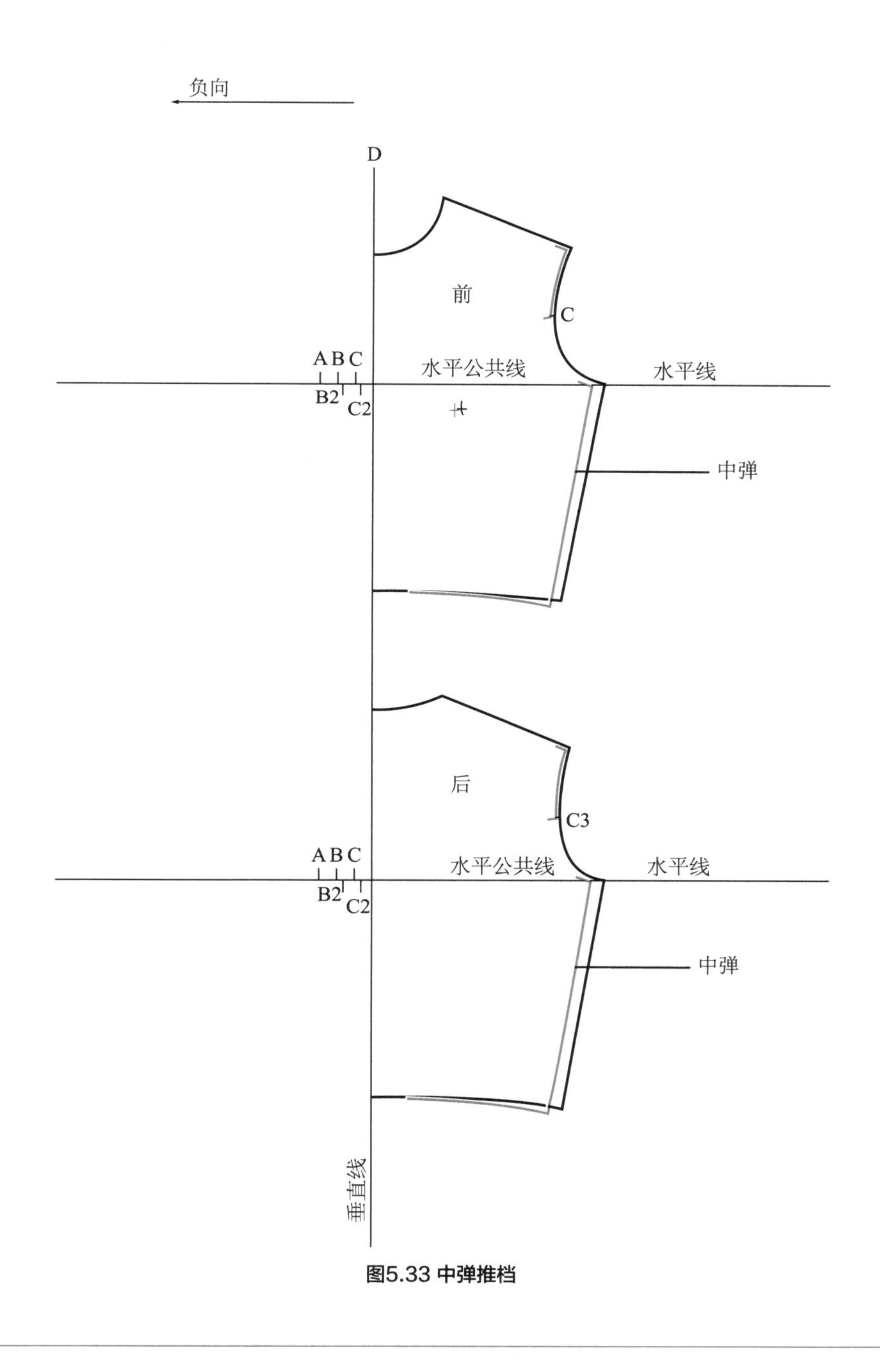

图5.33 中弹推档

高弹

图 5.34 所示为高弹推档。

1. 将 X 移动到 C，标记出胸高点以及肩线和袖窿交点，然后继续勾勒出到袖窿中点 C 和 C3 处的线条。
2. 将 X 移动到 B，标记出袖窿深线和侧缝线的交点，并勾勒出侧缝线和腰围线。

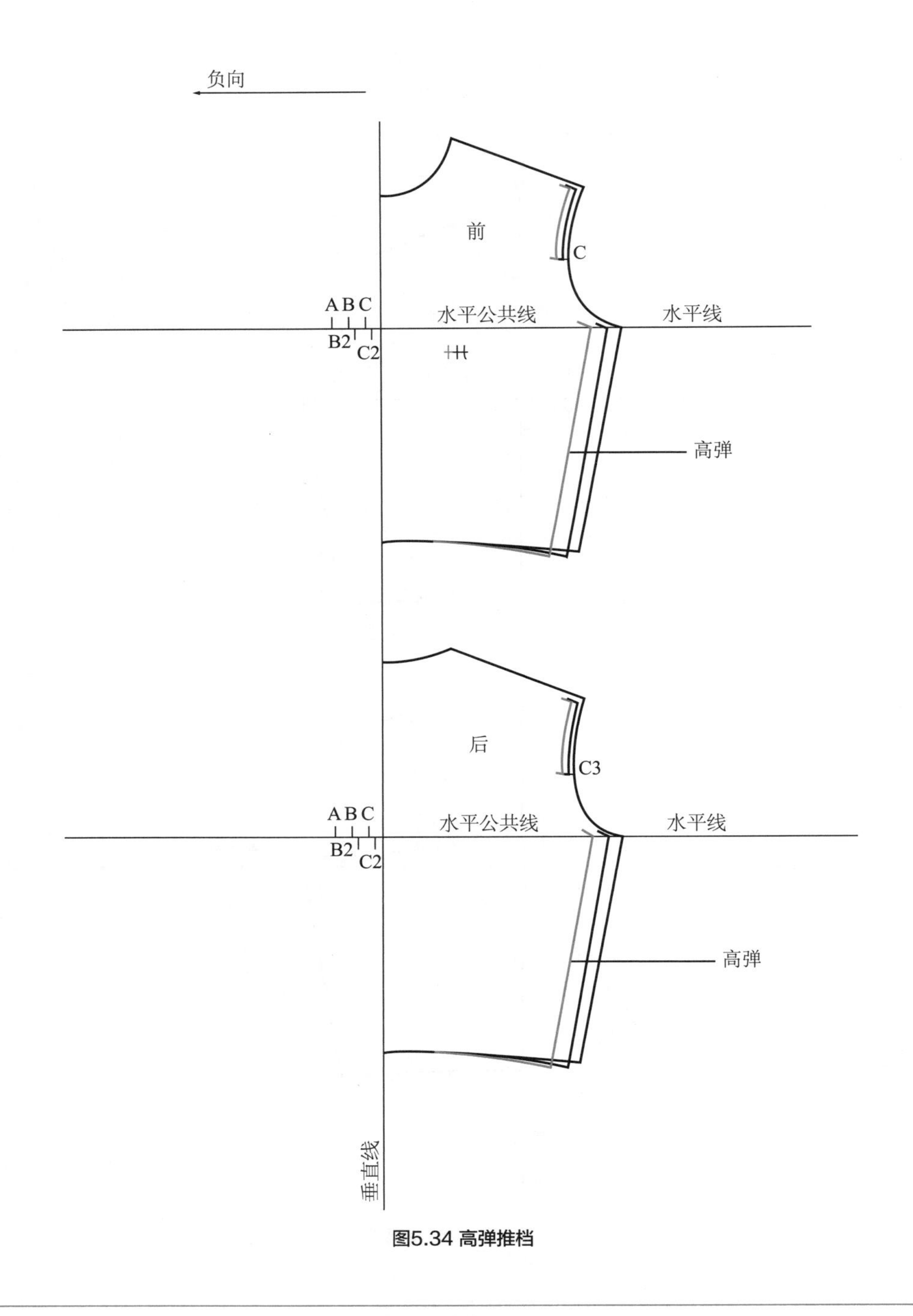

图5.34 高弹推档

超弹

图 5.35 所示为超弹推档。

1. 将 X 移动到 B2，标记出胸高点以及肩线和袖窿交点，然后继续勾勒出到袖窿中点 C 和 C3 处的线条。
2. 将 X 移动到 A，标记出袖窿深线和侧缝线的交点，并勾勒出侧缝线和腰围线。
3. 推档完成后，用直角尺沿肩线和袖窿的交点以及腰围线和侧缝线交点画一条直线。如果推档正确，各弹性类别的交点构成的这条线应是水平的。

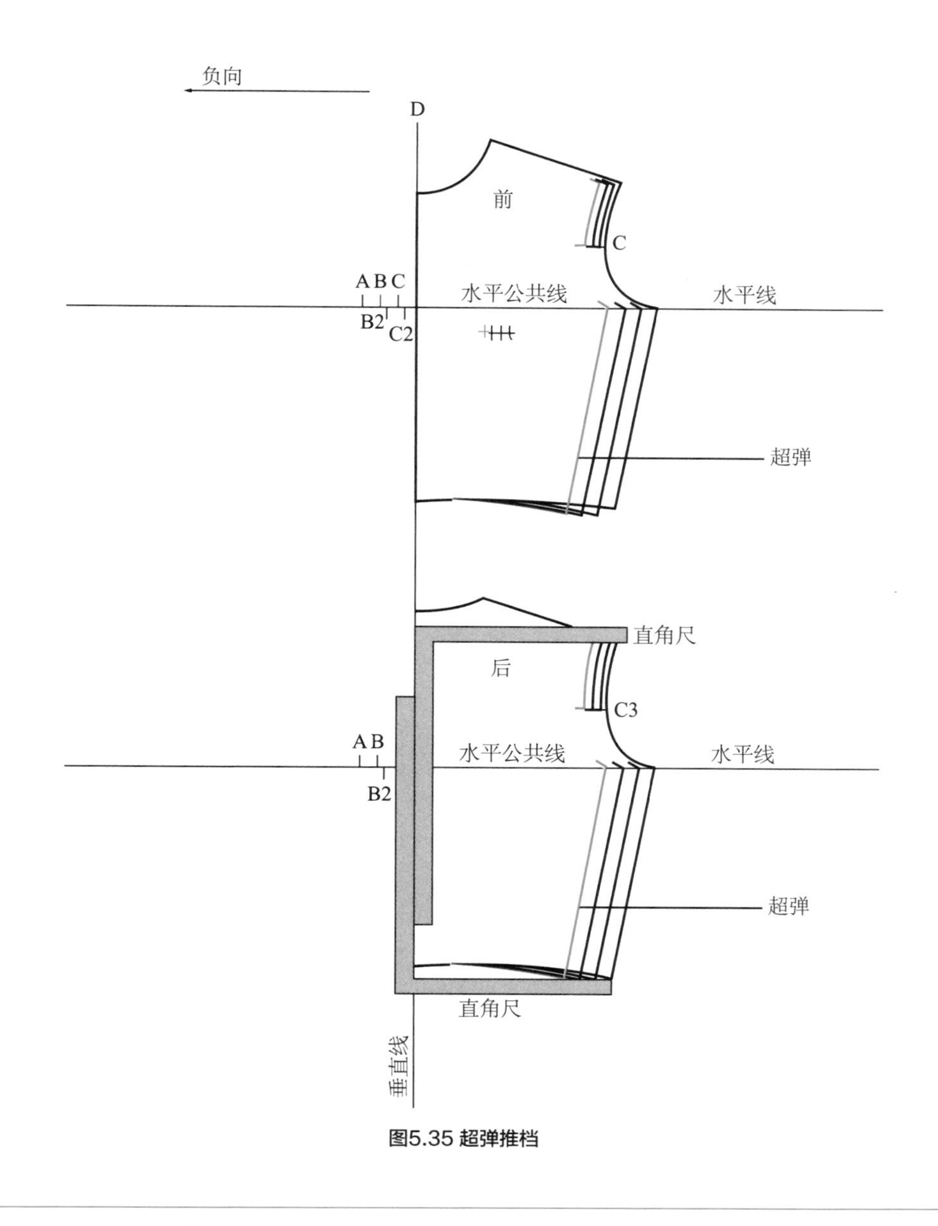

图5.35 超弹推档

绘制肩线和袖窿弧线

图 5.36 所示为绘制肩线和袖窿弧线。

完成这一步骤之后，将得到一套绘制在同一张黄板纸上的各弹性类别双面弹衣身基础纸样。

1. 从领口到肩线和袖窿的交点画一条新的肩线。
2. 将曲线板置于基础纸样上袖窿中点 C 和 C3 及腋下角 U 的位置。完成所有弹性类别的前袖底弧线。
3. 衣身后片也重复这个过程。

裁剪腰围线和侧缝线

图 5.37 所示为裁剪腰围线和侧缝线。

推档的最后一步是将各弹性类别的基础纸样分别描绘在黄板纸上。

1. 从推档坐标轴上剪下中弹纸样的前片和后片。（画在推档坐标轴上的微弹纸样是为了对比各个弹性类别纸样，我们已经有了微弹的基础纸样，因此不需要裁剪。）
2. 在 W1 处裁剪出各弹性类别的侧缝线和腰围线的轮廓。

绘制腰围弧线

见图 5.37。

1. 将中弹纸样描绘在黄板纸上，然后将微弹基础纸样放置在中弹基础纸样上边。将两者的侧缝线和腰围线对齐，用描线器将腰围线转移到中弹基础纸样上。
2. 将胸高点转移到前片上。
3. 裁剪高弹纸样的前片和后片，然后将前片和后片基础纸样描绘在黄板纸上。
4. 转移腰围线，方法与中弹纸样相同，再转移胸高点。
5. 剩下的部分就是超弹基础纸样了。

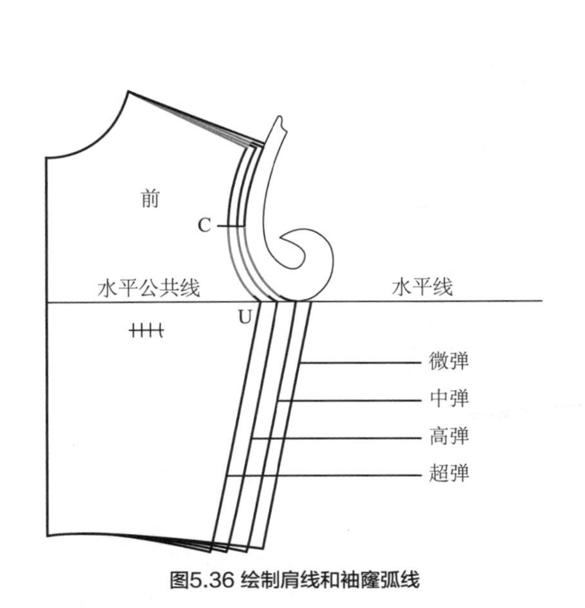

图5.36 绘制肩线和袖窿弧线

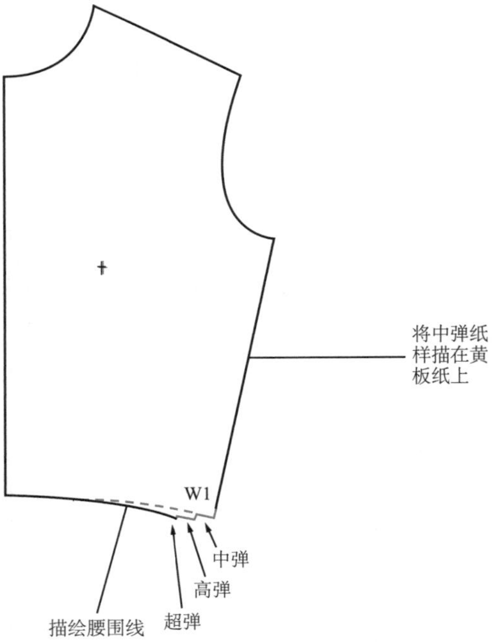

将中弹纸样描在黄板纸上
W1
中弹
高弹
超弹
描绘腰围线

图5.37 裁剪腰围线和侧缝线

描线

调整基础纸样，方法与调整微弹纸样相同。袖窿、袖底和腰围弧线必须保证平滑连续（见图3.5）。

基础纸样的校样

图 5.38 所示为黄板纸制作的各弹性类别双面弹衣身基础纸样。

1. 在每张推档完成的基础纸样上写上纸样名称“前/后双面弹衣身基础纸样”。
2. 在每块基础纸样上标注弹性类别（中弹、高弹、超弹）。
3. 在每块基础纸样上注明 S、C、C3、W、W1。
4. 在每块基础纸样上标注“前中心线/后中心线。”
5. 绘制腰围线 W1W 和袖窿深线。
6. 用锥子在胸高点处穿孔。
7. 在前袖窿上做剪口。

第 3 步：将双面弹衣身基础纸样缩小为四面弹

将双面弹衣身基础纸样转化成四面弹面料使用的纸样必须要缩减长度。在表 5.1 和表 5.2（第 3 步）中，注意只有高弹和超弹的基础纸样的长度缩减了。四面弹衣身基础纸样最终会与四面弹短裤原型组合，组成泳装原型（见表 2.1）。（两者也可用于连裤紧身衣和紧身连衣裤的制板。）微弹和中弹的基础纸样不会转化为四面弹，因为这两种针织面料不具备泳装要求的流线型和贴体性。

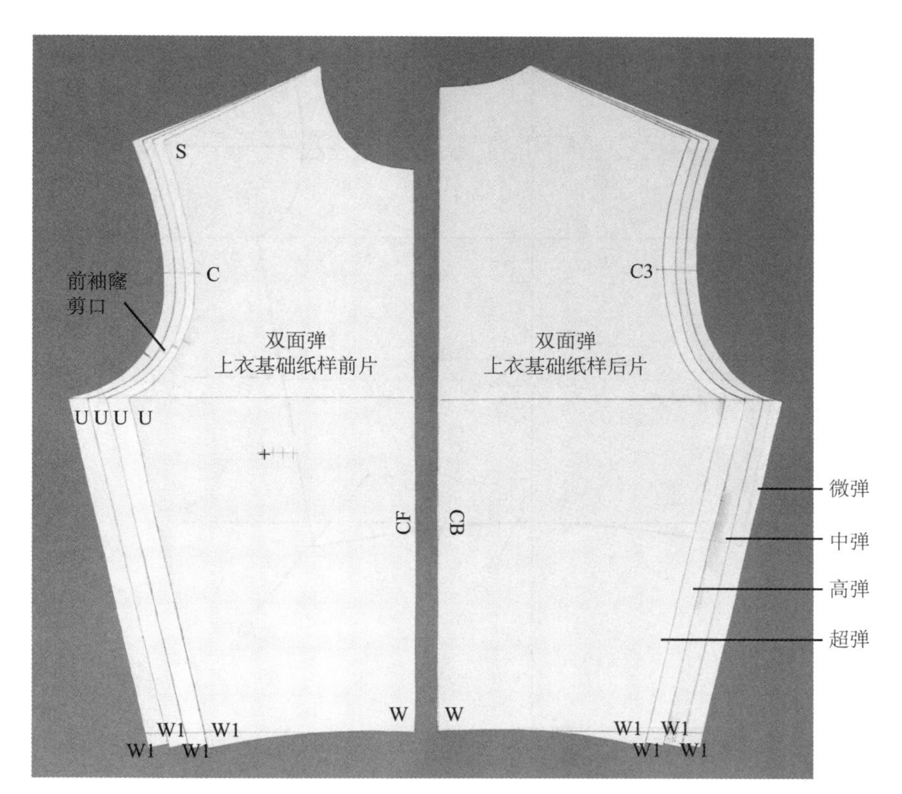

图5.38 黄板纸制作的各弹性类别双面弹衣身基础纸样

缩减长度

图 5.39a 所示为缩减长度的方法。

1. 在样板纸上画一条垂直线。
2. 将双面弹基础纸样的前片和后片放置于垂直线的两侧，并在样板纸上描出。
3. 不要转移胸高点，因为胸高点会在试样阶段标记出来。
4. 在肩、袖窿深线、腰围线处画 3 条垂直于前 / 后中心线的水平线。
5. 绘制标识线 1：在肩部和袖窿深线中间的位置。在标识线上下两侧 1/4 英寸（共 1/2 英寸）的位置进行标记，标注为“缩减区域”。
6. 绘制标识线 2：袖窿深线与腰围线中间的位置。在标识线上下两侧 1/2 英寸（共 1 英寸）的位置进行标记，标注为“缩减区域”。

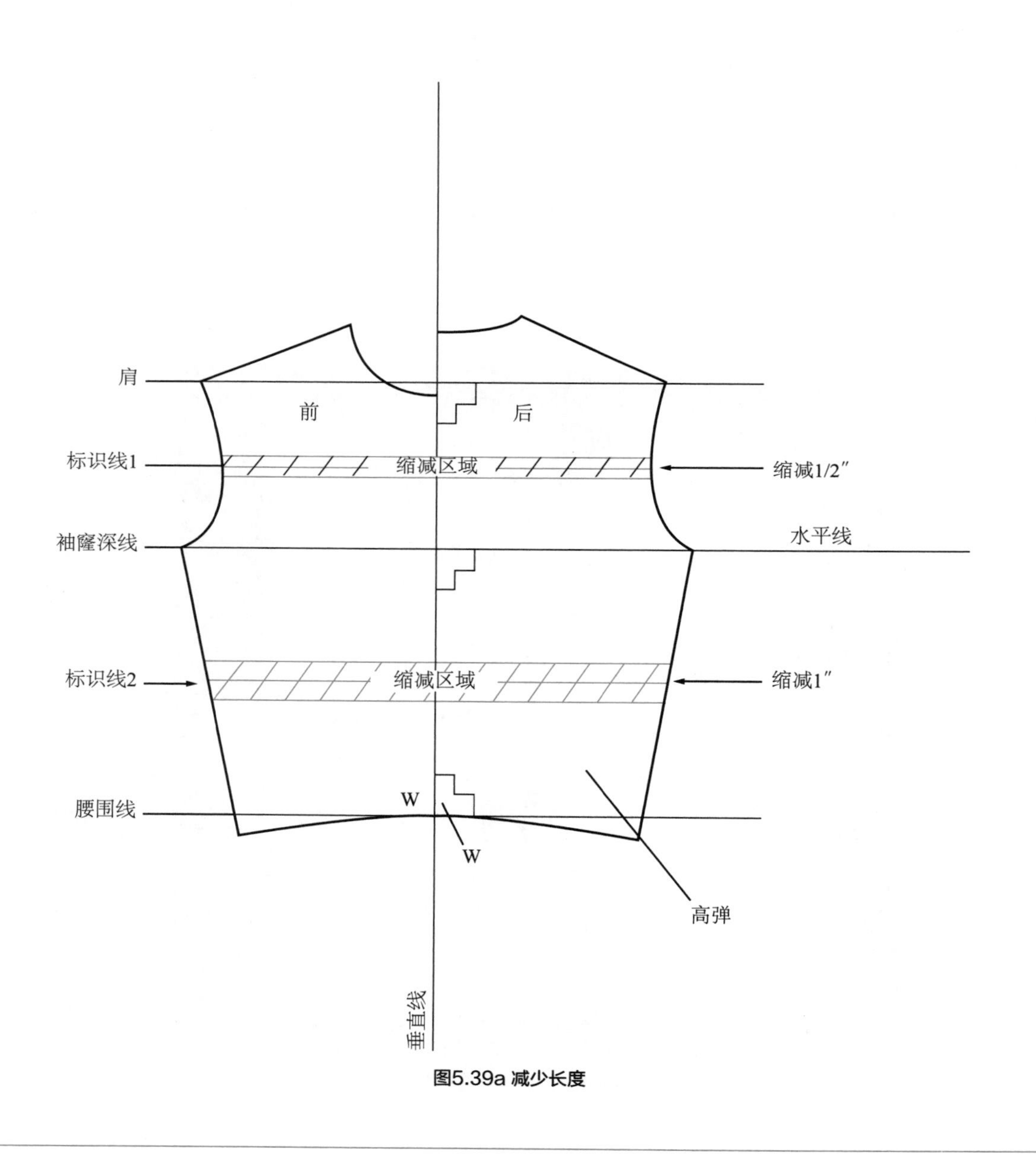

图5.39a 减少长度

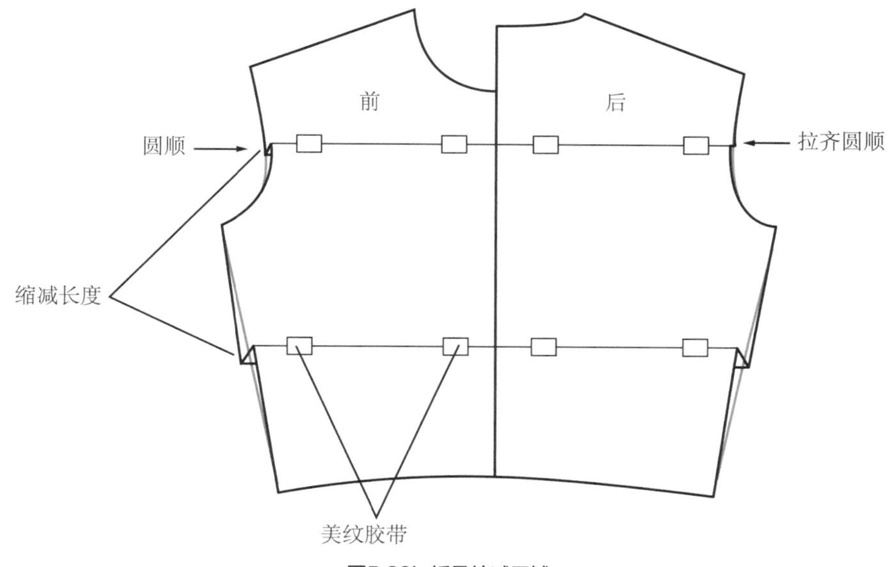

图5.39b 折叠缩减区域

折叠缩减区域

图 5.39b 为折叠缩减区域的方法。

1. 折叠缩减区域，并将两条平行线并在一起，达到缩减基础纸样长度的目的，然后用美纹胶带固定。
2. 画一条直线作为新的侧缝线。
3. 画一条新的、圆顺的袖窿弧线，拉齐长度缩减的部分。

需要用到的面料

购买 3/8 码（轻到中等重量）的四面弹超弹针织面料（可使用泳衣面料）。

裁剪与缝纫

图 5.40 所示为四面弹坯布衣身基础纸样在人台上的试样。

接下来，裁剪并缝合基础纸样。在肩线和侧缝线处加放 1/4 英寸的缝份，然后使用包缝的方法缝合缝线。（缝合基础纸样的方法见图 5.29。）

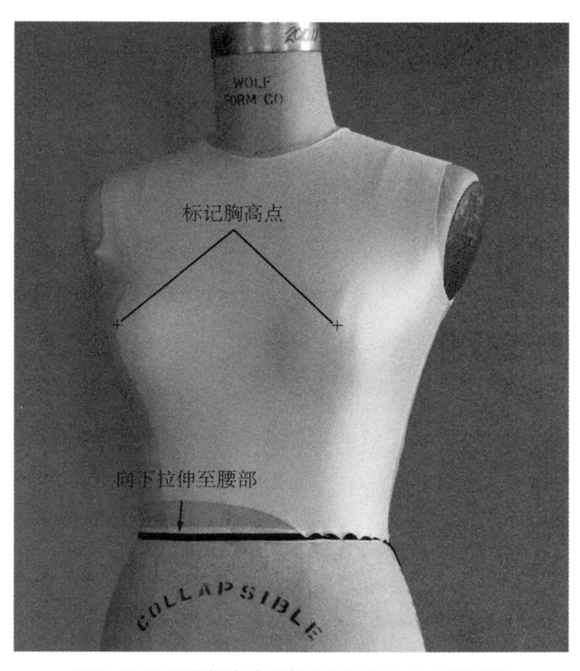

图5.40 四面弹坯布衣身基础纸样在人台上的试样

试样

试样时，把坯布基础纸样穿在人台上。拉伸坯布腰围至人台腰围处并用大头针固定，用交叉线标注胸高点并转移到纸样上。

重点关注以下这点：

- 检查基础纸样的长度是否合适。如果长度不能拉伸到斜纹带标记的腰围线处，可能是因为你选择的针织面料弹性不合适。

第 4 步：四面弹衣身基础纸样的推档

现在我们将高弹衣身基础纸样推档为超弹基础纸样。注意表 5.2 中的第 4 步是制作两片式衣身基础纸样的最后一步。

超弹

图 5.41 所示为超弹推档。

推档是负向进行的。

1. 在黄板纸上准备好推档坐标轴并标记出 D 线。
2. 以 D 为起点，在负向 1/4 英寸处标注 C2，1/2 处标注 C。
3. 水平公共线（HBL）是基础纸样的袖窿深线（见图 3.17）。
4. 确保在基础纸样上标记出 X，见图 5.31。
5. 将高弹衣身基础纸样的 X 置于垂直线 D 上，水平公共线与坐标轴水平线重合。将基础纸样描绘在推档坐标轴上。
6. 将 X 移动到 C2，标记肩线和袖窿的交点，同时勾勒出该点到袖窿中点 C 和 C3 的线条。
7. 将 X 移动到 C 点，标记出袖窿深线和侧缝线的交点，再继续勾勒出到腰围线的线条。
8. 将曲线尺放置于袖窿中点，绘制出袖底弧线。
9. 绘制一条新的肩线。

基础纸样的校样

图 5.42 所示为四面弹衣身基础纸样。

试样完成后，将基础纸样转移到黄板纸上。

1. 写上纸样名称“四面弹衣身基础纸样前片 / 后片”。
2. 在每张基础纸样上标注弹性类别（中弹、高弹、超弹）。
3. 绘制腰围线和袖窿深线 U。
4. 在每块基础纸样上标注字母 U、W、W1。
5. 在每张基础纸样上标注“前中心线 / 后中心线。”
6. 用锥子在胸高点处穿孔。
7. 在前袖窿做剪口。

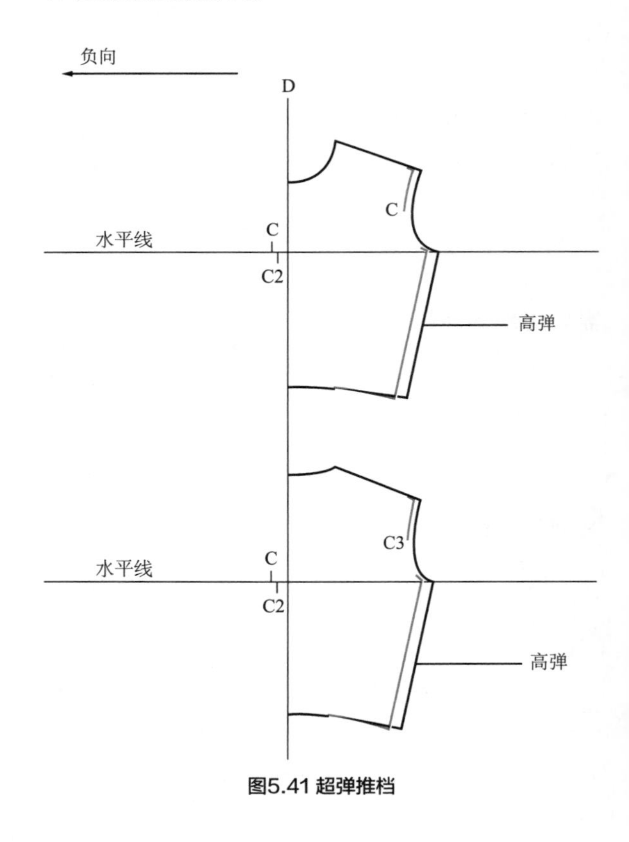

图5.41 超弹推档

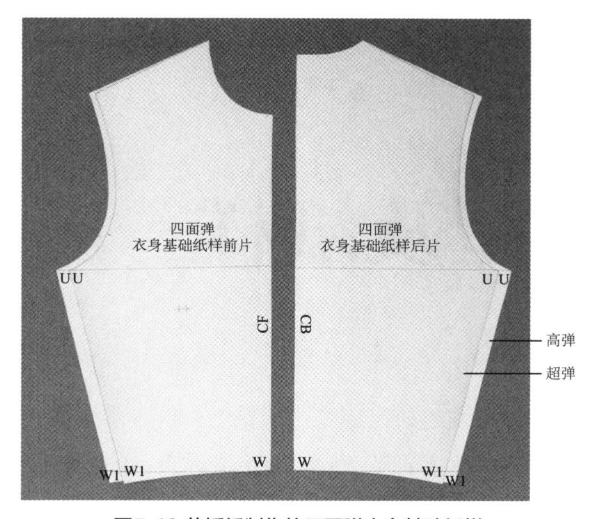

图5.42 黄板纸制作的四面弹衣身基础纸样

小结

下面这个清单总结了本章中所讲解的下装与衣身基础纸样制板知识。

- 下装和衣身基础纸样是基于人台尺寸或模特身材尺寸制作的。
- 下装和衣身基础纸样用于制作上衣原型。
- 下装和衣身基础纸样是为双面弹和四面弹针织面料制作的。
- 下装和衣身基础纸样是根据不同弹性类别制作的（微弹、中弹、高弹、超弹），以对应图 1.4 的拉伸性量表中的不同类别。

停：遇到问题怎么办

……我的四面弹衣身基础纸样在人台试样时太大了怎么办？我不确定我使用的面料是什么弹性类别。

重新购买弹性类别正确的四面弹面料。接下来重新缝合坯布，再重新试样。制衣容不得猜测！

……我的双面弹衣身基础纸样在人台上试样不合适怎么办？

再次测量人台，检查尺寸是否准确。接下来，检查纸样，因为也可能需要修正制板中的错误。一定要保证衣身基础纸样（和下装基础纸样）的人台试样是合适的，因为所有的原型都要根据这个局部纸样来制作。

自测

1. 为什么准备正确的制板工具并了解制板术语很重要？
2. 为什么用斜纹带标记人台很重要？
3. 为什么精确测量人台尺寸很重要？
4. 解释为什么图 5.1 中双面弹和四面弹基础纸样的尺寸不同。
5. 表 5.1 和表 5.2 中最主要的 3 个动作是什么？
6. 在图 5.26 和图 5.27 所示的衣身基础纸样上，某些地方画上了直角。为什么画直角是一个重要的制板规则？（参考第 3 章中的“制板规则”部分。）
7. 为什么不同弹性类别的基础纸样要分别进行试样？
8. 如何准备推档坐标轴？如何确定使用哪些尺寸来进行基础纸样推档？

重点术语	中弹基础纸样
母板	高弹基础纸样
微弹基础纸样	超弹基础纸样

第6章 上衣原型及纸样

本章主要讲解如何使用第5章的下装和衣身基础纸样制作上衣原型。通过使用和修改最基础的上衣原型，就可以设计出自己的时髦T恤了。德国时装设计师卡尔·拉格斐（Karl Lagerfeld）曾说过，“没有T恤的衣柜算不上是摩登衣柜[1]。”

本章阐述如何通过轮廓变化、领口调整、衣袖修改，将上衣基础原型转化成你自己的纸样设计。随着章节的展开，你也会学到领口收边相关的缝纫工艺。这些都是T恤等常见上衣款式中的重要元素，见图6.1。

(a) 罗纹领口水手领T恤

(b) 插肩袖镶边V领毛衣

(c) 翻折明缝收边的圆形裙摆束腰裙

(d) 有过肩和翻折明缝收边的盖袖喇叭裙

(e) 有滚边的无袖抽褶上衣

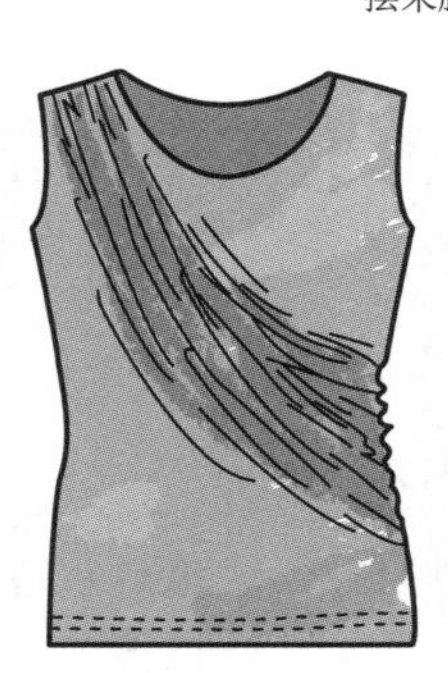

(f) 有衬里的不对称抽褶上衣

(g) 有窄贴边的半开襟翻领带马球衫

图6.1 T恤等常见上衣款式

1 Anne Monoky, “Designers Like Lagerfeld Showcase a Cult of Personali-Tee,” *Harper's Bazaar*, August 11, 2011.

将双面弹下装和衣身基础纸样转化为上衣原型

本章将为各种弹性类别制作一套上衣原型，也将制作一个衣袖原型并进行各弹性类别的推档，以对应不同上衣原型的袖窿（袖孔）。

上衣原型是根据第 5 章制作的下装和衣身基础纸样制作的。可以翻回到表 2.1 的“针织系列原型”回顾下装和衣身基础纸样是如何转化成原型的。此外，表 2.2 也列出了可以用上衣原型制作的服装。

上衣原型是贴身合体的，可以用双面弹或四面弹针织面料制作。上衣不需要纵向拉伸，但是使用纵向拉伸的面料也不影响服装的合体性。尽管每个原型都对应了一种针织面料的弹性类别，实际设计服装时你也可以选择其他原型。（关于这一点，请见第 2 章的“合体度的灵活性：为服装预留空间”。）

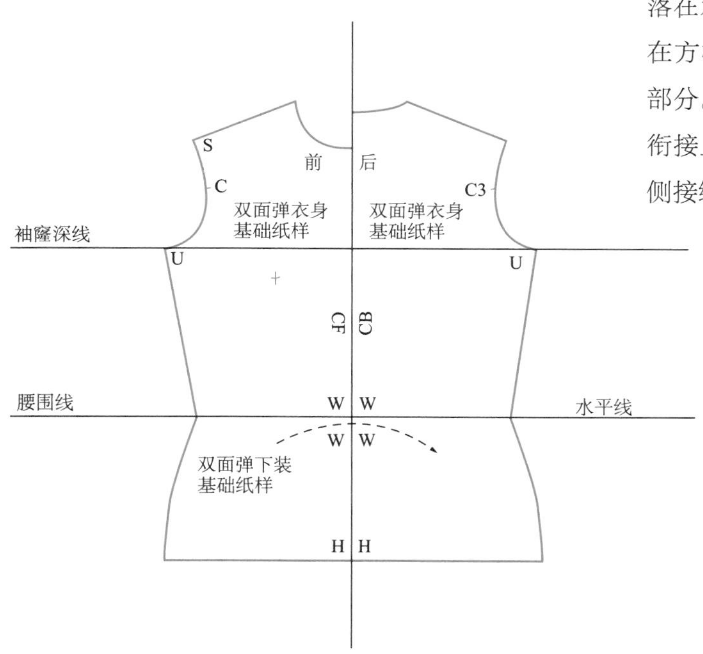

图6.2 绘制微弹原型

微弹

图 6.2 所示为微弹原型。

微弹原型是用于推挡的母板。母板（master sloper）是我们要制作的第一个原型。制作上衣原型需要将下装和衣身基础纸样拼合起来并将其转化为原型。

1. 在黄板纸上绘制相交线。
2. 将双面微弹衣身基础纸样的前中心线 CF 和后中心线 CB 放置在垂直线的两侧，将腰围线与水平线重合并描板（不要描画腰围线以下的部分），标上字母 S、C、C3、U。在绘制衣袖原型和第 8 章的毛衣和开襟毛衫原型时会用到这些字母。
3. 沿袖窿深线画一条直线（与腰围线平行）并用十字标记胸高点。虽然不需要标记胸高点做省，但它可以帮助我们绘制结构线。
4. 将双面微弹下装基础纸样的前中心线 / 后中心线 WH 置于垂直线的左右两侧，直接将腰围线落在水平线上（下装基础纸样不区分前后）。在方格上描绘出从水平线 W 向下到臀围线的部分。如果腰围线没有跟衣身的腰围线 / 侧缝衔接上也没关系，因为你会画一条形状合适的侧接缝将下装和衣身基础纸样连接起来。

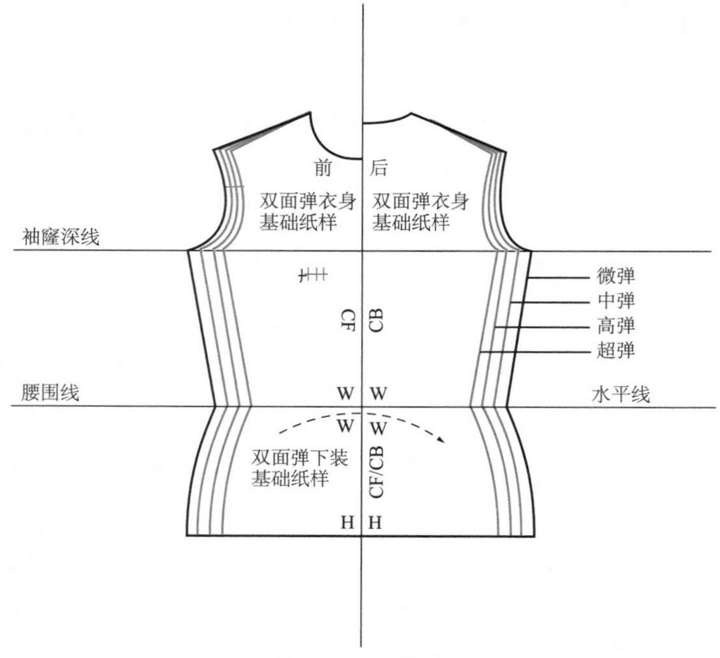

图6.3 绘制中弹、高弹和超弹原型

中弹、高弹和超弹

图 6.3 所示为中弹、高弹和超弹原型。

接下来我们制作**中弹、高弹和超弹原型**。这些原型用于制作不同弹性类别的上衣纸样。

1. 在推档上描出各弹性类别衣身基础纸样的前后片，方法与微弹纸样相同。
2. 每条侧接缝和袖窿深线的交点都应落在U线上。
3. 转移胸高点。以微弹为起点，每个弹性类别的胸高点分别向前中心线方向移动 1/4 英寸。
4. 在方格上描出下装基础纸样，方法与微弹纸样相同。

绘制微弹前侧接缝

图 6.4 所示为微弹前侧接缝。

1. 在袖窿深线和腰围线中间位置画一条短标记线。
2. 将长曲线尺置于标记线处，上臀围（upper hip）与腰围线中留出约 3/4 到 1 英寸的距离。画一条侧缝弧线将下装和衣身基础纸样连接起来。

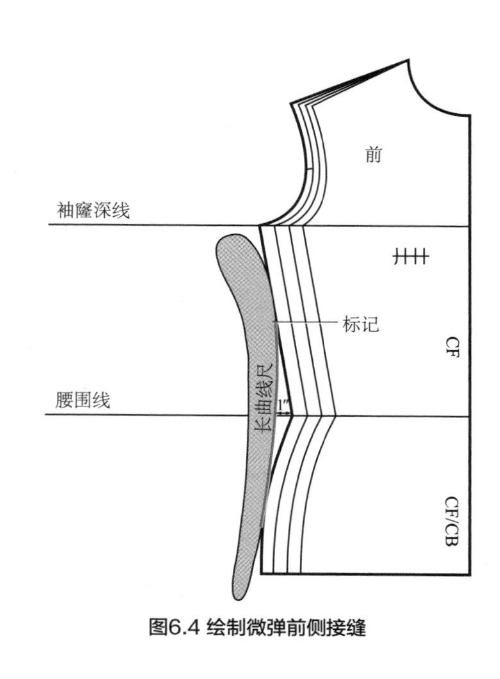

图6.4 绘制微弹前侧接缝

绘制中弹、高弹和超弹前侧接缝

图 6.5 所示为绘制前侧接缝。

1. 在微弹的侧接缝内侧画出各弹性类别的前侧接缝，每个弹性类别向内缩进 1/2 英寸。之后使用长曲线尺将虚线连接起来。
2. 先不要画后侧接缝，我们之后再进行这一步。

裁剪原型并绘制后侧接缝

现在将这些原型描绘在黄板纸上并裁剪出每一个弹性类别。

1. 裁剪前 / 后垂直线将前后原型分开。
2. 在黄板纸上描出微弹前片原型并裁减下来。
3. 裁剪下中弹原型前片并描绘在黄板纸上，接下来裁剪描绘超弹和高弹原型。
4. 将前片原型放置在对应的后片原型上，然后描出侧接缝，这样前后侧接缝的形状和长度就完全相同了。
5. 描绘并裁剪各弹性类别的原型，方法与前片相同。

描线

- 检查前后肩缝和侧接缝是否等长。
- 检查前后原型是否画了方角（见图 3.5）。
- 检查腋下和袖窿的连接处曲线是否平滑（见图 3.5）。

原型校样

图 6.6 所示为双面弹上衣原型的前后片。

1. 写上纸样名称“前 / 后双面弹上衣原型(有袖)”并在每个原型上记录弹性类别。
2. 在原型上注明“前中心线 / 后中心线。”
3. 绘制腰围线和袖窿深线，在袖笼上做剪口并用锥子在胸高点穿孔。
4. 标注字母，见图 6.6。
5. 测量每个袖窿长度并记录，为制作衣袖原型做准备。

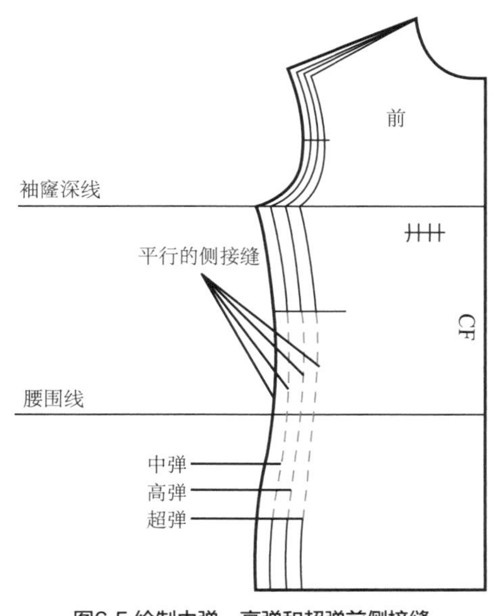

图6.5 绘制中弹、高弹和超弹前侧接缝

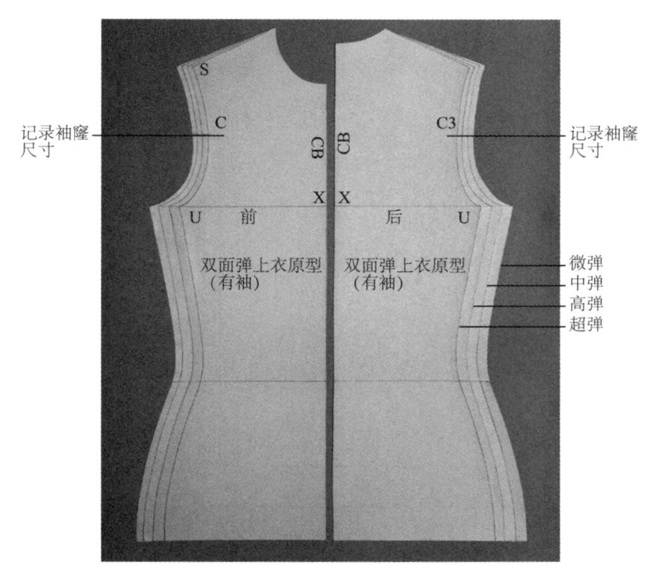

图6.6 双面弹上衣原型（有袖）前后片

制作双面弹长袖原型

衣袖原型必须与袖窿完美契合，看起来不能过紧也不能起皱。在穿着时，衣袖也必须垂坠自然，穿着舒适。短袖、半袖和七分袖都可以用长袖原型来制作。

微弹

图 6.7a 所示为微弹纸样。

现在我们基于微弹上衣原型的前片制作微弹长袖原型。

1. 裁剪一片样板纸，长度比上衣原型长 3 英寸、宽一倍。
2. 将样板纸纵向对折。
3. 将微弹上衣原型的前片放置在样板纸上，袖窿深线和侧接缝的交点 U 位于折边上。
4. 将前中心线与折边平行。有时臀部可能会超出折边，因为有些裙装人台（或有些人体）的臀围比胸围大。
5. 标记肩部并描绘前袖窿线。
6. 在原型轮廓线上标注字母 S、C 和 U。

添加标记／标识线

图 6.7b 所示为添加标记 / 标识线。

1. XS：从 S 向折边画一条垂线。
2. XS1：$1^1/_4$ 英寸。在 S1 处画一条 1/4 英寸长的垂线。
3. A：XU 的中点，画一条通过 C 点的垂线。
4. AC1：根据裙装人台的型号标记长度（8 号 =5/8 英寸，10 号 =3/4 英寸，12 号 =7/8 英寸）。绘制袖山（capline）时可能需要调整这些尺寸（略宽或略窄）。

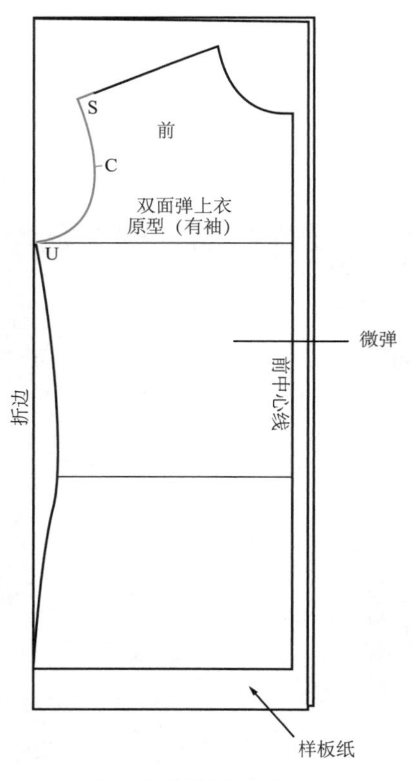

图6.7a 绘制微弹纸样

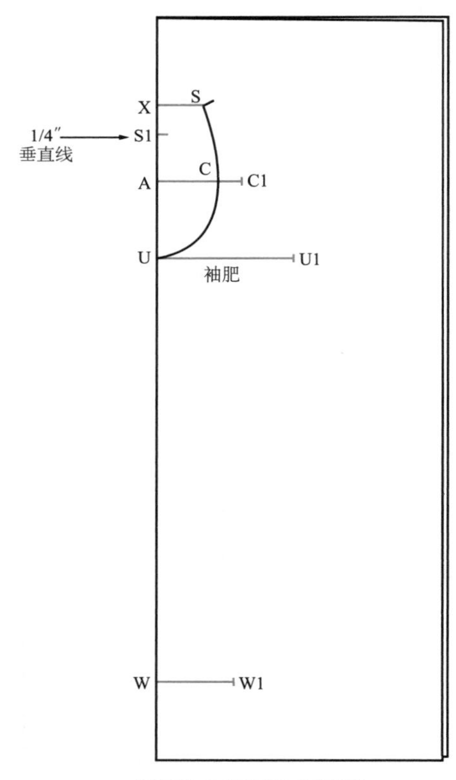

图6.7b 添加标记 / 标识线

5. UU1：袖肥。沿袖窿深线画一条垂线。根据裙装人台的型号标记出总袖肥的一半（8 号 =$10^1/_2$英寸，10 号 =11 英寸，12 号 =$11^1/_2$英寸）。

6. S1W：袖长为 24 英寸或自定义长度。测量袖长时，手臂必须微屈（见图 5.5b）。计算袖长时不能计算肩长。

7. WW1：袖口长。在袖口画一条垂线。根据裙装人台型号标记出总长的一半（8 号 =$7^1/_4$英寸，10 号 =$7^1/_2$英寸，12 号 =$7^3/_4$英寸）。

绘制袖山和袖底弧线

图 6.7c 所示为绘制袖山和袖底弧线。

1. U1W1：画出袖窿深线并从 W1 处延伸到袖口以下 1/8 英寸处。

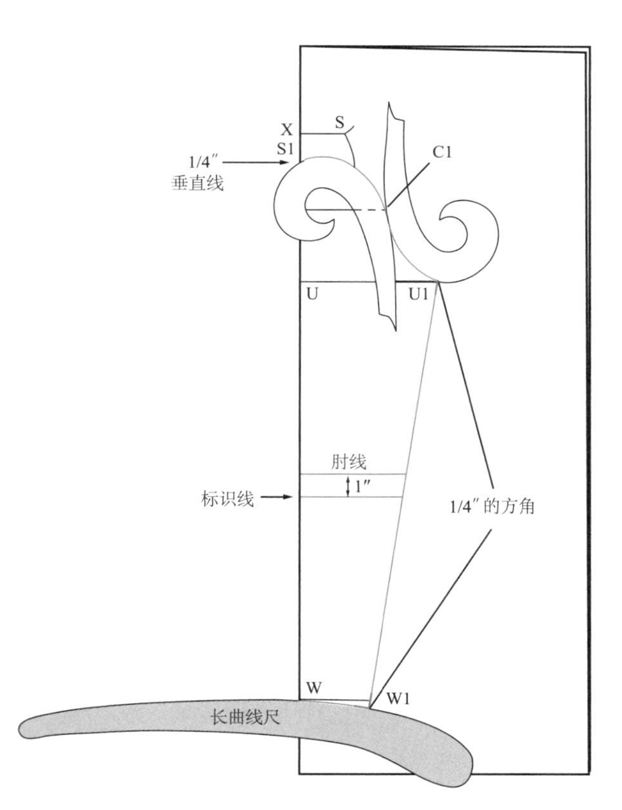

图6.7c 绘制袖山和袖底弧线

2. 在 U1 和 W1 处分别画一个 1/4 英寸的方角。

3. 标识线：U 和 W 的中点。

4. 肘线：标识线以上 1 英寸。

5. 将曲线板放在 1/4 英寸垂线 S1 和 C1 点上。画出弧形袖山。

6. 将曲线板放在 C1 和 1/4 英寸方角 U1 上。画出袖底弧线。如果 C1 点没有形成平滑的连接线则重新调整曲线板位置并重新绘制曲线。

7. WW1：使用长曲线尺绘制底边线（见图 6.7c）。

将衣袖与袖窿拼合

图 6.8 所示为袖山 / 袖窿配伍。

针织面料的衣袖不需要袖山放松量（cap ease），因为面料本身具有弹性。当袖窿 / 袖山线配伍正确时，袖子可以完美地缝到袖窿里。如果袖山长与袖窿相比过长，缝合后袖子就会起褶。如果接缝比袖窿长度短，缝合时就会显得紧绷。要确定袖山和前 / 后袖窿的配伍，必须测量接缝。配伍计算的就是两个长度的差值。

1. 折叠纸样并描出整个衣袖的纸样。

2. 打开纸样并在衣袖中心画上经向线。此时，衣袖的左右两侧是完全相同的。在衣袖前片上做剪口。

3. 将袖山长度与前 / 后袖窿长度进行比较。要做到这一点，需要图 6.6 所示的微弹原型上记录的前后片原型的袖窿长度。从袖子的腋下角测量到袖山，标记出前后袖窿的长度。

正确的袖山／袖窿配伍

见图 6.8。

1. 如果袖山和袖窿接缝长度相同，则配伍正确。
2. 如果袖山多出了 1/2 英寸，这个放松量可以留在袖山里。
3. 在袖山处做剪口。在图 5.27 中，衣身基础纸样的后袖窿放宽了 1/4 英寸，使得后袖窿的长度缩短了 1/8 至 1/4 英寸。因此，袖山剪口必须向衣袖后部移动来体现这个调整。
4. 如果袖山 / 袖窿配伍正确，就可以裁剪、缝合上衣并在人台上进行试样了；如果袖山 / 袖窿配伍不正确，见下面的部分进行调整。

不正确的袖山／袖窿配伍

图 6.9 所示为不正确的袖山 / 袖窿配伍。

如果袖山过长（超过了建议的 1/2 英寸），则需要进行调整。选择下列方法之一进行调整，让衣袖完美地缝合进袖窿里。调整完毕后，再次测量袖山长度，并与袖窿长度进行比较。

调整袖窿

图 6.10 所示为袖窿的调整。

增加 / 减少 1/16 英寸至 1/8 英寸的肩高（shoulder height）可以增加袖窿长度。

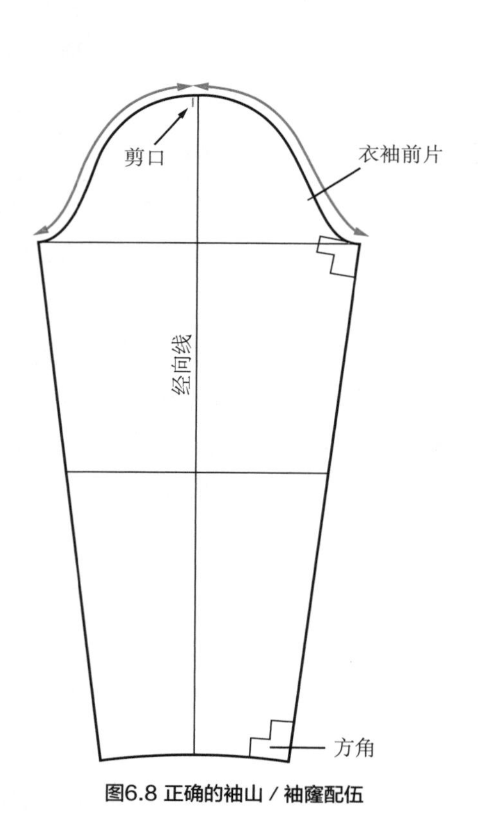

图6.8 正确的袖山 / 袖窿配伍

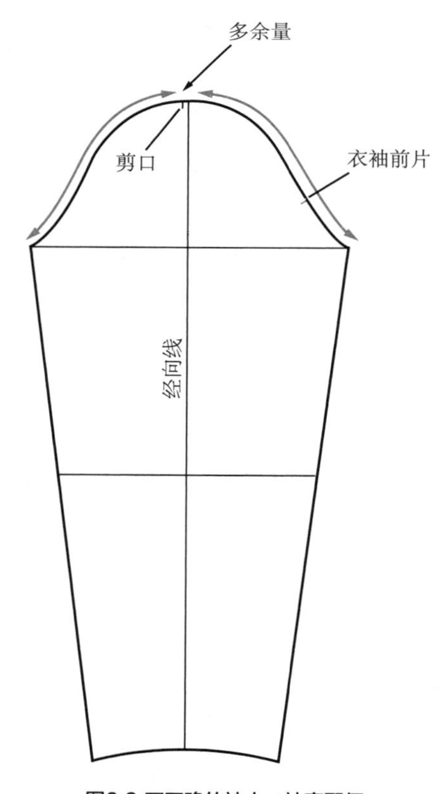

图6.9 不正确的袖山 / 袖窿配伍

调整袖山／袖肥

图 6.11 所示为袖山 / 袖肥的调整。

袖山 / 袖肥的调整会导致袖山长度增加 1/4 至 3/8 英寸，可以通过以下几种方式调整。

1. 增加或减少 1/8 英寸的袖山高（cap height）。使用衣袖原型或曲线板画出新的袖山。
2. 在两侧同时增加或减少 1/8 英寸的袖肥，以改变袖山接缝长度（seam length）。

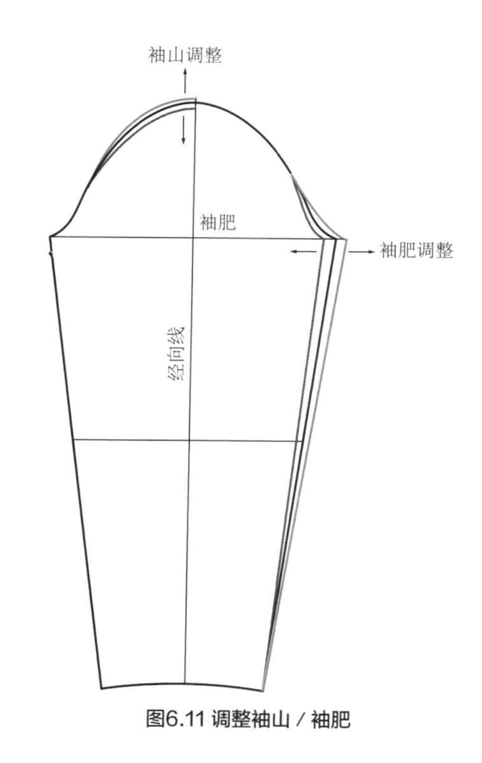

图6.11 调整袖山 / 袖肥

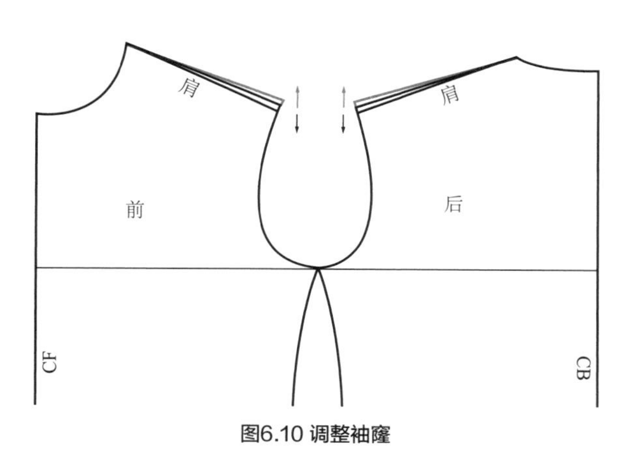

图6.10 调整袖窿

需要用到的面料

购买 $1^1/_2$ 码 58 英寸至 70 英寸宽的轻质或中等重量的微弹针织面料。不要使用沉重的双面针织物，因为这种布料比较厚。一定要用图 1.4 中的拉伸性量表做一个拉伸性测试。

裁剪与缝纫

1. 可以在双侧纵向折叠面料上裁剪上衣衣片，见图 4.10。（素织或条纹面料的短袖或长袖上衣的排料方法相同。）上衣也可以在单侧展开面料上裁剪，见图 4.9。
2. 在肩缝、袖窿和侧接缝 / 袖底弧线处加放 1/4 英寸的缝份。（无需在领口或卷边处加放缝份。）
3. 在坯布正面的胸高点做十字标记。
4. 按照表 6.1 中的缝纫工序缝制坯布上衣。见图 4.2，了解各类弹性线迹。包缝是最快的缝纫方法。如果没有包缝机，可使用波浪形直线线迹。

缝纫小窍门6.1:
缝纫工序

缝纫工序指按照一定的逻辑顺序缝制上衣的步骤。表6.1和表6.2概述了如何缝制一件无袖上衣、普通装袖上衣和插肩袖上衣。

肩缝使用透明松紧带缝合并固定（见图4.30）。用平插法（flat insertion method）将衣袖嵌接在袖窿里。在缝制没有袖山放松量的衣袖时，这是最合适的缝纫方式。将衣身放在衣袖上面，用大头针把腋下角（underarm）对好，然后对好肩缝与袖山剪口，并小心地用包接缝迹将衣袖缝在袖窿处。如果衣袖有少许的放松量，包缝时轻轻拉伸袖窿将放松量包含进去。

表6.1 **无袖上衣和普通袖上衣缝纫工序**

第1步

先制作各工艺细节，完成衣片，再将衣片缝合起来

抽褶

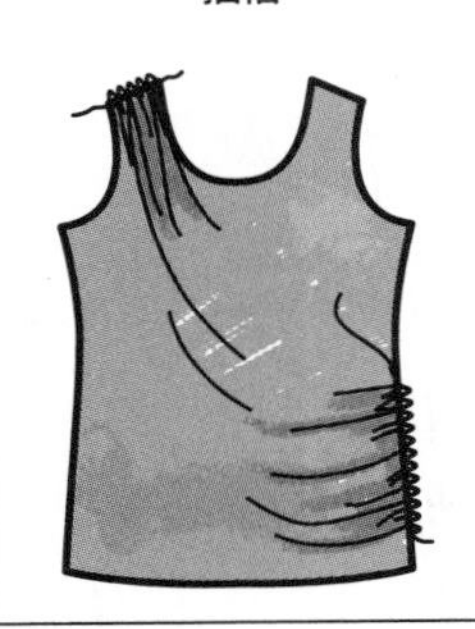

半开襟

口袋与接缝

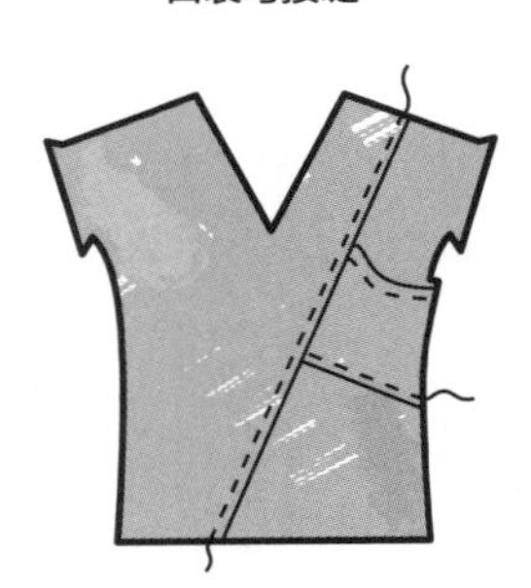

第2步

缝合肩缝

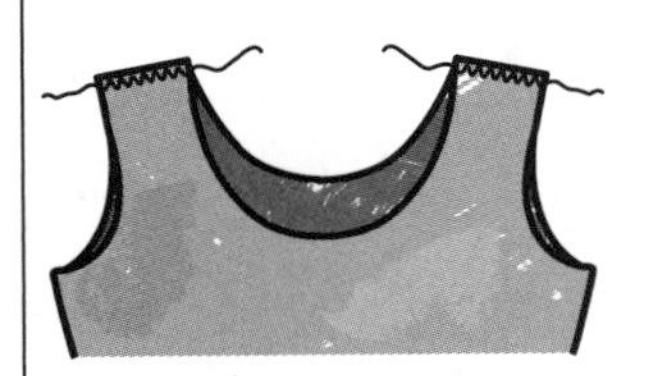

第3步

1. 将领口收边（neckline finish）缝合成环状
2. 将收边缝在装领线（neck edge）上

适用于：

1. 罗纹镶边
2. 滚边
3. 窄贴边
4. 高领
5. 翻折明缝（turned and topstitched）

缝制无袖上衣见第6步

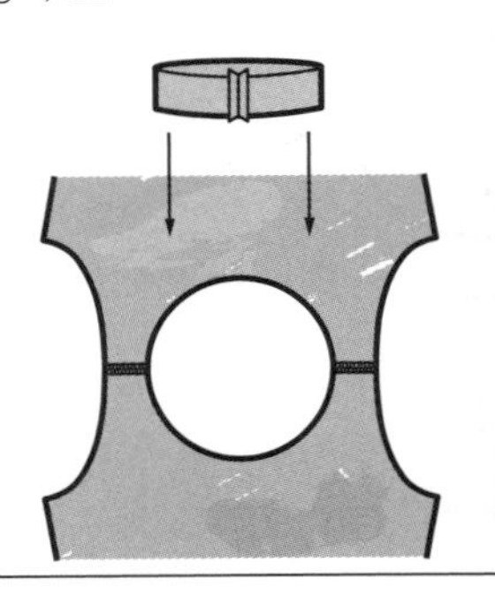

第4步——有袖上衣

缝合衣袖（平面缝合stitched flat）

第5步

缝合侧缝（有袖及无袖）

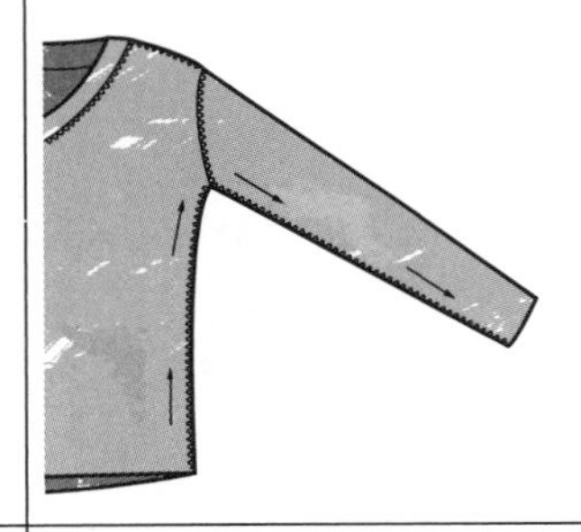

第6步——无袖上衣

1. 将袖口条缝合成环状
2. 将袖口条与袖窿（armhole edge）缝合

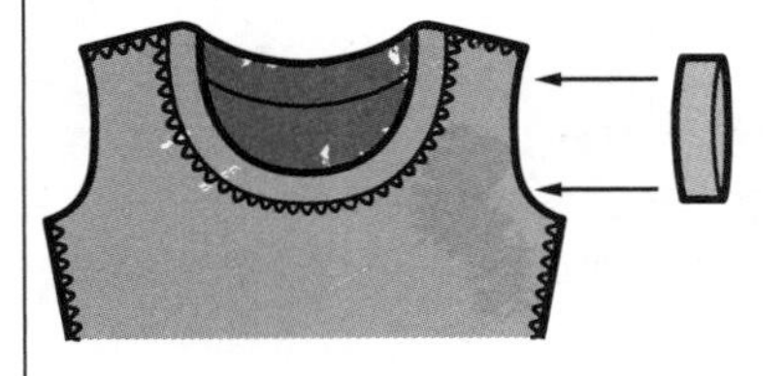

第7步

缝合底边

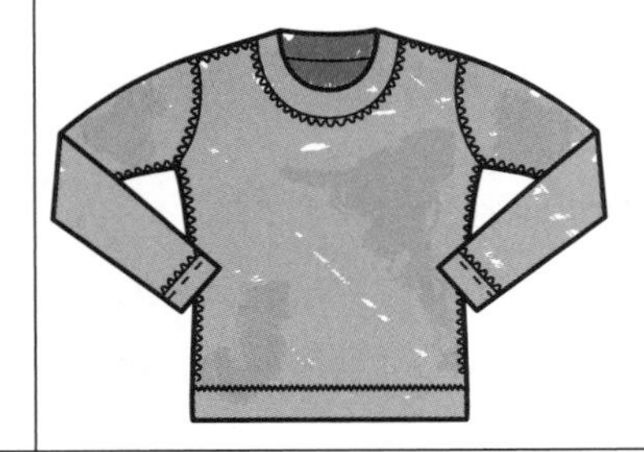

表6.2

插肩袖上衣缝纫工序

第1步

先制作各工艺细节，完成衣片，再将衣片缝合起来

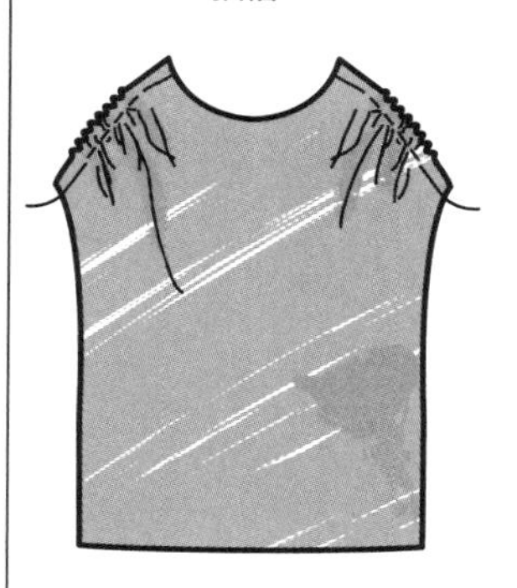

第2步

1. 将插肩袖与前片和后片缝合起来
2. 将接缝转向衣袖方向

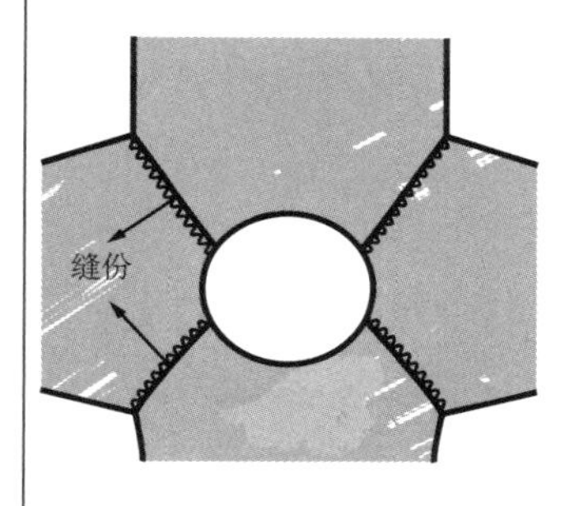

第3步

1. 将领口收边缝合成环状
2. 将收边缝在装领线上

适用于：

1. 罗纹镶边
2. 滚边
3. 窄贴边
4. 高领
5. 翻折明缝

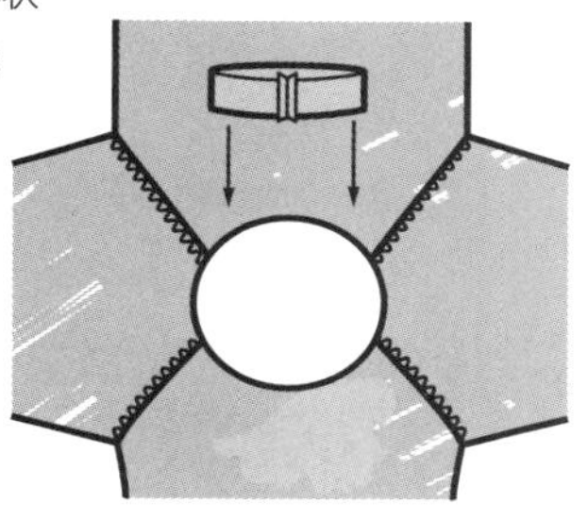

第4步

按照从袖口到底边的方向缝合侧接缝和袖底接缝（underseam）

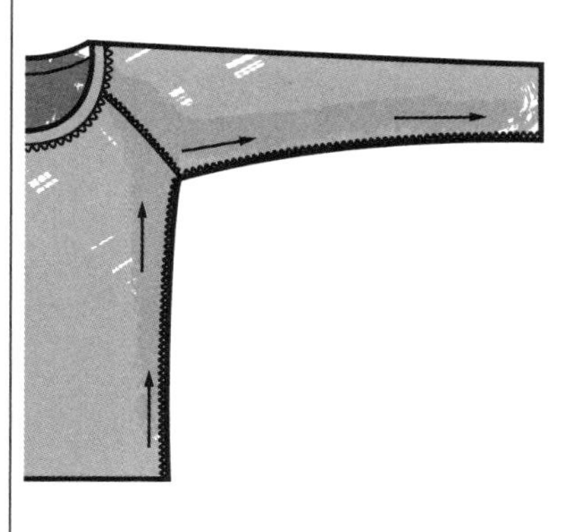

第5步

缝合底边

试样

图 6.12 所示为双面弹坯布上衣在人台上的试样。

把上衣穿着在人台上观察试样效果。同时也请他人试穿上衣，确保衣袖穿着舒适（即手臂可弯曲，手可以舒适地从袖口伸出）。如需调整，可用大头针固定,然后将调整部位标记在原型上。

重点关注以下几个方面。

- 检查上衣是否合体贴身，检查腰围是否过紧或过松。
- 检查胸高点位置是否正确。
- 观察衣袖是否自然下垂。如果袖山高度不够，从腋下到袖山会出现不自然的褶皱。可以通过增加袖山高度改善这个问题，见图 6.11。

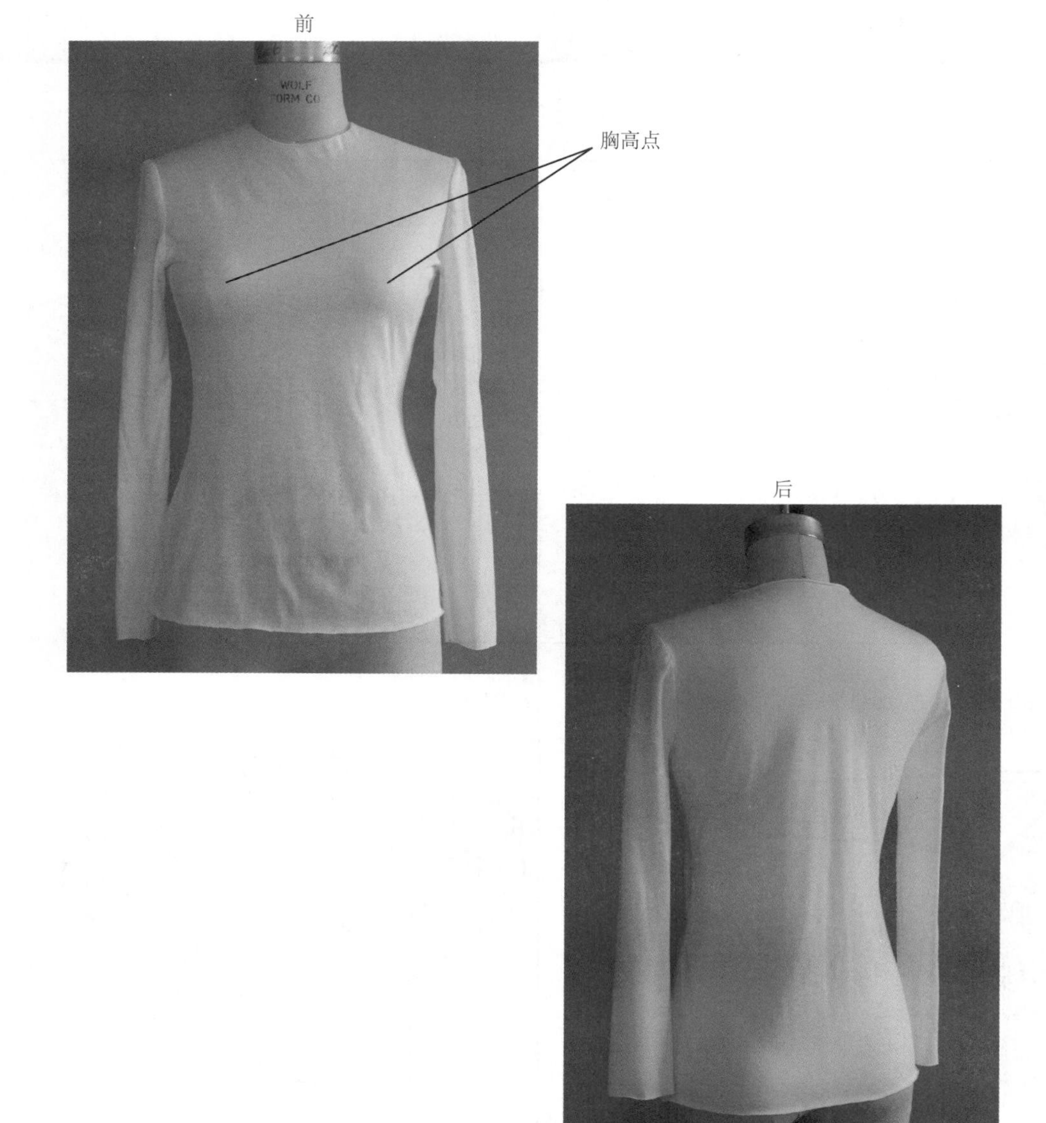

图6.12 双面弹坯布上衣（有袖）在人台上的试样

进行各弹性类别的双面弹长袖推档

现在我们进行各弹性类别的长袖推档。

长袖模版

图 6.13a 所示为推档坐标轴。

长袖模版是用微弹纸样的一半制作的，用于衣袖推档。衣袖的两侧是完全相同的（只有袖山剪口不同）。衣袖推档完成后，你可以将各个弹性类别的衣袖描绘在黄板纸上并裁剪下来。

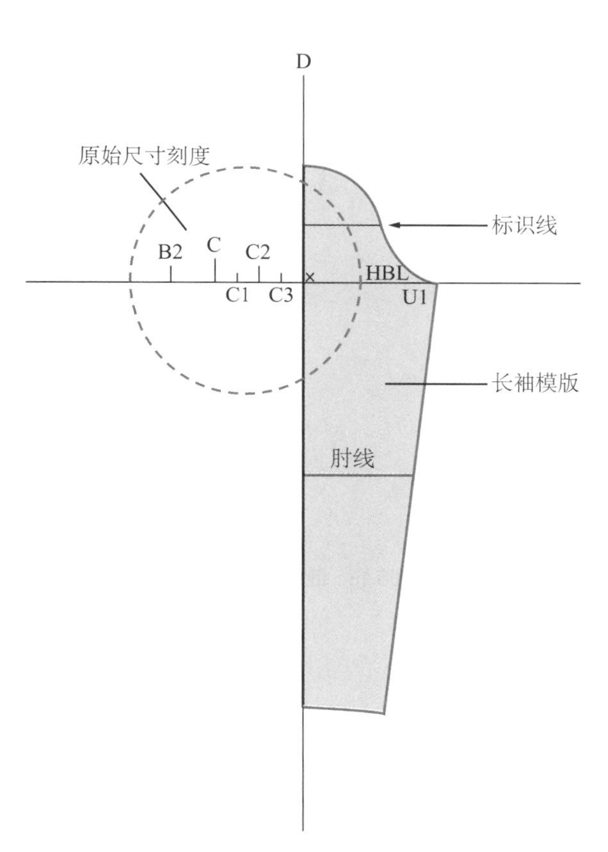

图6.13a 准备推档坐标轴

1. 将半片微弹衣袖纸样描绘在黄板纸上并裁剪下来。（见图 6.13a 黄板纸上绘制的半片衣袖。）
2. 画出公共水平线（袖肥）。
3. 标出 X 和 U1。
4. 在水平公共线和袖山的中间画一条标识线（垂直于经向线）。
5. 在纸样上标注“长袖模版”。

准备推档坐标轴

见图 6.13a。

在图 6.13a 中，推档坐标轴上的刻度是按照原本的尺寸标注的。衣袖样板的 1/4 比例的，因此在图 6.13b 中，推档坐标轴上的刻度也是 1/4 比例。

1. 在黄板纸上绘制推档坐标轴。
2. 标注 D 及档差 C3、C2、C1、C 和 B2。（见表 3.4 的推档量度。）

微弹

见图 6.13a。

1. 将衣袖模版置于垂直线 D 上，公共水平线 X 与水平线重合。
2. 在坐标轴上描出微弹衣袖。
3. 转移肘线（elbow）。

中弹

图 6.13b 所示为中弹推档。

中弹、高弹和超弹推档沿负向进行。

1. 将 X 移动到 C3 点，在模版标识线处画出袖山，标出袖口，画出底边。
2. 将 X 移动到 C2 点，在腋下处画一个方角。

高弹和超弹

图 6.13c 所示为超弹和高弹推档。

1. 将 X 移动到 C2 点，在模版标识线处画出高弹袖山，标出袖口，画出底边。
2. 将 X 移动到 C 点，在腋下画一个直角。
3. 将 X 移动到 C1 点，在模版标识线处画出超弹袖山，标出袖口，画出底边。
4. 将 X 移动到 C 点，在腋下画一个直角。

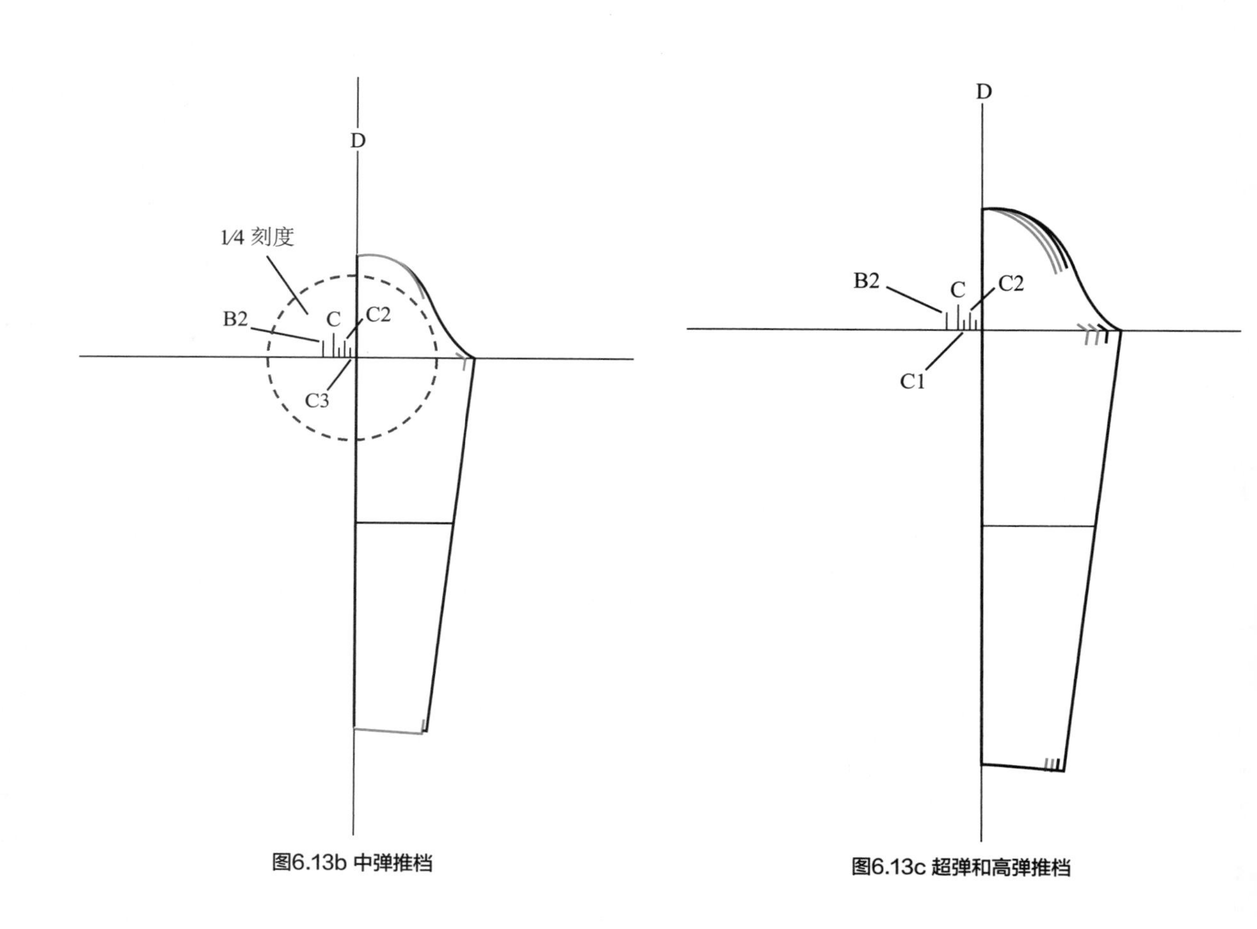

图6.13b 中弹推档

图6.13c 超弹和高弹推档

绘制袖底弧线

图 6.13d 所示为绘制袖底弧线。

1. 将曲线板置于标识线和 1/4 英寸腋下标记的位置。
2. 画出各个弹性类别的袖底弧线。

裁剪原型

图 6.14 为衣袖原型。

现在你可以将衣袖原型描在黄板纸上了。

1. 裁剪半片微弹衣袖纸样。
2. 准备一张黄板纸，长和宽都比整个衣袖多几英寸。
3. 在黄板纸上画出相交线，垂直线是衣袖的经向线。
4. 将半片衣袖模版置于垂直线上，肘线与水平线重合。按照图中所示描出左右两侧。裁剪并在衣袖原型上标注文字，在前片上做剪口。
5. 裁剪半片中弹衣袖模版并在黄板纸上描出，方法与微弹相同。重复此步骤，制作高弹和超弹衣袖原型。
6. 剪口将在后边的步骤中制作。

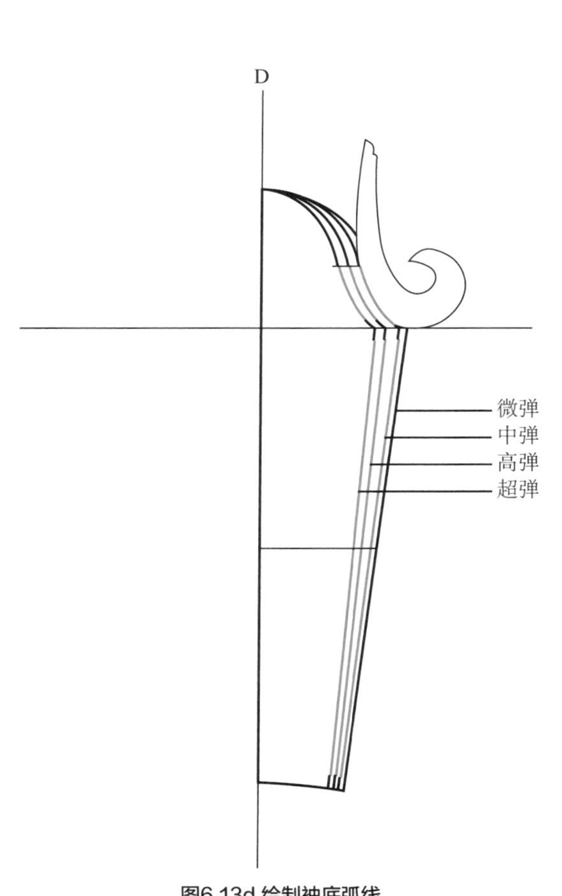

图6.13d 绘制袖底弧线

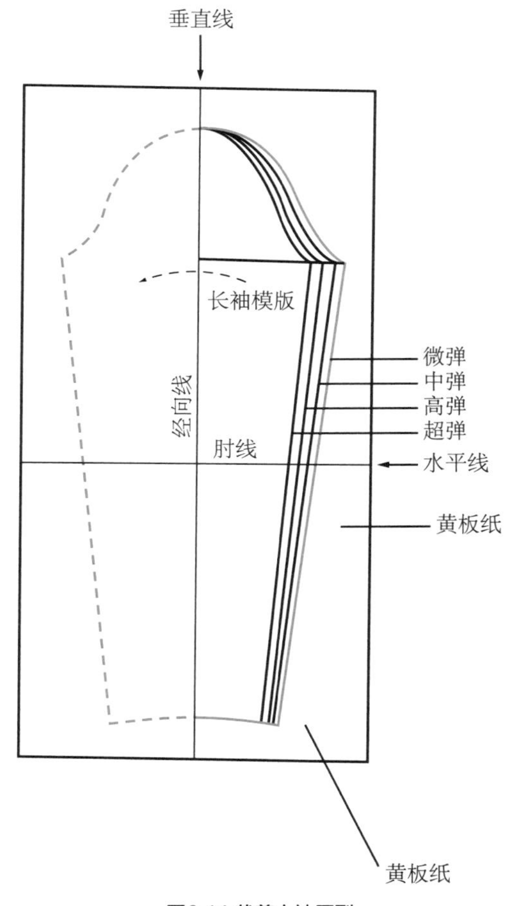

图6.14 裁剪衣袖原型

完成原型

1. 将中弹、高弹和超弹衣袖原型摆在一起（从大到小）。将所有原型的经向线、袖底线和肘线对齐。
2. 将微弹衣袖纸样放在所有原型的最上边，也将经向线对齐。用压铁将原型固定住。
3. 将袖山剪口（用描线器）转移到所有原型上（只用铅笔标记）。
4. 在前片上做剪口。
5. 分别测量前后袖山长度，并在原型上记录。比较各个弹性类别的袖山长度和袖窿长度。如不合适可进行调整，见图 6.10 和图 6.11。之后在每片的袖山上做剪口。
6. 在原型上标注文字和弹性类别，见图 6.15。

将双面弹衣袖缩小成四面弹

下一个任务是缩减双面超弹衣袖的长度并转化成紧身衣、连衣裤使用的四面弹衣袖。从腋下到袖口的袖长没有缩短。你可以在试样时调整臂长（arm length）。

标记缩减区域

缩减袖山与袖肥之间的长度。这对应了图 5.39a 双面弹上衣基础纸样的缩减（肩线和袖窿深线之间）。在这里，缩减的是高弹和超弹衣袖原型的长度。

1. 将衣袖原型描在样板纸上，画出袖肥和肘线。
2. 在袖山和袖肥中间画一条标识线。
3. 在标识线上下两侧 1/4 英寸处画两条水平线，标记为“缩减区域”，见图 6.16a。

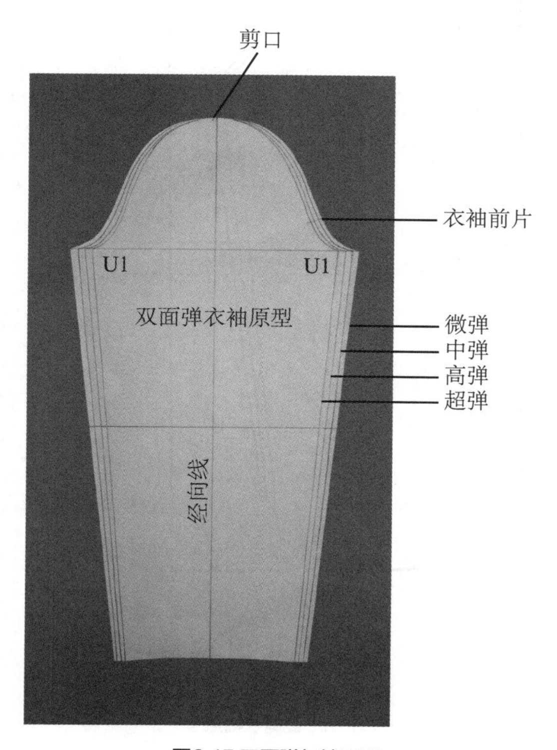

图6.15 双面弹长袖原型

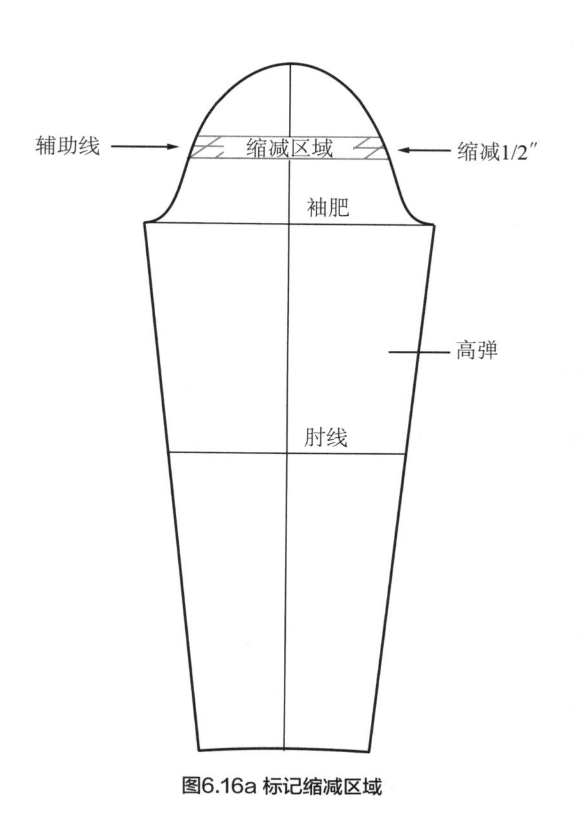

图6.16a 标记缩减区域

折叠缩减区域

图 6.16b 所示为折叠缩减区域。

1. 通过将两条水平线并在一起来折叠“缩减区域”，缩减袖山长度。用美纹胶带固定。
2. 画一条平滑的袖山弧线和袖底弧线，并拉齐连接处。

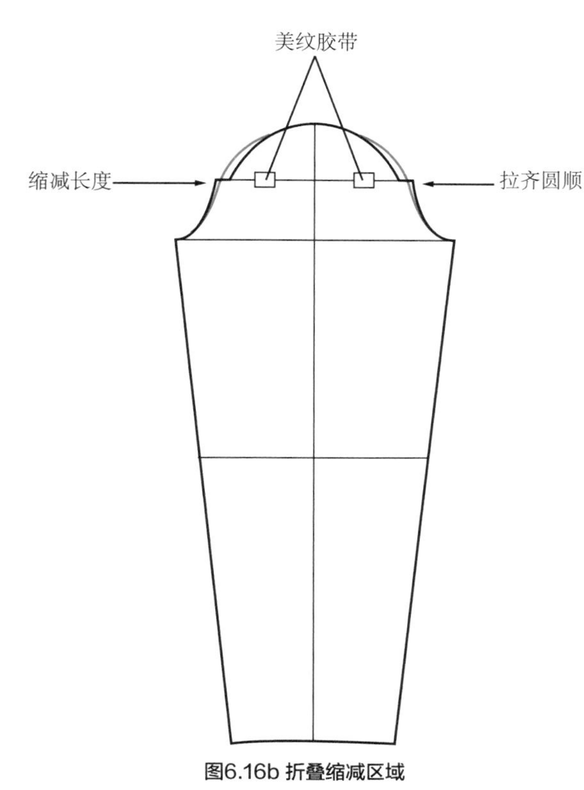

图6.16b 折叠缩减区域

拼合衣袖与袖窿

1. 测量并记录前后袖窿长度。测量并记录前后袖山线长度。
2. 如长度有差异，需要进行调整。（见图 6.10 和图 6.11 具体解释了如何调整。）

完成原型

图 6.17 所示为四面弹长袖原型。

进行衣袖的试样时，必须将衣袖缝合在紧身连衣裤（第 10 章）或紧身衣（第 12 章）等四面弹服装上进行试样。试样之后，将衣袖纸样转移到黄板纸上。

1. 做剪口、记录拉伸能力并画出经向线。
2. 标记文字，见图 6.17。

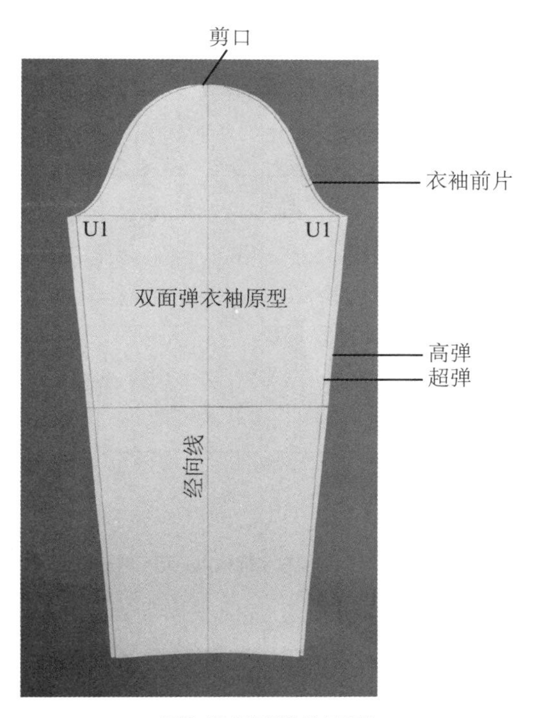

图6.17 四面弹长袖原型

无袖上衣原型

接下来，我们拉高或放低袖窿/袖窿深线，将上衣原型（有袖）改成无袖上衣原型。

微弹

图 6.18a 所示为描绘的原型。

运用制板技术将微弹、中弹、高弹、超弹原型（有袖）改成无袖服装的无袖原型。

1. 在黄板纸上绘制交叉线。
2. 将各弹性类别的上衣原型的前/后中心线置于垂直线的两侧，袖窿深线与水平线重合。描绘原型，画腰围线，在胸高点做十字标记。
3. 在水平线上方 1/4 英寸处画一条平行的标识线。
4. 在前片的标识线上，在 U 的位置画一个垂直于标识线的小标记。
5. 在标识线上，在标记内侧 1/4 英寸的位置做一个记号，标为 B。

画一条新的侧接缝和袖窿弧线

图 6.18b 所示为画了新侧接缝和袖窿弧线的原型。

1. 使用原型前片（有袖）来绘制新的侧接缝。原型腋下角 U 与 B 重合，侧接缝稍高于无袖原型的腰围线。画出新的侧接缝，按照原有侧接缝圆顺弧线。
2. 在腋下角 B 的位置画一条垂直线。
3. 用曲线板将 B 与袖窿中点连起来，画出袖底弧线。

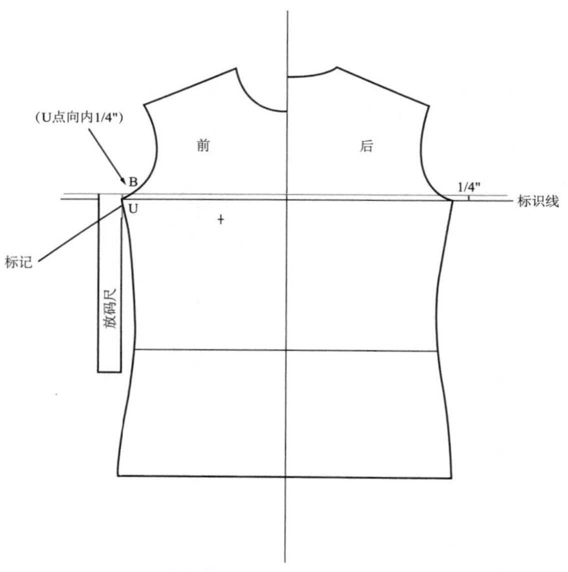

图6.18a 将原型描绘在坐标轴上，画一条标识线

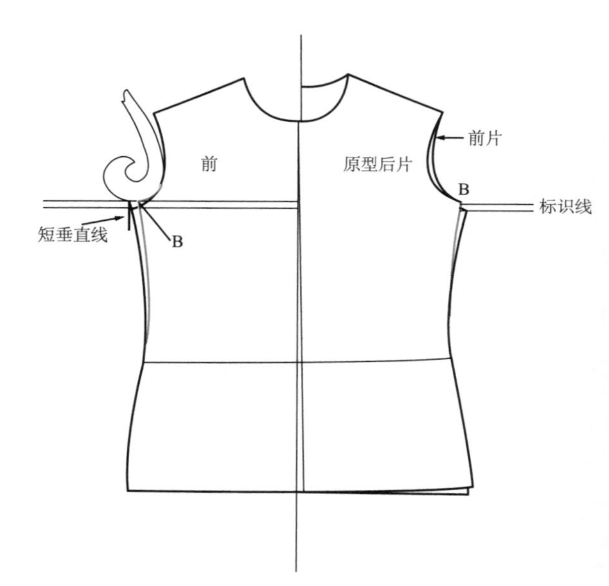

图6.18b 画一条新的侧接缝和袖窿弧线

试样

见图 6.19。

裁剪并缝制无袖上衣。将完成的试样穿在人台上，并用大头针固定需要调整的地方，确保上衣完全合体。

重点关注以下这点。

检查袖窿，这是唯一需要调整的地方。不要担心袖窿是否敞口过大。袖窿的收边完成后，袖窿会收紧。

前

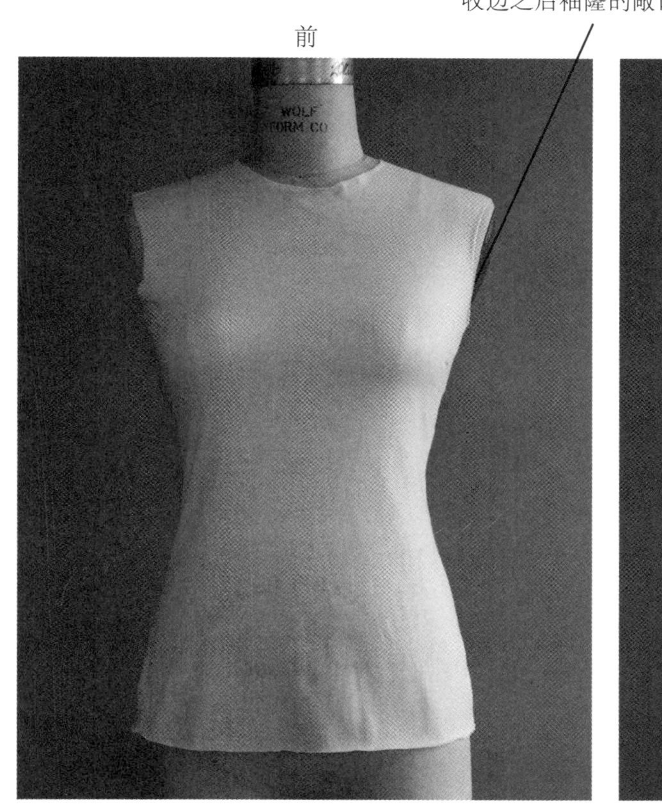

后

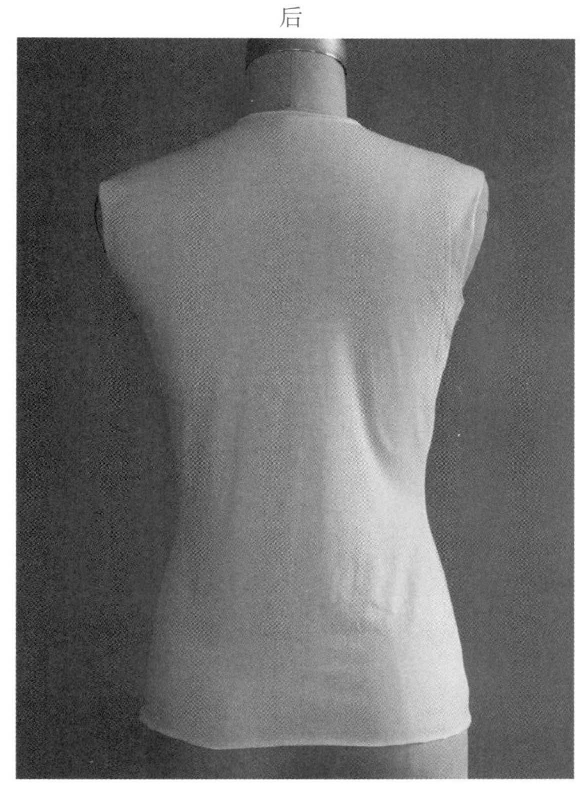

图6.19 无袖双面弹坯布上衣在人台上的试样

完成原型

1. 标注纸样，见图 6.20。

2. 绘制腰围线和袖窿深线 U。

3. 用锥子在胸高点穿孔。

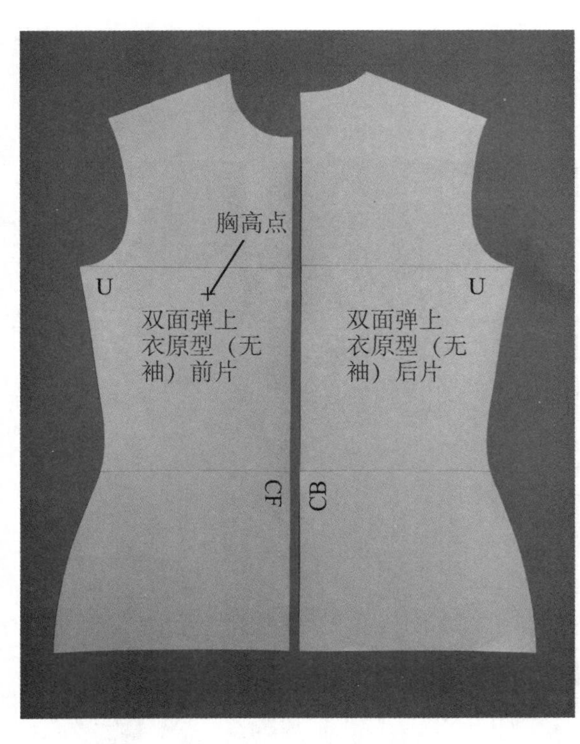

图6.20 双面弹无袖上衣原型前后片

毛衣原型

毛衣可以使用精细针织物（fine knits）或厚重的毛线织物制成。毛衣可以制成合体款、宽松款或特大号款。毛衣的尺寸并没有一定之规。你可以用上衣原型来制作合身款毛衣的纸样。但是，大多数毛衣都留有一定放松量以便形成宽松造型。在第 8 章里，双面弹上衣原型通过加大不同的量推档成为毛衣原型。根据第 8 章中“开襟毛衫、毛衣和毛线外套原型”的指导制作符合你的设计的合身、宽松或特大号的原型。

上衣制板

上衣制板时，首先要进行拉伸性测试，见图 1.6。接下来，选择合适的原型。尽管每一种弹性类别的面料都有相应的原型，但你也可以选择其他的原型来设计宽松的款式（见第 2 章“如何选择原型”部分）。表 2.3 展示了如何使用微弹原型制作超弹针织面料上衣的纸样（关于这一点，可参见第 2 章“贴体性的灵活度：为服装预留空间”）。同时，你可以使用毛衣原型（将在第 8 章中制作）来制作宽松款或超大款的服装纸样。

先将合适的原型描绘在绘图纸上，准备制板（参见第 3 章制板小窍门 3.1）。

对称和不对称设计

对称上衣左右两侧完全相同（见图 6.1 的（b）、（c）、（e）和（g））。设计对称时，将原型的半边描在样板纸上。样片标记为“样片 1”并在折叠的面料上进行剪裁。

不对称的上衣左右两侧不同，见图 6.1（f），设计不对称时，将原型的两侧描在样板纸上形成一个完整的前 / 后片纸样。（如果上衣的一侧有口袋也要这样。）纸样校样后，标记正面朝上（R.S.U.）作为排料时的参考。更多内容见第 4 章“针织面料的排料、裁剪与缝纫”。

上衣的长度变化

上衣是穿在上身的服装，可以有多种长度，见图 6.21。例如，T 恤可以覆盖到腰部以上、上臀围或者躯干长度。运动衣也可以露腰或覆盖躯干。无袖上衣的长度也有多种变化。覆盖长度的变化包括以下几种。

- 上腹部——腰围线以上。
- 及腰——肩到腰围线。
- 上臀围——腰围与臀围中间。
- 躯干——肩到臀围。
- 束腰——到大腿。

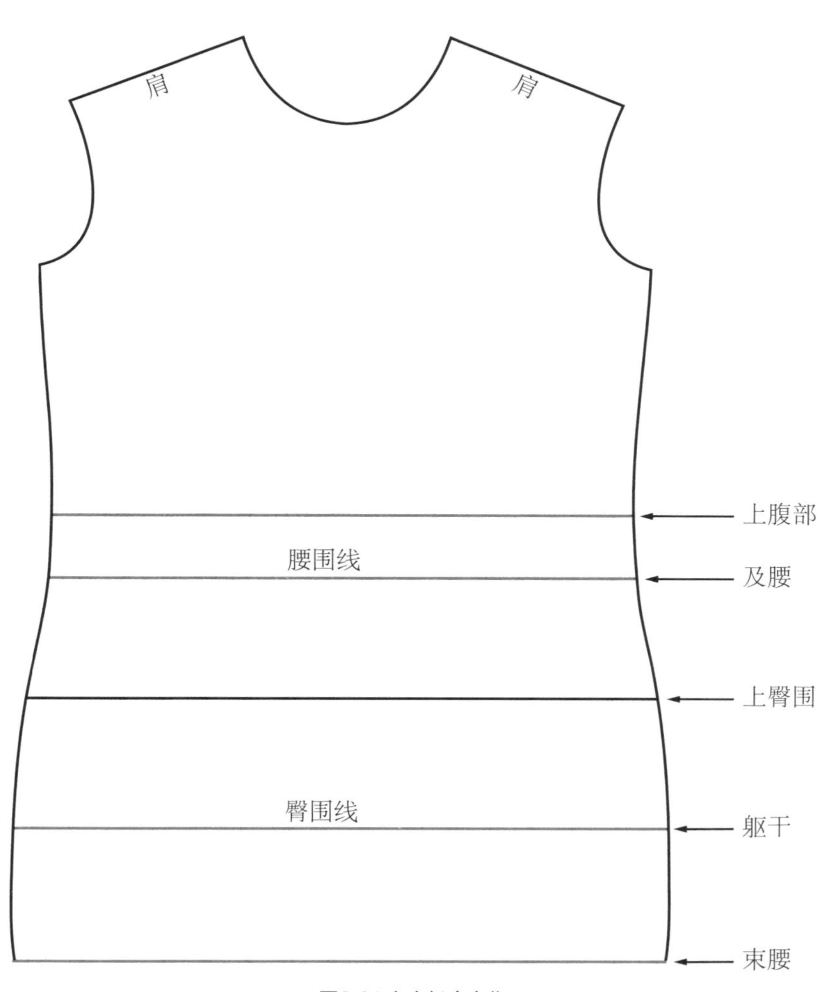

图6.21 上衣长度变化

领口变化

上衣原型的领口是根据人台颈部的轮廓来设计的。很多常见的领口，如圆领、勺形领、方领、V 领，可以从上衣原型的领根线（base neckline）开始设计，见图 6.22 的（a）~（g）。

缝纫上衣时，领口边缘要做收边（finish），收边包括镶边（band）、滚边（binding）、窄贴边、翻折明缝收边（或其他方法）。本章后边的“领口收边”部分会继续讨论领口收边制板以及缝纫的方法。

制板小窍门6.1

制作每一个纸样时，都要拼合肩线并画出一条平滑的领口线，圆顺所有棱角，见图6.23~图6.25。

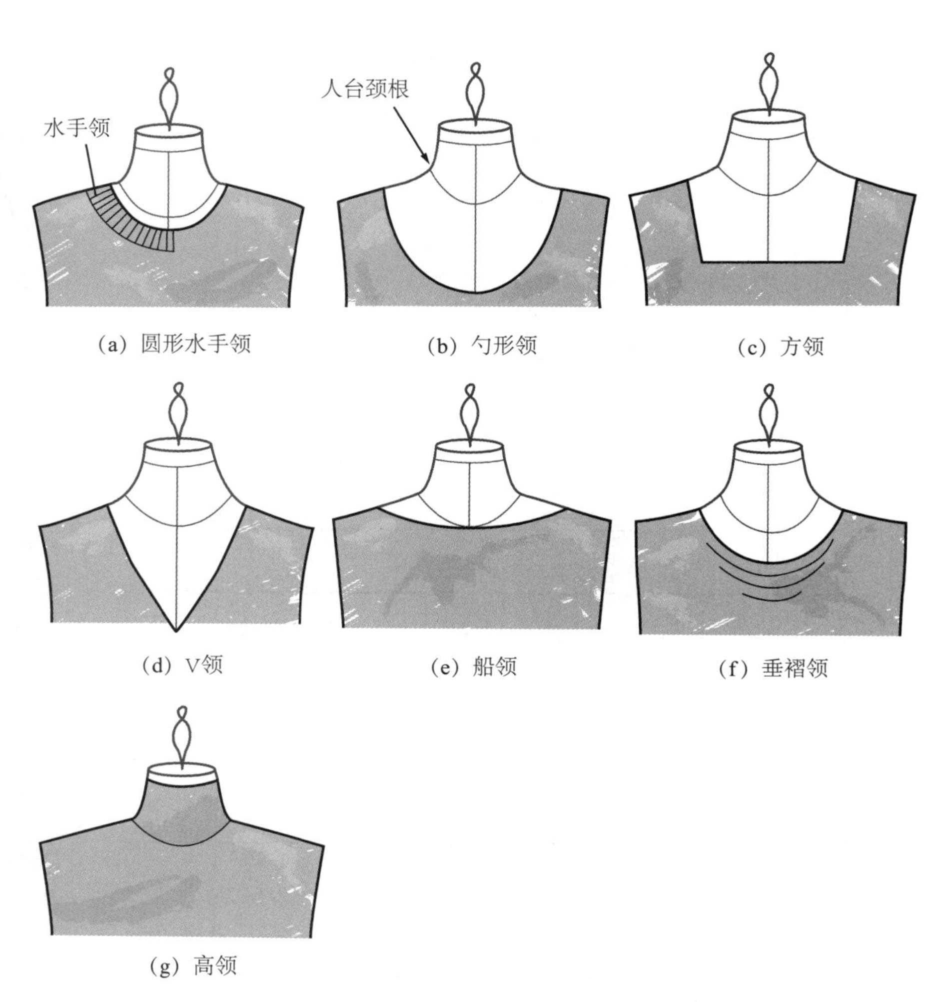

图6.22 领口设计

圆形水手领

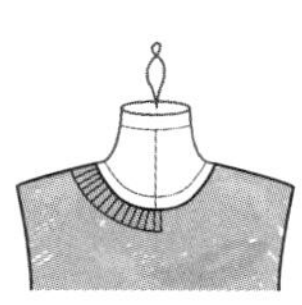

绘制圆形水手领时，必须在前中心线的位置加深原型的领口，这样头部才能舒适地穿过衣领的开口。制板见图 6.23。

在原型上放低、加宽领口。绘制前／后中心线处的领口轮廓时必须画上方角。

勺形领

勺形领是一个圆形的低裁领口，位于人台颈根以下 4 英寸至 5 英寸处。制板见图 6.24。

1. 降低／放宽领口，见图 6.24。前领深线低于后领深线。绘制前／后中心线处的领口时应画上方角。
2. 将领口／肩线降低 1/8 英寸来收紧领口。重新绘制肩缝。

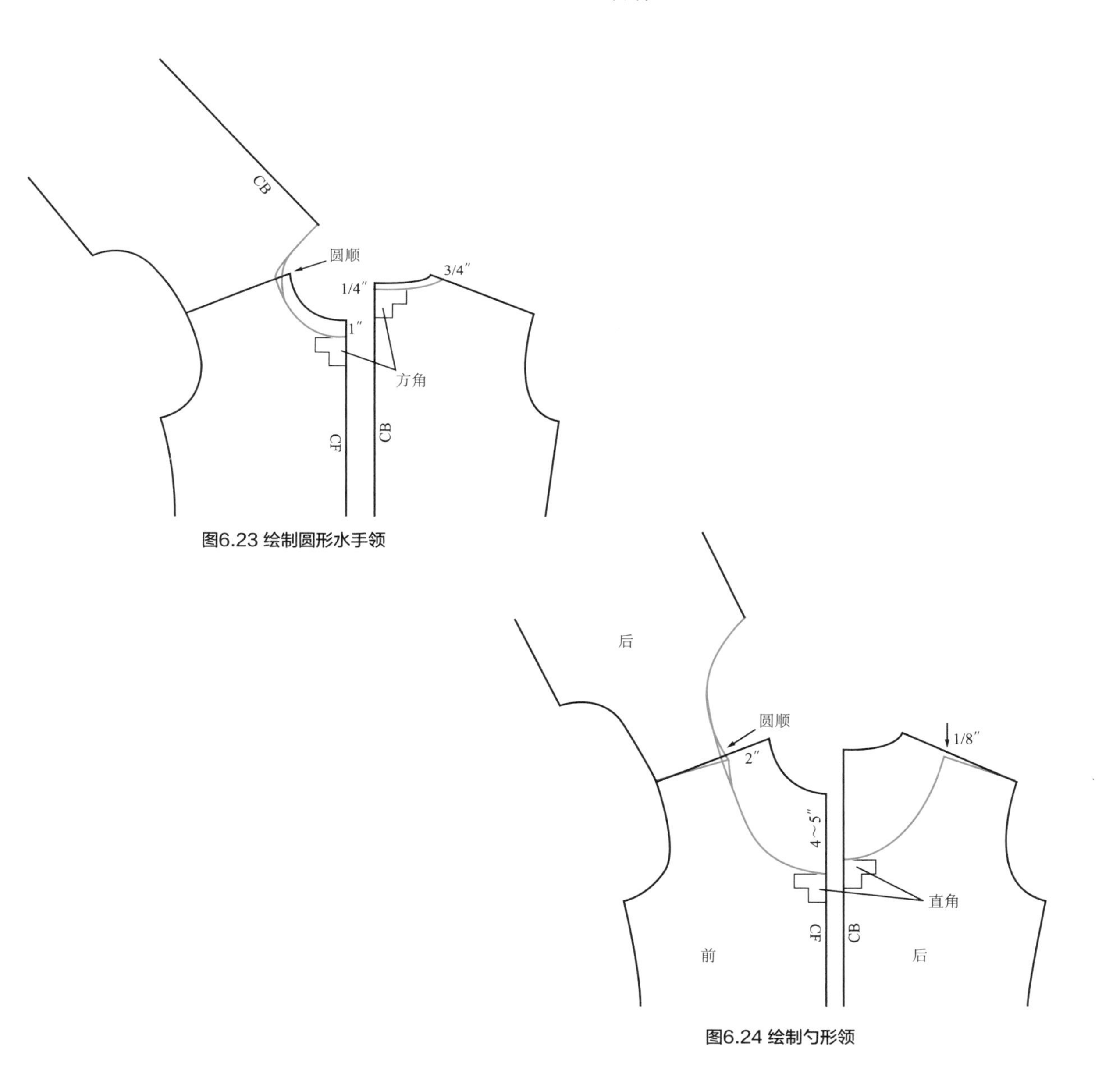

图6.23 绘制圆形水手领

图6.24 绘制勺形领

方领

准确来讲方领并不是方形的，但领口周围形成了一个类似方形的形状。制板参图 6.25。

1. 画出领口形状，前领深线比后领深线约低 1/2 英寸。
2. 将领口 / 肩点降低 1/8 英寸。重新绘制肩缝。

V 领

V 领领口下降到某一点形成字母 V 的形状。制板见图 6.26。

1. 绘制前片 V 形领口（按照你需要的深度）。
2. 绘制后片圆形领口。

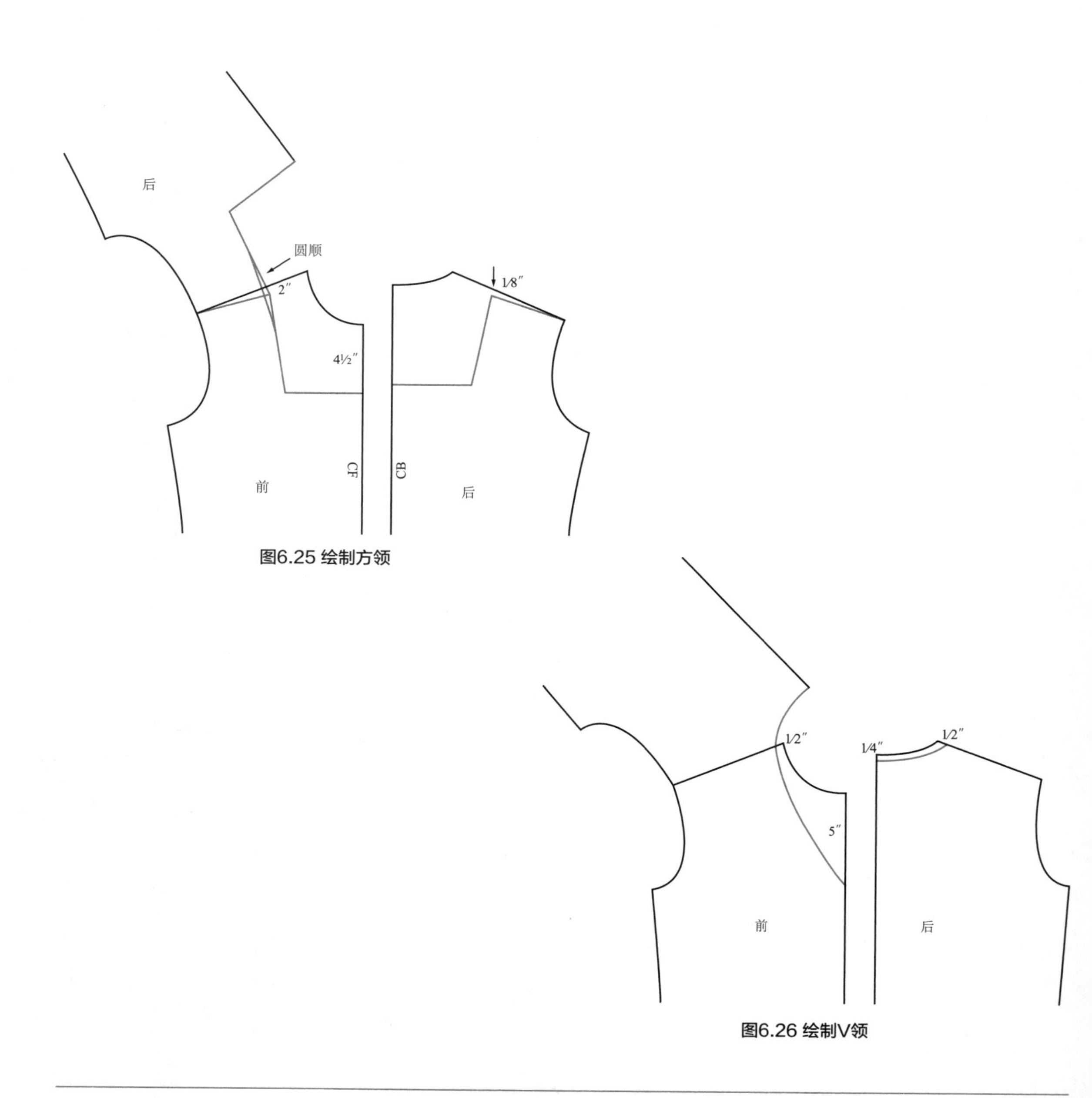

图6.25 绘制方领

图6.26 绘制V领

船领

船领是一种沿锁骨方向水平延展的宽领口。领口宽度可以开到肩点附近。制板参见图 6.27a。

1. 不要将前中心线拉高到人体颈窝线(neckline)以上，这样穿着起来会不舒服。从肩点开始绘制后领口，与后中心线形成直角。
2. 领口不需要修弧描线，因为要保留角度。在领口／肩点处（见图 6.27a）标记对位点（缝纫时使用）。
3. 在领口加 1 英寸的贴边，在贴边的肩接缝位置绘制倒伏线（directional seamlines），见图 6.27b。倒伏线可以保证贴边在翻折明缝时可以服帖地折叠在领口下面。

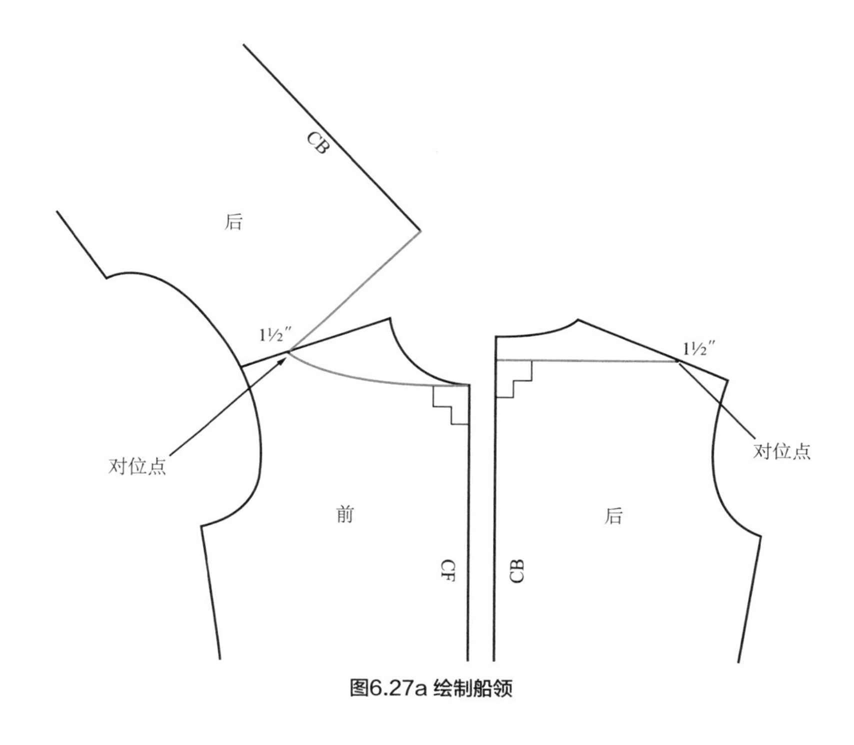

图6.27a 绘制船领

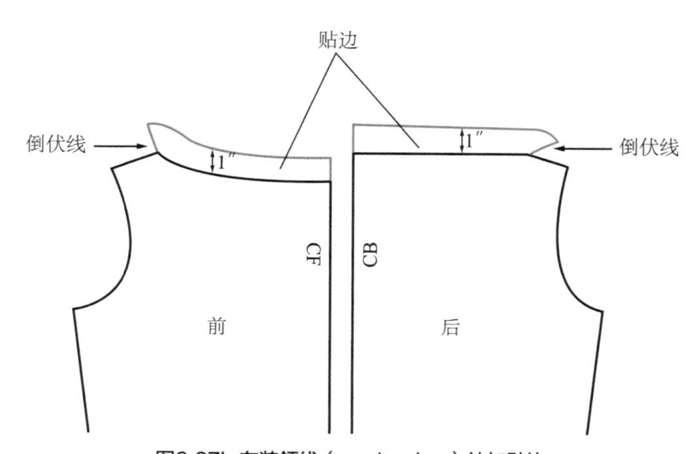

图6.27b 在装领线（neck edge）处加贴边

缝纫小窍门6.2：

缝制船领

1. 只固定好后片上的对位点。
2. 将上衣面料正面相对。
3. 缝合从袖窿部位到对位点处的肩线，对好对位点、转向并缝合贴边。
4. 将肩缝和贴边接缝熨开，见图6.28。
5. 将贴边向反面折叠，在距边缘1/2到3/4英寸处用直线线迹缉明线或双针线。宽领口不需拉伸，这样直线线迹不会断裂。

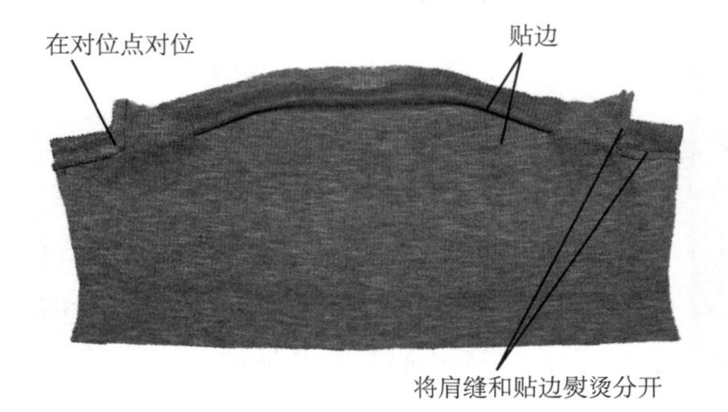

图6.28 将肩缝和贴边接缝熨开

垂褶领

使用轻质针织面料制作的垂褶领会形成漂亮的垂褶。纸样制作完之后，裁剪坯布来增加前片的垂坠感。使用针织面料时，你可以沿直纹（straight grain）在面料上裁剪垂褶领衣片，也可以斜裁。制板见图 6.29。

1. 描绘前／后双面弹原型并将底边标记为 C。
2. A 和 E：在肩线上标记中、低裁的领口点。
- 中垂褶领——将 L 形尺放置在 A 和 C，画一个直角，标记为 B。
- 低裁垂褶领——将 L 形尺放置在 E 和 G，画一个直角，标记为 F。
3. 绘制后领口。
4. CD 和 GD：画一条垂直的底边线。在后片 D 点高度画一条底边线。
5. 在装领线外部加一片大贴边。沿装领线折叠样板纸，并描出肩线和袖窿中的 3 英寸作为贴边。画一条弧形贴边边缘，见图 6.29。

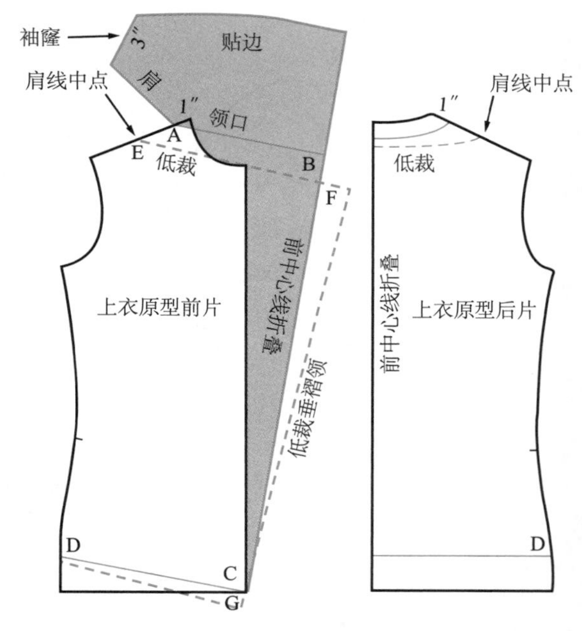

图6.29 绘制垂褶领

高领

高领可以设计成单层或双层高领，见图 6.22（g）。单层高领是单层面料，宽度可以裁剪为 12 英寸。使用薄纱织物时，这样的宽度可以优美地卷缩在颈部周围。双层高领是两层的面料。用中等重量针织面料的完成宽度可以窄到 2 英寸，用轻质面料可以宽到 8 英寸。制板方法见图 6.30。

1. 降低领口，见图 6.23，这样领口穿着时不会感觉领子过高。
2. 测量前后领口长度，将这个长度乘以 2 得到总长度。这个长度必须为 18 英寸左右。高领开口需要能够拉伸至 22 英寸（平均头围），以便于头部能够舒适地套入。如需制作出开口更大的高领，将领口再放低 1/8 英寸至 1/4 英寸。
3. ABCD：制作高领纸样时，按照要求的宽度和长度绘制一个长方形。

- 对于单层高领，增加 1 英寸的**折边（edge allowance）**。折边是为了翻折边缘。
- 对于双层高领，标记出领圈（band）完成高度的两倍，并在中间画出折线。

4. 加放 1/4 英寸缝份，画一条经向线，并标记纸样。
5. 沿横向拉伸方向裁剪高领，方法与图 4.10 相同。
6. 缝制高领试样，试穿要确保可以将头部顺利套入。

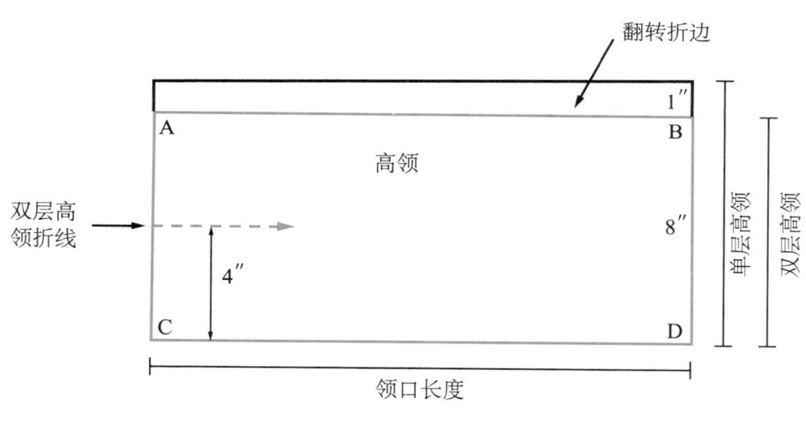

图6.30 绘制纸样

缝纫小窍门6.3

缝制单层高领

1. 将高领横向对折，正面相对。包缝并熨烫朝向同一边。
2. 将1英寸折边压烫朝向反面，缉双针明线。
3. 将领口四等分，用大头针标记，见图6.31。
4. 将接缝与肩线对齐，用包缝将高领贴边缝合在装领线上，见图6.58b。

缝纫小窍门6.4：

缝制双层高领

1. 将高领纵向对折，正面相对，用波浪形直线线迹缉1/4英寸的接缝，熨烫展开。
2. 折叠高领，领口边缘对齐。
3. 将领口用大头针四等分，将高领缝合在装领线上。
4. 图6.32中的高领宽度足够折叠成2英寸的衣领。

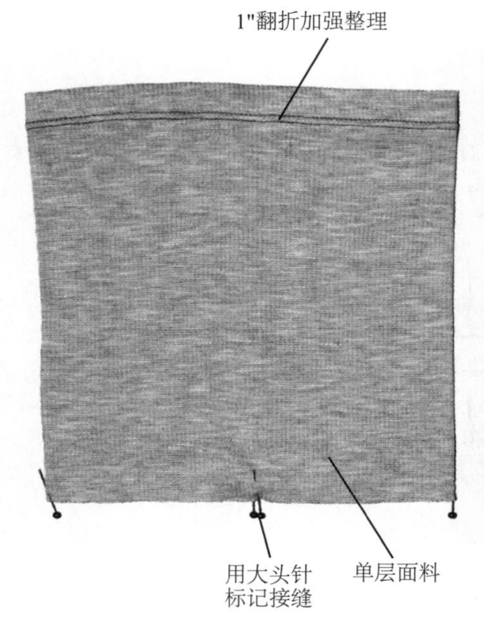

图6.31 缝制单层高领

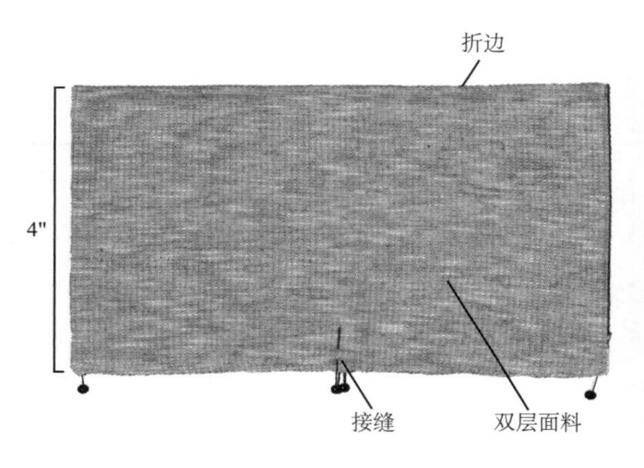

图6.32 缝制双层高领

轮廓变化

上衣可以有多种轮廓，有直筒形、喇叭形、抽褶形、打褶形或垂褶形。改变上衣纸样轮廓的一个通用方法是通过切开/展开和剪开/分割的制板技巧进行纸样调整。你可以使用这些简单的技巧为纸样增加宽度或长度（宽松度）。

喇叭形

用悬垂性良好的针织面料制作的喇叭形服装有很优美的悬垂感。

1. 画一条A字形侧接缝，然后绘制过肩线（yoke line）和切开/分开线（均匀分布）。标注纸样，见图6.33a。

制板小窍门6.2：

切开/展开和切开/分开制板技巧

切开/展开制板技巧可以为纸样边缘增加宽松度，营造体量感和展宽，见图6.33b。切开/分开制板技巧可为纸样边缘增加平均或不平均的宽松度，见图6.39b。设计喇叭形、抽褶、打褶、褶裥都需要宽松度。你可以将纸样从某一点或某几点切开/展开，将宽松量平均分布。最后，你可以进行描线，通过画一条圆顺线条来修正长度差异或带有棱角的线条。

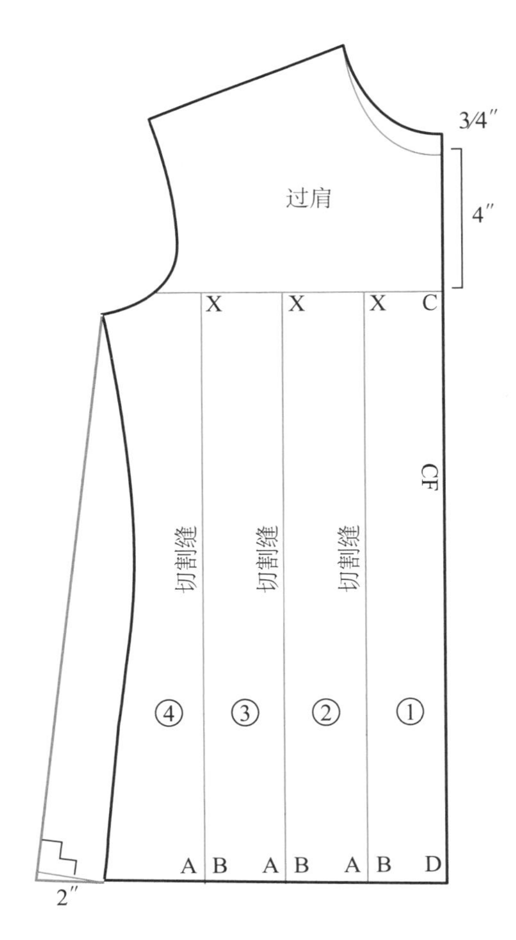

图6.33a 绘制纸样

2. 切开 / 展开纸样，见图 6.33b。

3. 重复上述步骤，绘制后片。

圆筒形

这类款式的上衣有一圈圆筒形（circular）的裙片。可以使用相同的制板技巧来制作圆筒裙。

1. 绘制前后领口，降低 3/4 英寸。

2. 绘制袖窿、底边长（这里是束腰长度）及臀围线，见图 6.34。

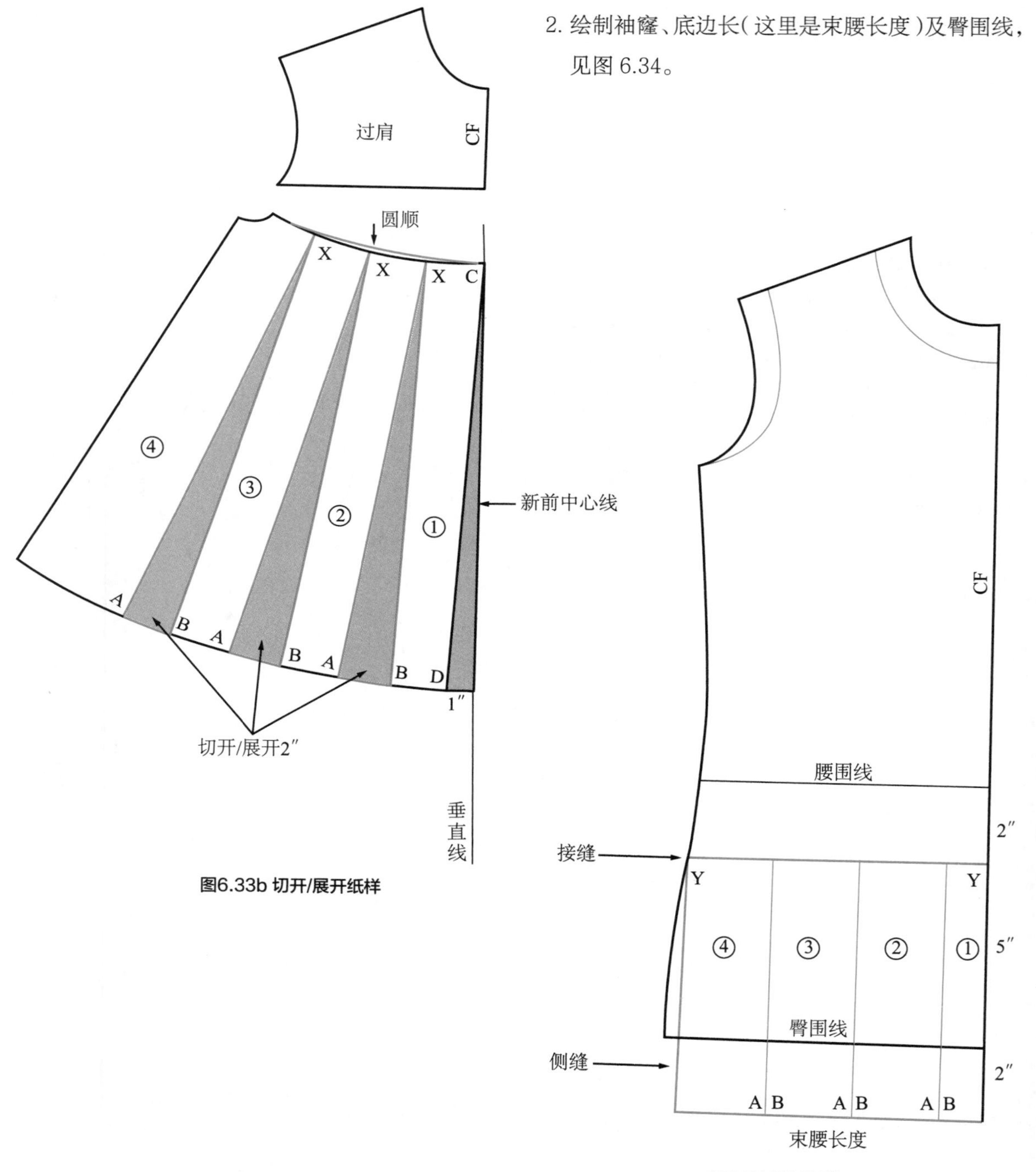

图6.33b 切开/展开纸样

图6.34 绘制纸样

3. 切开 / 展开纸样，见图 6.35。

校样

1. 沿前中心线折叠样板纸，并描绘出圆形纸样的另一侧，见图 6.36。
2. 重复此步骤制作后片纸样。

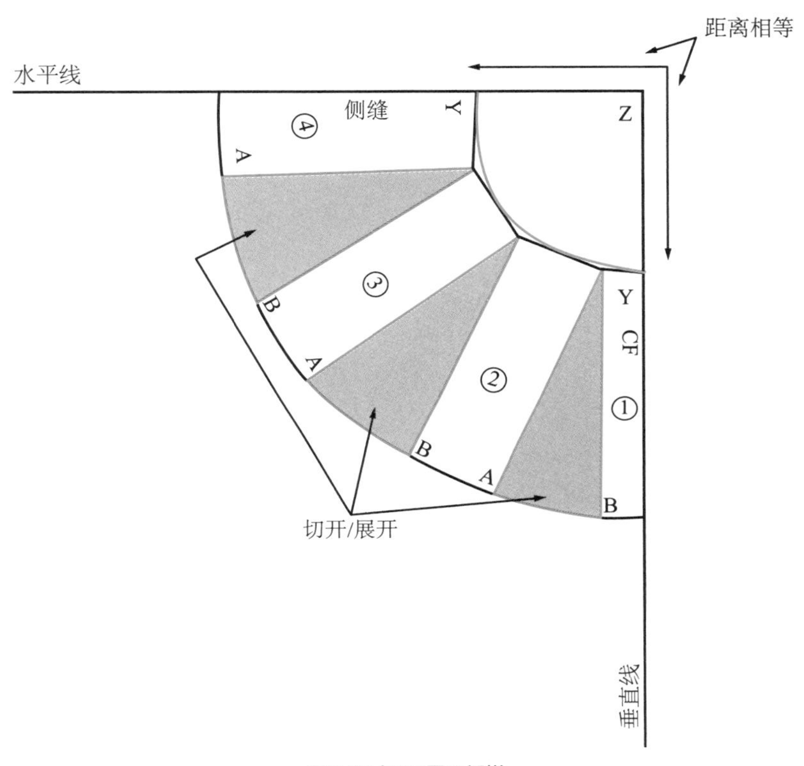

图6.35 切开/展开纸样

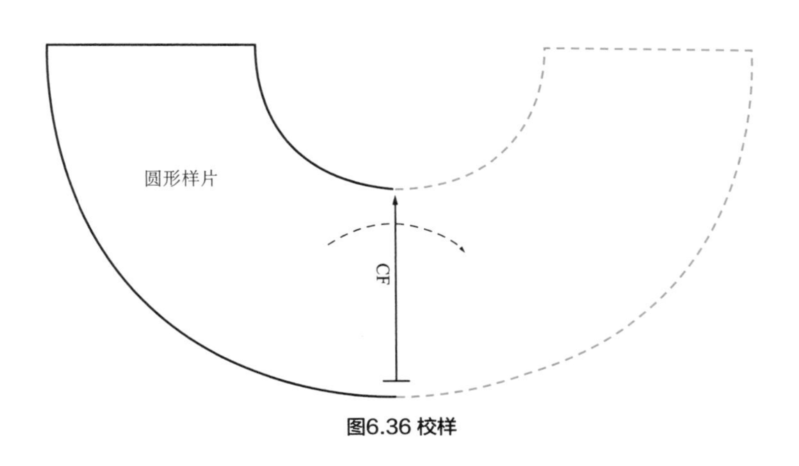

图6.36 校样

抽褶

抽褶上衣最好使用悬垂性良好的柔软针织面料制作。这里我们制作的是图 6.1（e）中领口抽褶的上衣。

1. 绘制勺形领口，见图 6.24。画出袖窿和底边长度。
2. 标记衣领中点，这是抽褶的起点。
3. 将领口延伸至中心线以外 1 英寸。在 C 点画一条直线，并连接到 D 点，见图 6.37。
4. 切开 / 展开纸样，见图 6.38。

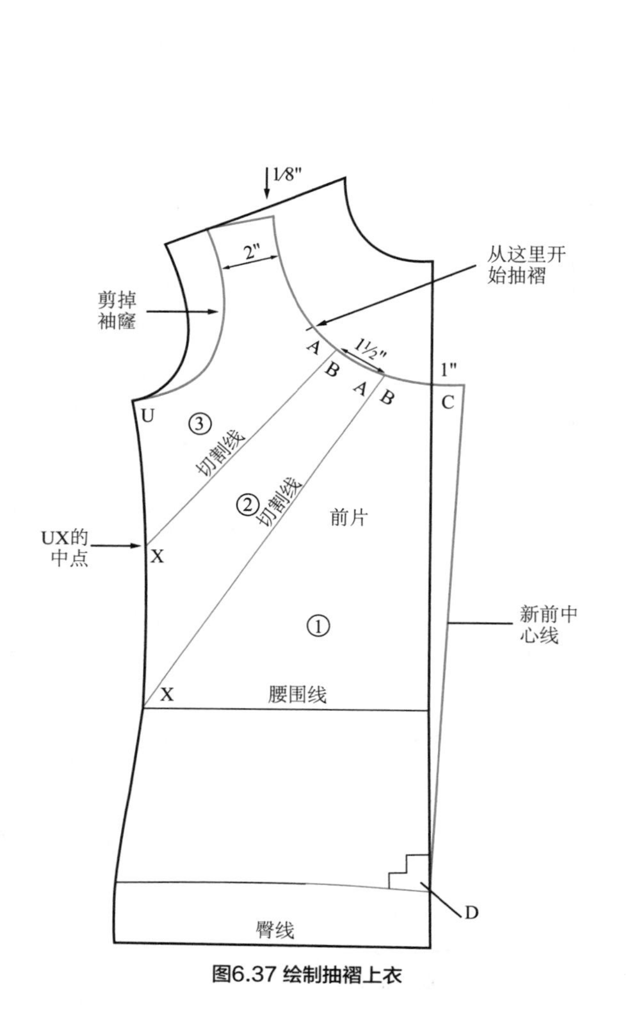

图6.37 绘制抽褶上衣

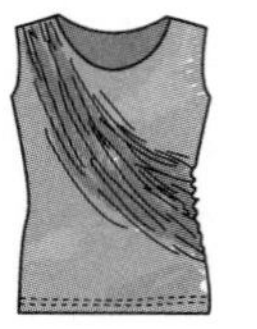

垂褶型

设计图 6.1（f）中不对称垂褶上衣时，从肩部开始抽褶，一直延伸到侧接缝。制作垂褶时，需使用切开 / 分开技巧并在纸样中加放宽松量（制作抽褶）。这样的上衣需要加衬里。

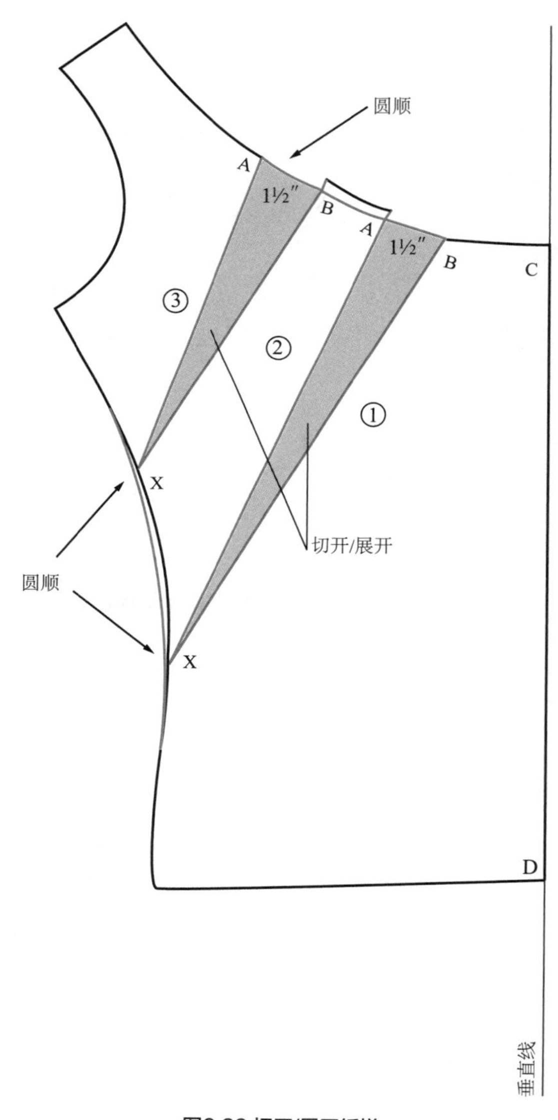

图6.38 切开/展开纸样

重点6.1：风格和面料

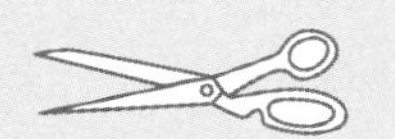

图6.1（f）中的垂褶上衣必须使用轻质针织面料制作才能体现出效果。需强调的是如果使用的面料的种类或重量不正确，就做不出这种效果。

1. 将 D 点置于垂直线上，在距 D 点 19 英寸处拼合前片领口 AB。将原型左右两侧描在样板纸上。
2. 绘制轮廓线、标记腰围线，并画一条新底边线。
3. 从肩部画两条分割线（slash line）至侧接缝并标记，见图 6.39a。
4. 如果上衣有衬里，再描一版纸样并标记为“前片衬里。”（缝纫衬里的内容见第 7 章。）
5. 在样板纸上画一条垂直线，见图 6.39b。
6. 将纸样分割成 1、2、3 部分，将 3 个部分的中心线与垂直线对齐，分开并描绘样片。
7. 圆顺弧形肩缝和侧接缝，见图 6.39b。
8. 在抽褶部分标记剪口。

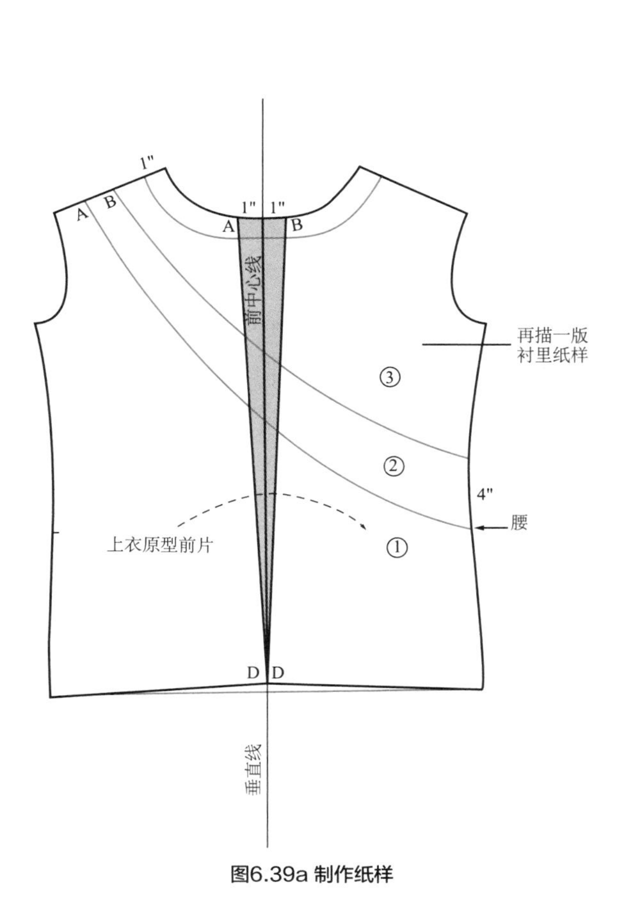

图6.39a 制作纸样

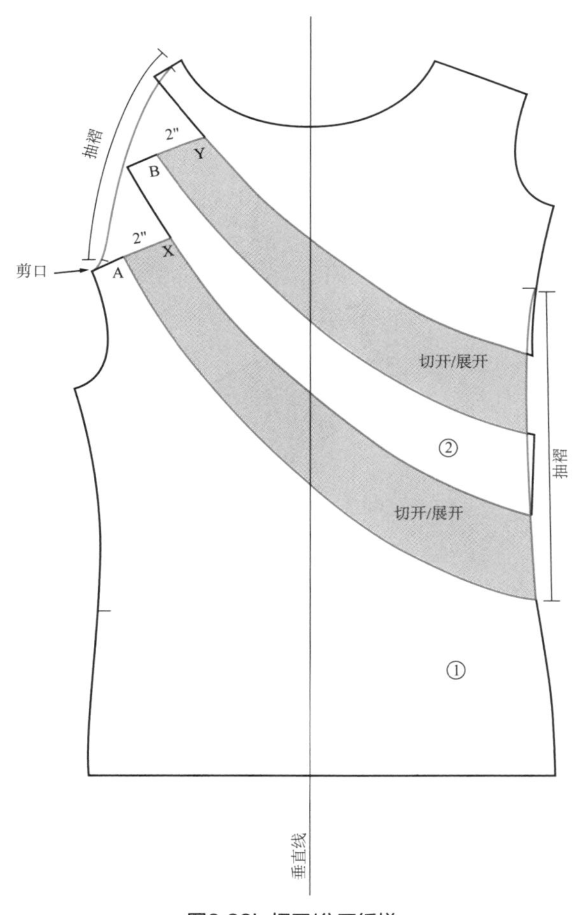

图6.39b 切开/分开纸样

衣袖制板

衣袖可以作为服装单独的部分设计，也可以与衣身相连，两部分作为一个整体来裁剪，见图6.40的（a）~（i）。你可以设计各种长度、各种款式的衣袖。这些衣袖可以作为T恤、连衣裙、毛衣、开襟毛衫或夹克的一个设计元素。衣袖也可以是蝙蝠袖等宽松款式。

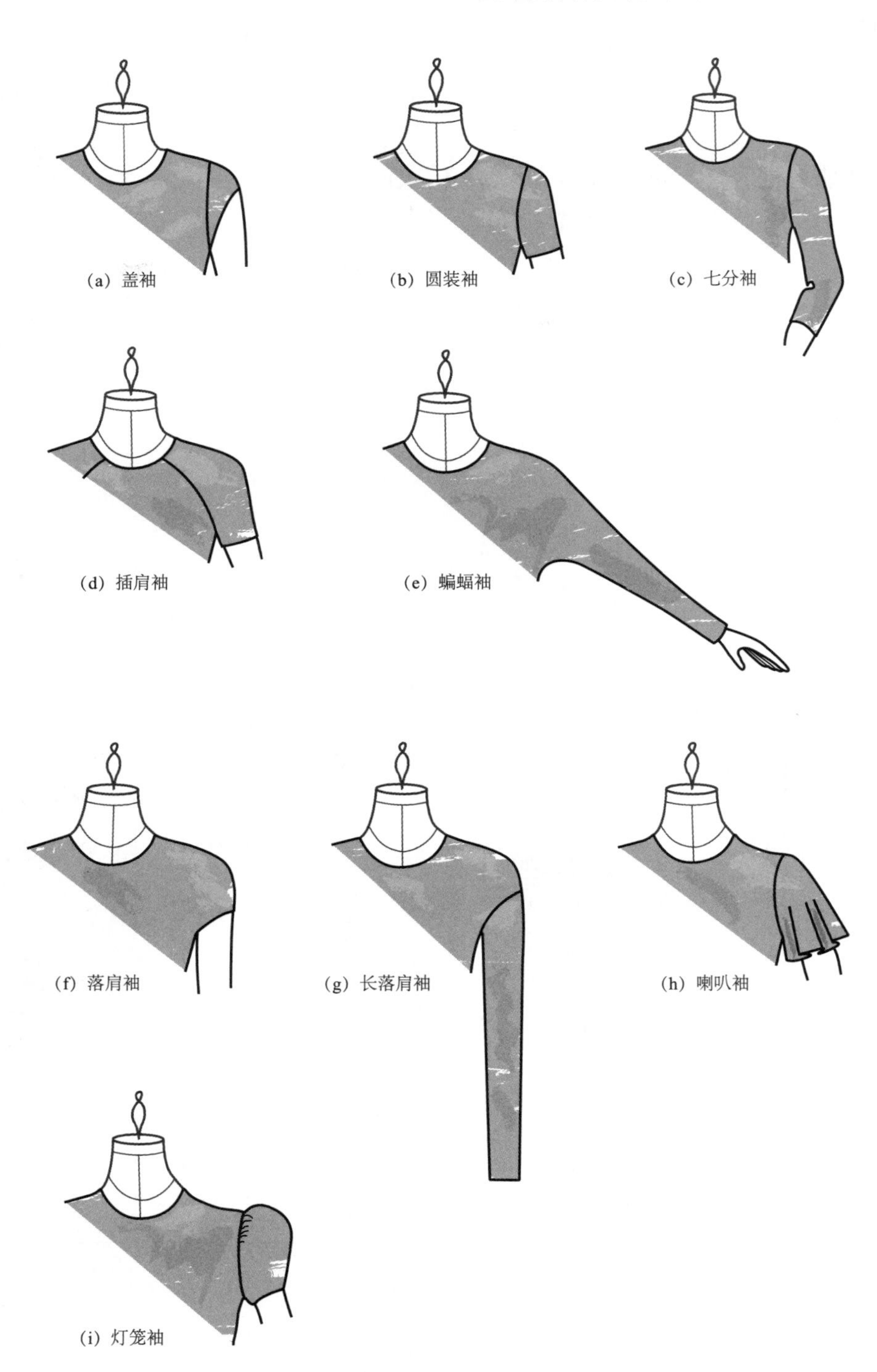

图6.40 衣袖款式

袖长变化

衣袖可以设计成各种长度，可以到腕部、高于或低于肘部，或是两者之间的任意长度。绘制本部分的衣袖时，选取一张足够容纳下整片衣袖的样板纸，将衣袖的一半描绘在纸上。然后画出经向线和水平线并标记为（U1）。绘图后将样板纸沿经向线翻面，描出整个衣袖纸样，完成衣袖制板。最后，在袖山和前片上做剪口。

盖袖

盖袖是贴合大臂形状的一种小型贴体衣袖。绘制盖袖见图 6.41。

1. 在标识线上、袖底线向内 1/4 英寸的位置做一个标记。
2. 从袖山到底边标记出 $3^1/_2$ 英寸袖长，画出 1 英寸的袖下线。
3. 画一条底边弧线，与经向线相交。

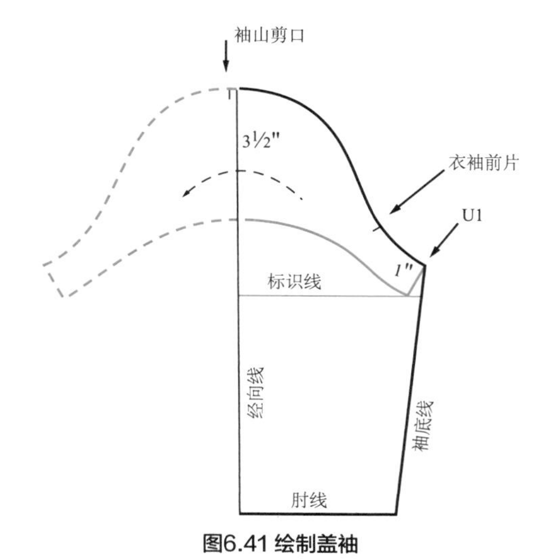

图6.41 绘制盖袖

短袖

短袖袖长可以短至 1 英寸，也可以长至肘部以上。绘制短袖见图 6.42。

1. 画一条平行于 U1 的底边线。缩进 1/4 英寸并沿 S 点的垂直线画一条底边弧线。
2. 平行于底边线加放 1 英寸卷边。
3. 在卷边和袖底线上绘制出倒伏线。

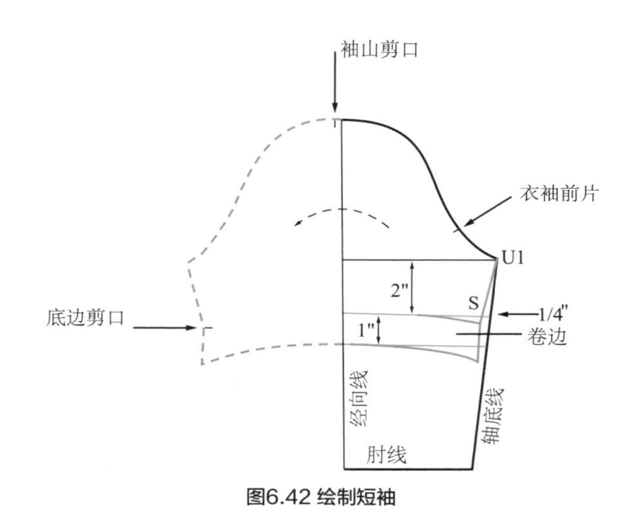

图6.42 绘制短袖

七分袖

七分袖的长度是袖口位于肘部和腕部的中间，见图 6.40（c）。

加放卷边的方法与图 6.42 中为短袖加放卷边的方法相同，见图 6.43。

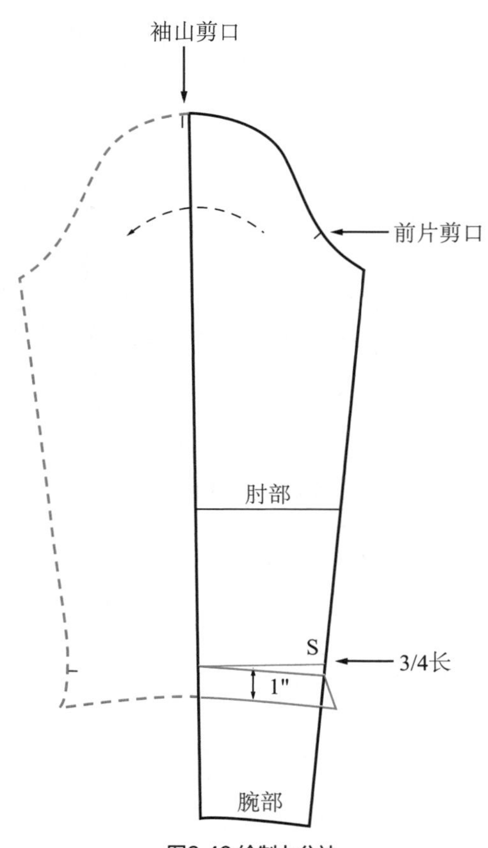

图6.43 绘制七分袖

衣袖的款式变化

衣袖可以嵌入到袖窿里，也可以与衣大身前后片部分或全部连裁。

圆装袖

圆装袖（set-in sleeves）绘制完成后需要安装到上衣原型的袖窿（袖孔）上（见图 6.7）。这一类袖子包括盖袖、喇叭袖或灯笼袖，见图 6.40 的（a）、（b）、（c）、（h）和（i）。

根据表 6.1 的缝纫工序，原装袖是平铺缝纫在袖窿上的，而不是直接缝在圆形袖窿上的。

连衣袖

连 衣 袖（sleeve/bodice combination） 指部分或全部的衣袖与衣大身连裁的袖子，这一类衣袖包括插肩袖、蝙蝠袖和盖袖，见图 6.40 的（d）~（g）。

插肩袖

插肩袖与衣大身的相交处形成一条从腋下（或袖窿）到领口的斜缝。

1. 在样板纸上描绘出前片。将后片与前片的肩缝拼合并描画出纸样。标记 U 点，见图 6.44a。
2. 绘制领口和底边长。
3. AC：延长肩线，一直延长到袖口以外几英寸。
4. 将双面弹衣袖原型袖底线 U1 与前后片腋下角 U 重合，并将袖片经向线与 AC 线对齐，然后描出衣袖原型。
5. 增加袖山宽度，与袖长在 B 处重叠，见图 6.44a。
6. 从领口到 UU1 相交点画出插肩结构线。标记出前后片剪口。
7. 仅在前片上画一条延伸到底边 D 的袖底弧线。
8. 沿袖片经向线折叠纸样，将前后腋下角 U1U 拼合在一起。将前袖片的袖底线 / 侧接缝描绘在后片上。插肩接缝必须在 X 点完全对齐。
9. 描绘纸样，做标记，做剪口。
10. 重新调整插肩接缝处的袖底弧线，见图 6.44b。

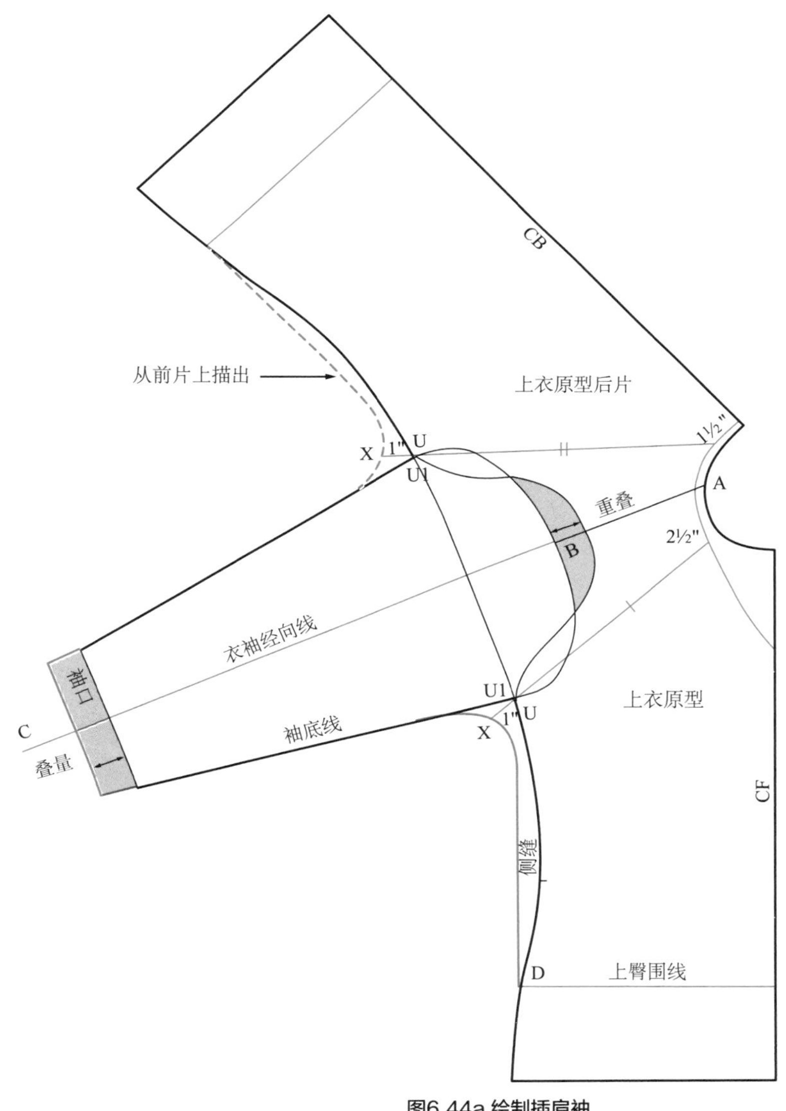

图6.44a 绘制插肩袖

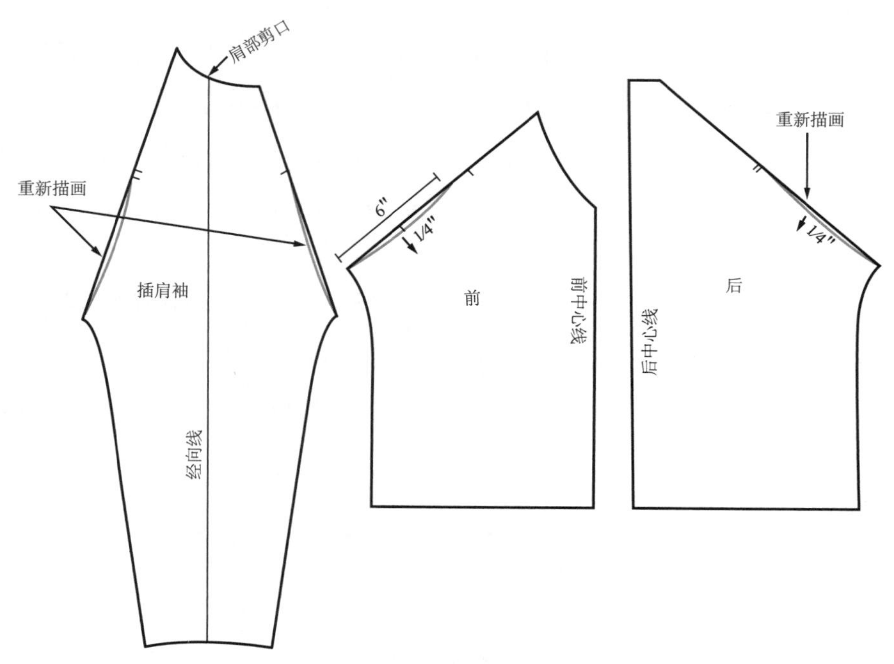

图6.44b 描绘样片并重新调整袖底弧线

缝纫小窍门6.5：

缝制插肩袖

参见表6.2缝纫工序来缝制插肩袖上衣。先将插肩袖缝在前后衣身上，然后缝合侧接缝。

确保剪口对齐，因为前后接缝的长度不同。

图6.45 绘制蝙蝠袖

蝙蝠袖

蝙蝠袖是一种袖窿／腋下宽松、袖口窄的衣袖。蝙蝠袖应与服装连裁。

1. 描绘前／后原型，见图6.45，标记为U。

2. 将袖片腋下角 U1 与衣身腋下角 U 重合，袖山与肩部拼合。描绘原型。画出领口、下摆、袖长。这里的衣袖长度为 3/4 英寸。标记 A、C、E、D 点。
3. 将肩点（shoulder tip）提高 1/4 英寸并标记为 B。
4. 折叠纸样，将袖底线与侧接缝对齐，然后标记出折线。在折线上标记出 5 英寸。
5. ED：画一条袖底弧线 / 侧接缝。在 E 和 D 处做垂线。
6. 制作更宽大的衣袖，参考“停：遇到问题怎么办”部分。
7. 描出样片，见图 6.46。

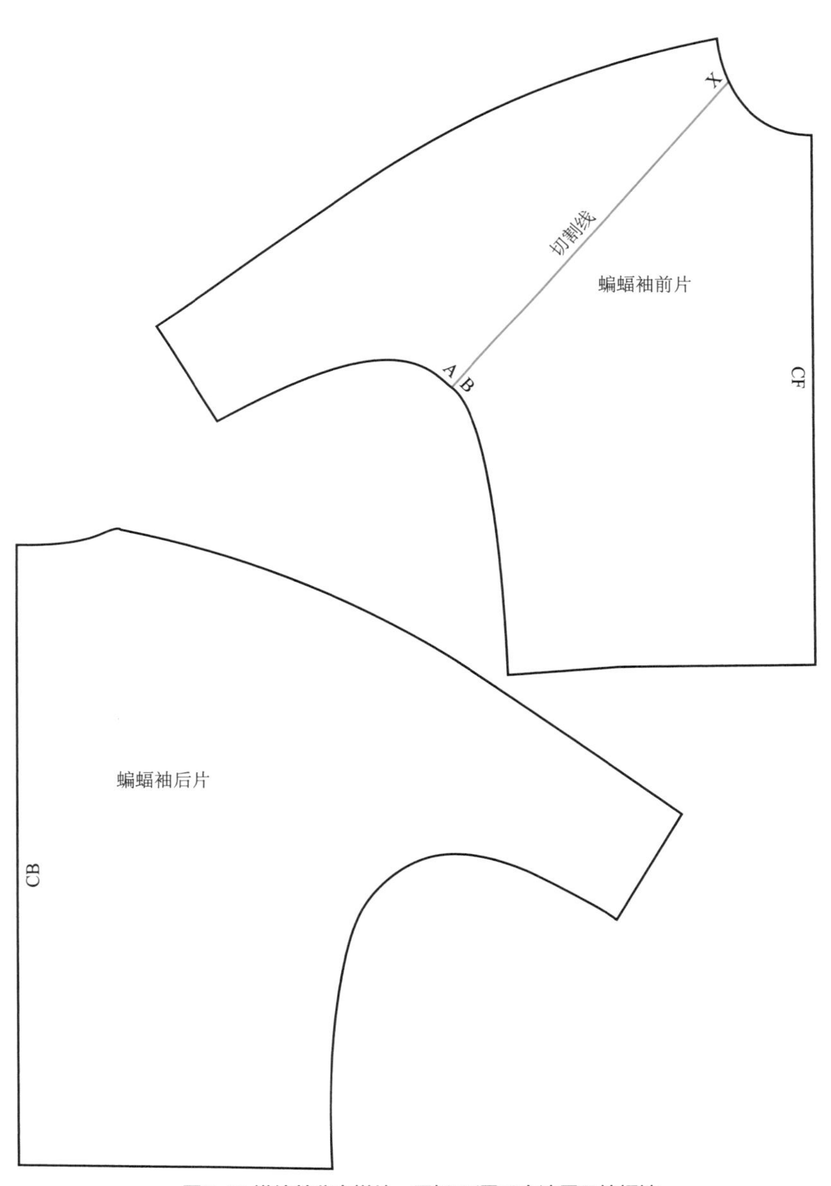

图6.46 描绘并分离样片，用切开/展开方法展开蝙蝠袖

落肩

在设计落肩的款式时，服装的袖窿位于大臂而非肩部。

1. 描绘前后片原型，见图 6.47。标记 U 点。
2. 将腋下点 U1 与衣身腋下点 U 重合，对接袖山与肩部。描出原型。
3. 绘制领口形状与底边长度。
4. 标记从袖山到落肩的长度，标记为 C。
5. 将肩点提高 1/4 英寸。标记 B、C、E、D，绘制落肩线和弧形侧接缝。
6. 从工作纸样上描绘出前后样片。

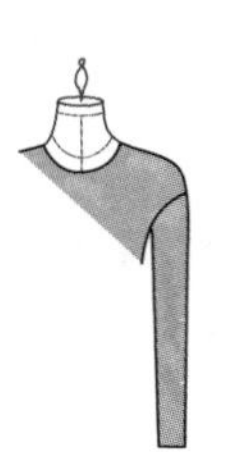

有袖的落肩

进一步设计，可为落肩增加衣袖。衣袖可以是短袖、七分袖或长袖。

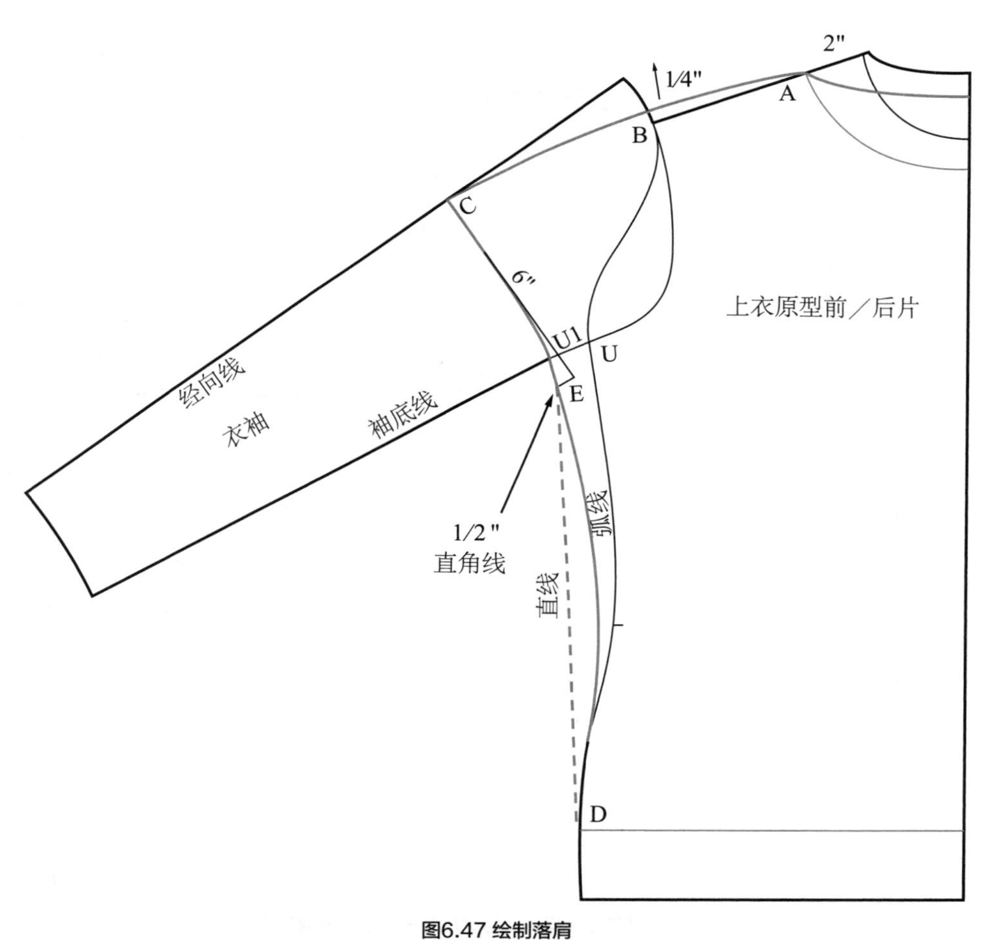

图6.47 绘制落肩

绘制纸样

1. 从工作纸样上描出“衣袖”部分，见图 6.48。
2. 将样板纸对折。将半片衣袖的经向线与折边重合，裁剪出一个完整的衣袖纸样。展开袖片并做剪口。

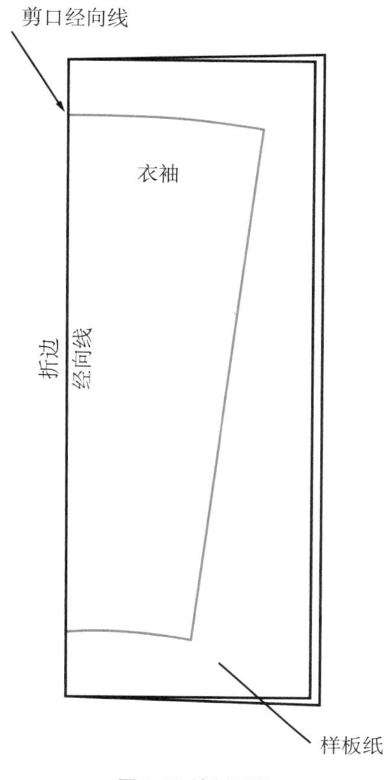

图6.48 绘制纸样

衣袖的轮廓变化

根据衣袖的基础原型可以设计出各式各样的衣袖。灯笼袖和喇叭袖是两种常见的款式。

喇叭袖

喇叭袖（任意长度）在袖摆处增加了向外宽松量。

1. 描出袖片的一半并画出 U1 线。
2. 绘制平行于 U1 的底边长度。
3. 从袖山线到底边绘制出切割线（平均分布）并做标记，见图 6.49a。
4. 切开 / 展开纸样，见图 6.49b。

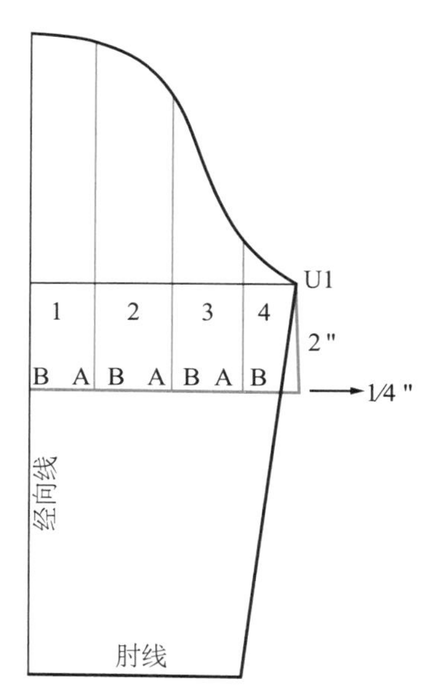

图6.49a 绘制喇叭袖

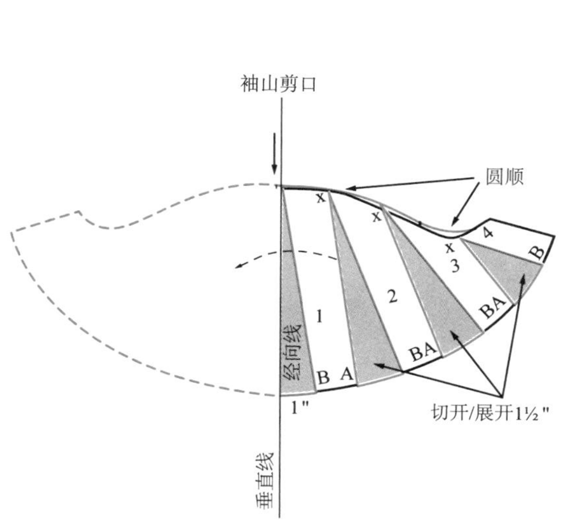

图6.49b 切开/展开纸样

5. 绘制一条平滑的袖山线，圆顺弧线、消除棱角。

6. 沿经向线折叠并描绘纸样，完成整片衣袖的纸样。在袖山和前袖片上做剪口。

灯笼袖

灯笼袖在袖山处抽褶以塑造出圆润感。灯笼袖的袖口可以是合身的、抽褶的或是镶边的。滚边也是袖口收边的一个理想方式。

1. 描出袖片的一半并画出 U1 线。

2. 绘制平行于 U1 的底边线。

3. 在袖窿处缩减衣身前后肩长，以容纳抽褶。绘制袖窿弧线，见图 6.50a。在袖窿和剪口处确认抽褶的开始位置。

4. 绘制两条平均分布的切割线。（在袖底弧线 4 英寸处袖窿剪口的位置画一条切割线。）衣袖纸样做好文字标注。

5. 切开 / 展开纸样，见图 6.50b。

6. 将袖山提高 2 英寸，画一条圆顺袖山线和底边线。

7. 沿经向线折叠纸样，描绘出整个衣袖纸样。

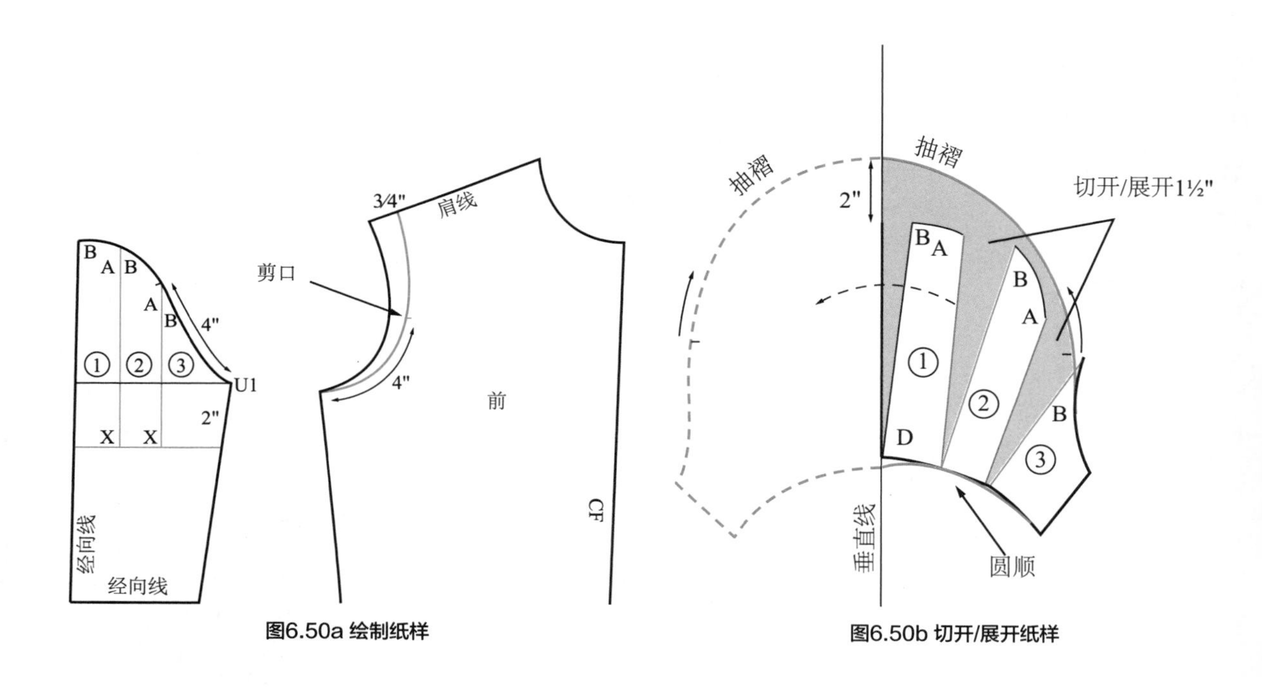

图6.50a 绘制纸样

图6.50b 切开/展开纸样

领口收边

上衣的领口可以有多种收边方式（edge finish）。领边可以是一条布条、蕾丝边或是缝在服装领口（袖窿或袖口）的松紧带。这里讨论的所有收边方法可以用在上衣、毛衣或开襟毛衫的袖窿或袖口，也可以用在服装的底边。领口必须要有一定的拉伸性，保证收边之后头部可以套入。以下部分讨论的收边包括镶边、滚边、窄贴边和翻折明缝边，见图6.51。想要做出好的收边效果，纸样必须绘制准确。

收边的长度

为确认需要剪裁的布边长度，首先必须测量并记录服装开口的接缝长度，这是缝收边的位置。

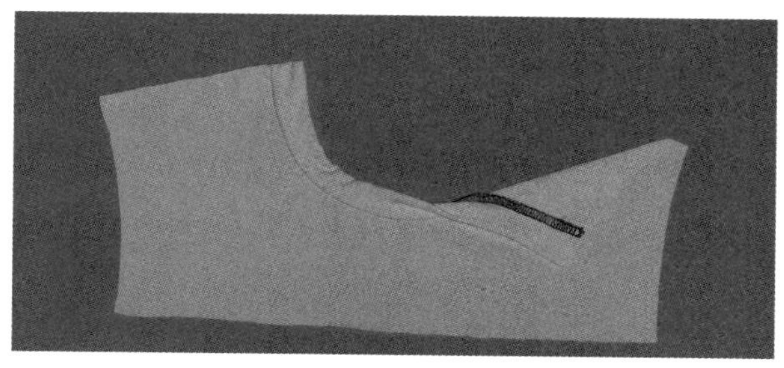

（a）缝在领口的罗纹镶边

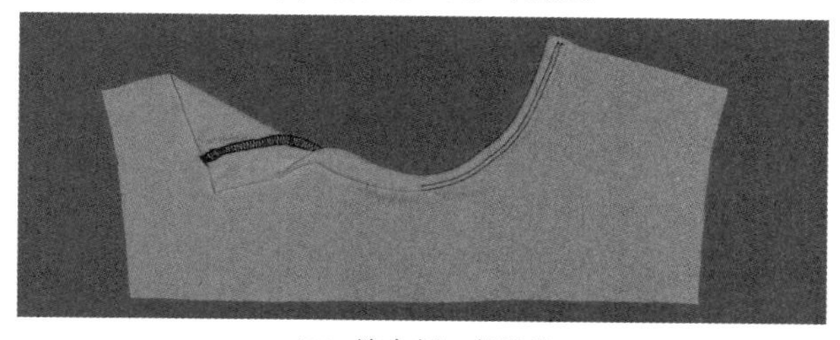

（b）缝在领口的滚边

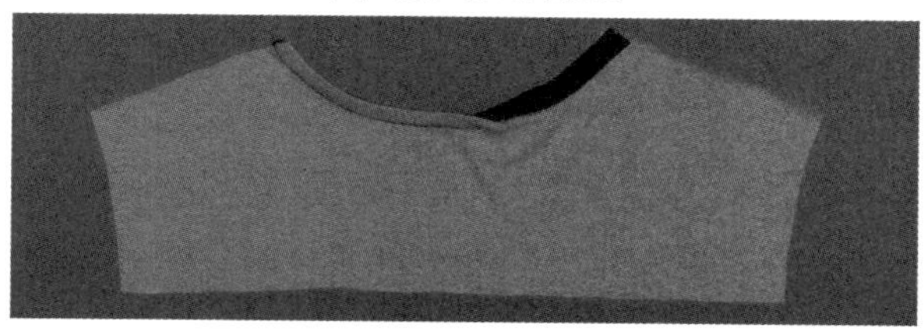

（c）缝在领口的窄贴边

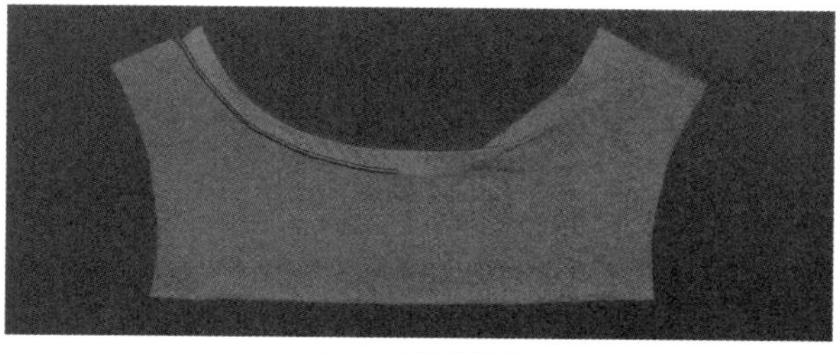

（d）翻折明缝边

图6.51 收边效果

测量接缝长度

1. 沿接缝测量前后纸样的接缝长度，见图 6.52，不要测量缝份。
2. 测量的尺寸乘以 2 得到接缝总长。

缩减长度

缩减收边的长度时，缩短的量（拉伸缝纫时）应根据领口的形状变化，这样可保证缝纫后平整服帖，见图 6.53 。

1. 画一条线，长度为接缝总长。
2. 缩减长度来确认收边的长度。缩减长度确保收边缝纫后能够平整服帖地贴在身体上。
3. 每种收边需要缩减多少并没有一定之规，因为收边的拉伸性不同。在介绍每种收边的部分，你会学到如何确定收边的长度。你必须将收边缝在服装止口处（作为试样）之后微调缩减量。有的收边不需要缩减。

将服装边缘和收边等分

缝纫收边之前，把服装的开口处（领口、袖窿、袖口、底边）平均分成几部分，并用大头针（或点位笔）标记。收边也平均分成几部分，然后将服装和收边的标记别在一起，将收边缝纫在服装开口处。这一方法可以保证缝制完成后各部分松紧度相同。

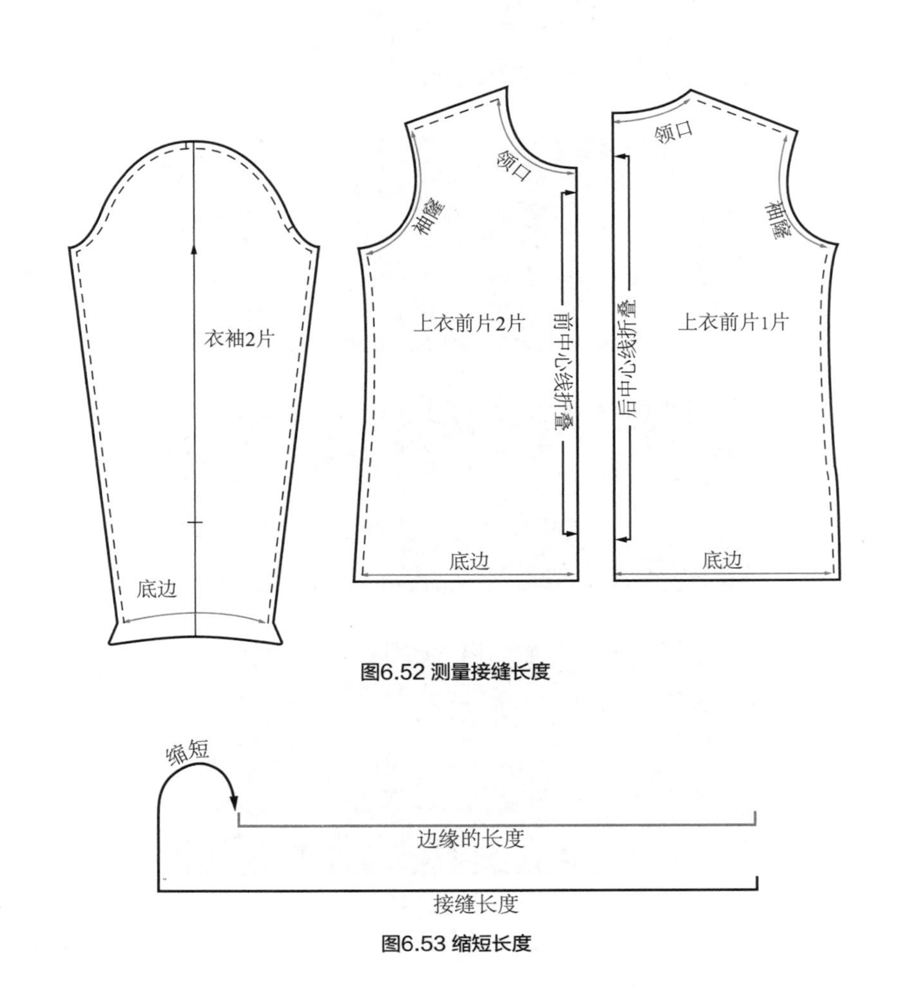

图6.52 测量接缝长度

图6.53 缩短长度

用大头针将领口等分

在这一步骤中，我们将服装开口分成 4 个部分，并用大头针标记等分点，见图 6.54。

1. 缝合肩缝。
2. 将一侧肩缝用大头针标记为（1）。
3. 沿标记的接缝对折服装（反面相对）。修顺领口使其平整服帖，用大头针标记折线（2）。
4. 将（1）和（2）对齐，并将领口边缘对齐。将另两条折线用大头针标记为（3）和（4）。领口展开时，大头针标记可能是不对称的。

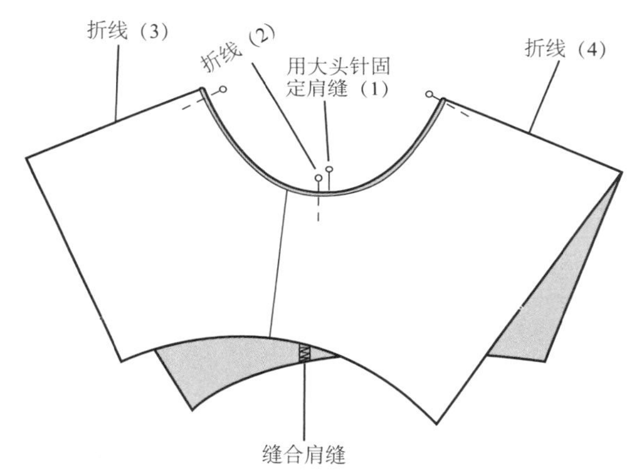

图6.54 用大头针将领口等分

镶边（罗纹织物或本料）

镶边可以缝制在任意形状领口上，包括圆形（水手）领、宽领、勺形领、V 领。镶边也是袖窿、袖口、底边理想的边缘处理方式。使用的罗纹镶边或本料应能够拉伸至原有长度的 50% 以上。不论镶边缝纫在领口、袖窿还是底边，计算镶边纸样长度的制板技巧都是通用的，见图 4.10。

所有镶边都是沿面料的拉伸方向横向裁剪的。

测量缝长

1. 将领口轮廓绘制在纸样上。
2. 再画一条线，平行于轮廓线，体现出镶边的宽度。
3. 测量这条镶边接缝的长度，见图 6.55。

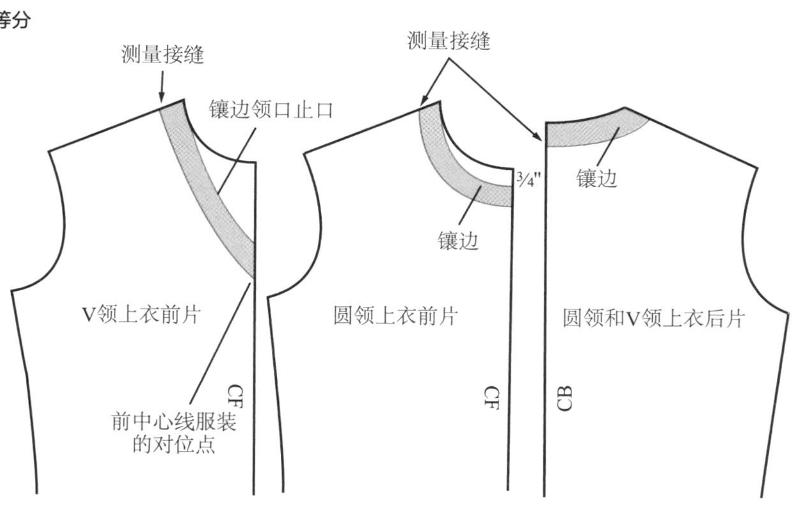

图6.55 测量缝长

绘制镶边

1. 见图 6.56，画一条与接缝总长度相同的直线。
2. 将长度减少 1/7[2]。例如，如果缝长是 21 英寸，那么除以 7（21 英寸 ÷7=3 英寸）。这样镶边的长度是18英寸(或21英寸-3英寸=18英寸)。
3. 确定完成宽度。领口和袖窿镶边完成后宽约 3/4 英寸至 $1^1/_4$ 英寸。袖口和底边镶边的宽度可达 4 英寸到 5 英寸。轻质针织面料的宽度可以窄到 1/2 英寸。
4. 将宽度翻倍并加放 1/4 英寸的缝份，画出经向线，标注纸样，见图 4.10。

绘制 V 领镶边

1. 根据图 6.57 制板步骤绘制 V 领领口。
2. 在纸样上绘出镶边宽度。
3. 绘制镶边纸样，前中心缝处构成一个角度，见图 6.57。（从图 6.26 上描下前中心线的 V 领来绘制镶边上的角度。）
4. 在 1/4 英寸的前中心缝上画出倒伏线，见图 6.57。

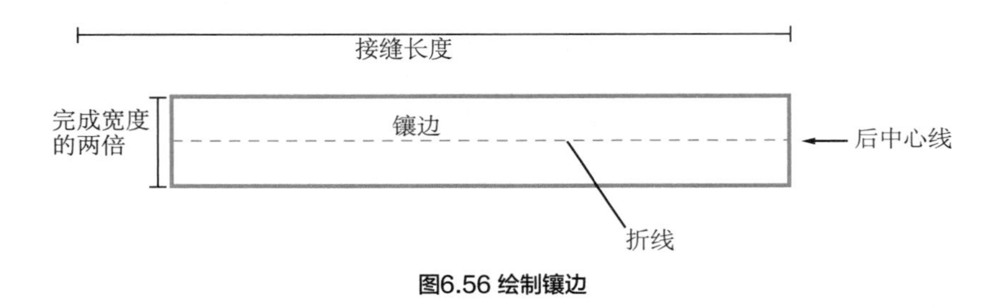

图6.56 绘制镶边

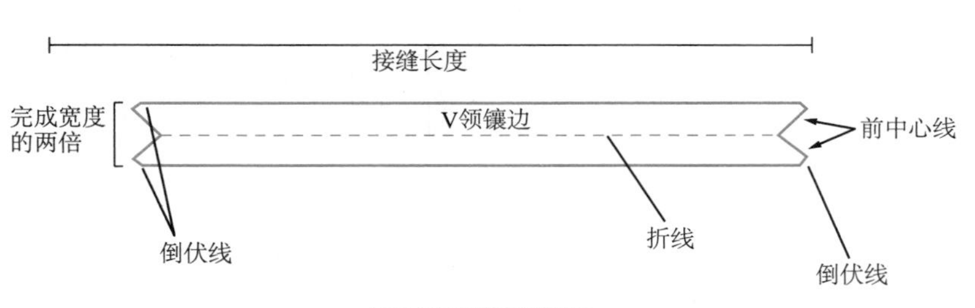

图6.57 绘制V领镶边

2 Keith Richardson, *Designing and Patternmaking for Stretch Fabrics* (New York: Fairchild Books, 2008), 71.

缝纫小窍门6.6：
在圆领上缝制镶边

1. 对接贴边的接缝，用手指压开缝份。
2. 对折镶边，反面相对，用大头针将镶边等分成4份，其中一个大头针别住接缝，见图6.58（a）。
3. 将领口开口用大头针四等分，见图6.58（b）。
4. 将镶边装入领口开口，正面相对。将镶边接缝与一侧肩缝对齐。再对齐其他标记，将镶边固定在领口处，见图6.58（b）。
5. 镶边朝上，将镶边缝在开口处。缝纫时拉伸镶边以对齐标记，见图6.1。
6. 熨烫缝份使其朝向服装方向。镶边可以不做处理或缉明缝。

缝纫小窍门6.7：
在V领上缝制镶边

1. 对接接缝，用手指压开缝份。
2. 对折镶边，反面相对，见图6.59（a）。
3. 用大头针别住前中心接缝和后中心接缝，将镶边四等分。将领口开口用大头针四等分。
4. 将镶边装入领口开口，正面相对。将镶边接缝与一侧肩缝对齐。再对齐其他标记，将镶边固定在领口处，见图6.59（b）。
5. 从前中心线缝纫到后中心线，拉伸镶边与标记间的服装边缘对齐。在前中心的对位点处对位。镶边的另一侧也按照相同的方式来缝制，见图6.59（b）。

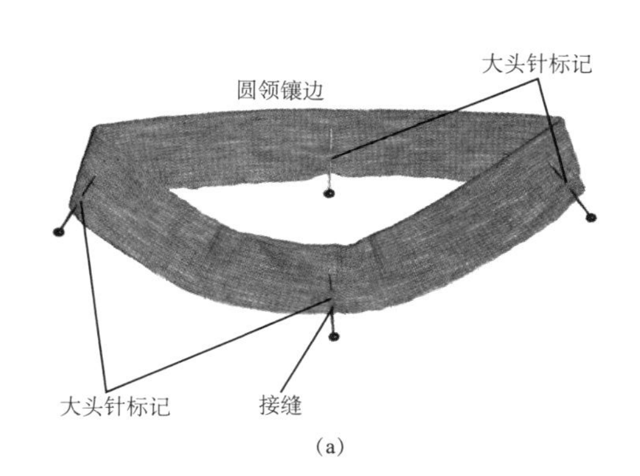

(a)

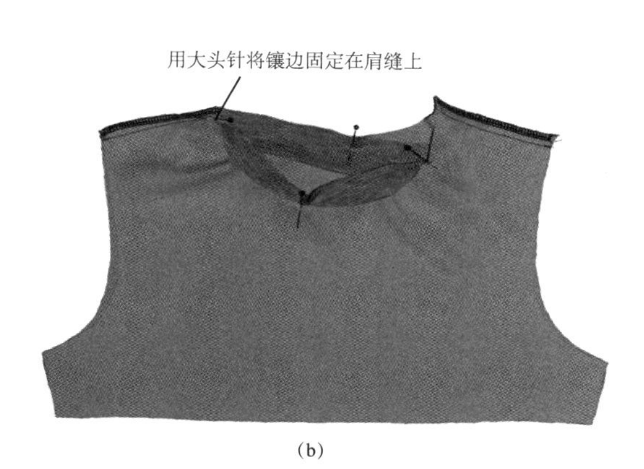

(b)

图6.58 圆领镶边：裁剪、缝纫、用大头针标记镶边、用大头针标记领口

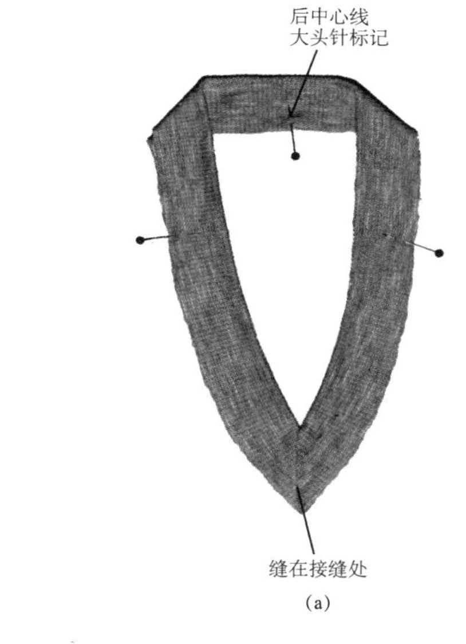

(a)

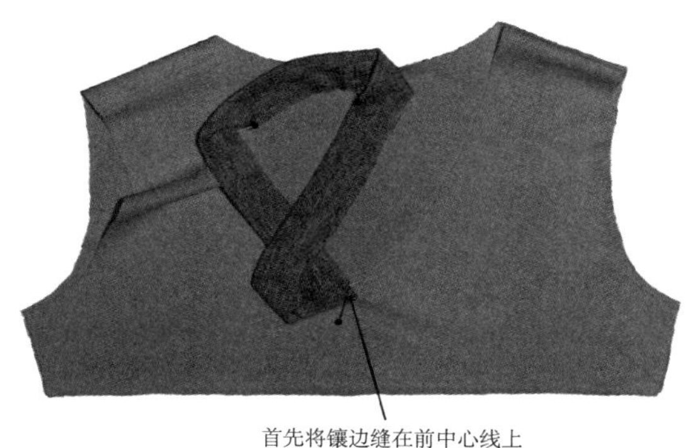

(b)

图6.59 V领镶边：裁剪、缝纫、用大头针标记镶边、用大头针标记领口

滚边

窄滚边是日常休闲上衣、连衣裙、运动服装领口和袖窿处常用的收边方式。本料、对比色面料或罗纹织物都可以作为滚边使用。

缝纫滚边后，服装的开口就变成了微弹。因此，图 6.1（e）中的勺形领口最适合使用滚边。滚边为双层结构，因此应使用轻质面料。

绘制前后纸样

所有使用滚边的纸样边缘都不需要加放缝份，因为滚边会将原始边缘包含进去。

1. 在纸样上画出领口轮廓。
2. 再画一条线，平行于轮廓线，体现出滚边的宽度，见图 6.60。滚边的完成宽度可以是 1/4 英寸、3/8 英寸或 1/2 英寸。
3. 测量第二条线的长度（这是缝纫滚边的位置）。

绘制滚边

1. 画一条直线，长度与接缝总长相同，见图 6.61。
2. 根据滚边面料的弹性类别缩减长度。

- 微弹——缩减接缝总长的 1/7。
- 中弹——缩减接缝总长的 1/6。
- 高弹——缩减接缝总长的 1/5。
- 超弹——缩减接缝总长的 1/4。

3. 将滚边完成宽度乘以 4，再把这个宽度翻倍。然后为翻面留出 1/4 英寸的放松量。比如，完成宽度为 1/4 英寸的滚边需要裁剪的面料宽度 $2^1/_4$ 英寸（1/4 英寸 ×4=1 英寸，1 英寸 ×2=2 英寸，2 英寸 +1/4=$2^1/_4$ 英寸）。
4. 在所有滚边止口留出 1/4 英寸缝份，以便缝合，然后画出经向线。

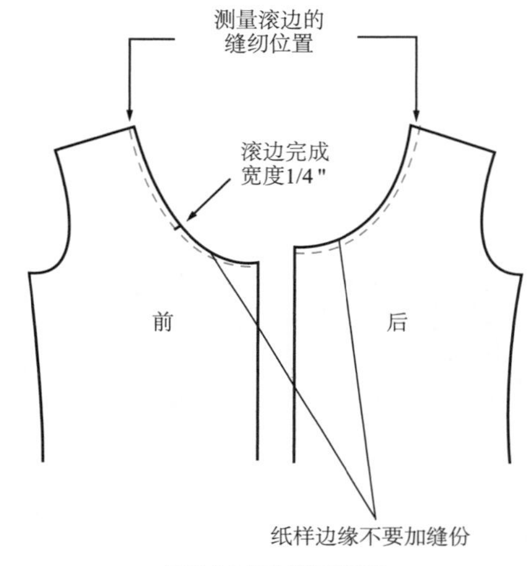

图6.60 绘制前后纸样

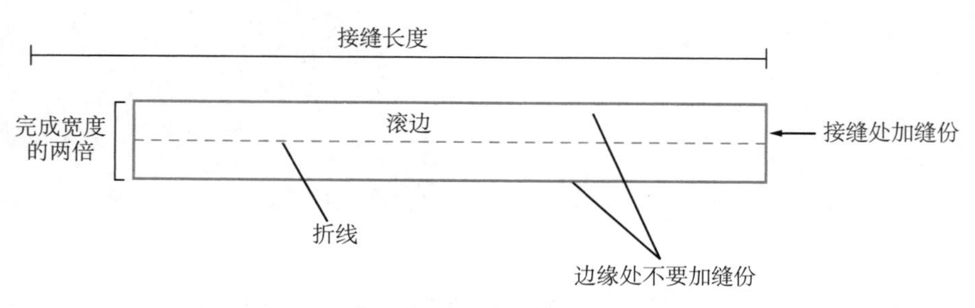

图6.61 绘制滚边

5. 沿双面弹或四面弹针织面料的横向裁剪滚边，如果想让面料更稳定，可沿双面弹纵向裁剪滚边。滚边也可以沿横向裁剪（见图 4.15）。

缝纫小窍门6.8：
缝制滚边

参考图6.51（b）缝制滚边。
1. 将滚边对折，反面相对并熨烫。
2. 将服装和滚边的正面相对，将标记对齐并用大头针固定。
3. 滚边朝上，将其缝在领口边缘。缝制滚边的位置就是滚边的完成宽度。
4. 朝向滚边方向熨烫缝份。
5. 翻折滚边折叠，让它在反面覆盖住原止口，固定并从正面缉明缝。

窄贴边

窄贴边用于领口或袖窿原止口处。可以将贴边缝在整个或部分领口处。贴边是从轻质面料上裁剪下的一个窄条，也可以使用斜裁机织面料（bias-cut）或斜裁滚边（bias binding）。图 6.1（g）中的马球上衣的后领口处缝有窄贴边。

绘制贴边

1. 在纸样上绘出领口 / 袖窿轮廓。在止口处加放 1/4 英寸缝份，为缝制贴边做准备。
2. 测量缝制贴边处的接缝长度。
3. 绘制贴边纸样，宽为 $1^1/_4$ 英寸、长为领口总长。
4. 不需要缩减贴边的长度。
5. 在贴边两端再加放 1.4 英寸的缝份，见图 6.62。

缝纫小窍门6.9：
缝制窄贴边

参考图6.51（c）缝制窄贴边。
1. 将贴边对折，反面相对，纵边对齐然后熨烫。
2. 将服装和贴边正面相对，缉1/4英寸接缝。
3. 将贴边翻折到服装内部，缉暗线和明缝。

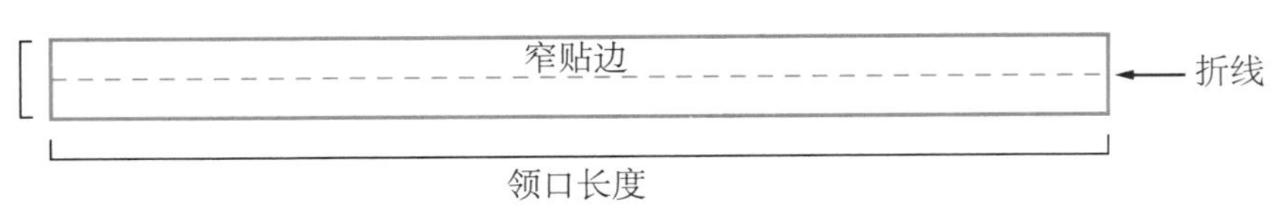

图6.62 绘制贴边

翻折明缝

翻折明缝是一种简单的收边方式，可用于领口、袖窿和底边等处。

绘制纸样

1. 在纸样上绘制出服装的轮廓。
2. 在接缝外加放 1/2 英寸的折边，以便翻转折边。
3. 在袖窿和肩线、领口和肩线，以及袖窿和袖窿深线的交点画倒伏线，见图 6.63。

缝纫小窍门6.10：
缝制翻折明缝止口

参考图6.51（d）缝制翻转明缝止口。

1. 把从四面弹针织衬布上剪下来的嵌条熨烫（press）在领口以提高稳定性。然后缝合肩缝，但不要在领口处包缝。
2. 将折边向反面熨烫，边熨烫边拉伸，让翻折部分平整服帖。如果面料容易翘起，可以松散地手工假缝（baste）翻折部分再熨烫。
3. 用窄双针（2.00~2.5）在边缘缉明缝。从接缝处开始缝合。

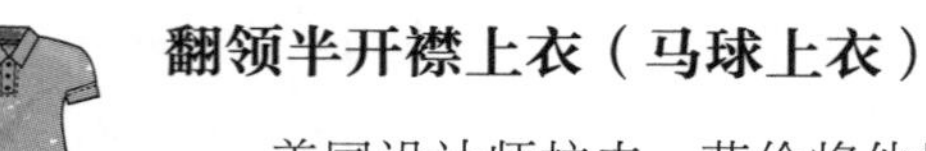

翻领半开襟上衣（马球上衣）

美国设计师拉夫·劳伦将他标志性的马球衫推向了世界，马球衫以翻领、半开襟和前襟上的两到三枚纽扣为标志。从 1972 年劳伦的第一件男士马球衫问世以来，这款服装的设计和缝纫技术就从来没有改变过[3]。

缝制半开襟，需要裁掉一部分（或一个缺口），为缝制前襟留出空间，见图 6.1（g）。在前片中心裁掉多少面料取决于前襟的宽度。

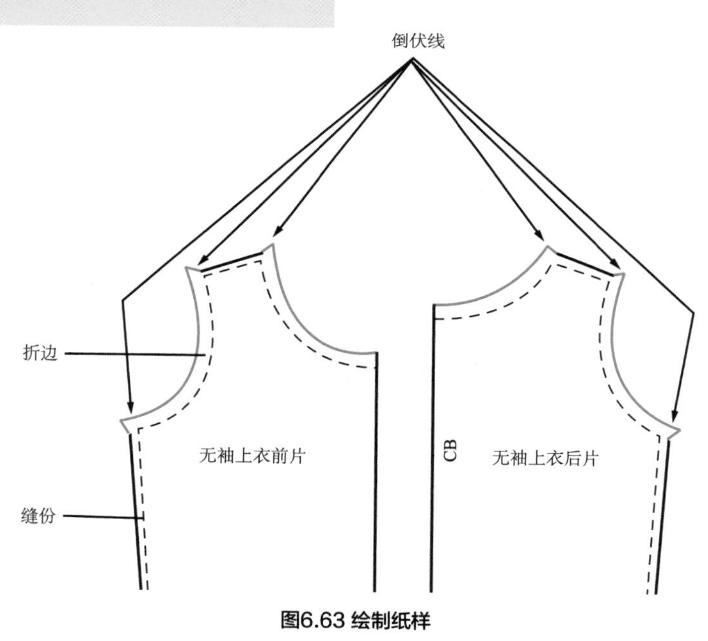

图6.63 绘制纸样

3 The Cut, “Ralph Lauren,” accessed October 28, 2014.

绘制裁剪区域和前襟纸样

1. 在纸样前片上画出前襟的宽度与长度。
2. 在前襟的 3 个边缘线上加放 1/4 英寸的缝份。注意图 6.64（a）的前片上的裁剪区域。
3. 将一张样板纸对半折叠，在折边处描出前襟轮廓。加放 1/4 英寸缝份，见图 6.64（b）。
4. 展开纸样，标注需裁剪的样片数量，沿折线绘制经向线，标注对位点，见图 6.64（c）。
5. 绘制衣领纸样。

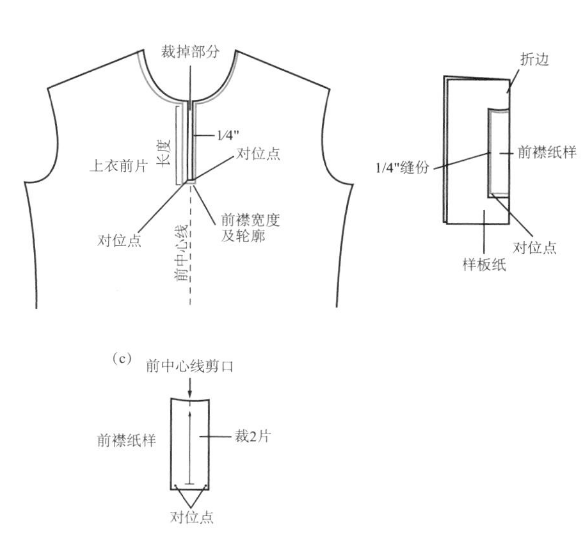

图6.64 绘制裁剪区域和前襟纸样

小结

下面这个清单总结了本章中所讲解的上衣原型绘制相关知识。

- 下装和衣身基础纸样是绘制上衣原型的基础。
- 各弹性类别的下装和衣身基础纸样用于制作各弹性类别上衣原型。
- 绘制衣袖原型的目的是为了与上衣原型的袖窿衔接。
- 无袖上衣原型是基于长袖上衣原型制作的。
- 领口收边也可以用于袖窿、袖口和底边。
- 几乎所有领口收边的长度都必须要裁减得比领口长度短。

停：遇到问题怎么办

……我设计的盖袖带有图 6.1（g）中马球上衣的那种滚边，我应该如何制作纸样？

滚边或翻折明缝（turned-back cuff）可以缝在衣袖开口的边缘。滚边的纸样宽度应是完成宽度的两倍。翻折明缝的纸样宽度应是完成宽度的 4 倍。

……蝙蝠袖纸样手臂下的部分长度不够怎么办？

运用切开 / 展开纸样的技巧让衣袖变得更宽松。绘制切割线参考图 6.46。切开 / 展开方法参考图 6.65。

自测

1. 原型是怎么来的？
2. 原型袖山是否需要放松量？
3. 确保衣袖袖山线与袖窿接缝长度正确配伍的重要性在哪里？
4. 如果袖山线 / 袖窿配伍不正确，应如何修正纸样？
5. 修改纸样轮廓来更改设计需要用到哪些制板技巧？请解释这些制板技巧。

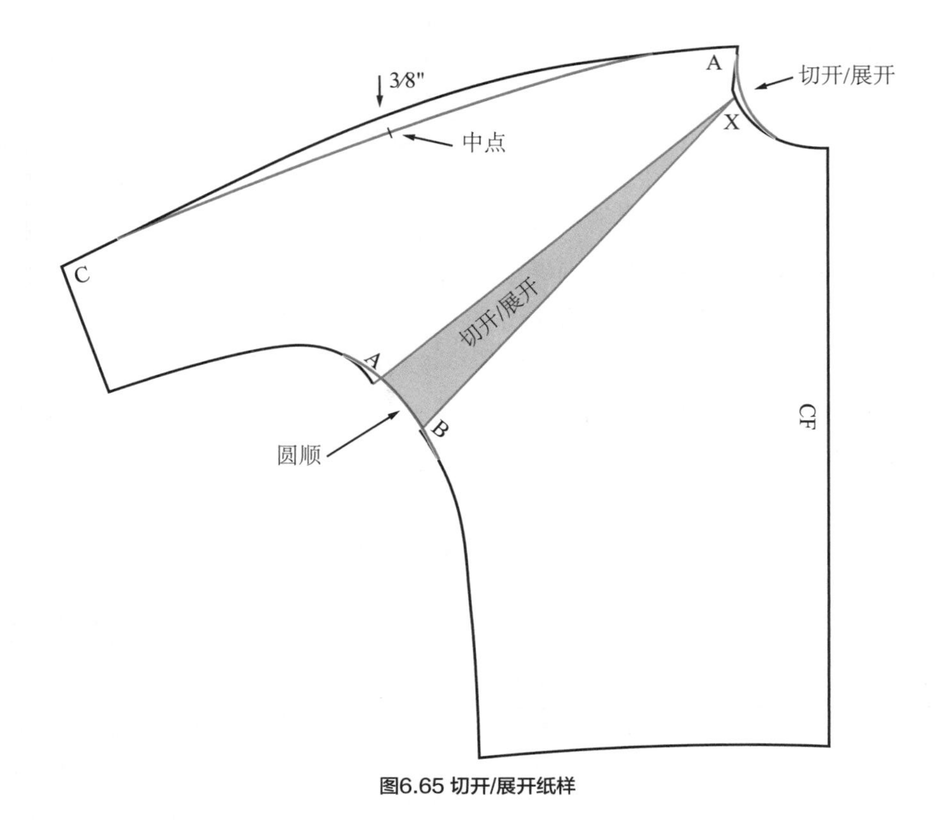

图6.65 切开/展开纸样

6. 要让收边在领口或袖窿处缝纫之后平整服帖，纸样的长度必须合适。如何确定收边的长度？
7. 如何将罗纹滚边缝在上衣的领口处？
8. 要为图 6.40(c)中的七分袖添加荷叶边(flounce pattern)，应如何绘制纸样？
9. 图 6.1（g）中的马球上衣领口收边为窄贴边。图 6.1 中的哪些款式也可以使用窄贴边？（记住，贴边完成后拉伸性较弱。）

重点术语	中弹原型
折边	大头针标记
收边	缝纫工序
母板	高弹原型
微弹原型	超弹原型

第7章 连衣裙原型及纸样

1970 年，黛安·冯芙丝汀宝（Diane von Furstenberg）来到纽约，开始设计平纹针织裹身裙（jersey wrap dresses）[1]。她设计的弹性连衣裙款式多样、穿着舒适，在时尚界留下了浓墨重彩的一笔。如今，如果搭配得当，平纹针织连衣裙可以作为替代套装的好选择。参加晚间活动时也可以穿着精致靓丽的针织连衣裙。无论是何种场合，皆是上乘之选。

本章主要介绍如何绘制裙片（dress-piece）。将上装原型和裙片结合，可以得到连衣裙原型。基于连衣裙原型，可以绘制出各种各样的连衣裙纸样。本章包含了露背吊带裙（halter）、无肩带连衣裙（strapless）、斜肩裙（one-shoulder）、公主线分割式连衣裙（princess line）和经典裹身裙等款式的制板方法，见图 7.1。

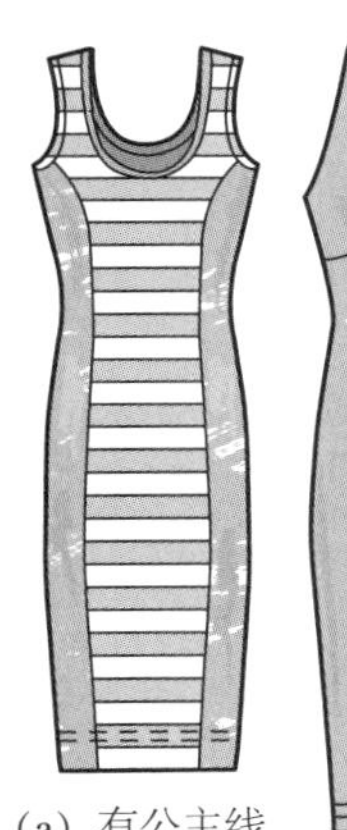

(a) 有公主线的吊带连衣裙

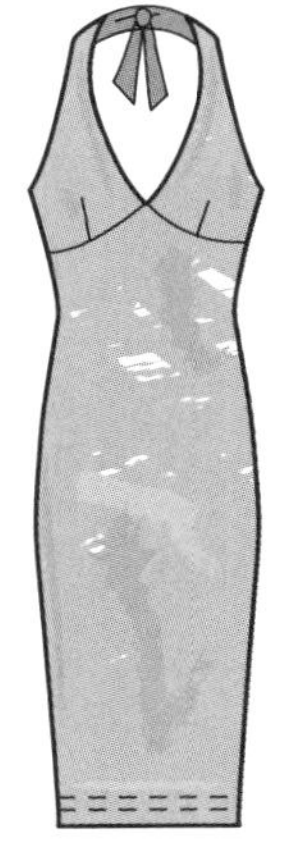

(b) 露背吊带裙

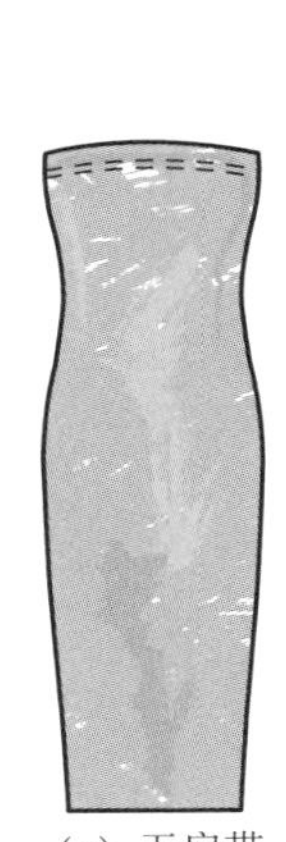

(c) 无肩带连衣裙

(d) 裹身连衣裙

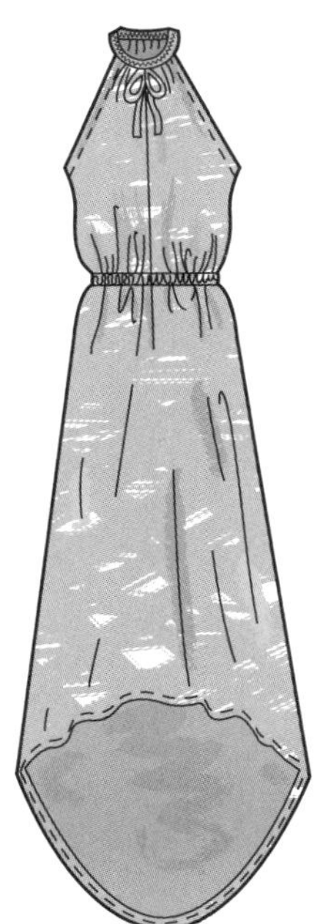

(e) 松紧套管带收腰的蓬腰连衣裙

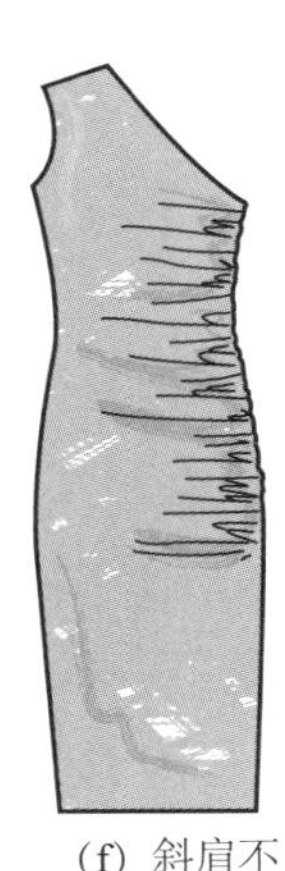

(f) 斜肩不对称垂褶裙

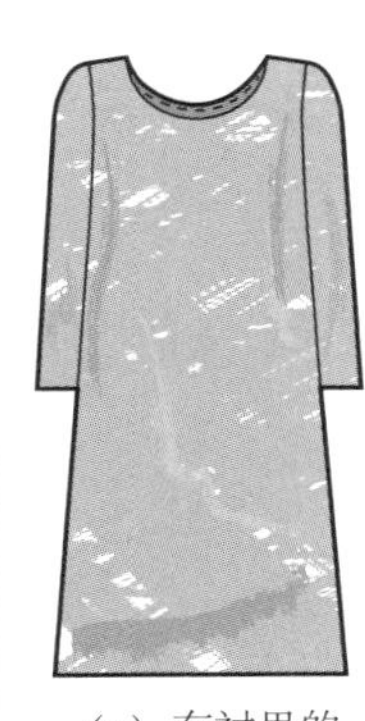

(g) 有衬里的直筒裙

图7.1 连衣裙款式

1 指没有拉链和钮扣，只依靠腰带锁紧衣服的包裹式设计——译者注。

绘制裙片

裙片是各弹性类别的从臀围线到膝盖的局部纸样。表 2.2 体现了连衣裙纸样是基于上衣原型绘制的。将裙片添加在上装原型的臀围线处来绘制连衣裙原型。

制板小窍门7.1：
选择原型

选择原型的弹性类别之前，先进行拉伸性测试（按照图1.6中的拉伸性量表）。这个测试可以确定某一款面料的“拉伸性”。选择原型有两种方法，可参阅第2章“如何选择原型”了解据具体方法。此外，还可将原型加大，使服装更加宽松。图8.8到图8.10展示了如何将微弹上衣原型推档为合体或宽松的开襟毛衫和毛衣原型。这些宽松款式的原型也可以用来制作连衣裙纸样。

微弹

1. 在黄板纸上描出微弹下装的基础纸样。
2. 标记出腰围到膝盖的长度（22 英寸）或你自己设定的长度：短裙为 16 英寸，膝盖以上为 19 英寸。标记为 L。
3. 在 L 处，画一条垂直线（平行于臀围线），与 HH1 等长，标记为“下摆”（Hemline）。
4. H1L1，画一条直线，作为侧缝线。
5. 标出“前中心线 / 后中心线”，见图 7.2。

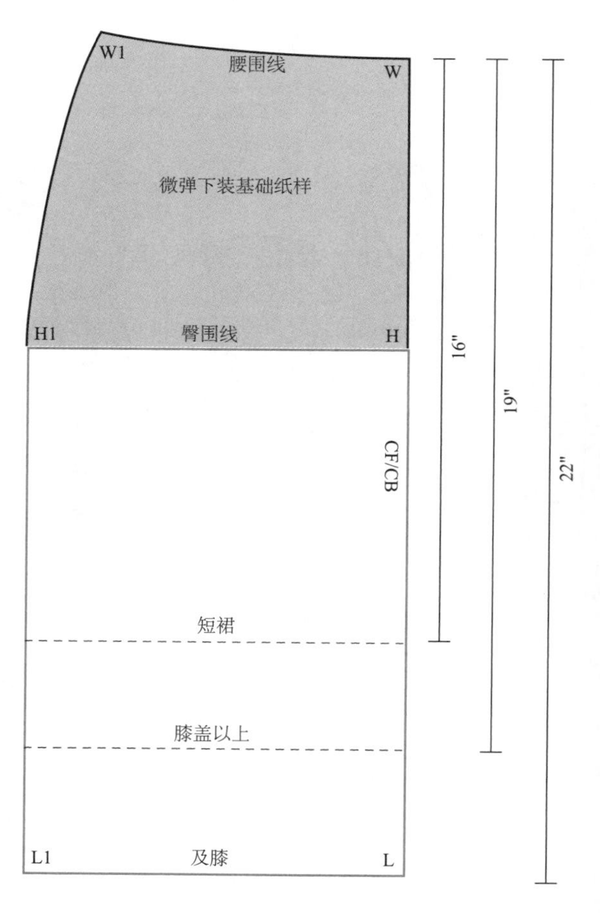

图7.2 绘制微弹纸样

中弹、高弹和超弹

1. 将各弹性类别的下装基础纸样放在微弹裙片的臀围线上，标记出所有侧缝（参考图 5.15 下装基础纸样的弹性类别），见图 7.3。
2. 在 L1 处，标记出各弹性类别之间的档差，增量为 1/2 英寸。
3. H1L1，绘制直线作为各个弹性类别的侧缝。

裙片校样

1. 裁剪微弹裙片并描在黄板纸上。
2. 裁剪并描出其他弹性类别的裙片。
3. 写下纸样名称“裙片”，并在纸样上标注弹性类别，见图 7.3。
4. 在裙片上标注“前中心线 / 后中心线”。

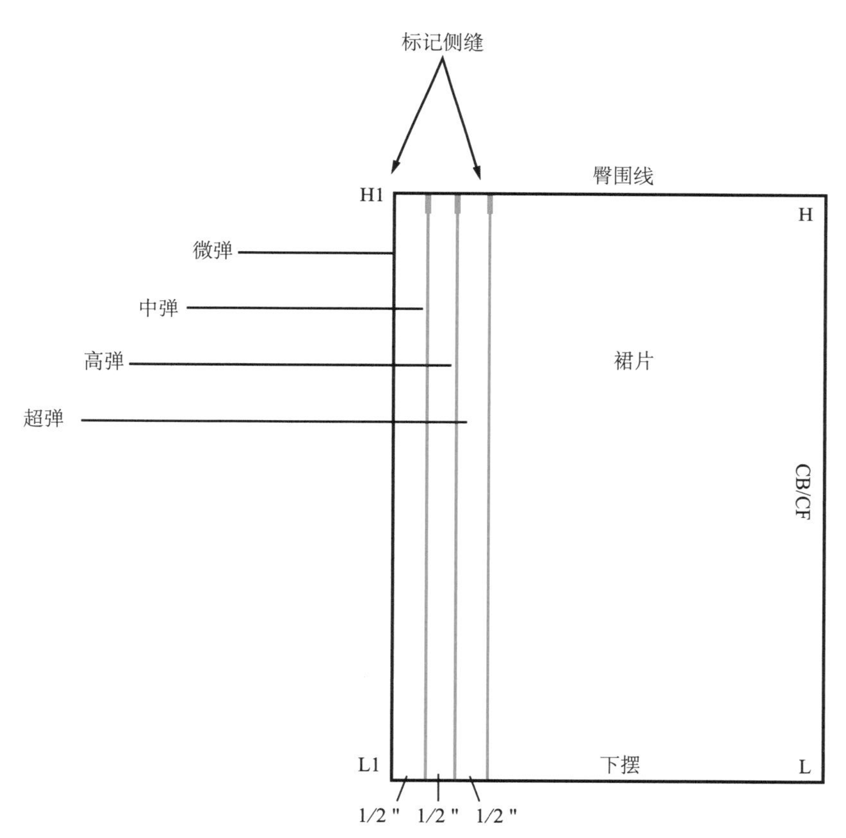

图7.3 绘制中弹、高弹和超弹

连衣裙制板

裙片与双面弹上衣原型在臀线处拼合，构成连衣裙原型（见图 7.4）。用微弹的双面针织面料制作连衣裙纸样时，可能需要在原型上绘制胸省和袖肘省（衣袖部分）。当针织面料的弹力不足而导致胸围线周围不合身时，手臂下方就会出现明显的不美观的褶皱。第 8 章概述了如何将机织面料原型修改成针织面料原型。

连衣裙可以由双面弹和四面弹面料制成。大部分连衣裙不需要纵向拉伸，但是使用有纵向拉伸力的面料也不影响服装的合体度。

缝纫小窍门7.1:
遵循缝纫工序

表6.1和表6.2中的缝纫工序展示了缝制上衣的步骤。同样按照这个工序来缝制连衣裙。

对称和不对称的纸样

连衣裙的设计是否对称会影响制板和标注纸样的方法。对称纸样可以只绘制半边，因为服装的两边是相同的（见图 3.12）。不对称的纸样则是完整的，服装两边都要绘制出来。纸样要标注“正面朝上”（R.S.U.），以保证排料时纸样是按照不对称的设计正确摆放的。

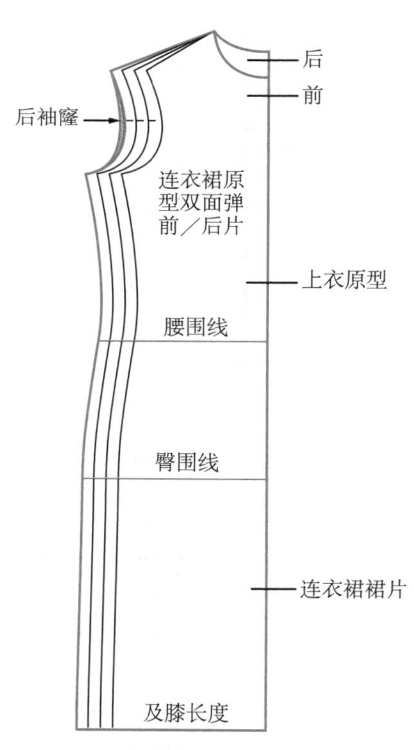

图7.4 双面弹连衣裙原型前后片

长度变化

连衣裙（和半裙）可以裁剪为不同的长度，见图 7.5。

- 迷你裙（mini）——非常短，下摆在大腿中部。
- 短裙（short）——膝盖以上（迷你裙下摆和膝盖之间的任何位置）。
- 及膝裙（knee）——膝盖中间。
- 中长裙（迷地裙 Midi）——小腿中部长度。
- 中裙（calf）——膝盖和脚踝之间。
- 超长裙（迷喜裙 Maxi）——小腿中部和脚踝之间。
- 及踝（拖地长裙 Ankle）——地面以上几英寸。
- 不对称下摆（Asymmetrical hem）——下摆一侧比另一侧长。

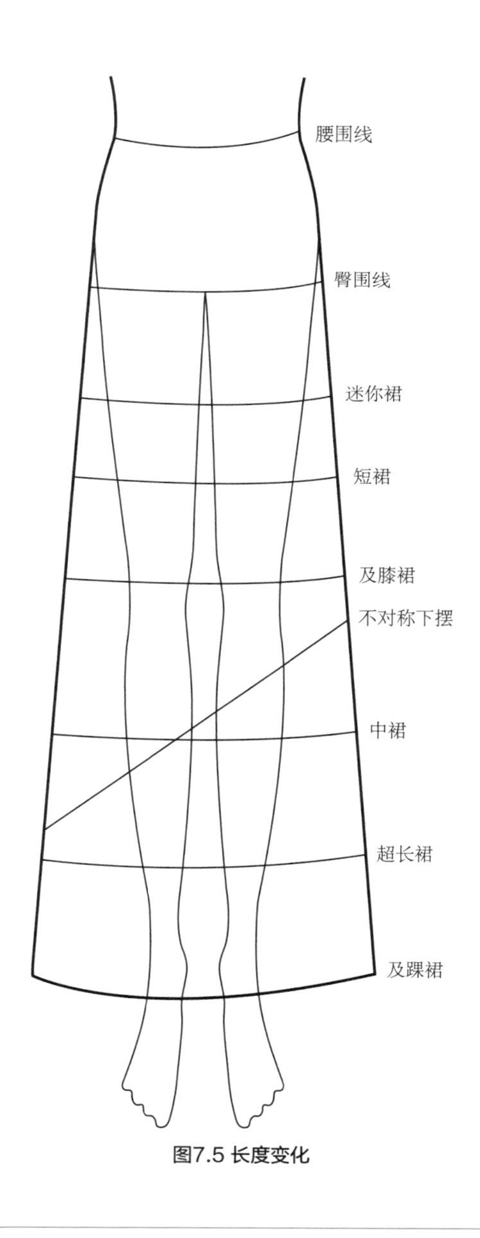

图7.5 长度变化

通过结构线[2]进行轮廓变化

连衣裙的领口形状变化多样，见图 7.1。参考图 6.22 了解其他领口变化。连衣裙也可以是无袖的、插肩袖或蝙蝠袖。连衣裙可以有以下轮廓变化，见图 7.6。

- 无袖——这种服装没有袖子。袖窿可以在腋下放低或裁剪至肩部，以形成宽肩带。
- A 字裙——侧缝从臀部到底边逐渐分散。轮廓类似字母 A。
- 楔形裙（pegged）——侧缝从臀部到底边缓缓收紧。
- 喇叭裙——加入宽松度，使服装侧缝向底边方向分散开。
- 高腰裙——腰线落在胸围线下方、自然腰围线上方。
- 中腰裙（waist）——腰线在自然腰围线处。
- 低腰裙——腰线落在自然腰围线下方。
- 无明显腰线——腰部周围宽松的服装。
- 公主线式——有一条垂直接缝从袖窿或肩部延伸到下摆。

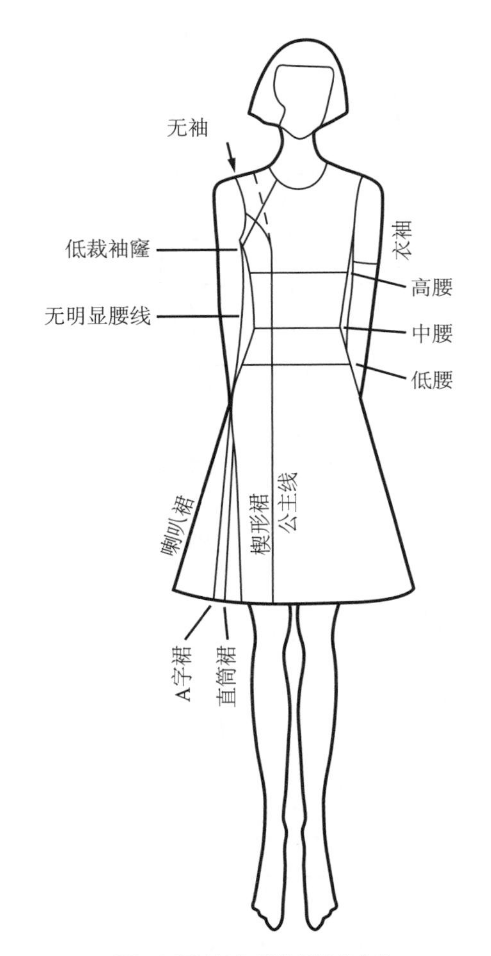

图7.6 通过结构线进行轮廓变化

2 裙装的结构线有腰线、侧缝线和底边线等。

无袖吊带裙

无袖吊带裙吊带裙是一款低领、宽肩带、无袖的服装，见图 7.1（a）。这里我们绘制的这款连衣裙为轮廓修身、贴体的紧身裙（sheath），通过楔形侧缝勾勒出苗条的线条。

绘制纸样

这里绘制的是基础款吊带裙。在本章后边的内容里，还会绘制有公主线的吊带裙。根据原型前片绘制前后片纸样。

1. 选择合适的弹性类别的连衣裙原型，将前片描在样板纸上。
2. 在前袖窿 C 处画一个短标记，见图 5.31 衣身基础纸样。
3. 调整成无袖原型，见图 6.18a 和图 6.18b。
4. 画一条袖窿深线 U，作为绘制领口深线的标识线，见图 7.7a。

前片

图 7.7a

1. D：标记前领口深。
2. B：在肩部标记领口位置，将此点降低 1/8 英寸。
3. BD：画一条方形的标识线，形成 U 形。画出前领口。
4. AB：标记肩宽并画一条肩线。
5. ACU：画出平行于领口的袖窿，构成肩带部分，弧线延伸到腋下角 U 处。
6. 侧缝 / 下摆交点内移 3/4 英寸。画一条新的侧缝线，在下摆处形成方角，见图 7.7a。

后片

1. DE：标记后领口深，比前领口高 1 英寸。
2. BE：画出后领口。
3. C1：在后袖窿上做标记，比前袖窿 C 宽 1/4 英寸。
4. AC1U：画出后袖窿弧线，延伸到腋下角 U，见图 7.7b。

校样

1. UCABD：描出纸样前片。
2. UC1ABE：描出纸样后片。
3. 将前后肩线拼合在一起，画一条平滑线条圆顺领口。圆顺有棱角的肩线的方法见图 6.24。

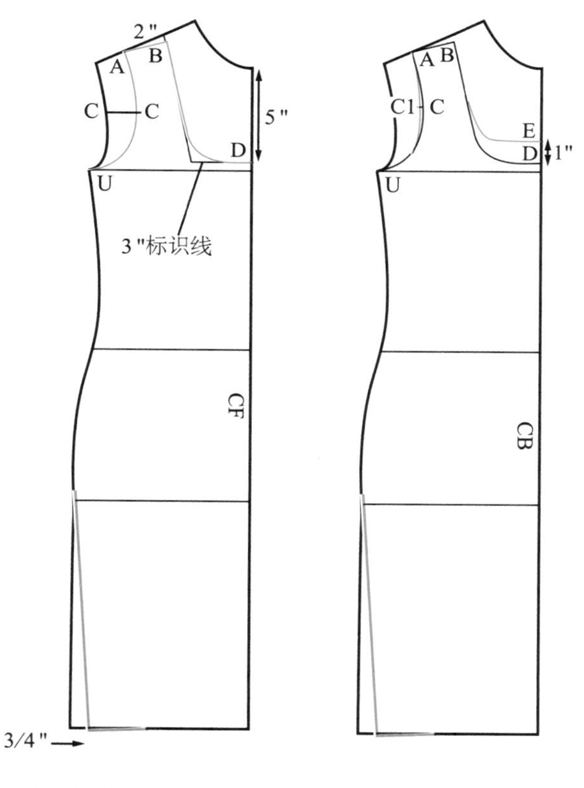

图7.7a 绘制吊带连衣裙前片

图7.7b 绘制吊带连衣裙后片

露背吊带裙

穿着露背吊带裙时手臂、肩部、后背会裸露出来。这种服装的肩带在颈部后面打结，以固定服装的位置，见图 7.1（b）。这里将绘制的是高腰有胸省的连衣裙纸样。

绘制纸样

1. 将（有袖）连衣裙原型前片描绘在样板纸上，见图 7.8。在胸高点做十字标记。画出袖窿深线 U。确定长度，标记肩颈点 B。

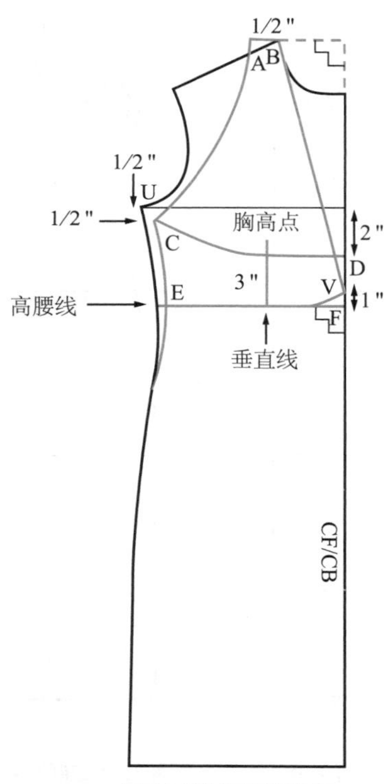

图7.8 绘制露背吊带裙

2. EF：在胸高点下方 3 英寸处画出高腰线。画一条从胸高点到高腰线的垂线（平行于前 / 后中心线）。
3. C：低于袖窿深线 1/2 英寸，宽度减少 1/2 英寸。
4. CE：平行于轮廓线换一条新的侧缝线。
5. 在肩颈点画一条 $1^1/_2$ 英寸的线条（垂直于前 / 后中心线）。
6. AC：画一条向内弯曲的前袖窿弧线。
7. FV：1 英寸。画一条延伸至前中心线的弧形前高腰线。
8. BV：画出前领口（直线或弧形）。
9. CD：画出后领（strapless line）。
10. 将 E 点的直线延伸至侧缝。

描出前片并画出切割线／经向线

1. CABVE：描出露背裙前片和垂直线。
2. 画一条从胸高点到袖窿的切割线，标出 X 点。
3. 延伸垂线，然后标出经向线及区域①和②，见图 7.9a。

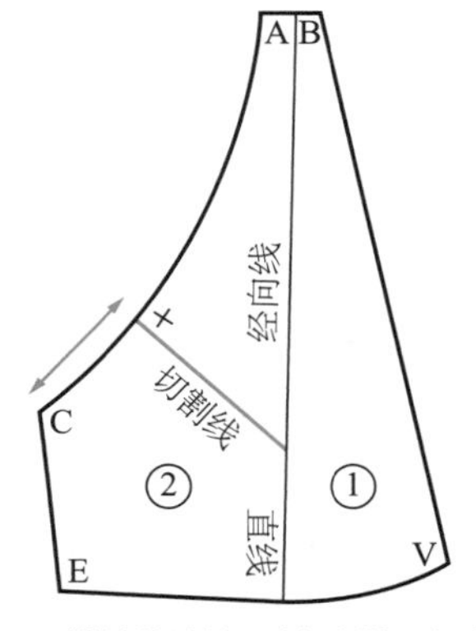

图7.9a 描绘前片并画出切割线 / 经向线

切开／展开纸样并插入省

在高腰服装中，设计胸省会使服装更合体，因为胸省能够贴合胸部的轮廓。

1. 沿切割线裁剪至轴心点 X。
2. 在样板纸上描出区域①。
3. 移动区域②，加入 $1^1/_4$ 省量并描下纸样，见图 7.9b。

绘制省柱

1. 画一条水平线，将经向线延长至水平线。
2. 在胸高点下方 3/8 英寸处标记省尖，在经向线两侧 5/8 英寸处画出省柱，见图 7.9c 。

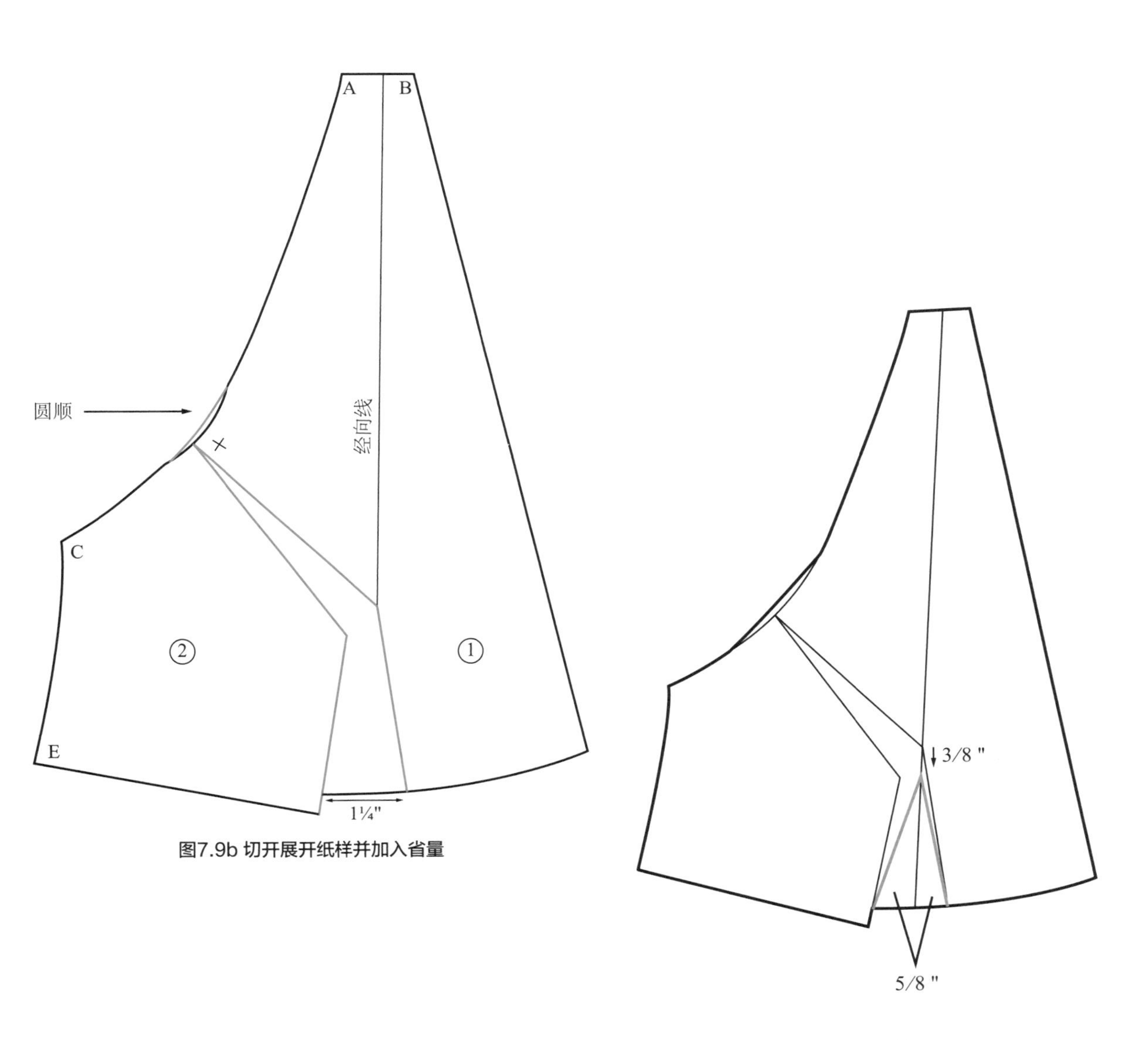

图7.9b 切开展开纸样并加入省量

图7.9c 绘制省柱

折叠胸省并描出纸样

1. 描出纸样后片 CDFE。
2. 拼合前后侧缝 CE，见图 7.9d。
3. 在 AB 处加一条肩带。画一条平滑线条圆顺棱角。
4. 向前中心线方向折叠胸省，见图 7.9e。
5. FEV：画一条平滑过渡的高腰线，拉齐省柱。

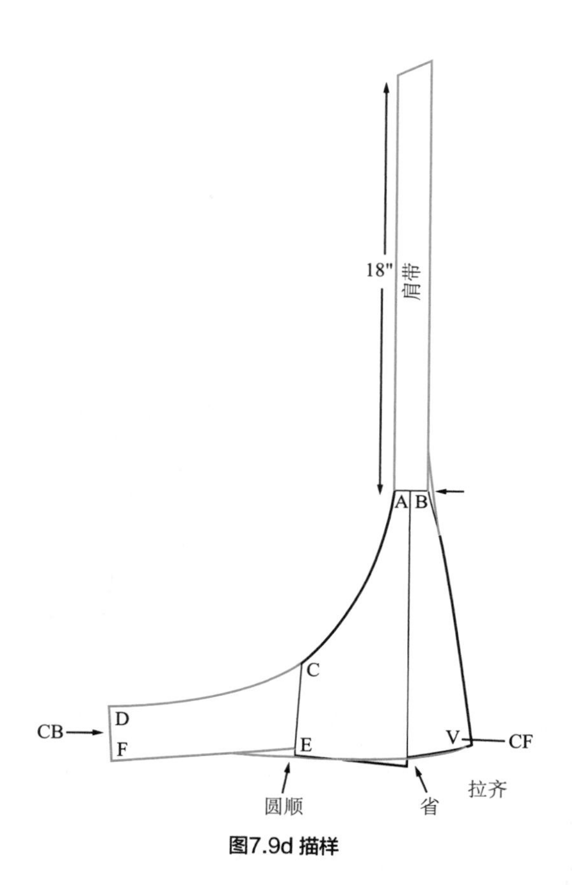

图7.9d 描样

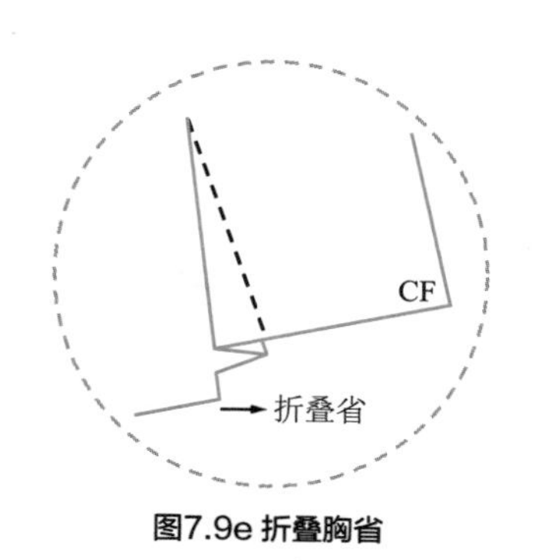

图7.9e 折叠胸省

校样

缝纫露背吊带裙衣身最简单的方法是将前后部分并列摆放在一起。纸样也要标注文字（见图 7.10），方便裁剪。

1. 沿高腰线 EV 从工作纸样上描出半裙前片，在 V 处标记出对位点。
2. 沿高腰线 EV 从工作纸样上描出半裙后片。
3. 加放缝份和卷边。在高腰线处加放 1/2 英寸缝份。
4. 将衣身和半裙的高腰线放在一起比较，两者必须等长，如有必要可调整。
5. 画出定向经向线。
6. 在纸样上标注文字和样片数量。

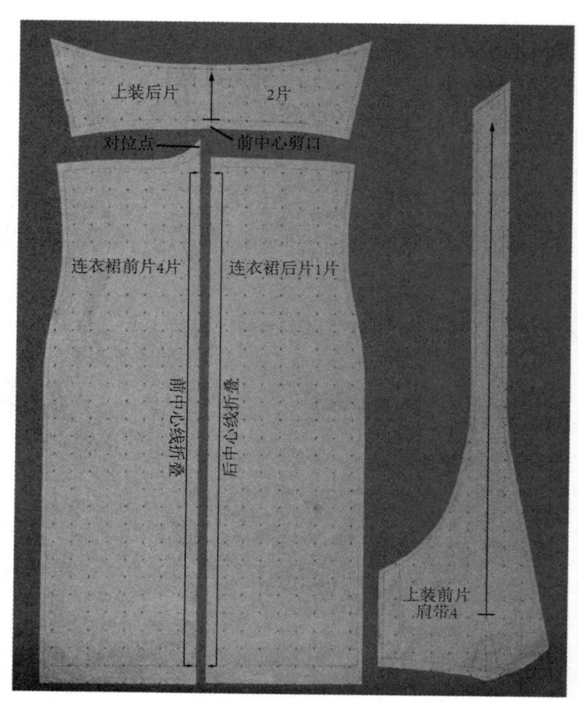

图7.10 露背吊带裙的校样

缝纫小窍门7.2：

为露背吊带裙加松紧带

可以将稍有弹性的松紧带缝在露背吊带裙的领口、袖窿、胸围下方的接缝处，使连衣裙更稳固，见图4.31。

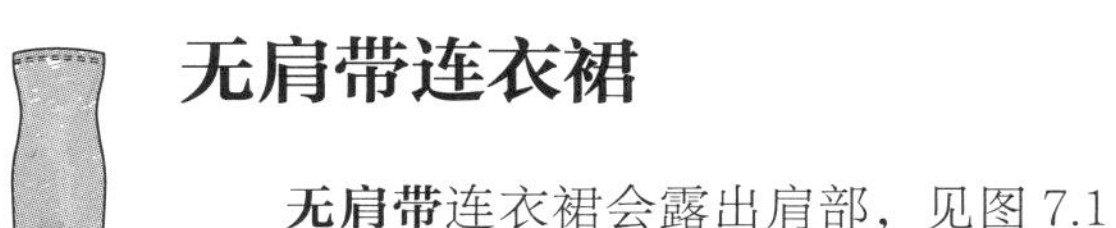

无肩带连衣裙

无肩带连衣裙会露出肩部，见图 7.1（c）。这种连衣裙可以是短款、及膝、中长、超长或及踝的，见图 7.5。如果裙子是用中等或轻质面料制作的，可以加一层**连裁本料衬里**（cut-in-one self lining）。这样的话，外层和衬里纸样作为一个整体裁剪，底边线就是折边。本章后面的“有衬里的连衣裙”部分会讲解如何绘制带有连裁本料衬里的无肩带连衣裙。

绘制纸样前，需选择松紧带类型和宽度，因为你的选择会影响无肩带边缘的贴边宽度（见表 3.2）。

绘制纸样

1. 将连衣裙原型前片描在样板纸上。调整成无袖原型，见图 6.18a 和图 6.18b。画出袖窿深线 U 作为前后胸衣领线（strapless line）定位的标识线，然后确定裙长。
2. C：将腋下降低 3/4 英寸。
3. AC：画出前胸衣领线的轮廓。
4. BC：画出后胸衣领线的轮廓。
5. 沿前胸衣领线 AC 描出前片。
6. 沿后胸衣领线 BC 描出后片。
7. 将前后侧缝拼合，画一条圆顺的胸衣领线，见图 7.11a。

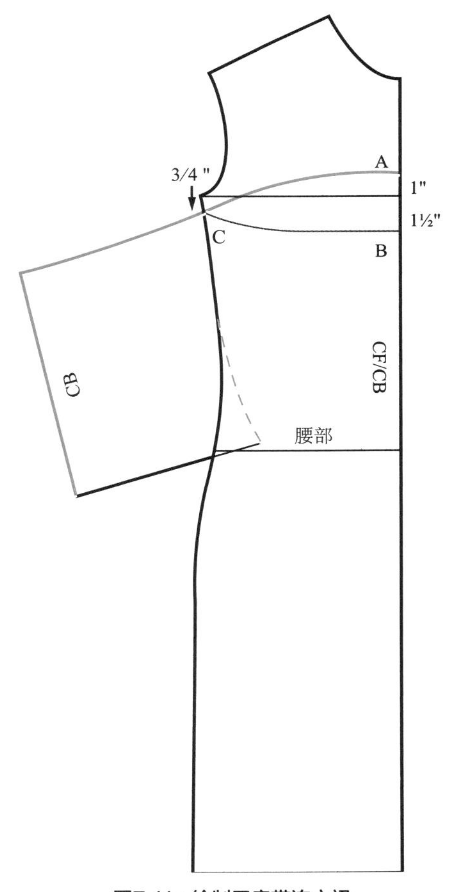

图7.11a 绘制无肩带连衣裙

加贴边

1. 在胸衣领线上方加贴边(比松紧带宽1/8英寸)，见图7.11b。例如，如果松紧带为1英寸宽，贴边则是$1\frac{1}{8}$英寸。
2. 确保贴边与胸衣领线AC和BC等长。

校样

1. 加缝份（在贴边止口加放1/4英寸）。
2. 加卷边（没有衬里的连衣裙）。
3. 画出定向经向线。
4. 标注纸样和需要裁剪的样片数量，见图7.12。

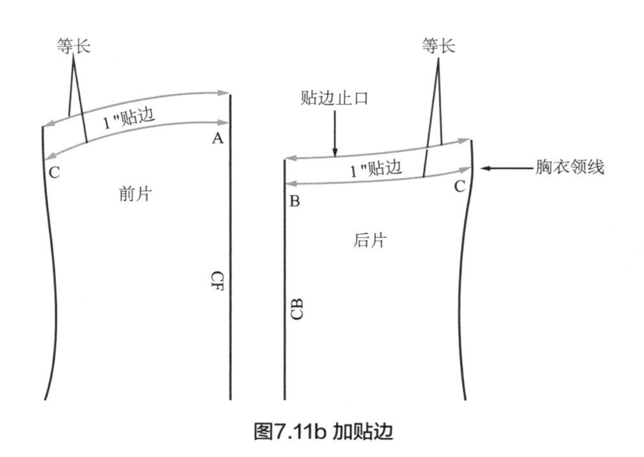

图7.11b 加贴边

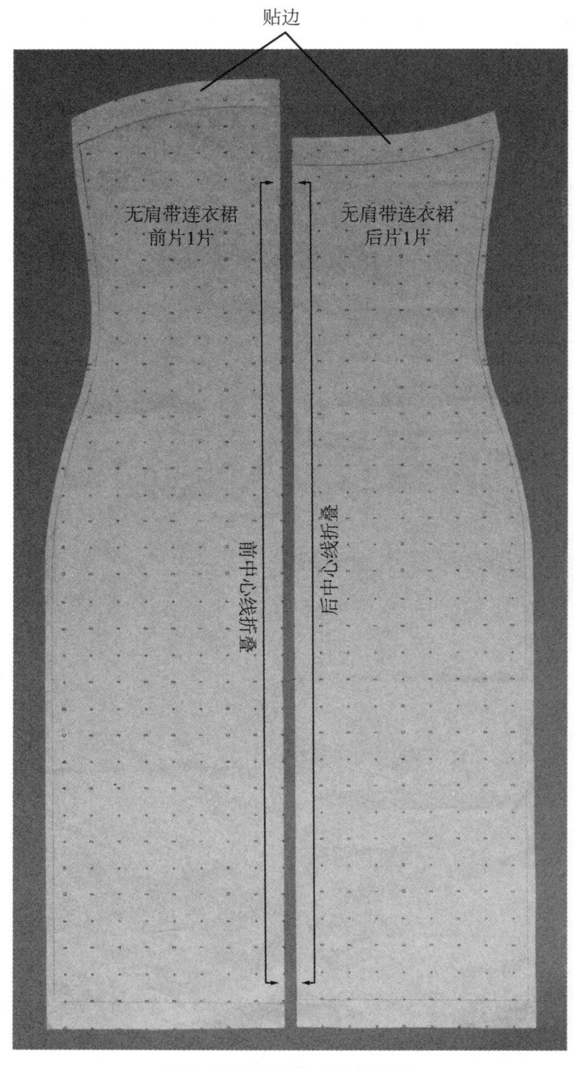

图7.12 无肩带连衣裙的校样

缝纫小窍门7.3：

为无肩带连衣裙加松紧带

1. 裁剪松紧带，长度比胸衣领边缘短1英寸。然后接好松紧带，在边缘缉明线，让松紧带保持平整（见图9.54）。
2. 缝合侧缝。
3. 将松紧带和服装领口四等分并标记（具体方法见图7.13），将松紧带置于无肩带贴边止口上方1/4的位置，对齐标记。
4. 拉伸松紧带并用“之”字形线迹缝纫，将松紧带翻到服装反面，在正面用双针线迹缉明线固定松紧带。

裹身连衣裙

黛安·冯芙丝汀宝标志性的裹身连衣裙见图 7.1（d），左右交叠的衣身形成了一个漂亮的 V 领，环绕腰围的垂尾腰带（tie belt）用于收腰。裹身裙（有腰围线的）纸样是基于弹性类别相同的衣身基础纸样、下装基础纸样和裙片制作的。半裙的轮廓可以是直筒型、楔型、喇叭型或圆筒型。图 6.40 中的所有衣袖款式都可以用于裹身连衣裙。

绘制衣身纸样

1. 将衣身基础纸样前片的左右两边描绘在样板纸上，画出袖窿深线 U 作为定位领口深线的标识线，标出腰围线 / 侧缝线交点 A。
2. 将衣身基础纸样的后片描绘在工作纸样上，见图 7.14，标出后中心点 B。
3. 确定前领深。在这个纸样里，前领深是 $4^1/_2$ 英寸。
4. D：在腰围线上标注出衣身围裹的位置。从 D 处画一条 3/4 英寸的垂线（把腰带缝在这里）。
5. ED：画出前领口。
6. EF：画出后领口。

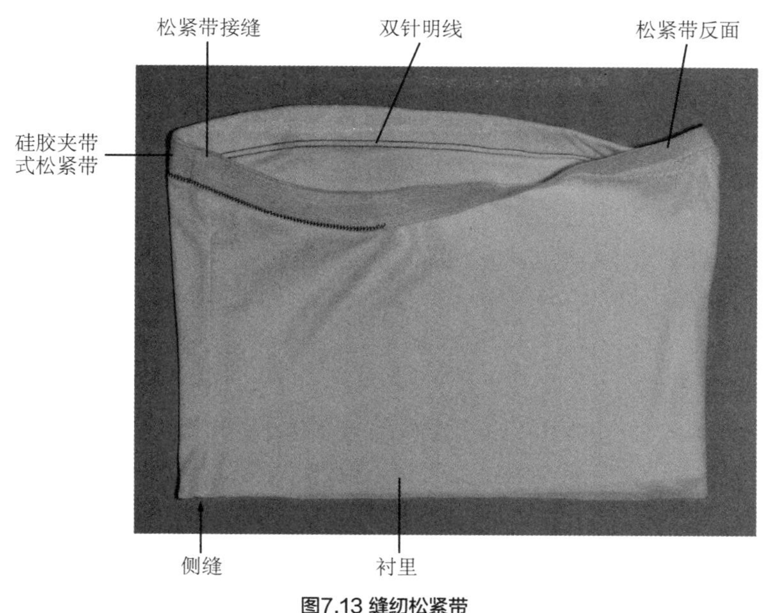

图7.13 缝纫松紧带

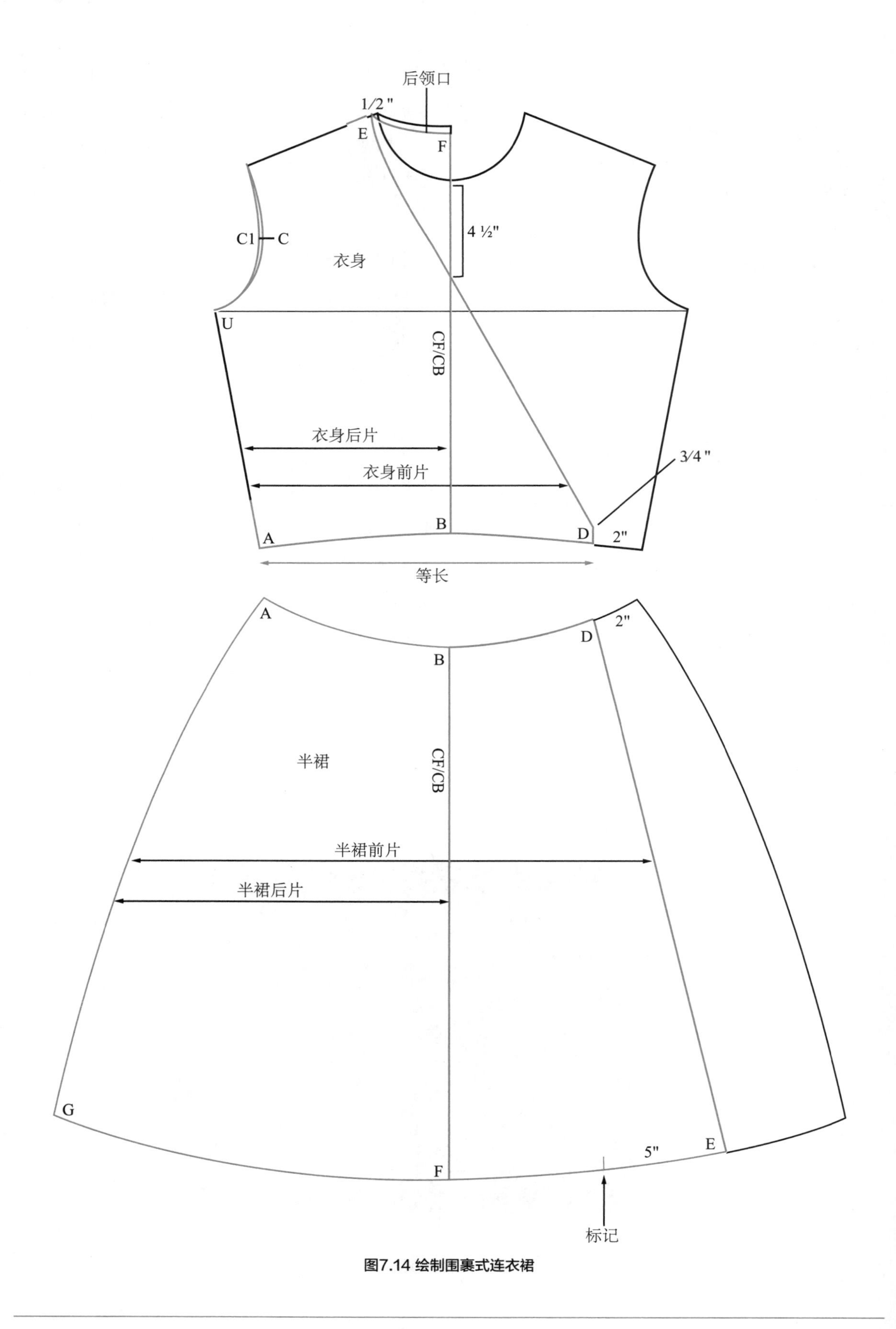

图7.14 绘制围裹式连衣裙

绘制半裙纸样

1. 将下装基础纸样的左右两边描在样板纸上。将裙片与下装基础纸样拼合，描出左右两边，见图7.2。按照轮廓画出半裙纸样，见图7.6。（参见第9章绘制A字裙和喇叭裙。）标出后中心线BF和侧缝AG，见图7.14。
2. AD：在腰围线做出标记，与衣身腰围线AD等长。
3. 在下摆做一个标记，宽度与BD相等。
4. E：在下摆标记出半裙围裹的点。
5. DE：画一条直线。

绘制垂尾腰带

垂尾腰带（tie belt）缝在连衣裙前片，绕过后腰，在前面打结。短带（tie）的长度要正确，这样垂尾才能落在不对称连衣裙的腰侧。（见图7.15了解裹身连衣裙的垂尾腰带和短带纸样。）

1. 画两条3英寸宽的腰带。从后边环绕腰部的腰带长55英寸，另一条腰带是28英寸长。
2. 画两条10英寸长、3/4英寸宽的短带。
3. 在边缘加放1/4英寸的缝份。
4. 可以按照任意方向裁剪腰带和短带纸样（纵向或横向）。

校样

从工作纸样上要描下来的纸样（衣身前片、衣身后片、半裙前片、半裙后片）见图7.15。从工作纸样上描绘各裁片时,可参照以下字母标记。

1. AUCED：衣身前片。

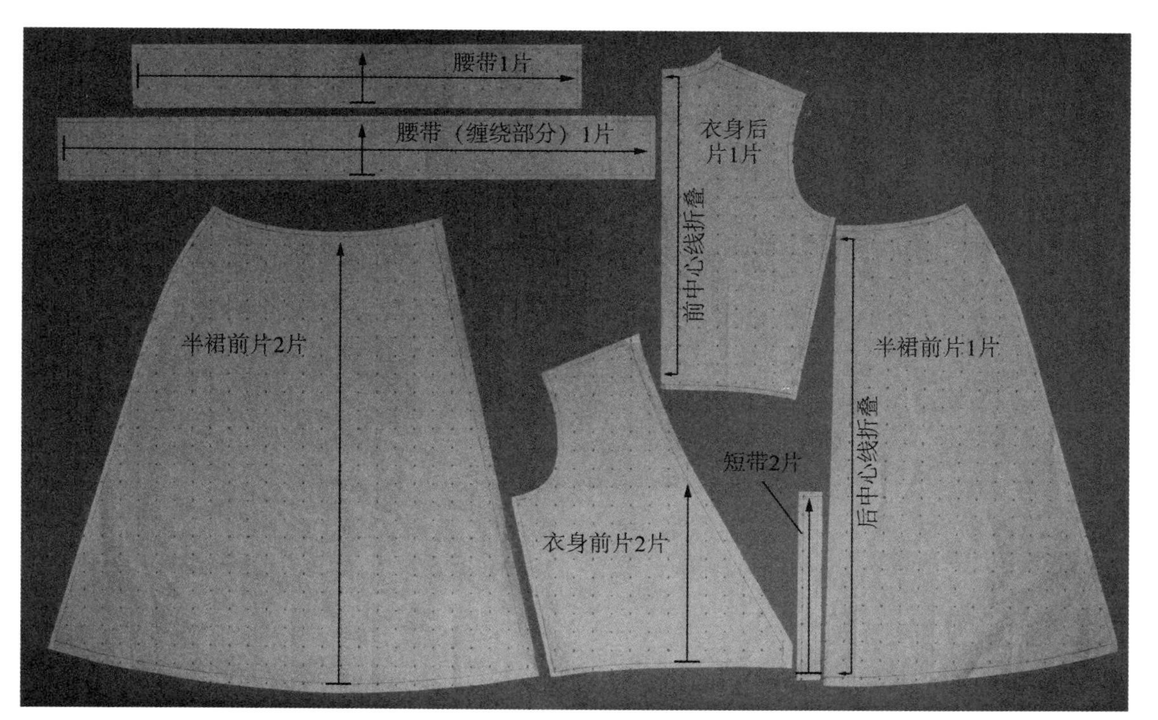

图7.15 裹身连衣裙的校样

2. AUC1EFB：衣身后片。

3. ADEG：半裙前片。

4. ABFG：半裙后片。

5. 拼合前后肩线，并画一条平滑圆顺的领口线。（图6.26阐述了如何圆顺有棱角的线条。）

6. 画出经向线，并用文字标注纸样，见图7.15。

7. 在纸样上加放适当的缝份。

8. 在领口、半裙腰口、下摆边缘加放折边，见图6.63。

缝纫小窍门7.4：
缝纫裹身连衣裙

1. 缝合连衣裙的衣身部分，见图6.1的缝纫工序，如有需要可加装衣袖。
2. 缝合半裙。
3. 将衣身和半裙腰围线拼合在一起。
4. 对连衣裙的边缘进行翻折明缝整理（见图6.51d）。可以使用单行明线，因为边缘不需要拉伸；也可以用双针明线。
5. 缝短带和垂尾腰带。
6. 将短带缝在图7.16所示的位置。
7. 将垂尾腰带缝在连衣裙腰围线中间，并在如图所示的位置明缝固定。

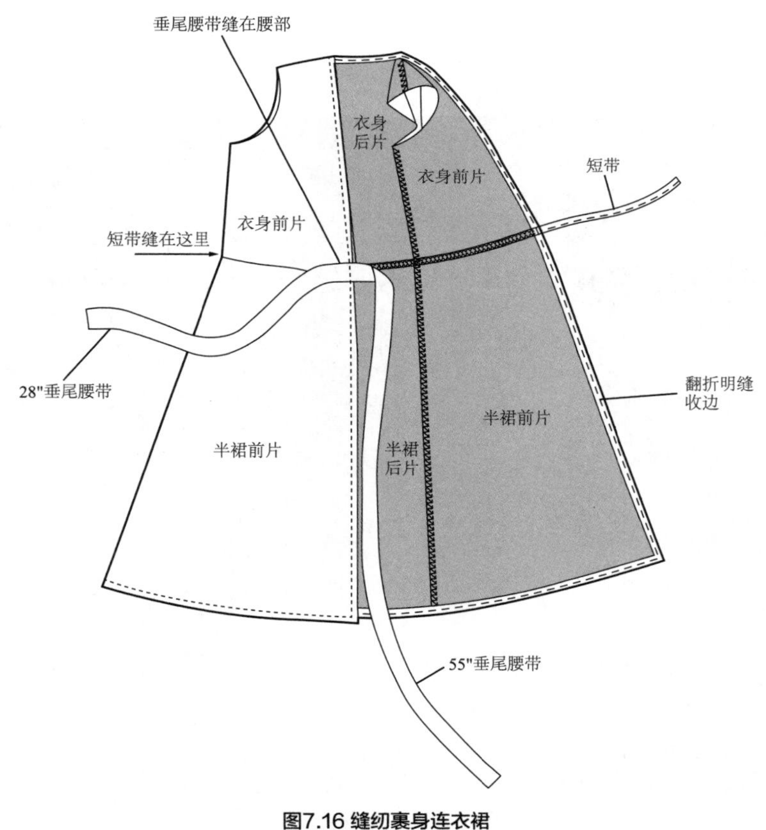

图7.16 缝纫裹身连衣裙

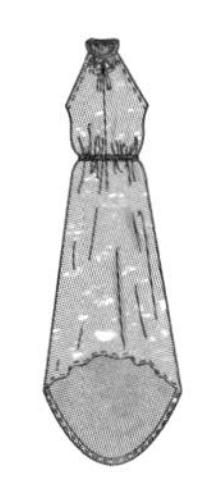

松紧带套管式蓬腰连衣裙

蓬腰连衣裙的纸样里加放了额外的长度和宽度，见图 7.1（e）。腰部的松紧带套管可以让服装蓬松并垂坠在套管周围。连衣裙设计有腰节接缝（waist seam）的话，套管的缝制就会很简单。制作这款连衣裙需要使用柔软、悬垂性良好的双面弹或四面弹面料。同时松紧带的类型和重量也要合适（见表 3.2）。使用宽度在 1 英寸以上松紧带，这样才能支撑起长裙的重量。后摆比前摆长也是蓬腰连衣裙的一个特点。可以使用切开 / 展开的技巧来增加宽松量，以便于展开裙摆。

绘制衣身纸样

使用衣身基础纸样绘制衣身纸样的前后片，见图 7.17a。

1. 选择弹性类别合适的基础纸样，描在纸上，画一个圆形领口，见图 6.23。
2. 调整腋下角，修改成无袖服装的纸样，见图 6.18a 和图 6.18b。画出袖窿深线，标出 UY。
3. 在前 / 后中心线以外 2 英寸的位置画一条平行线。延长前后领口线，并标注为 I 和 H。
4. 从 H 点向下标记处前胸开口的长度。
5. 将前 / 后中心线延长到腰线以下 2 英寸的位置制作蓬腰。在 2 英寸标记处画一条垂线，与 UY 平行且等长，标记 C 点。延长底边线并标记 D 点。
6. 将 ID 线标记为新的前 / 后中心线，CD 线为腰围线。
7. G：降低腋下角。
8. GE：画一条从前袖窿到前领口的直线。
9. GF：画一条从后袖窿到后领口的直线。
10. 画一条切割线 X，并标出 AB。

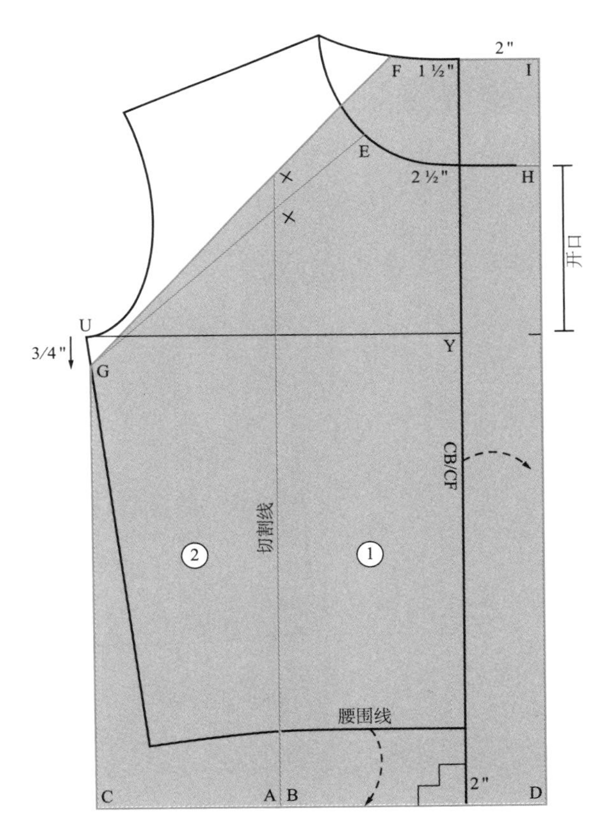

图7.17a 绘制松紧带套管式蓬腰连衣裙

绘制半裙纸样

1. GEHDC：描出前片和切割线。
2. GFIDC：描出后片和切割线（灰色区域）。
3. 将前／后片切开／展开，见图7.17b。
4. 在AB之间画出底边线。
5. GX：画一条弧线。

切开／展开纸样

1. 使用图7.4中的连衣裙原型（腰部到膝盖）部分绘制半裙纸样。在样板纸上画一条垂直线，标记为“侧缝”。
2. 将腰围／侧缝延长至臀围线等长，并与垂直线相交，见图7.18a。如制作A字裙，将底边／侧缝置于距离垂直线2英寸处，在样板纸上描出半裙前后片。
3. 画一条弧形腰围线。

画出新的前／后中心线和下摆线

1. 将前／后中心线外移，使半裙的腰长与衣身腰长CD相等。
2. 标记出前后下摆长度（小腿中部和脚踝处）。
3. 画一条平滑连续的下摆线，见图7.18b。

加套管

1. 在腰线CC上方加套管（松紧带宽度加1/4英寸），见图7.18c。
2. 从工作纸样上描下半裙纸样的前／后片。

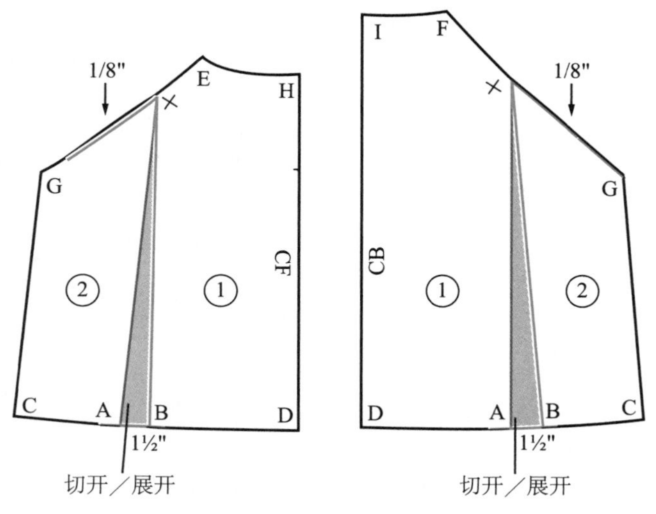

图7.17b 切开／展开纸样

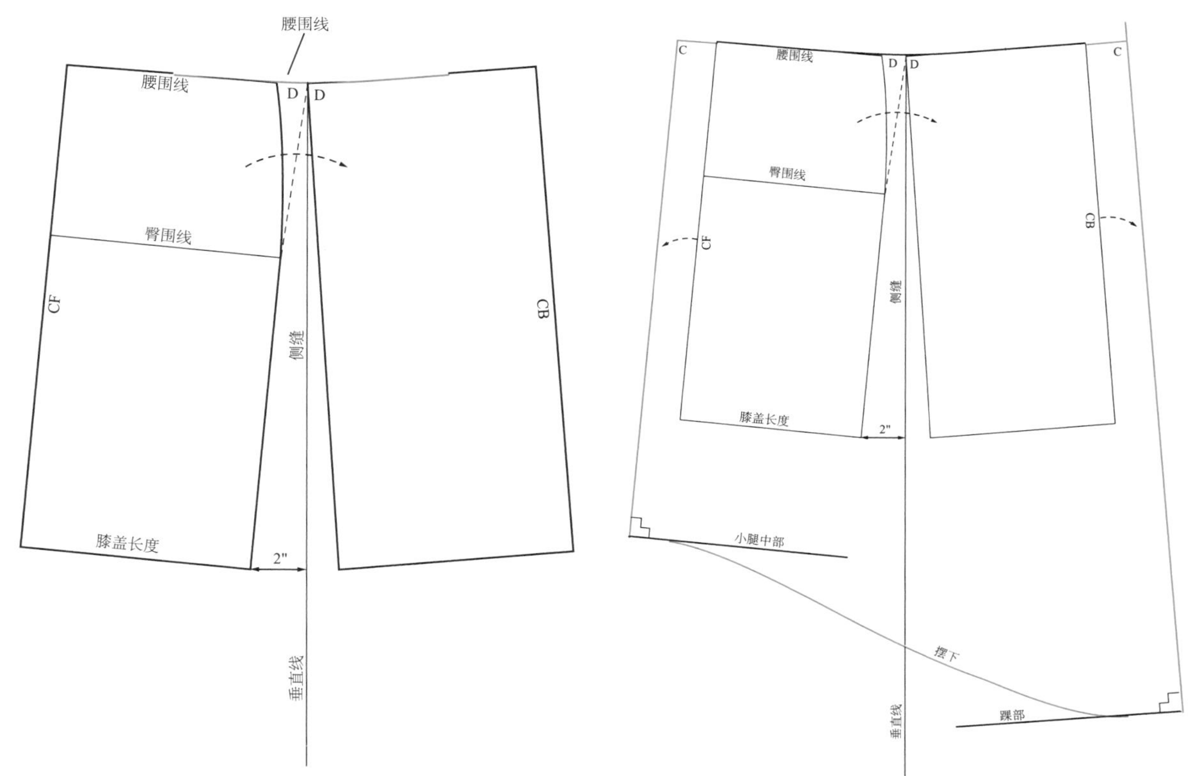

图7.18a 将半裙原型放置在垂直线上并描绘纸样

图7.18b 画一条新的前 / 后中心线和下摆线

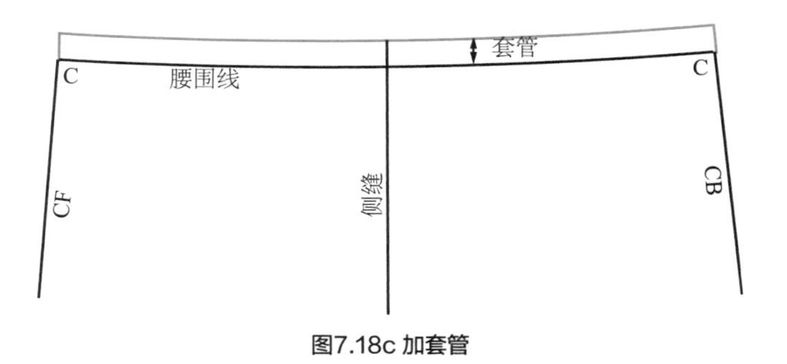

图7.18c 加套管

校样

1. 画一个 3/4 英寸宽 ×47 英寸长的拉绳纸样，作为领子拉绳（neck tie）。
2. 在纸样上加放缝份。也在套管边缘加 1/4 英寸的缝份。下摆如有特殊造型则缝份为 1/2 英寸。
3. 在倾斜的袖窿接缝处，加放 1/2 英寸缝份，以便进行为翻折明缝收边。见图 6.63，画出倒伏线。
4. 画出经向线并用文字标注纸样，见图 7.19。

缝纫小窍门7.5：
缝纫套管

1. 缝合衣身和半裙的侧缝。
2. 将腰部拼接在一起，缝纫腰部套管。在侧缝留出1英寸的开口，以便将松紧带穿进套管见图7.20a。
3. 在领口套管处加窄贴边，缉暗线（understitch）。套管应使用1英寸宽的斜裁轻质机织面料，将拉绳穿进套管内，见图7.20b。
4. 穿入松紧带并调整为舒适的松紧度，将松紧带拉出套管对接好，然后在开口缉明线。

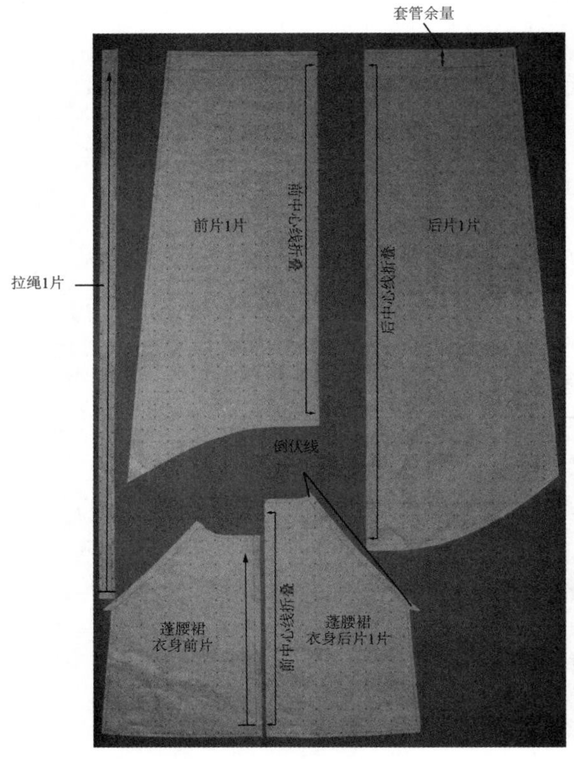

图7.19套管式蓬腰连衣裙校样

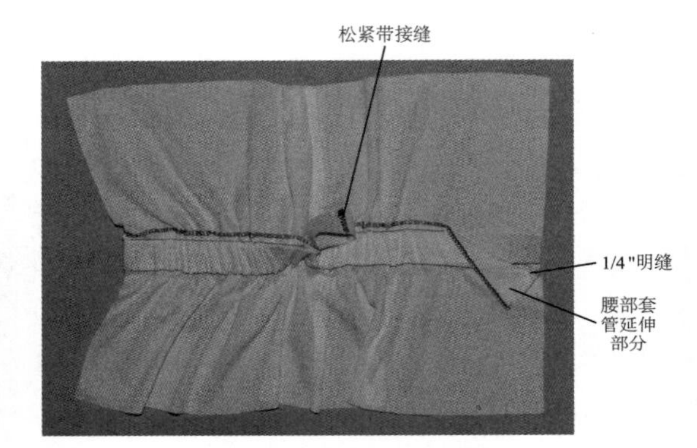

图7.20a 缝制完成的腰部套管

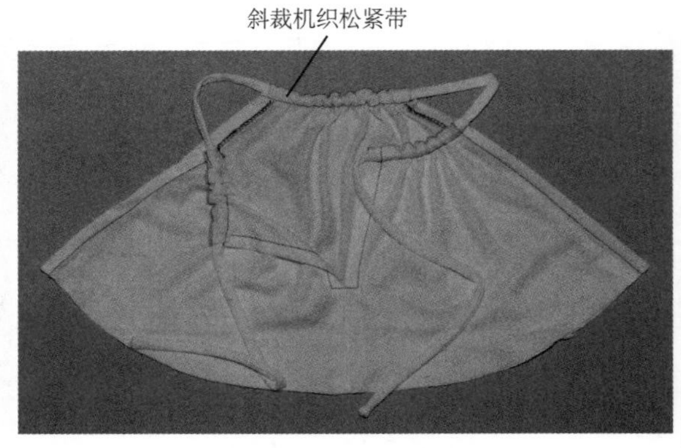

图7.20b 缝制完成的领口套管

公主线分割式连衣裙

公主线分割式连衣裙是个很显身材的款式，通过结构线（style line）呈现出清晰的线条，产生苗条修身的效果，见图 7.1（a）。这款连衣裙可以是无袖的也可以是有袖的，并且可以是任意长度。这里使用图 7.7 中吊带裙前后片纸样，并在纸样上画出公主线。

绘制纸样

1. 在纸样上的胸高点做十字标记，见图 7.21。
2. 画出前 / 后部分。
3. AB：画一条从袖窿到胸高点或到胸高点附近的胸部弧线。
4. BC：将弧线从胸高点延长到腰围。
5. CDE：将弧线从腰围延伸到臀围再延伸到底边。
6. 制作（前后片上的）侧片时，在胸高点下方约 2 英寸的位置分出一条结构线，在腰围处缩减 3/8 至 1/2 英寸，画一条延伸到臀围的弧形结构线。

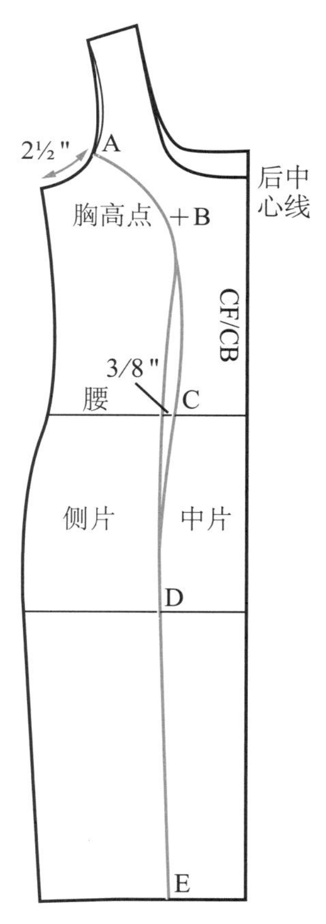

图7.21 绘制公主线分割式连衣裙

校样

1. 描出前中片和后中片并在腰围处做剪口。
2. 描出侧片并在两侧的腰围处做剪口。
3. 在纸样上加放缝份和卷边。
4. 画出经向线。
5. 在侧片上标注“4 片”，见图 7.22。因为连衣裙的前后都要用到这个纸样。

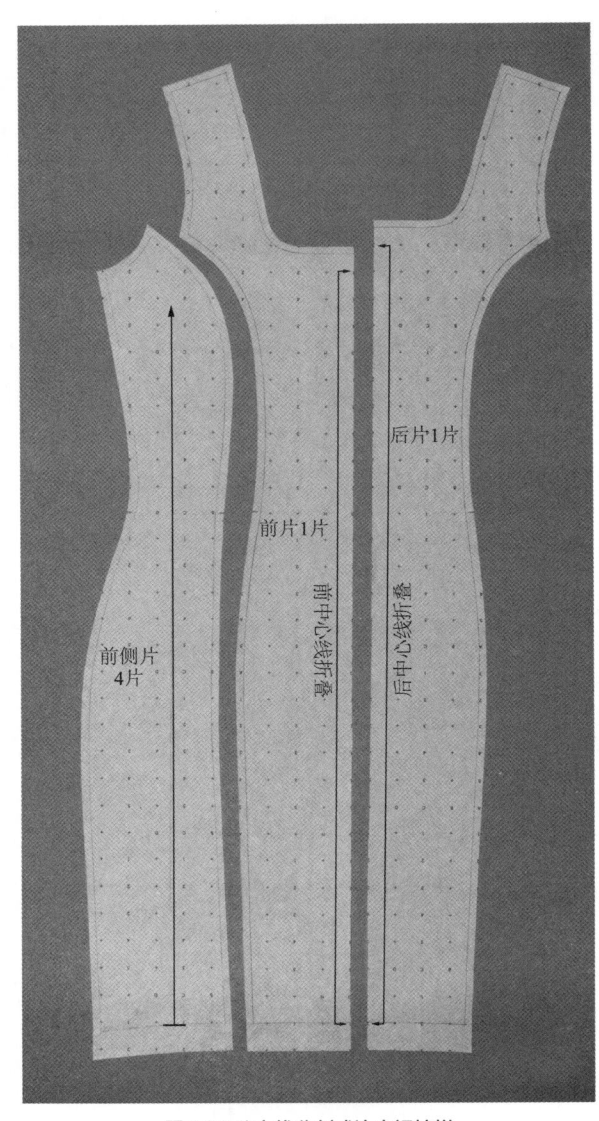

图7.22 公主线分割式连衣裙校样

公主线前片抽褶

公主线连衣裙是一个经典的款式。为了凸显出前片，可将纸样切开／分开制造抽褶，为连衣裙增加设计感。纸样切开／展开的量依面料重量而定。描出公主线前中片，见图 7.23。

切开／展开纸样

1. 画出切割线并标记出各部分。第一条切割线位于胸高点，见图 7.23。
2. 切开／展开纸样。将纸样展开的量为前片长度的一半（从肩点到底边）。将这个长度除以 7，作为切割线之间要增加的量。
3. 画出新的公主造型线，并如图所示拉齐线条。
4. 在前片和侧片的中点做剪口。

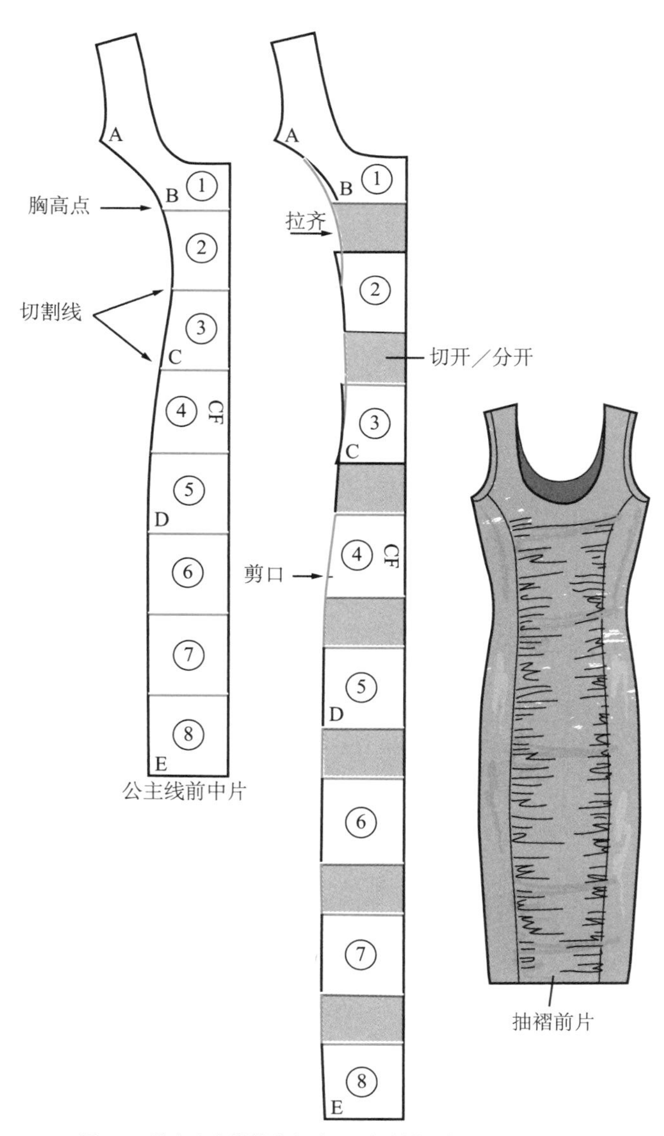

图7.23 描出公主线前中心片；画切割线；切开／展开纸样

插角片

插角片（Godet）是一块拼缝在裙摆上以增加裙摆宽度的三角形面料，见图 7.24。共有 6 片插角片拼缝在公主线连衣裙的接缝处。

1. 确定插角片的长度和宽度。
2. 在需要拼缝插角片的接缝处画出插角片纸样，在插角片顶点的接缝处做剪口。

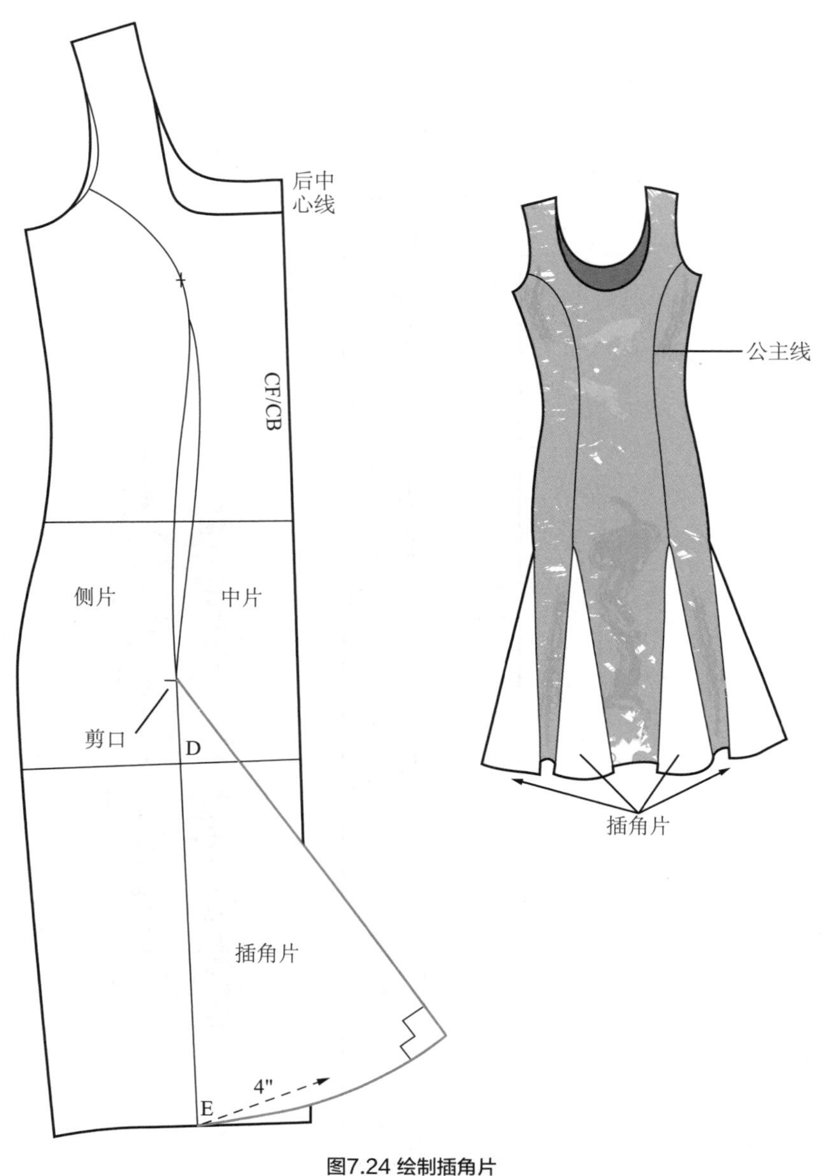

图7.24 绘制插角片

校样

1. 加放缝份和卷边，标记对位点，见图 7.25。
2. 画出经向线。
3. 在纸样上标记“6 片”。

缝纫小窍门7.6：

拼缝插角片

1. 将插角片的一边与侧片拼缝，从下摆向上缝到对位点。
2. 将前片与侧片和插角片缝合起来。
3. 镶入其余插角片，方法同上，见图7.26。

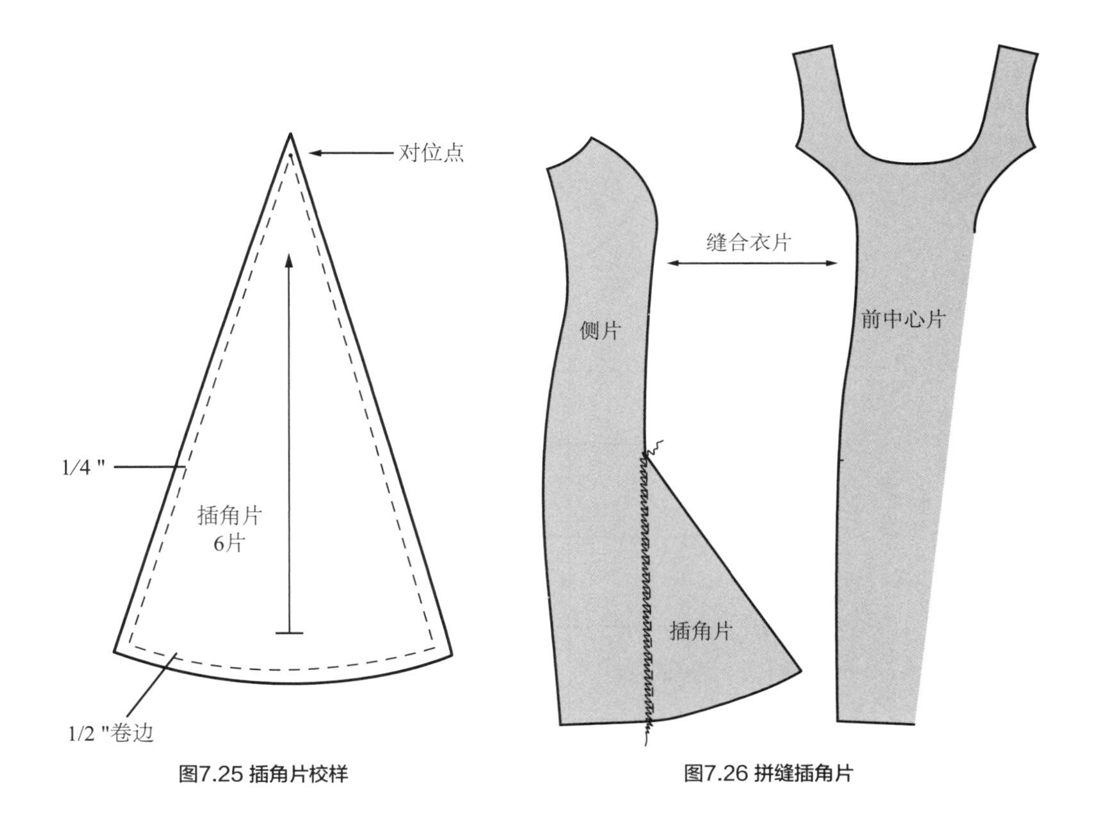

图7.25 插角片校样

图7.26 拼缝插角片

垂褶式单肩不对称连衣裙

单肩连衣裙是不对称的，见图 7.1(f)。领口从一侧的肩部斜向延伸至另一侧的腋下。这款连衣裙必须使用四面弹面料制作，因为前片是沿面料的横向纹理进行纵向裁剪的。可以见图 7.27b 了解使用切开 / 展开技巧之后纸样的弧度是什么样的。

绘制纸样

1. 描出前片的左右两边，画出后袖窿（无需绘制后领口），见图 7.27a。调整为无袖原型，见图 6.18a 和图 6.18b。画出袖窿深线 U，然后确定裙长。
2. C：将左前侧的腋下点降低 1/2 英寸，宽度减少 1/2 英寸。画一条新的侧缝，并在 C 点画一条 1 英寸长的直角线。
3. AC：画出从直角线到肩部的斜向领口轮廓。
4. 在右前片的侧缝上标出抽褶的长度。
5. 画出切割线并标记出各部分。

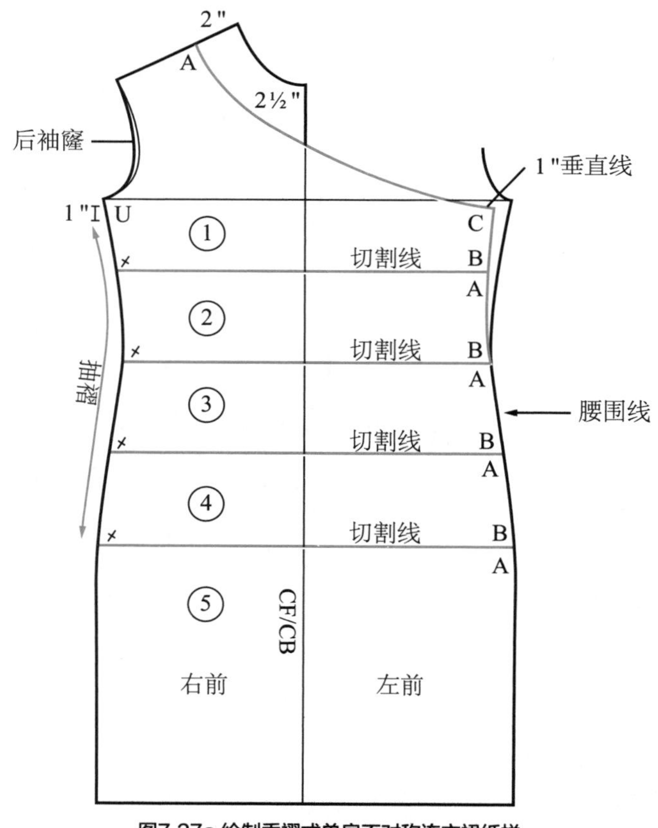

图7.27a 绘制垂褶式单肩不对称连衣裙纸样

切开／展开纸样

纸样展开的长度依面料重量而定。在这张纸样里，需要将纸样展开到抽褶部分长度的两倍。对于网眼布或薄纱类面料，这样的长度是最合适的。用这个长度除以 4 作为切割线 AB 之间要增加的量。

1. 从工作纸样上描出前后片，前片纸样可以作为衬里的纸样，这可能是缝制连衣裙最简单的方式。
2. 裁剪切割线并将区域⑤描绘在样板纸上，转移经向线。
3. 如图 7.27b 所示展开纸样，以增加宽松量。画出平滑连续的线条，圆顺有棱角的线条。

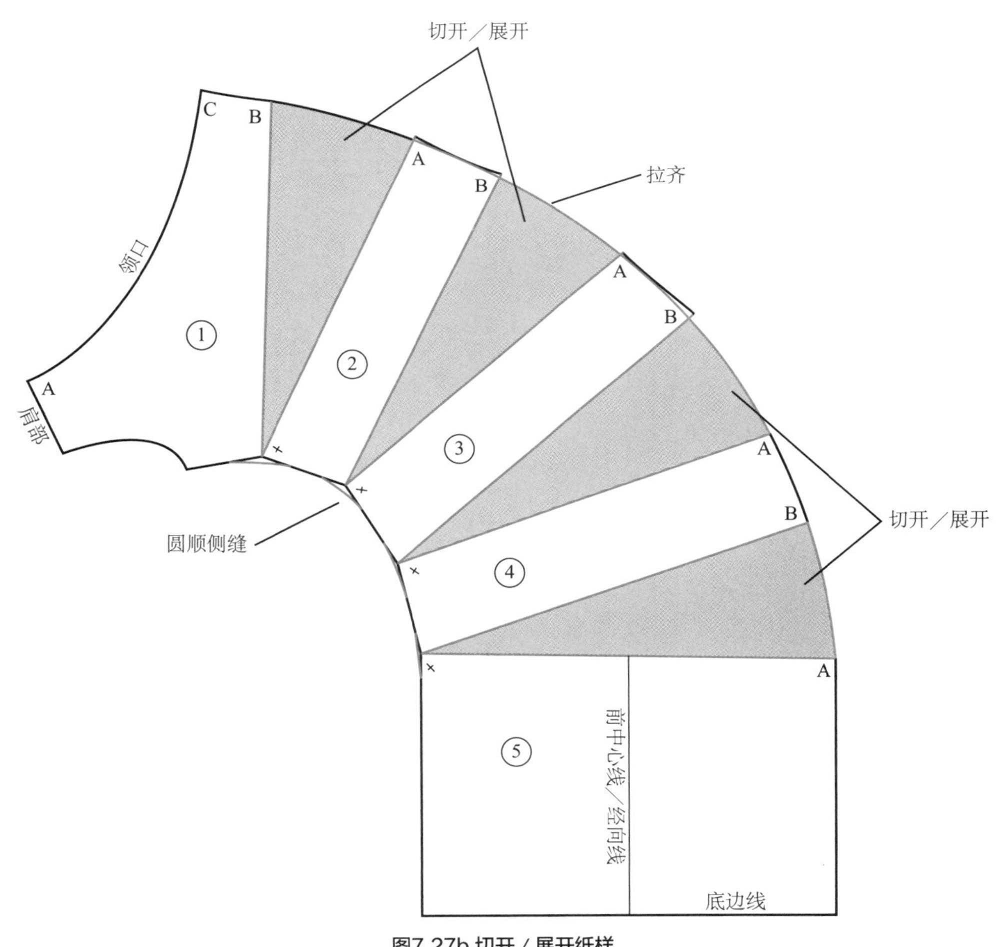

图7.27b 切开／展开纸样

校样

1. 加放缝份和卷边。

2. 画出经向线。

3. 在纸样上标记（正面向上 R.S.U.），以确保排料时纸样是按照不对称设计正确放置的。

4. 在前片侧缝抽褶长度处做剪口，在后片侧缝抽褶的完成长度处做剪口，见图 7.28。

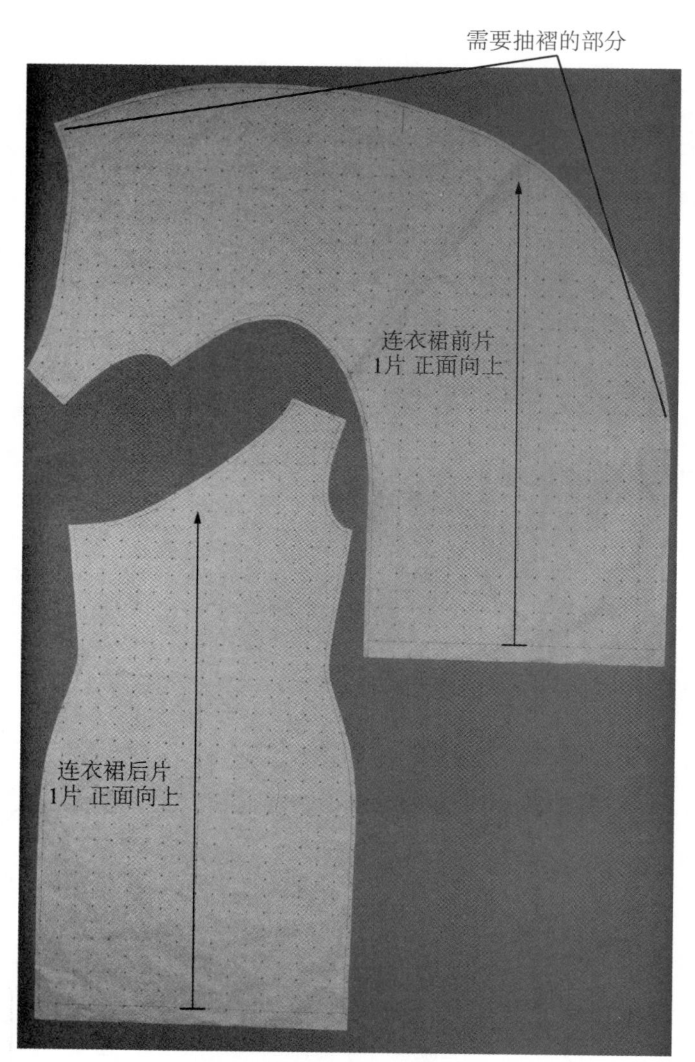

图7.28 垂褶式单肩不对称连衣裙的校样

有贴边的连衣裙

有贴边的领口和／或袖窿边缘比较齐整。现在可以绘制与肩宽相同的前后片贴边，并把它们缝在图 7.29 的 V 领上了。在袖窿处缝贴边可以避免止口反吐。

绘制贴边

贴边的纸样要比服装面料的纸样稍小些，这样缝纫完成后服装内部的贴边大小才正合适。

1. 描出前后纸样轮廓。
2. 画出贴边的下边缘。
3. SU：肩点内移 1/8 英寸，画一条到腋下的弧线。
4. UE：贴边／侧缝交点内移 1/8 英寸，画一条直线，见图 7.29。

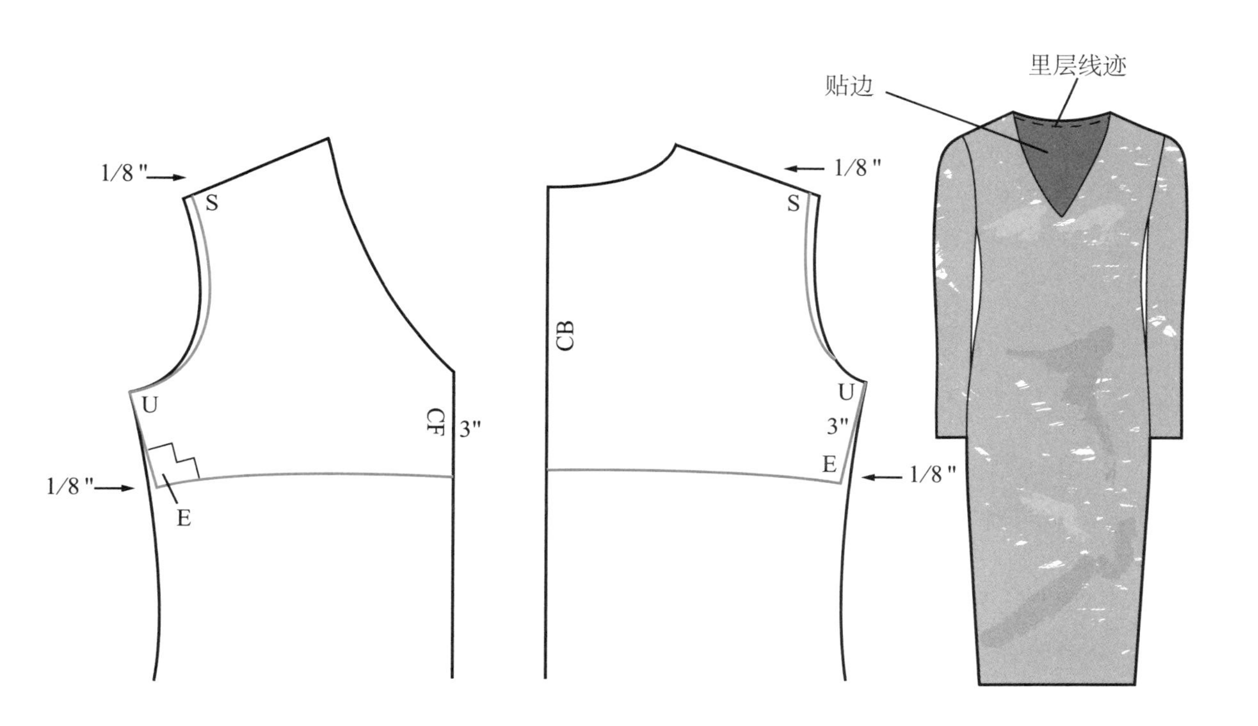

图7.29 绘制贴边

校样

1. 加放缝份，见图 7.30。
2. 画经向线。
3. 文字标注纸样。

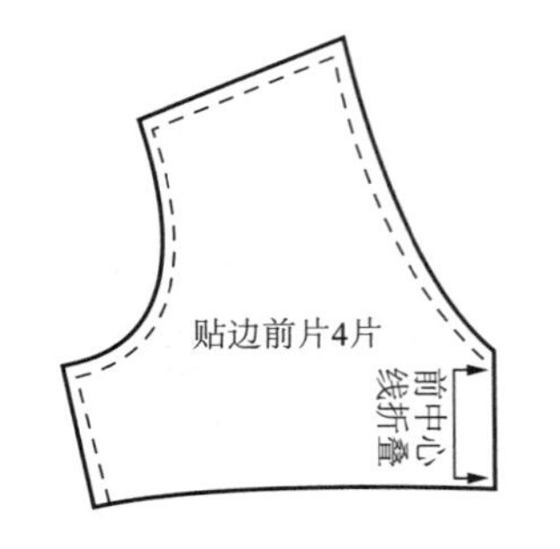

图7.30 完成贴边纸样

缝纫小窍门7.7：
缝纫贴边

1. 如果连衣裙使用双面针织面料缝制，则贴边应为轻质针织物。
2. 将3/8英寸的四面弹牵条热融在领口边缘起固定作用，见图6.51d。
3. 贴边的底边可以留作毛边，避免包缝后在服装正面出现凸起。
4. 将贴边缝在适当的位置上，缉里层线迹，将贴边翻到反面，缝在袖窿处。
5. 缝合侧缝，见图7.31。

有衬里的连衣裙

可以根据服装外层面料纸样绘制衬里纸样。如果是无袖连衣裙，则按照图 7.30 中的调整贴边纸样的方法来调整袖窿。

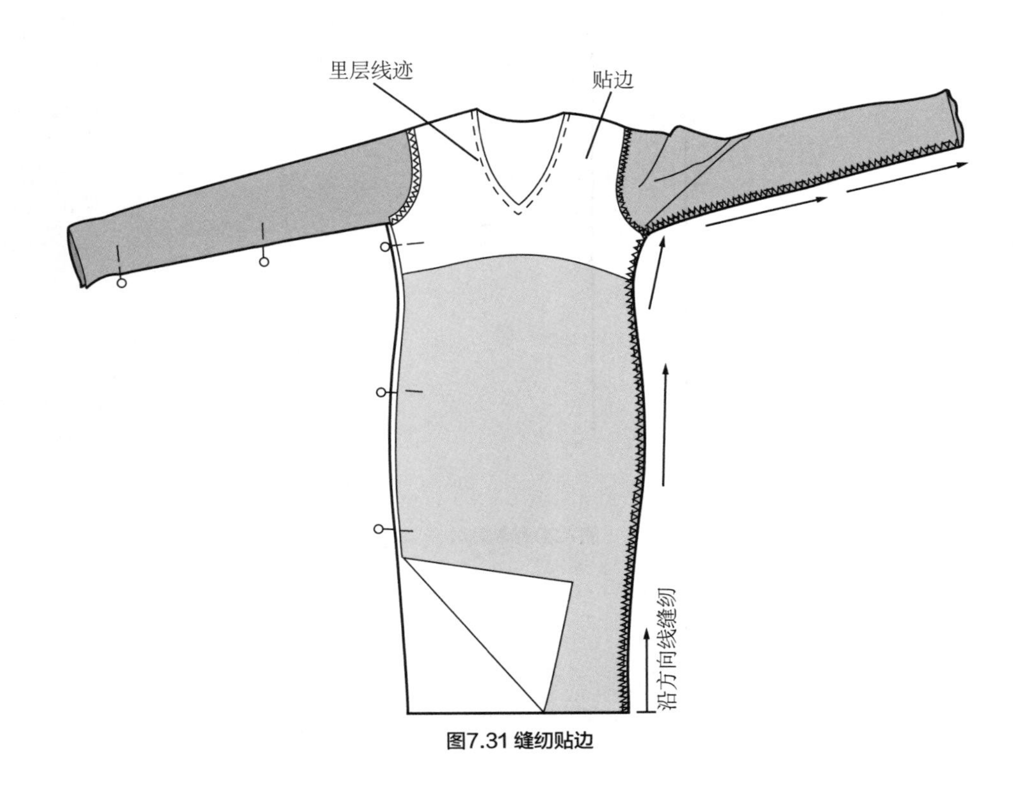

图7.31 缝纫贴边

独立衬里

本部分中，将绘制一个有独立衬里（separate lining）的直筒连衣裙（shift dress）纸样。直筒连衣裙是一款短的、宽松的、没有明显腰线的连衣裙。

1. 绘制连衣裙纸样，见图 7.32。
2. 缩短 3/4 英寸作为衬里的长度。

缝纫小窍门7.8：

缝纫独立衬里

可以将衬里边缘与外层面料边缘缝合在一起，使领口（或是无袖连衣裙的袖窿）处边缘齐整。

1. 将3/8英寸的四面弹牵条热融在领口（和袖窿）边缘，以固定接缝，防止接缝在缝合时被拉伸，见图6.51d。
2. 缝合外层面料和衬里的肩缝。
3. 将外层面料与衬里的领口和袖窿处缝合在一起，缉里层线迹。如果是有袖连衣裙，则不缝合袖窿。
4. 缝合侧缝，沿长接缝从前片下摆缝合到腋下，再到后片下摆。
5. 装上袖子。
6. 分别缝制服装和衬里的下摆。
7. 将衬里和外层面料的侧缝缝合在一起，见图7.33。

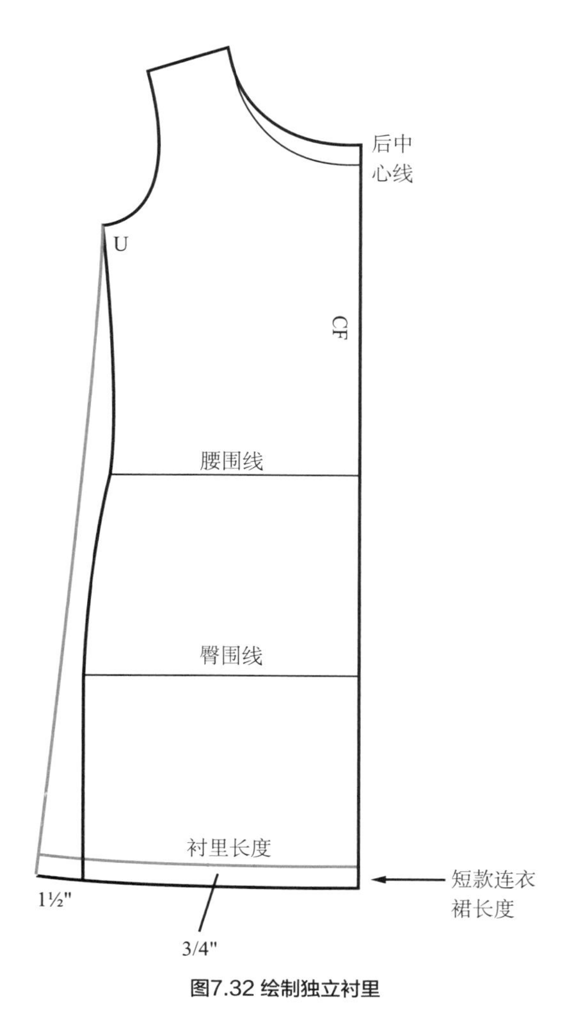

图7.32 绘制独立衬里

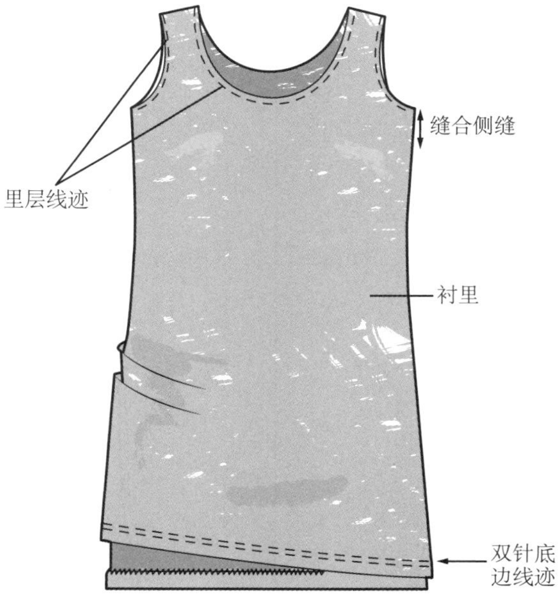

缝合侧缝
里层线迹
衬里
双针底
边线迹

图7.33 缝纫独立衬里

连裁本料衬里

图 7.1（c）中的无肩带连衣裙带有本料衬里（self lining）。图 7.11a 和图 7.11b 展示了分别绘制纸样前、后片的方法。接下来将外层纸样和衬里纸样作为一个整体制作。这一制板技巧也可用于其他装有本料衬里的连衣裙。

1. 从图 7.12 中的校样上减去卷边量。
2. 在样板纸上描出无肩带连衣裙纸样的左右两边。
3. 沿底边线（折线）折叠样板纸，在另一边描出相同的纸样，见图 7.34。
4. 在侧缝加放缝份（这一款式中还需加放贴边的折边）。

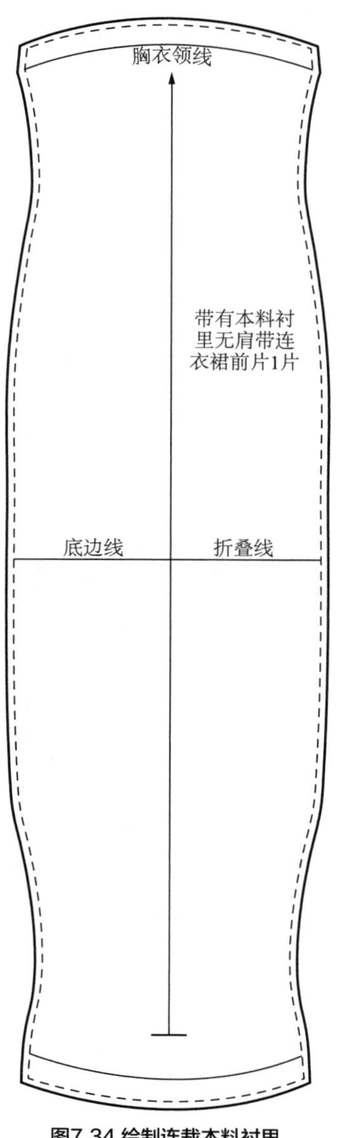

图7.34 绘制连裁本料衬里

缝纫小窍门7.9：
缝纫本料衬里

1. 缝合前后侧缝，并将缝份熨开。
2. 折叠连衣裙使反面相对，将胸衣领线对齐。
3. 在胸衣领边缘装上松紧带，见图7.13。

衬裙

绘制衬裙，可参考第 11 章并绘制连衫短裤的前后片纸样，然后按照设计的裙长调整纸样长度。

连衣裙的拉链

针织面料连衣裙通常不需要使用拉链作为开口，因为大多数针织面料可随身体拉伸。然而，有些稳定性强的针织面料可能弹性不足，或者如果使用高裁领口，就需要安装拉链使连衣裙更合体。

缝纫拉链前，先用 3/4 英寸宽的衬条或稳定牵条固定缝纫拉链的接缝位置。如果不使用稳定材料，装拉链时接缝就会被拉伸，导致接缝变得歪歪扭扭。

小结

下面这个清单总结了本章中所讲解的连衣裙制板知识。

- 裙片是局部纸样。
- 裙片和上衣原型拼接在一起构成了各弹性类别的连衣裙原型。
- 可以根据连衣裙原型绘制各弹性类别的连衣裙纸样。
- 第 6 章中的所有衣袖款式都可用于连衣裙。
- 第 6 章中的领口收边可用于连衣裙。

停：遇到问题怎么办

……我想制作蝙蝠袖连衣裙纸样应该怎么做？我找不到相关的指导内容。

你可以根据第 6 章绘制蝙蝠袖并根据图 6.45 绘制连衣裙及上衣纸样。首先，确定你想要制作的服装的合体程度。对于合体的连衣裙，可以使用本章中的连衣裙原型。对于有设计放松量（或穿着放松量）的连衣裙，你可以使用第 8 章中的合体款、宽松款或特大款开襟毛衫 / 毛衣原型。

……我想设计一条垂褶领的连衣裙。在图 6.29 中，垂褶领是绘制在上衣纸样上的，我应该如何将上衣纸样调整成连衣裙纸样？

在连衣裙纸样上绘制垂褶领有两个方法。

对于合体风格的连衣裙，必须将垂褶领的前中心画到接缝处。接缝可以是臀围线（见图 6.29）、高腰线或自然腰围线。连衣裙前片由两部分的纸样组成：衣身和下装纸样。

对于宽松风格的连衣裙，将垂褶领的前中心线画到底边位置。连衣裙前片作为一个整体裁剪。

自测

1. 应使用哪些原型来制作连衣裙纸样？
2. 连衣裙是否可以用四面弹针织面料制作？
3. 图 7.1（b）中的露背连衣裙的哪些接缝需要缝制松紧带？
4. 图 7.1（c）中的无肩带连衣裙的领口应使用哪种类型和宽度的松紧带？（见表 3.2 和表 3.3。）
5. 如何将 6 片插角片嵌入图 7.1（c）中无肩带连衣裙的下摆？请画出设计草图并讨论需要用到的制板方法。
6. 图 7.1（g）中的圆筒裙有独立衬里，还可以使用哪些其他装衬的方法为连衣裙添加衬里？
7. 见图 7.1（g），为胸型更为饱满的女性制作连衣裙时，你需要如何调整图 7.32 中的连衣裙纸样？
8. 为什么图 7.1（a）中的连衣裙下摆使用双针线迹而图 7.1（e）中的连衣裙下摆则使用单行线迹缝纫？（见第 4 章中的“弹性底边”部分。）

重点术语

蓬腰裙
连裁本料衬里
裙片
插角片
露背吊带裙
斜肩裙
公主线
独立衬里
紧身裙
直筒裙
无肩带连衣裙

第8章 夹克、开襟毛衫、毛衣和针织外套原型及纸样

弹性针织面料制作的夹克、开襟毛衫、毛衣和针织外套穿着舒适且格外保暖，它们是女性衣柜中一组实用的服饰。双面针织面料制成的夹克可以带有特别设计的衣领和结构线。开襟毛衫的长度可以是及腰的、盖住臀部或膝盖的、七分或及踝的，也可以是开敞的或用腰带闭合的。毛衣可以是柔软轻盈或温暖裹身的。针织外套是使用拉链闭合的短款及腰的夹克，通常带有兜帽（hood）。夹克和开襟毛衫可以使用双面弹或四面弹针织面料制作。

本章概述如何制作开襟毛衫、毛衣和针织外套的原型，同时也会介绍图 8.1 中（a）到（g）、图 8.2a 和图 8.2b 中服装纸样的设计方法。

(a) 有镶边贴袋的V领前缀纽扣开襟毛衫

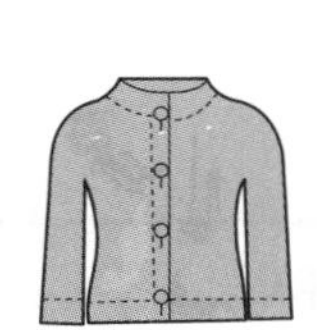

(b) 蝙蝠袖高领前缀纽扣开襟毛衫

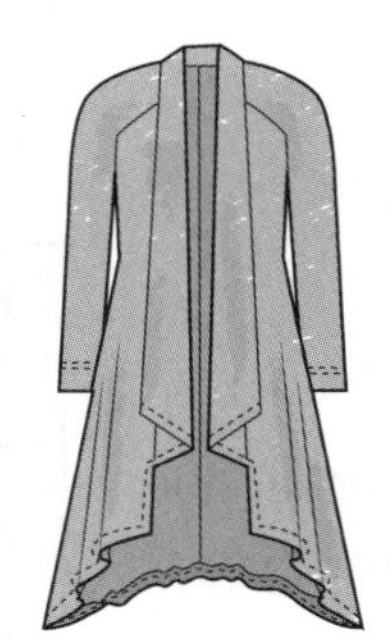

(c) 有领的喇叭形开衫

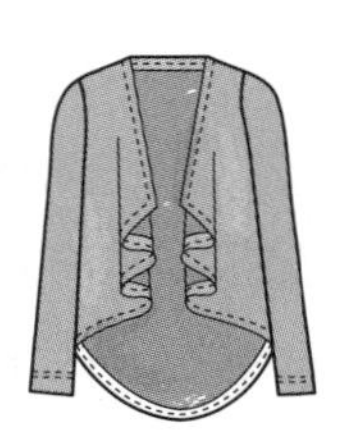

(d) 垂褶开衫

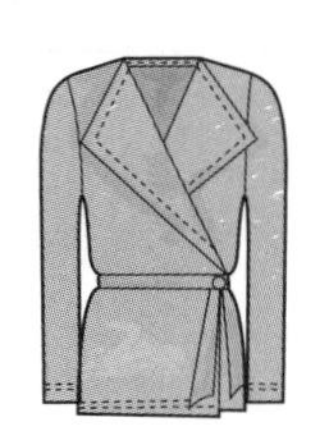

(e) 有垂尾腰带的裹身开衫

(f) 宽松款青果领插袋开衫

(g) 全包裹式开襟毛衫

图8.1 开襟毛衫

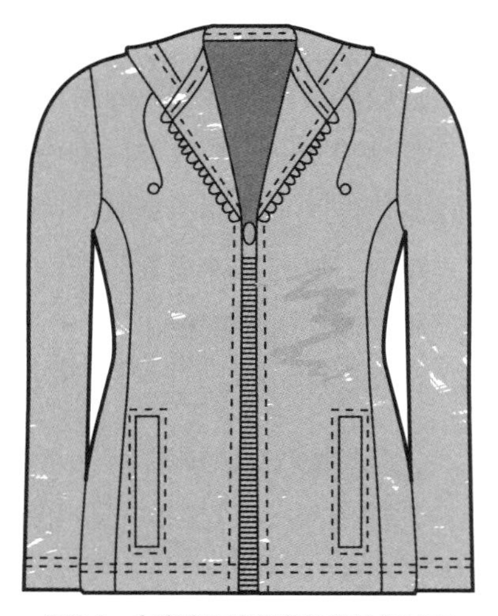
图8.2a 有嵌袋和兜帽的拉链针织外套

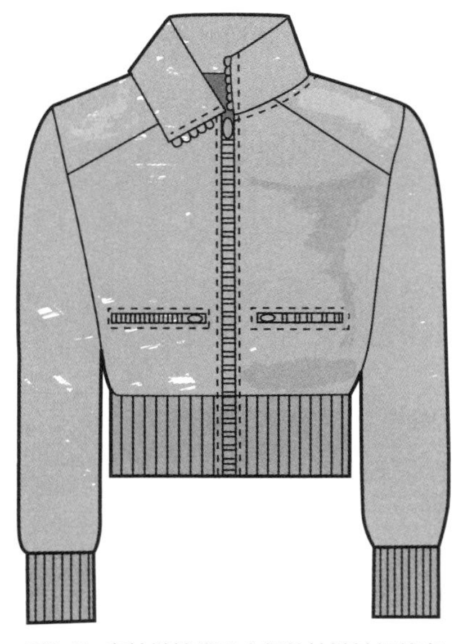
图8.2b 有拉链挖袋和衣领的拉链针织外套

夹克、开襟毛衫和针织外套原型

本章中将学习制作夹克、开襟毛衫和针织外套的原型。这些服装可以是合体的、宽松的或是特大款的(oversized)。必须根据针织面料的种类、风格和你想要的合体程度来选择合适的原型。图8.3和图8.4中展示的是合体和宽松款开襟毛衫坯布的裁剪、缝纫和人台上的试样。前中心线处额外留出了1英寸的门襟。

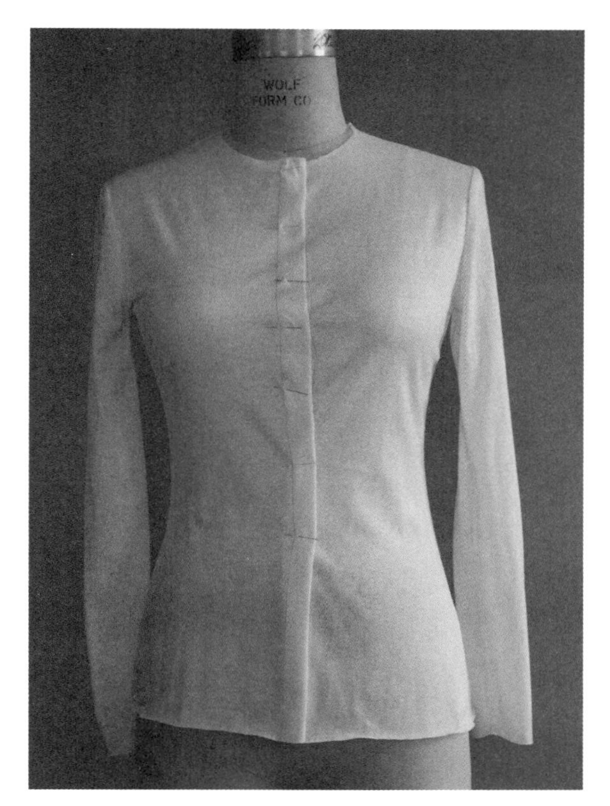

图8.3 合体款坯布开襟毛衫在人台上的试样

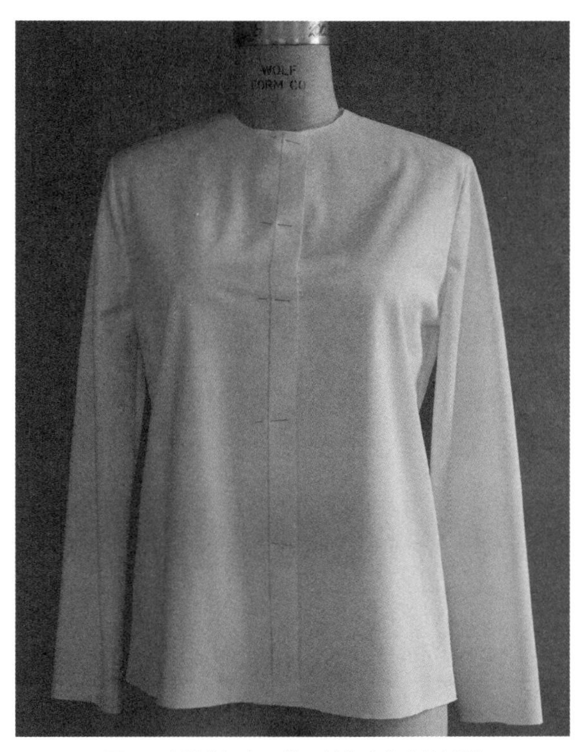

图8.4 宽松款坯布开襟毛衫在人台上的试样

本章将概述如何制作 4 种不同类型的原型。

1. 稳定针织面料的夹克原型

用稳定的双面针织面料制作夹克时，使用的原型需要有省或净缝线（fitting line），因为这种针织面料是微弹的。这些面料不像弹性较强的面料那样能够贴合身体形状。做省则可以使面料贴合身体形状。用机织面料的夹克原型进行负向推档，每档减少 2 英寸的放松量。这样可以将原型改成弹性针织面料的原型。

2. 合体款原型

使用弹性良好的针织面料制作开襟毛衫、毛衣和针织外套纸样时，可使用合体款原型。用双面弹上衣原型（有袖）进行正向推档，每档加放 2 ~ 3 英寸，见表 8.1。

3. 宽松款原型

使用材质较轻、拉伸性较弱的面料制作开襟毛衫、毛衣和针织外套时，或制作宽松款式时，可使用宽松款原型（轻质面料制衣也可以使用这类原型）。用双面微弹有袖上衣原型进行正向推档，每档加放 6 英寸，见表 8.1。

4. 特大款原型

如果客户想要更宽松的服装，则可使用特大款原型进行开襟毛衫和毛衣的制板。用双面微弹有袖上衣原型进行正向推档，每档加放 7 ~ 10 英寸。这种衣服通常使用落肩袖，同时要绘制合适的衣袖原型，以配合袖孔的额外空间。使用的面料种类并无限制。但选用的面料种类和重量必须符合设计，见表 8.1。

表8.1　推档量度表

合体款、宽松款、特大款原型的推档					
总衣身长增加	**1/4衣身长增加**	**肩宽增加**	**水平线到标识线1/4衣身长增加**	**袖山增加**	**袖肥增加**
进行正向推档					
合体款					
2	1/2英寸(E)	1/4英寸 (D2)	1/2英寸	1/16英寸	1/4英寸 (D2)
3	3/4英寸 (E1)	3/8英寸(D3)	3/4英寸	1/8英寸 (D1)	3/8英寸 (D3)
宽松款					
4	1英寸 (F)	1/2英寸 (E)	1英寸	1/4英寸 (D2)	1/2英寸 (E)
5	1$^{1}/_{4}$英寸 (F2)	5/8英寸 (E1)	1$^{1}/_{4}$英寸	3/16英寸	3/8英寸 (E1)
6	1$^{1}/_{2}$英寸 (G)	3/4英寸 (E2)	1$^{1}/_{2}$英寸	3/8英寸 (D3)	3/4英寸 (E2)
特大款					
7	1$^{3}/_{4}$英寸 (G2)	7/8英寸 (E3)	1$^{3}/_{4}$英寸	单独绘制衣袖样板以配合袖孔（袖窿）的尺寸	
8	2英寸 (H)	1英寸 (F)	2英寸		
9	2$^{1}/_{4}$英寸 (H2)	1$^{1}/_{8}$英寸 (F1)	2$^{1}/_{4}$英寸		
10	2$^{1}/_{2}$英寸 (I)	1$^{1}/_{4}$英寸 (F2)	2$^{1}/_{2}$英寸		

稳定针织面料的夹克原型

机织面料的夹克原型应进行负向推档，每档减少 2 英寸放松量。腰围线作为水平公共线（HBL）。在腰围线处标注 X，见图 8.5a。

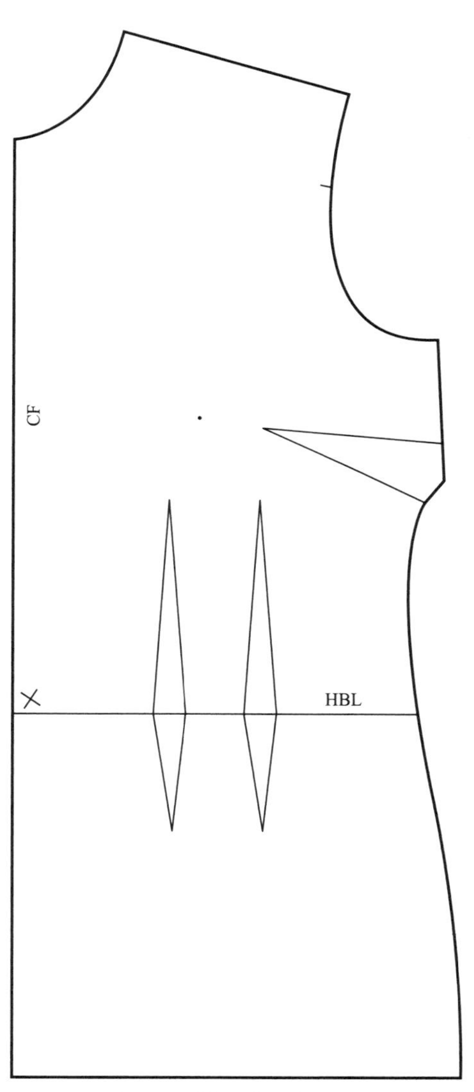

图8.5a 准备机织夹克原型

准备推档坐标轴进行前／后片的推档

见图 3.15 和图 3.16 的推档坐标轴和坐标轴上标注的推档量度。

1. 绘制推档坐标轴，标记 D 线。以 D 为起点，在水平线上负向 1/4 英寸和 1/2 英寸处标注推档量度 C2 和 C，见图 8.5b。
2. 将原型的前 / 后中心线置于垂直线上，腰围线 X 置于水平线上。在坐标轴上描出原型。
3. 将原型 X 移到 C2，画出肩点和袖窿弧线，在腋下做剪口。同时标记出省尖、胸高点、腰围和后肩省。

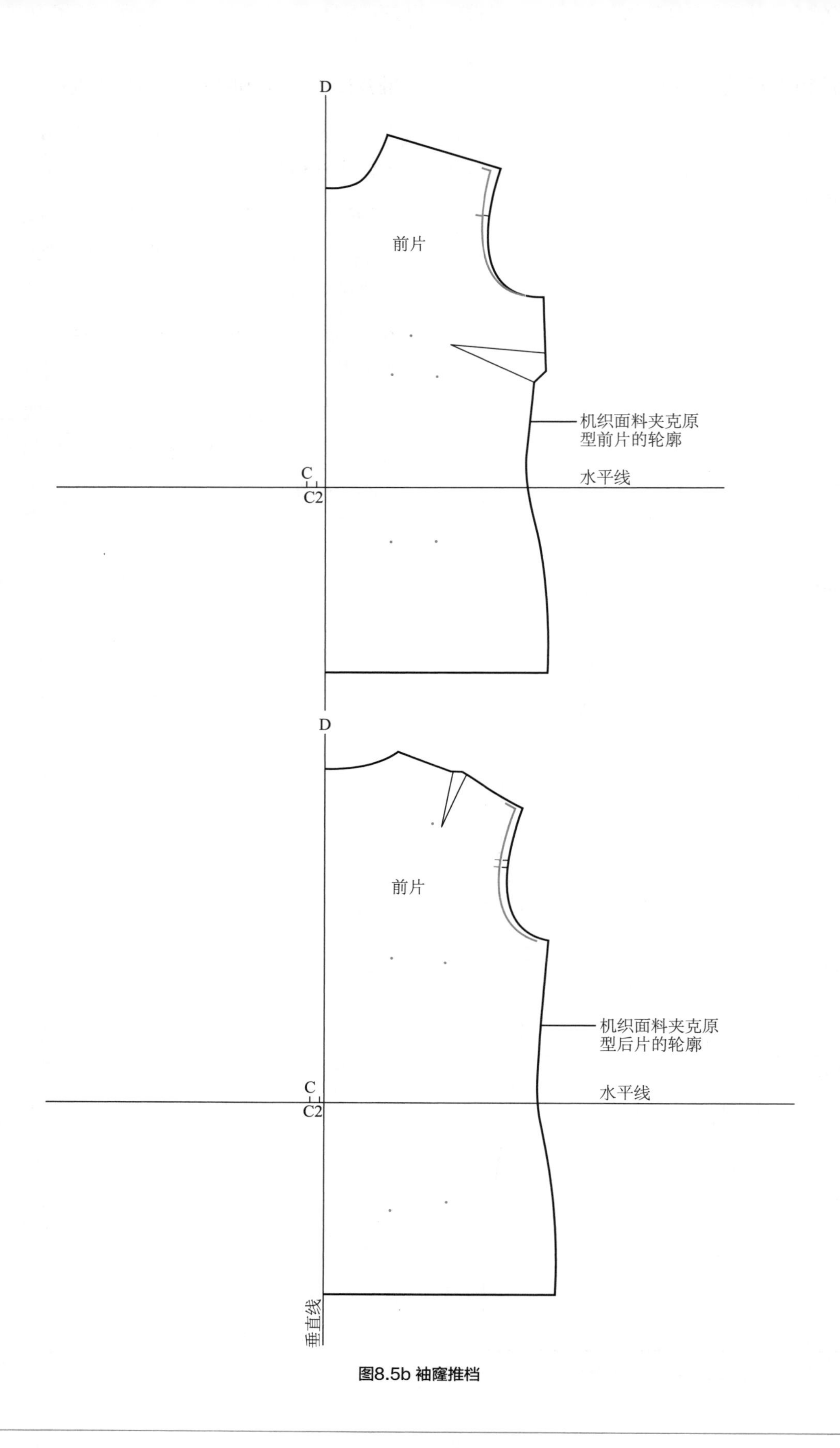

图8.5b 袖窿推档

侧缝推档

1. 将 X 移到 C，画出袖底弧线和侧缝，见图 8.5c。然后确保袖底弧线／侧缝是垂直的（如后片纸样所示）。
2. 画一条新的肩线和省。
3. 测量前／后袖窿长度（分别测量）并记录。

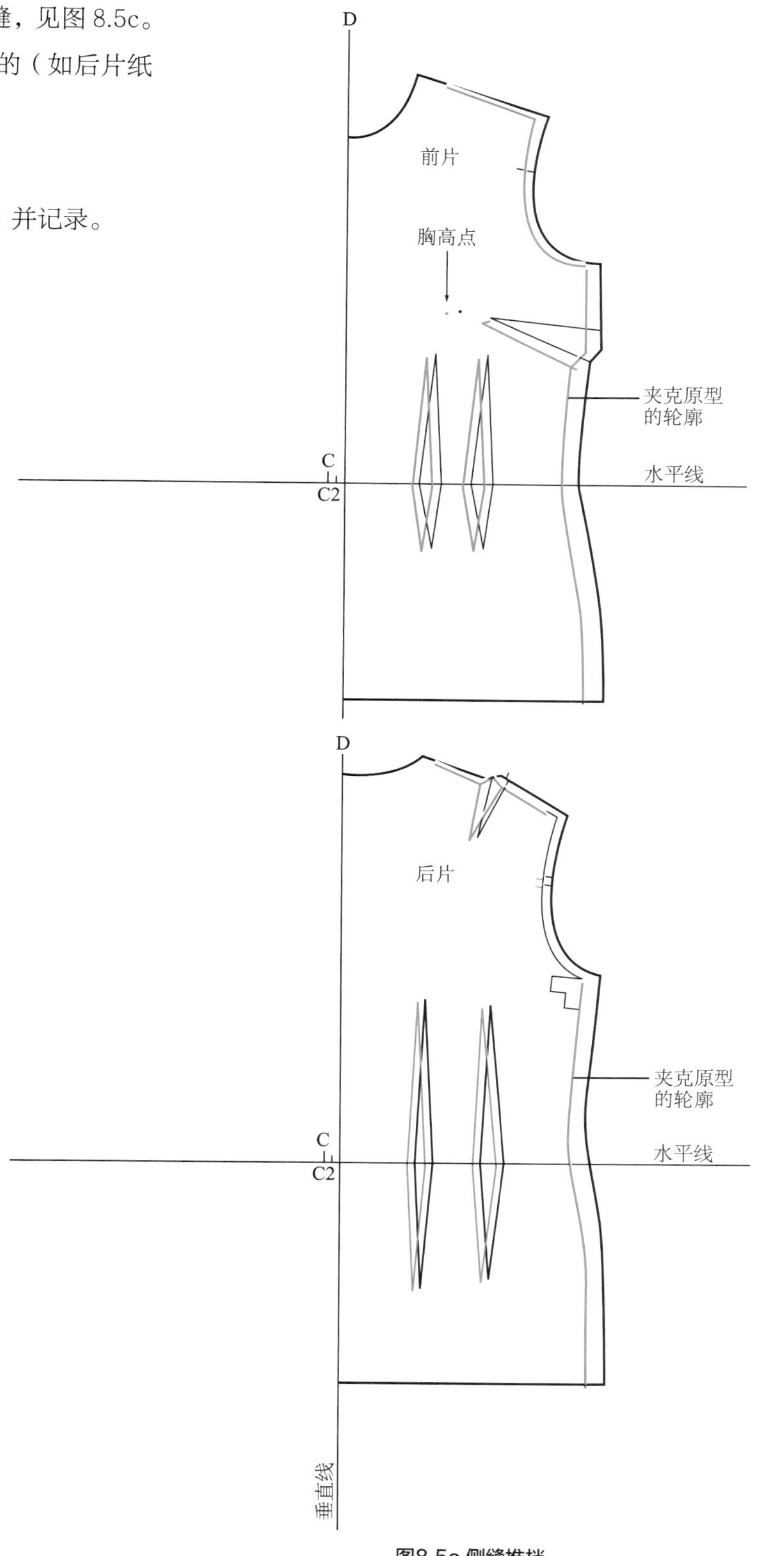

图8.5c 侧缝推档

准备推档坐标轴进行衣袖的推档

1. 在衣袖原型上沿袖肥画一条线（垂直于经向线），标记为水平公共线（HBL），见图 8.6a。
2. 绘制推档坐标轴（见图 3.15）。将衣袖原型的经向线与垂直线重合，水平公共线与水平线重合。然后将原型描绘在坐标轴上并标记剪口。
3. AB：在袖山和袖口的经向线左右两侧 1/8 英寸处做标记。
4. CD：在水平线上腋下角内部 1/4 英寸处做标记。

衣袖推档

1. 推档时，水平公共线与水平线对齐。
2. 衣袖经向线与 A 重合。描出前袖山弧线到剪口，在袖口做标记，见图 8.6b。
3. 衣袖经向线与 B 重合。描出后袖山弧线，在袖口做标记。
4. 将衣袖后片的水平公共线与 C 重合，前片水平公共线与水平线重合，然后标记出后袖底／腋下角。将衣袖前片的水平公共线与 D 重合，标记出前袖底／腋下角。用衣袖原型来连接袖底弧线和袖山弧线。
5. 将肘省向经向线方向移动 1/8 英寸。
6. 在原始袖山位置做剪口。测量前后袖山（分别测量），减去袖窿长度，剩下的长度就是衣袖放松量，应为 3/4 英寸至 1 英寸。如果放松量比这个数值大，则需进行调整。见第 6 章的“不正确的袖山／袖窿配伍”，见图 6.9。

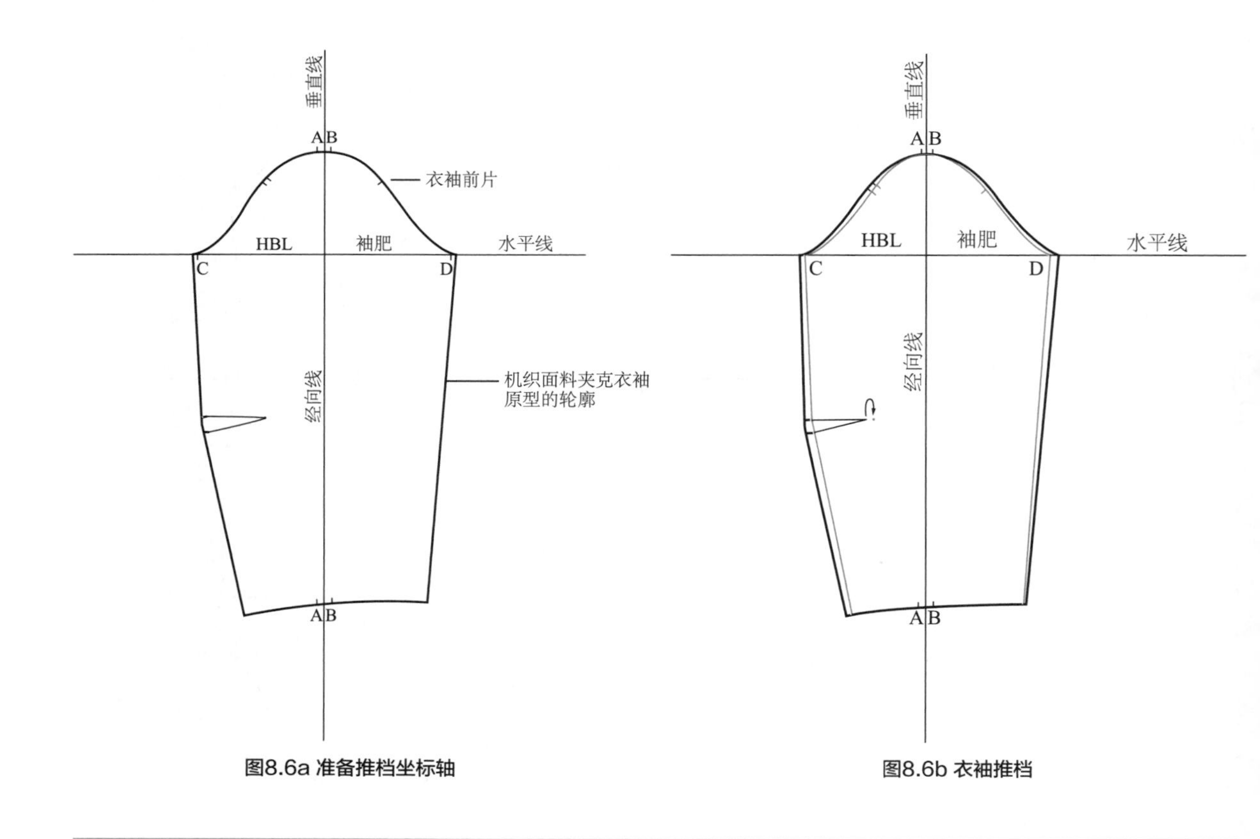

图8.6a 准备推档坐标轴

图8.6b 衣袖推档

开襟毛衫、毛衣和针织外套原型

绘制开襟毛衫、毛衣和针织外套的纸样，需要先根据第 6 章中的双面微弹有袖上衣原型制作合体款、宽松款和特大款原型（也可见表 2.1）。原型中加入了穿着放松量，因此原型尺寸各不相同。为了在衣身和袖孔处放出更多空间，加宽了前片、后片和衣袖，并降低了袖窿深。这样的调整可以使这些服装舒适地套在其他衣物外部。

表 8.1 的推档量度表为合体款、宽松款和特大款原型列出了一系列尺寸。图 8.7 中，推档坐标轴上的推档量度是正向标记的，比图 3.16 的推档坐标轴范围更大。

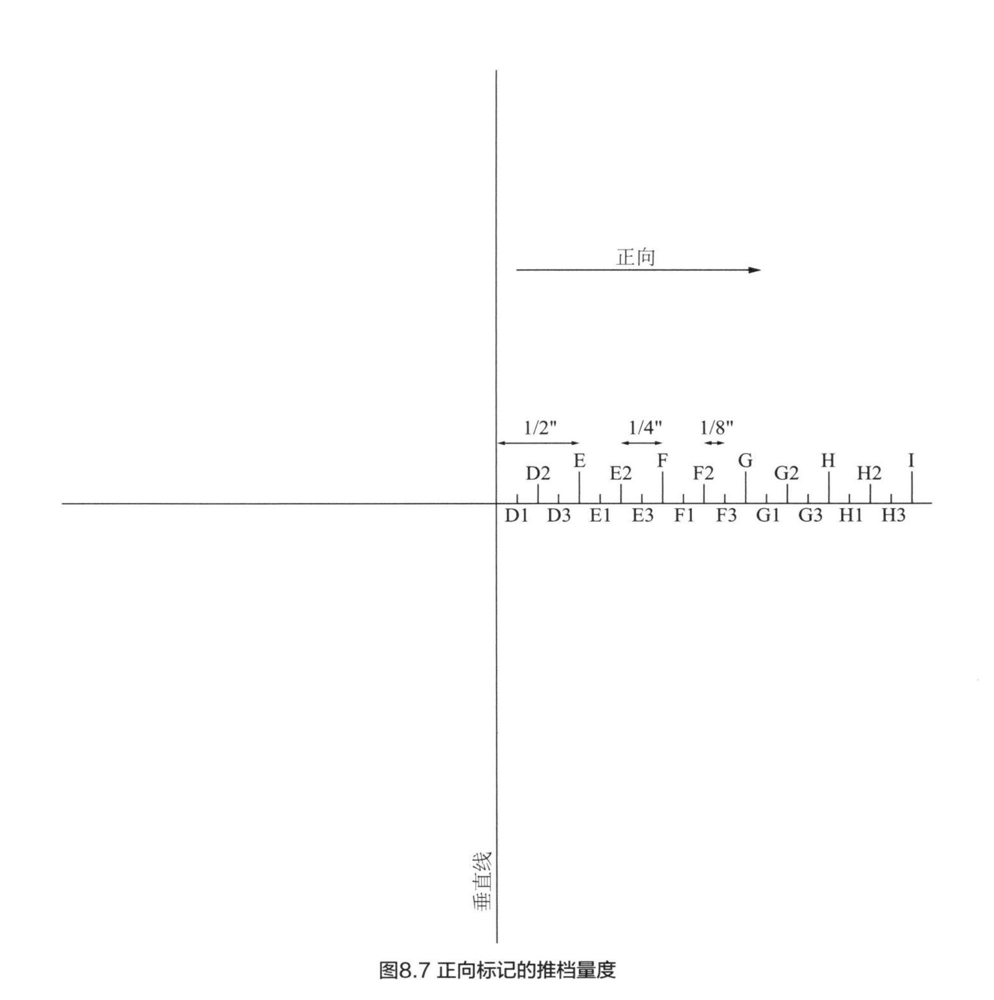

图8.7 正向标记的推档量度

合体款

制作合体款原型，需将微弹上衣纸样的总衣长增加2英寸。表8.1列出了推档时需增加的量度。

前后片推档

在上衣原型上标注好X、C和C3（见图6.6）。原型的袖窿深线作为水平公共线。前后片的推档方法相同。

1. 绘制推档坐标轴并标注D（见图8.7），画一条平行于水平线的标识线。
2. 以D为起点，在水平线上沿正向标出档差和标识线。
   - 肩长增量：1/4英寸D2。
   - 1/4衣长增量：1/2英寸E。
3. 将原型的X点与垂直线和水平线重合。在坐标轴上描出原型，见图3.18。
4. 将水平公共线与水平线重合。将原型的X移动到D2，标出肩线/袖窿交点，描绘到C和C3。在胸高点做十字标记，见图8.8a。
5. 将水平公共线与水平线重合。将原型的X移动到E，画出腰部到臀部。

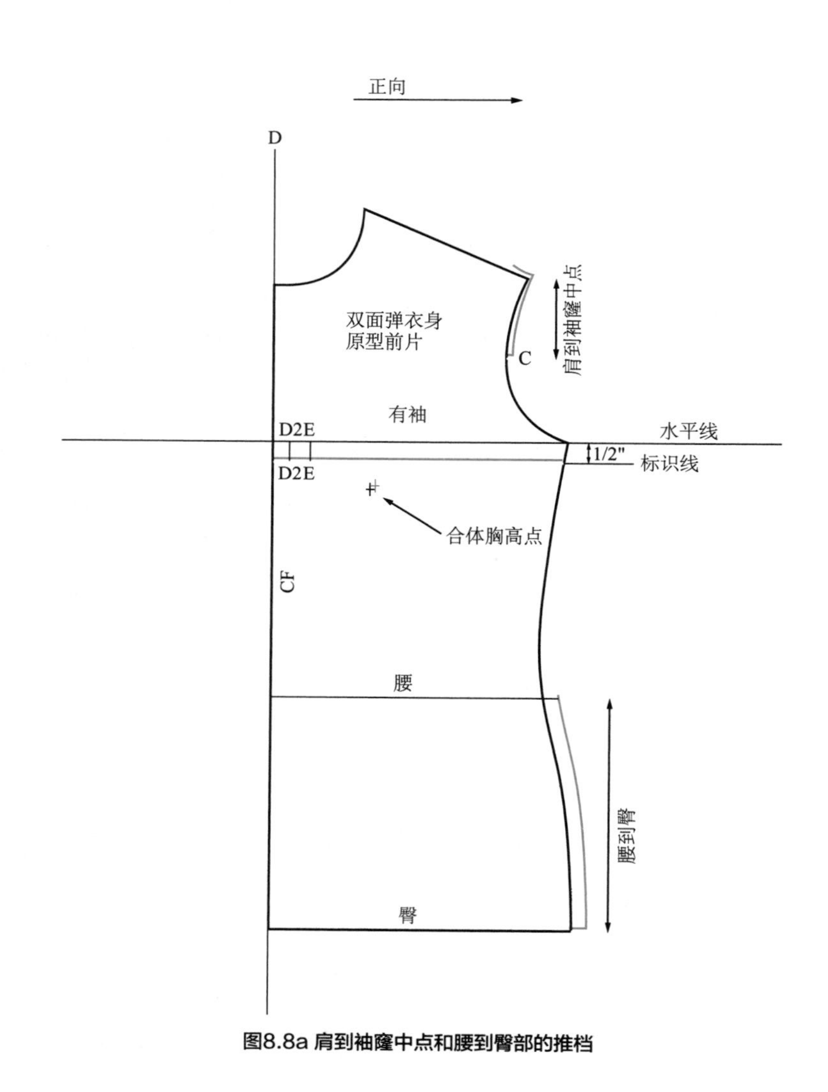

图8.8a 肩到袖窿中点和腰到臀部的推档

推档袖底弧线和腋下到腰部

1. 将原型的水平线与标识线重合。将原型的 X 移动到 D2，画出袖窿中点到腋下的部分。

2. 将原型与标识线重合。将原型的 X 移动到 E，画出袖底弧线和腋下到腰节的部分，见图 8.8b。

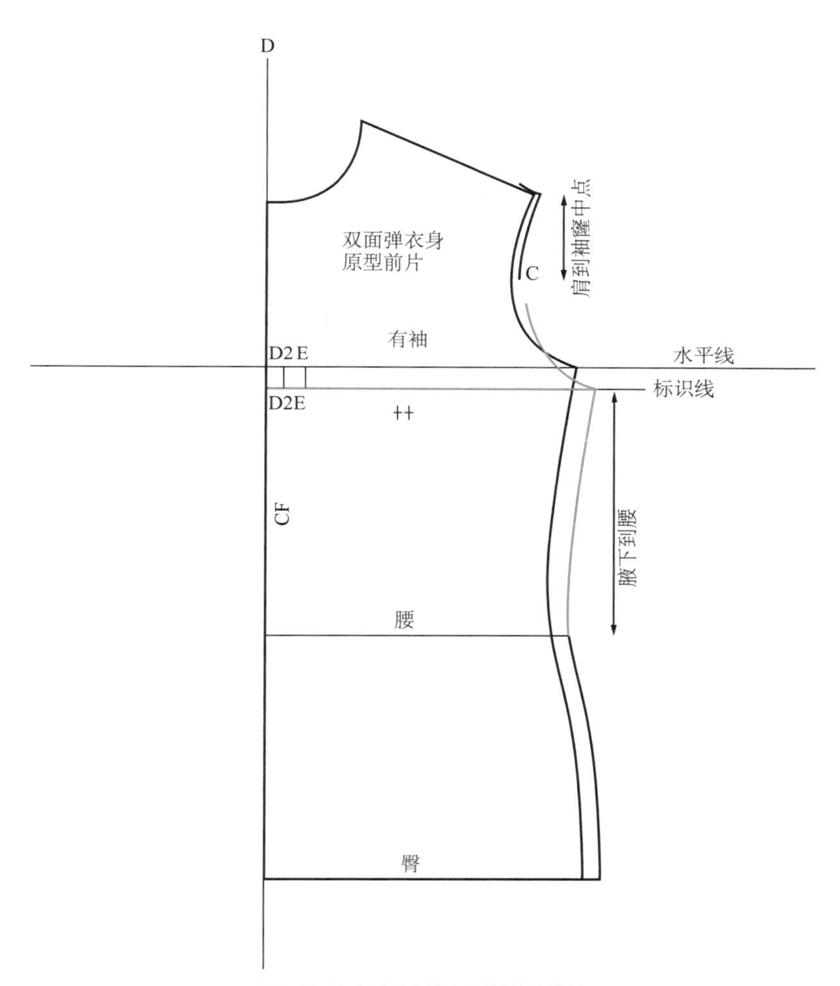

图8.8b 袖底弧线和腋下到腰部的推档

完成袖窿弧线

1. 画出肩线。

2. 画出袖窿弧线，并在袖窿中点拉齐，见图 8.8c。

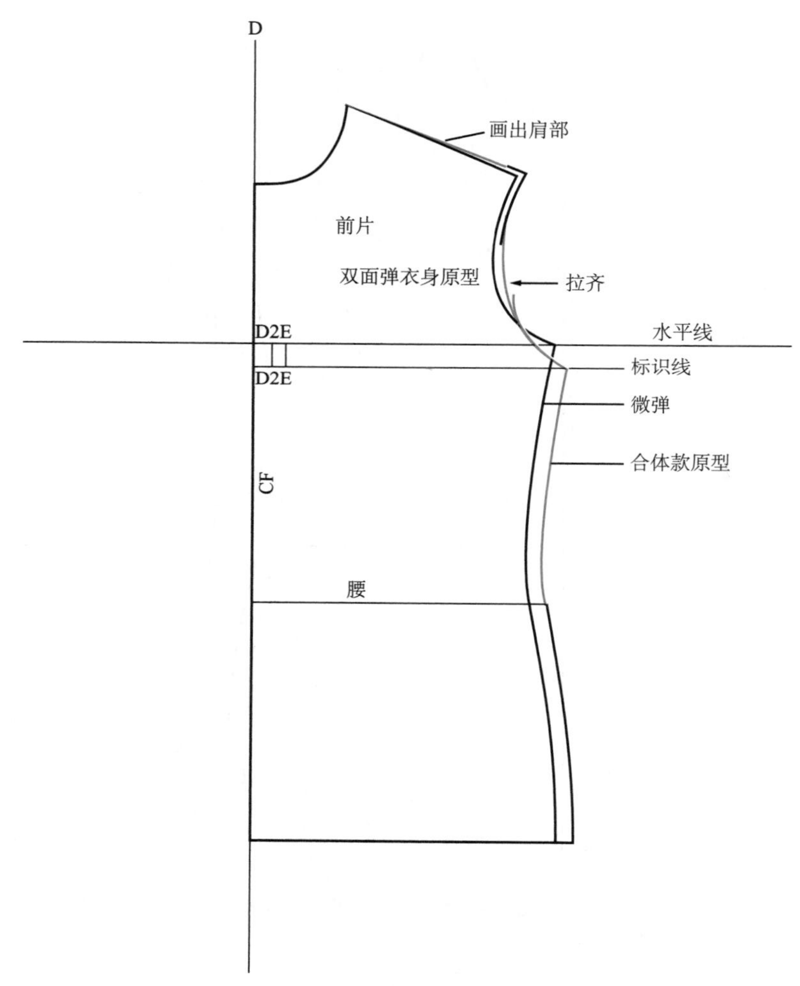

图8.8c 完成袖窿弧线

衣袖推档

1. 沿衣袖原型的袖肥 U1 画出水平公共线。在袖山和水平公共线中间画一条标识线，标注为 X（见图 6.13a）。

2. 绘制推档坐标轴并标记 D（见图 8.7），画一条平行于水平线的标识线。

3. 以 D 为起点，标出档差：

- 袖山增加 = 水平线上的 1/8 英寸（D1）；
- 袖肥增加 = 标识线上 1/4 英寸（D2）。

4. 将原型的水平公共线与水平线重合，在坐标轴上描出衣袖原型。

5. 水平公共线与水平线重合，将 X 移动到 D1。画出从袖山到中点的线条，同时标出袖口。

6. 水平公共线与标识线重合，将 X 移动到 D2，见图 8.8d。画出从中点到腋下的袖底弧线，在胸高点做十字标记。

7. 画一条直线连接腋下和袖口。

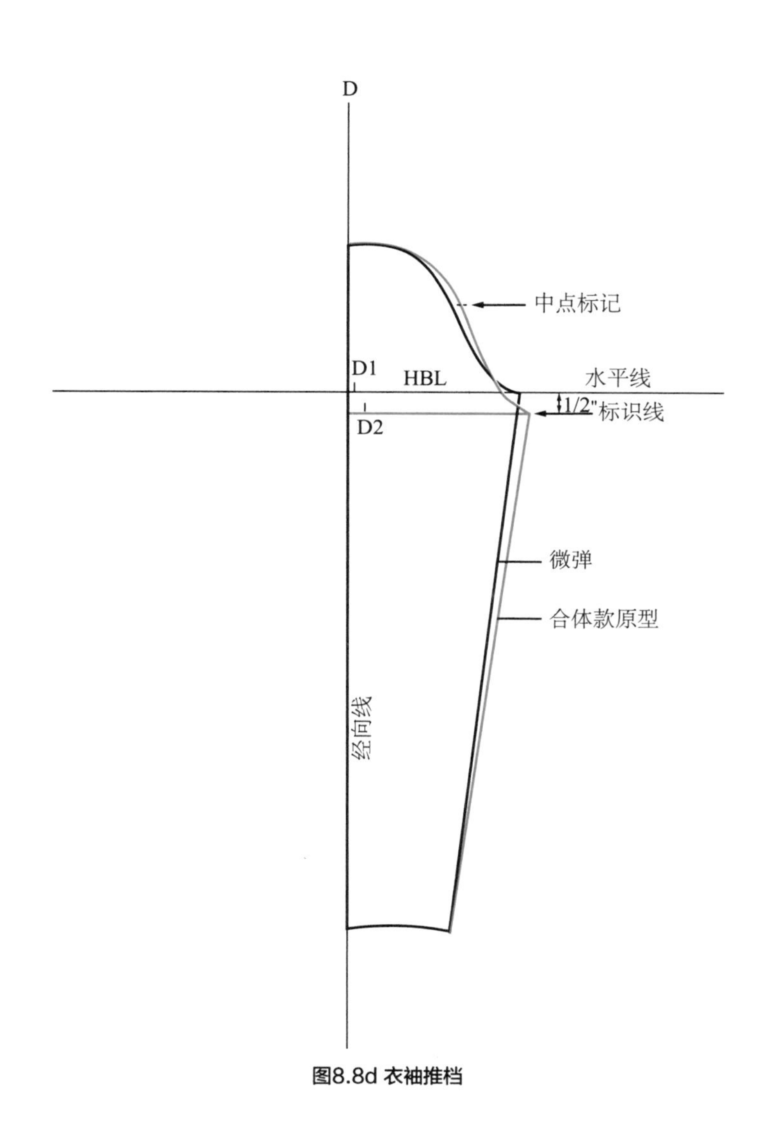

图8.8d 衣袖推档

宽松款

制作宽松款原型，需使用微弹上衣原型进行正向推档。将原型的总衣长增加 6 英寸。表 8.1 列出了推档时档差的增量。

前后片推档

在原型袖窿深线处画一条水平公共线，见图 3.17b，标注好 X，和 C、C3，见图 6.6。

准备推档坐标轴

1. 绘制推档坐标轴并标注 D，见图 8.7。画一条平行于水平线的标识线，见图 8.9a。
2. 以 D 为起点，标出档差：

- 肩长增加 = 水平线上的 3/4 英寸（E2）；
- 1/4 衣长增加 = 标识线上的 $1^1/_2$ 英寸（G）。

描绘原型，进行肩部、腋下推档，画出底边

1. 将原型的 X 点与垂直线和水平线重合。在坐标轴上描出原型。
2. 将原型与水平线重合。将原型的 X 移动到 E2，标出肩部 / 袖窿交点，描到 C 和 C3。在胸高点做十字标记。
3. 将原型与标识线重合。将原型的 X 移动到 G，标记处腋下 / 侧缝，并画出底边，见图 8.9a。

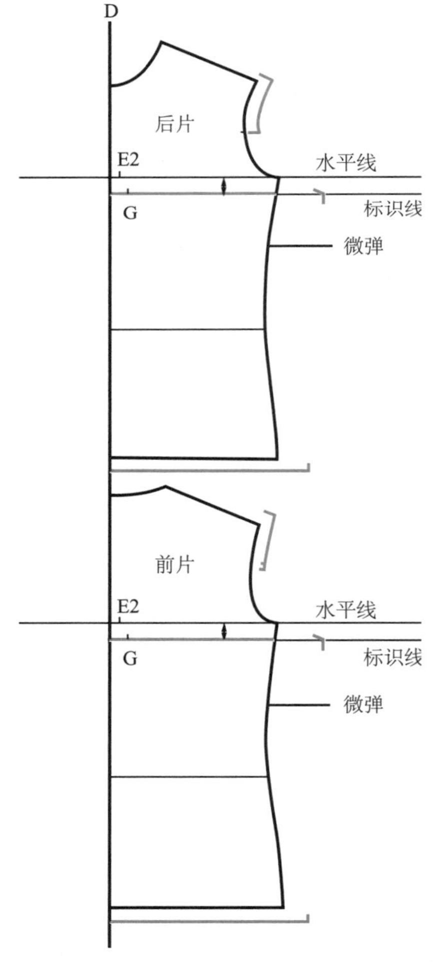

图8.9a 描绘原型，进行肩部、腋下推档，画出底边

绘制肩线、袖底弧线和侧缝

1. 画出直的肩线和侧缝。
2. 在腋下画一条 1/4 英寸的垂线。使用曲线板完成袖底弧线，见图 8.9b。然后测量前／后袖窿长度并记录。

衣袖推档

1. 沿衣袖原型的袖肥 U1 画出水平公共线。在袖山和水平公共线中间画一条标识线，标注为 X，见图 6.13a。参考表 8.1 的推档量度表。
2. 绘制推档坐标轴并标记 D（见图 8.7），画一条平行于水平线的标识线。
3. 以 D 为起点，标出档差：
- 袖山增加 = 水平线上的 3/8 英寸（D3）；
- 袖肥增加 = 标识线上 3/4 英寸（E2）。
4. 将原型的与垂直线重合，水平公共线与水平线重合。在坐标轴上描出衣袖原型。
5. 水平公共线与水平线重合，将 X 移动到 D3，描出到中点的袖山弧线。
6. 水平公共线与标识线重合，将 X 移动到 D2，画出从中点到腋下的袖底弧线，标出袖口、画出袖长，见图 8.9c。

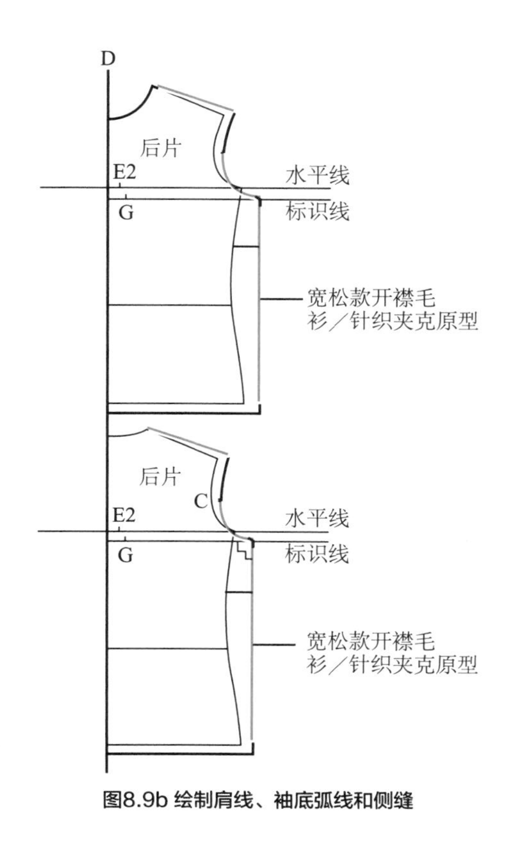

图8.9b 绘制肩线、袖底弧线和侧缝

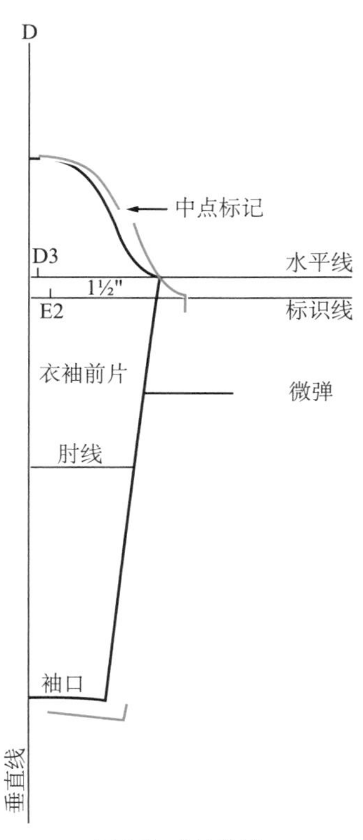

图8.9c 衣袖推档

完成袖山和袖下线

1. 完成袖山弧线。

2. 画一条连接袖底和袖口的直线。

3. 将肘线降低，降低的量是水平线和标识线之间距离的一半，见图 8.9d。

4. 见第 6 章“拼合衣袖和袖窿”部分来拼合衣袖和袖窿。参考图 6.10 和图 6.11 调整袖山／袖窿配伍。

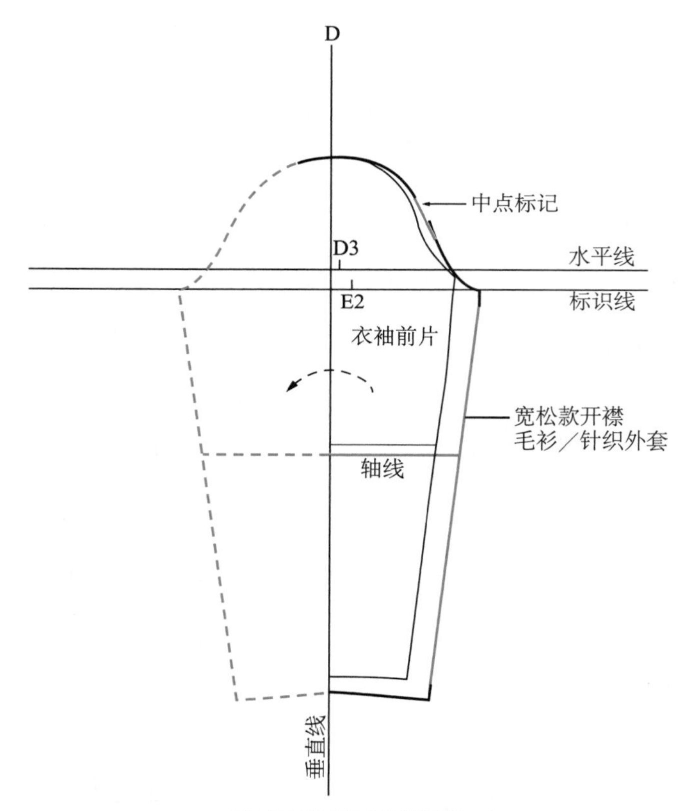

图8.9d 完成袖山和袖下线

特大款

制作特大款原型，需将微弹原型前后片的总衣长增加 8 英寸。腋下和袖底弧线降低 2 英寸来加大袖窿。表 8.1 列出了推档时需增加的量度。

前后片推档

1. 在原型袖窿深线处画一条水平公共线，见图 3.17b。前后片的推档方法相同。
2. 准备好推档坐标轴，见图 8.7，画一条平行于水平线的标识线。
3. 以 D 为起点，标出档差：

- 肩长增加 = 水平线上的 1 英寸（F）；
- 1/4 衣长增加 = 标识线上的 2 英寸（H）。

4. 在推档坐标轴上描出（有袖）双面微弹原型的前／后片。
5. 将水平公共线与水平线重合，X 与 F 重合，画出肩线／袖窿交点到袖窿 C 和 C3 处的线条。
6. 将水平公共线与标识线重合，X 与 H 重合，在腋下／侧缝和底边／侧缝处做十字标记。完成底边。
7. 画出肩线和侧缝。
8. 将曲线板斜放在腋下到袖窿中点 CC3 的位置，描出袖底弧线，在两条线相交处圆顺线条，见图 8.10a。

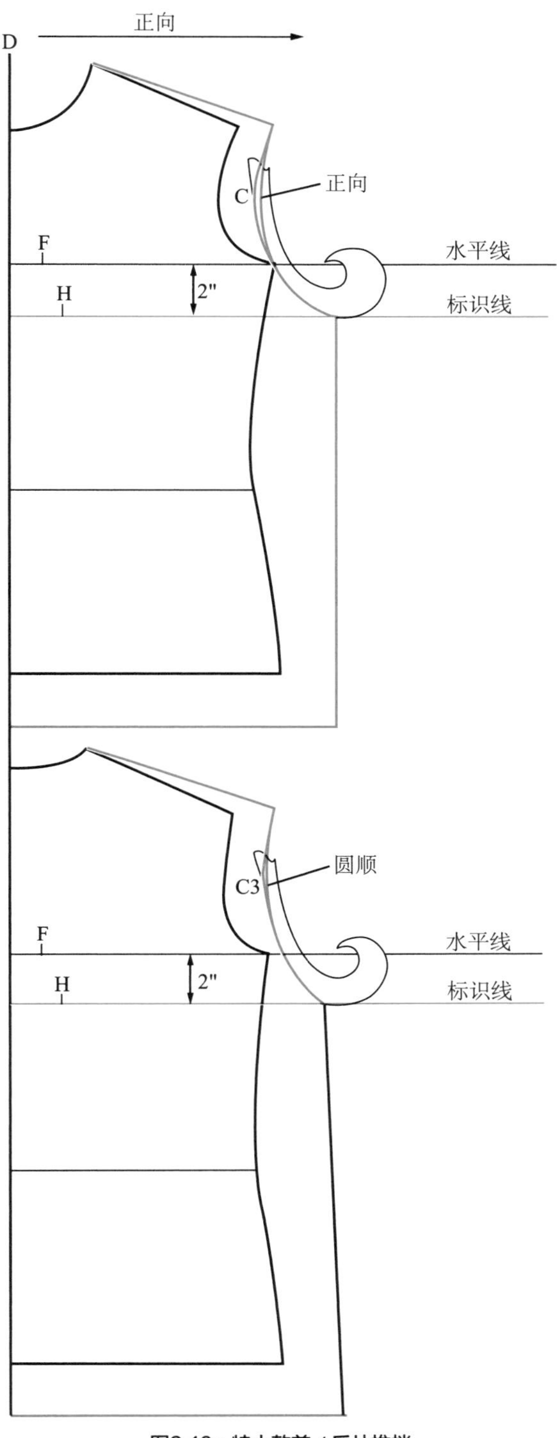

图8.10a 特大款前／后片推档

绘制衣袖

由于需加宽前／后袖窿，特大款的衣袖成了落肩袖，因此需要重新绘制特大款的衣袖，而不再使用微弹衣袖原型进行推档。

1. 测量前／后袖窿总长并记录。
2. CW：袖长减少 1 英寸。（见图 5.5b 确定袖长。）
3. CD：1/4 英寸直角。
4. WB：袖口的一半加 $1^{1}/_{4}$ 到 $1^{1}/_{2}$ 英寸，从 W 点垂直延伸出去。
5. CA：4 英寸，画一条垂直线并标注袖肥。
6. UD：将放码尺置于 C 点，倾斜尺身直到袖窿半长与直线 U 相接。
7. UB：画出袖底线，与 B 处形成直角，如图所示。
8. 将标识线 UC 四等份。如图 8.10b 所示画出袖山弧线，再次测量袖山弧线，落肩袖不能有放松量，如不合适需调整长度。
9. CE：CW 的一半。画一条垂直线，标记为肘线。
10. 描出衣袖的另一边，完成特大款衣袖。

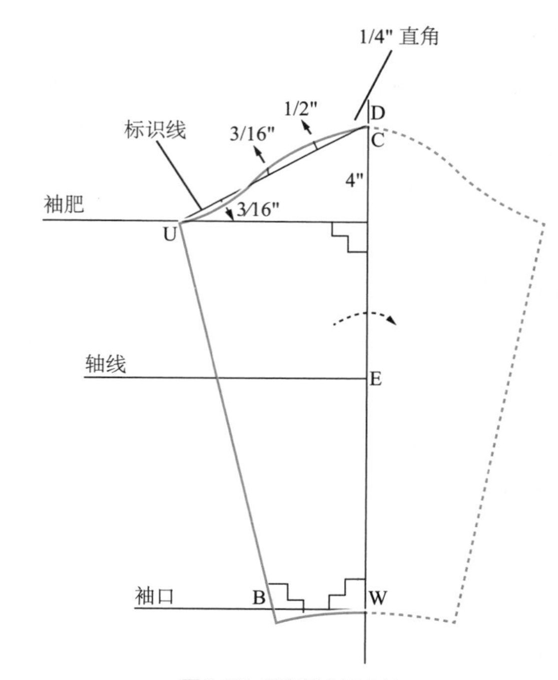

图8.10b 绘制特大款衣袖

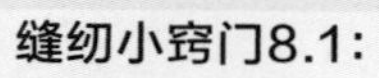

缝纫小窍门8.1：

领口调整

绘制完原型之后，需降低／加宽领口，以确保服装套在其他衣物外边时能够感觉穿着舒适。调整完整体之后，领口长度应比原始长1英寸。

1. 将前领口降低1/2英寸。
2. 肩线／领口外移1/4英寸。
3. 画一条平滑的领口弧线（见图8.11）。

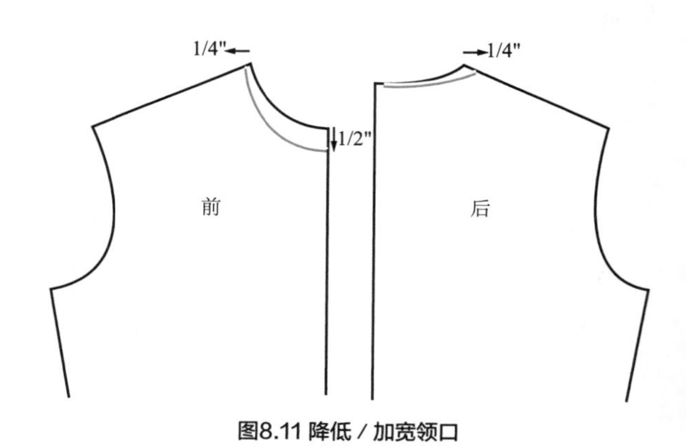

图8.11 降低／加宽领口

裁剪缝纫

原型完成后（领口也调整完毕），用微弹坯布把原型裁剪、缝纫出来。

1. 在折叠的面料上裁剪出后片。
2. 裁剪两张前片。加 1 英寸的门襟（button extension），以便在开襟毛衫上钉扣和锁扣眼（可翻到图 8.14 进行参考）。在前片中部画一条线。
3. 在肩部、袖窿和侧缝（但不包括领口）加放 1/4 英寸缝份。
4. 缝纫坯布，见表 8.2 中的缝纫工序。

表8.2 开襟毛衫缝纫工序

试样

将坯布穿在人台上，用大头针将前片的中部固定在一起，然后固定住需要调整的部位。最后，将这些调整标记在纸样上。

重点关注以下几点。

- 检查服装的宽松程度是否和你预想的相符；
- 检查袖孔是否合身。可能需要找他人穿着坯布试样来进行判断。

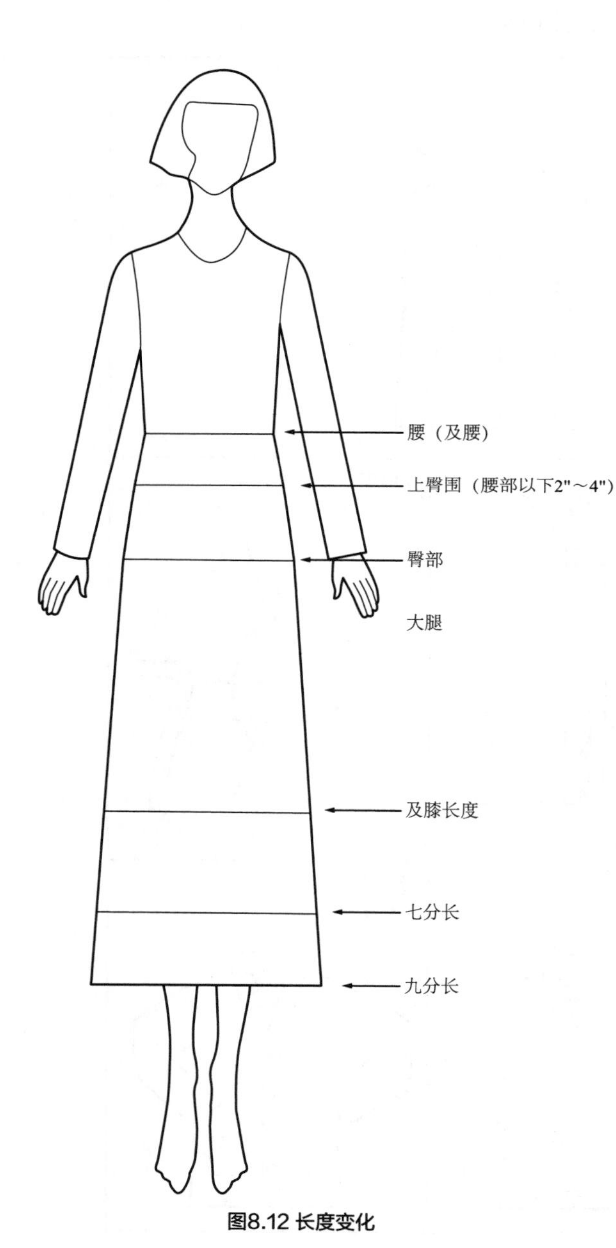

图8.12 长度变化

长度变化

开襟毛衫和夹克设计成各种长度，例如以下这几种（见图 8.12）。

- 及腰——裁剪至自然腰线。
- 上臀围——腰部和臀部之间。
- 大腿长——臀部和膝盖之间。
- 及膝——膝盖中间。
- 七分长——小腿中部。
- 九分长——小腿中部到脚踝。
- 及踝——地面以上几英寸。

轮廓变化

开襟毛衫和夹克可以是合体的、宽松的、笔挺的（boxy）、直裁的、楔形的、A 字形的或喇叭形的、不对称的、V 领或圆领的、有领或无领、或是有兜帽的，见图 8.13。合体的轮廓能够贴合身体形状。相比之下，宽松的轮廓不会紧紧贴合身体，因为款式宽松的服装留有足够的放松量。

重点8.1：

使用哪款原型

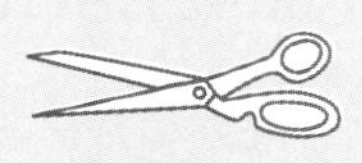

在进行开襟毛衫、毛衣和针织外套的制板时，需要确定服装是合体款、宽松款还是特大款。接下来，根据合体程度来绘制合适的原型。另一个需要考虑的因素是根据合体程度来选用面料的种类、重量和悬垂性。（见第1章“面料选择”部分。）

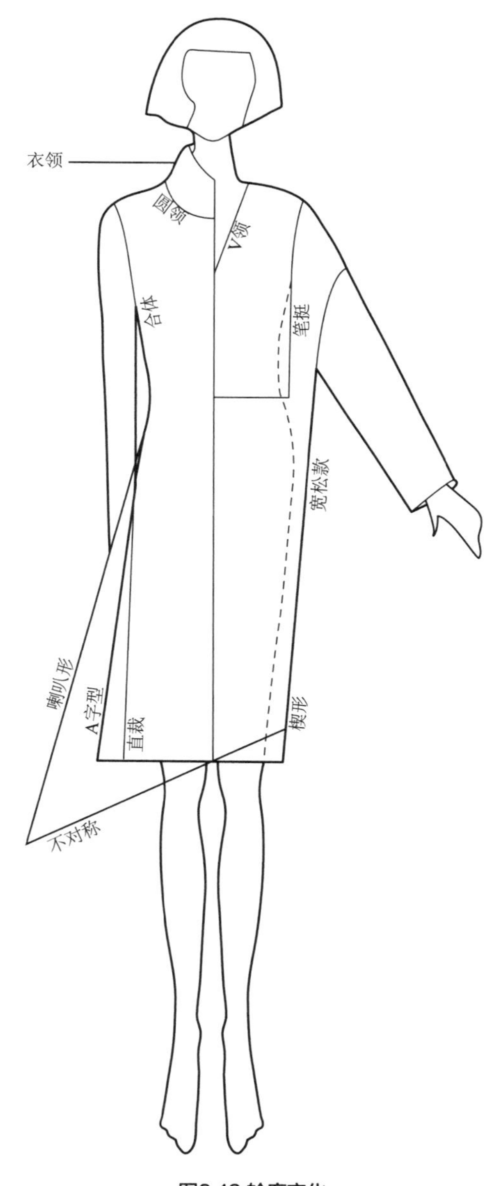

图8.13 轮廓变化

开襟毛衫的制板

夹克和开襟毛衫都可以使用双面弹和四面弹针织面料制作。设计开襟毛衫时，需要用图 1.6 中的拉伸性量表对计划使用的面料进行拉伸性测试。你设计的开襟毛衫应与面料的种类和重量相匹配，见第 1 章“针织面料的设计”部分。如果你设计的服装有口袋，那么可以通过本章了解 3 种口袋的制板方法。开襟毛衫可以是开敞的、缀扣的或用垂尾腰带闭合。如开襟毛衫有纽扣，就必须在前中心线处加门襟和里襟，以便缝制纽扣和扣眼。

门襟／里襟

门襟 / 里襟的制板见图 8.14。

1. 在前中心线加一条与纽扣宽度相等的门襟。例如，纽扣直径为 3/4 英寸，则门襟为 3/4 英寸。
2. 第一个扣眼位于（领口以下）纽扣半径加 1/4 英寸处。
3. 扣眼可以是水平的或是垂直的。扣眼应比纽扣直径长 1/8 英寸。

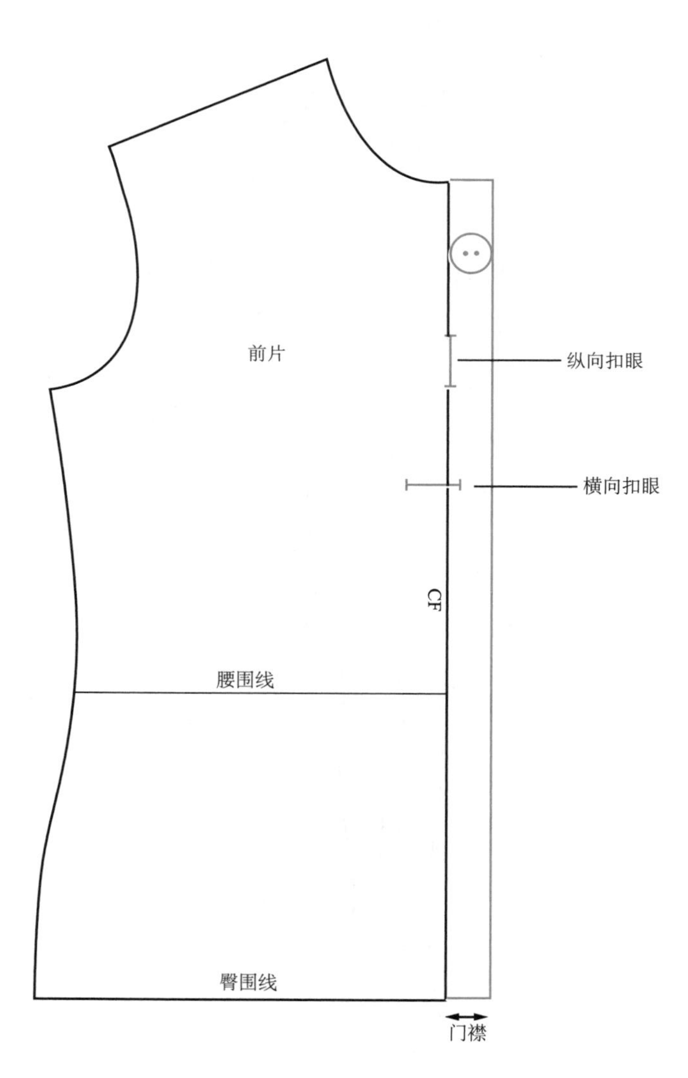

图8.14 加门襟 / 里襟

缝纫小窍门8.1：
缝纫纽扣和扣眼

1. 扣眼缝在服装的右手边，纽扣钉在左手边，见图8.15。
2. 钉好纽扣后，服装的右前片应叠在左前片上，前中心线对齐。

开襟毛衫的口袋

口袋的大小要满足使用的需求，高度合适，方便手插入。设计口大尺寸时可用自己的手作为参考。

口袋的种类有以下几种。

- 贴袋（patch）——贴袋缝在服装外部。下沿可以是方形、圆形或有棱角的。上沿可以加贴边或镶边。（见图 8.16 和图 8.17 绘制贴袋。）
- 插袋（inseam）——插袋嵌入到服装接缝处，如过肩、侧缝或公主线。袋布（pocket bag）与缝份相连接，位于服装内部（见图 8.34 绘制插袋）。
- 挖袋（slash）——挖袋缝在服装的垂直、水平或斜向的切口处。口袋缝在切口处，位于服装内部。单嵌线挖袋（welt）和拉链挖袋（zip-up）都属于挖袋。（见图 8.39 和图 8.40 绘制单嵌线挖袋，见图 8.51 绘制拉链挖袋。）

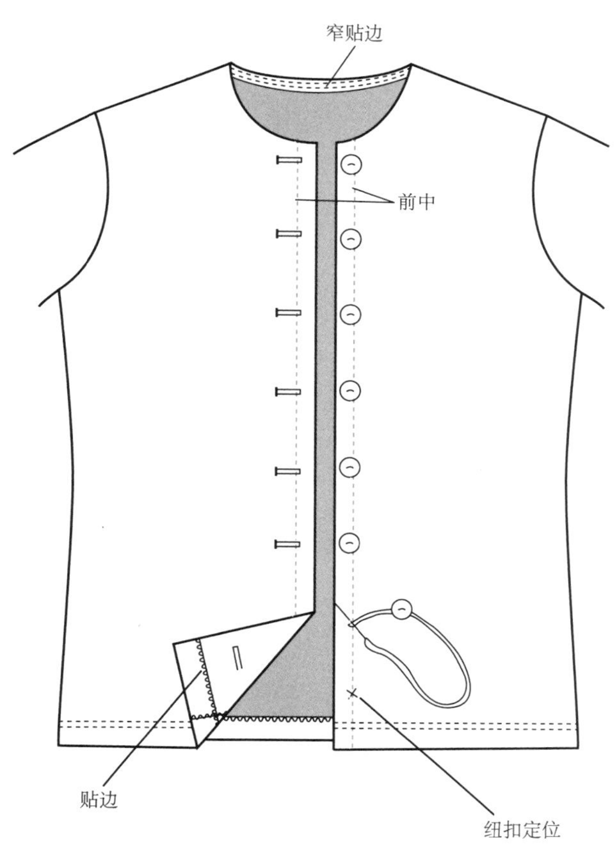

图8.15 缝纫纽扣和扣眼

前缀纽扣开襟毛衫

不同长度的各种开襟毛衫都可以缀有纽扣。接下来你将会学习绘制两种前缀纽扣的开襟毛衫——覆盖上臀围和臀部的开襟毛衫。

有镶边贴袋的 V 领开襟毛衫

镶边是开襟毛衫领口收边的常用方法。镶边是由两部分组成、在后中心线形成接缝的直布条。

绘制纸样

1. 在样板纸上描出原型前／后片，并确定长度，见图 8.16a。
2. 镶边宽度为纽扣直径的两倍。例如，纽扣直径是 3/4 英寸，那么镶边的完成长度就是 $1^{1}/_{2}$ 英寸。
3. AB：画出开襟毛衫前襟止口的轮廓，从肩部开始延伸到前中心线以外镶边宽度一半的位置。
4. CD：平行于止口 AB 画出前片镶边的宽度。
5. CE：平行于领口画出后片镶边的宽度。

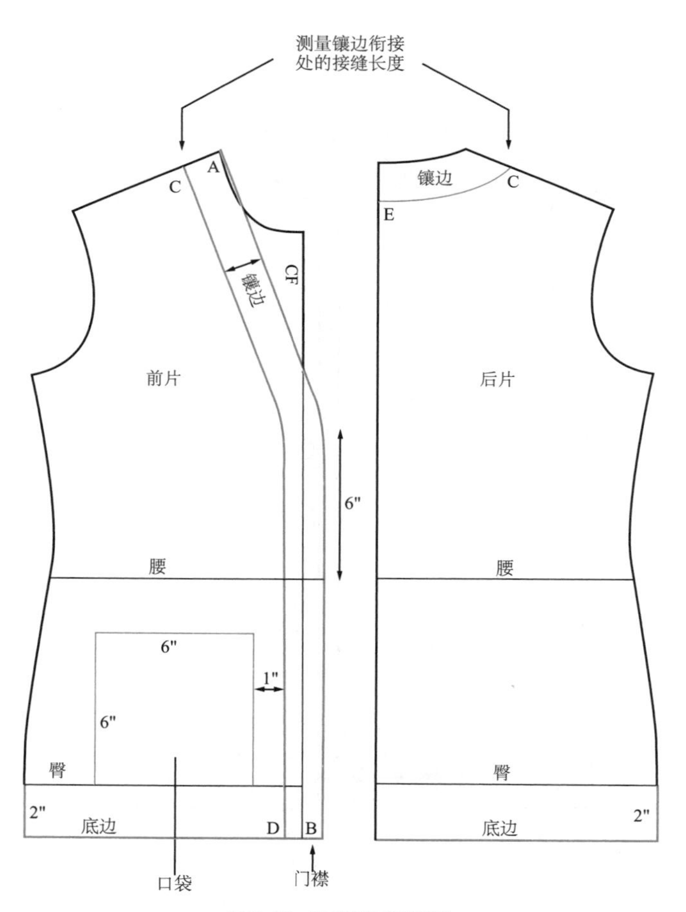

图8.16a 绘制前后片纸样

绘制镶边

1. 测量镶边缝纫位置的前 / 后接缝 CE 和 CD 的长度。在样板纸上画一条与其长度相同的直线，见图 8.16b。
2. 画出镶边纸样，宽度为完成宽度的两倍。在 C 处做剪口，以便于在肩缝处对位。这里不需要缩减镶边的长度。缩减镶边长度会使得开襟毛衫前片长度变短，而且缝纫完成的效果会不理想。

绘制贴袋

1. 参考你的手掌大小，在纸样上画出口袋的轮廓，见图 8.17。
2. 在工作样板上描出口袋。
3. 在上沿加 1 英寸贴边。
4. 在口袋其他边缘加 1/2 英寸缝份。

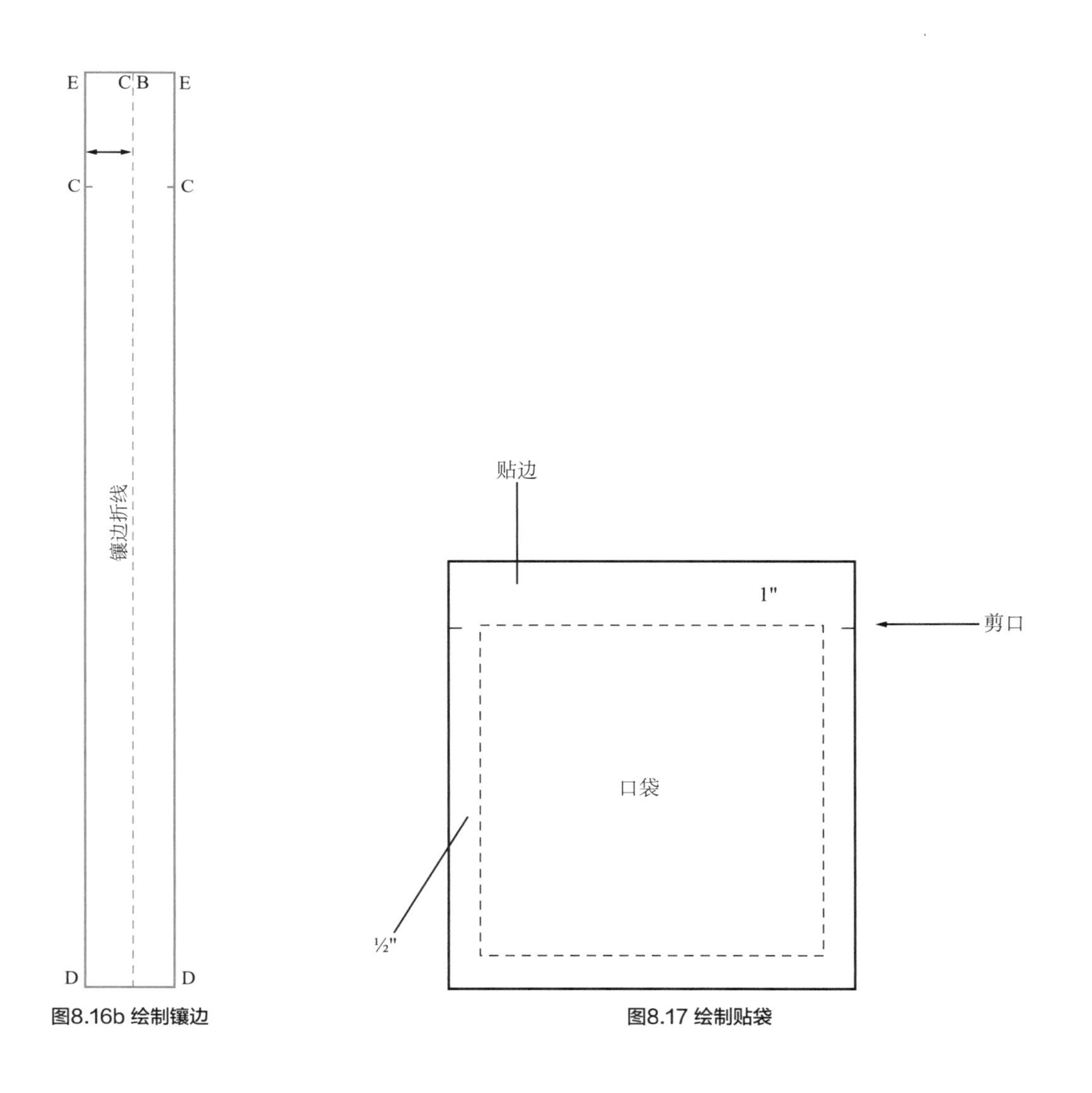

图8.16b 绘制镶边

图8.17 绘制贴袋

校样

1. 从工作纸样上沿着缝纫镶边的缝线描出前／后片，标记口袋位置。
2. 在纸样边缘加放 1/4 英寸缝份，加放 1 英寸下摆卷边。
3. 标记纸样，画出定向经向线，注明需裁剪的样片数量。

缝纫小窍门8.2：

缝制V领开襟毛衫

按照表8.2中的缝纫工序缝制图8.18中的V领镶边开襟毛衫。然后标记纽扣的位置（其中一颗纽扣置于腰围线处）。最后，在镶边上缝制纵向扣眼。

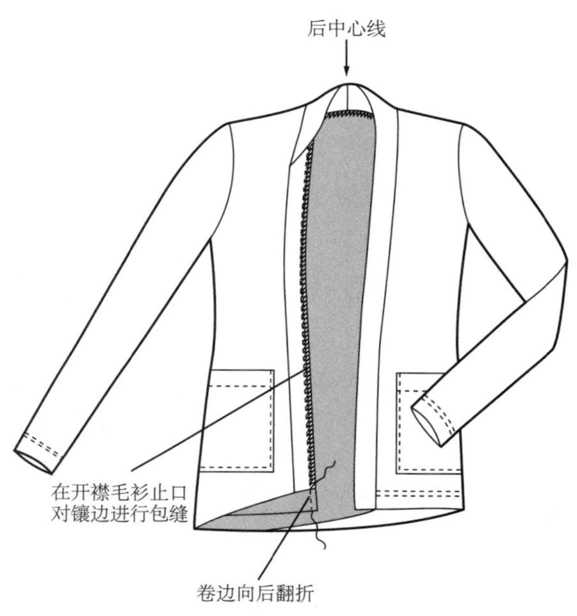

图8.18 缝制V领开襟毛衫

立领蝙蝠袖开襟毛衫

可以使用合体款、宽松款或特大款原型制作蝙蝠袖开襟毛衫。这款开襟毛衫的特点之一为立领（build-up neckline），领口和前襟都有贴边。

绘制纸样

在样板纸上描出原型，并绘制蝙蝠袖，见图6.45。标注前／后领口中心线 EF。

然后对纸样进行如下调整。

1. 加宽七分袖，沿宽边对袖下线进行加高和修弧，见图 8.19a。
2. 画一条从肩部到前／后中心线的切割线，标记区域①和②，见图 8.19a。
3. 从工作纸样上描下纸样，然后将纸样切开／展开，见图 8.19b。

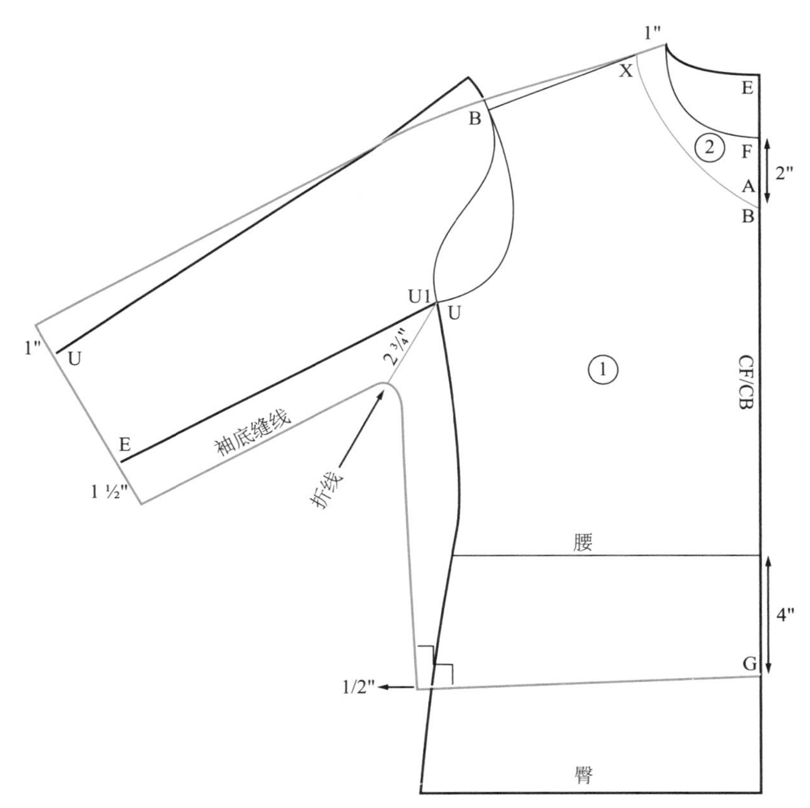

图8.19a 立领开襟毛衫

绘制贴边

1. EG：在前后领口画一条垂直线。
2. 平行于 EG 加 1 英寸的外延部分，标注为“折线”。
3. 沿折线折叠纸样，描出前领口和 2 英寸的肩线。
4. 描出后领口和 2 英寸的肩线。
5. 画出贴边止口的轮廓。
6. 在将贴边肩线边缘的位置将高度降低 1/8 英寸。

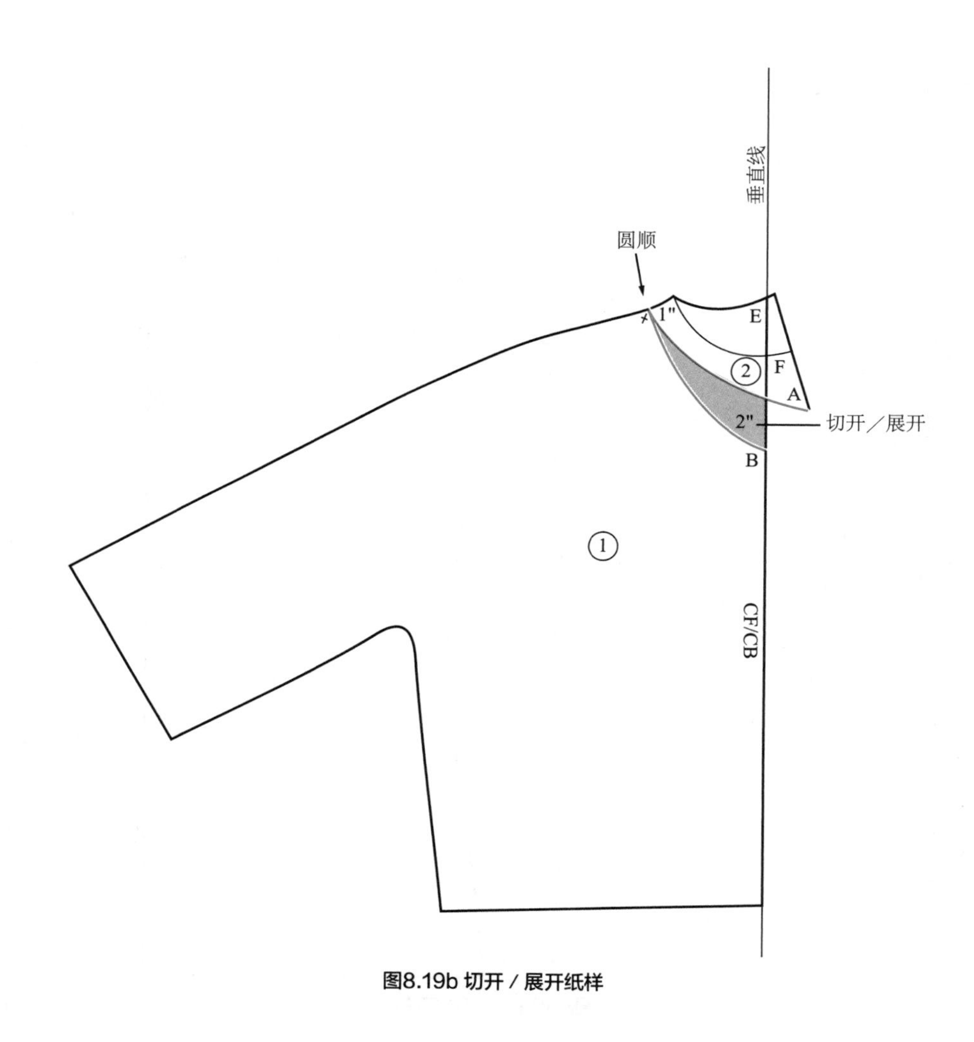

图8.19b 切开 / 展开纸样

绘制衬布纸样

1. 描出从折线到贴边止口的前片贴边纸样，并做好标记。
2. 注明后片贴边也必须裁剪衬布，见图 8.20。

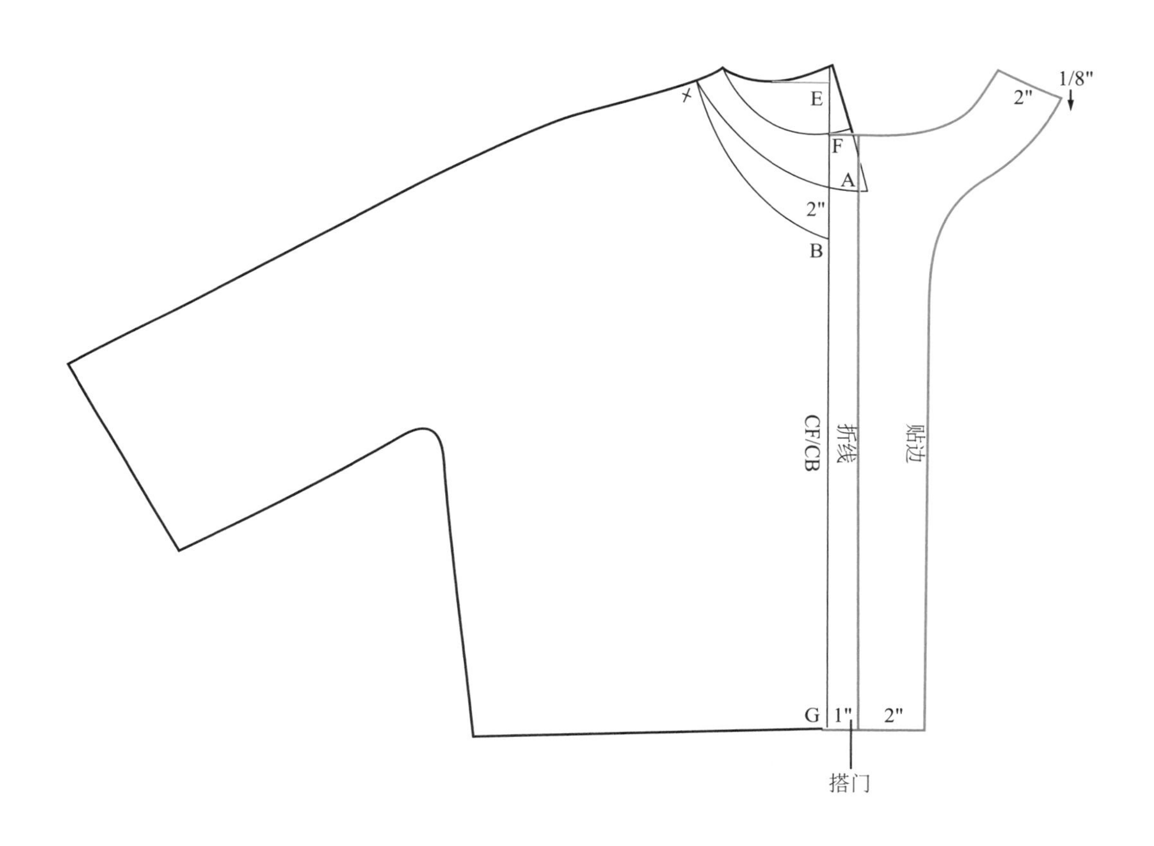

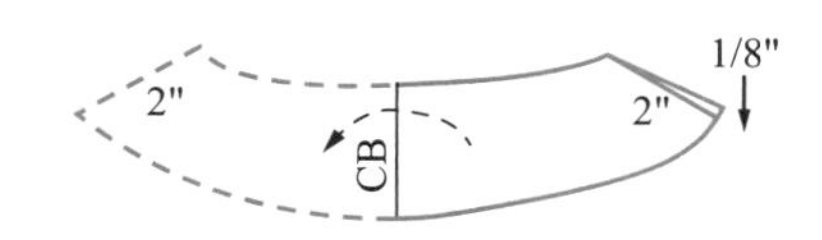

图8.20 绘制前后贴边

校样

1. 加放 1/4 英寸缝份（包括贴边止口）。
2. 加放 2 英寸卷边。
3. 绘制定向经向线。
4. 用文字标注纸样和需裁剪的样片数量，见图 8.21。

缝纫小窍门8.3：
缝制蝙蝠袖开襟毛衫

1. 给贴边加挂面。
2. 缝合开襟毛衫和贴边的肩缝，在贴边止口处包缝。
3. 将贴边缝纫在领口处，缉暗线，翻转、熨烫黏合，然后在距止口2英寸处缉明线，见图8.1（b）。
4. 缝合侧缝和底边。
5. 缝制纵向扣眼。

无扣开衫

接下来你将制作的开襟毛衫，前襟都是开敞的。这种开襟毛衫也可以加上很舒适口袋。

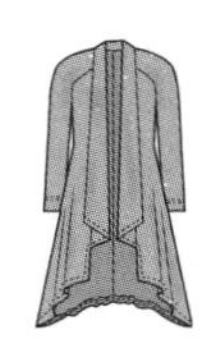

有领的喇叭形开衫

这种开衫长度及膝，下半部分沿侧缝外展，而上半部分仍旧是合体的。衣领也是喇叭形的，在前部形成垂坠效果。

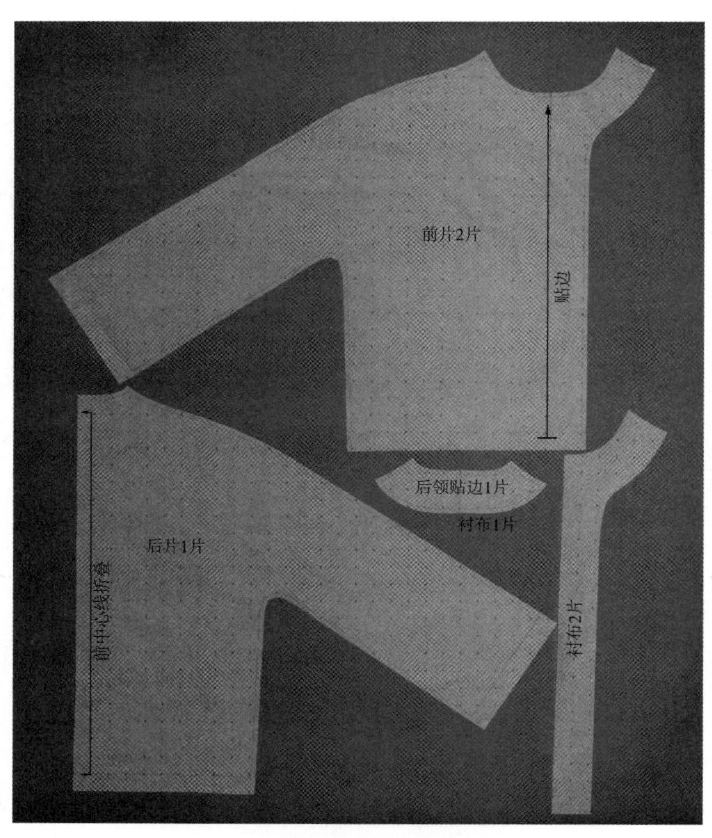

图8.21 立领蝙蝠袖前缀扣开襟毛衫的校样

绘制纸样

1. 描出图 8.8 中绘制的合体款原型前 / 后片和衣袖原型，画出 U 线和腰围线，见图 8.22a。
2. F：将前 / 后中心线长度延长 6 英寸。
3. G：将前 / 后侧缝长度延长 12 英寸，在侧缝处画一条 2 英寸的垂直线，画出 A 字型侧缝。
4. FG：画一条斜向的前底边线，标出中点，画出经向线（与前中心线平行）。
5. K：腰围线上后中心线向内取 1 英寸。
6. H：底边线上后中心线向外取 1 英寸。
7. KHF：画一个直角。
8. FG：在后底边线部分画一条标识线。标出中点，画出经向线（平行于前中心线）。
9. HG：画一条弧形后底边线。

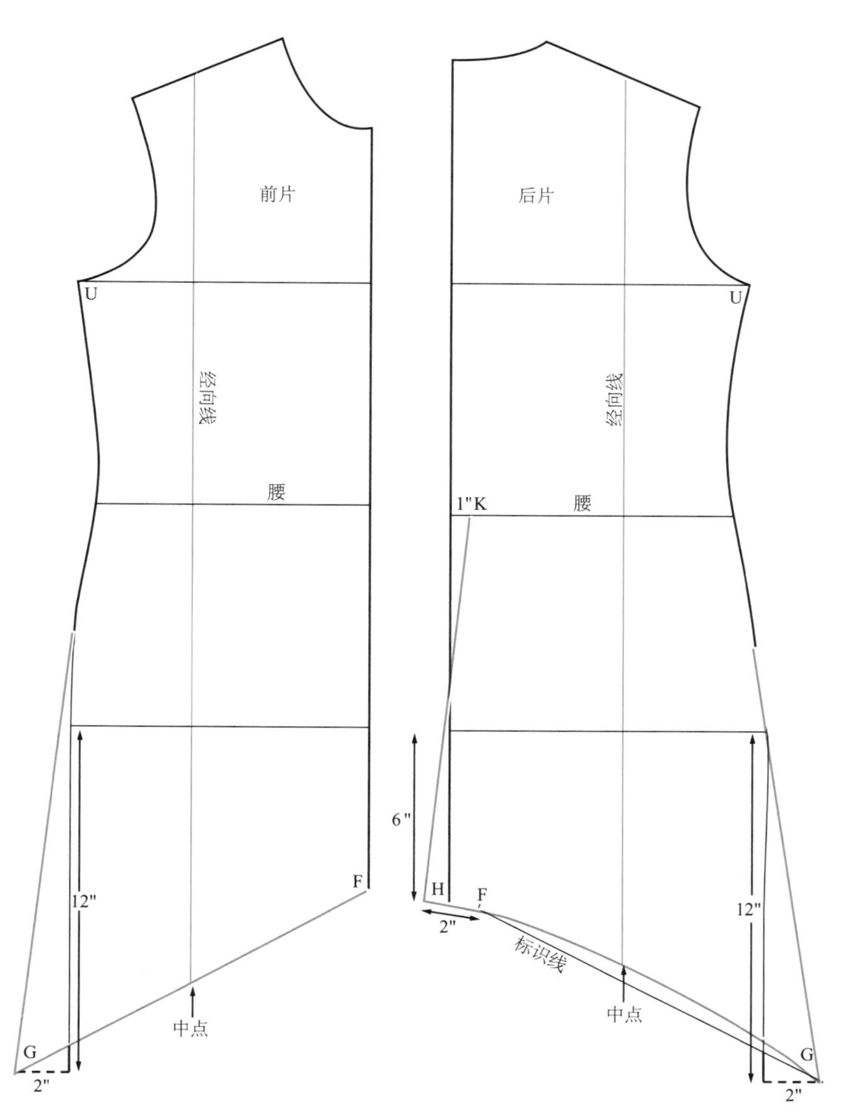

图8.22a 绘制前后片

绘制领口、过肩和切割线

1. CXF：在前片上画出装领线（X 位于腰节上方 2 英寸）。
2. CD：画出后片领口。
3. YE：画一条斜的前过肩线。
4. UY：测量前袖底弧线的长度，将这个长度转移到后片。
5. YI：画一条后过肩线。
6. IXK：画出形状合适的后中心接缝。
7. J：将直角尺置于 JX 线处，画一条垂直的过肩线。
8. XAB：画出前 / 后切割线，标记区域①、②和③，见图 8.22b。

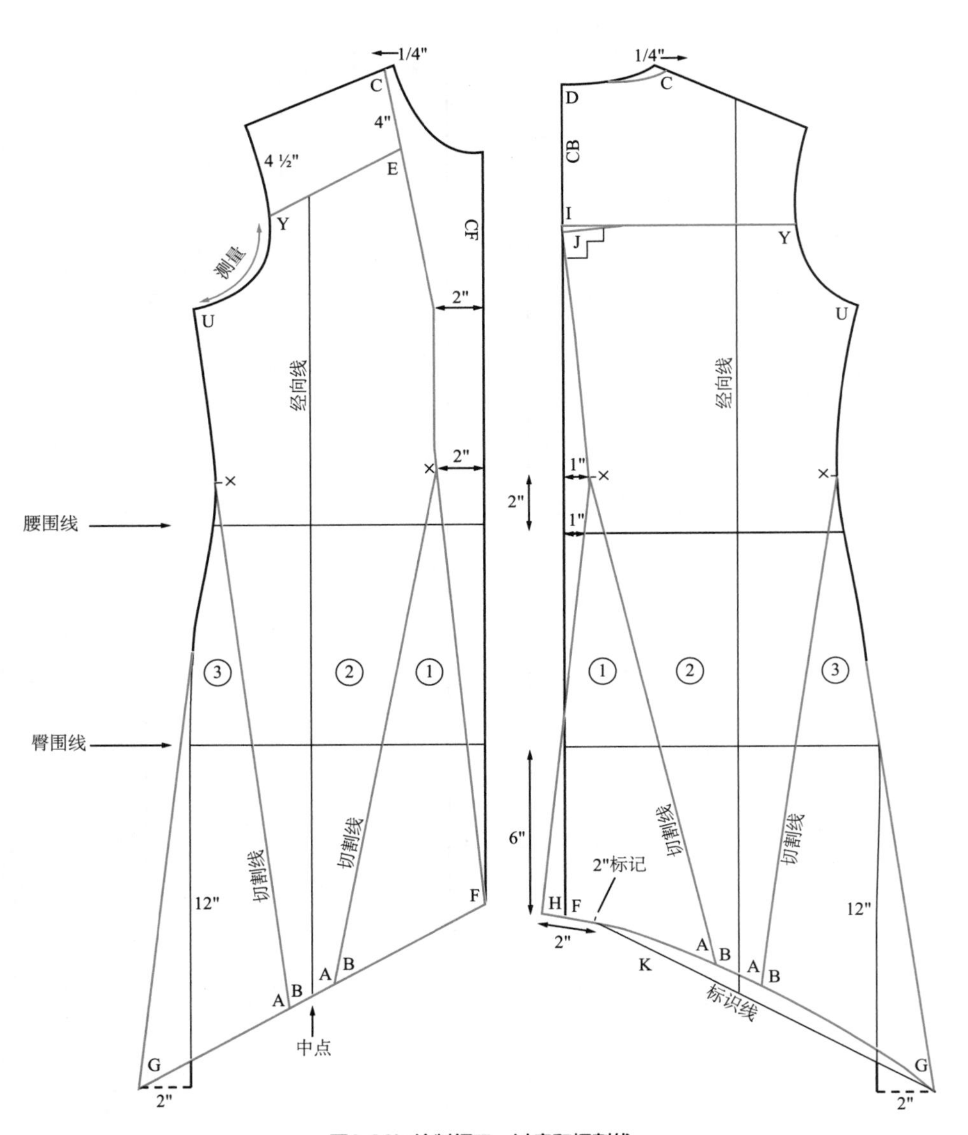

图8.22b 绘制领口、过肩和切割线

切开／展开纸样

1. 从工作纸样上描下前后片，画出切割线并标记区域①、②和③，见图 8.23。
2. 在样板纸上画一条垂直线，将前 / 后片区域②的经向线与垂直线重合并描出。
3. 切开 / 展开区域①和③，放出 3 英寸的空间，然后将各区域描出。
4. FG：画出前片斜底边线。
5. HG：画出后片斜底边线。
6. X：画出圆顺的缝线。

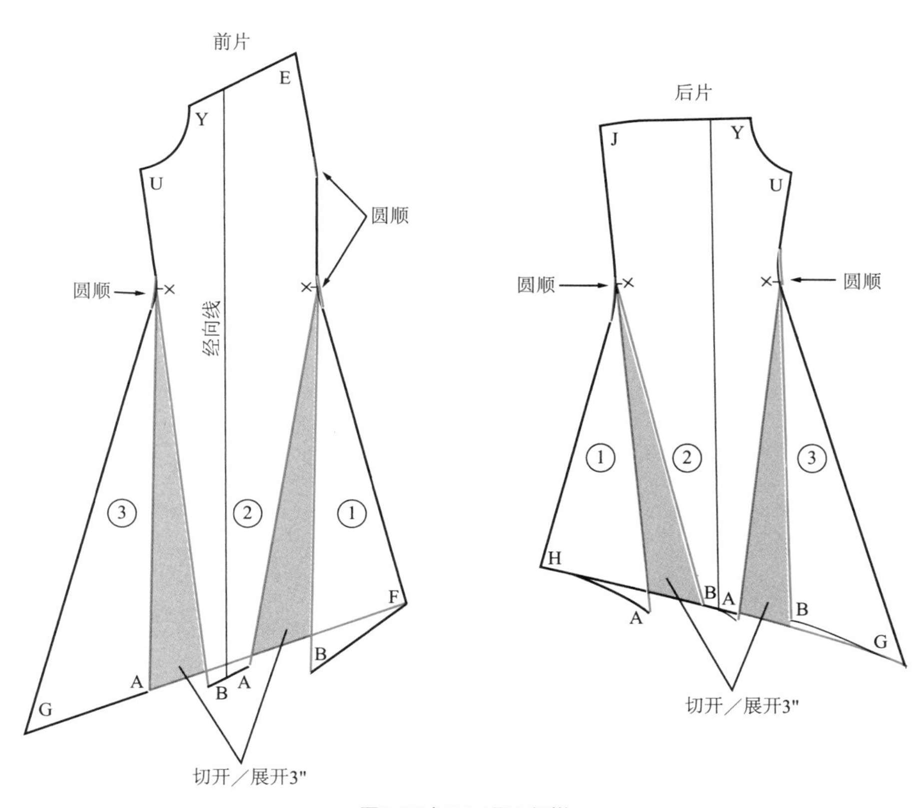

图8.23 切开 / 展开纸样

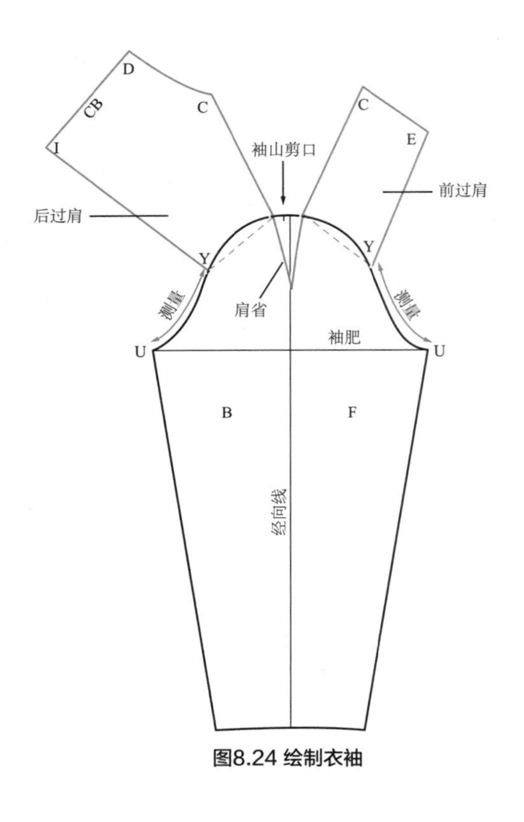

图8.24 绘制衣袖

绘制衣袖

1. 描出衣袖原型，画出袖肥，标记前 F 后 B 袖片，见图 8.24。
2. 将图 8.23 中的袖底弧线 UY 长度转移到纸样上，在袖片的前／后袖底弧线上标记处这个长度。
3. 将前／后过肩置于 Y 处，肩线／袖窿交点位于袖山上，描出过肩。
4. 画一条从肩部到袖山剪口下方 3 英寸的弧形省，需要留出 3/4 英寸至 1 英寸的空间做省。如果没有空间做省，则见图 8.25b。
5. 在 C 点拼合肩缝，然后画一条平滑的领口线。

没有空间做省的衣袖

增加过肩之后，如果袖山部分没有空间做省，就可以将纸样切开／展开，插入省，见图 8.25a 和图 8.25b。

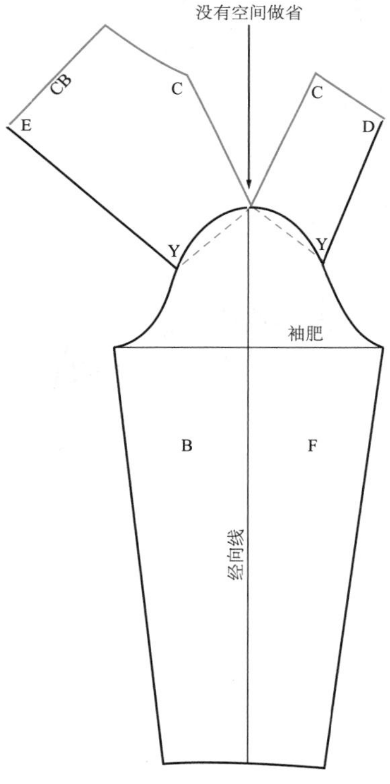

没有空间做省
CB
C
E
C
D
Y
Y
袖肥
B
F
经向线

图8.25a 没有省量的衣袖

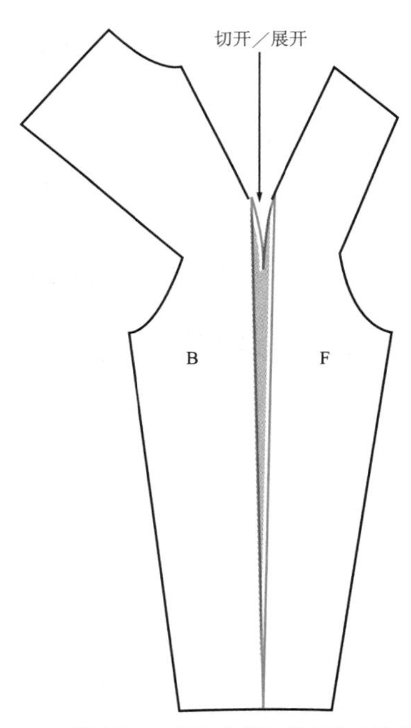

图8.25b 通过切开／展开纸样加放制作省的空间

绘制衣领

1. 测量前后片上装领线的长度。
2. 在样板纸上画一个直角，在垂直线上做以下标记。
- DC：后领口。
- CE：肩到过肩。
- EF：过肩到衣领的长度（开襟毛衫底边以上 5 英寸）。

3. DH：画一条 $2^1/_4$ 英寸长的垂直线。
4. 在水平线上，标记出衣领的宽度，再画一条垂直线向上的 6 英寸的线条，见图 8.26。
5. FG：画一条斜的标识线，标出中点，中点下落 1/2 英寸，画出衣领折线和衣领线（collar line）。
6. 沿折线折叠纸样，将衣领的另一边也描出来。

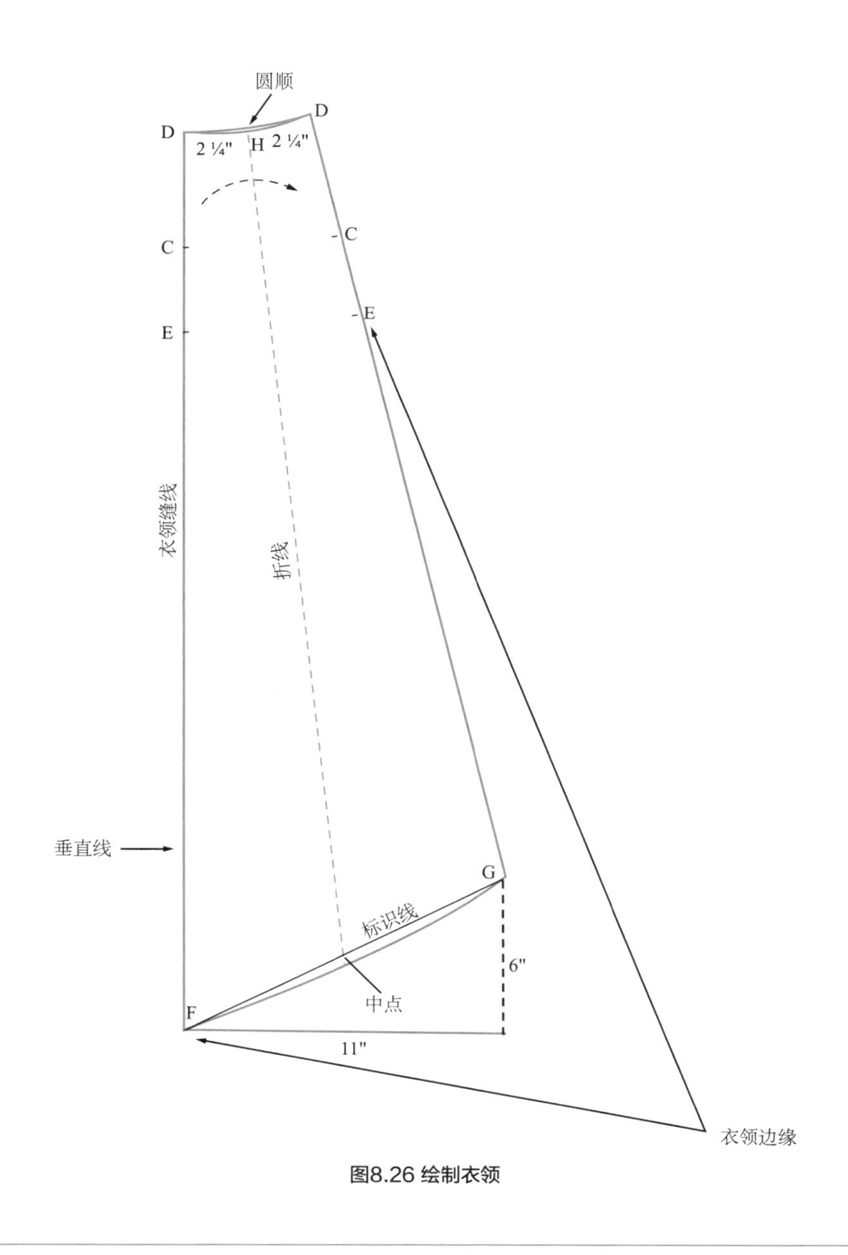

图8.26 绘制衣领

校样

1. 由于领子两侧要缝在开襟毛衫上，因此需要在领子两侧的 DE 处加放 1/4 英寸缝份，见图 8.28。

2. 从 E 点开始环绕衣领和底边的边缘加折边（从衣领接缝处开始），以便进行翻折明缝处理（见制板小窍门 8.2、图 6.63 和图 8.26）。

3. 在纸样的其他边缘加缝份。

4. 标记纸样，画出定向经向线，标注需裁剪的样片数量，见图 8.27。

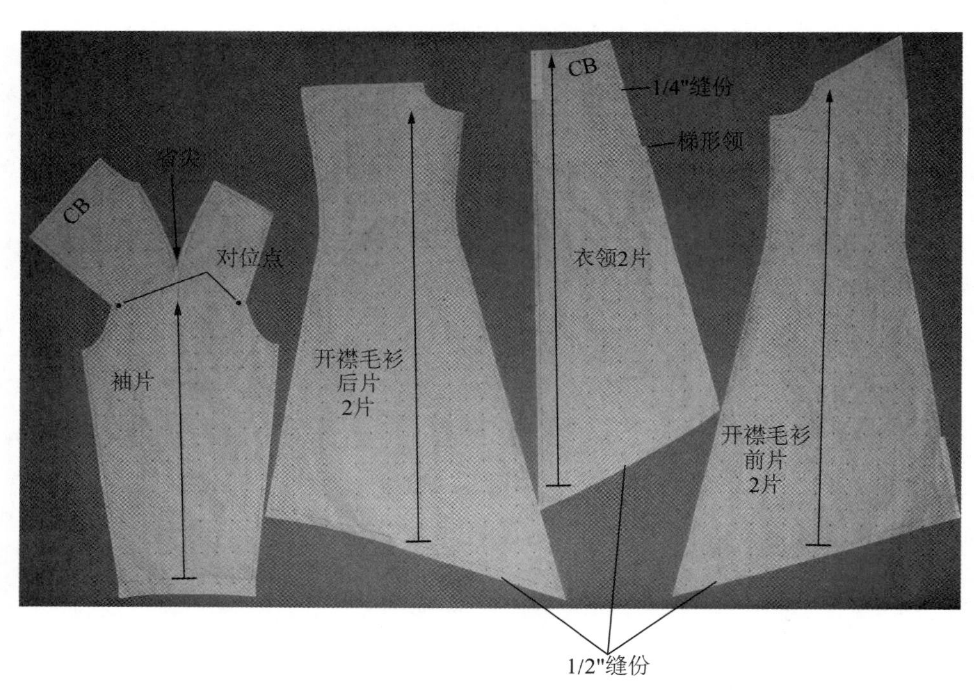

图8.27 有领喇叭形开襟毛衫校样

缝纫小窍门8.2：

翻折明缝的缝份

进行包缝、翻转明缝时，需加放1/2英寸的缝份。如果在边缘进行折叠、翻折和明缝处理，则需加放3/4英寸的缝份。

缝纫衣领

1. 将衣领的 E 点固定在接缝处，然后在衣领边缘用翻折明缝的方式收边，见图 8.28。
2. 折叠衣领，反面相对。将衣领的 ED 边缘缝在开襟毛衫上。
3. 将衣领的其他边缘缝在毛衫的前襟。

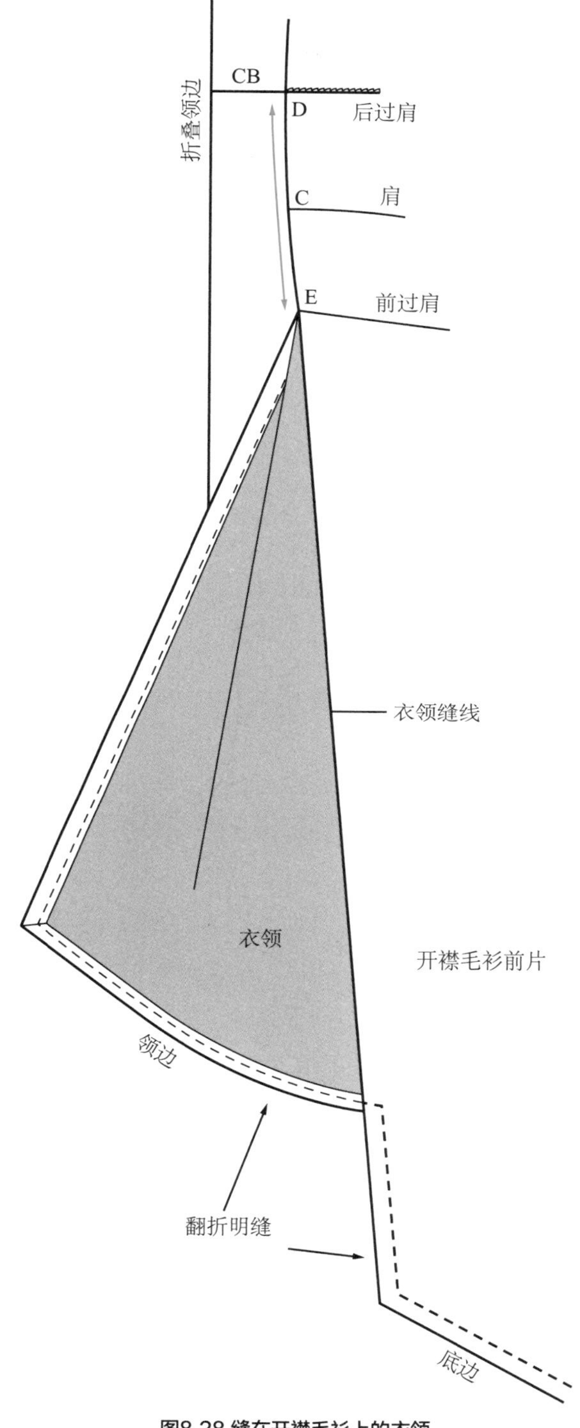

图8.28 缝在开襟毛衫上的衣领

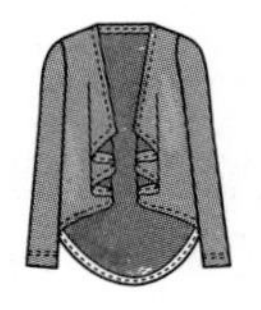

垂褶开衫

这款开衫的边缘在躯体前部中心对齐时会形成垂瀑状造型。绘制这款开衫的纸样时需要使用合体款开襟毛衫原型。开衫的前后纸样拼合在一起，因此没有侧缝。

描绘原型

1. 将前片的两侧描在样板纸上。将原型后片的袖窿深线 U 和腰围线 W 与前片拼合。原型后片与前片的臀部相叠。
2. 如图 8.29a 所示描绘出原型后片，然后标记 H 和 AA。

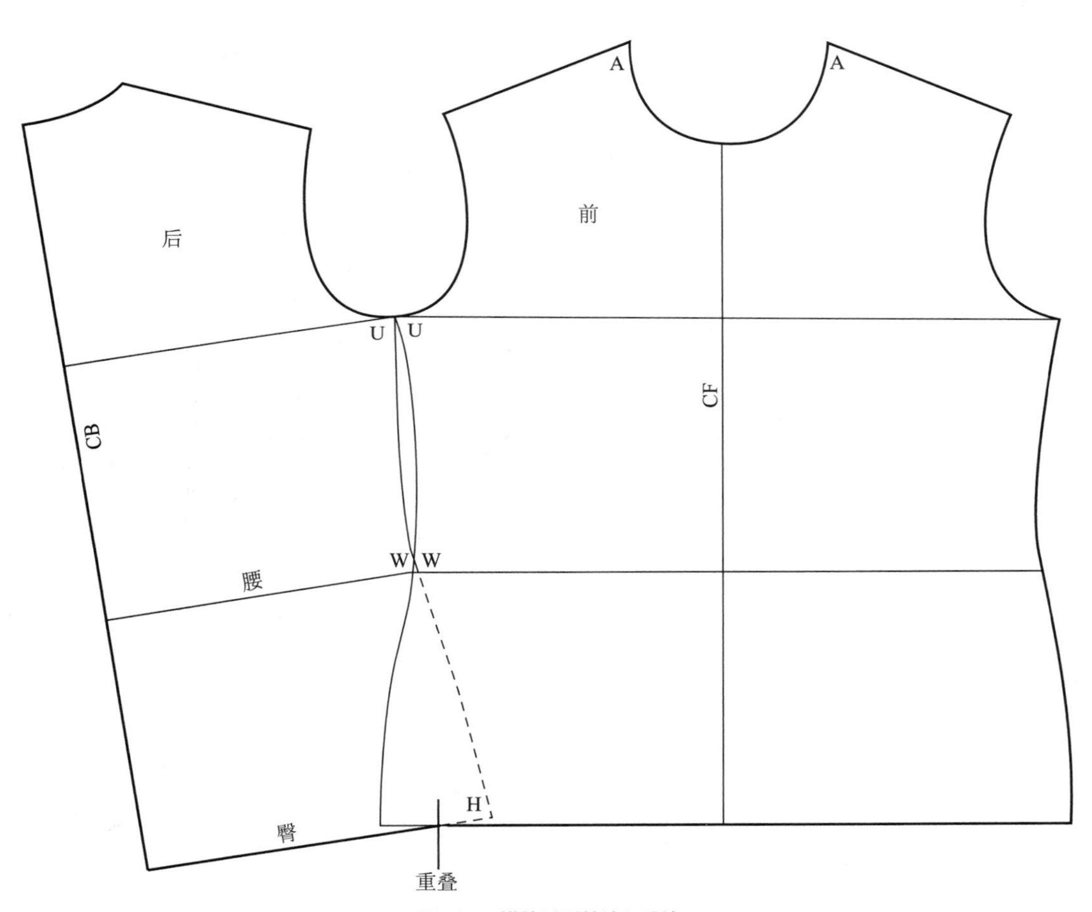

图8.29a 描绘原型前片和后片

绘制领口和底边

1. 将前中心线延长到肩的高度。

2. AB：画一条 18 英寸长的标识线（与前中心线垂直）。

3. BC：画一条 2 英寸长的垂直线。

4. CH：画一条斜标识线，标出中点；再画一条 6 英寸的垂直线，标出 D 点。

5. F：将后中心线的底边延长 3 英寸（或自定义长度）。

6. CDEF：画一条弧形底边线，见图 8.29b。

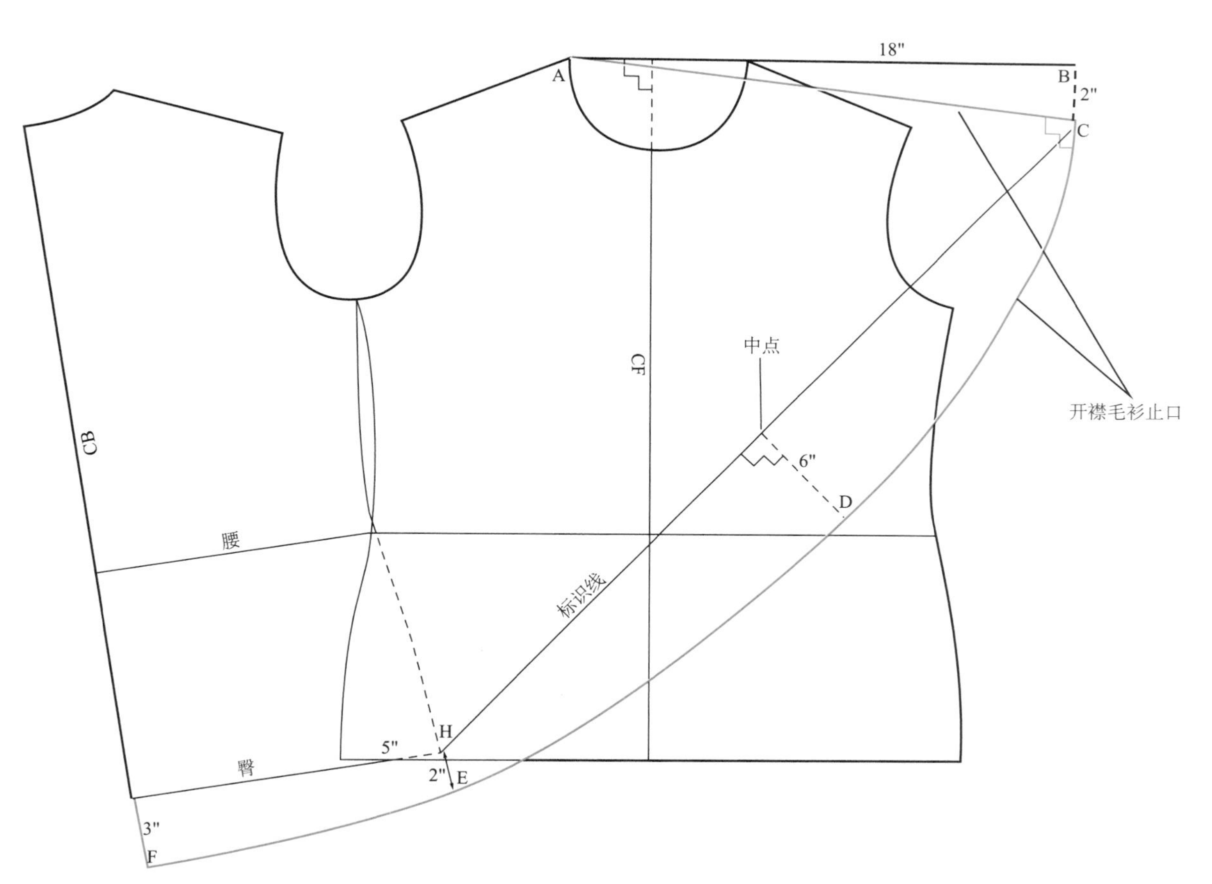

图8.29b 绘制领口和底边

校样

1. 在开衫边缘加放 1/2 英寸缝份，以便进行翻折明缝处理。
2. 画一条定向缝线并在 A 处标记对位点。
3. 在后领口和肩缝加放 1/4 英寸缝份。
4. 画出定向经向线。
5. 用文字标注纸样和需裁剪的样片数量，见图 8.30。
6. 裁剪时，如果纸样过大而无法在折叠面料上排料，可裁剪成有后中心接缝的款式。

缝纫小窍门8.4：
缝纫垂褶开衫

在毛衫的前领口和底边进行翻折明缝，用窄贴边作为后领口的收边，见图6.51（c）。

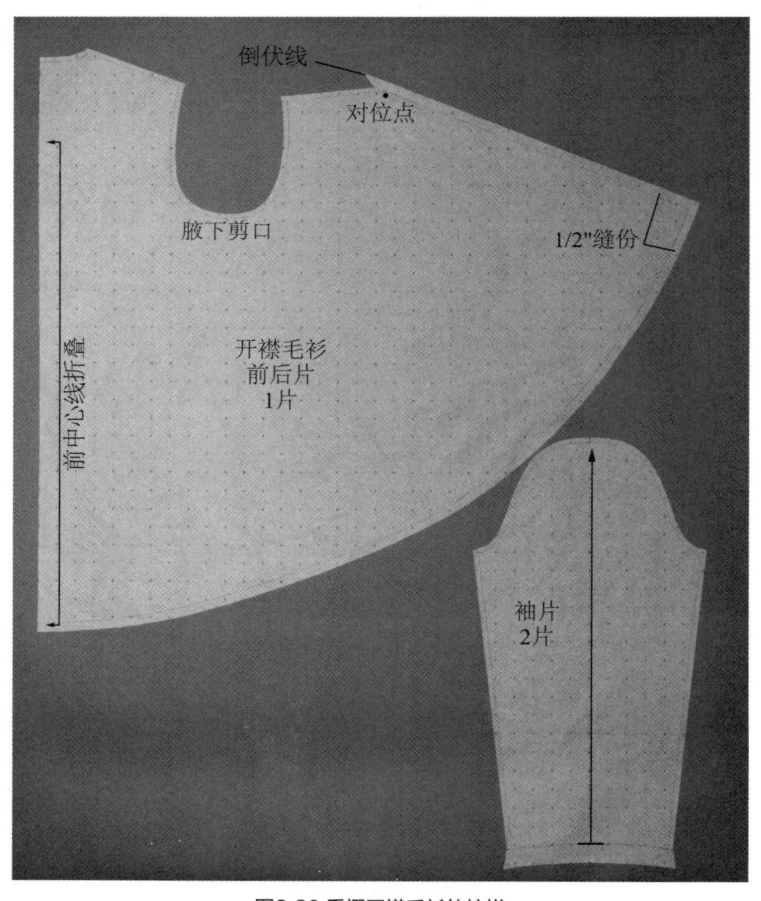

图8.30 垂褶开襟毛衫的校样

有垂尾腰带的裹身开衫

裹身开衫有着加长围裹式的前襟，轮廓可以设计成合体款或宽松款。这款开襟毛衫可以是开敞的，也可用垂尾腰带闭合。毛衫的领口相叠形成前领。因此，必须使用正反两面相同的双面针织物来制作这款毛衫。

绘制纸样

1. 使用宽松款或特大款原型制作这款服装的纸样，确定长度并画出侧缝轮廓。
2. 将前中心线延长到肩膀高度和底边处。
3. 增加围裹部分（垂直于前中心线）。
4. BC：画一条平行于前中心线的直线，见图 8.31。

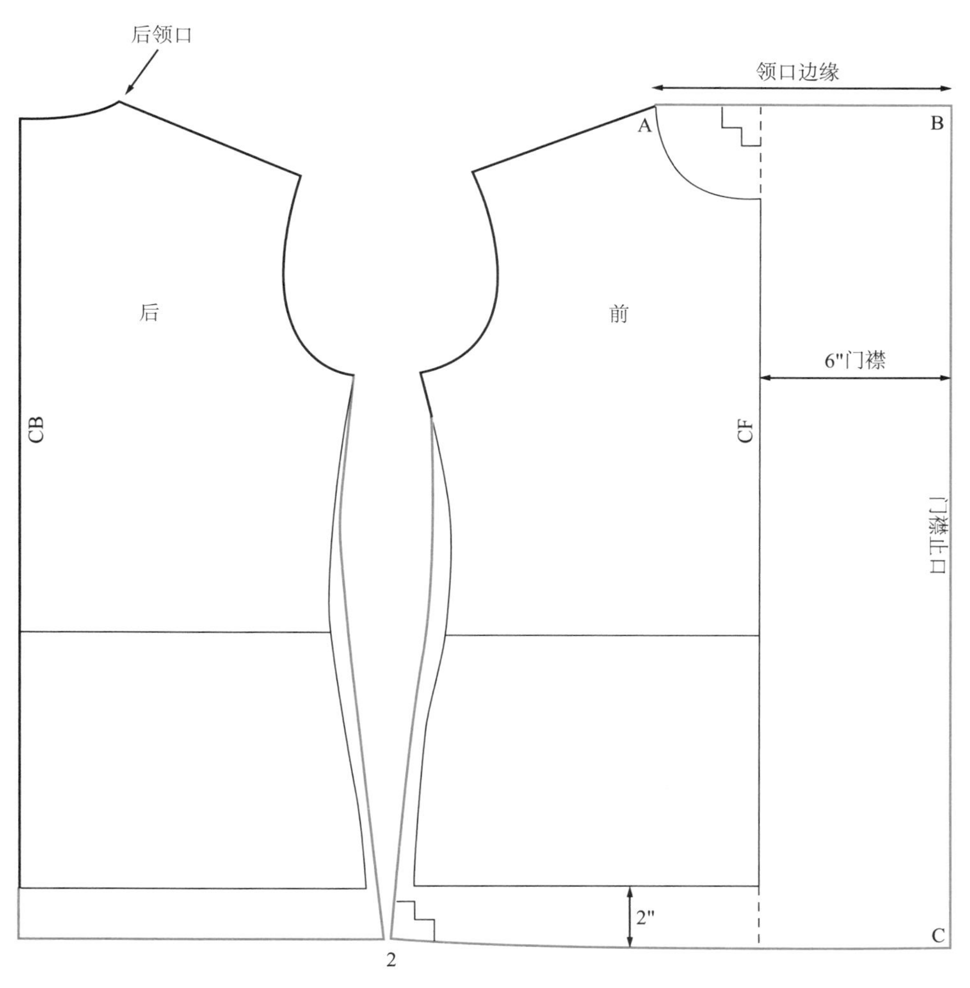

图8.31 绘制前片和后片

垂尾腰带

1. 腰带纸样的长度为腰带总长的一半，在后中心线形成接缝，见图 8.32。
2. 在纸样边缘加放 1/4 英寸的缝份。

图8.32 绘制垂尾腰带

校样

1. 在前领口边缘、前片边缘和底边加放 3/4 英寸的缝份。这些边缘会向内翻折 1/4 英寸，然后进行翻折明缝。
2. 画一条倒伏线并在 A 处标记对位点。
3. 在其他接缝处加放 1/4 英寸缝份。
4. 画出定向经向线并做好文字标注，见图 8.33。

缝纫小窍门8.5：
缝制裹身开襟毛衫

按表8.2中的缝纫工序缝纫开襟毛衫。在前领口和底边边缘用翻折明缝的方式收边。在裹身开衫的后领口用窄贴条收边，见图6.51c。

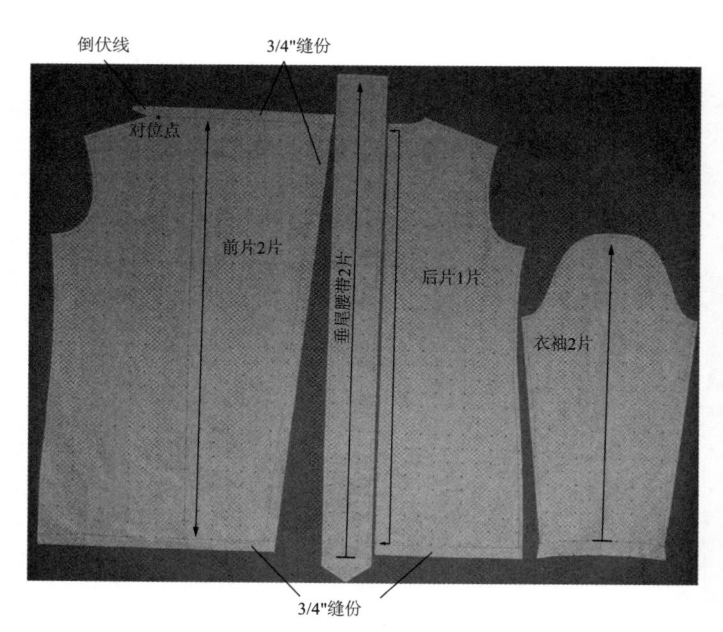

图8.33 有垂尾腰带的裹身开衫的校样

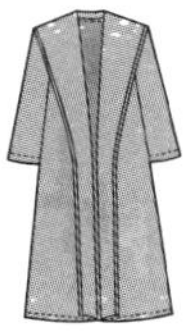

宽松款青果领插袋开衫

绘制青果领插袋宽松款开衫的纸样时，可见图 8.31 中的裹身开衫纸样。将长度加长，裹身门襟处装上青果领。舒适的插袋和宽松的衣袖都可以为宽松款开衫增色不少。正反两面相同的双面针织物是制作这款服装的最优选择。

绘制纸样

1. 在样板纸上描出宽松款开襟毛衫原型的前／后片，确定长度、画出侧缝，见图 6.47，这里落肩线决定了侧缝的位置。
2. 调整后片原型的位置，让肩线／袖窿与领口边缘重叠 1/2 英寸。描出原型的上半部分。
3. 从后中心线开始画出青果领的轮廓，将衣领线与前片边缘圆顺连接。
4. 在侧缝线标记口袋的开口，画出口袋的轮廓。
5. 从工作纸样上描下前片、后片和衣袖，见图 8.34a。

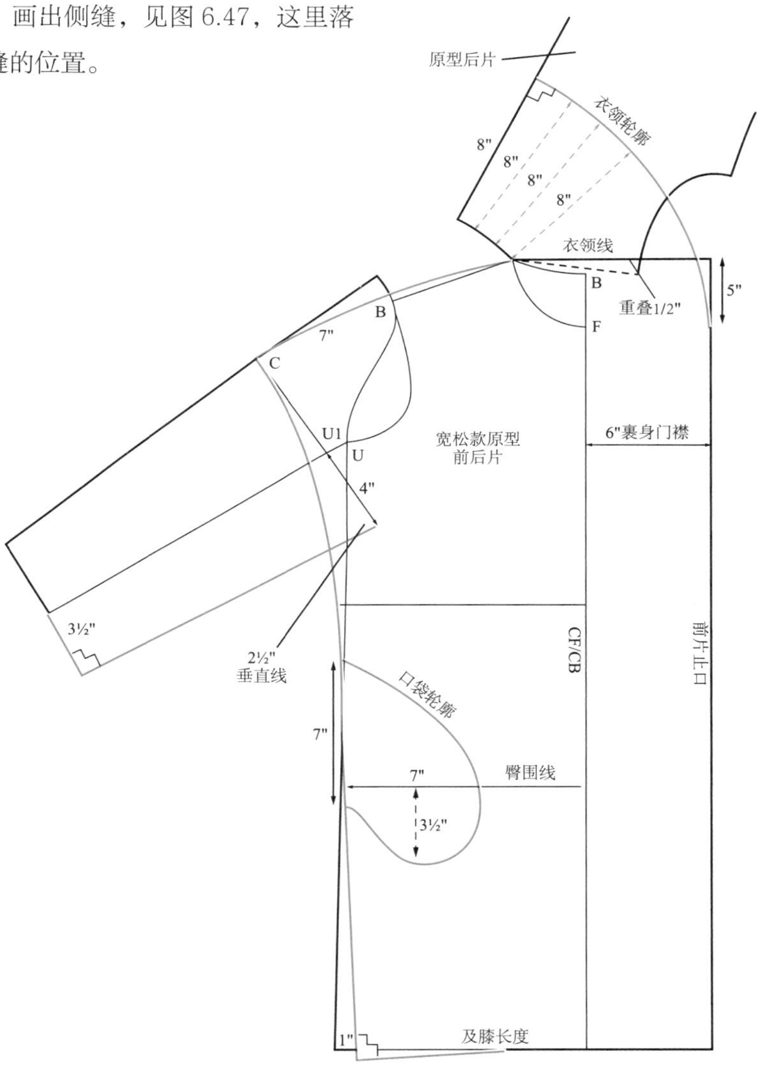

图8.34a 绘制前片、后片和袖片

绘制口袋

口袋处需要有接缝，这样口袋的纸样才能合适地与服装纸样衔接上。口袋的接缝是隐形的。如果外层面料较重，可以使用重量较轻的面料做袋布。

1. 在接缝的另一边描出口袋。
2. 画一条线代表加延伸部分（extension），在开衫纸样的前后片上添加这个延伸部分，见图8.34b。
3. 描下口袋的其余部分，见图 8.35。

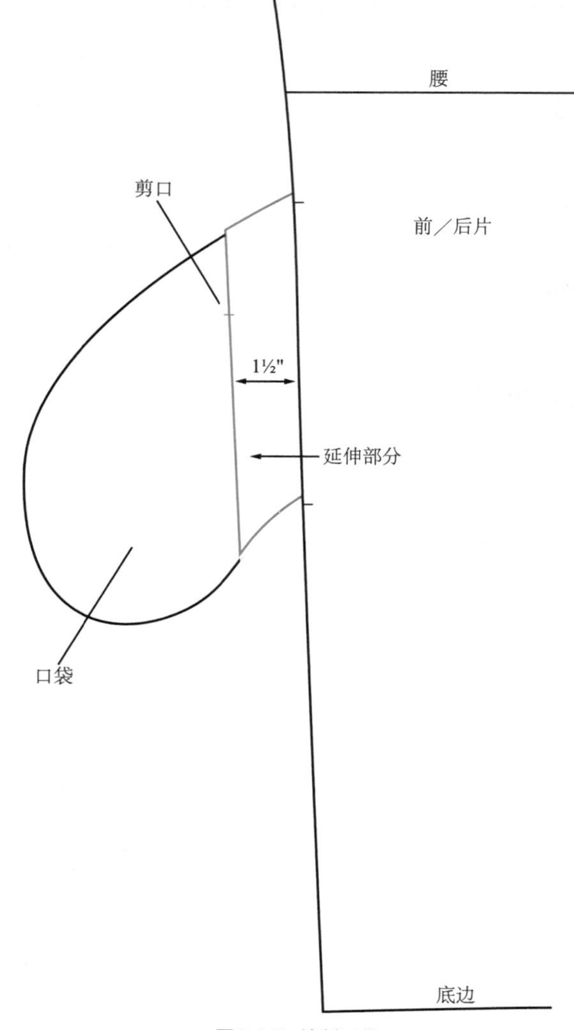

图8.34b 绘制口袋

校样

这款开衫的衣领和前襟可以用滚边进行收边。这种收边不需要在纸样边缘加放缝份（见第6章“滚边”部分，以及图6.51b）。

1. 在前/后片侧缝处加口袋，在落肩袖/侧缝和口袋周围加1/2英寸缝份。
2. 在其他接缝处加1/4英寸缝份。
3. 如图8.35所示标记对位点。
4. 加1英寸卷边。
5. 画出定向经向线并用文字标注纸样。

缝纫小窍门8.6：

缝制插袋

1. 缝合衣领的后中心线和肩缝并收边。
2. 缝合接缝前对其他缝边进行包缝。
3. 正面相对，将衣袖缝合在肩线处。从接缝开始缝合，不要从衣袖边缘开始缝合，见图8.36a。
4. 缝合侧缝。从肩缝缝合的地方开始缝纫。缝到口袋的对位点、转向点、围绕口袋缝纫，再从转向点并缝到底边，见图8.36b。
5. 在后领口处缝窄贴边，见图6.51b。
6. 在衣领和前襟处滚边。
7. 缝合底边。

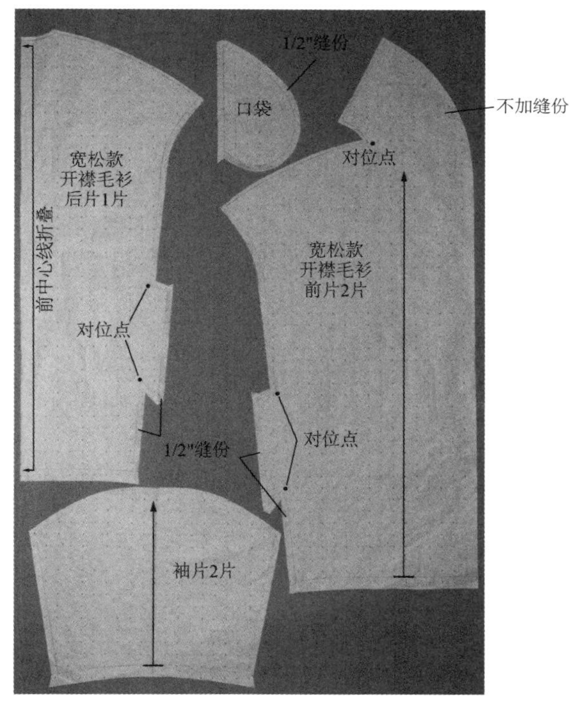

图8.35 标记对位点

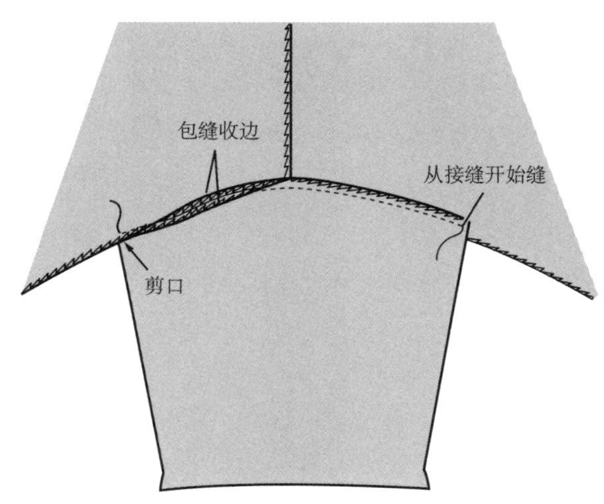

图8.36a 将衣袖缝合在肩线处

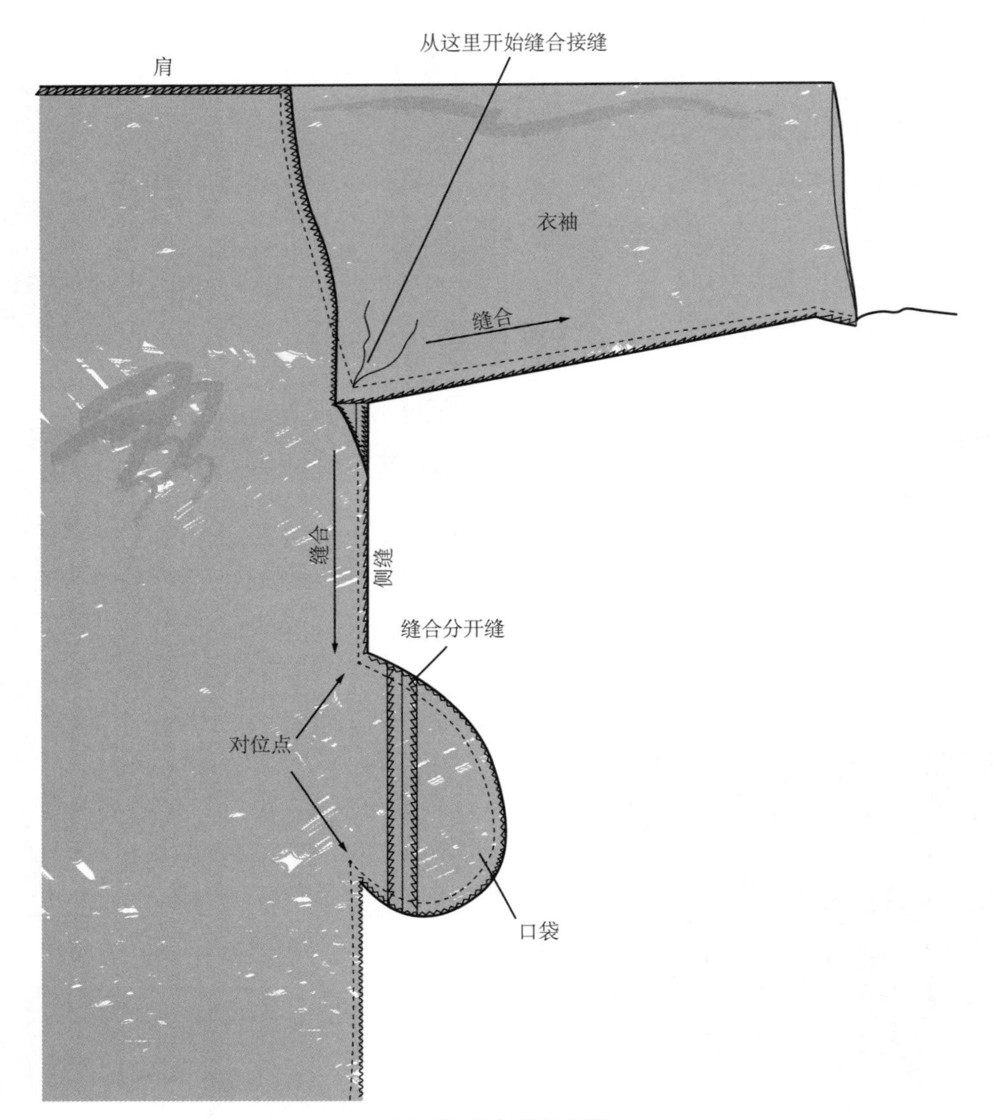

图8.36b 缝合侧缝和插袋

全包裹式开衫

全包裹式开衫必须使用四面弹（有纵向拉伸性的）面料制作，因为这种服装是沿面料的纵向纹理裁剪的。这款开襟毛衫可以使用合体款或宽松款原型制作。这款毛衫可以温暖地裹住身体，或者开敞穿着，在前襟形成漂亮的垂褶。图 8.37 展示了如何将衣袖缝合在圆形袖窿上。

绘制纸样

绘制袖窿开口见图 8.38a。

1. 在样板纸上画一个直角。
2. AB：原型前 / 后片臀部长度。
3. BX：原型前 / 后片臀部到腋下长度。
4. XY：将前 / 后片的腋下角在垂直线上 X 点对齐，肩线和袖窿的交点落在垂直线上。描出前后袖窿。

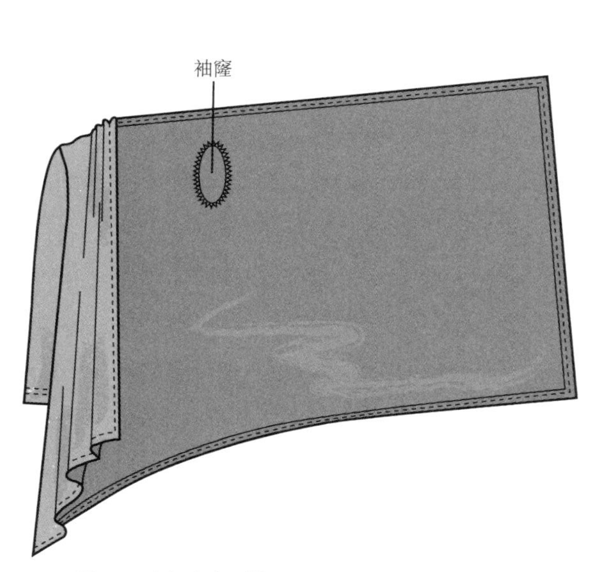

图8.37 全包裹式开襟毛衫：将袖子缝在圆形袖窿上

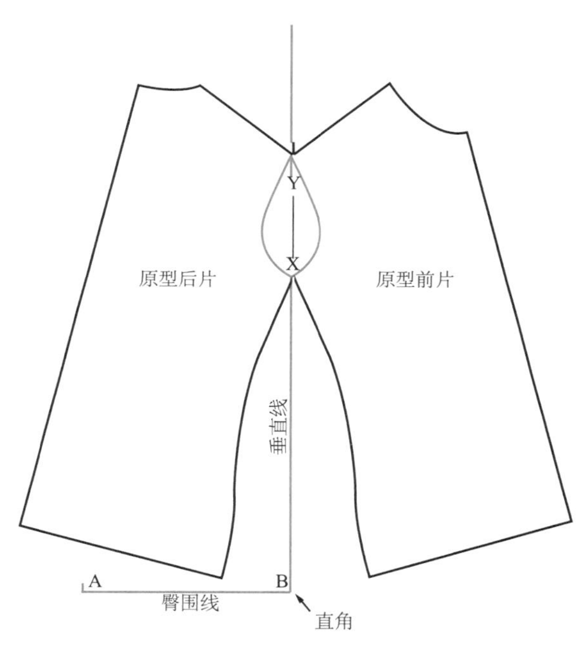

图8.38a 画出袖窿开口

添加裏身部分

1. YE：肩部到领口的长度。
2. ADE：画一个直角。
3. EF 和 BC：裹身部分的长度。
4. CF：画一条直线。
5. 在 XY 处画出圆顺直线。在袖窿做剪口，与袖底接缝和袖山剪口对位，见图 8.38b。
6. 在纸样边缘加放缝份，以便进行翻折明缝，见图 8.2。

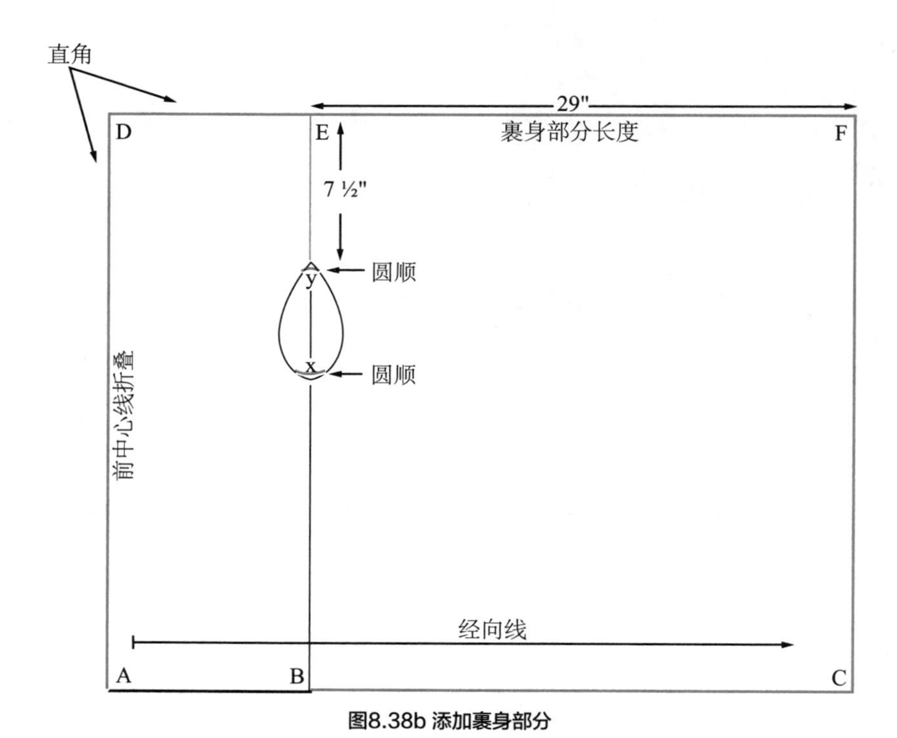

图8.38b 添加裹身部分

针织外套的制板

针织外套通常用设计有闭合拉链、舒适的口袋、衣领或兜帽。在以下部分，你将学到如何为合体款和宽松款针织外套进行制板。可参见表 8.3 了解针织外套缝纫工序。

针织外套的口袋

针织外套通常为短款，因此口袋较小。最小的口袋只能放下一部手机或一些随身携带的零钱。贴袋、插袋和挖袋都可以作为针织外套的设计元素。（见“开襟毛衫的口袋”部分，了解各种口袋的定义。）在以下部分，你将绘制并缝纫单嵌线挖袋和拉链挖袋，两种都属于挖袋。

表8.3　　开襟毛衫缝纫工序

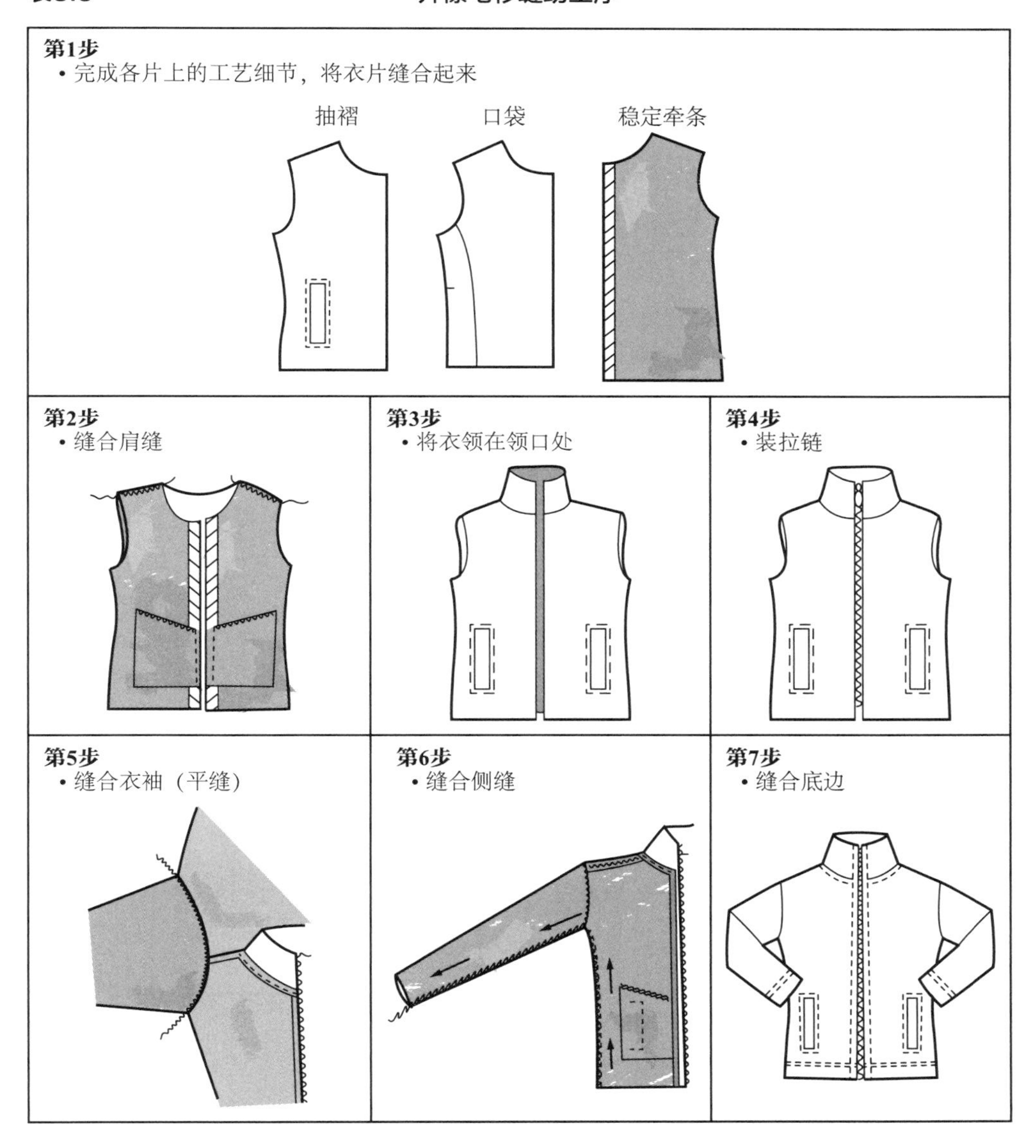

有单缝嵌袋和兜帽的拉链式针织夹克

制作图 8.2a 中的有单缝嵌袋和兜帽的拉链针织夹克时，在制板过程中先计算需要的拉链长度，因为你也许需要在网上订购拉链。

绘制纸样

1. 描出原型前 / 后片并确定长度。
2. 画出前片公主线，然后将这条公主线转移到后片上。
3. 画一个 5 英寸 ×3/4 英寸的长方形代表嵌线布，标记为“方框”，见图 8.39a。
4. 画出口袋。

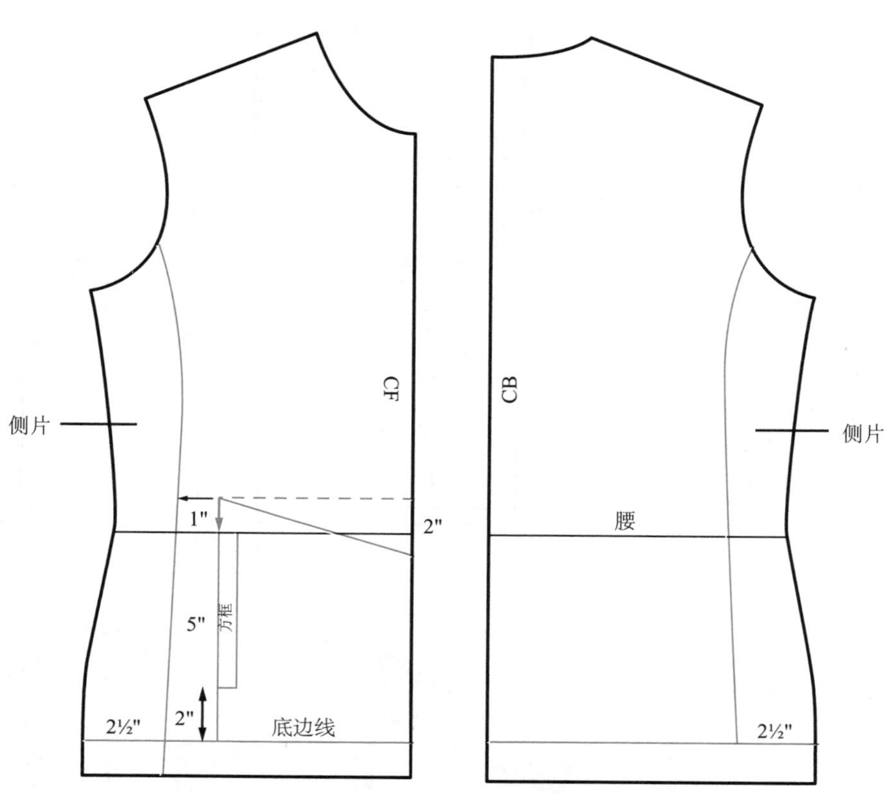

图8.39a 绘制前后衣片

绘制侧片（side panel）

1. 在样板纸上画一条垂直线，在线条两侧描出侧边（两边形状相同），见图 8.39b。

2. 测量从腰部侧缝到垂直线的余量（excess），在腰部公主线的位置处减去这个量。

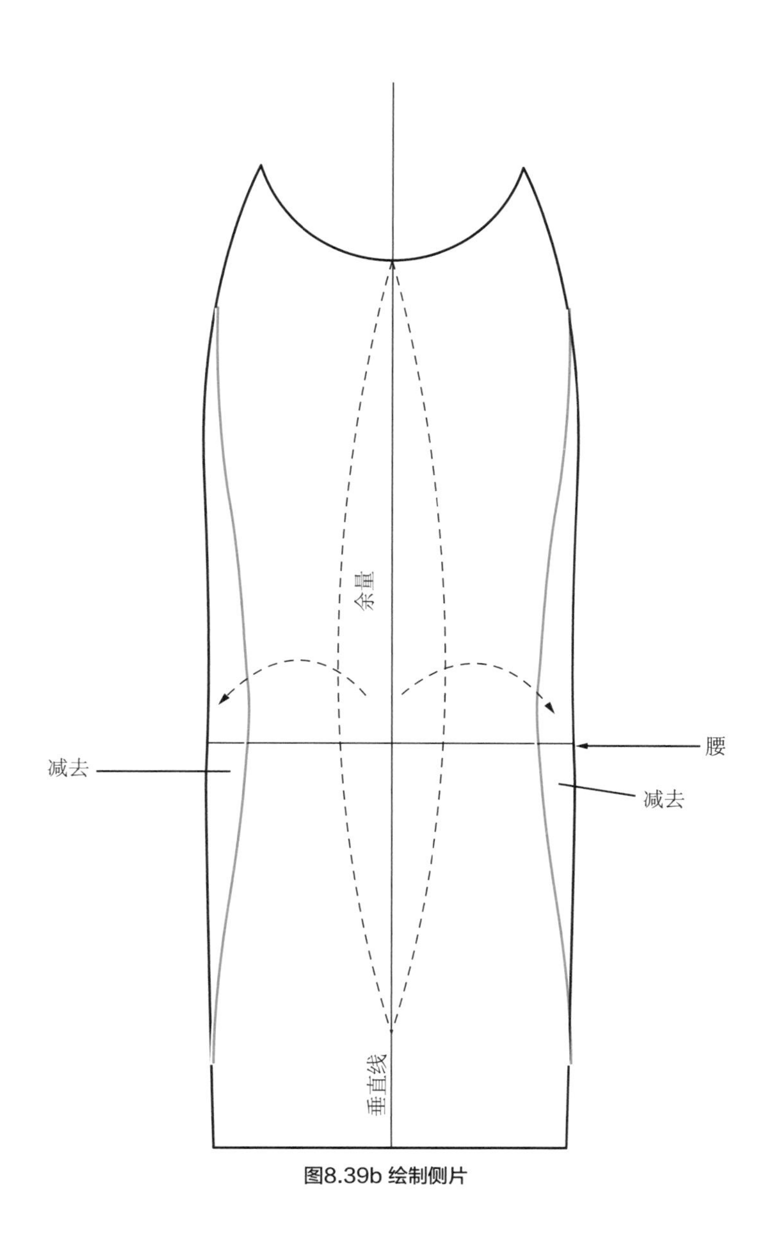

图8.39b 绘制侧片

绘制单嵌线挖袋

单嵌线挖袋是一种挖袋，它可以是水平的、垂直的或是斜向的。嵌线布和袋布是由一片面料构成的。这里嵌线布的完成宽度是 3/4 英寸，用长方形框表示。方框等同于嵌线布。

1. 选择一张足以画下整个口袋的样板纸，将方框描在纸上。
2. 在右侧画出嵌线布，标记 AB。在旁边画出整个口袋。
3. 在方框的左边增加 1 英寸，并标记为“折线”，见图 8.40a。

折叠并裁剪口袋

1. 在 AB 上做褶，折叠纸样将嵌线布置于方框的下面，见图 8.40b。
2. 沿折线做褶，得到双层的纸样。
3. 只在前中心线和口袋上沿加放 3/8 英寸的缝份，口袋的下沿与外套底边对齐。

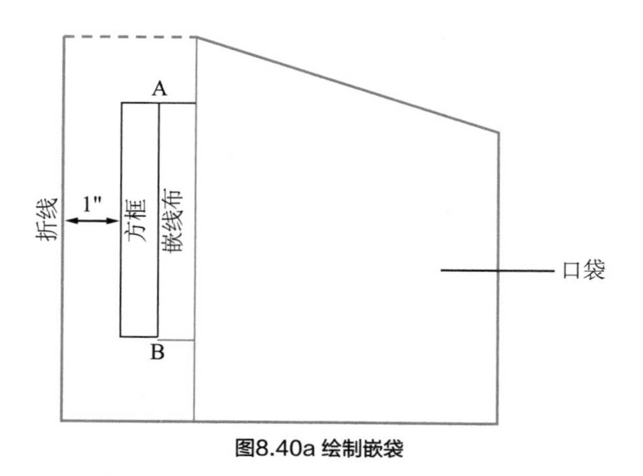

图8.40a 绘制嵌袋

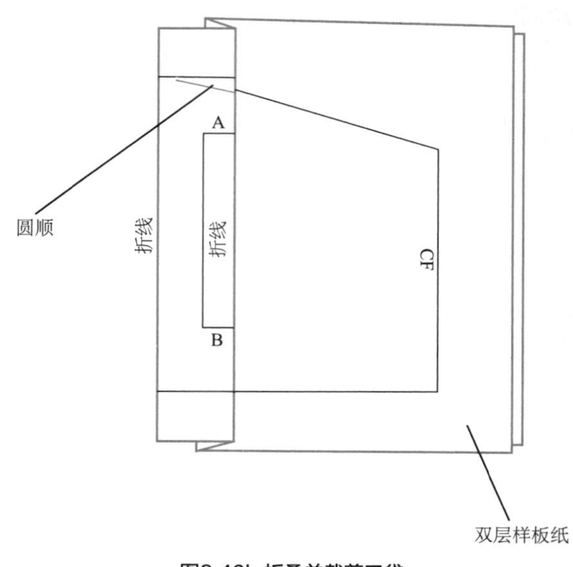

图8.40b 折叠并裁剪口袋

兜帽

兜帽可以用单层面料（有可见接缝）制作，也可以加衬里（这样就隐藏了接缝）。决定是否加衬里时需要考虑面料的重量。使用斜纹带（twill tape）为领口收边。兜帽可以用拉绳（内嵌在贴边里）来加固边缘。拉绳可以使用 45 英寸至 49 英寸编织绳。

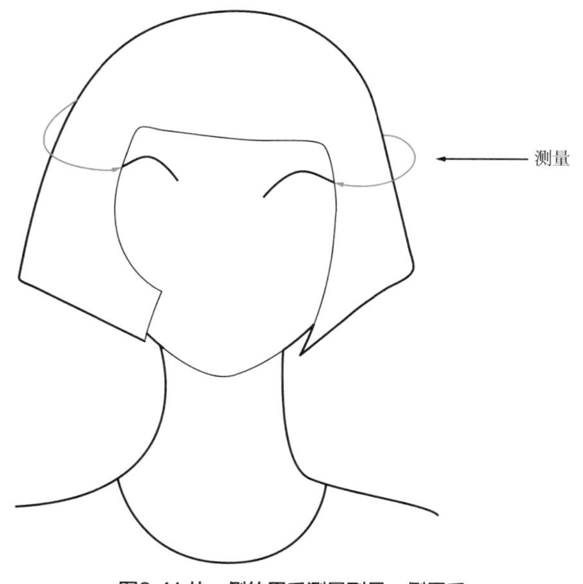

图8.41 从一侧的眉毛测量到另一侧眉毛

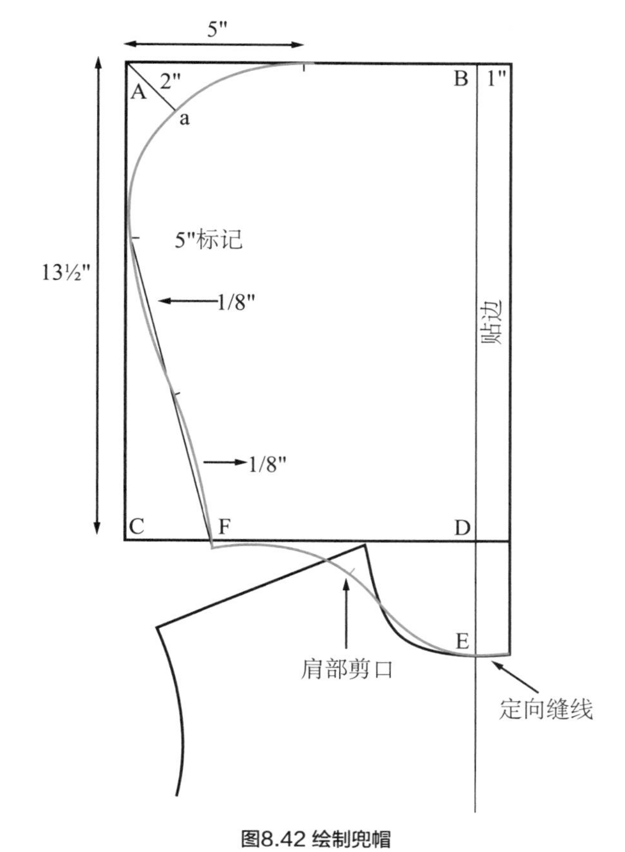

图8.42 绘制兜帽

测量头围

绘制兜帽纸样之前要测量头围，从一侧的眉毛测量到另一侧的眉毛，见图 8.41。

绘制兜帽

图 8.42 所示为绘制兜帽。

测量纸样的领口，从前中心线测量到后中心线。然后将这长度乘以 2，作为兜帽的领口总长。

1. 在样板纸上画一个长方形。

   AB：眉毛到眉毛长度的一半。

   AC：$13^1/_2$ 英寸。

   CD：与 AB 等长。

   BD：与 AC 等长。

2. 将线条延长至 D 点以下。将纸样的前中心线与 BD 对齐，肩领点落在 CD 线上。描出领口和肩部，标记 E。

3. DF：标记出领口总长的一半。

4. EF：画出领口，形状如图 8.42 所示。测量领口，调整长度使其与原始领口长度相同。在肩部做剪口。

5. 在 A 的两侧各标记 5 英寸。

6. G：沿 45° 角画一条 2 英寸的线条。

7. 从 5 英寸标记处画一条斜线。

8. BGF：画一条形状合适的兜帽接缝。在 F 处画一个垂直的后领口。

9. 在 BD 线处加 1 英寸贴边，以便进行包缝。如果进行翻折明缝则需要加放 $1^1/_4$ 英寸的贴边。

绘制兜帽衬里

1. 从图 8.42 上描下兜帽纸样。
2. 上沿 B 处缩紧 1/4 英寸。从这点画一条直线连接到 E 点，用文字标注纸样，见图 8.43。

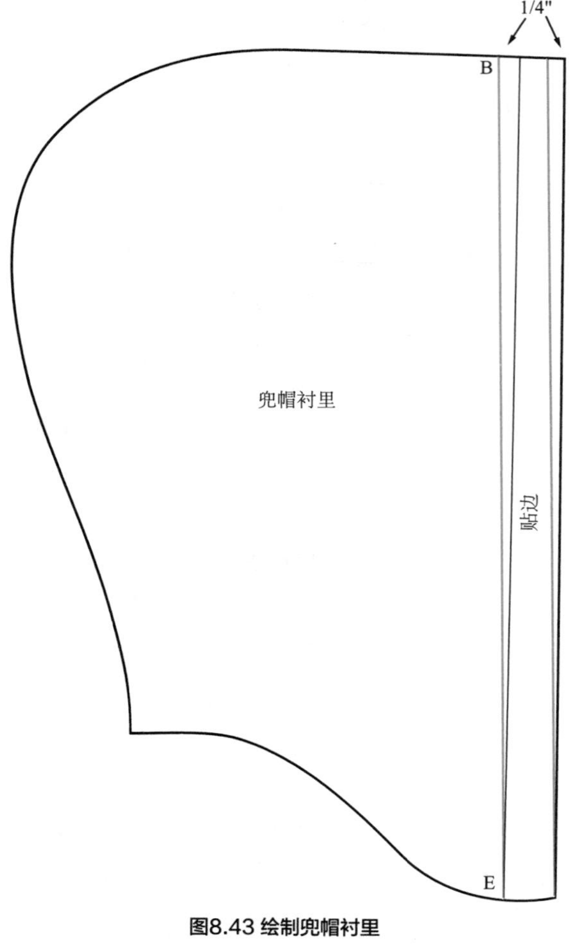

图8.43 绘制兜帽衬里

图8.44 有单嵌线袋和兜帽的拉链针织夹克的校样

缝纫小窍门8.7：

缝制单嵌线挖袋

严格按照本书指示进行缝制的话，可以缝纫出高质量的单嵌线挖袋。首先，在纸样上画一个方框，代表单嵌线挖袋开口的位置，然后完成以下步骤。

1. 在服装和口袋反面标记出方框四角。
2. 沿衬布的稳定方向，裁下4片宽度为$1\frac{1}{4}$英寸的衬布（方框和嵌线布的宽度），比方框长1/2英寸。在衬布上描出方框。
3. 将衬布放在服装的反面，将方框与服装上的标记对齐，然后熨烫黏合衬布，见图8.45a。
4. 将衬布放在口袋的反面。将方框与口袋上的标记对齐然后熨烫黏合，见图8.45b。

校样

1. 在纸样前中心线位置加放 3/8 英寸的缝份，这里是装拉链的位置。
2. 在纸样其他边缘加放 1/4 英寸缝份。
3. 加放 1 英寸卷边。
4. 在底边和侧片的腋下做剪口。
5. 画出定向经向线，然后用文字标注纸样和需要裁剪的样片数量，见图 8.44。

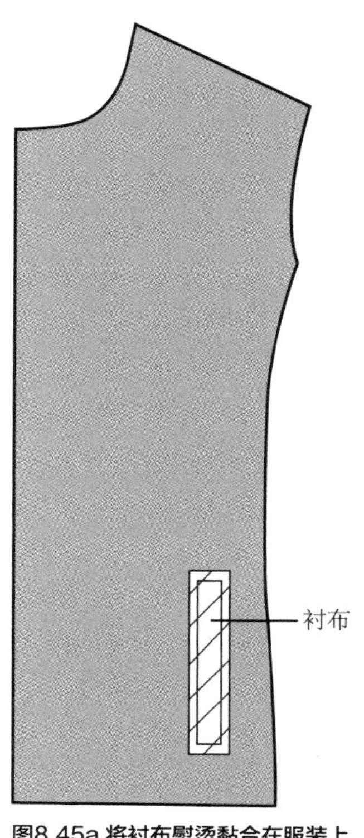

图8.45a 将衬布熨烫黏合在服装上

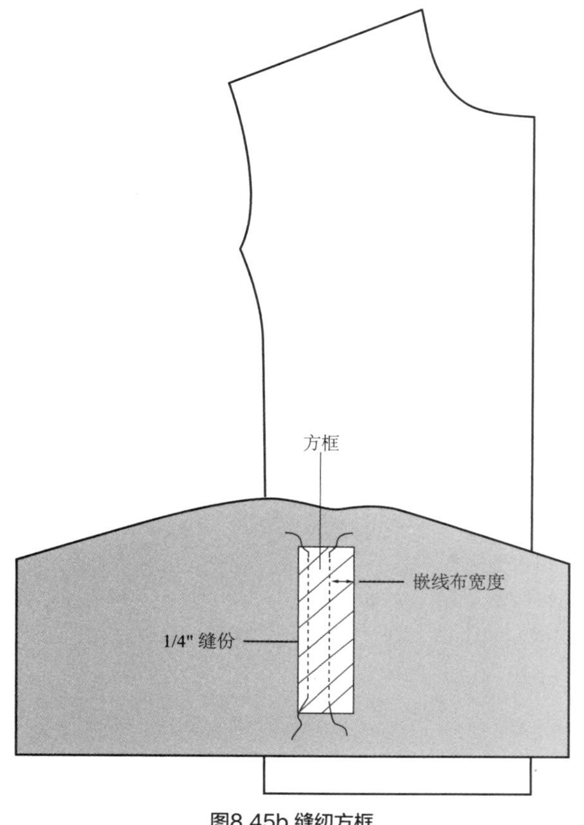

图8.45b 缝纫方框

缝纫方框

1. 将口袋和服装正面相对，把加了衬布的口袋对在一起，用大头针固定。
2. 缝两条平行线迹，用倒回针开头和结尾，见图 8.45b。
3. 在两条线迹之间切开一条开口，距两侧缝线 1/4 英寸，将开口斜向固定在线迹构成的四角，见图 8.45c。
4. 通过开口将袋布翻到反面并熨烫。将缝份（最靠近侧缝的）转向侧缝并缉暗线，见图 8.45d。

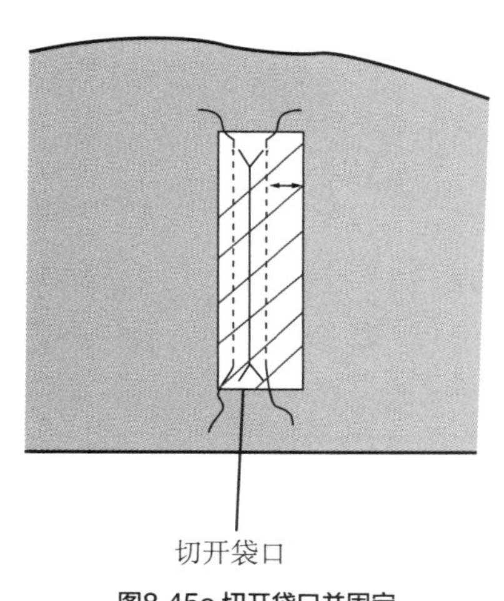

图8.45c 切开袋口并固定

形成单嵌线挖袋

1. 将口袋的缝份（最靠近服装的）转向前面。从正面将嵌线布折进方框的内部（嵌袋的折边顶在口袋暗缝处）。熨烫嵌线布，然后缉止口线迹固定在口袋的一侧，见图 8.45e。
2. 将口袋边缘折叠在一起，熨烫折叠的边缘（靠近侧缝），见图 8.45f。
3. 提起服装的后部，露出嵌布条两边的三角，见图 8.45f。

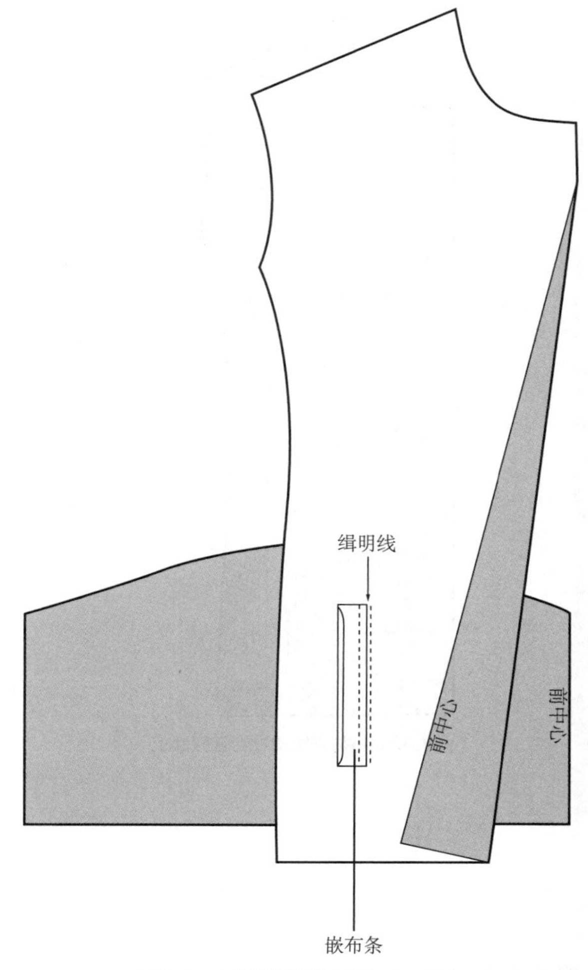

图8.45e 形成单嵌线挖袋和止口线迹

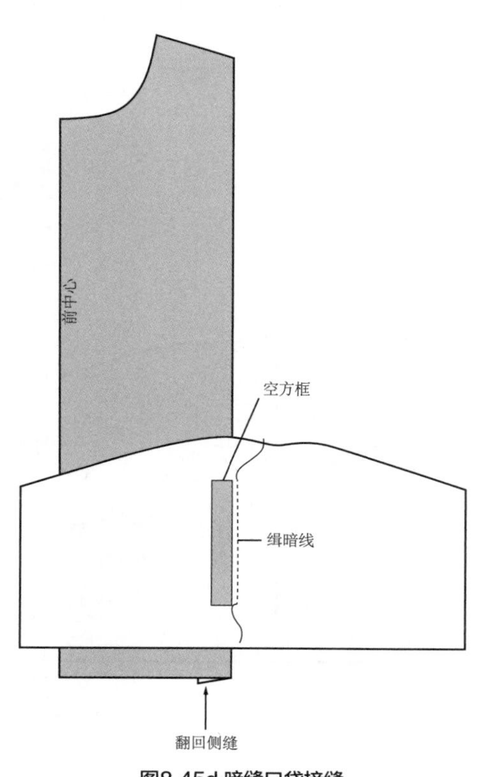

图8.45d 暗缝口袋接缝

4. 在嵌布条的其余 3 边缉止口线迹。嵌布条的表面线迹会露在口袋的反面，见图 8.47。从止口线迹的前一行开始缝纫。完成后，拉出口袋后边的线，打一个结，然后在缝线下边埋线（bury thread）。
5. 包缝口袋边缘。

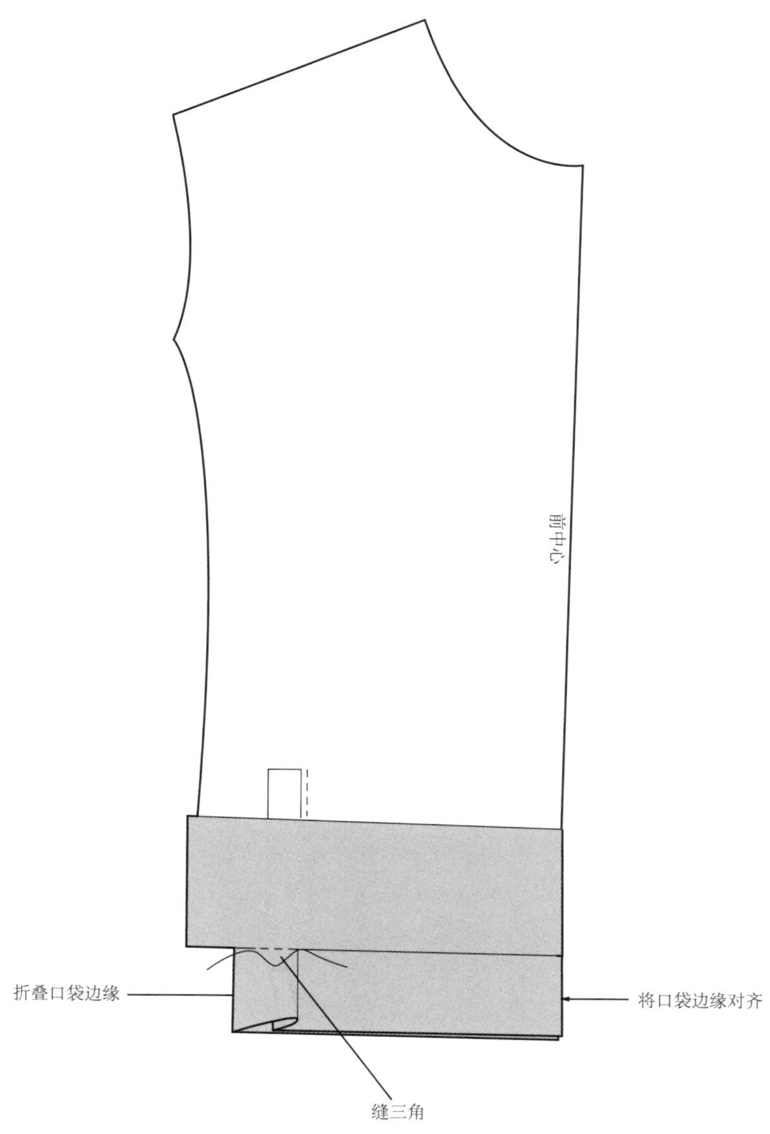

图8.45f 在口袋缝三角

缝纫兜帽

1. 如果兜帽有拉绳，在扣眼位置的贴边处熨烫黏合一小块方形衬布。然后缝制两个扣眼。
2. 缝纫兜帽接缝。
3. 明缝贴边，见图 8.46a。
4. 把兜帽缝在针织外套上之后，在接缝处用斜纹带作为领口收边，见图 8.46b。
5. 图 8.47 的针织外套内部图展示了各部件是如何缝纫的。

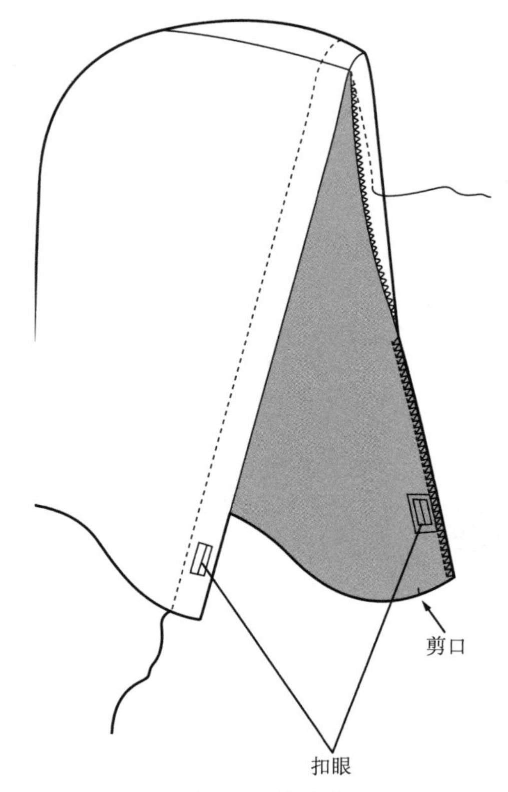

图8.46a 缝纫兜帽

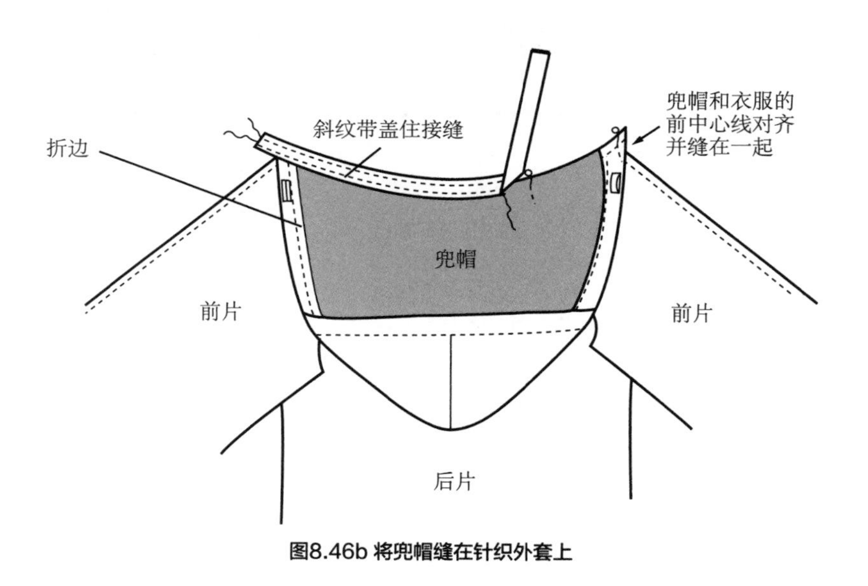

图8.46b 将兜帽缝在针织外套上

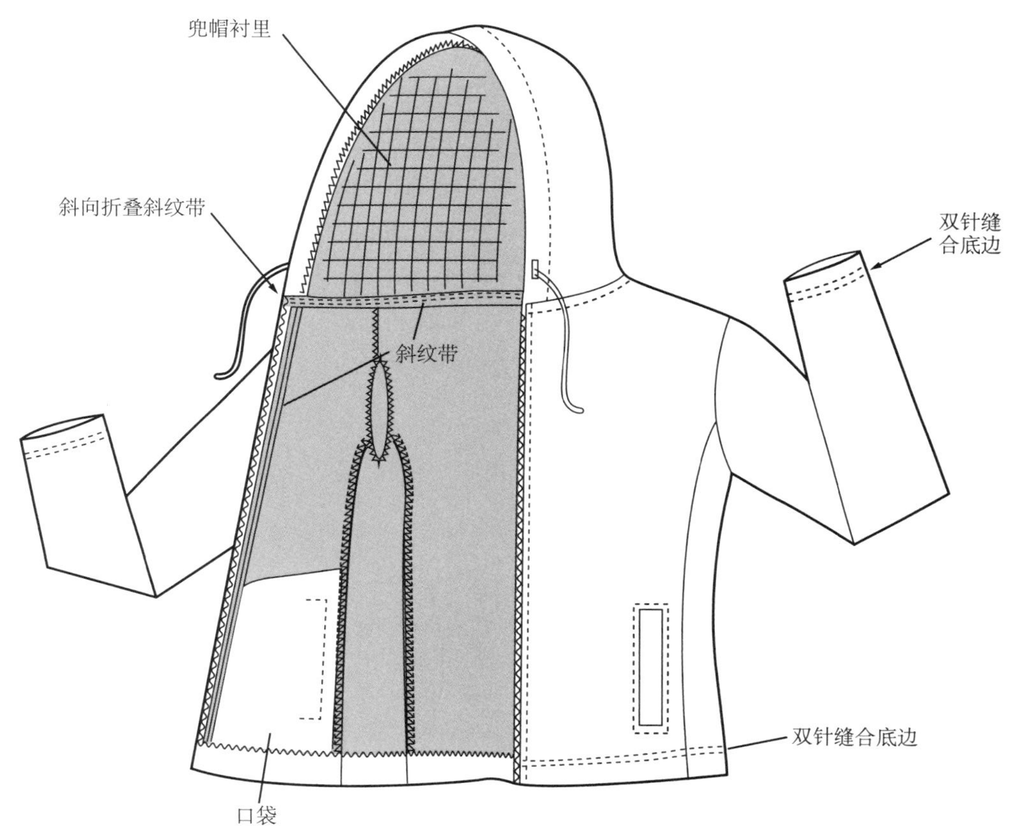

图8.47 有单嵌线挖袋和兜帽的拉链针织外套的内部图

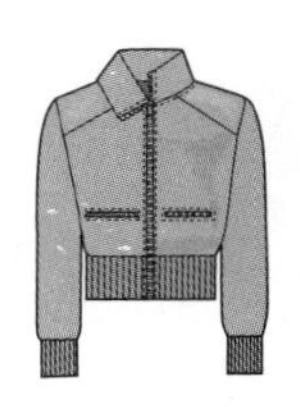

有拉链挖袋和衣领的拉链针织外套

制作有拉链挖袋和衣领的拉链针织外套，需要购买塑料自动锁分离式拉链。可以将领子、前襟和镶边纸样的缝线拼在一起来确定需要的拉链总长。然后测量领子折边到镶边下沿的长度。在这个长度上增加1/4英寸。最后，确定口袋的拉链长度。这里口袋的大小能放进一部手机。镶边可以用罗纹针织物或本料来裁剪。

绘制纸样

1. 在样板纸上描出前／后片和袖片原型。确定外套的长度。
2. 如图8.48所示降低前／后领口。
3. 画3英寸宽的镶边（或自定尺寸）。

- ABCD：画出镶边前片（前后尺寸相同）。
- EFGH：画出镶边后片。
- IJKL：画出袖口镶边。

4. 在前片的前中心线以内画一条2英寸的平行线。这条线可以帮助我们定位口袋位置。画一条与口袋开口等长的线。在这条4英寸长的线条两侧1/4英寸处各画一条线。标记为“方框”，见图8.48。

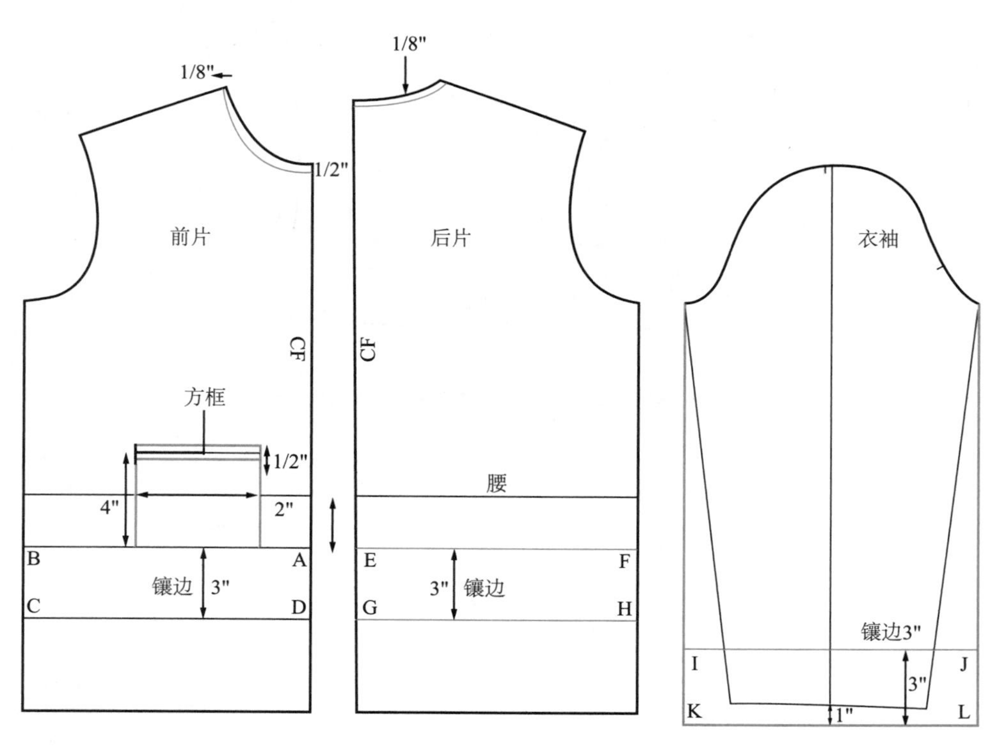

图8.48 绘制前片、后片和袖片

绘制镶边

1. 在样板纸上画一条水平线，长度与缝合镶边位置的缝线等长。
2. 将长度减少 1/7，见图 6.54。
3. 将镶边宽度乘以 2。
4. 在底边镶边做剪口，见图 8.49。

绘制衣领

1. 测量领口长度，从前中心线测量到后中心线，将这个长度乘以 2 作为总长。
2. 在样板纸上画一条与领口总长相等的水平线。标记剪口，以便于与服装纸样的后中心线和肩缝对位。
3. 画出衣领的宽度。在衣领边缘减去 1/4 英寸，在这个点做剪口。
4. 将领子描在折线的另一侧，得到完整的衣领纸样，见图 8.50。

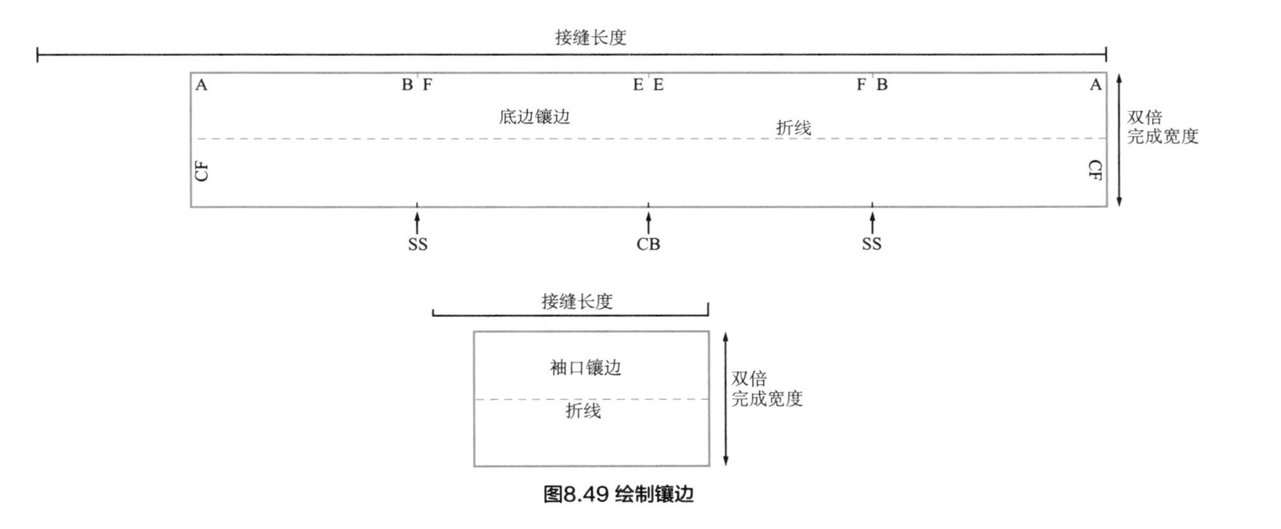

图8.49 绘制镶边

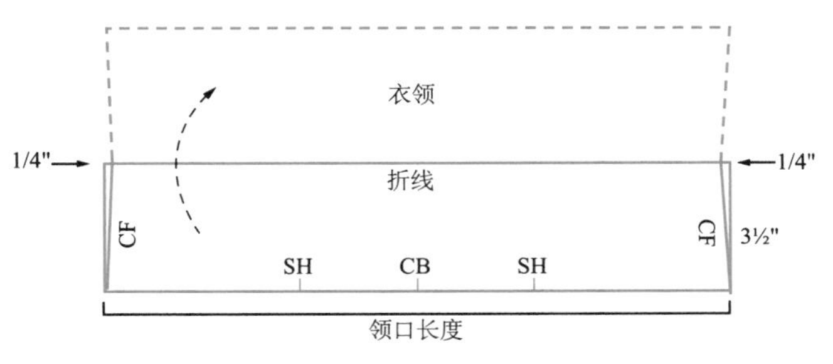

图8.50 绘制衣领

绘制拉链挖袋

1. 将方框描在前片上，见图 8.48。

2. 绘制口袋：

- 在方框上方加 1 英寸，标记为“折线。”；
- 在折线上方加口袋和方框的总宽度；
- 在方框的下沿描出口袋。

3. 加放缝份：两边加放 3/4 英寸，口袋上下边加放 1/2 英寸，见图 8.51。

校样

1. 在上衣前中心线、衣领和镶边纸样装拉链处加放 3/8 英寸缝份。

2. 在前片和口袋上画出“方框”。

3. 在前片的口袋下沿对位点做剪口。

4. 在衣领折线做剪口。

5. 在纸样其他边缘加放 1/4 英寸缝份。

6. 画出定向经向线并用文字标注纸样，见图 8.52。

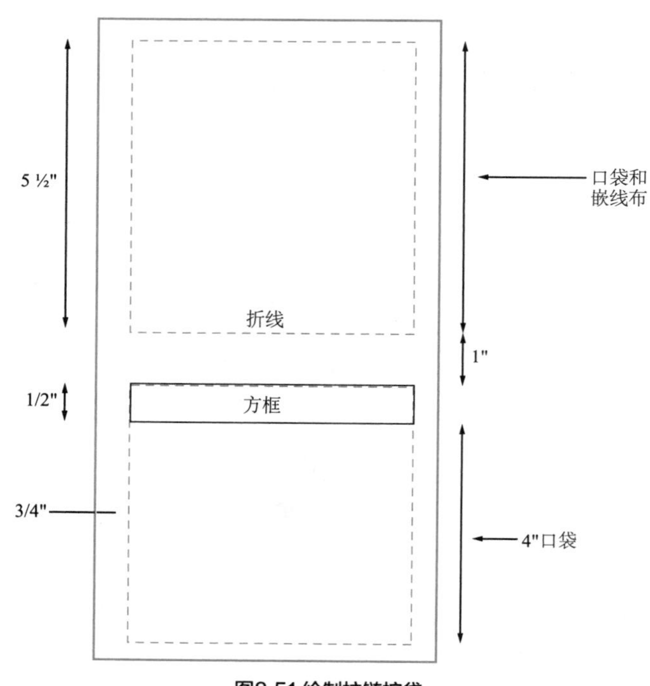

图8.51 绘制拉链挖袋

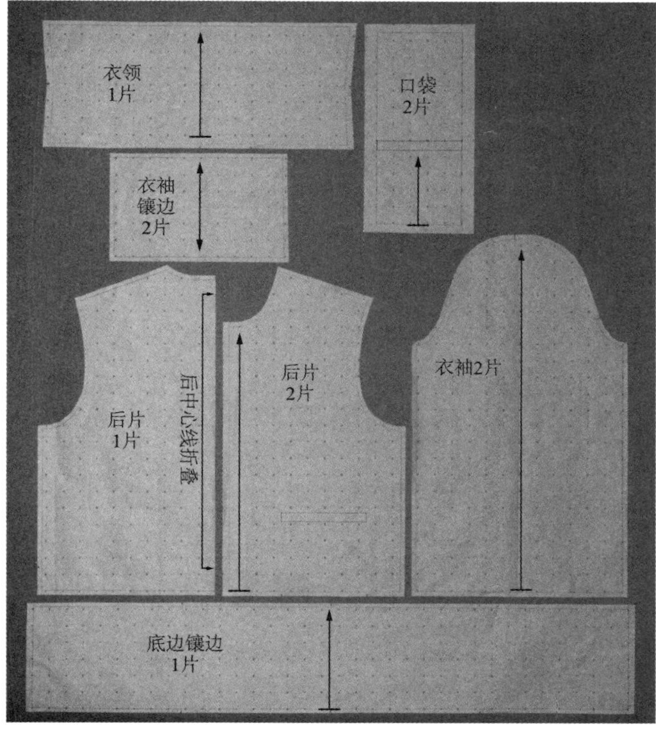

图8.52 有拉链挖袋和衣领的拉链针织外套的校样

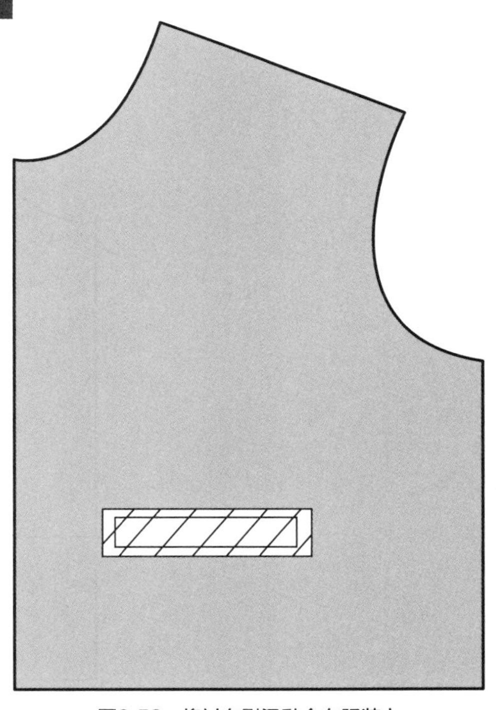

图8.53a 将衬布熨烫黏合在服装上

缝纫小窍门8.8：
缝纫拉链挖袋

1. 在服装和口袋反面标记出方框的四角。
2. 沿衬布的稳定方向，裁下宽度为$1^1/_4$英寸、比方框长1/2英寸的4片衬布。在衬布上描出方框，见图8.53a。
3. 将衬布上的方框与服装上的口袋标记对位，然后熨烫黏合。
4. 将口袋和服装正面相对，方框对齐，然后用大头针固定。
5. 缝合方框的四边，见图8.53b。
6. 在两条线迹之间切开一条开口，开口距两侧缝线各1/4英寸。将四角斜向固定在线迹上。
7. 将口袋翻到服装内部并熨烫。（方框在装拉链之前是空的。）
8. 将拉链装在方框内，用大头针固定并缉止口线迹，见图8.53c。
9. 将口袋边缘折叠在一起，缝纫、包边。如果口袋下沿露出了多余面料，将下沿裁剪整齐，见图8.53d。

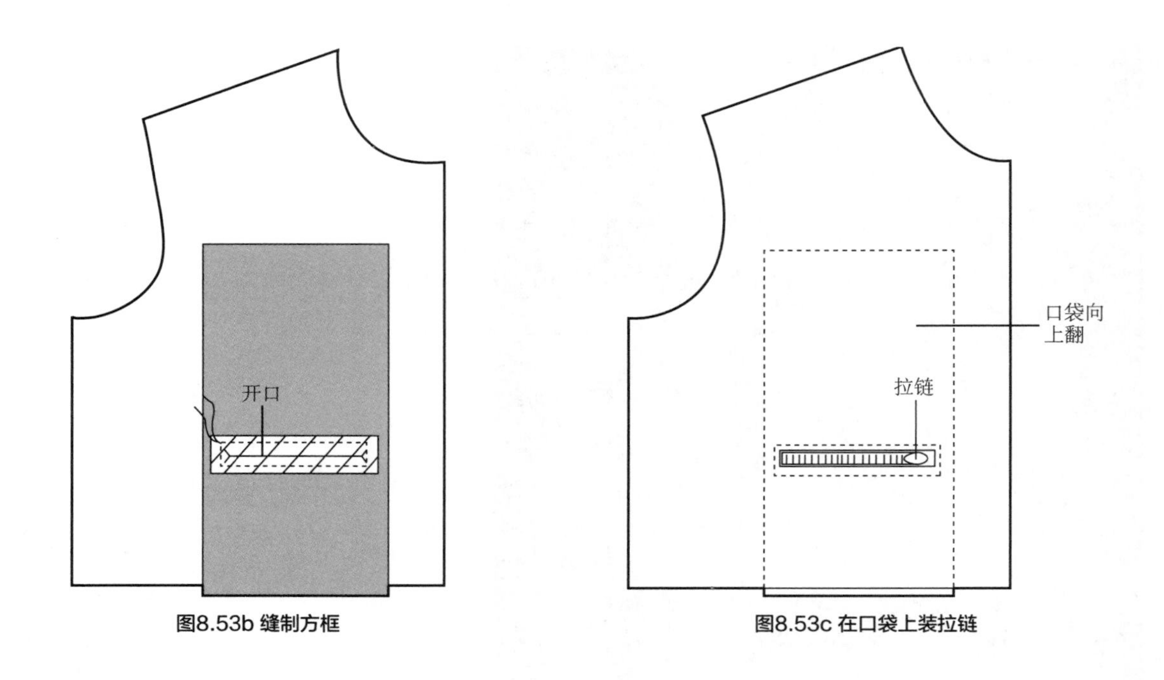

图8.53b 缝制方框

图8.53c 在口袋上装拉链

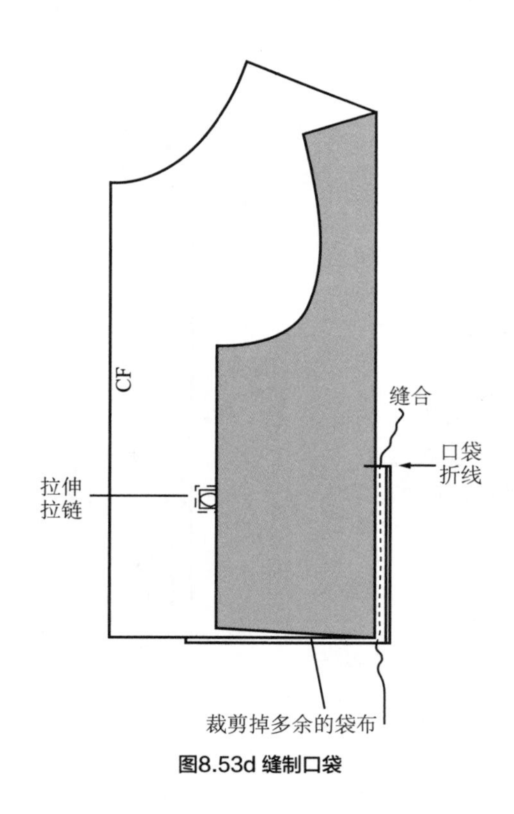

图8.53d 缝制口袋

小结

下面这个清单总结了本章中讲解的开襟毛衫和夹克原型及纸样制板知识。

- 微弹针织面料夹克原型使用机织面料夹克原型来绘制。
- 开襟毛衫和针织外套的原型必须比上衣原型大，因为这些服装是穿在其他衣物外边的，必须穿着舒适。
- 开襟毛衫、毛衣和针织外套可以是合体的、宽松的或是特大号的。
- 开襟毛衫和针织外套可以有衣领、兜帽或口袋。

停：遇到问题怎么办

我的合体款前缀纽扣开襟毛衫穿在人台上显得太紧了怎么办？我制板时使用的是上衣原型。

为合体款开襟毛衫制板时，必须将原型加大2～3英寸。多余的空间可以形成舒适的开襟毛衫。（见“合体款”，“宽松款”，“特大号款”部分。）

我想绘制图8.1（c）中开襟毛衫的纸样。但是我想加上插袋（在侧缝）和领口镶边（不带纽扣），我应该怎么做？

本书中的制板技巧可以灵活使用。因此，可以使用其他设计中的部分纸样。可以这样做：首先，画出图8.1（c）中开襟毛衫纸样；接下来，画出图8.34b中口袋纸样；最后，根据领口接缝要求的长度画出镶边纸样，见图8.16b。

自测

1. 有两个尺寸不同的原型可以用于制作开襟毛衫的纸样，是哪两个原型？
2. 制作宽松款原型时，需要增加／扩大哪些部分？（见图8.1。）
3. 如何确定图8.1b中开襟毛衫的门襟／里襟宽度？
4. 有哪3种口袋种类？请对每种口袋进行简要描述。
5. 绘制图8.1f的开襟毛衫，在绘制口袋开口和口袋时需要注意哪些地方，才能确保它们可以正常使用？
6. 图8.1（a）中的开襟毛衫有一个领口镶边。领口纸样是根据缝线总长绘制的一条直线纸样。图6.1（b）中的V领毛衣也有长度缩短了的领口镶边。为什么开襟毛衫的镶边纸样与T恤的镶边纸样不同？（见图6.57中的“领口收边”和“缩减长度”部分。）
7. 兜帽可以通过两种方法绘制，是哪两种方法？每种兜帽纸样是如何绘制的？

重点术语

门襟
合体款原型
插袋
宽松款原型
特大款原型
贴袋
挖袋
针织外套

第9章 半裙原型及纸样

用弹性针织面料制作的半裙款式多样，可搭配多种上装。本章将教你如何制作半裙原型，以及如何将其转化成自己的纸样设计。通过对轮廓和长度进行调整，半裙的款式可以是宽松的或性感的，短款的或显身材的，及膝的或铅笔型修身的，亦或是适合沙滩度假的超长款，见图 9.1。

梭织面料制作的半裙通常都有着挺括的、加衬的腰头（或腰头贴边），开口装有拉链。针织面料半裙不需要结构上的腰头（虽然也可以这样制作）。随着本章内容的展开，你也会学到一系列缝纫技巧。

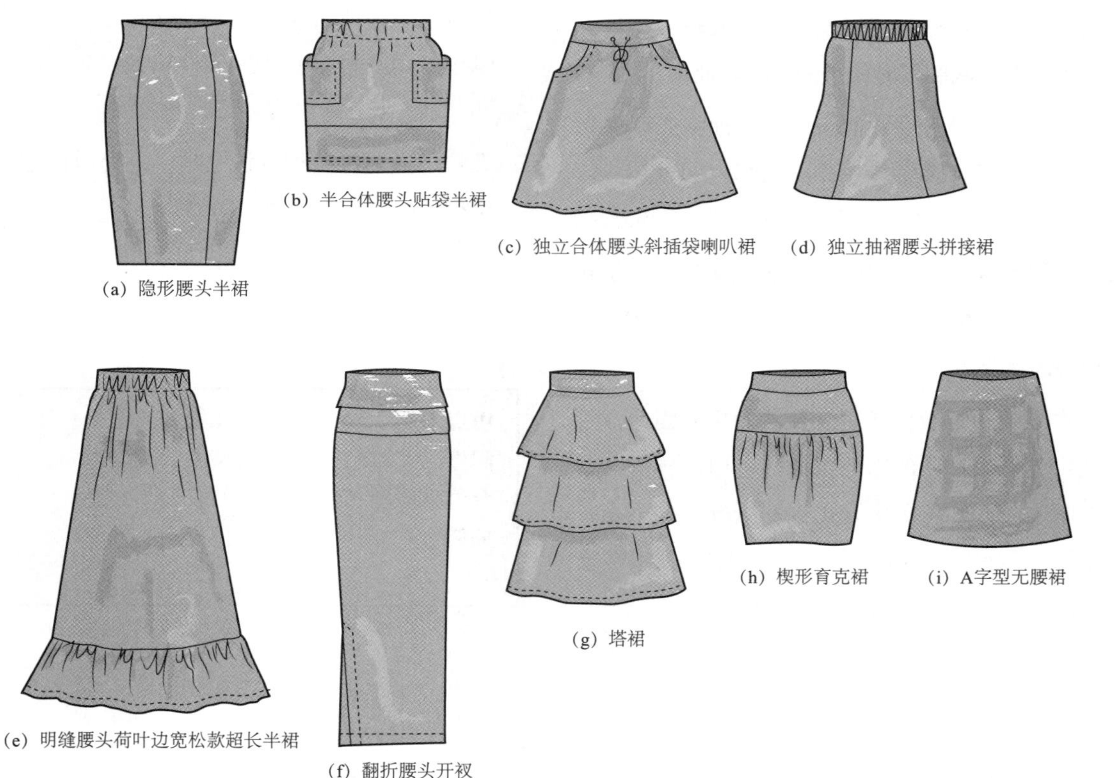

图9.1 各种半裙款式

将双面弹下装基础纸样转化为半裙原型

本章中，你将使用第 5 章制作的双面弹下装基础纸样制作一套半裙原型。将下装基础纸样转化为半裙原型的方法可参见表 2.1。“半裙原型”是表 2.2 中原型系列中的一部分。

半裙可以使用双面弹或四面弹针织面料制作。半裙不需要纵向拉伸，但有纵向拉伸性的面料也不影响服装的合体性。在这里，将制作一套对应各个各弹性类别的、贴合身体线条的半裙原型，包括微弹、中弹、超弹和高弹。

微弹

使用第 5 章的双面弹下装基础纸样和第 7 章的裙片制作微弹半裙原型，见图 9.2。

1. 在黄板纸上画两条相交线，水平线代表臀围线，垂直线代表前 / 后中心线。
2. 将下装基础纸样的前 / 后中心线 WH 与垂直线重合，臀围线 HH1 与水平线重合。然后描出下装基础纸样。
3. 将微弹裙片 HH1 与水平线重合，HL 与垂直线重合，见图 7.3。描出裙片。
4. 在垂直线两侧描出下装基础纸样和裙片。

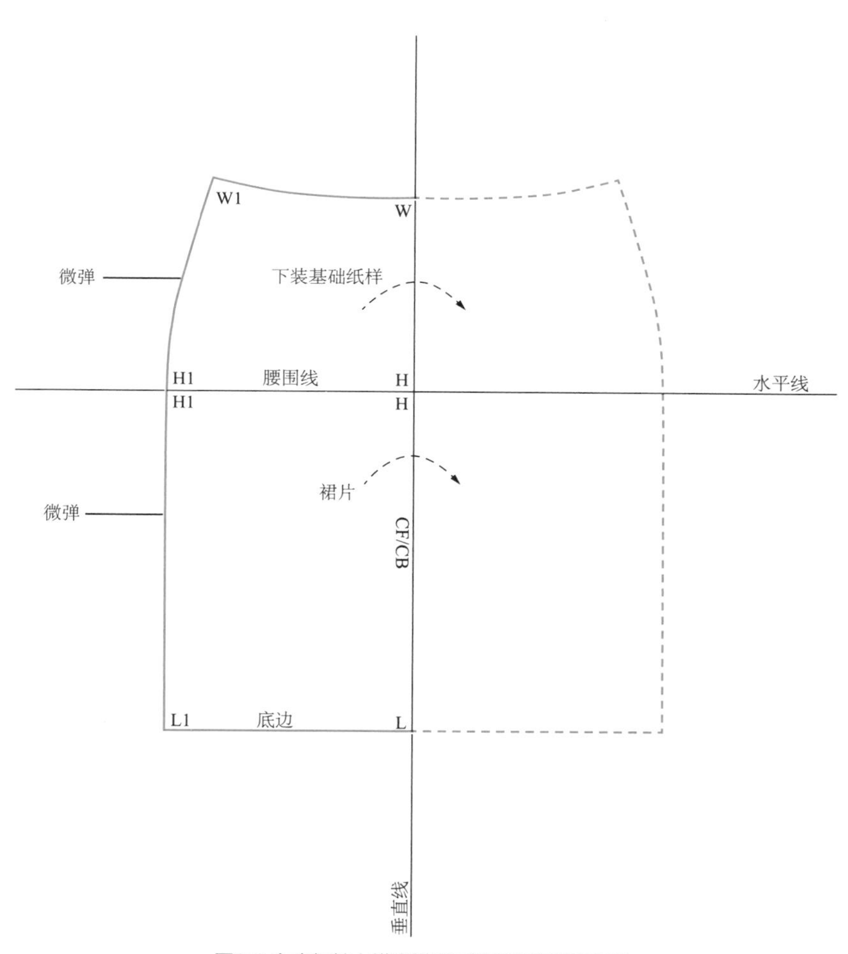

图9.2 在坐标轴上描出微弹下装基础纸样和裙片

另一种方法是将裙片直接画在坐标轴上。

1. 画一条平行于 HH1 的垂直底边线（见图 7.2 中的半裙长度）。
2. LL1：与 HH1 等长。
3. H1L1：画一条直线。

中弹、高弹和超弹

1. 画一条水平标识线，连接两侧腰围线和侧缝的交点。
2. 在坐标轴上描出各弹性类别的下装基础纸样，方法与微弹相同。各弹性类别的腰围线 / 侧缝必须落在标识线上。
3. 在坐标轴上描出各弹性类别的裙片，方法与微弹相同，见图 9.3。

如果裙片没有进行推档，则进行以下操作。

画出各弹性类别的侧缝（平行于微弹侧缝），增量为 1/2 英寸。

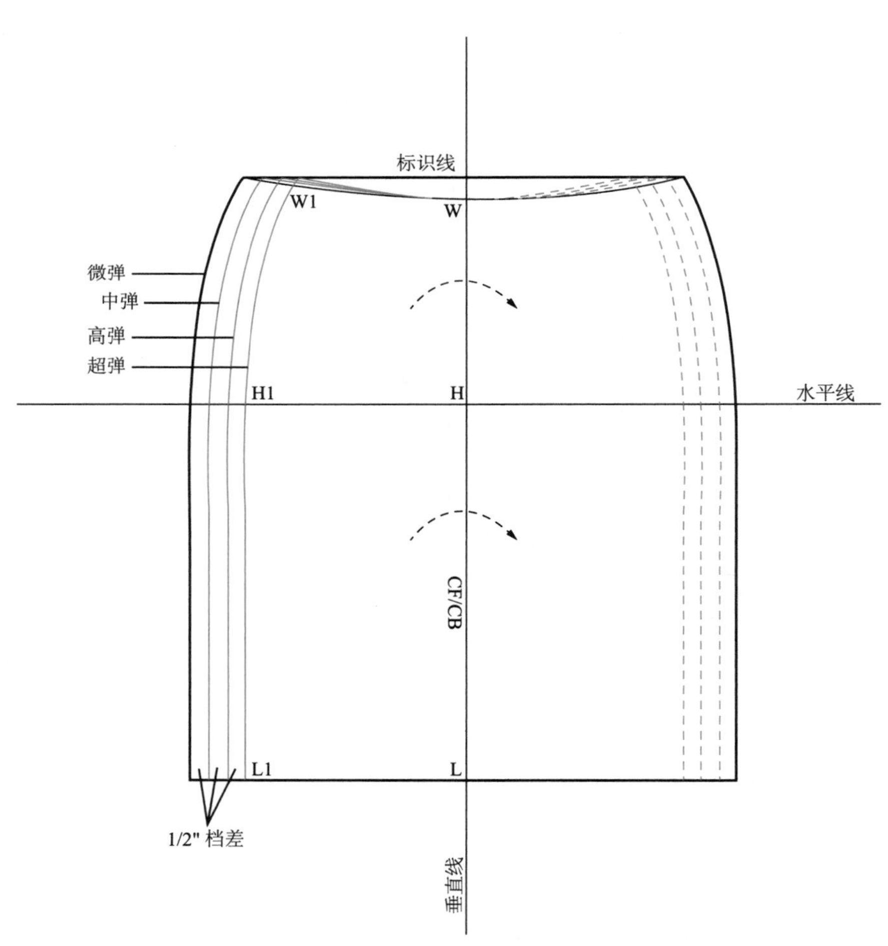

图9.3 在坐标轴上描出中弹、高弹和超弹原型

半裙原型的前后片

此时，半裙原型的左右两边完全相同。接下来区分出半裙原型的前后片。

1. 在半裙原型上标出“前片和后片”。
2. 画一条新的垂直线，向后片方向移动 1/2 英寸，平行于原垂直线。这个变化使得半裙前片比后片更大（一共是 1 英寸），见图 9.4。总臀围保持不变。
3. 沿新垂直线裁开，分离前后片。

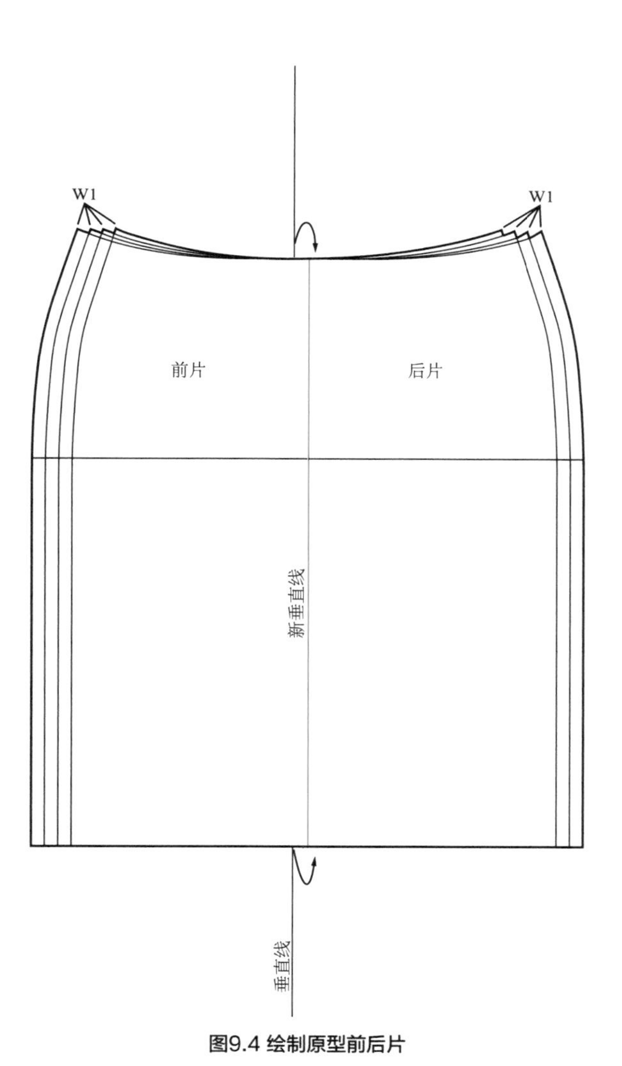

图9.4 绘制原型前后片

裁剪腰围线／侧缝

1. 裁剪微弹原型前／后片腰围线，从前／后中心线向侧缝剪，只剪线条重合的部分。
2. 在 W1 处逐一裁剪出各弹性类别的腰围线／侧缝交点，见图 5.16。
3. 在黄板纸上描出微弹原型并剪下，转移腰围线，见图 5.17。
4. 在黄板纸上描出中弹、高弹、超弹半裙原型并剪下，方法与微弹相同。
5. 将侧缝对齐检查长度是否相同。

需要用到的面料

用坯布缝制半裙试样，需购买 3/4 码的双面弹且微弹的双面针织物。（重量适中的罗马布就是非常理想的面料。）

表9.1　　半裙的缝纫工序

第1步 • 先完成各部分的工艺细节，再将衣片缝合起来 塔克／抽褶　接缝	第2步 • 缝合侧缝 • 缝合衬里侧缝（如果半裙有衬里）
第3步 • 缝制腰头 如果有衬里： • 将半裙和衬里的腰围线接在一起 • 缝制腰头 其他加衬的方法请见“有衬里的半裙”部分。	第4步 • 缝制半裙下摆 • 缝制衬里下摆（如有衬里）

裁剪缝纫

1. 裁剪半裙可参考图 4.13。
2. 在侧缝加放 1/2 英寸缝份。
3. 按照表 9.1 中的缝纫工序缝纫。侧缝使用波浪形直线线迹，然后将缝份熨烫分开，避免凸起，见图 5.9。此时不需要缝制腰头。

试样

将半裙穿在人台上。用大头针别住需要调整的地方，在原型上标记出这些调整，见图 9.5。

重点关注以下几点。

- 评估半裙是否合身，同时检查侧缝是否与人台侧缝对齐。
- 检查半裙的下摆是否平直（且平行于地面）。

完成原型

1. 写上原型名称“双面弹半裙原型纸样前 / 后片”，并在每个原型上记录弹性类别。
2. 在原型上标出“前 / 后中心线”。
3. 在每个原型上标出 WW1。
4. 在所有原型上画出腰围线和臀围线，见图 9.6。

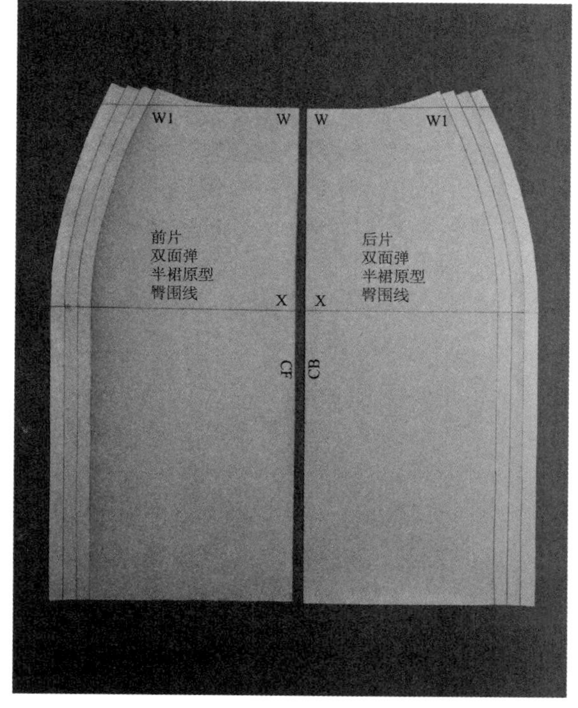

图9.6 双面弹半裙原型前 / 后纸样

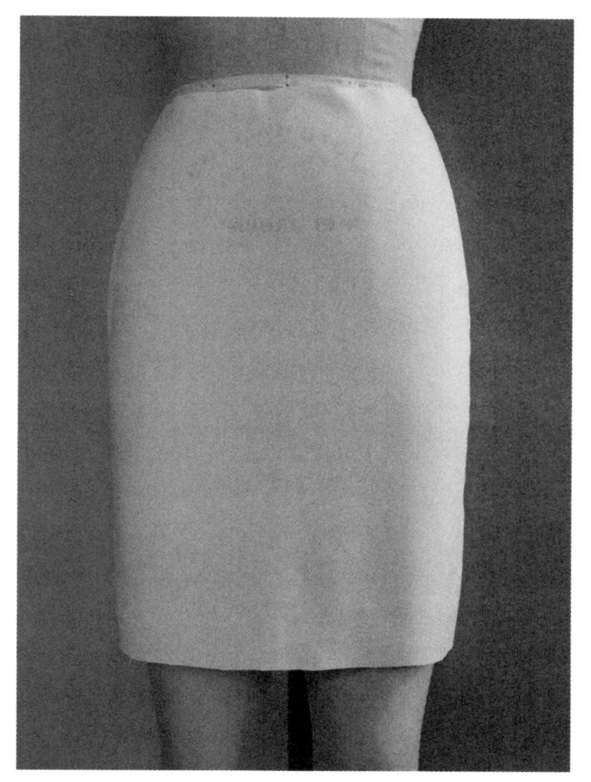

图9.5 坯布半裙在人台上的试样

选择原型

选择原型的弹性类别之前，需进行拉伸性测试（使用图 1.4 中的拉伸性量表）以确定某一款面料的“拉伸性”。接下来，选择合适的原型。选择原型有两种方法。见第 2 章“如何选择原型”了解如何根据面料的拉伸性或服装的合体程度选择原型。例如，如果面料的弹性较好，用微弹半裙原型就可以塑造出“宽松”的效果。此外，也可以将原型加大，制作“超宽松款”服装。

超宽松款：加宽腰围和臀围

1. 制作更宽松的服装，可以用微弹半裙纸样进行正向推档，加大 2 英寸。水平公共线（HBL）是半裙原型的臀围线。推档时，在半裙原型上标记 X，见图 9.6。在黄板纸上画出推档坐标轴（见图 3.15），标记 D。
2. 以 D 为起点，在水平公共线上 1/2 英寸处标记 E 点（见图 3.16）。
3. 将原型的 X 与 D 重合，水平公共线与水平线重合。在推档坐标轴上描出微弹原型。
4. 将 X 移动到 E 点，保持水平公共线与水平线重合。然后描出半裙原型的前后片。
5. 剪下原型并标注，见图 9.7。

超宽松款：加宽臀围

如果你想保持原有腰围，但在臀围加放一些空间，那么可以对臀部曲线进行适当的调整。

1. 画出推档坐标轴，在坐标轴上描出微弹原型。
2. 将原型的 X 移动到 E 点，保持水平公共线与水平线重合。仅描出从臀围线到底边线的线条。
3. 将微弹纸样放在推挡出的原型上，用锥子将臀部固定在侧缝处，然后调整原型侧缝 / 腰围位置直到其与原腰围线相交。画出新的臀部曲线，见图 9.8。

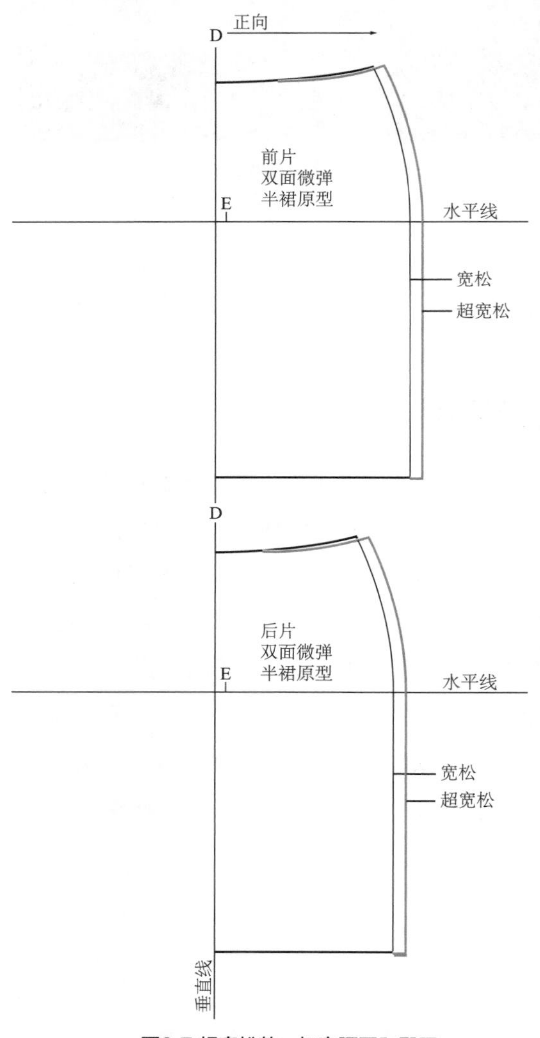

图9.7 超宽松款：加宽腰围和臀围

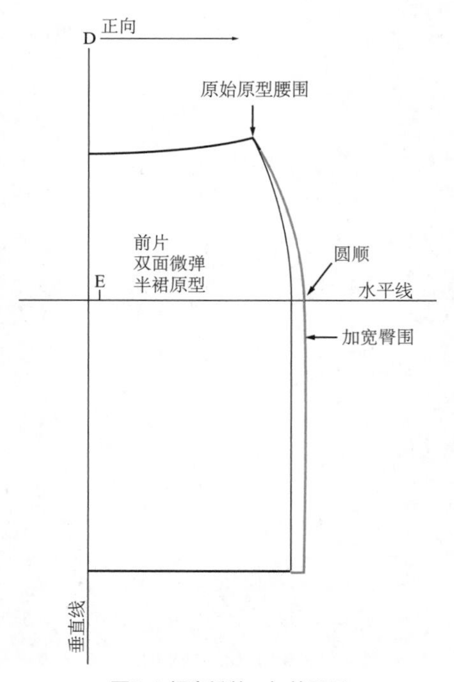

图9.8 超宽松款：加放臀围

半裙制板

进行半裙制板前，要准备好正确的制板工具（见图 3.1）。按照第 3 章中的主要制板原则进行制图，就可以绘制出理想的半裙纸样。本章主要概述如何制作各种轮廓的不同款式半裙，包括直筒裙（straight）、喇叭裙、楔形裙（pegged）、圆裙（circular）、垂褶裙和塔裙（tiered）等。本章也涵盖了不同长度、对称或不对称的、有衬里的半裙纸样。

每款半裙都需要缝制腰头。本章后面的“腰头款式”部分展示了 3 种半裙腰头款式的形式。

对称和不对称设计

对称的半裙左右两侧完全相同（见图 9.1（a）~（e）中的半裙）。绘制对称的半裙纸样时，将原型一侧描在样板纸上，这是裙子的 1/4。

不对称的半裙左右两侧不同。图 9.1（f）中的半裙也是不对称的，因为一侧有开衩。绘制不对称的半裙需将原型的两侧都描在样板纸上。不对称的纸样需要标注正面向上（R.S.U.）以便根据不对称设计进行排料。

长度变化

半裙穿在下半身，有多种长度变化（见图 9.9）。

- 迷你裙（mini）——大腿长度。
- 短裙（short）——迷你裙和膝盖之间的任何位置。
- 及膝裙（knee）——膝盖中部。
- 中长裙（迷地裙，midi）——小腿中部长度。
- 超长裙（迷喜裙，maxi）——小腿中部和脚踝之间。
- 及踝裙（拖地长裙，ankle）——地面以上几英寸。
- 下摆开衩（split-hem）——下摆是分开的。
- 不对称下摆（asymmetrical hem）——下摆一侧比另一侧长。

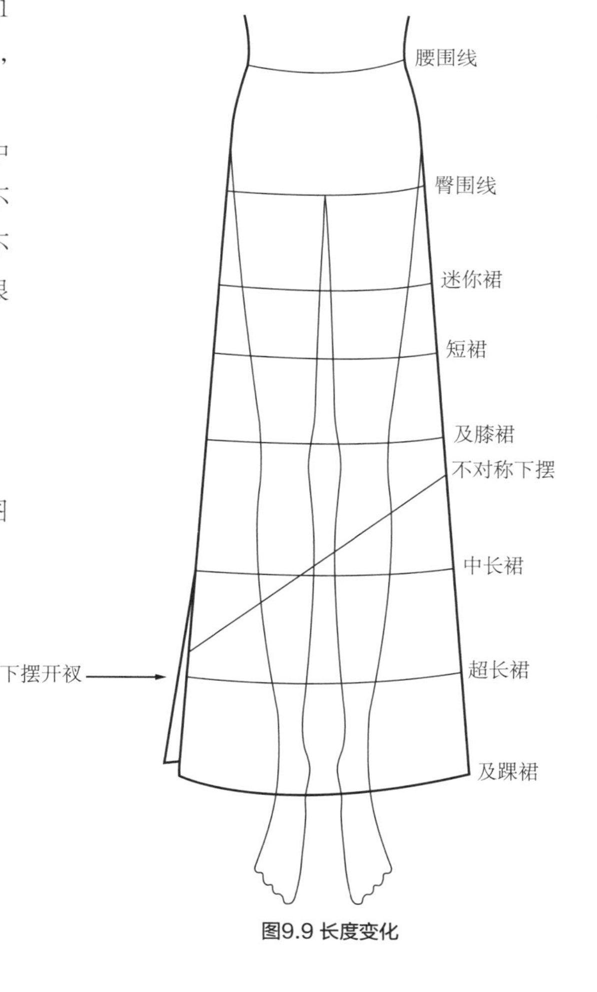

图9.9 长度变化

通过结构线进行轮廓变化

图 9.10 所示为轮廓变化的几种情况。

- 直筒裙——贴合身体轮廓的修身款。
- A 字裙——侧缝从臀部到底边逐渐分散。
- 楔形裙——侧缝从臀部到底边逐渐收紧。
- 喇叭裙——加入宽松度，形成有褶裥的（fluted）下摆。
- 圆裙——加入宽松度，形成圆形下摆。
- 育克裙——腰和臀之间加入一个独立的部分。
- 高腰裙——腰围位于自然腰围线以上。
- 多片裙——从腰围到底边的垂直缝线形成喇叭状的裙片（panels）。
- 灯笼裙——用镶边或松紧带收缩下摆。

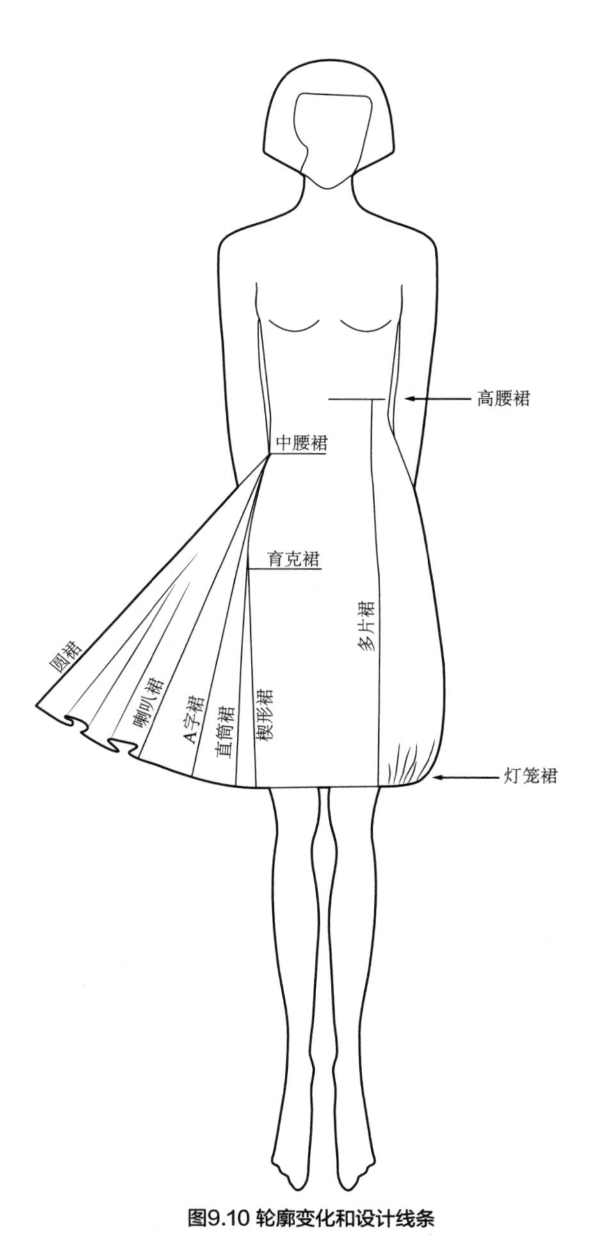

图9.10 轮廓变化和设计线条

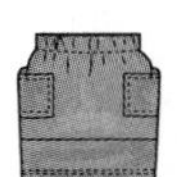

半裙的口袋

口袋可以是半裙的一个设计元素。例如图 9.1（b）的半裙有贴袋，而图 9.1（c）的半裙有斜插袋（side-front pockets）。插袋、拉链袋和挖袋的绘制方法见第 8 章“开襟毛衫口袋”部分。绘制贴袋和斜插袋，见第 10 章“裤子口袋”部分。

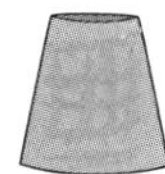

A字裙和楔形裙

制作A字裙时，需要加宽侧缝/底边来塑造A字型轮廓。

1. 如图9.11所示，将半裙原型的前/后片描在样板纸上。标记侧缝/腰围线交点A。
2. B：A字裙。在底边外标记$1\frac{1}{2}$英寸，画一个直角。
3. C：楔形裙。在底边内标记1英寸，画一个直角。
4. 在样板纸上描出前后半裙的原型。

喇叭裙

绘制A字型轮廓褶裥下摆的喇叭裙时，需要在底边加入展宽。使用悬垂感出色的面料制作的喇叭裙垂坠效果极佳。

绘制纸样

先画出半裙的前片，然后根据前片绘制后片。

1. 在样板纸上描出半身裙原型前片，标记ECD，见图9.12a。
2. X：在腰围线上标记EC的中点。
3. XAB：平行于前中心线画一条切割线。

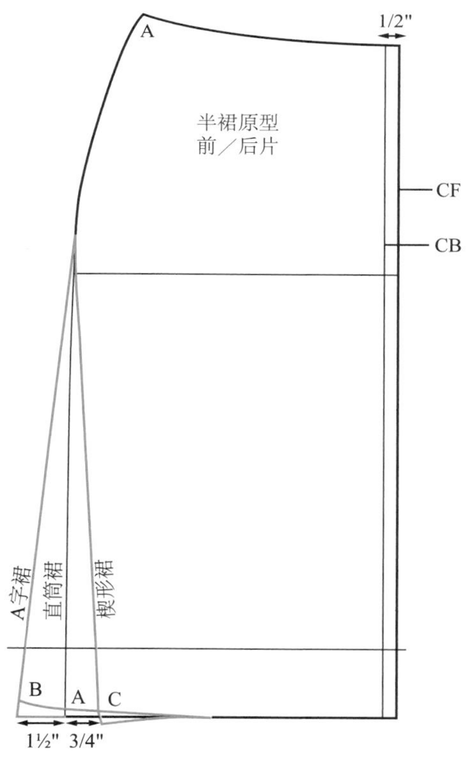

图9.11 A字裙和楔形裙

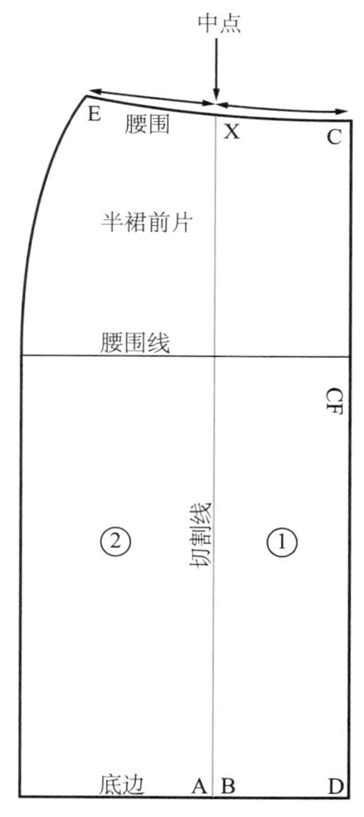

图9.12a 绘制喇叭裙纸样

切开／展开纸样

1. 裁剪切割线至轴心点 X，不要剪断 X。
2. 在样板纸上画一条垂直线，前中心线 C 与垂直线重合，在垂直线外 $1^1/_2$ 英寸处的底边上取 D 点，描出区域①。
3. 如图 9.12b 所示切开 / 展开纸样。
4. 画一条从腰部到外延底边线的侧缝直线。（不需要画臀部弧线，因为已经在臀围线区域加放了宽松量。）
5. 画一条平滑圆顺的腰围线和底边线。

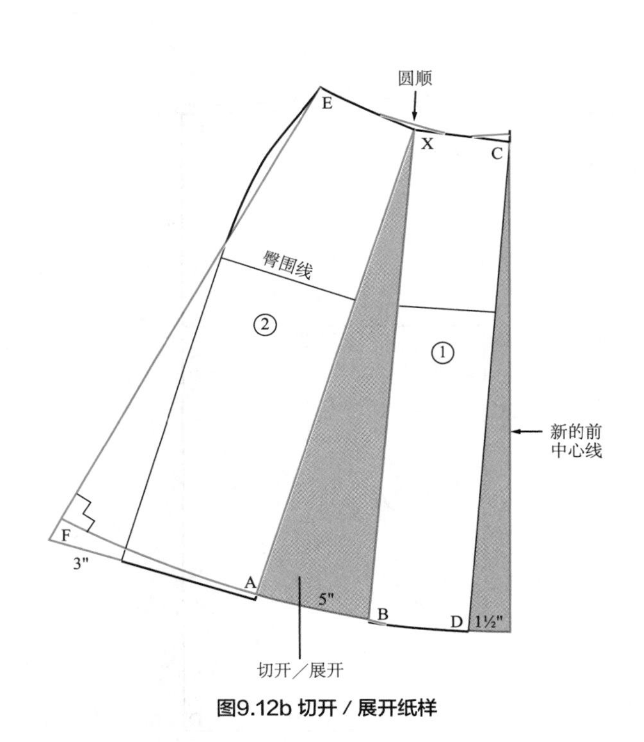

图9.12b 切开 / 展开纸样

绘制后片

绘制后片，需将前中心线内移 1/2 英寸，见图 9.13。

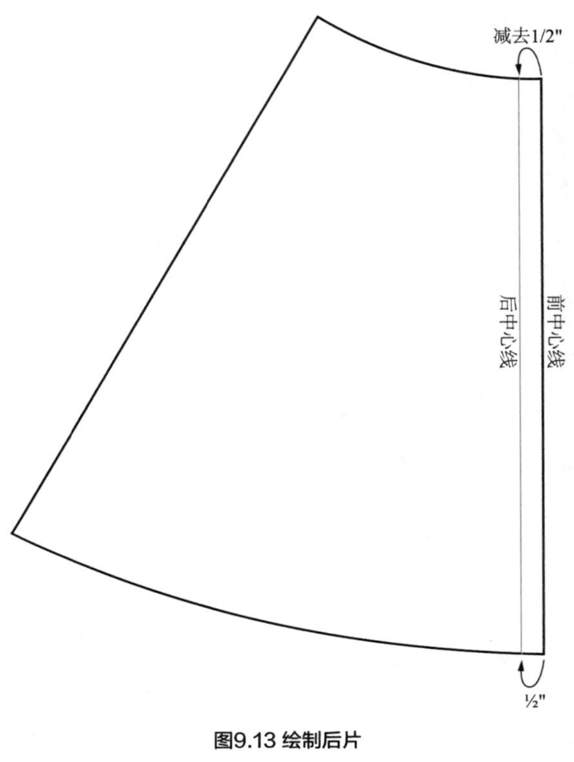

图9.13 绘制后片

校样

1. 在腰围和侧缝处加 1/4 英寸缝份，然后加放 1/2 英寸的卷边。（对于喇叭形底边来说，1 英寸的卷边会显得臃肿。）
2. 标记纸样，画出经向线，然后记录需裁剪的样片数量，见图 9.14。

不对称喇叭裙

不对称喇叭裙的一侧是喇叭形的，另一侧仍是直线形（或者是楔形）。这种半裙的纸样是整片裁剪的，只有一边的侧缝。这种半裙尤其适合使用条纹面料，因为前片侧缝有垂直条纹，后片侧缝有水平条纹。你可以使用双面弹或四面弹面料制作这款半裙。但用双面弹面料制作的半裙的弹性有限，因为只有前片有弹性。

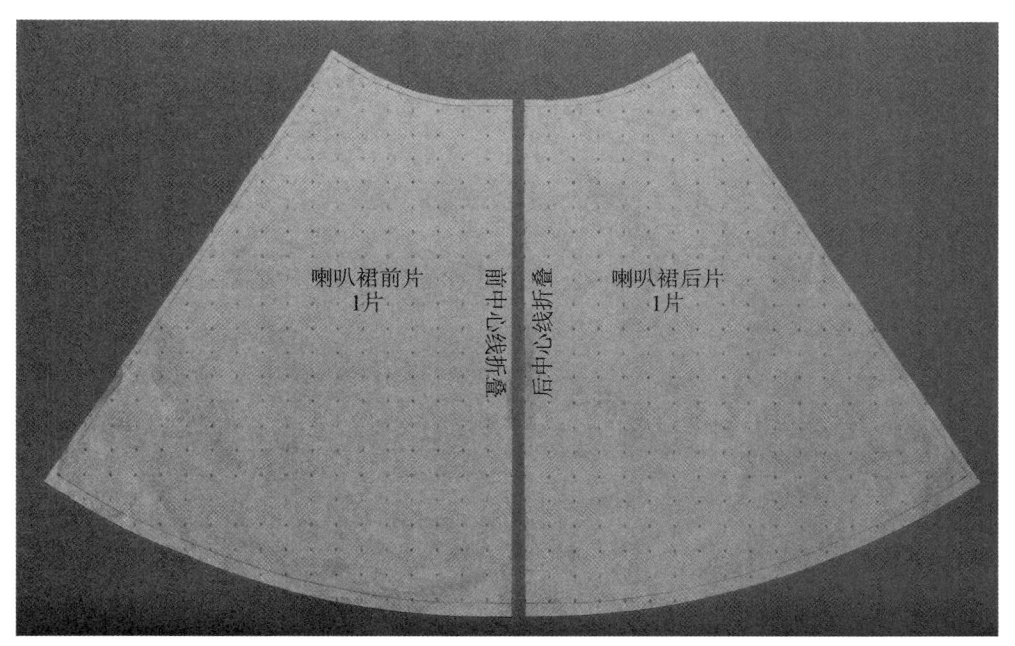

图9.14 喇叭裙的校样

绘制纸样

1. 在样板纸上画一个直角，标记为 A。
2. 将原型前后片放在直角边的两侧，前／后中心线平行于直角边。腰围处的 W1 与 A 重合，描出原型。
3. AB：确定半裙裙长。
4. BC：画一条底边线在侧缝处做出宽摆。
5. 在侧缝 A 处画一条圆顺腰围线并做剪口，见图 9.15。

校样

1. 在腰围和侧缝处加放 1/4 英寸缝份。卷边的长度依缝纫方法而定（见缝纫小窍门 9.1）。
2. 标注纸样并在前中心线处画出经向线。

缝纫小窍门9.1：

缝纫底边

缝纫喇叭裙、圆裙或手帕裙下摆时，可以在毛边以内1/4英寸处缉直线线迹。针织面料不易磨损，所以这种线迹可以固定住边缘。此外，可以对底边进行包缝处理，向反面折1/4英寸，然后将底边的止口缝合。

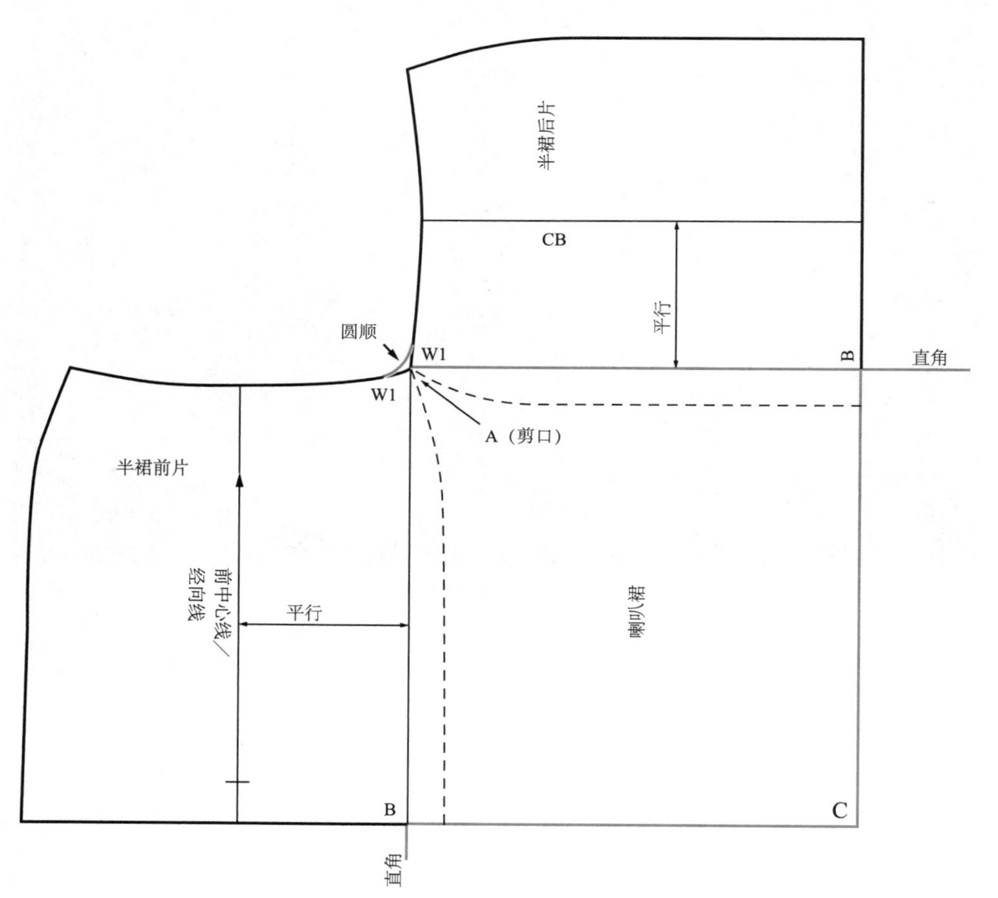

图9.15 绘制不对称喇叭裙纸样

圆裙

圆裙（circular）的下摆十分宽阔（fullness），见图 9.16a。圆裙的制板技术也可以用于荷叶裙的制板，只需对长度进行调整。圆裙的纸样上有两个圆形：内圈是接缝，外圈是底边线。通过对圆裙纸样进行简单的调整可以制作出手帕裙下摆（handkerchief hemline），见图 9.16b。

绘制纸样

首先绘制圆裙纸样的 1/4，然后根据这个 1/4 圆绘制完整的圆形纸样。

1. 绘制 1/4 圆时需要测量半径。要计算半径，需测量整个纸样的腰围（或接缝），然后减少 1/2 英寸（因为测量值包含了缝份）。将这个数值除以 6.30。例如：

   腰围 = 27 英寸 $-^{1}/_{2}$ 英寸 =$26^{1}/_{2}$ 英寸，除以 6 3/10（在分数计算器上输入 63/10，或在十进制计算器上输入 6.30）= 半径为 4.20（四舍五入得到 $4^{1}/_{4}$ 英寸）。
2. 裁剪一张大的 50 英寸 ×50 英寸的样板纸，如图 9.17 所示将纸对折。
3. 在折线处画一条水平线，标记为 A。
4. AB：绘制半径，需使用一个旧卷尺。用锥子将卷尺固定在 A 点上。在卷尺半径长度的位置打一个孔。把铅笔尖穿进孔内。保持卷尺拉紧，从侧缝处开始，画出 1/4 圆。测量 1/4 圆并乘以 4，检查是否与腰围测量值相等。如不相等，需调整半径。
5. BC：使用卷尺绘制半裙（或荷叶裙）长度，方法与绘制半径相同。
6. 将这个 1/4 圆描在纸样的另一侧，形成一个整圆，然后裁剪纸样。
7. CD：画出直角形的手帕裙底边，见图 9.17。

图9.16a 圆裙

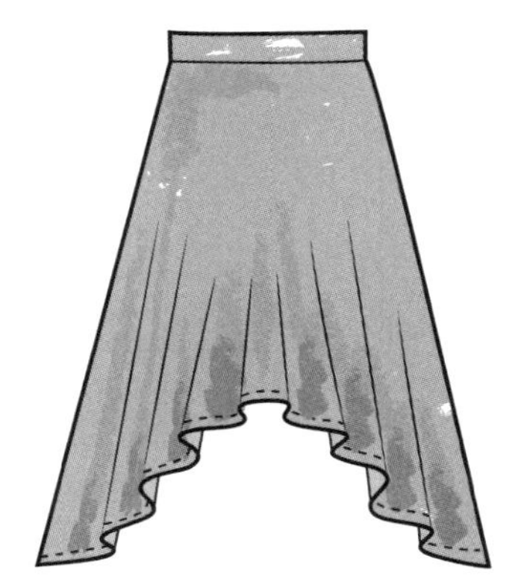

图9.16b 手帕裙下摆的圆裙

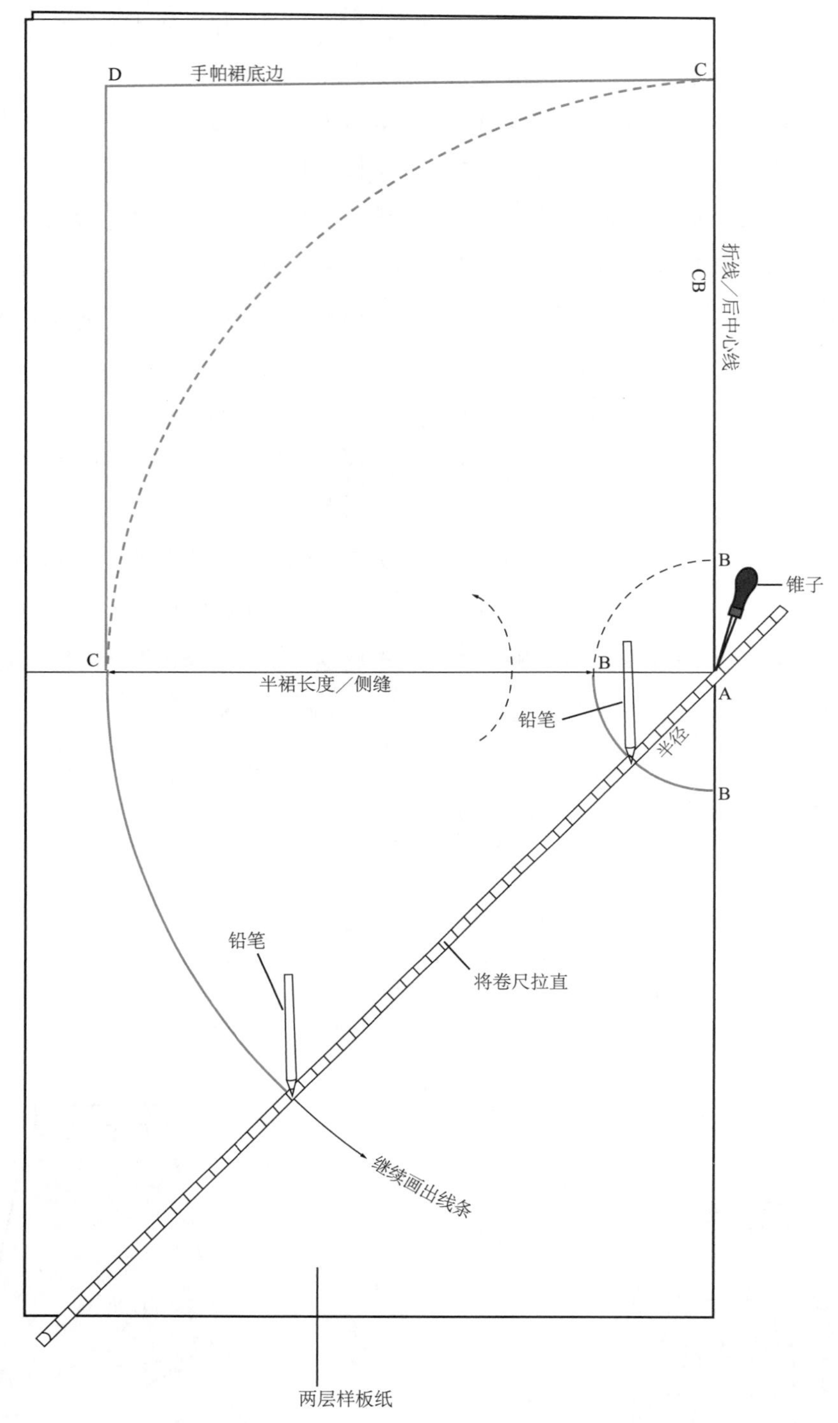
D
手帕裙底边
C
折线／后中心线
CB
B
锥子
C
B
半裙长度／侧缝
A
铅笔
半径
B
铅笔
将卷尺拉直
继续画出线条
两层样板纸

图9.17 绘制圆裙

校样

1. 加 1/4 英寸的缝份和卷边。
2. 标记纸样，画出经向线，然后记录需裁剪的样片数量，见图 9.18。

抽褶裙

制作抽褶需要的宽松量（fullness）也可以加到腰围线、侧缝或半裙的任何接缝处。在进行纸样操作之前，在接缝上标注出抽褶开始和结束的位置。接下来，将抽褶（或塔克）的长度增加 50% 或 1 倍，进行切开 / 展开或切开 / 分开的操作。

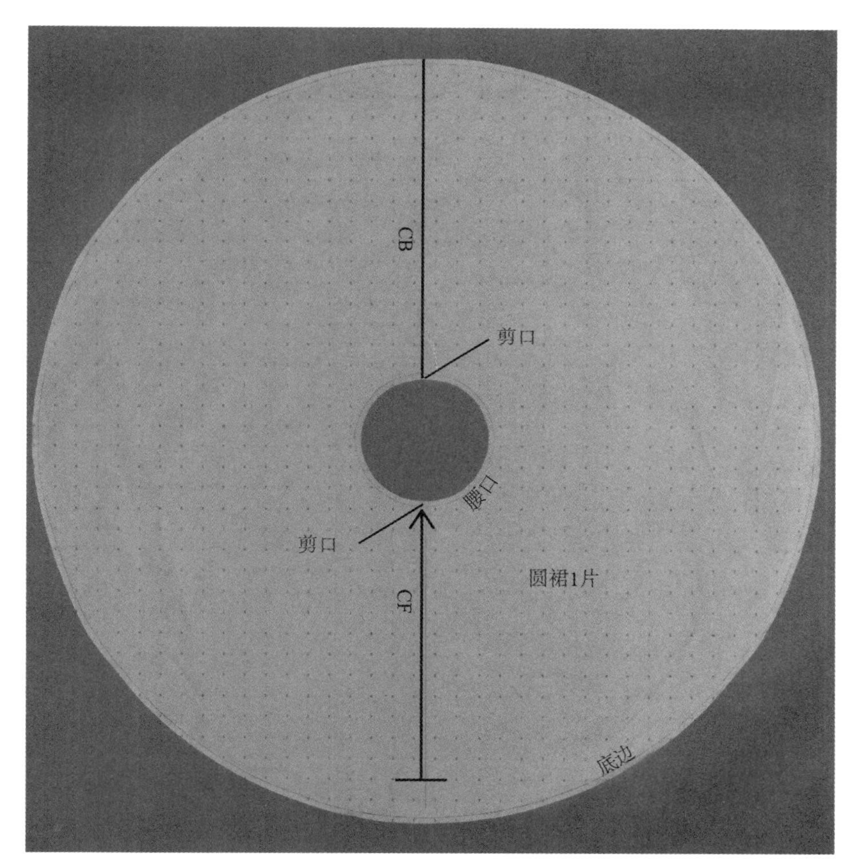

图9.18 圆裙的校样

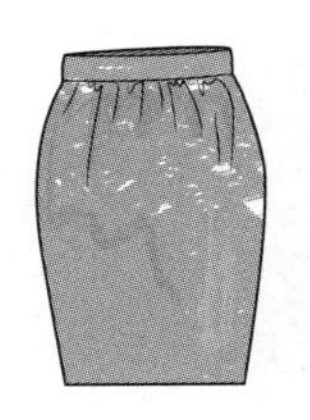

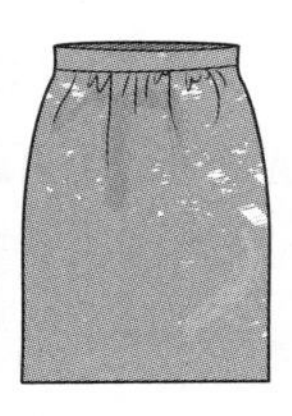

楔形裙、直筒裙和喇叭裙的腰口

绘制楔形裙、直筒裙和喇叭裙的腰口时，首先绘制半裙前片。然后，将纸样的前中心线内移1/2 英寸来绘制后片，见图 9.11。

1. 按照图 9.11 中的纸样绘制楔形裙和直筒裙。
2. 按照图 9.12 中的纸样绘制喇叭裙。
3. 制作楔形裙和直筒裙时，画一条切割线（平行于前中心线）将半裙分成两部分，见图 9.12a，标记 X、A、B。
4. 绘制喇叭裙时，在腰围和底边中点画一条切割线，见图 9.21。
5. 将纸样切开 / 展开或切开 / 分开，为抽褶增加宽松量，见图 9.19 ~图 9.21。
6. 在 AB 之间画一条圆顺线条。
7. 画一条从臀部到腰部的直线，为抽褶增加宽度，见图 9.19 ~图 9.21。

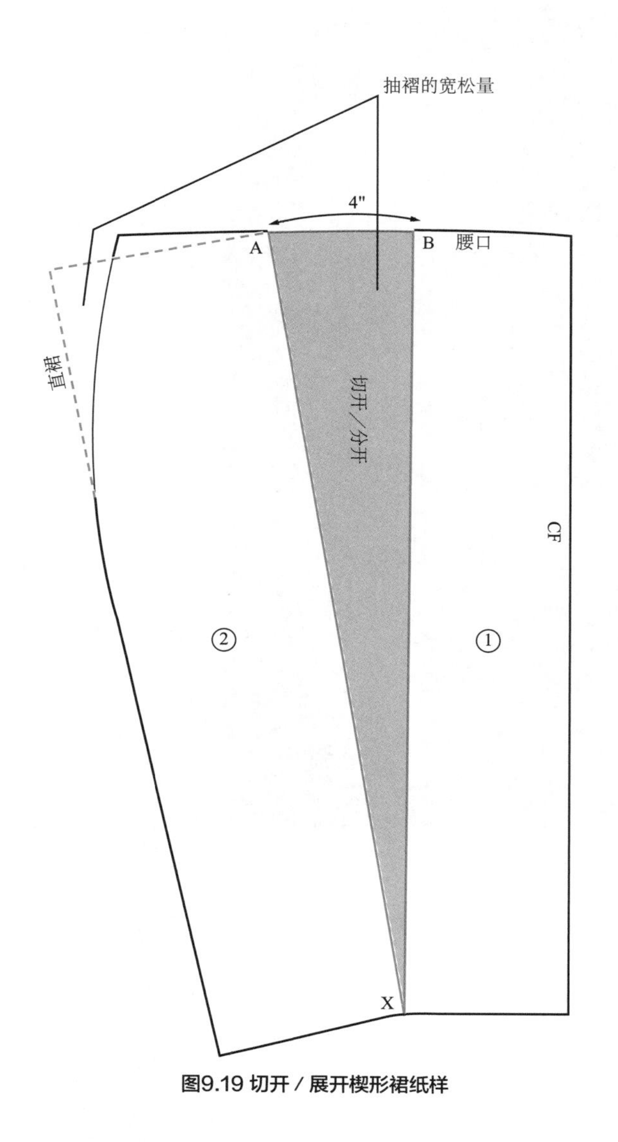

图9.19 切开 / 展开楔形裙纸样

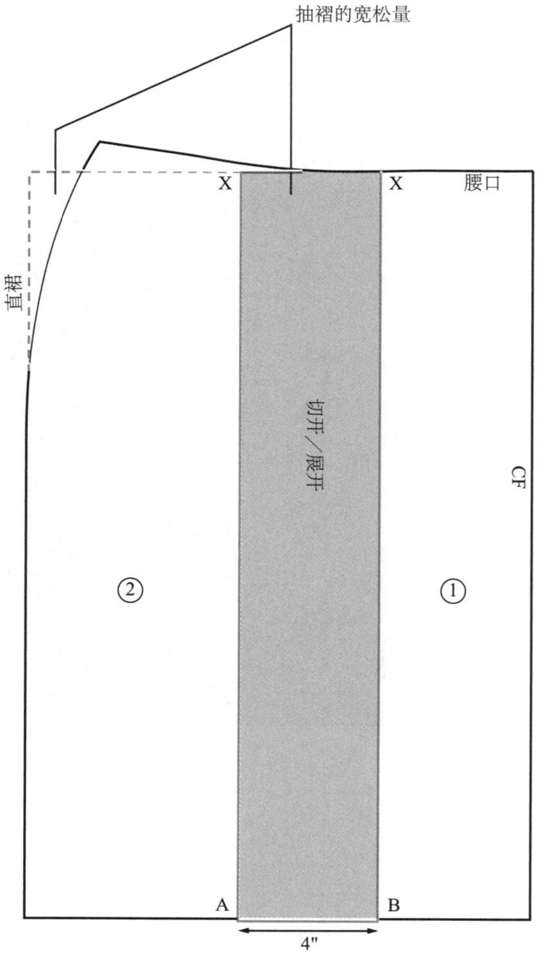

图9.20 切开 / 展开直筒裙纸样

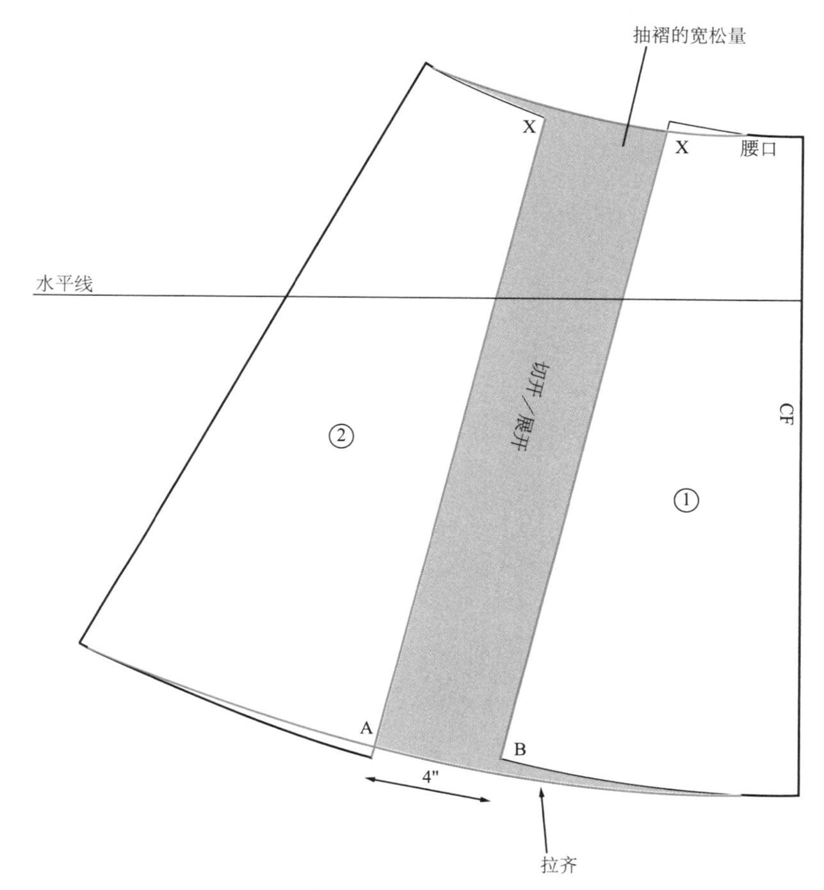

图9.21 切开／展开喇叭裙纸样

侧缝

可以在半裙一边或两边的侧缝进行抽褶，制作对称或不对称的半裙。

要成功做出抽褶，需选择一款轻质针织面料。抽褶处加放的量可以是抽褶长度的 50% 或 1 倍。半裙可以加装衬里，保持轮廓的挺括。先描出 1 版半裙纸样的前后片作为衬里，再为衬里纸样增加宽松量。

制板小窍门9.1：

有衬里的半裙

1. 如果是连裁本料衬里（cut-in-one），就可将衬里和外层面料纸样的底边接在一起，制成一个完整纸样（见图9.67）。
2. 如果是独立衬里（separate lining），需将半裙纸样的长度减少3/4英寸（见图6.96a）。

两边侧缝抽褶

在两边的侧缝抽褶时，算出抽褶需要增加的总长度，然后除以 3。

1. 描出原型前片，画出切割线，然后标注纸样，见图 9.22a。
2. 在样板纸上画一条垂直线。在垂直线上描出各区域。
3. 在纸样总长 1/3 处展开为①和②区域。将区域②与在垂直线对齐并描出。
4. 在纸样总长 2/3 处展开为②和③区域。描出区域③。
5. 在区域①和②之间画一条圆顺的臀部曲线。在区域②和③之间画一条侧缝直线，见图 9.22b。
6. 将纸样的前中心线内移 1/2 英寸来绘制后片（见图 9.11）。
7. 加放 1/4 英寸缝份和 1 英寸卷边，画出经向线。

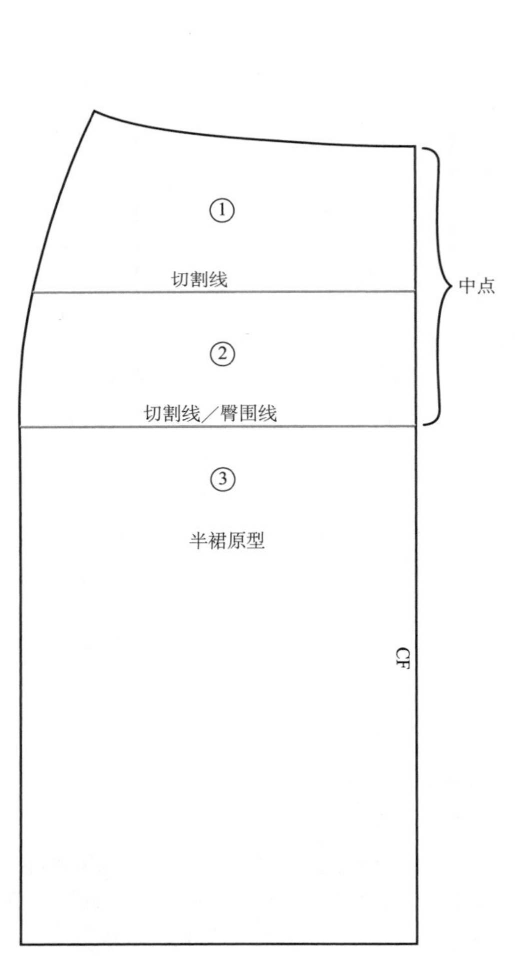

图9.22a 画出切割线

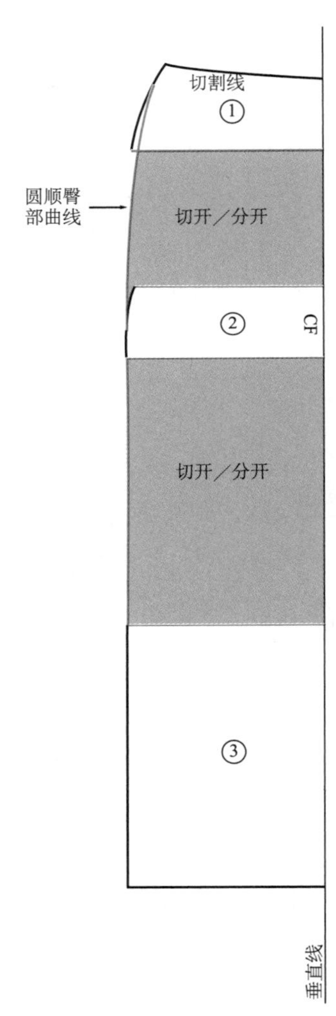

图9.22b 切开／展开纸样

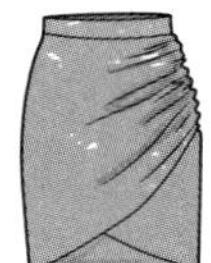

单边侧缝抽褶

这里将制作只有一边侧缝收褶的半裙前片。半裙后片不收褶。首先，确定收褶需要增加的总长度，然后除以 4。

1. 描出半裙前片的左右两边。
2. 在纸样两边画出弧形底边线。
3. 画出切割线（平均分布）并标注各区域，见图 9.23a。
4. 描出两份半裙纸样（此时，纸样的两边是相同的）。
5. 在一张纸样上，画出切割线（平均分布）并标注各区域，见图 9.23a。
6. 沿切割线剪开至 X 点。

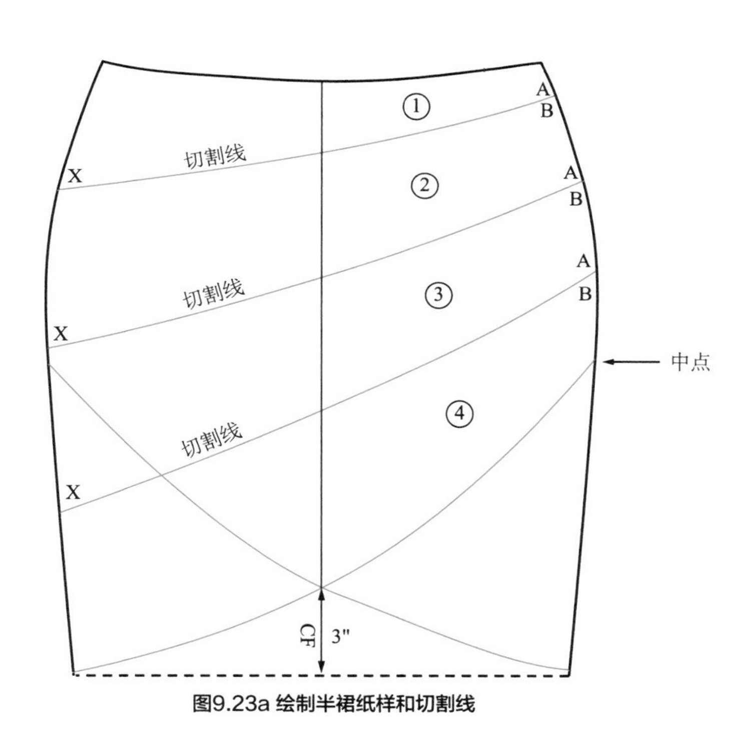

图9.23a 绘制半裙纸样和切割线

7. 在样板纸上画一条垂直线。将区域④的前中心线 / 经向线与垂直线重合并描出，见图 9.23b。
8. 展开各区域之间的纸样（需增加总长的 1/3）。
9. 画出平滑的侧缝，圆顺有棱角的线条。
10. 另一张纸样是半裙前片的另一侧（这部分被叠在下边并且没有收褶）。同时它也是衬里纸样。在抽褶的下沿、与侧缝拼接的地方做剪口，见图 9.24。

校样

1. 在前片的所有接缝处加放 1/4 英寸缝份。
2. 在后片的侧缝和腰缝（waist seam）加放 1/4 英寸缝份，再加 1 英寸卷边。
3. 画出经向线并标注纸样，见图 9.24。

缝纫小窍门 9.2:
缝纫抽褶侧缝

1. 侧缝收褶之后，将衬里和外层面料的底边缝合在一起，将衬里翻到反面，然后熨烫。
2. 将抽褶的侧缝与对应的前片剪口拼合，然后将侧缝和腰围线用大头针固定在一起。
3. 现在可以将半裙前片与后片缝合了，见图9.25。

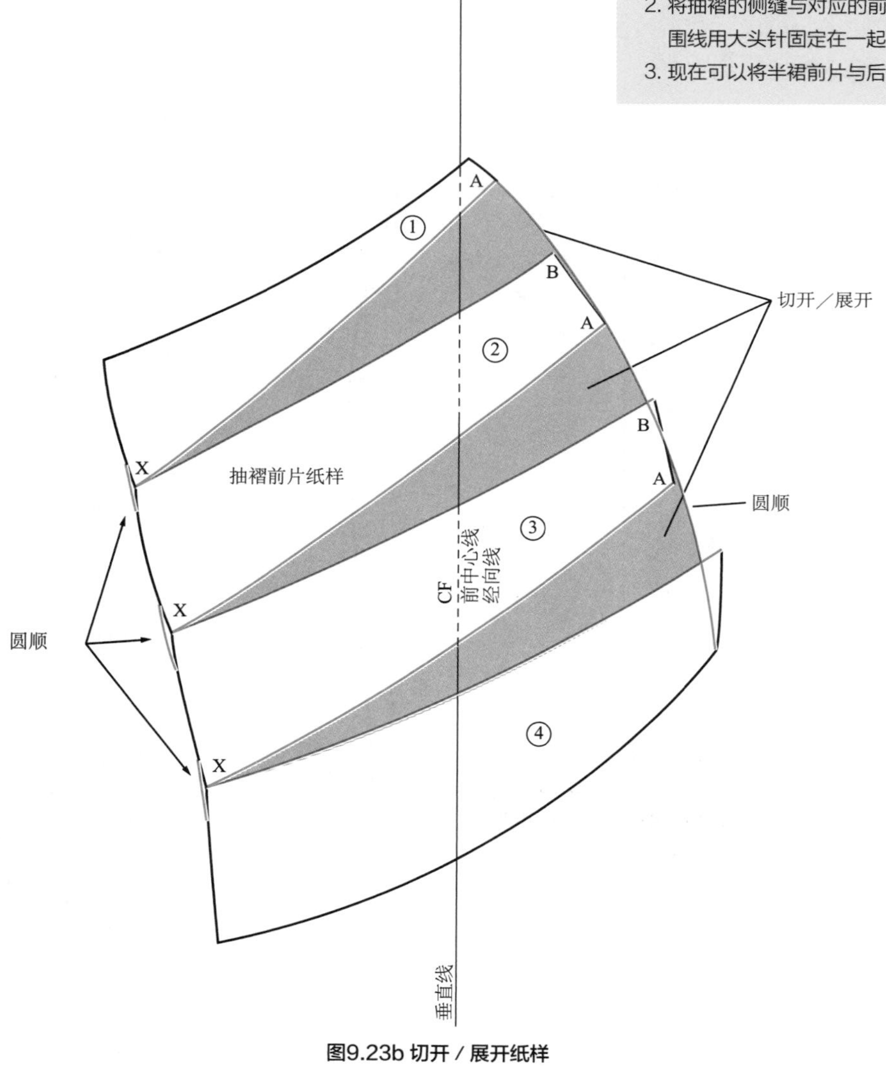

图9.23b 切开 / 展开纸样

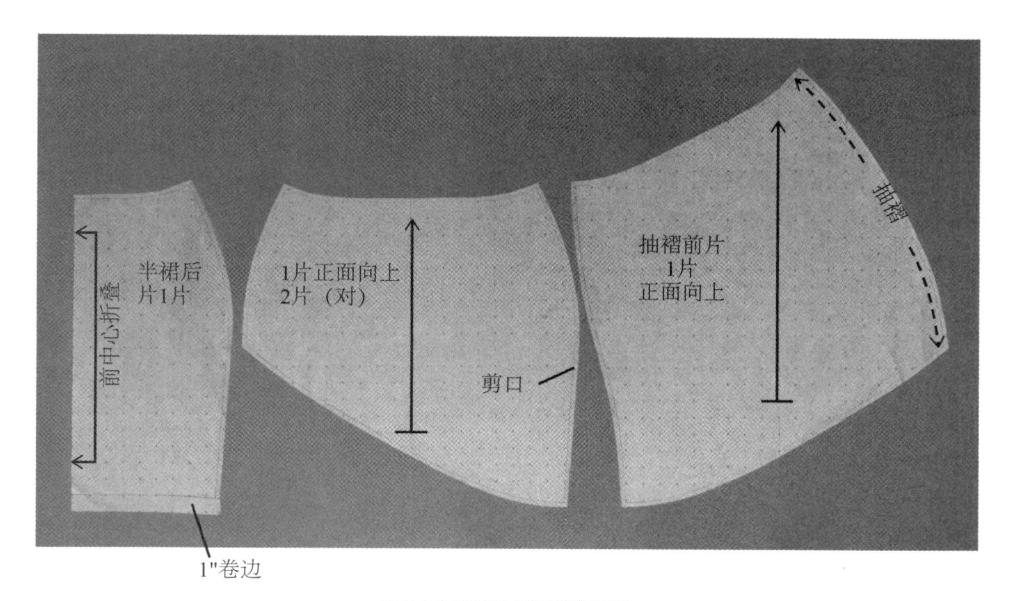

图9.24 侧缝抽褶半裙的校样

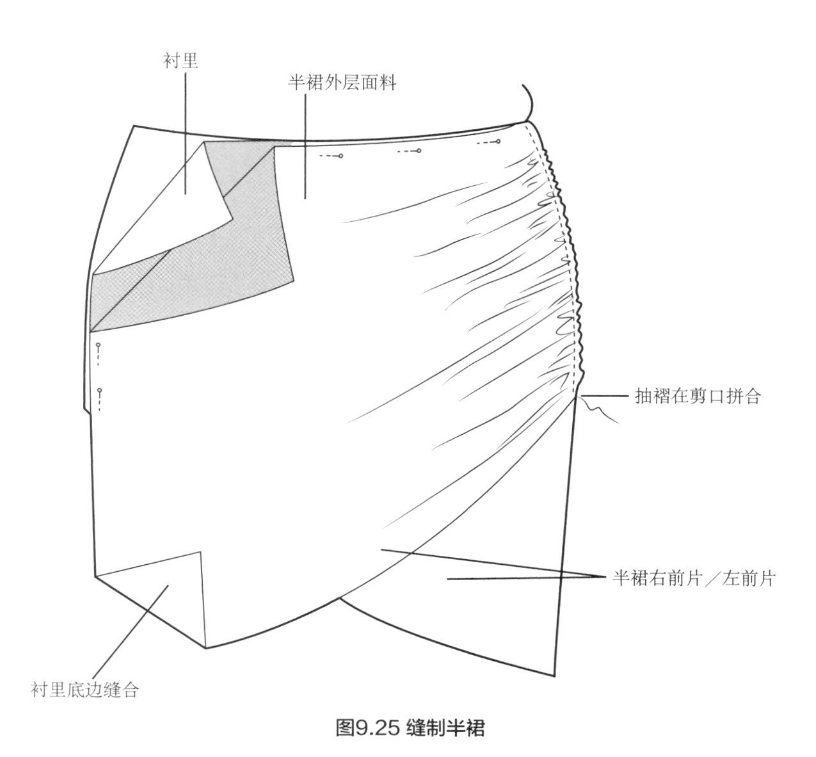

图9.25 缝制半裙

垂褶裙

制作垂褶时，需要在垂褶、抽褶或塔克的纸样中增加宽松量。

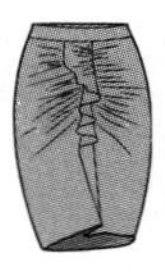

有抽褶的半裙

在这款设计中，将在半裙前部进行抽褶，制造出荷叶边，并在前部的臀围线周围制造垂褶。这款半裙的前后片纸样是作为一整张纸样绘制的，见图 9.26a。

1. 将原型前／后侧缝拼合在一起描出，标记 A、B、C、E。
2. D：抽褶长度（depth of gathering）的对位点，在 C 点以下 12 英寸。
3. 将前中心线 CE 向外移，并标出新的前中心线。
4. 在腰围和臀围之间画两条平均分布的切割线。
5. 将前／后片作为一个整体从工作纸样上描下来。
6. 沿腰围线 AB 和切割线 XY 裁剪。

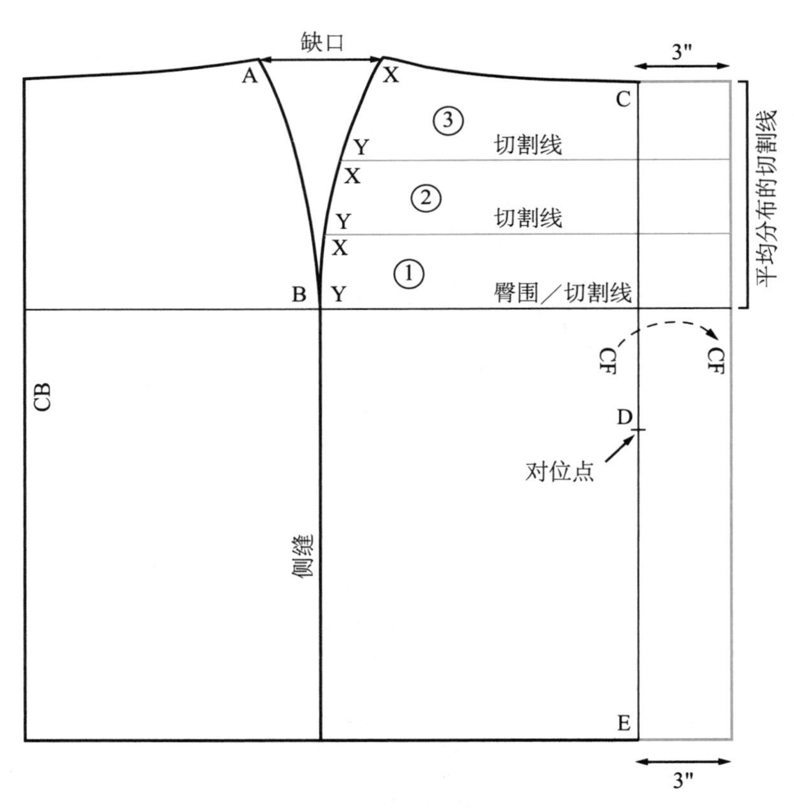

图9.26a 绘制有抽褶的垂褶裙

切开／分开纸样

1. 将前片区域①、②、③的臀部曲线 XY 与后片臀部曲线 AB 拼合，将前后片间的缺口闭合。缺口闭合之后，就形成了前片中部抽褶处的宽松量。

2. 在前中心线，画一条线圆顺各区域的拼接处。

3. 画一条缝合线 CD，平行于前中心线（见图 9.26b）。

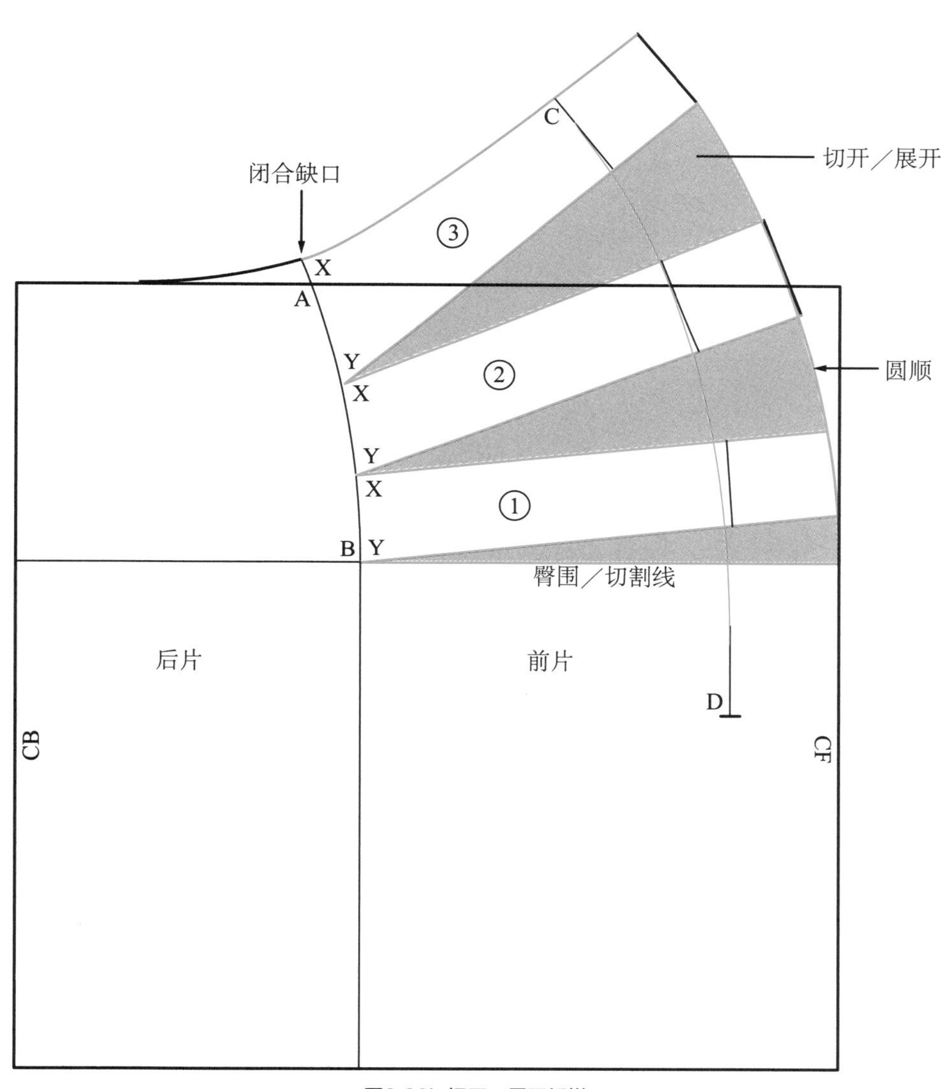

图9.26b 切开 / 展开纸样

校样

1. 从工作纸样上描下纸样，然后画一条连接到对位点的缝合线。
2. 在腰围处和前中心接缝处加放 1/4 英寸的缝份，加放 1 英寸的卷边。
3. 画出经向线并标注纸样，见图 9.27。

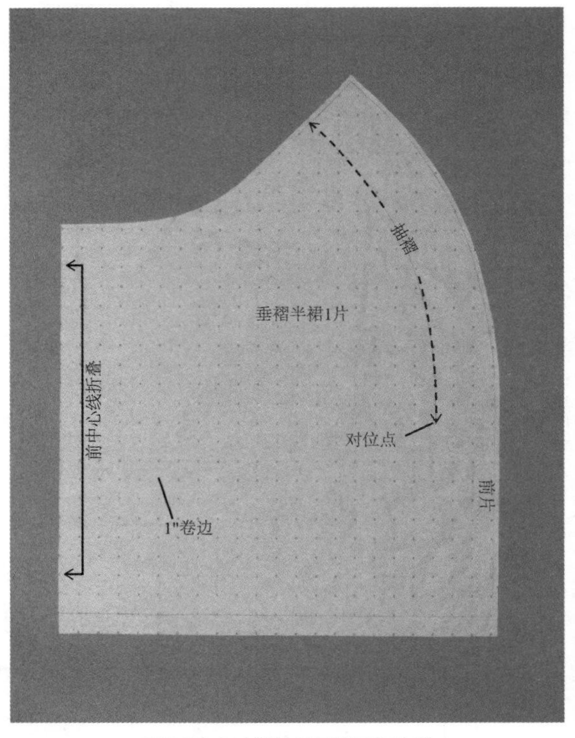

图9.27 有抽褶的垂褶半裙的校样

缝纫小窍门 9.3:
缝纫前部抽褶接缝

1. 将半裙反面相对，缝合前中心接缝，翻转、熨烫。
2. 在正面从腰围线到对位点，缉两行抽褶线迹。
3. 抽拉线头，按照规定长度进行抽褶。在这个纸样中，长度为8英寸。
4. 将透明松紧带缝在反面，在抽褶上缉“之”字形线迹，然后拆掉抽褶线迹，见图9.28。

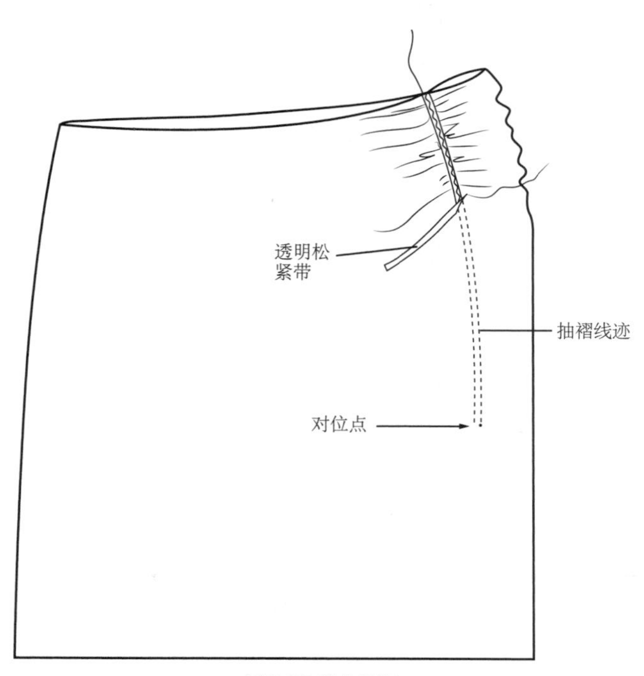

图9.28 缝合半裙

有垂褶和塔克的半裙

现在可以制作有拼接缝的半裙了。裙裥侧片上结合了垂褶和塔克，形成垂坠的效果。

绘制纸样

图 9.29 所示为垂褶裙纸样。

1. 将前／后侧缝拼合，描出原型。在底边标出 X。
2. AC 和 BD：从底边中点到腰围画线，平行于前／后中心线，分割出两个区域。
3. AE：腰部以下 3 英寸。
4. 平行于臀围线画出口袋的线条 EF。将侧缝延伸，与 EF 线相交。
5. 在腰围 AB 处减少 1/4 英寸，将分割线条向 EF 方向弯曲。将 1/4 英寸转移到侧缝，如图所示。
6. 在前片分割线上的 E 点向下做 3 个塔克，间距 3 英寸。

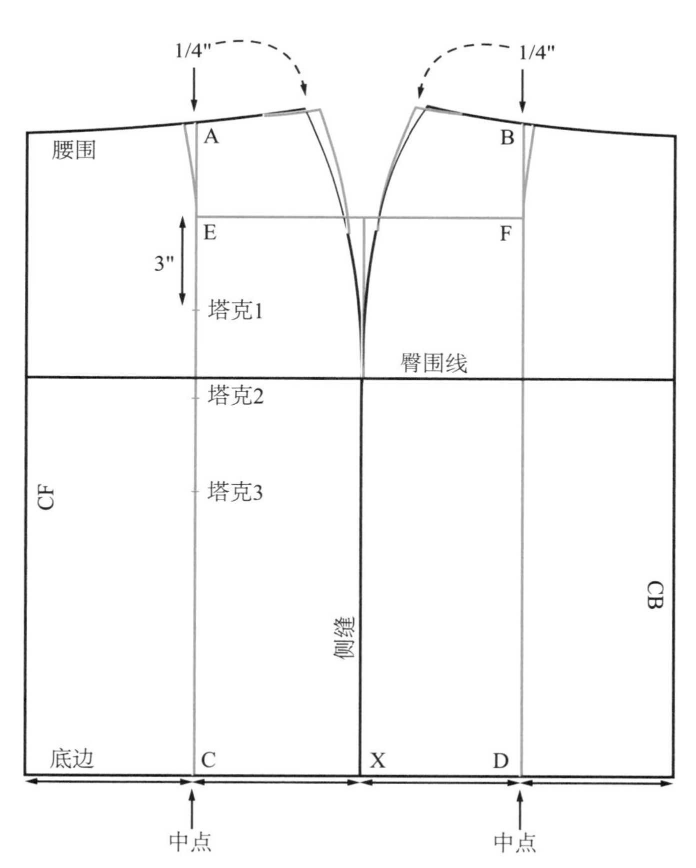

图9.29 绘制有垂褶和塔克的垂褶裙

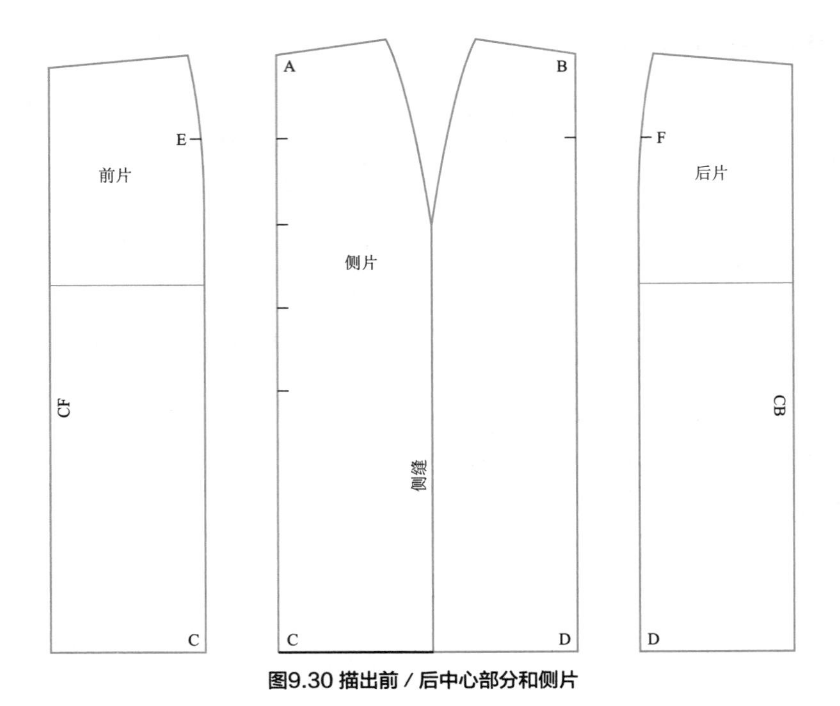

图9.30 描出前／后中心部分和侧片

描绘纸样

1. 描出前中片和后中片。
2. ABCD 作为一个整体裁剪的、带有塔克标记的侧片。
3. 在前／后片和侧片 EF 处做剪口，见图 9.30。

切开／展开纸样

使用切开／展开的制板技术制作垂褶和塔克。

1. 描出侧片 CDEF，转移塔克标记，画一条侧缝，标出 X。
2. 沿切割线（也就是侧缝）裁剪到 X 点。
3. 切开／展开纸样，见图 9.31。
4. 画一条直线 EF。
5. 在 X 处画一条平滑的底边线。

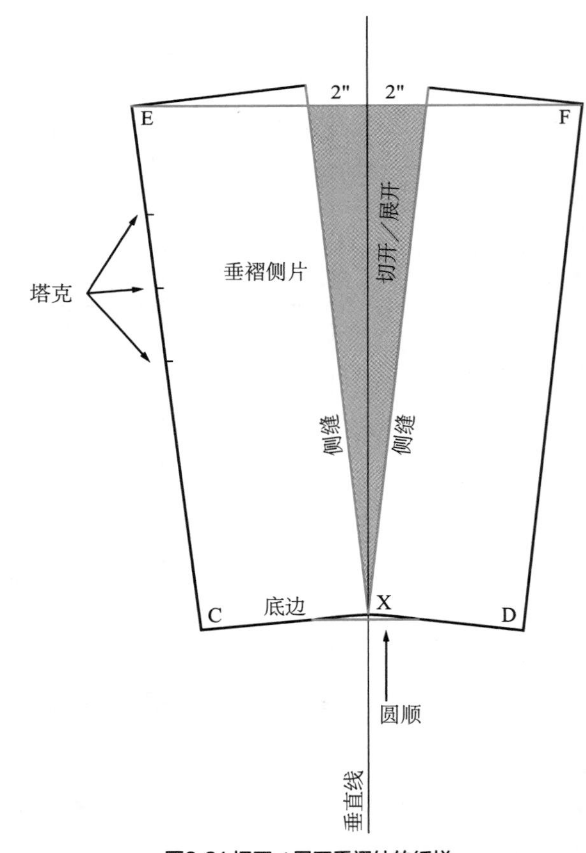

图9.31 切开／展开垂褶处的纸样

切开／分开塔克纸样

1. 在样板纸上描出图 9.31 中所示的纸样。
2. 在每个塔克标记处画出平行于 EF 的切割线，并做标记。在区域④画出经向线，见图 9.32a。
3. 在样板纸上画一条垂直线。将区域④的经向线与垂直线重合并描出。如图 9.32b 所示切开／展开纸样。
4. 在 EF 上方加贴边。
5. 仅在 DF 之间画一条圆顺的侧缝线。
6. 在 CE 之间折出塔克，见图 9.32c。沿 EF 做出折线，将贴边折在第一个塔克的后边，然后裁剪接缝。

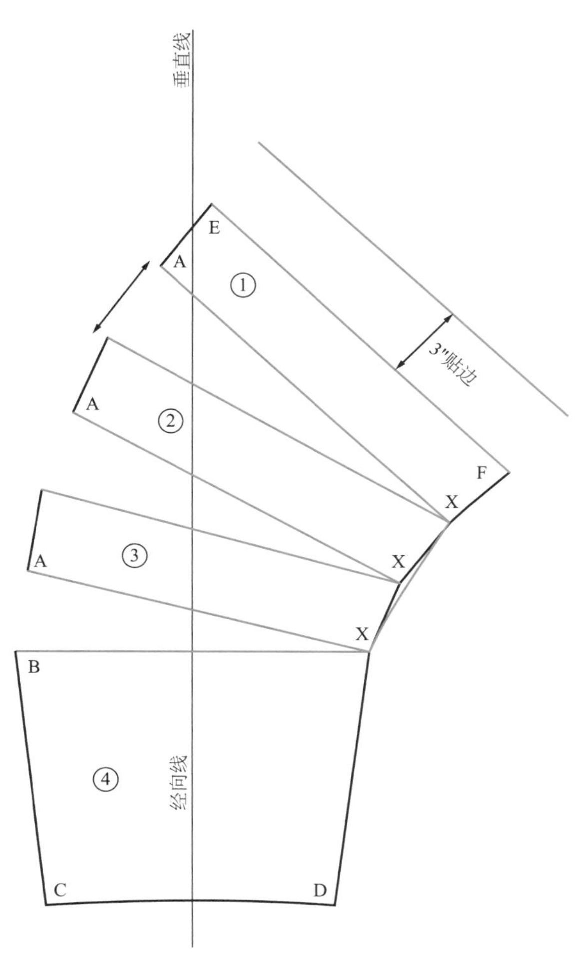

图9.32b 切开／展开塔克纸样

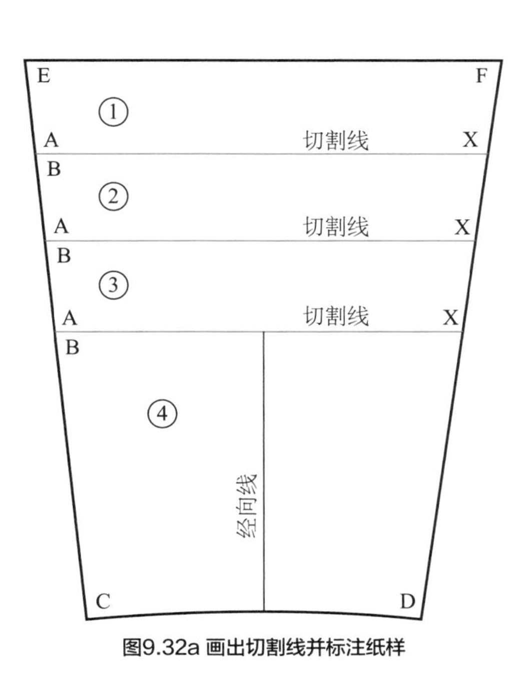

图9.32a 画出切割线并标注纸样

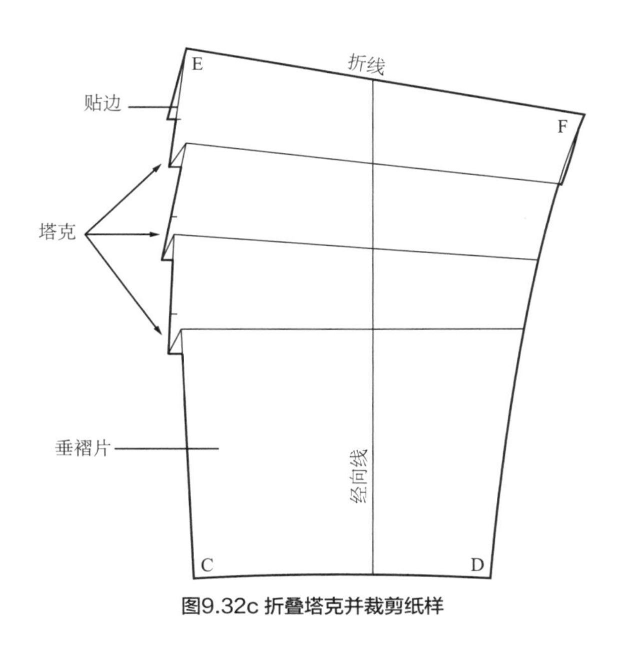

图9.32c 折叠塔克并裁剪纸样

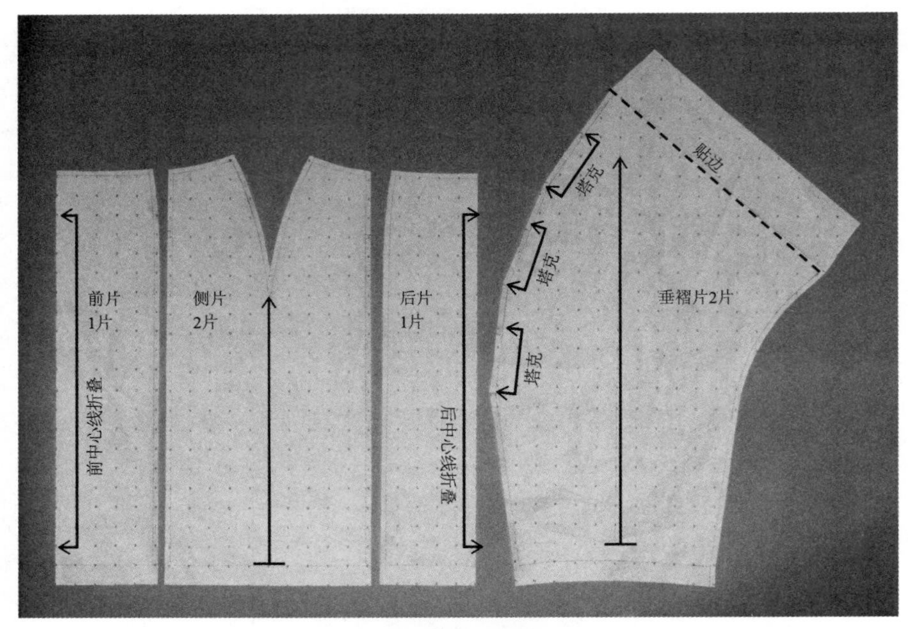

图9.33 有垂褶和塔克的垂褶半裙的校样

校样

1. 在所有接缝处加放 1/4 英寸缝份。
2. 加放 1 英寸卷边。
3. 在侧片上做剪口，画出经向线，如图 9.33 所示标记纸样。

缝纫小窍门9.4：
缝制垂褶部分

1. 缝制侧缝上的省。
2. 用大头针固定塔克，将贴边折向反面，然后用大头针固定。
3. 将垂褶部分放在侧片上方，然后用缝纫机假缝（baste）起来。
4. 将侧片缝在前 / 后片上，见图9.34。

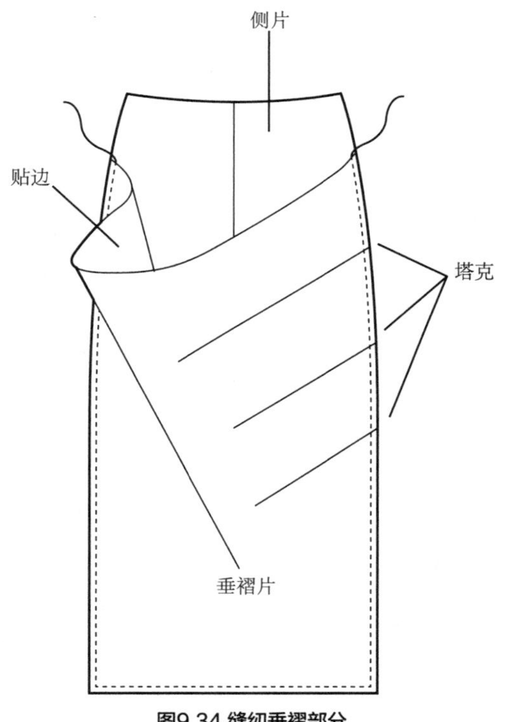

图9.34 缝纫垂褶部分

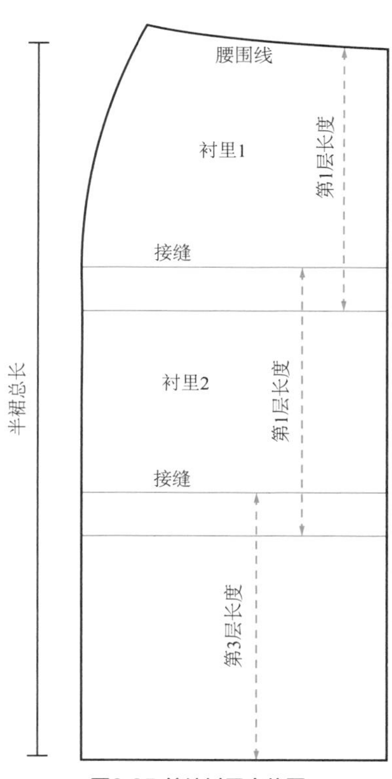

图9.35 前片衬里定位图

塔裙

图 9.1（g）中的塔裙有喇叭状（层状）的裙片缝在里层衬里（base lining）的腰围线、臀围线和底边处。如果面料的重量合适，可以用相同的面料制作衬里和塔裙。

绘制纸样

首先绘制前片。接下来，根据前片绘制后片。

1. 确定半裙的完成长度（第 3 层的下沿）。
2. 画出每一层的接缝，见图 9.35。

衬里和各层纸样

1. 从工作纸样上描下衬里纸样 1 和 2，见图 9.36a。

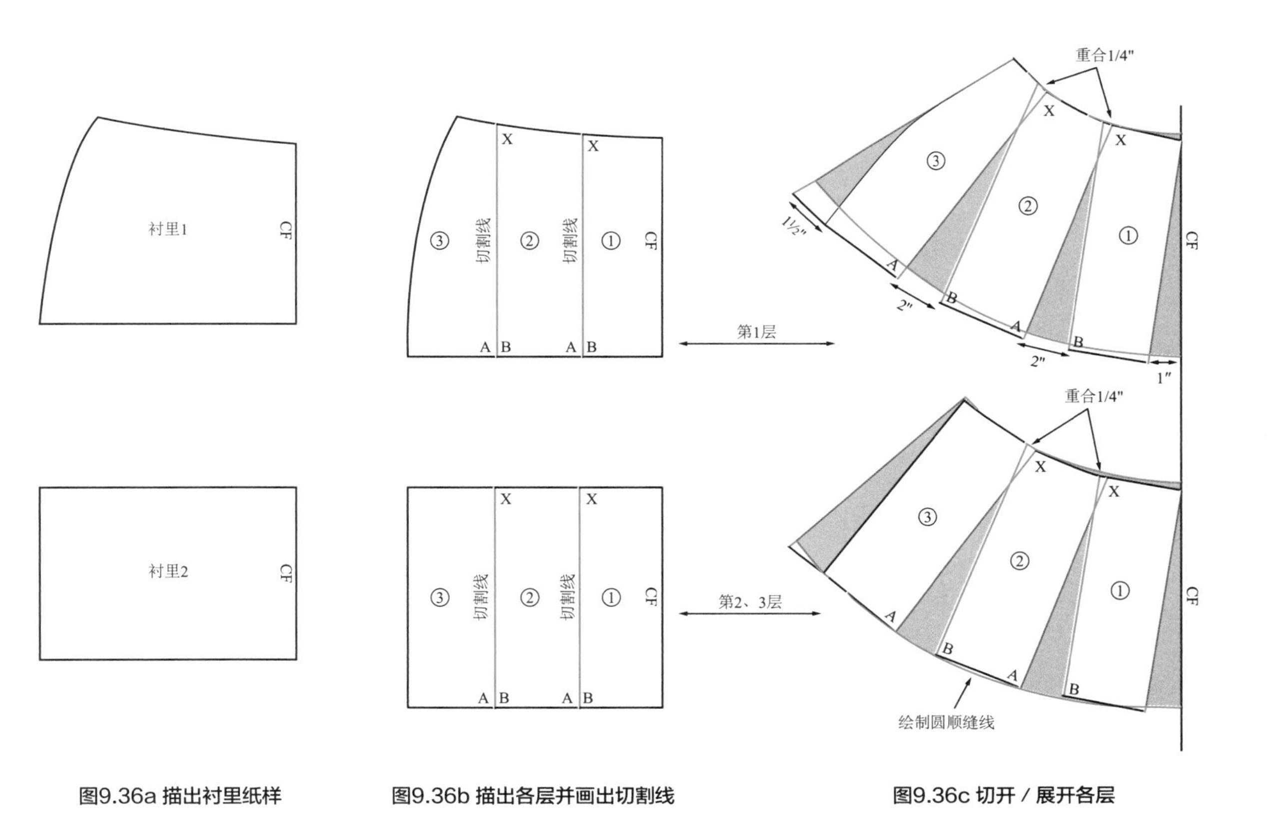

图9.36a 描出衬里纸样　　图9.36b 描出各层并画出切割线　　图9.36c 切开 / 展开各层

2. 描出第 1 和 2 层，画出切割线，然后标注纸样，见图 9.36b。

3. 切开 / 展开第 1 和 2 层，见图 9.36c。第 2 层和第 3 层使用的纸样相同。

4. 这里的切开 / 展开技术有一点变化：

- 沿切割线剪断，将各区域分开；
- 在腰围和臀围的 X 处，将纸样重叠 1/4 英寸，因为弧形接缝会的弹性。（前 / 后片总共减少 1 英寸。）

5. 平行于接缝画出各层的底边线。

校样

绘制后片，在纸样的中心处内移 1/2 英寸。画一条定向经向线，然后加放 1/4 英寸缝份。最后加卷边（见缝纫小窍门 9.1 缝纫底边）。

重点9.1：

排列各层

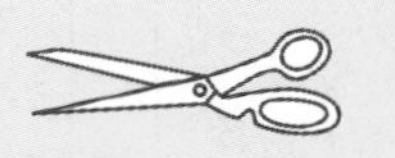

图9.37展示的是各层面料的排列方法，而不是缝纫方法。

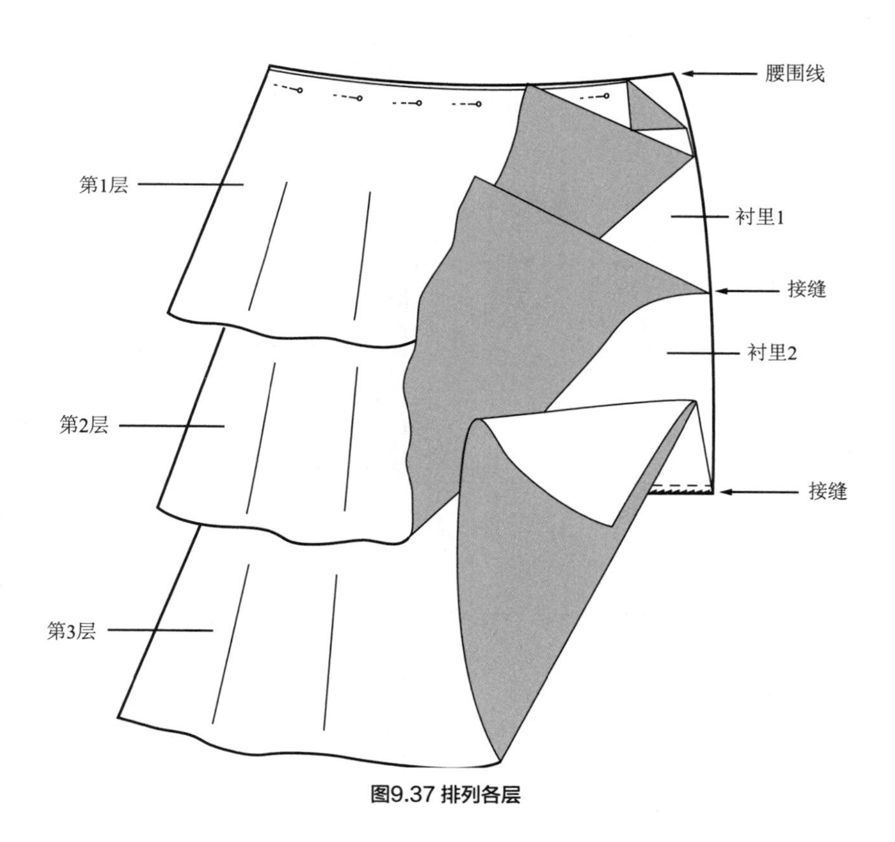

图9.37 排列各层

育克

育克的接缝可以位于腰和臀之间的任何位置，见图 9.10。

接缝可以是 V 形或是你自己设计的形状。图 9.1（h）中半裙的育克长度为 5 英寸。

绘制育克

1. 在样板纸上画出原型前片，然后确定裙长。
2. 确定育克长度，并画出育克接缝，见图 9.38。
3. 画出两边完整的育克纸样前片。
4. 将前中心内移 1/2 英寸，绘制育克后片，见图 9.11。
5. 在纸样上标记“2 片”。
6. 加放缝份，画出经向线，然后标注纸样，见图 9.39。

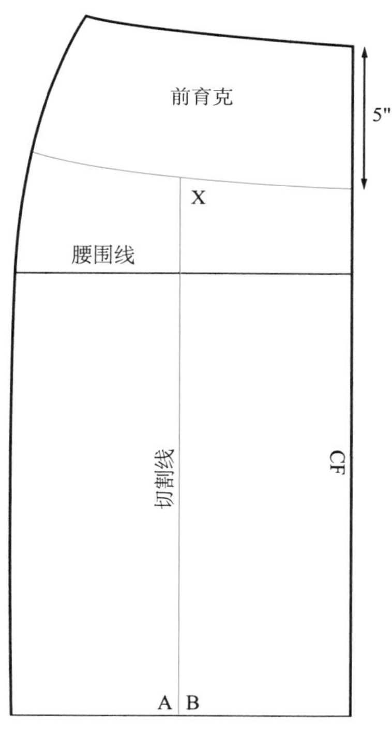

图9.38 绘制育克纸样

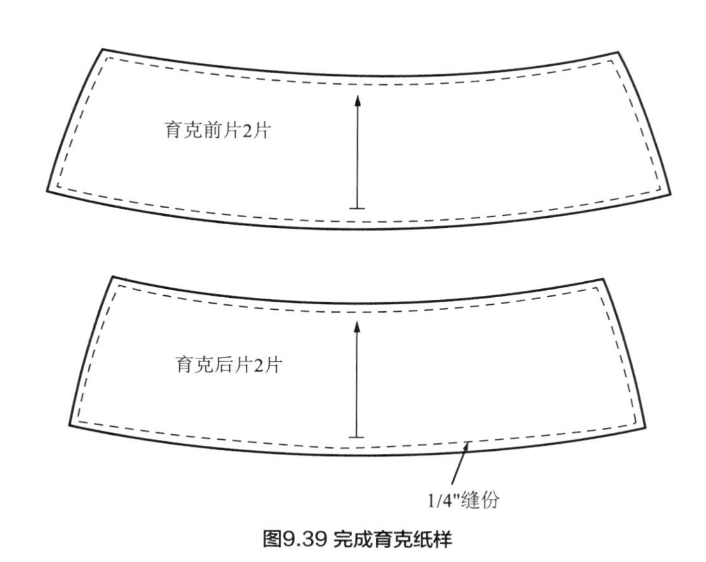

图9.39 完成育克纸样

缝纫小窍门9.5：

缝纫育克

如果面料不是太厚，就可以用同一块面料裁剪育克前后片。此外，也可以使用轻质面料作为后片。缝纫好育克之后，缝制腰头，见图9.40。半裙可以没有腰头（bandlesss）或在腰口处缝纫独立腰头，款式见表9.2。

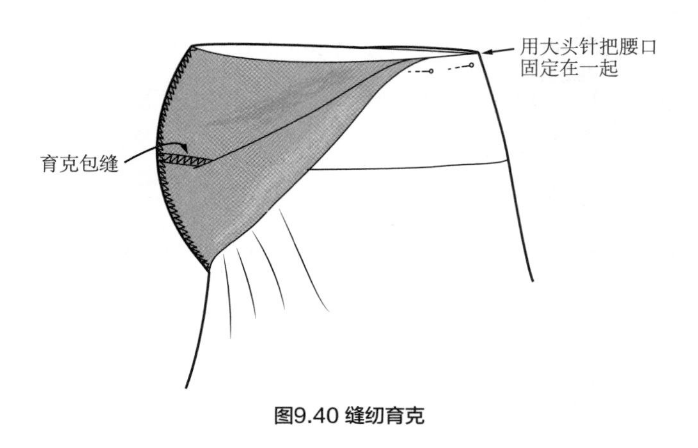

图9.40 缝纫育克

多片裙

多片裙是由 6 片以上特定形状的裙片构成的另外一种喇叭裙。这种款式最适合使用双面针织物。

绘制纸样

这里制作的多片裙在臀围处收紧，下摆展宽，见图 9.1d。

1. 描出原型前片和后片，画出臀围线，确定裙长。
2. AB：从底边到腰围，画一条平行于前中心线的标识线，标记为 CA。
3. 腰围处减去 1/4 英寸，将标识线向 E 点倾斜。如图 9.41 所示在侧缝处加 1/4 英寸缝份。
4. 在 A 的两侧和 B 的外侧各加 2 ~ 3 英寸，展开底边。在底边画出垂直于接缝的垂直线。
5. 画出平行于前中心线的经向线。
6. 画出多片裙的后片，方法与前片相同。

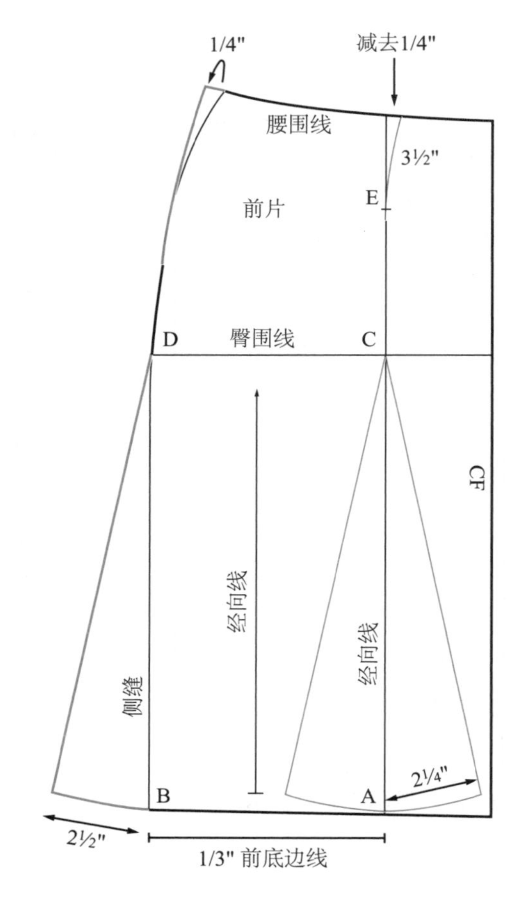

图9.41 绘制多片裙

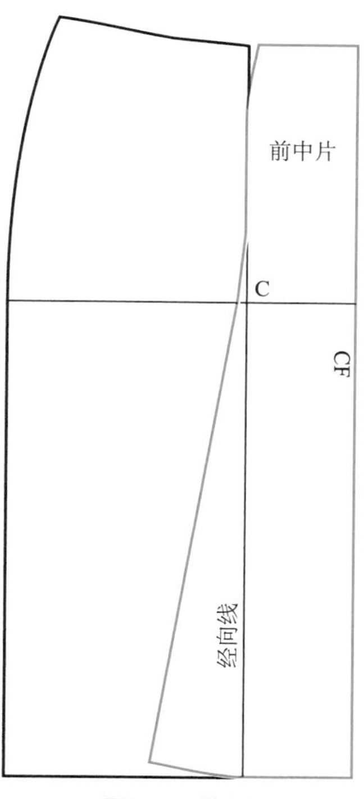

图9.42a 描出前片

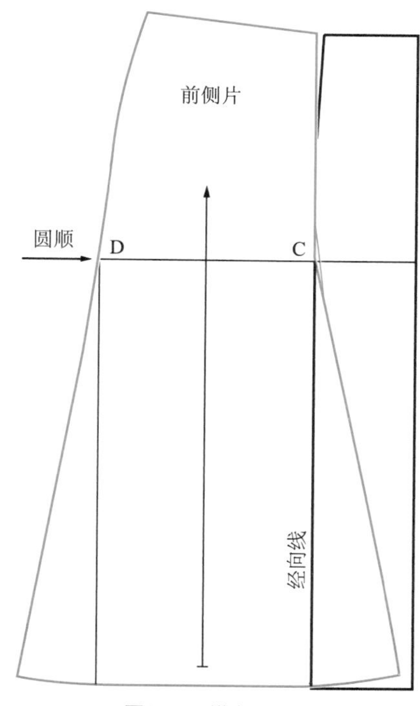

图9.42b 描出前侧片

描出各片

1. 从工作纸样上描下前中片（和后中片），见图9.42a。
2. 从工作纸样上描下前侧片，见图 9.42b。
3. 将各片接缝拼合，然后画一条平滑连续的底边线，见图 9.42c。

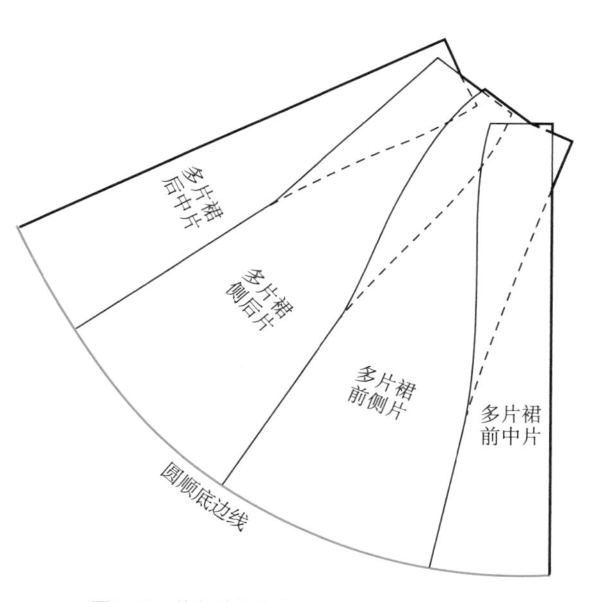

图9.42c 将各片拼合并画出平滑连续的底边线

校样

1. 如图 9.43 所示标记纸样，画出经向线，做出剪口。
2. 加放缝份：如果使用双面针织物制作半裙，在各片接缝处加放 1/2 英寸缝份，缉分开缝(stitch open the seams ）。加 1 英寸卷边并手工缝合（handstitch ）。
3. 如果使用的是轻质针织物，加放 1/4 英寸缝份并包缝。加放 1/2 英寸缝份并在底边进行翻折明缝。

下摆开衩

图 9.1（f）中这种修长的半裙最好留出开衩，以便行走。开衩会将下摆切开。开衩可以留在任何一处接缝，如侧缝、前 /

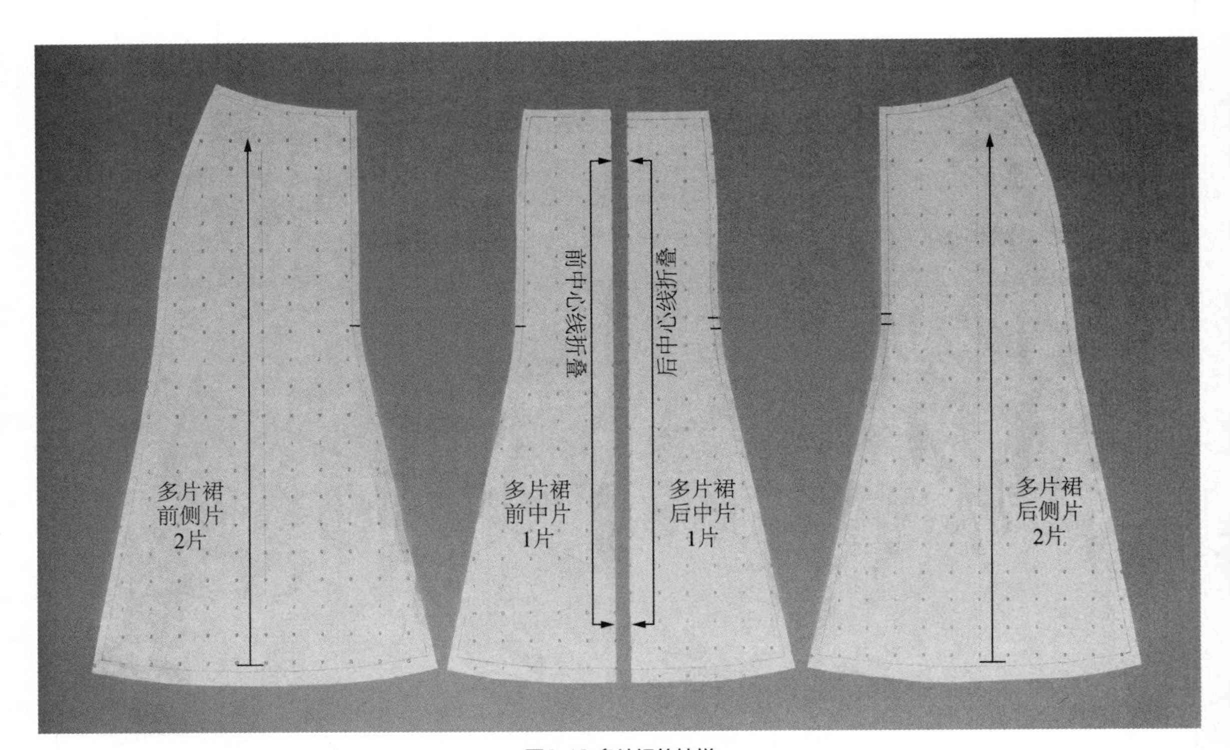

图9.43 多片裙的校样

后中心线或其他任何垂直接缝均可。

绘制纸样

如果只有一侧下摆开衩，那么这款服装是不对称的，因此需要画出整个纸样。长裙的开衩要长，短裙的开衩要短，见图 9.44a。

1. 用对位点标记开衩长度。
2. 加 1 英寸的贴边，宽度和卷边相同。
3. 在所有接缝处加放 1/2 英寸缝份，加 1 英寸卷边。
4. 将贴边边缘画成弧形，这样更容易包缝，见图 9.44b。

缝纫小窍门 9.6:

缝制开衩

1. 对贴边边缘进行包缝。在对位点上方3英寸开始包缝。
2. 将裙片正面相对，从对位点开始（向腰口处）机缝3英寸的侧缝，见图9.45a。
3. 对剩余的侧缝部分进行包缝，从腰口一直缝到稍过3英寸点的地方。将侧缝向一边压烫，并将贴边熨开朝向开衩的两侧。
4. 明缝开衩，见图9.45b。

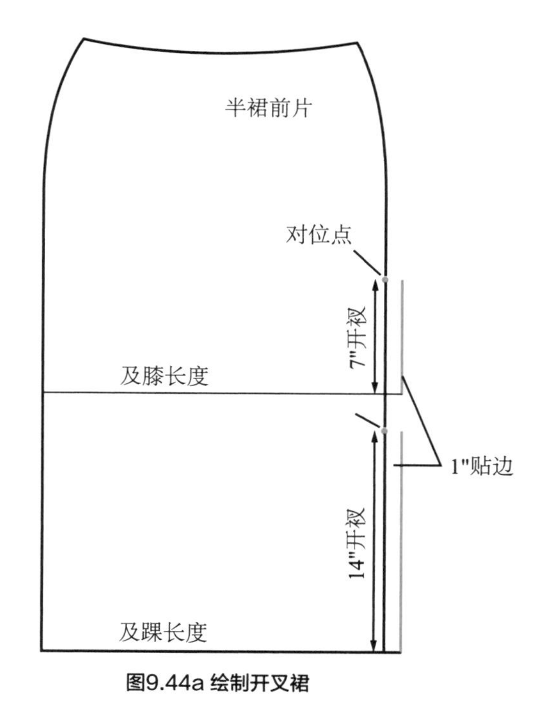

图9.44a 绘制开叉裙

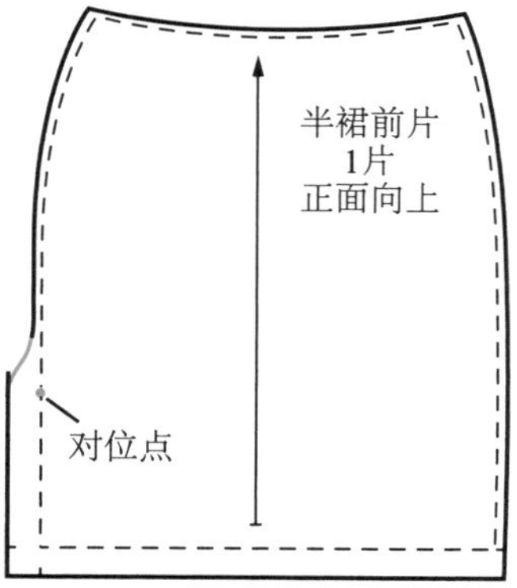

图9.44b 绘制贴边，然后加缝份和卷边

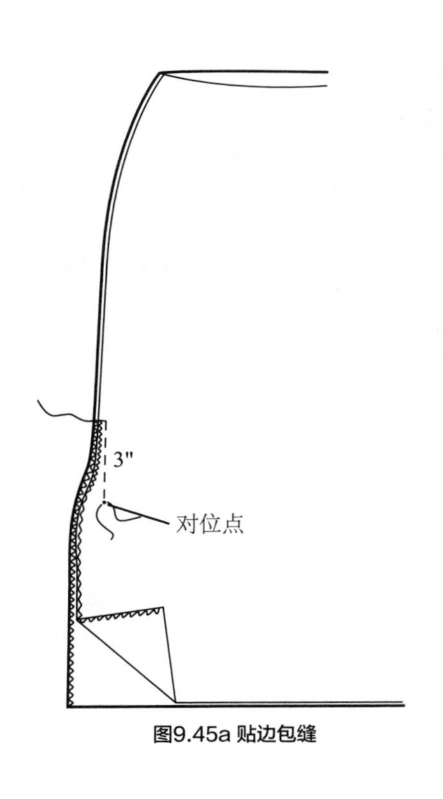

图9.45a 贴边包缝

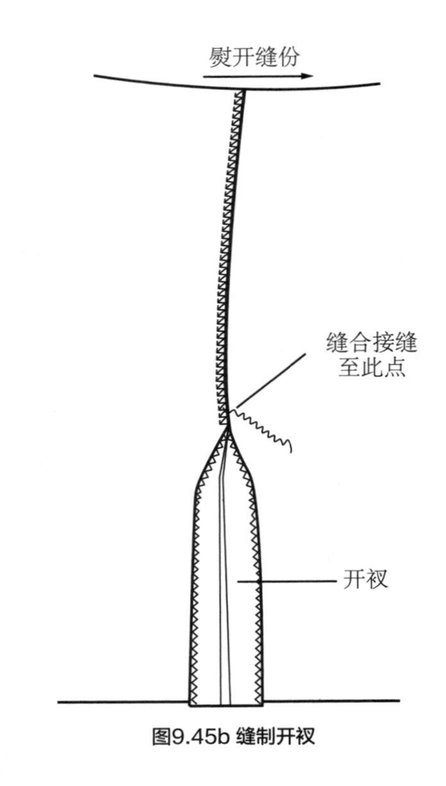

图9.45b 缝制开衩

荷叶边和褶边

荷叶边和褶边（flounce and ruffle）可以缝在下摆边缘或嵌在半裙（或上衣、开襟毛衫、连衣裙）的接缝。荷叶边是圆形的，由内圈和外圈组成。当面料的内圈被拉直时，外圈就形成了褶皱。褶边一块直线型的面料，收褶后缝在接缝或下摆处。

绘制半裙

1. 在样板纸上描出半裙原型前 / 后片，确定裙长。
2. 确定褶边 / 荷叶边宽度。
3. 画出荷叶边 / 褶边缝合位置的缝线，见图 9.46，测量接缝总长。

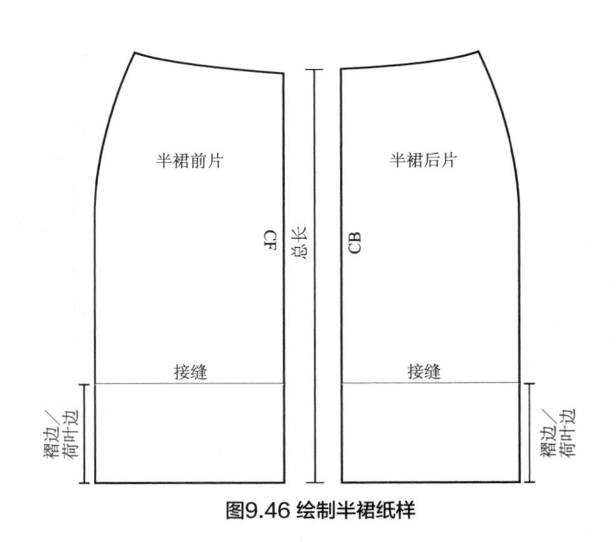

图9.46 绘制半裙纸样

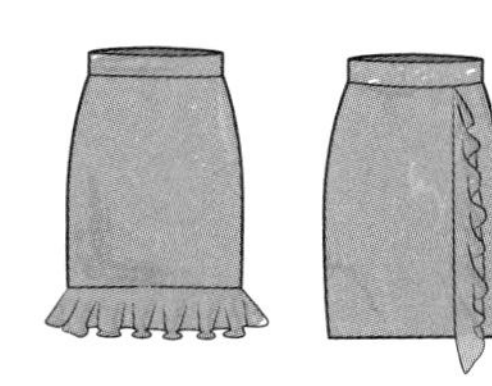

绘制荷叶边

绘制荷叶边纸样的方法与本章中“直筒裙”部分相同（见图9.17），只有纸样比例是不同的。纸样见图9.47。

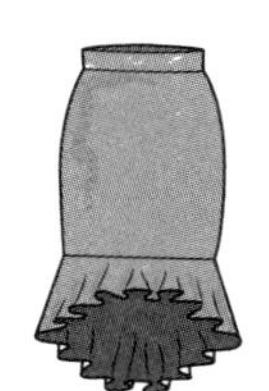

不对称荷叶边

这款半裙的设计的荷叶边向后倾斜。

画一个逐渐过渡的圆形作为不对称下摆，见图9.48也可以按你自己的设计绘制下摆。

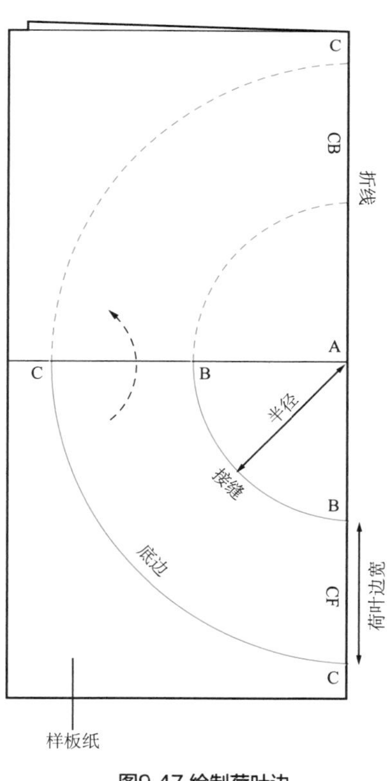

图9.47 绘制荷叶边

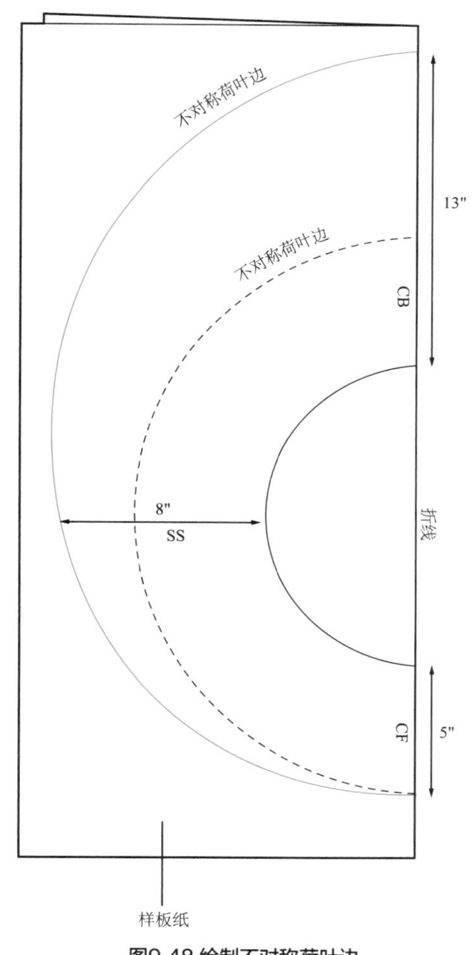

图9.48 绘制不对称荷叶边

抽褶荷叶边

在这款半裙的设计中，荷叶边是抽褶的。荷叶边也向后倾斜，与图 9.48 的效果相同。制作抽褶荷叶边需要使用两张荷叶边纸样。内圈抽褶并缝在下摆边缘。

1. 绘制荷叶边内圈，见图 9.49。

2. 荷叶边的侧缝必须等长。

缝纫小窍门 9.7:

缝纫抽褶荷叶边

裁剪完原型之后，在侧缝切出开口，将荷叶边缝合在一起，在内圈抽褶，然后将荷叶边缝在半裙上。

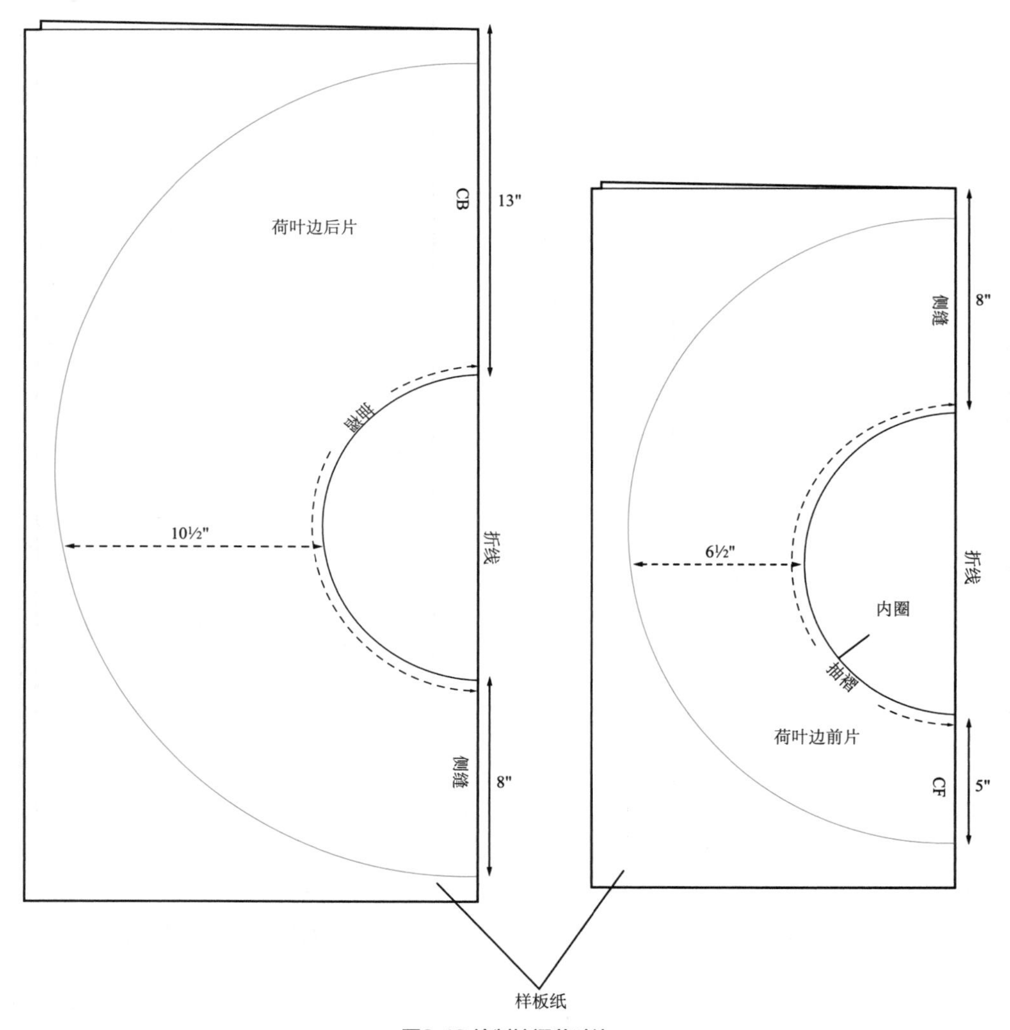

图9.49 绘制抽褶荷叶边

完成荷叶边纸样

1. 加放 1/4 英寸缝份和卷边。
2. 画出经向线并标注纸样。
3. 画出经向线，在前 / 后片荷叶边处做剪口，然后标记纸样，见图 9.18。

绘制褶边

褶边是一张直线型的纸样，长度加长以便制作抽褶。你可以将褶边缝在半裙、上衣、连衣裙或开襟毛衫的底边或接缝处。

1. 将褶边缝合位置的接缝长度加长 50% 到一倍，作为褶边纸样的长度，见图 9.50a。使用轻质面料制作的褶边长度应为接缝的两倍。
2. 在收褶的地方加放 1/2 英寸缝份。（缝合接缝之后，可以包缝成 1/4 英寸。）加放 1/4 英寸卷边，见图 9.50b。
3. 画出经向线并标注纸样。

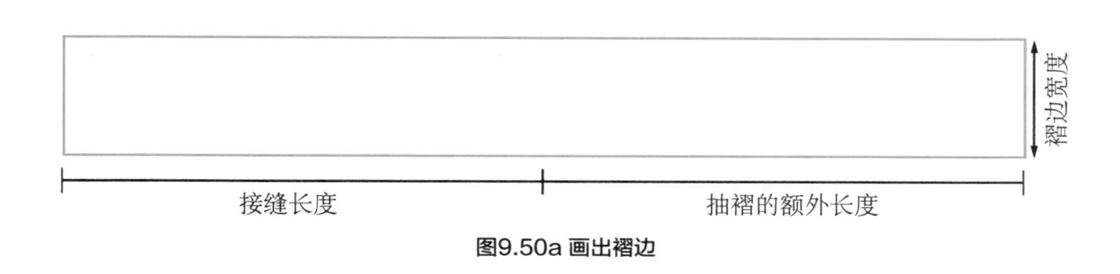

图9.50a 画出褶边

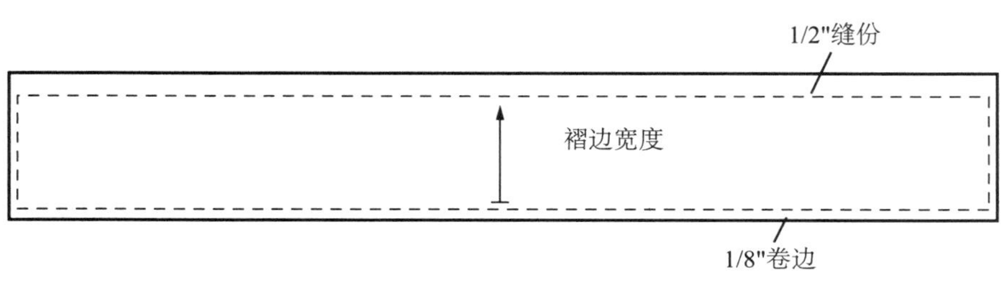

图9.50b 褶边校样

腰头款式

本章里的例子都是松紧带腰的套腰半裙（pull-on skirt）。（裤子也可以使用这些腰头款式。）松紧带决定了腰口的弹性，腰口必须能够拉伸套过臀部，同时收缩之后让腰部感觉松弛舒适。

腰头类型

半裙或裤子的腰口可以使用 3 种松紧带腰头的款式。见表 9.2 了解各种腰头款式。

表9.2 腰头款式

腰头类型	腰头合体度	腰头款式
连腰式腰头：腰头包含在半裙／裤子纸样里。适用于A字裙、直筒裙、楔形裙和裤子		
隐形腰头（不明缝）	合体	
明缝腰头	半合体 宽松	
独立腰头：单独准备一片直线型面料并缝在腰口处。可用于任何款式的半裙和裤子		
	合体	
	半合体 宽松	
无腰头：在自然腰围线处收边。这种收腰需要做衬里。松紧带缝在衬里的腰围线处		
	合体	

腰头的合体度

有些腰头是光滑而合体的，有的腰头则是半合体的，也有些是宽松的（见图 9.51）。见表 9.2 了解各种腰头款式。

- **合体的腰头**——裙腰严格贴合原型的自然腰围线，完成后较服帖。这种腰头款式可以是连腰式腰头、独立腰头或是无腰头。
- **半合体和宽松的腰头**——这种腰头在纸样中加入放松量，使得腰围线周围的大小可灵活变化并且穿着舒适。半合体腰头增加的总量约为 4 英寸。宽松腰头增加的总量是 6 ~ 16 英寸。这种腰头可以是连腰式腰头或独立腰头。

松紧带的宽度和长度

见表 9.3 了解可使用的松紧带的类型和宽度以及确定长度的方法。

松紧带宽度：

在绘制纸样的阶段就要确定松紧带的宽度，因为它决定了腰头的宽度。

松紧带的宽度可以通过以下两种方法确定。

1. 测量纸样前后片的腰围线（不包含缝份）。将这个测量值乘以二得到总长。长度减少 1 英寸作为松紧带长度，见图 9.52a。
2. 环绕人台或人体腰围线拉伸松紧带并用大头针固定。将松紧带套过臀部，检查作为套腰式半裙或裤子的腰口弹性是否合适，见图 9.52b。

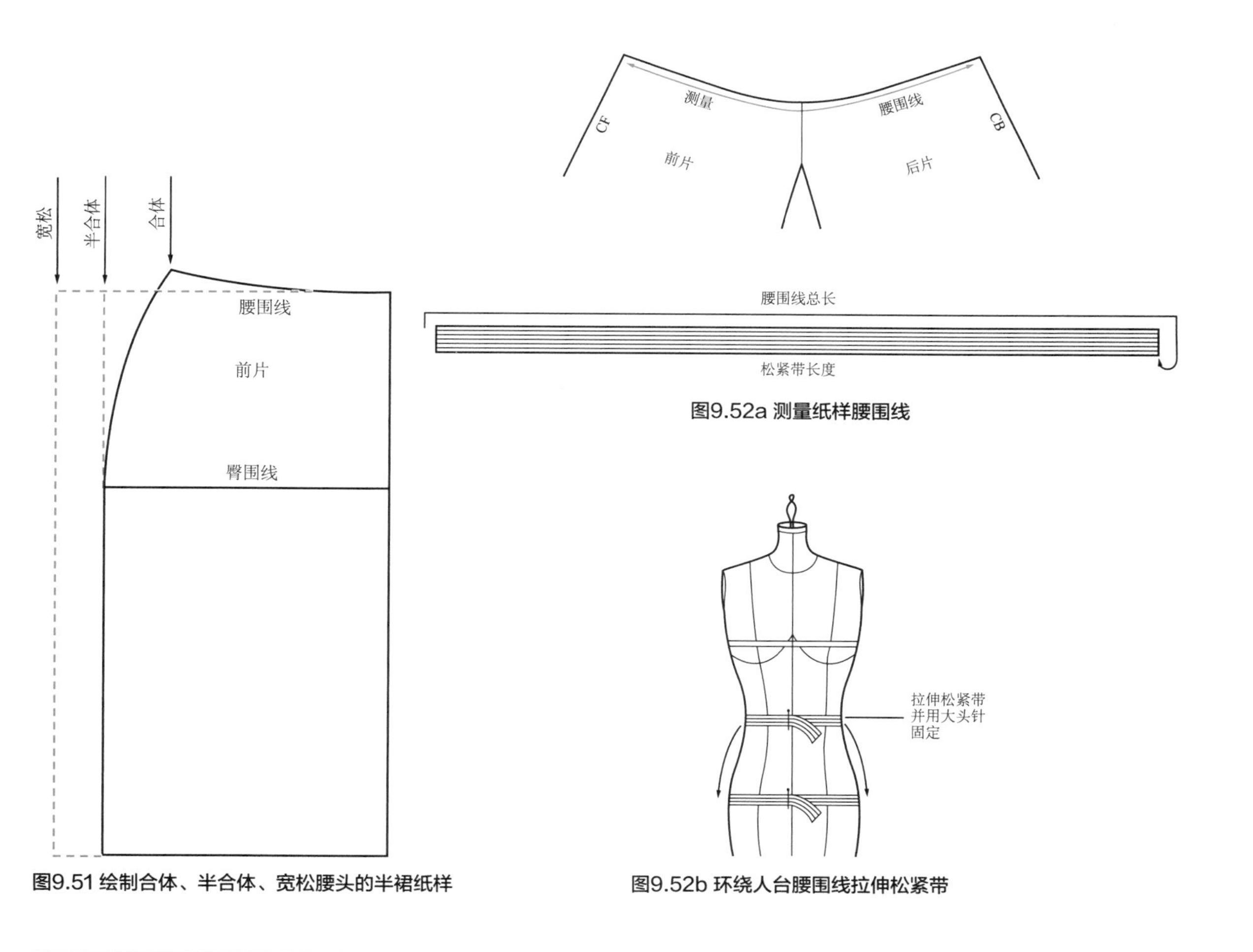

图9.51 绘制合体、半合体、宽松腰头的半裙纸样

图9.52a 测量纸样腰围线

图9.52b 环绕人台腰围线拉伸松紧带

重点9.2:

选择松紧带

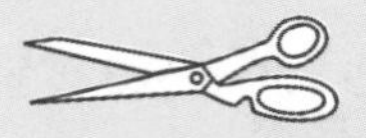

1. 选择可以拉伸至原有长度2倍的松紧带。
2. 选择的松紧带宽度应能够支撑服装的重量。如半裙为长款且/或有衬里，则使用1到$1^1/_2$英寸结实的宽松紧带。
3. 如半裙为短款并使用轻质面料制成，则使用1/2到3/4英寸的窄松紧带。

连腰式腰头

见表9.2了解连腰式腰头。在这一款式中，腰头包含在半裙/裤子中。参考表9.3选择合适的松紧带，因为松紧带的宽度决定了腰头的宽度。

表9.3　松紧带类型、宽度和长度

腰头类型	松紧带类型				松紧带宽度	松紧带长度	
	机织松紧带	编织松紧带	针织松紧带	防卷松紧带	（宽松紧带比窄松紧带更紧）	测量纸样腰围线并减少1英寸宽度	拉伸松紧带缠绕人台或人体的腰围线
连腰式腰头							
隐形腰头： **合体** 松紧带缝在腰口，并在侧缝翻折固定	×	×	×		半裙 3/4英寸~1英寸 裤子 3/4英寸~2英寸	×	
明缝腰头： **半合体/宽松** 松紧带缝在腰口或穿入套管	×		×				×
独立腰头							
合体 松紧带穿入套管；使用防卷松紧带	×		×	×	3/4英寸~$1^1/_2$英寸	×	
半合体/宽松 松紧带穿入套管；使用防卷松紧带	×		×		3/4英寸~$2^1/_2$英寸	×	×
无腰头（没有腰头）							
合体 松紧带缝在腰围处（轻质面料短裙使用3/8~1/2英寸宽的松紧带。使用3/4英寸宽的松紧带支撑长裙。）	×	×			3/8英寸~3/4英寸	×	

隐形腰头：合体

合体的腰头看起来是隐形的，比较平整光滑，见图 9.1（a）。这种腰头没有腰头的接缝或明缝线迹。需要先绘制腰头纸样的前片，然后根据腰头前片绘制后片。

这种半裙也可以加衬里。绘制衬里纸样，可参考本章后边的“独立衬里”部分。

绘制纸样

1. 绘制前片和后片使用的制板方法相同。在样板纸上描出半裙原型。
2. AB：标出“腰围线”，见图 9.53a。
3. AC：增加连腰部分（松紧带的宽度加 1/8 英寸）并画一条平行于腰围线的线条，标记为“折线。”
4. CD：加贴边，与 AC 等长。
5. 测量前片腰围 AB 的长度。
6. CE：标记出与 AB 相等的长度，见图 9.53b。
7. BE：先画一条直线作为标识线，然后画一条圆顺的线。
8. DF：在腰围线上标记出从侧缝上圆顺的线条 B 到 A 的长度。
9. EF：画一条直线。（沿折线向后折叠贴边时，贴边会正好贴合在连腰部分下边。）
10. 裁剪半裙前片。将前片叠在后片上，在腰围线和臀围线处拼合侧缝。在半裙后片上描出前片腰围余量 / 贴边。
11. 将前后贴边的侧缝 EF 对齐，然后沿上边缘画一条圆顺的线条，见图 9.53c。
12. 在贴边和侧缝边缘加放 1/4 英寸缝份。

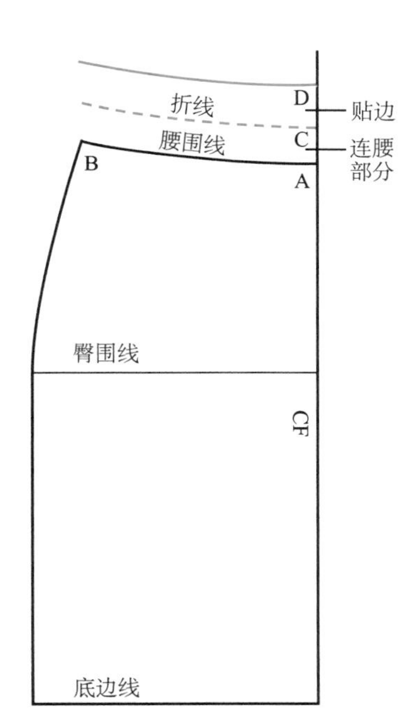

图9.53a 绘制连腰部分和贴边

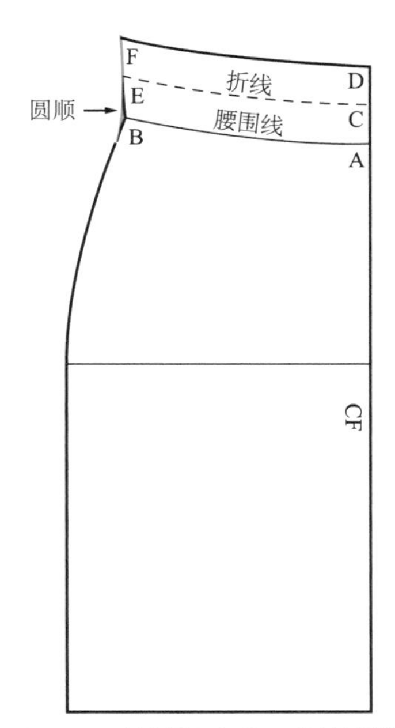

图9.53b 绘制连腰部分和贴边的侧缝

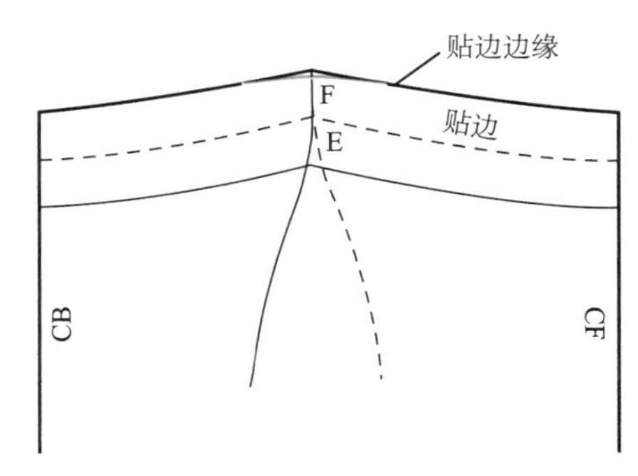

图9.53c 在贴边边缘画出圆顺线条

缝纫小窍门 9.8:

拼接松紧带并缝制隐形腰头

隐形腰头的美妙之处就在于完成之后其流畅光滑的效果。参考图9.1缝纫工序来缝纫半裙。

1. 把松紧带拼接成圆形。

- 边对边：适合拼接较厚重的松紧带——防卷、机织和针织松紧带，见图9.54a。
- 搭缝：适合拼接轻质的编织松紧带，见图9.54b。

2. 将腰口和松紧带四等分并标记，见图9.55a。
3. 将松紧带置于半裙腰口的反面。将松紧带的接缝与后中心线对齐，将腰口和松紧带的四等分点用大头针固定在一起，见图9.55b。
4. 将松紧带朝上，缝在边缘处。使用宽包缝或“之”字形线迹，见表4.2。一边缝合一边拉伸四等分标记间的松紧带，这样可以使松紧带的拉力分布平均，见图9.55b。
5. 将松紧带/贴边折向服装反面。
6. 从正面在侧缝的凹槽处缝纫，将腰头固定在合适的位置上。

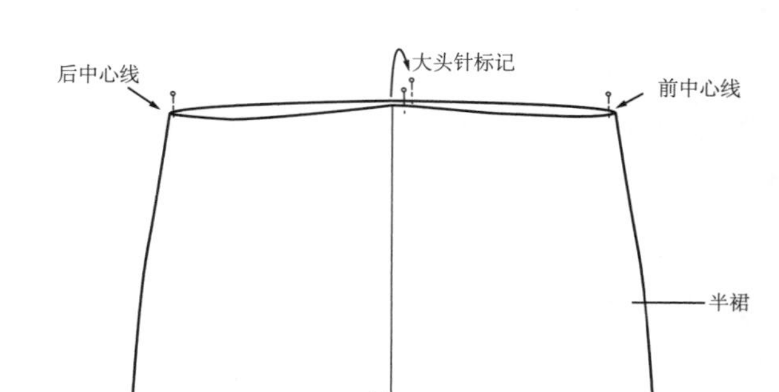

图9.55a 将腰口和松紧带用大头针四等分

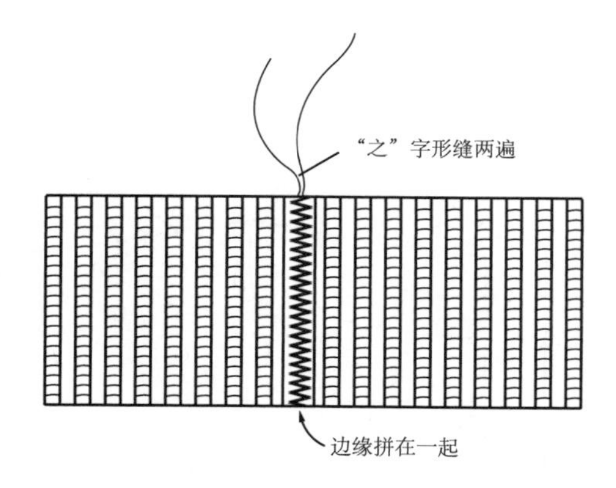

图9.54a 将松紧带边缘对齐并缉“之”字形线迹

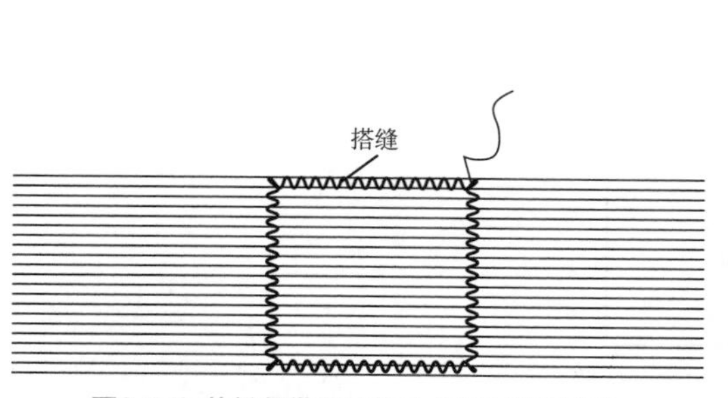

图9.54b 将松紧带重叠并缉“之”字形线迹

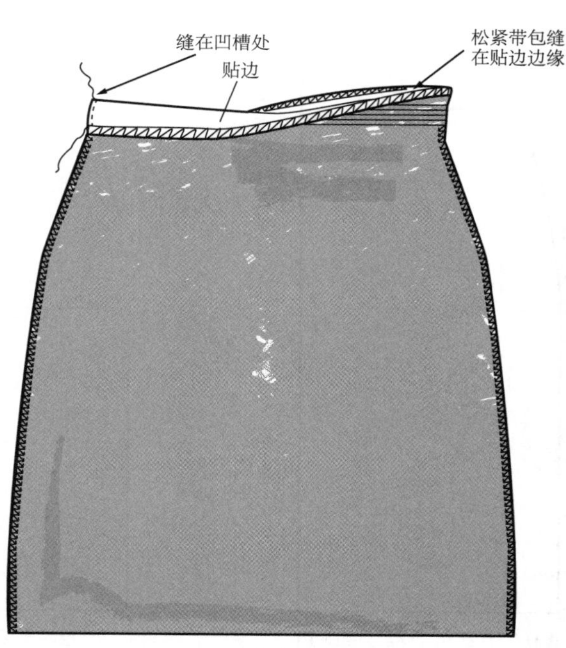

图9.55b 将松紧带缝在贴边上

明缝腰头：半合体和宽松款

参考表 9.3 选择合适的松紧带类型制作半合体或宽松的明缝腰头，见图 9.1（b）和（e）。松紧带可以窄至 1/2 英寸，或宽至 2 英寸。轻质针织面料制作的短裙只能使用窄松紧带。

绘制纸样

1. 根据腰口的合体度，沿腰围线画一条垂线，标记为“腰围线”。
2. AB：增加的腰围余量为松紧带宽度加 1/2 英寸。
3. 画出平行于腰围线的腰头，见图 9.56。

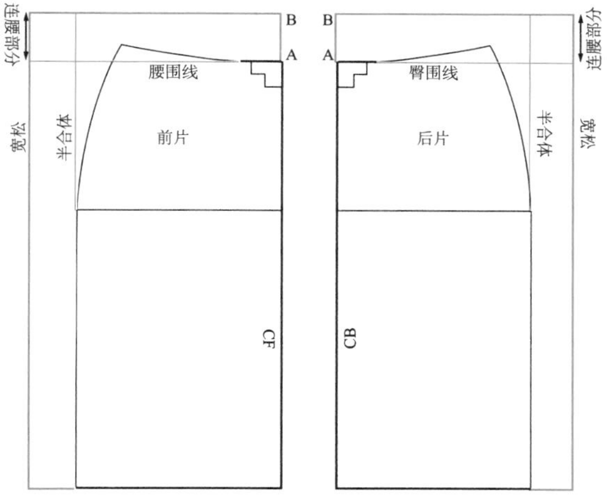

图9.56 绘制明缝腰口

缝纫小窍门 9.9:
缝纫明缝腰头

1. 对接松紧带，见图9.54。
2. 将腰口和松紧带用大头针四等分。
3. 将半裙和松紧带的标记用大头针固定在一起，然后将松紧带接缝与后中心线对齐，见图9.57a。
4. 松紧带朝上，在腰口处包缝（或缉“之”字形线迹），一边缝纫一边拉伸标记之间的松紧带，见图9.57b。
5. 将松紧带折向反面，对齐侧缝，然后用大头针固定。
6. 在反面距腰头边缘1/8英寸处明缝腰头，一边明缝一边拉伸松紧带，见图9.57b。

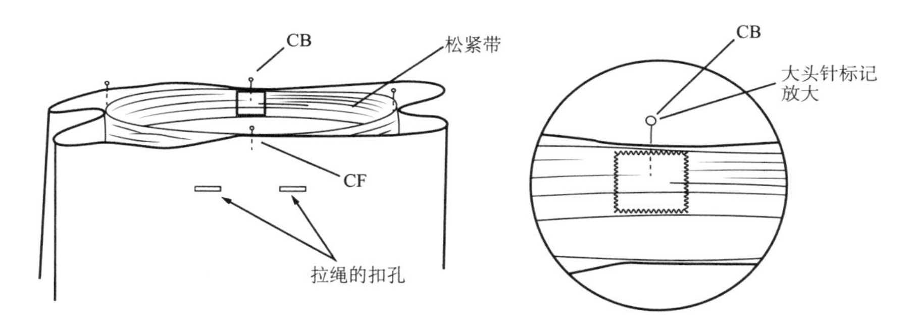

图9.57a 用大头针固定松紧带和腰口的四分标记

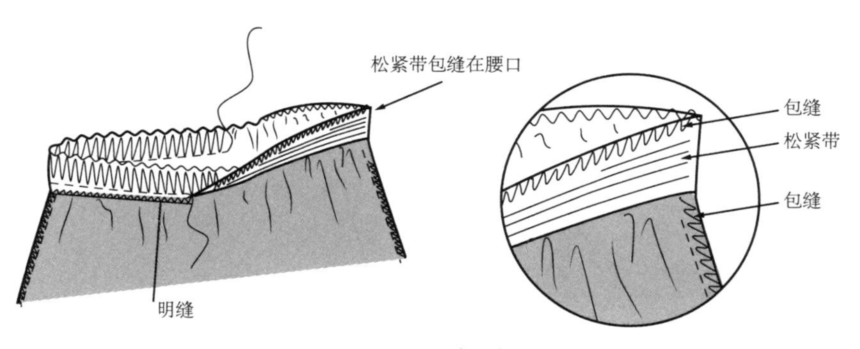

图9.57b 明缝腰头

> **制板小窍门9.2:**
> **绘制拉绳**
>
> 在腰头的套管内穿进松紧带后，可以嵌入拉绳。加腰头之前，需要缝制两个扣孔。图9.61中的腰头前中心线左右两侧2英寸处有扣孔。画出拉绳纸样，宽为$1^1/_4$英寸，长度自定（要能够系起来）。

独立腰头

这款腰头可以是合体的、半合体的、宽松的，或缝在腰口上之前进行抽褶。应使用防卷松紧带，因为松紧带要穿进套管。（也可以参见表 9.3。）

合体腰头

1. 测量纸样腰围线，确定总腰围线长度，见图 9.52a。
2. 画一条与腰围线总长相等的线（见图 9.58a）。
3. 长度减少 1 英寸。
4. 腰头宽度是松紧带宽度的两倍加 3/8 英寸。
5. 在腰头周围加放 1/4 英寸缝份，见图 9.58b。
6. 沿弹性最大的方向画出经向线，并标注纸样。

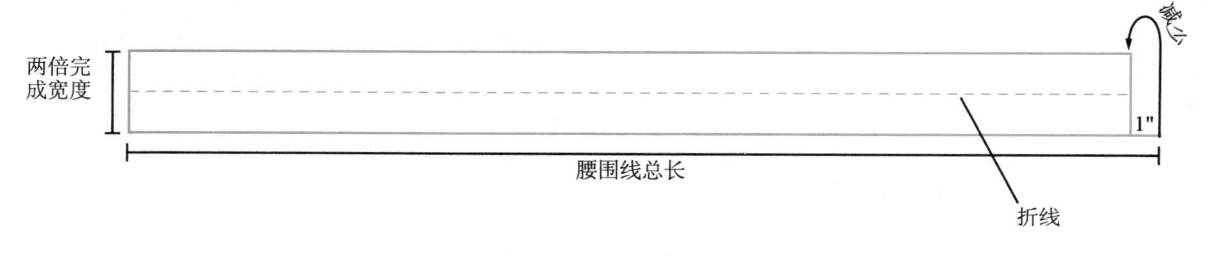

图9.58a 绘制合体腰头

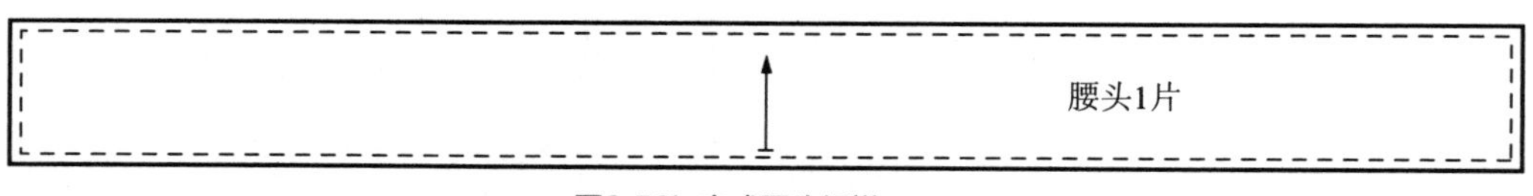

图9.58b 完成腰头纸样

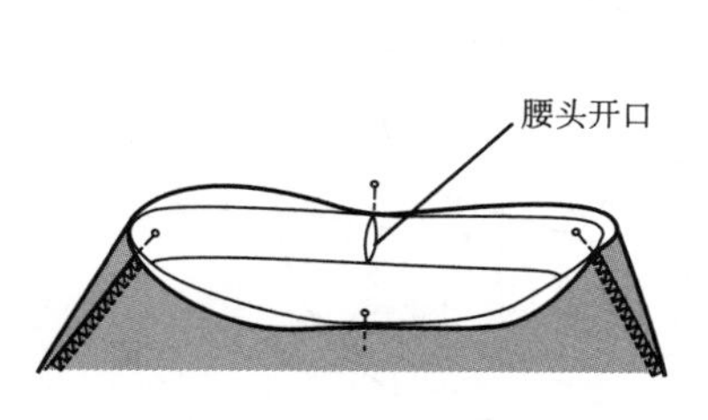

图9.59a 将腰口和松紧带四等分并标记

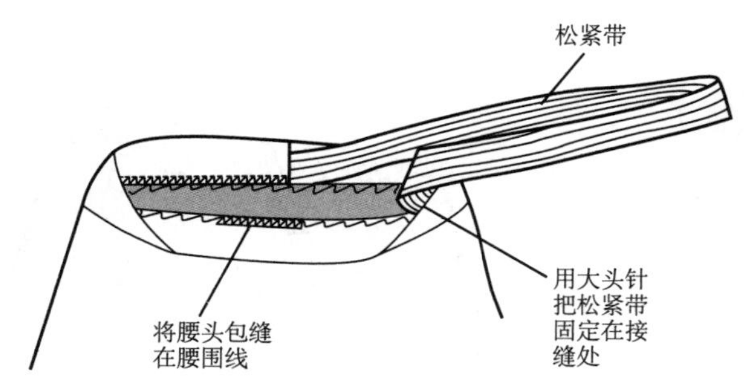

图9.59b 缝纫合体式分离腰头

缝纫小窍门 9.10:
缝纫合体腰头

裁剪半裙和腰头，参见图4.13。

1. 裁剪松紧带，长度比腰头短1英寸，见图9.58a。如果在松紧带接缝处两端相叠，就加1英寸，见图9.54b。
2. 将腰头拼接成圆环。在腰头内侧留一个开口，比松紧带宽1英寸，见图9.59a。
3. 将腰头对折，反面相对并用大头针四等分，见图9.59a。
4. 用大头针将腰口四等分。
5. 将腰口和腰头的标记对接在一起，然后将腰头包缝在腰口处，见图9.59b。
6. 将松紧带穿进腰头套管内。穿带之前将松紧带的一端用安全别针（safety pin）固定在侧缝处，见图9.59b。
7. 接好松紧带并缝合开口。

半合体和宽松腰头

1. 测量半合体或宽松纸样腰围线，见图 9.60。将这个长度乘以 2 作为总长。
2. 在样板纸上画一条与腰围线总长相等的线，见图 9.61。
3. 腰头宽度为松紧带宽度的两倍加 3/8 英寸。
4. 在腰头纸样周围加放 1/4 英寸缝份，见图 9.58b。
5. 按照腰头长度沿弹性最大的方向画出经向线并标注纸样。

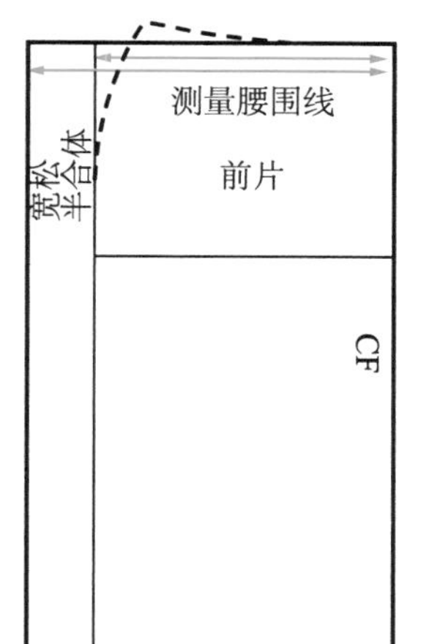

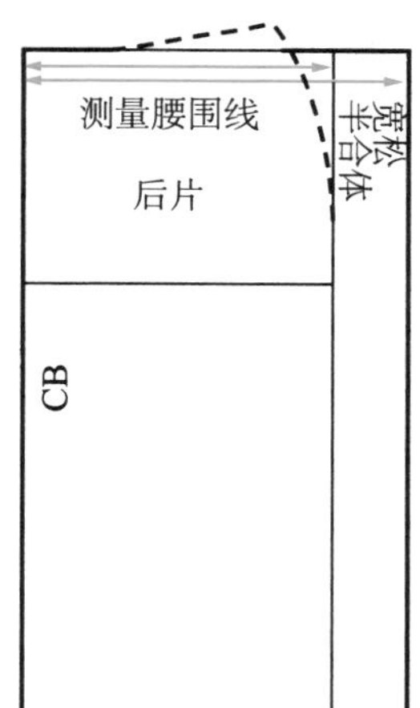

图9.60 绘制半合体和宽松半裙纸样

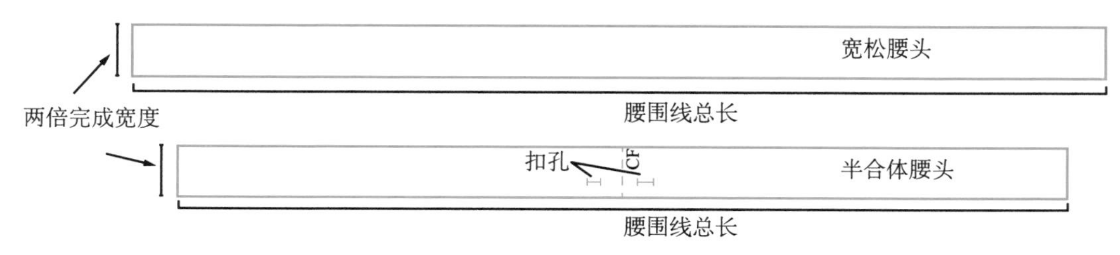

图9.61 绘制半合体和宽松腰头

翻折腰头

可以在半裙或裤子纸样的腰围线上方添加翻折式腰头。翻折时，腰头的弹性会夹住臀部，因此不需要松紧带便可固定（见图 9.1（f）中的半裙）。在这个纸样中，翻折腰头是加在图 9.38 和图 9.39 中的育克纸样上的。

1. 在一张大的样板纸上画出相交线。
2. 将育克的前中心线与垂直线重合，侧缝 / 腰围交点落在水平线上。描绘纸样，见图 9.62。

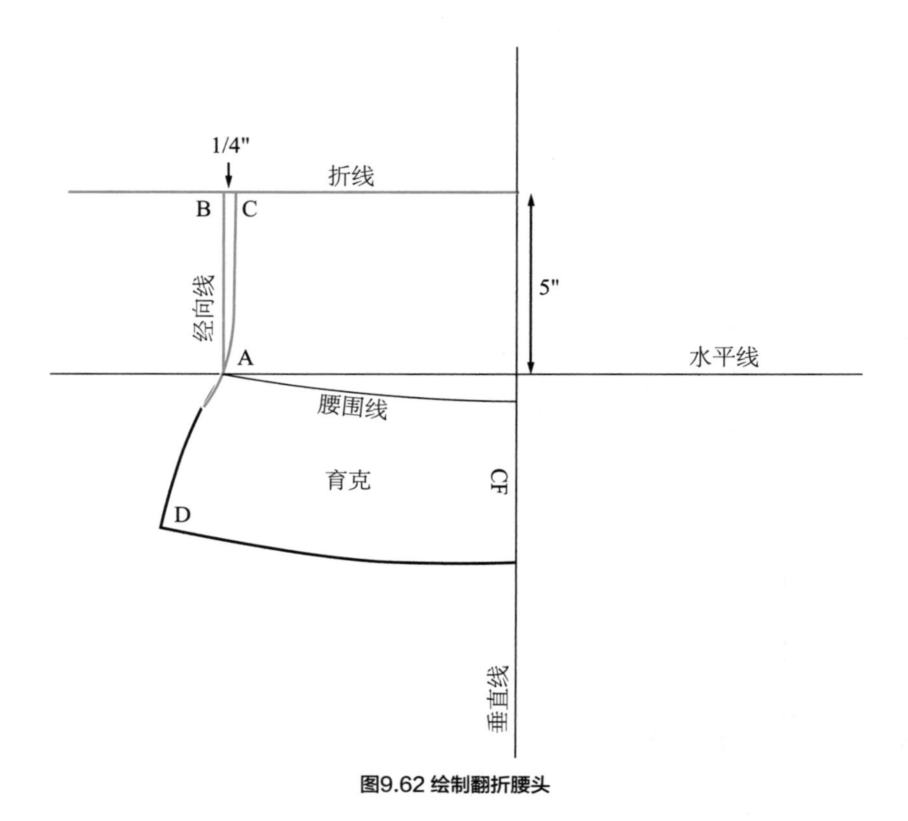

图9.62 绘制翻折腰头

3. 画一条平行于水平线的折线。

4. AB：画出与水平线垂直的标识线。

5. BC：在标识线内取 1/4 英寸。

6. CD：画一条平滑弧线作为侧缝。

7. 将样板纸沿“折线”折叠成双层。在另一边描出纸样，得到一个双面的纸样，见图 9.63。

8. 将翻折腰头描在育克的后片上。

9. 在纸样的所有边缘加放 1/4 英寸缝份。

10. 标注纸样，画出经向线，然后记录出需要裁剪的样片数量。

缝纫小窍门 9.11:

缝纫翻折腰头

1. 将前 / 后片的正面相对，在侧缝进行包缝。
2. 翻折腰头，反面相对。将育克边缘与侧缝拼合。
3. 将腰头缝在腰口，见图9.64。

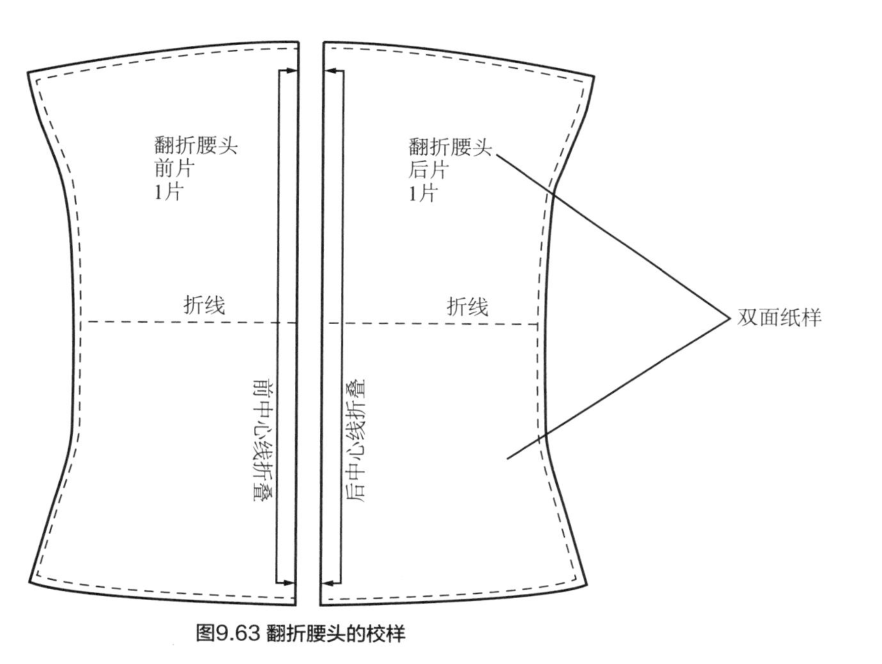

图9.63 翻折腰头的校样

图9.64 缝纫翻折腰头

无腰头

无腰裙没有腰头（见图 9.1（i）中的半裙）。制图时，根据原型的自然腰围线制作合体腰口，见图 9.51。这种半裙必须带有衬里。参见表 9.2 确定松紧带类型、宽度和长度。

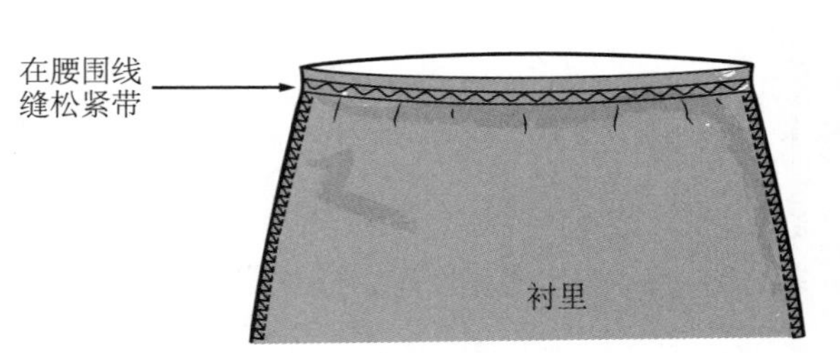

图9.65 将松紧带缝在衬里上

缝纫小窍门 9.12:
将松紧带缝在无腰裙上

用“之”字形线迹将松紧带缝在衬里的腰围线上，见图9.65。这种线迹作为里层线迹，可以让腰缝卷进半裙里。

1. 对接松紧带，见图9.54b。
2. 对衬里和外层面料的腰口以及松紧带进行四等分。
3. 将松紧带放在衬里反面距腰口边缘（waist edge）3/8英寸处。用大头针将松紧带的接缝固定在半裙后中心线处，然后拼合其他标记，见图9.65。
4. 对于3/8英寸宽的松紧带，在松紧带的中心缝1行“之”字形线迹（或双针线迹），见图9.65。对于更宽的松紧带，需缝2行“之”字形线迹。（先缝靠近腰围线的一边，再缝另一边。）
5. 将衬里放在外层面料的里边，正面相对（外层面料反面朝外，才能衬里和外层面料正面相对）。拼合侧缝、前中心线、后中心线，缝合腰缝（waist seam）。
6. 将衬里翻到服装里边，然后拼合侧缝，用大头针固定，在侧缝的凹槽处缉线，将衬里和外层面料固定，见图9.66。

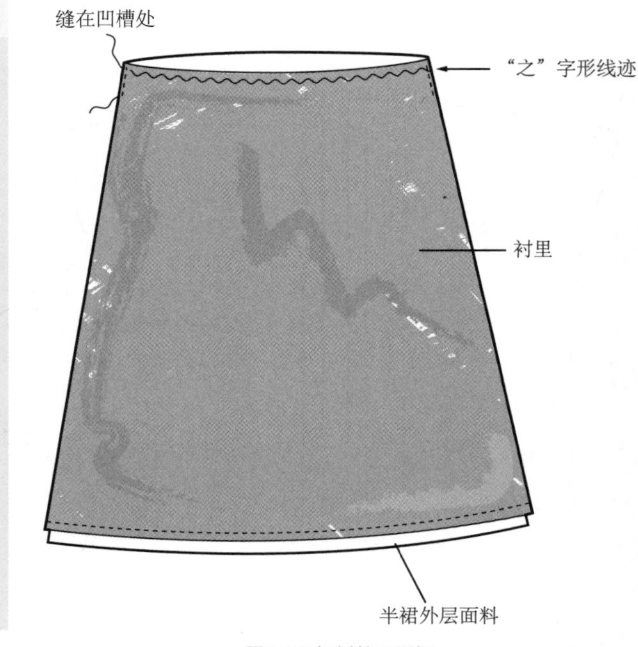

图9.66 加衬的无腰裙

有衬里的半裙

衬里可以是连裁的也可以是独立的。见第 1 章“选择衬里”，了解相关建议。

连裁衬里

连裁的衬里线条干净，无需在下摆缉明缝。半裙外层面料和衬里纸样是作为一个整体绘制的。半裙外层和衬里使用的是同一种面料。此外，下摆底边就是折边。选择面料时，将两层面料放在一起，测试“手感”。了解更多内容，可参考第 1 章中的“面料选择”部分。连裁衬里的半裙轮廓必须是直筒型或者楔形，见图 9.11。

绘制纸样

1. 画出半裙前后片的完整纸样，再描出一套纸样。
2. 将两个纸样的底边相接，见图 9.67，制成双面纸样，底边为折线。
3. 在侧缝和腰围处加放 1/4 英寸的缝份。
4. 画出定向经向线，在底边做剪口，标注纸样（见图 7.43，了解使用连裁衬里的完整连衣裙纸样）。

缝纫小窍门 9.13:
缝纫连裁衬里的半裙

这款半裙不需要整理接缝（finish），因为接缝都是隐形的。欲制作流畅服帖的接缝，缉1/4英寸分开缝并熨开（pressed open）。包缝会使接缝显得臃肿。

1. 将半裙前后片正面相对，剪口对位，然后用大头针固定。
2. 缝合侧缝，从一侧的腰口缝到另一侧的腰口。
3. 将半裙翻折，使其反面相对，腰口边缘对齐（底边是折线）。
4. 缝合腰头，见图9.68。

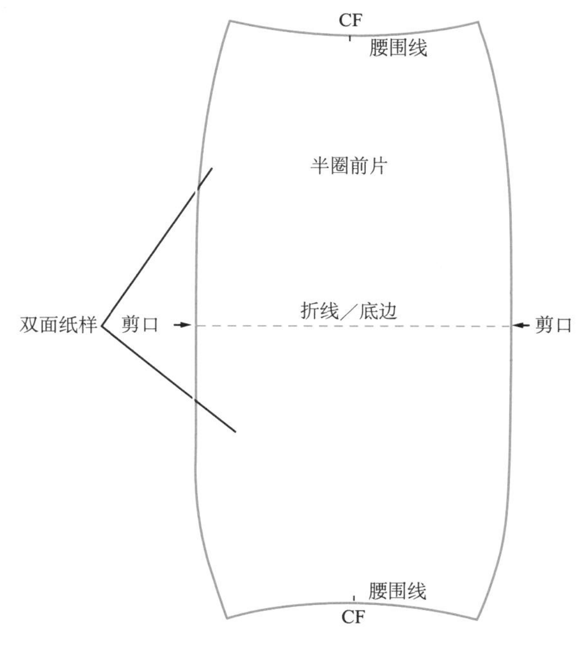

图9.67 绘制连裁衬里纸样

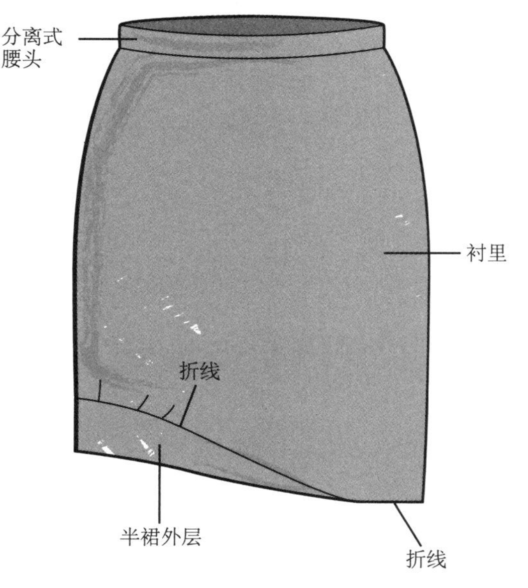

图9.68 有连裁衬里的半裙

独立衬里

独立衬里可用于独立腰头或隐形腰头的半裙。根据半裙外层的纸样绘制衬里纸样。

绘制衬里纸样

1. 在样板纸上再描出一版前／后片纸样。
2. 将衬里纸样的长度减少 3/4 英寸，见图 9.69a。
3. 标注纸样，画出经向线，记录需裁剪的样片数量，见图 9.69b。

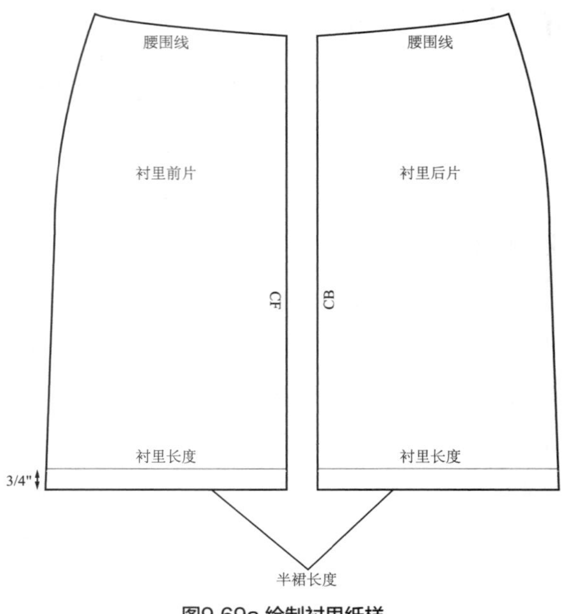

图9.69a 绘制衬里纸样

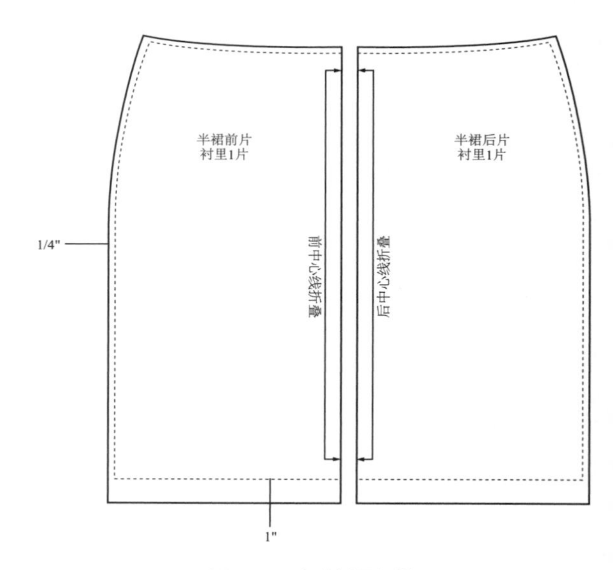

图9.69b 完成衬里纸样

缝纫小窍门 9.14:
缝纫衬里

半裙衬里完成后，长度比半裙外层短。

1. 缝合半裙外层的侧缝和衬里的侧缝。
2. 将腰头缝在半裙外层的腰口处。
3. 将衬裙缝在事先缝好的腰缝处。完成之后，接缝会藏在半裙的里边，见图9.70。
4. 对于隐形腰头的半裙，将衬里缝在贴边边缘，这样也可以将接缝隐藏起来，见图9.55b。

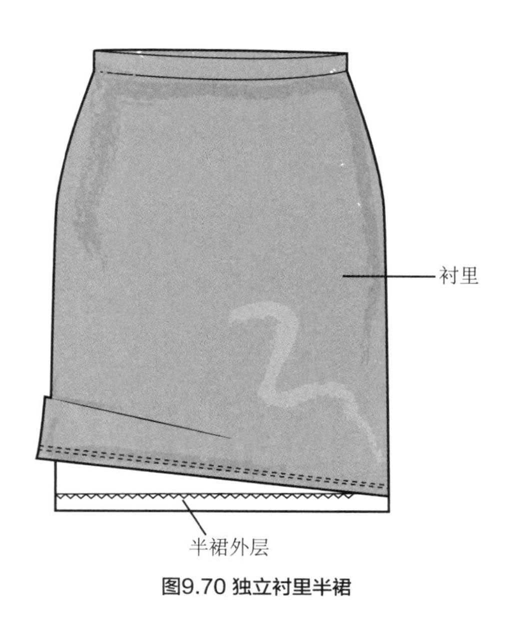

图9.70 独立衬里半裙

灯笼裙

灯笼裙的成败取决于面料的重量和悬垂性。如果面料是轻质的，则外层和衬里可以使用同种面料。外层和衬里的接缝必须位于完成缝线以上约 2 英寸。

绘制纸样

用一张较短 / 较窄的衬里纸样绘制灯笼裙的下摆形状。

1. 外层纸样需要在下摆处加入宽松量。画出图 9.12 中喇叭裙的纸样，这样制作出的底边线长度比衬里底边线长度多一半或一倍。
2. 确保衬里纸样和半裙外层纸样的腰围线长度相等。
3. 外层裙长应比衬里长大约 4 英寸。灯笼裙纸样见图 9.71。

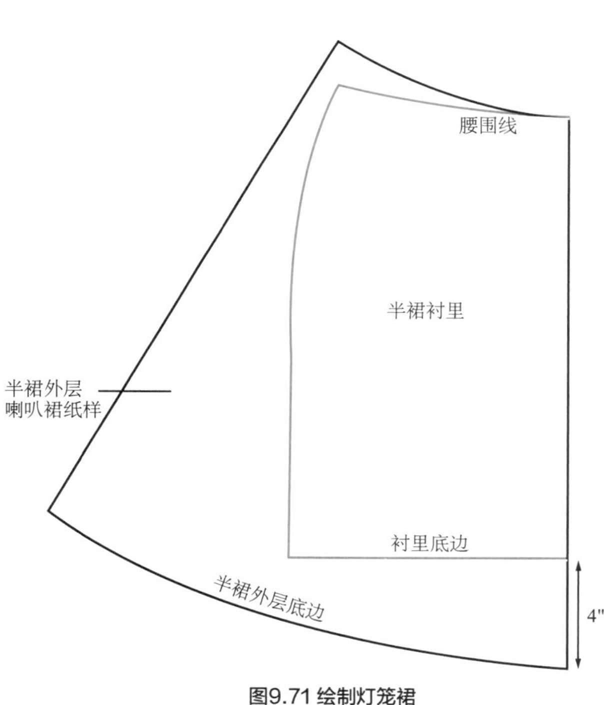

图9.71 绘制灯笼裙

缝纫小窍门 9.15:
缝纫灯笼裙下摆

1. 缝合半裙以及衬里的侧缝。
2. 将两个底边分别四等分。
3. 将外层半裙置于衬里内，正面相对。将下摆边缘拼合起来，对齐标记，见图9.72a。
4. 衬里朝上，将底边缝在一起，拉伸衬里调整标记之间的部分。拉伸整理衬里时，裙摆会抽褶。
5. 将透明松紧带缝在缝份处，稳定底边，避免拉伸变形，将腰口对齐并缝制腰头。完成的灯笼裙下摆见图9.72b。

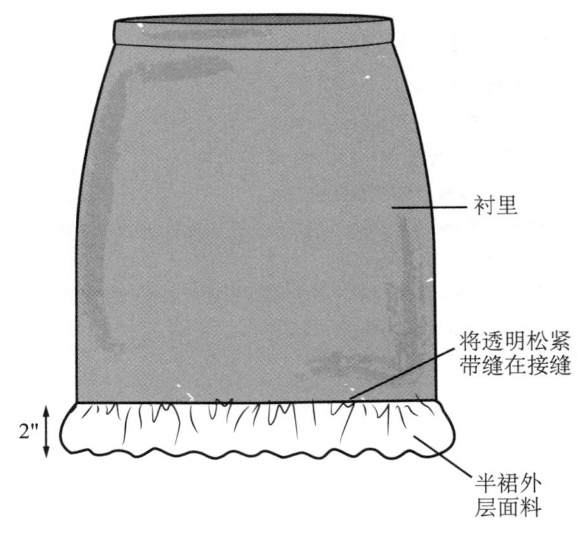

图9.72b 缝制灯笼裙

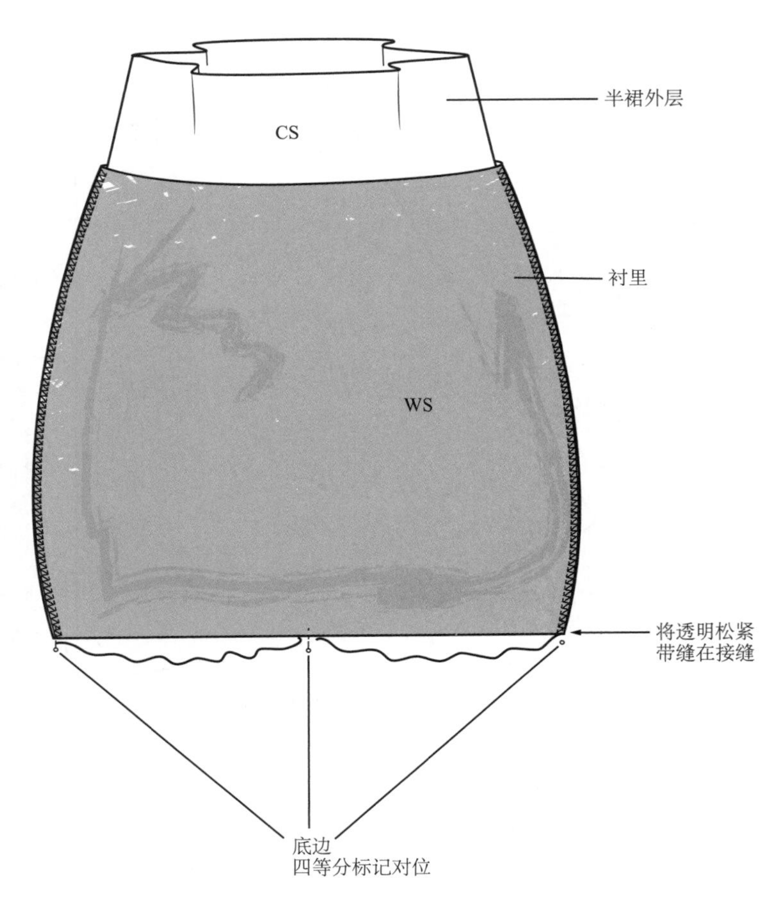

图9.72a 缝制灯笼裙下摆

小结

下面这个清单总结了本章中讲解的半裙原型和纸样的知识。

- 半裙原型是根据下装基础纸样绘制的。
- 半裙可以使用微弹、中弹、高弹、超弹的双面弹或四面弹面料制作。
- 半裙可以是任意长度，轮廓多样，也可以是对称或不对称的。
- 针织面料制作的半裙可以用松紧带作为腰头，因此针织半裙都是“套腰裙”的。
- 半裙可以有腰头，也可以无腰头。
- 腰头可以是合体的、半合体的或宽松的。
- 半裙可以装衬里。

停：遇到问题怎么办

……我的腰头太紧没法套过臀部怎么办?

把前后片腰围线处的侧缝向外加宽，这样可以加长腰口，见图 9.60。

……如果我想绘制图 9.1 的（h）和（i）中的半裙怎么办? 我没有在这本书里找到相应的制板方法。

制作其他款式的纸样时，需灵活运用本书中的制板技术。你可以这样做：

1. 绘制图 9.11 中的楔形裙纸样；
2. 绘制育克线，见图 9.38；
3. 切开 / 展开纸样，在半裙与育克线接缝处增加宽松量（来制作抽褶），见图 9.19。

自测

1. 若想制作一条方便走路、坐下、跳舞的套腰长款直筒半身裙，制板中需要考虑哪些因素?
2. 参见表 9.3，为图 9.1（e）中长款半裙选择松紧带的标准有哪些?
3. 你如何确定图 9.1（i）中的无腰裙腰围处松紧带的长度?（见表 9.3）你会使用哪种类型和宽度的松紧带?
4. 图 9.1（c）中的喇叭裙是否可以使用图 9.1（a）中隐形腰头的半裙? 如果不行，为什么?
5. 请画出图 9.1（a）中有不对称荷叶边裙摆的半裙。如何绘制并标记荷叶边纸样?（也可参见第 3 章中的“标记纸样”。）
6. 在图 9.1（g）的半裙中，每一层的上沿都要加抽褶的话，需要对纸样进行哪些修改?
7. 请给出连裁腰头、独立腰头、无腰头边缘处理的定义。这几种腰头适合哪种轮廓的半裙?
8. 图 9.1（h）中的半裙腰头应该在哪道缝纫工序中进行缝纫（见图 9.1）?

重点术语	套腰裙
无腰	半合体腰头
合体腰头	独立腰头
宽松腰头	连腰式腰头

第10章 裤装原型和纸样

生活方式比较活跃的女性喜欢穿稍有弹性的或腰部有松紧带的裤子。有弹性的裤子用途多样。不论是正式场合、日常休闲还是进行体育运动，都可以穿着面料和松紧带有弹性的裤子。这种服装的面料和设计集功能性、舒适性、多样性、时尚性为一体，使得弹力裤成为了女性衣柜中必不可少的一件单品。

按照本章的指引，你将学习绘制双面弹和四面弹裤装原型，为未来独立设计裤装打好基础。显身材的紧身裤、自行车短裤、宽松的连体裤、轮廓有致的靴裤、贴身的紧身衣和喇叭形的阔腿裤都是本章将介绍的款式，见图 10.1。

(a) 有腰头的合体短裤

(b) 侧缝分叉明缝腰头的半合体短裤

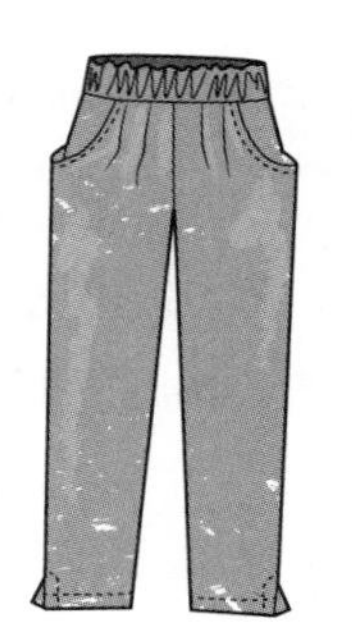

(c) 有塔克、口袋、和抽褶腰头的卡普里裤[1]

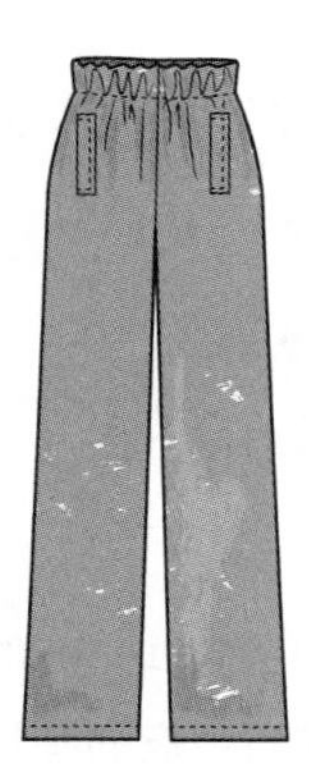

(d) 有单嵌线挖袋的直筒裤

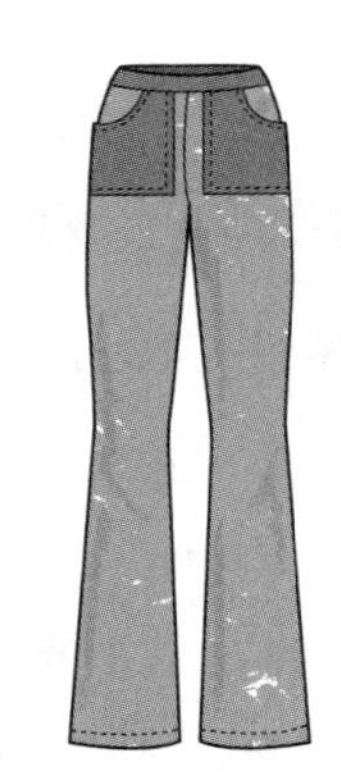

(e) 有贴袋的靴裤

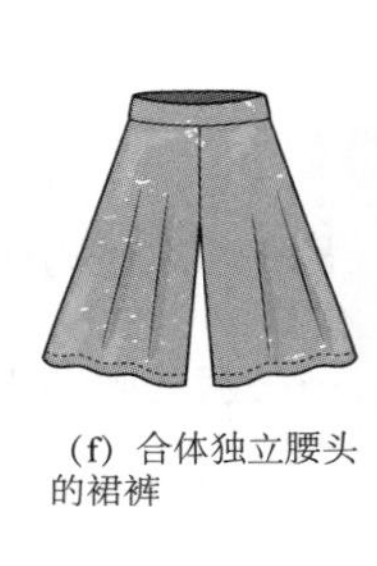

(f) 合体独立腰头的裙裤

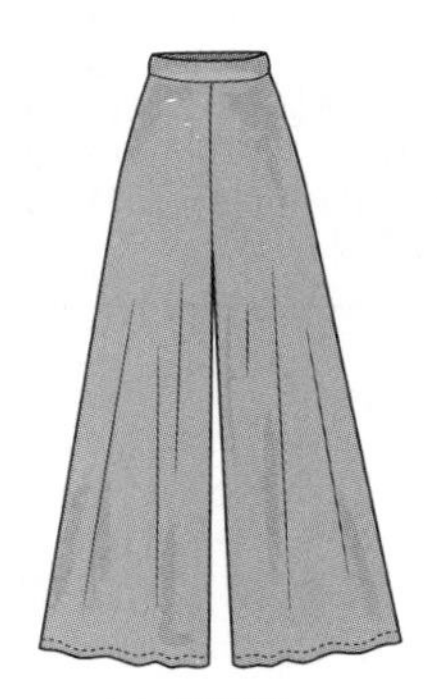

(g) 阔腿裤

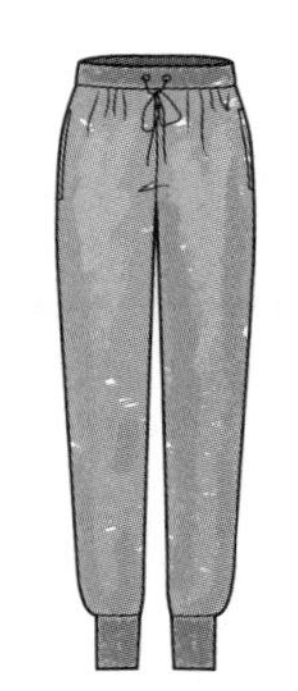

(h) 有插袋的运动裤

(i) 有侧插袋的无肩带连体裤

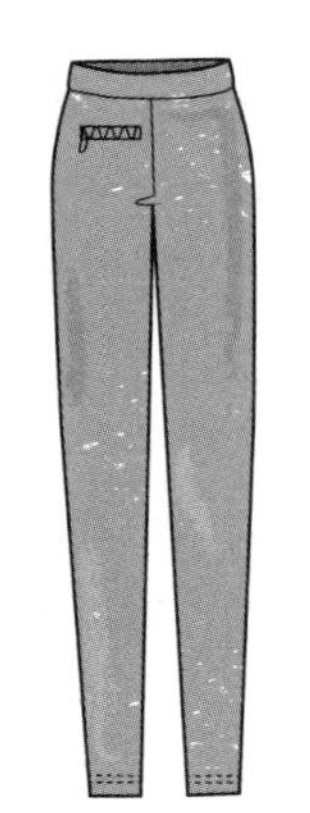

(j) 有拉链挖袋的紧身裤

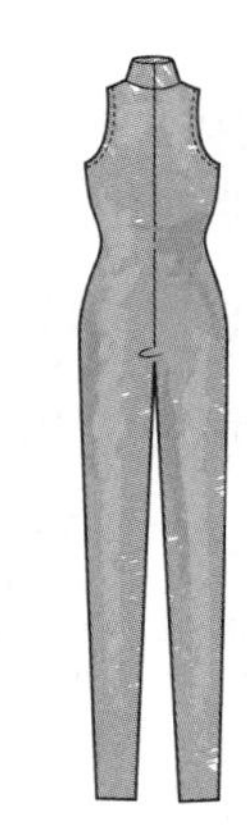

(k) 高领紧身衣

图10.1 裤装款式

1 又称锥形七分裤——译者注。

将双面弹下装基础纸样转化成裤装原型

本章中，你将学习如何绘制各弹性类别的裤装原型（微弹、中弹、高弹、超弹）。你需要用第 5 章中绘制的下装基础纸样来绘制裤装原型。可以翻回到表 2.1 的针织系列原型，了解裤装原型是如何发展而来的。此外，表 2.2 也列出了裤装原型的其他款式变化。

在本章后面的部分中，你会学习通过缩短长度将双面弹裤装原型转化成四面弹裤装原型。你可以用这些原型绘制**运动短裤**、紧身裤、女式紧身衣（catsuit）或**弹力紧身衣**（**unitard**）的纸样。运动短裤用于体育锻炼。弹力紧身衣 / 女式紧身衣是覆盖颈部到膝盖或脚踝的连体式服装。

微弹

首先，绘制双面微弹裤装原型作为母板。可以将母板推档为各个弹性类别的裤装原型。这些原型都是贴合身体曲线的。

直裆深

绘制裤装原型时需测量直裆深[2]。为客户量体裁衣制作原型时，需测量如图 10.2 所示从腰到

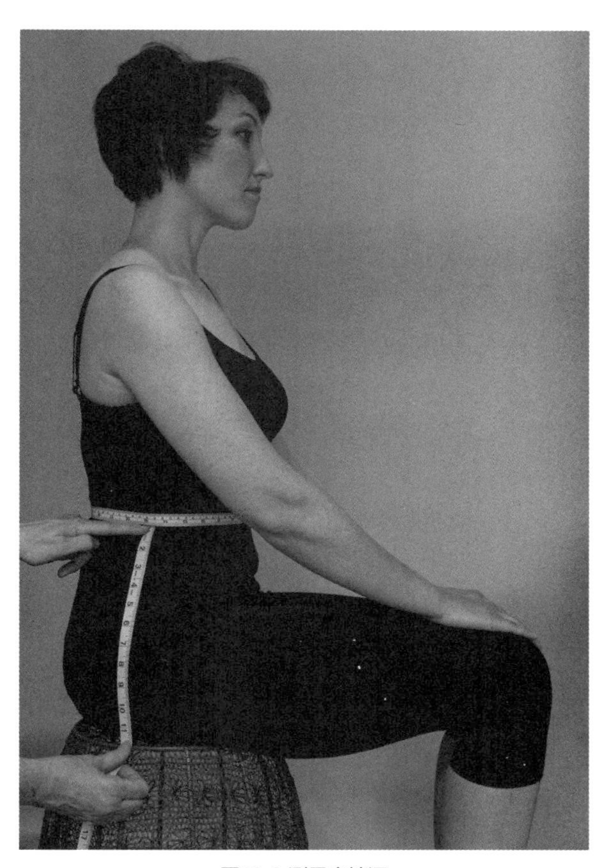

图10.2 测量直裆深

2 Helen Joseph-Armstrong, *Patternmaking for Fashion Design*, 5th ed. (Upper Saddle River, NJ: Pearson Education, Inc., publishing as Prentice Hall, 2010), 570.

臀的长度。下文也列出了平均测量值。

绘制前片

1. 在样板纸上画一个直角。
2. 将下装基础纸样的 WH 与垂直线重合，HH1 与水平线重合。描出并标记 W、W1、H、H1。
3. WC：标出直裆深（8 号 = 9 英寸，10 号 = 10 英寸，12 号 = 10.25 英寸）。平行于 HH1 画出横裆线，在 C 处形成直角。
4. BC：与 HH1 等长。
5. H1B：画一条直线。
6. CC1：HH1 的 1/4（裁一张长度为 HH1 的纸，折叠分成 4 份来计算长度）。
7. CA：在 45° 角上取 CC1 的一半。
8. G：BC1 的中点。
9. GG1：画一条平行于 WC 的经向线，并标出裤长。身高 5'9" 的平均裤长是 38 英寸。在 G1 画一条水平的垂直线作为裤脚口[3]（ankle）。
10. AA1：在经向线左右两侧取裤脚口总长的一半。裤脚口平均总长为（8 号 = 9.75 英寸，10 号 = 10 英寸，12 号 = 10.5 英寸）。
11. 标记出 DG1 中点。
12. KK1：在中点标记上方 1 英寸画一条平行于 BC 的线。在经向线两侧标记出中裆总长的一半，两边等长。中裆宽度[4] 为 8 号 = 13 英寸，10 号 = 14 英寸，12 号 = 14 英寸。
13. 在中裆和裤脚口处画水平平衡线，与经向线垂直，见图 10.3a。

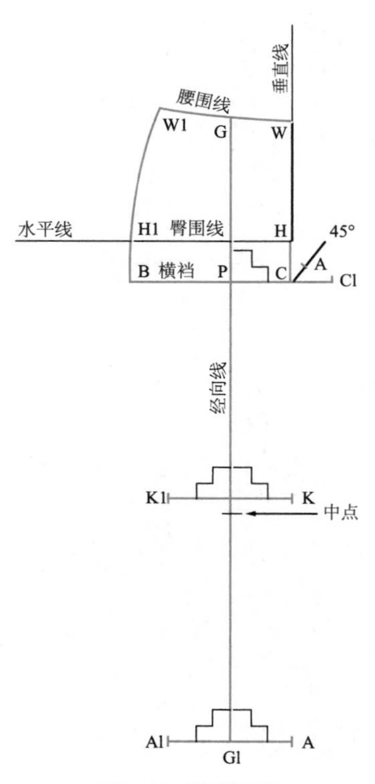

图10.3a 绘制前裤片

3 又称脚口。《高级服装结构设计与纸样》（Helen joseph-Armstrong）一书中译为脚踝围。
4 《高级服装结构设计与纸样》（Helen Joseph-Armstrong）一书中译为膝围。

绘制下裆弧线、下裆缝线和侧缝

图 10.3b 所示为绘制下裆弧线、下裆缝线和侧缝。

1. HX：1 英寸。
2. XAC1：画出下裆弧线。
3. BK1、K1A1、C1K、KA：画出直线。

画出弧形下裆缝线和侧缝线

1. I：标出 C1K 中点，在下裆缝线内侧画一条 1/4 英寸的垂线。
2. C1IK：用长曲线尺沿各点画一条弧形下裆缝线。
3. 在 B 内侧 1/8 英寸处做标记。用长曲线尺沿 H1 和 1/8 英寸标记点画一条圆顺的侧缝。
4. 在 K 和 K1 处画出圆顺线条，见图 10.3c。

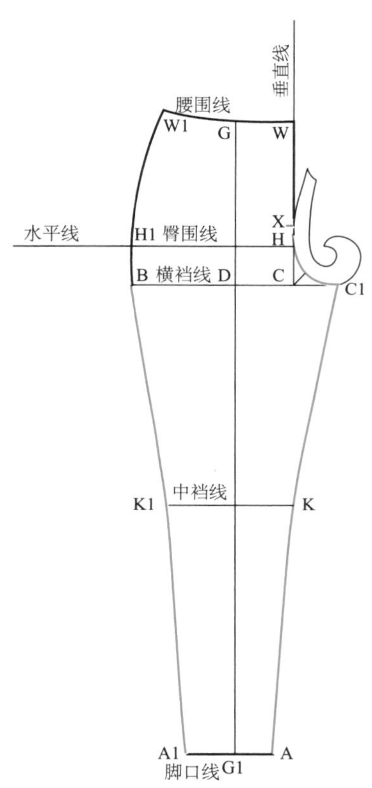

图10.3b 绘制下裆弧线、下裆缝线和侧缝线

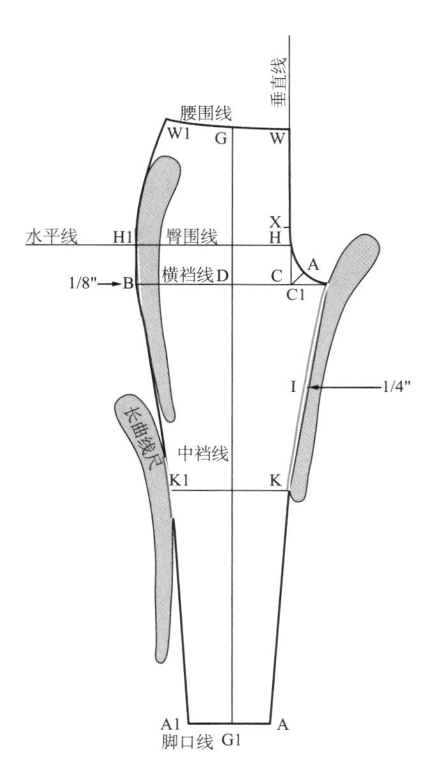

图10.3c 画出弧形下裆缝线和侧缝线

绘制裤后片

接下来，你将根据裤前片原型绘制裤后片原型。使用另一种颜色画出后片轮廓。

1. 延伸横裆线超出 C1 点，见图 10.4（a）。
2. CC2：HH1 的 1/3。
3. 在样板纸上描出前下裆缝线 C1K，见图 10.4（b）。
4. 将描出的线在 K1 点与工作纸样上的 K1 对齐并固定，然后将 C1 与 C2 对齐。用描线器将前下裆缝线和直裆深转移到原型后片上。后下裆缝线会比直裆深 C2 稍低一点，见图 10.4（a）。
5. C1C2：连接两点并在 C2 处画一个直角。
6. E：将直角尺置于臀围线 H1 和 W1 处，画出后中心接缝和腰围线。

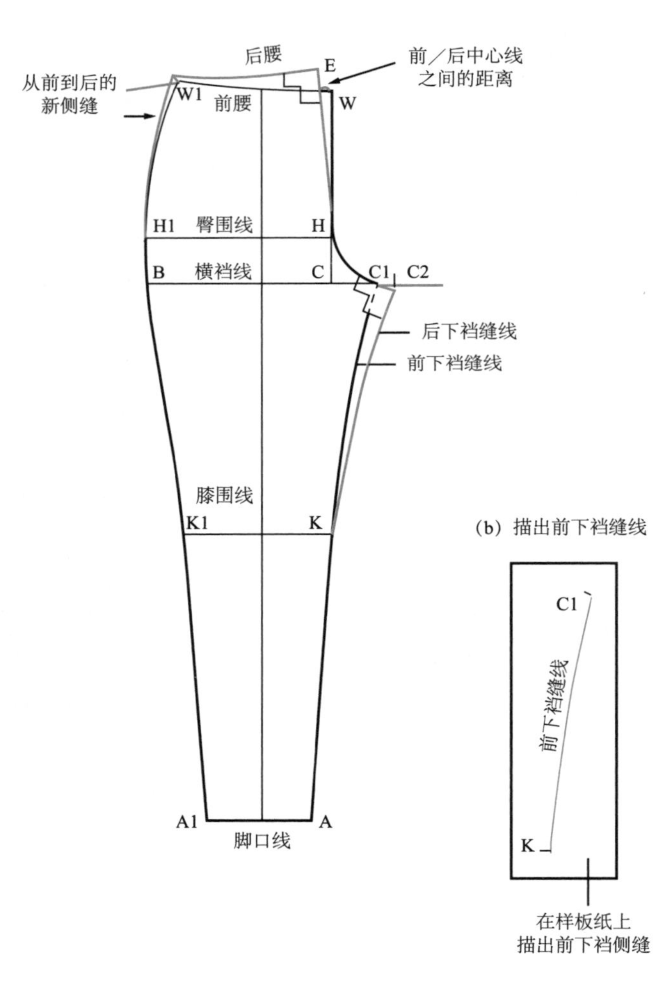

图10.4 绘制裤后片

调整侧缝

1. 将后腰围线延伸至 W1 以外。沿前腰围线的 W 点，测量前中心线到后中心线之间的距离（一般在 3/8 英寸到 3/4 英寸之间）。
2. 将这个测量值的一半加在侧缝 W1 的外侧。
3. 将下装基础纸样的 H1 与裤子纸样的 H1 重合，用锥子固定。将下装基础纸样的 W1 点与新的腰围位置对齐，重新画出臀部到腰部的曲线。（这是新的前 / 后侧缝。）新的腰围线和侧缝的交点大约在后腰围 W1 点以上 1/8 英寸的位置。在该点圆顺前后腰围线的线条。
4. 在样板纸上描出前后裤装原型并标注文字。
5. 转移平衡线（臀围线、横裆线、中裆线）和经向线。后片下裆缝线的裆（crotch level）比前片裆 C1 略高。前后裆会在侧缝处拼合。

拼合原型

第 3 章中的“制板原则”讨论了样板描线的重要性。这个过程包括圆顺、拉齐、垂直线条，并检查接缝的长度是否相等。要做到这一点，需要将纸样比对一遍（walk the pattern）。将一张纸样叠在另一张纸样上面，腰口（或裆部）边缘对齐。下面的纸样保持不动，每隔几英尺移动一下上面的纸样（用锥子固定），检查长度是否相同。

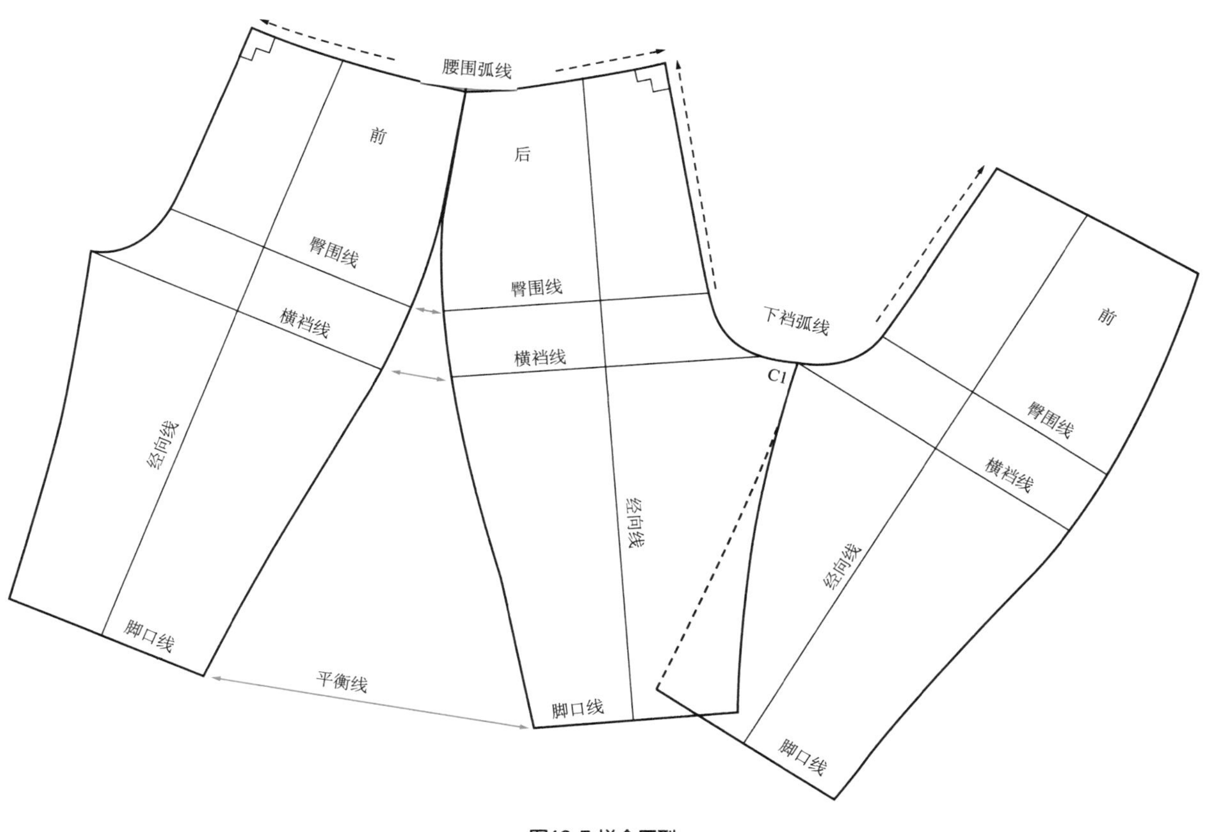

图10.5 拼合原型

- 检查前后中心线是否垂直于腰围，见图 10.5。
- 检查接缝是否等长，腰围线、横裆线、中裆线是否对齐。
- 检查经向线是否与平衡线垂直，见图 10.12。

需要用到的面料

用坯布缝制裤子检查原型是否合体，需购买 $1^1/_3$ 码的微弹针织面料。使用图 1.6 中拉伸性量表进行拉伸性测试，来判断面料的弹性是否合适，因为弹性会影响服装的合体性。（重量适中的罗马布是很理想的坯布面料。）

裁剪与缝纫

1. 排料前，沿纹理裁剪面料，见图 4.3。
2. 按照图 4.6 中双侧折叠面料的方式排料并裁剪裤子。
3. 加放 1/4 英寸缝份（腰围和底边不需放缝），此时不需做腰口的收边。
4. 按照表 10.1 中的缝纫工序来缝制裤子。

表10.1　　裤子缝纫工序

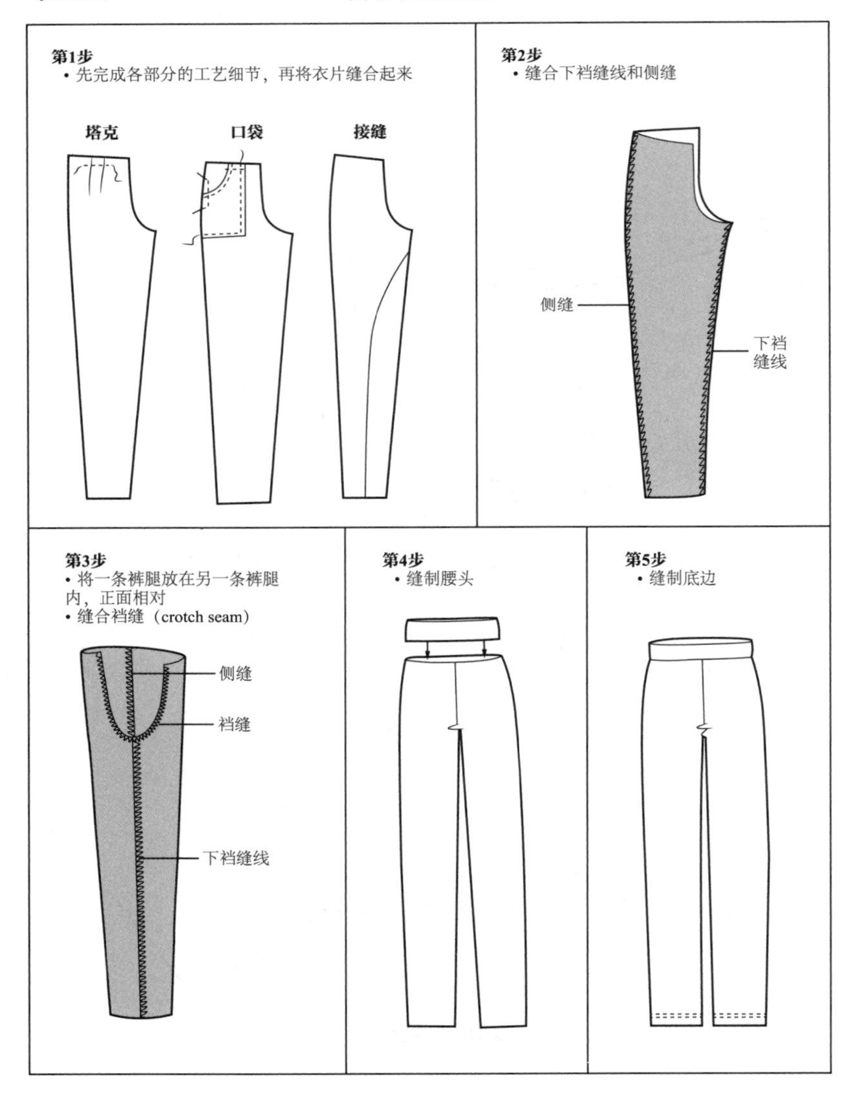

缝纫小窍门 10.1:
缝纫工序

表10.1中的缝纫工序简述如何缝纫有腰口收边（waist finish）的裤子。可以按照这一工序来缝制短裤、卡普里裤或裙裤。

试样

将裤子穿在裤装人台上，同时也请他人试穿裤子。用大头针固定需要调整的部位，然后将这些调整标记在原型上，见图 10.6。

重点关注以下几点。

- 评估裤子的垂坠效果，检查侧缝是否与人台侧缝对齐。
- 检查腰部和臀部周围是否合体。腰口需能拉伸穿套过臀部，因此不能过紧。
- 检查活动时裤子是否穿着舒适（行走、蹲下、弯腰）。
- 检查长度是否准确。

后

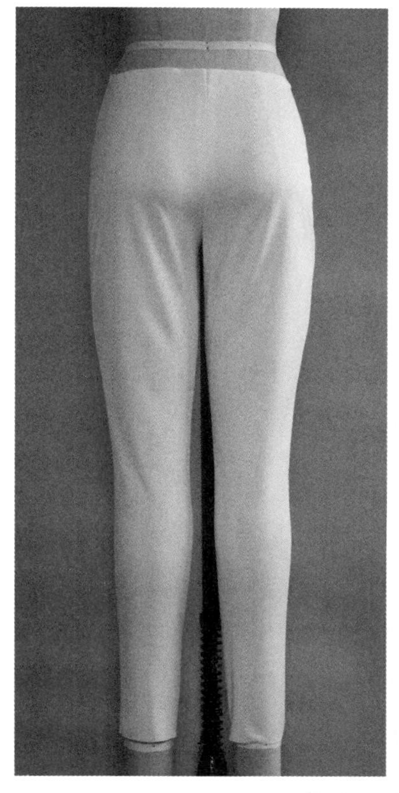

前

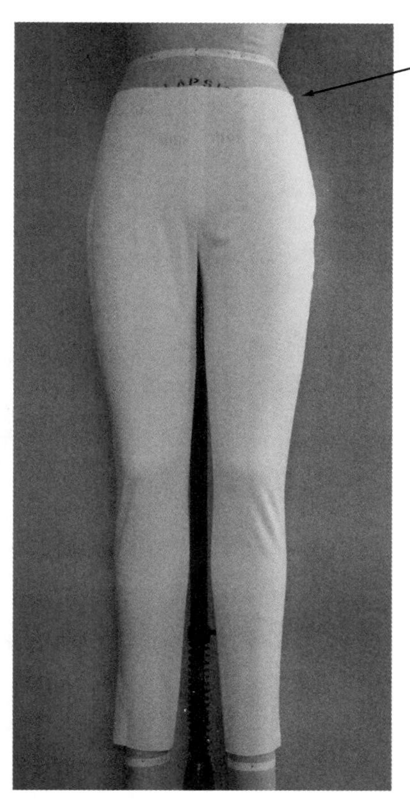

图10.6 双面弹坯布裤子在人台上的试样

完成原型

1. 将纸样转移到黄板纸上。
2. 标注原型名称“双面弹裤装原型前 / 后片”，并记录弹性类别，见图 10.7。
3. 转移平衡线（臀围线、横裆线、中裆线）并画出经向线。
4. 在原型前片标记 X 用于推档，此时无需在后片标记 X。

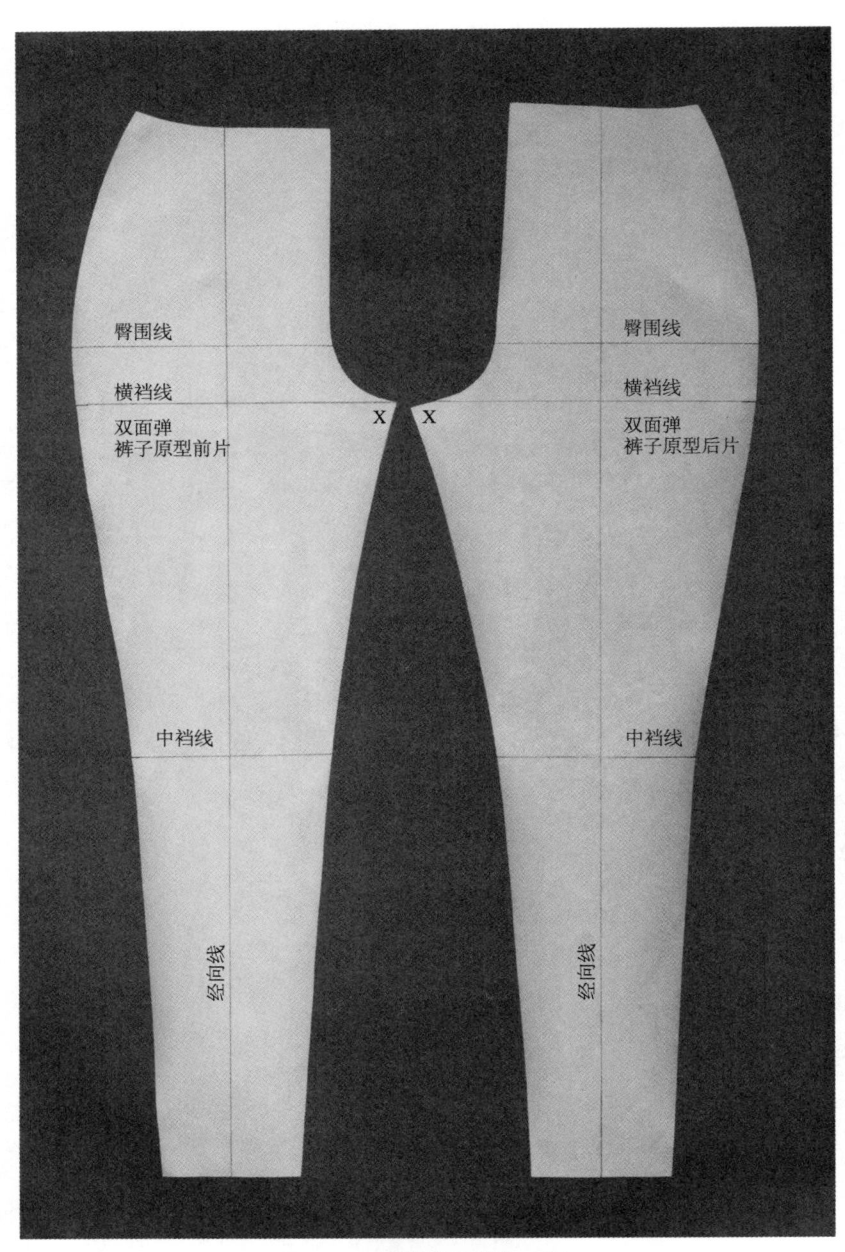

图10.7 双面弹裤装原型前 / 后片

将双面弹纸样推档为不同弹性类别纸样

下一步是将刚刚制作好的微弹裤装原型母板推档为中弹、高弹和超弹的原型。由于这些面料的弹性更强，因此需要将原型缩小。推档前后片原型的方法相同。

准备推档坐标轴

1. 在黄板纸上绘制出推档坐标轴，标记 D 点。
2. 从 D 点开始，沿负向方向标出档差 C2、C1、C、B2、B、A3 和 A，见图 10.8。

水平公共线（HBL）

裤装原型前片上的水平公共线是横裆线。裤装原型后片上的横裆线不是水平公共线。见图 10.9，穿过下裆缝 / 横裆线交点画一条水平公共线（垂直于直裆深线），这条线仅用于推档（只临时使用），标记 X 点。

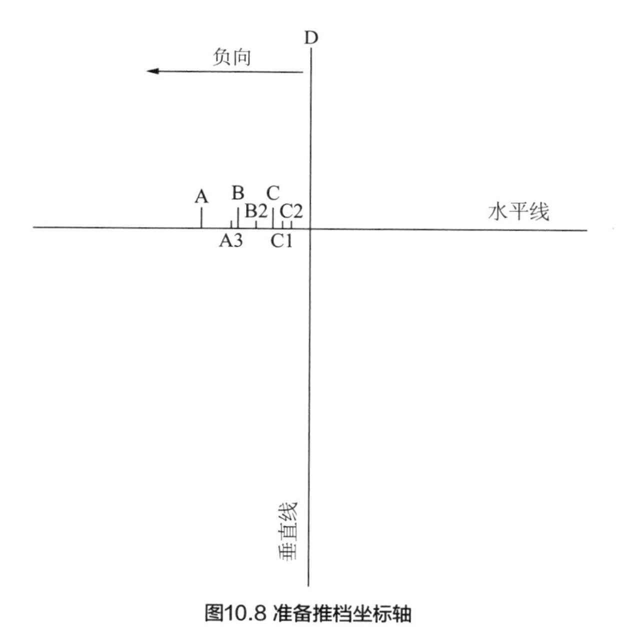

图10.8 准备推档坐标轴

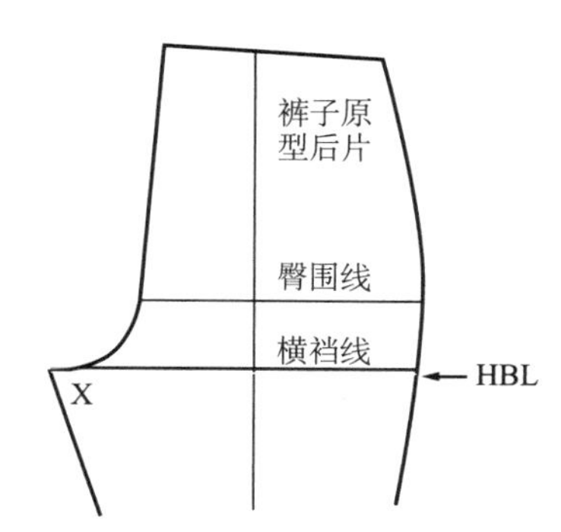

图10.9 在裤装原型后片上画出水平公共线

在推档坐标轴上描出微弹原型

1. 将原型的水平公共线 X 与 D 和水平线重合，见图 10.10。经向线必须与垂直线平行。在坐标轴上描出原型。
2. 画一条延伸至侧缝的水平标识线，与前中心线垂直。
3. 转移臀围线、中裆线和经向线。这一步骤需要多花点时间，因为每条线都必须与经向线垂直。

推档为中弹、高弹、超弹原型

用相同的档差和推档方法，推出裤装原型后片。推档每一弹性类别的原型时，必须将水平公共线与水平线上正确的刻度对齐。

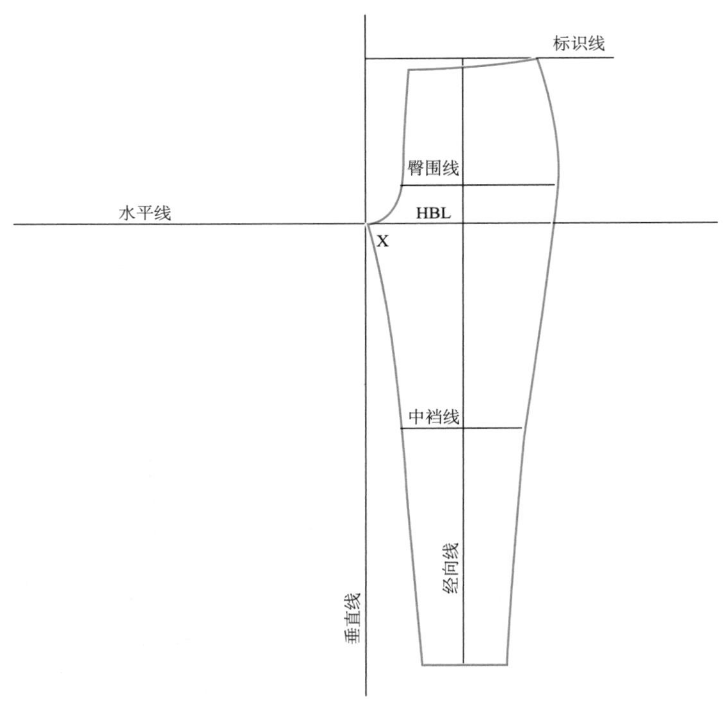

图10.10 在推档坐标轴上描出微弹原型

腰围线／侧缝（1/2 英寸推档）

对侧缝进行推档时，腰围线和侧缝的交点应落在标识线上。画出各个弹性类别纸样上腰部到臀部的线条，见图 10.11a。

1. 中弹——将 X 移动到 C。

2. 高弹——将 X 移动到 B。

3. 超弹——将 X 移动到 A。

中裆线（3/8 英寸推档）

在每个弹性类别的中裆线上画一条 2 英寸长的线条，见图 10.11a。

1. 中弹——将 X 移动到 C1。

2. 高弹——将 X 移动到 B2。

3. 超弹——将 X 移动到 A3。

脚口线（1/4 英寸推档）

在每个弹性类别的脚口线上画一条 1 英寸长的线条，见图 10.11a。

1. 中弹——将 X 移动到 C2。

2. 高弹——将 X 移动到 C。

3. 超弹——将 X 移动到 B2。

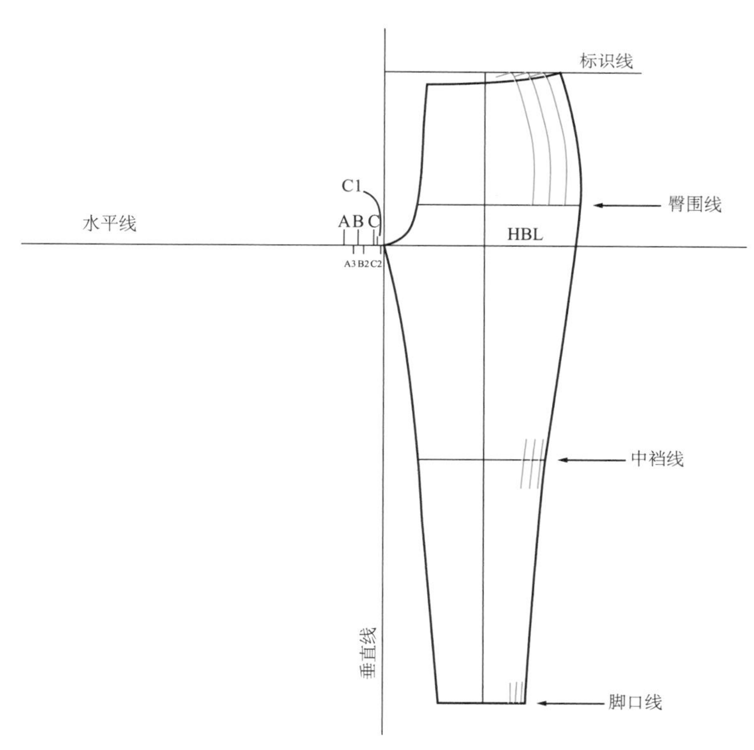

图10.11a 推档中弹、高弹、超弹纸样

完成原型的绘制

将微弹原型放在推档出来的各个轮廓上，将腰围线画完整。同时用原型来完成各弹性类别上臀围线、中裆线和脚口线之间的侧缝，见图10.11b和图10.11c。

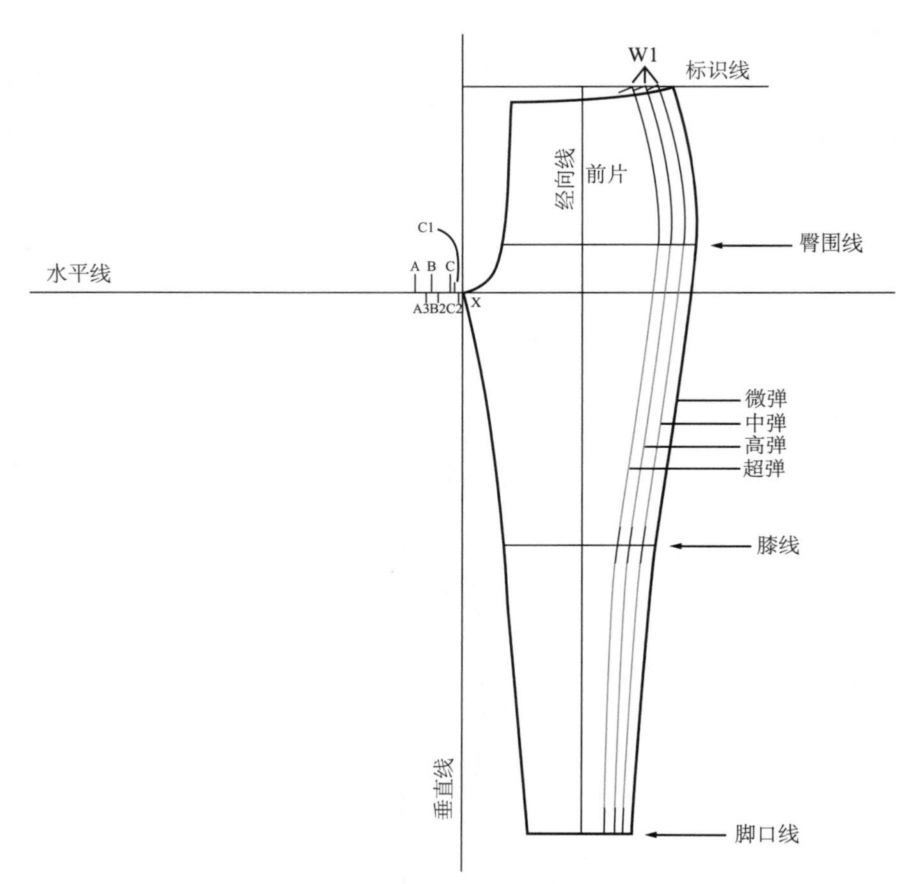

图10.11b 完成各弹性类别的前腰围线和侧缝线

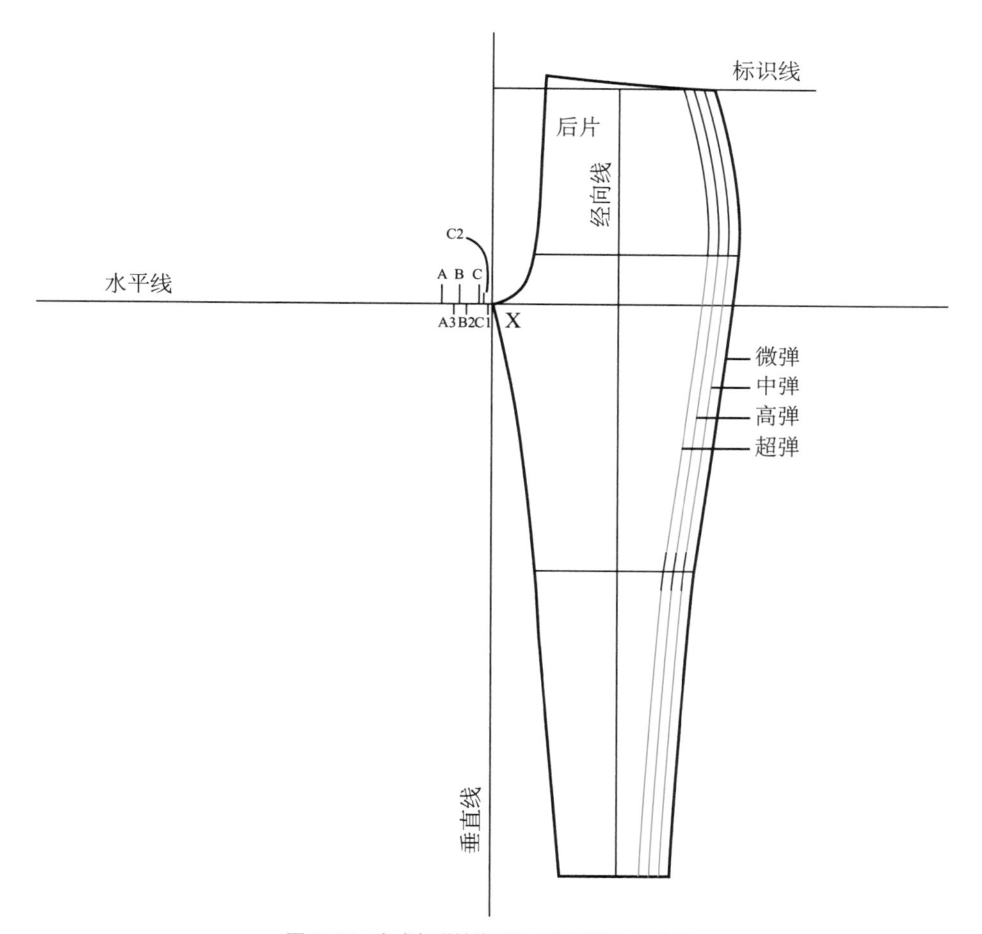

图10.11c 完成各弹性类别的后腰围线和侧缝线

裁剪原型并重新绘制经向线

1. 裁剪中弹原型的前后片。（画在坐标轴上的微弹原型仅供推档使用，不需要再裁剪下来。）
2. 在 W1 处将各弹性类别的腰围线和侧缝的交点逐个裁剪出来，见图 5.16。
3. 将微弹原型叠在各个推档出来的原型上面。将原型的腰围线和侧缝的交点与各弹性类别的原型对齐。用描线器转移原有腰围线，见图 5.17。
4. 将原型前后片的侧缝拼合，检查是否等长。
5. 平行于微弹原型的经向线，画出新的经向线。经向线位于脚口线上、下裆缝线和侧缝的中点，见图 10.12。

拼合原型

- 检查前后中心线是否垂直于腰围，见图 10.5。
- 检查前后侧缝、下裆接缝是否等长，臀围线、横裆线和中裆线是否完全对齐，见图 10.5。
- 检查经向线是否与平衡线垂直，见图 10.12。

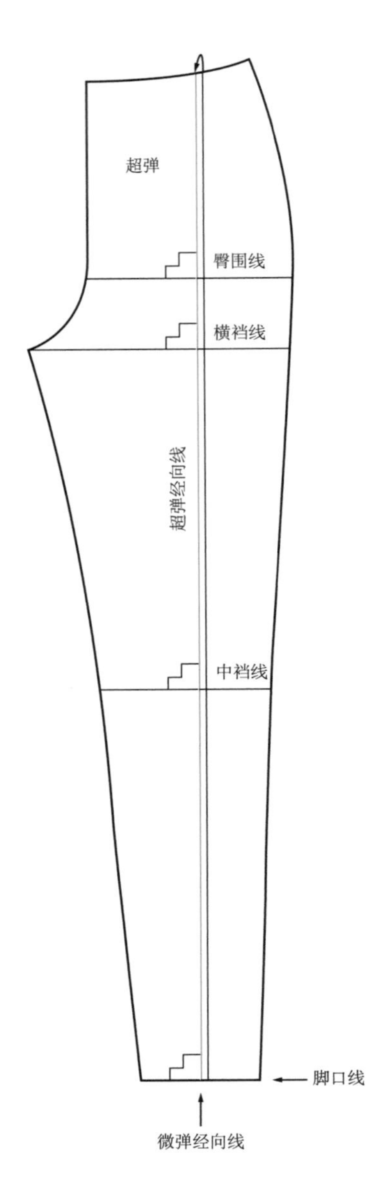

图10.12 裁剪原型并重新绘制经向线

完成原型纸样

在各弹性类别原型上标出“双面弹裤装原型前／后片”。各原型相叠时，臀围线、横裆线和中裆线应重合。各弹性类别的经向线不重合，见图 10.13。

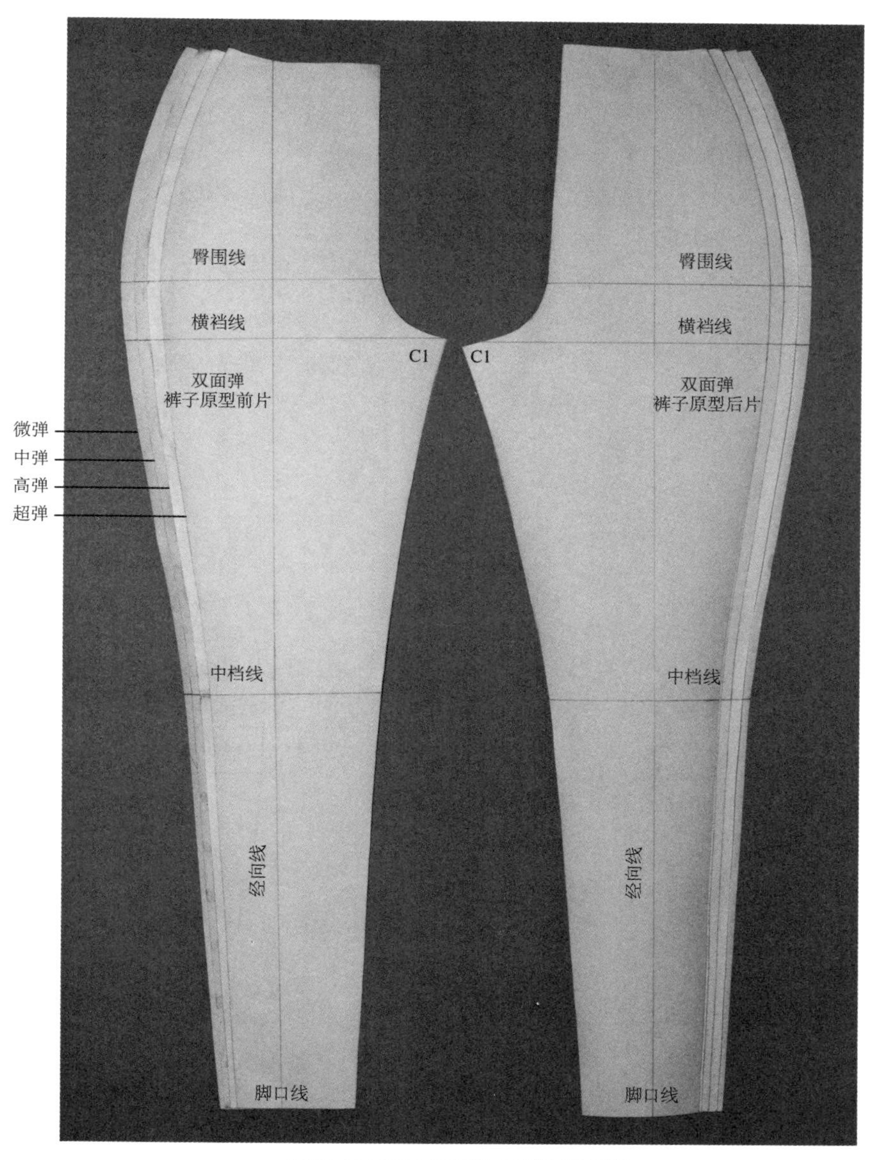

图10.13 各弹性类别的双面弹裤装原型

将双面弹原型缩小为四面弹原型

紧身裤、运动短裤、自行车短裤、弹力紧身衣和女式紧身衣都必须使用四面弹的氨纶／莱卡面料制作。制作这些款式的纸样时必须使用四面弹裤装原型。（见第 1 章“四面弹”部分了解更多内容。）

高弹

为了抵消四面弹针织物的纵向弹性，需将双面高弹和／或超弹裤装原型的长度缩短。

标记缩减区域

这里需要将原型前／后片的腰围线和中裆线之间的长度缩短 3 英寸，见图 10.14a。根据单独的设计绘制纸样时，可以微调整体的长度。在原型前片和后片相同部分标记缩减量。

1. 在样板纸上描出双面高弹裤装原型。
2. 标识线 1：在腰围线和臀围线中点画一条线。在标识线 1 下方 1 英寸处做标记，标注为“缩减区域”。
3. 标识线 2：在横裆线和中裆线中点画一条线。在标识线 2 上方 1 英寸做标记，标注为“缩减区域”。
4. 标识线 3：中裆线。在标识线下方 1 英寸做标记。

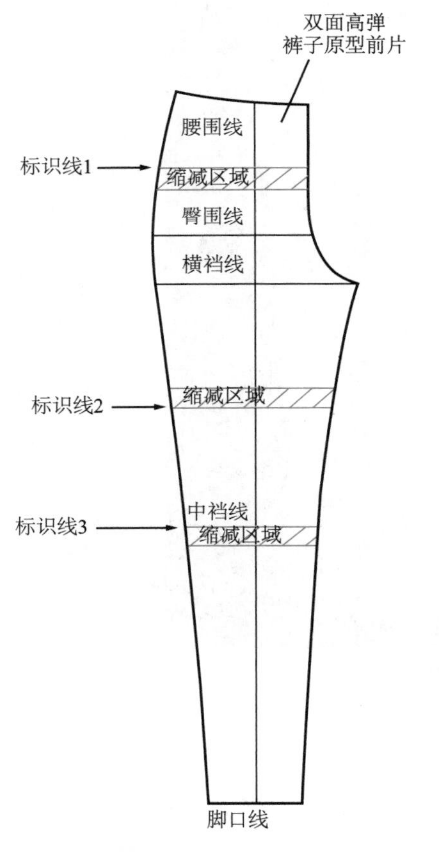

图10.14a 画出标识线并标记缩减区域

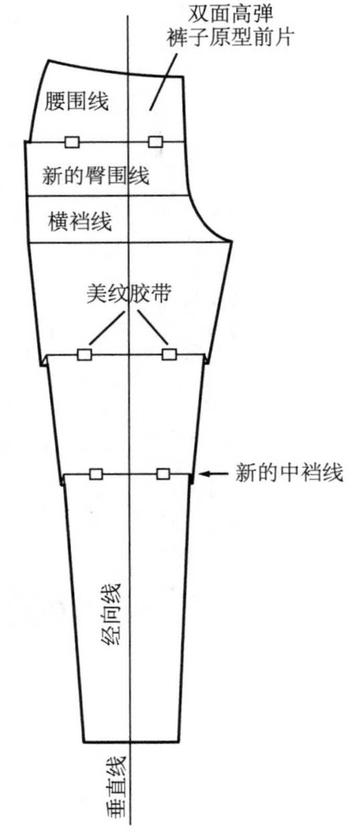

图10.14b 折叠缩减区域

折叠缩减区域

1. 折叠“缩减区域”时，将平行线对在一起，缩减原型的长度。用美纹胶带固定，见图10.14b。
2. 在样板纸上画一条垂直线，将原型的经向线与垂直线重叠，描出缩减后的裤装原型。
3. 在臀围线处，将侧缝缩进 1/8 英寸。用长曲线尺拉齐下裆缝线和侧缝，去掉不整齐的线条长度，见图 10.14c。
4. 检查前 / 后下裆缝线和侧缝是否等长，见图10.5。
5. 检查经向线是否垂直于水平线，见图 10.12。

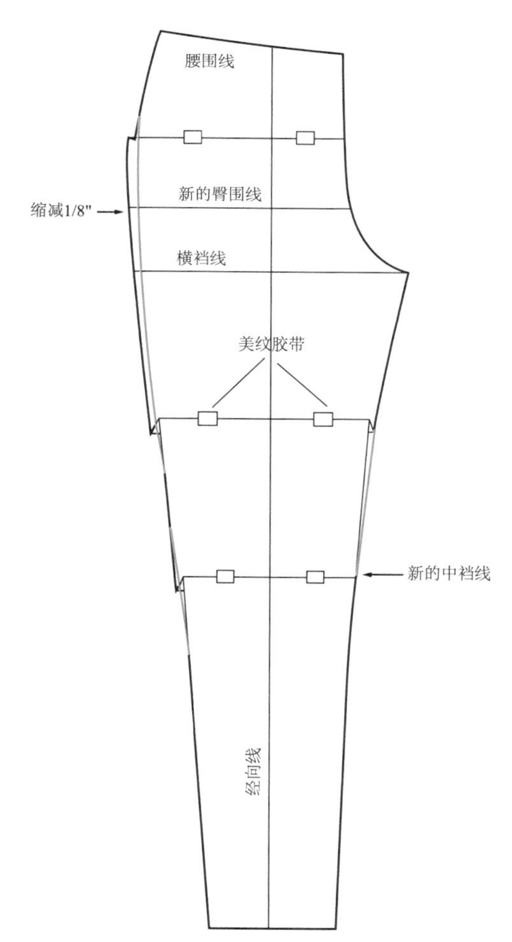

图10.14c 画出圆顺的侧缝和下裆缝线

需要用到的面料

购买 1/8 英寸的微弹针织面料。用图 1.6 中的拉伸性量表进行拉伸性测试，确保面料是四面弹，因为面料的拉伸性会影响服装的合体程度。

裁剪、缝纫、试样

接下来，裁剪、缝纫双面弹裤子并进行试样，方法与双面弹裤子相同，这里的裤子是紧身的，见图 10.15。

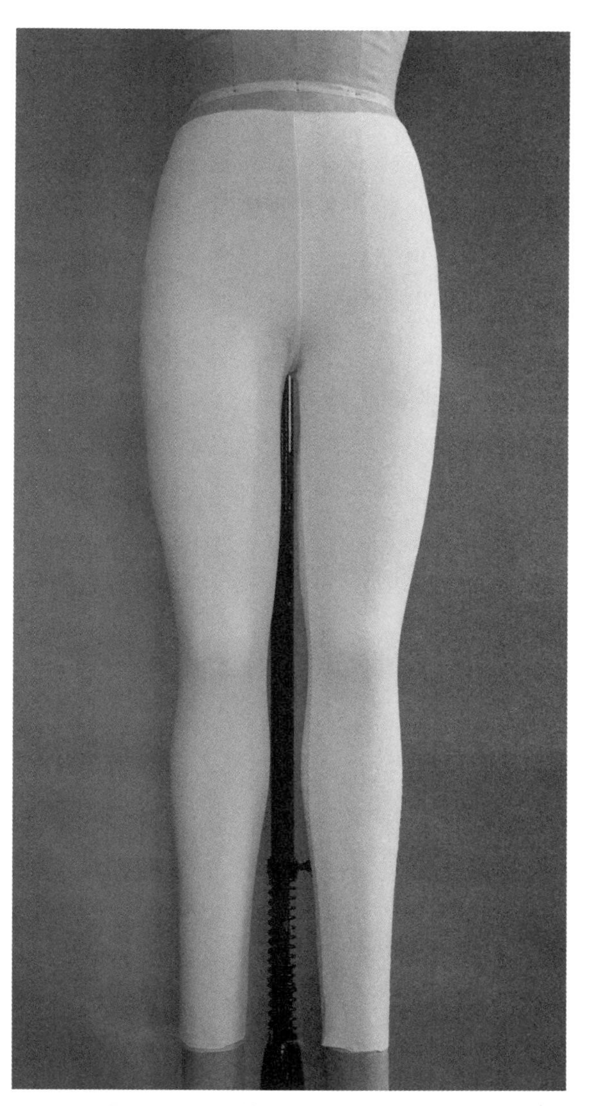

图10.15 四面弹坯布裤子在人台上的试样

原型校样

1. 将原型转移到黄板纸上。

2. 标注原型名称“四面弹裤装原型前／后片”并记录弹性类别，见图 10.16。

四面弹原型的推档

将四面高弹的裤装原型推档为超弹裤装原型，请参考以下图例。

- 图 10.8——绘制推档坐标轴并标记出档差 C、C1 和 C2。
- 图 10.10——在推档坐标轴上描出高弹原型。
- 图 10.11——按照中弹推档方法进行推档。

稳定针织面料的裤装原型

使用稳定面料（如微弹双面针织物）制作的裤子可以有腰省、有支撑结构的腰头，并用拉链进行闭合。绘制这种裤子的纸样时，使用机织面料的裤装原型并缩小 2 英寸来减掉纸样中的放松量。

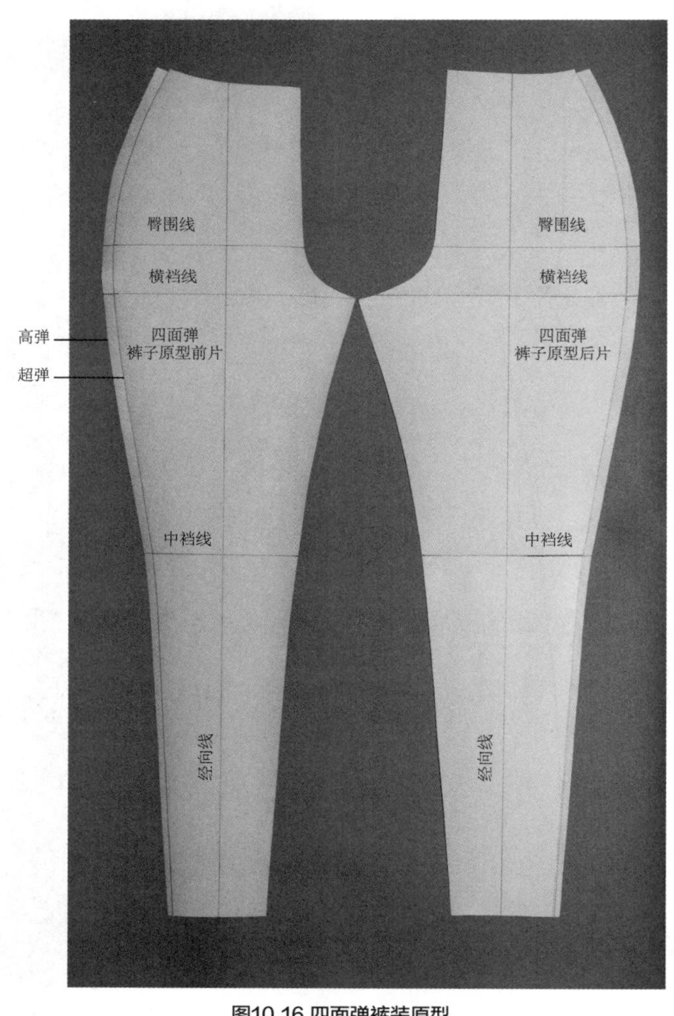

图10.16 四面弹裤装原型

选择原型

要为设计的裤子选择合适的原型，首先需进行拉伸性测试（使用图 1.6 中的拉伸性量表）。接下来，选择合适的原型。参考第 2 章中的“如何选择原型”，了解如何根据面料的拉伸性和服装的贴体度选择原型。如果根据服装的贴体程度选择原型，面料弹性较强时，用微弹裤装原型就能呈现出“宽松”的效果。另外，也可以将原型放大成“超宽松款”。

超宽松款

如果想让裤子更加宽松，可以对微弹裤装原型进行正向推档，在腰围和臀围处加 2 英寸。你也可以降低直裆深，来获得更多空间。

在裤装原型前片和后片上标记好 X，见图 10.7 和图 10.9。

1. 在黄板纸上画出推档坐标轴。从 D 开始，在水平线上（正向）1/2 英寸处标记 E，3/8 英寸处标记 D3，1/4 英寸处标记 D2，见图 10.17a。
2. 在水平线以下 1/2 英寸处画一条平行的标识线，见图 10.17a。

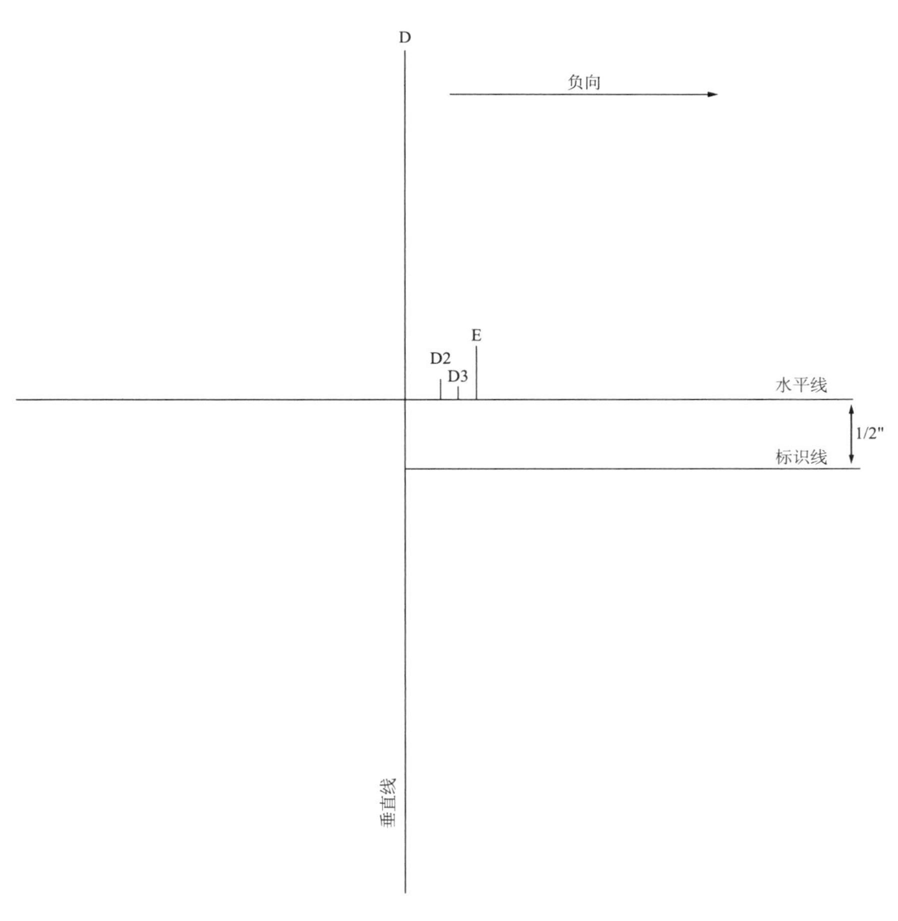

图10.17a 画出推档坐标轴

3. 在推档坐标轴上描出微弹裤装原型，见图10.17b。

4. 将水平公共线与水平线重合。将 X 移动到 E 处并画出腰围到臀围的部分。接下来，将 X 移动到 D3 并标记中裆。最后，将 X 移动到 D3 处并标记裤脚口。

5. 将水平公共线与标识线对齐。将 X 移动到 D 处，并画一条降低的直裆深线。

6. 用母板完成侧缝，见图 10.11b。

7. 裁剪原型并标记为“超宽松款”。

重点10.1:

腰头款式

裤装的腰口需要进行边缘处理。第9章的“腰头款式”部分介绍了如何绘制连腰式隐形腰头、独立腰头和无腰头的半裙（见表9.2）。仔细观察一下图9.1（a）到（i）的款式，就会发现很多半裙的腰头同时也适用于图10.1（a）到（h）的裤装。

绘制裤装纸样之前，必须选择好松紧带的类型、宽度和长度。表9.3的松紧带列表可以帮助你选择松紧带。同时也可以参考表3.2，了解各种松紧带的类型。

裤装制板

绘制裤装纸样前，首先要准备好正确的制板工具，见图 3.1。第 3 章介绍了重要的制板原则，

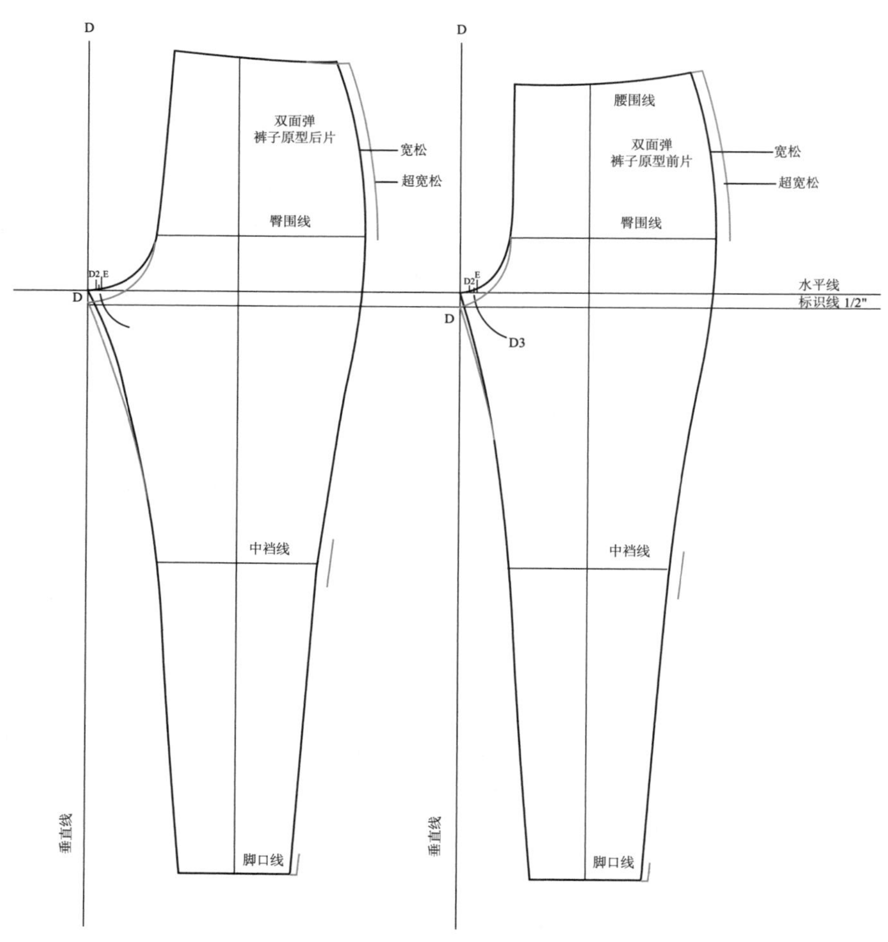

图10.17b 加宽超宽松款裤装原型的腰围和臀围

按照这些原型你可以制作出理想的裤装纸样。基于最基本的裤装原型，可以对裤子的轮廓和长度进行修改，制作出不同款式的裤子，见图 10.1（a）到（k）所示。

裤子可以使用双面弹或四面弹针织面料制作。很多裤子的款式不需要纵向拉伸，但是有纵向拉伸性的面料也不会影响裤子的合体度。其他的一些款式，例如运动裤、紧身裤、弹力紧身衣（女式紧身衣）则必须使用四面弹针织面料制作。

裤装的口袋

在第 8 章“开襟毛衫的口袋”部分，我们将口袋分为贴袋、插袋和挖袋。第 8 章也概述了贴袋、插袋、单嵌线挖袋和拉链挖袋的制板和缝纫方法。

重点10.2:

设计口袋的尺寸

裤子的口袋可以是横向、纵向或斜向的。袋兜是一个缝在服装内部的袋子，可以把手插在里边，或用于放置钥匙、现金或手机等物件。参考你自己的手掌大小来确定袋口的宽度和袋兜的深度，见图10.18。

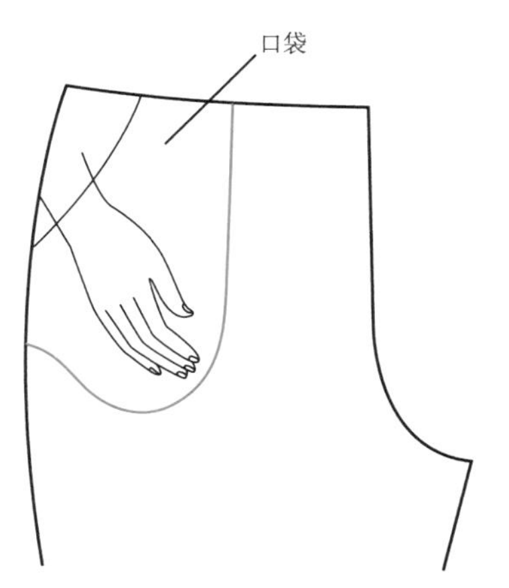

图10.18 设计口袋大小

这些口袋的款式也适用于裤装。只是裤装口袋的比例和位置会有所不同。

本章将介绍如何绘制侧插袋、插袋和另一种贴袋款式纸样的方法。你也会学到为裤装调整单嵌线挖袋和拉链挖袋纸样的方法。

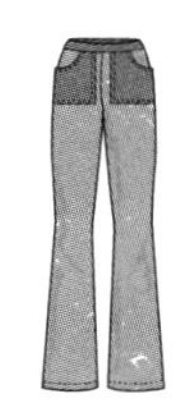

贴袋

这里我们将在图 10.1（e）中的靴裤外侧缝制贴袋。

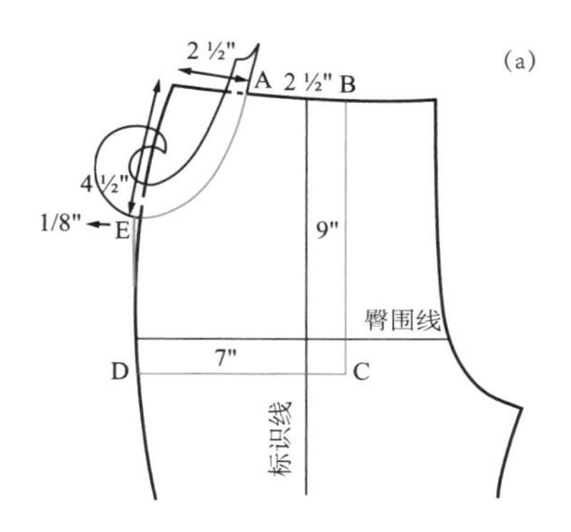

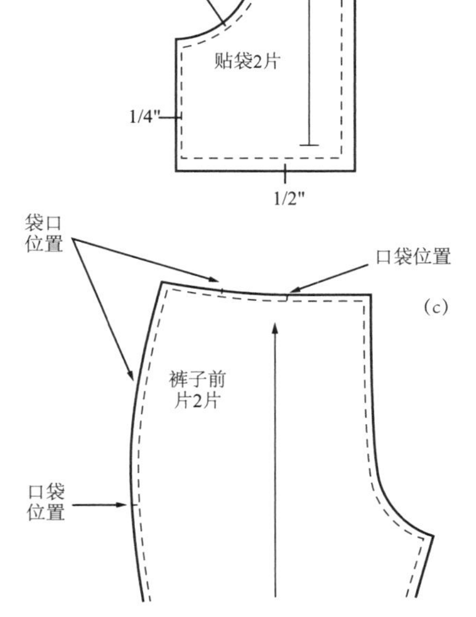

图10.19 绘制贴袋

缝纫小窍门10.2:

缝制贴袋

1. 在袋口边缘进行包缝、翻折和明缝，见图10.20a。
2. 熨烫1/2英寸的口袋缝份，使其坐向反面。
3. 将贴袋缝在裤前片上，缉止口线迹，见图10.20b。

1. AE：用曲线板绘制袋口，见图 10.19（a）。在 E 点加宽 1/8 英寸，这样袋口不至于过紧。
2. BCD：画出口袋的形状，见图 10.19（a）。
3. 从工作样板上描下口袋纸样 ABCDE，然后加放缝份。标记口袋纸样，画出经向线，见图 10.19（b）。
4. 在裤前片的口袋位置 AE 处做剪口，见图 10.19（c）。

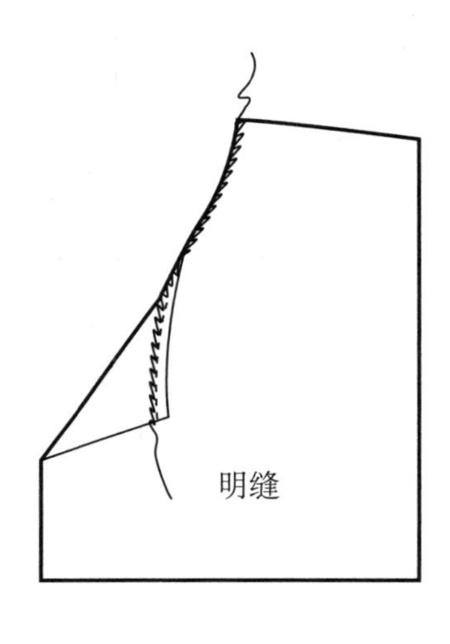

图10.20a 明缝袋口

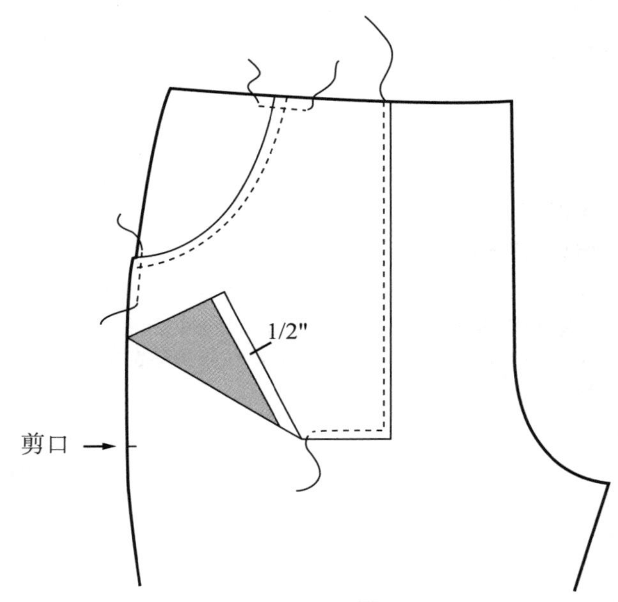

图10.20b 将口袋明缝在裤子上

斜插袋

斜插袋的开口从上臀围斜向延伸至腰部。图 10.1（c）中的裤子和图 10.1（i）中的连体裤使用的就是这款口袋。

1. AD：在腰围和侧缝处标记袋口。在 D 处向外加宽 1/8 英寸，使袋口不至于过紧。画一条斜线，然后穿过 1/4 英寸标记点画出弧形袋口，见图 10.21（a）。
2. BC：画出袋兜的形状。
3. ABCD：描出袋兜的纸样，见图 10.21（b）。
4. XBCD：描出裤子侧前片 / 袋兜的纸样并在口袋位置 AD 处做剪口，见图 10.21（c）。
5. 沿 AD 袋口描出裤子的纸样，见图 10.21（d）。
6. 在袋口边缘、腰围、其他接缝处加 1/4 英寸缝份，在袋兜周围加 1/2 英寸缝份。

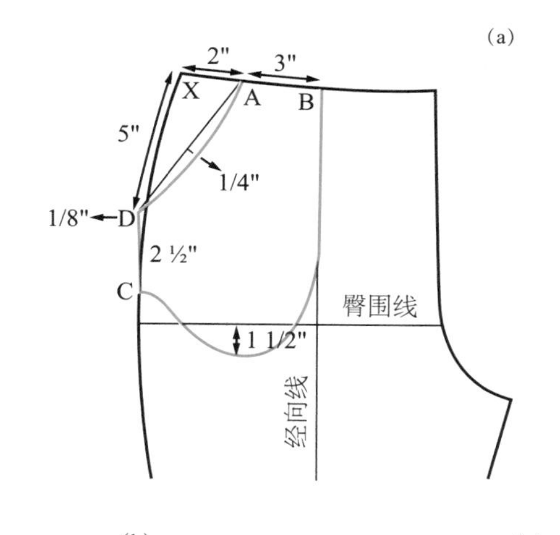

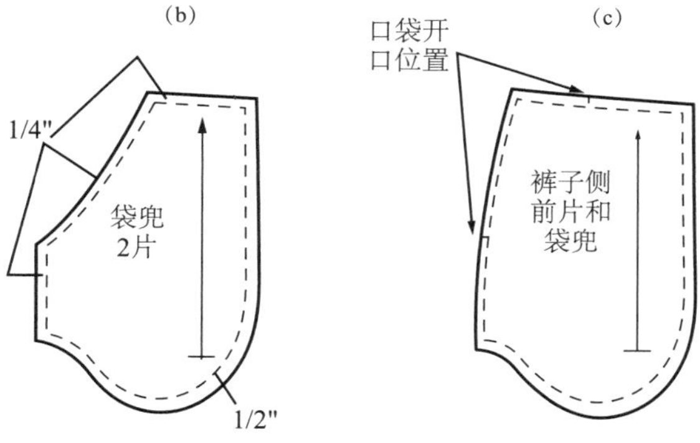

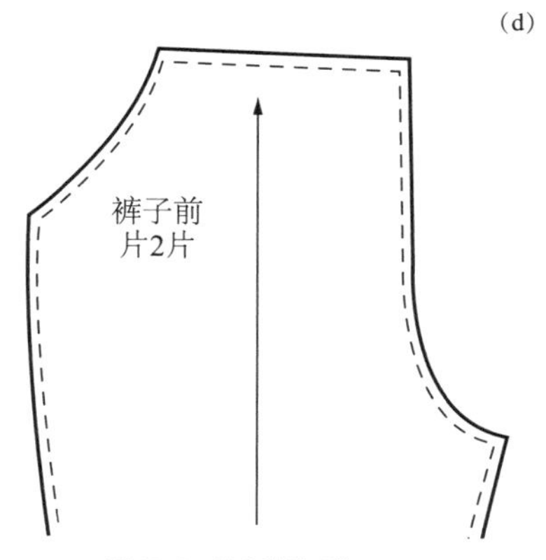

图10.21 绘制斜插袋

缝纫小窍门 10.3:
缝纫斜插袋

1. 用3/8英寸宽的弹性衬布稳定袋口，见图10.22（a）。
2. 将袋兜和裤子的正面相对。缝合接缝，缉里层线迹，然后将袋兜翻到反面，见图10.22（a）。
3. 将袋口与斜侧前片／袋兜对齐，用大头针固定，然后用缝纫机假缝，见图10.22（b）。
4. 将袋兜和侧前片／袋兜边缘对齐，缝袋兜，见图10.22（c）。

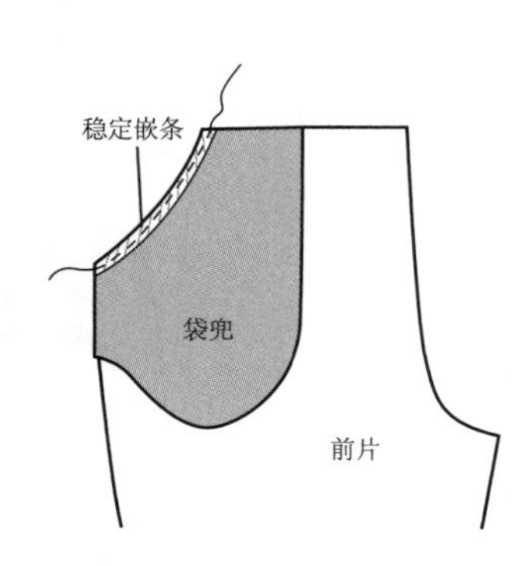

(a) 将袋兜缝在袋口

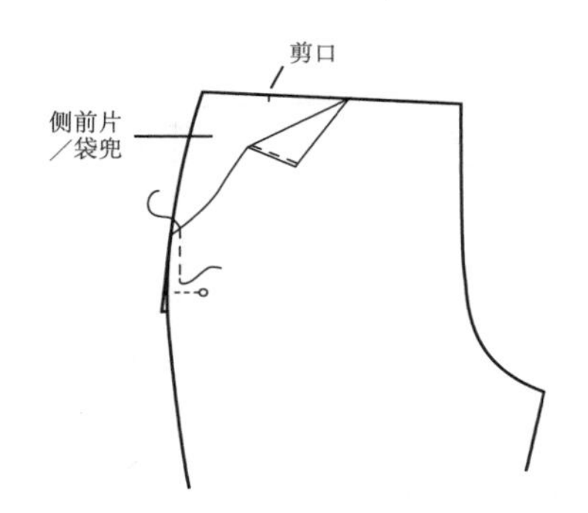

(b) 将袋口于斜插袋／袋兜对齐

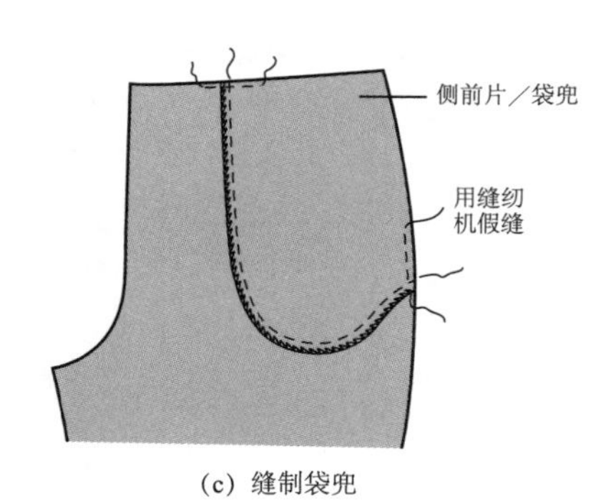

(c) 缝制袋兜

图10.22 缝纫斜插袋

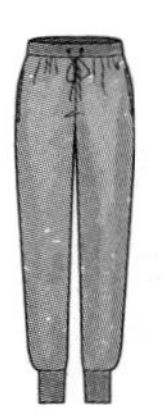

插袋

图 10.1（h）中的运动裤有插袋和明缝腰头。明缝腰头可以固定口袋的上沿。图 10.33 的裤子纸样上设计的就是这种插袋。

1. XY：在侧缝标记袋口。
2. ABC：画出袋兜的形状，见图 10.23（a）。
3. ABC：描出袋兜纸样，加放缝份，然后在袋口位置做剪口。标注纸样并画出经向线，见图 10.23（b）。
4. 描出裤子前片纸样。在裤子纸样的前／后侧缝加放 3/8 英寸的缝份，然后在袋口 X、Y 处做剪口。

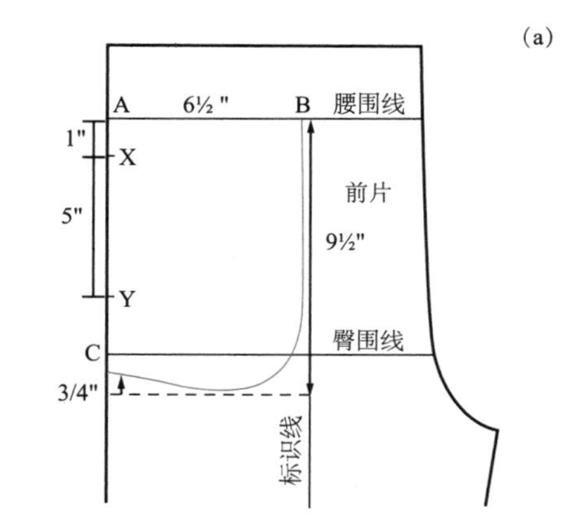

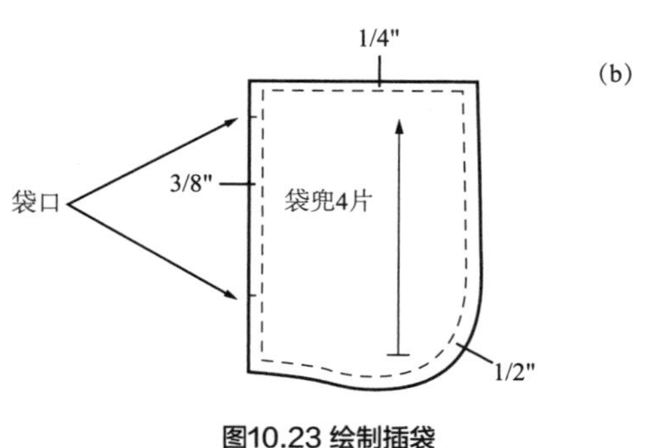

图10.23 绘制插袋

缝纫小窍门 10.4:

缝制插袋

1. 在4个袋兜的边缘包缝。
2. 在前 / 后侧缝各缝一个袋兜，见图10.24a。
3. 拼合侧缝，然后缝合袋口的两边，见图10.24a。
4. 仅在前侧袋口缉明线，见图10.24b。
5. 包缝侧缝。
6. 将袋兜的边缘缝合。
7. 缝制松紧带腰头时，口袋的上沿会被隐藏在腰头下方，见图10.24c。

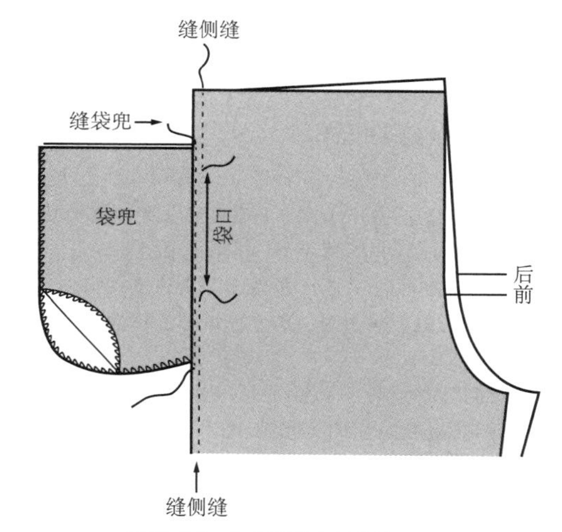

图10.24a 将袋兜缝在裤子上

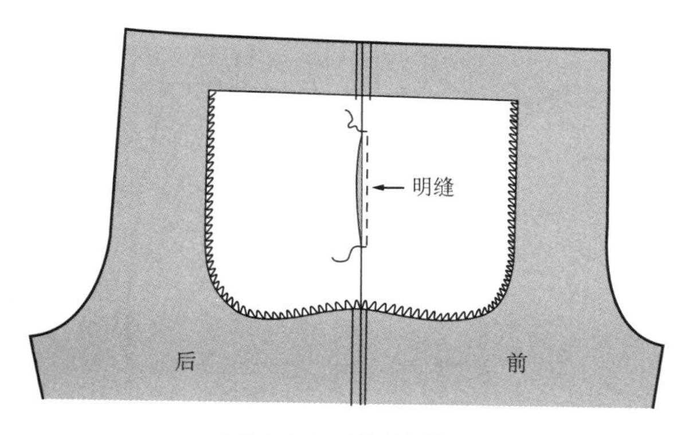

图10.24b 明缝前侧袋口

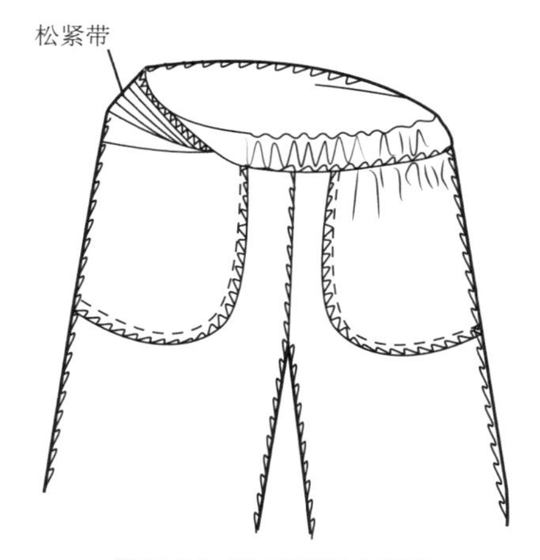

图10.24c 裤子插袋的内部图

单嵌线挖袋

图 10.1（d）中的裤子有单嵌线挖袋和明缝腰头。明缝腰头可以固定住口袋上沿，见图 10.25c。绘制口袋纸样时，可参考第 8 章中的“针织外套的口袋”。不过用于裤装时，需对口袋稍做调整。

1. 在前片上画出 5 ~ 6 英寸长的单嵌线挖袋位置，见图 10.25a。
2. 按照图 8.40a 和图 8.40b 中的指示绘制口袋纸样，只有口袋的形状是不同的，见图 10.25b。
3. 如图 8.40b 所示折叠纸样形成单嵌线挖袋，然后将口袋纸样绘制完整。
4. 缝制单嵌线挖袋时，可参考图 8.45a 到图 8.45f。

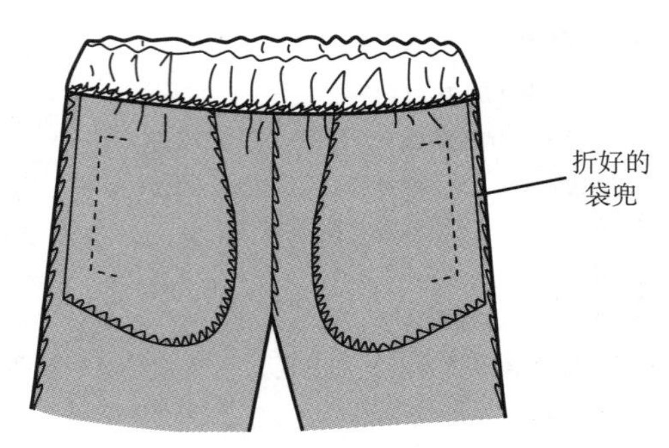

图10.25c 单嵌线挖袋裤子的内部图

制板小窍门10.1:
绘制拉链挖袋纸样

图10.1中的时尚紧身裤设计了拉链挖袋。图8.2a中的针织外套上也有这种拉链挖袋。现在你可以使用相同的制板原则，为裤子绘制口袋纸样了，见图10.26。

1. 在裤前片的中央画一条直线（垂直于经向线）作为拉链位置。标出对位点，在纸样上标注“仅左侧”（L.S.O）。
2. 绘制口袋纸样时，可参考图8.48和图8.51。
3. 缝制拉链挖袋，可参考图8.45。

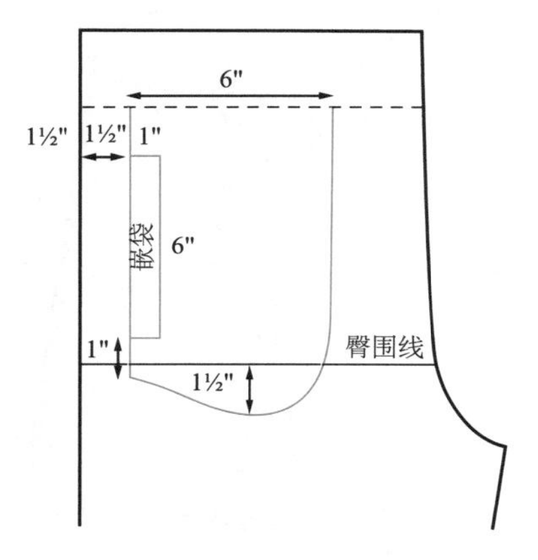

图10.25a 设计口袋位置

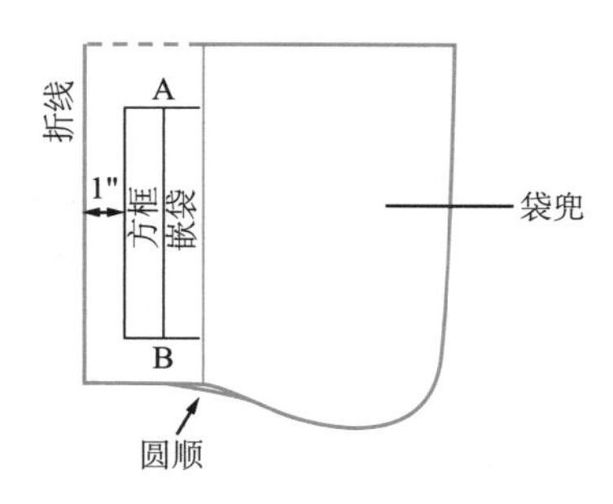

图10.25b 绘制口袋纸样

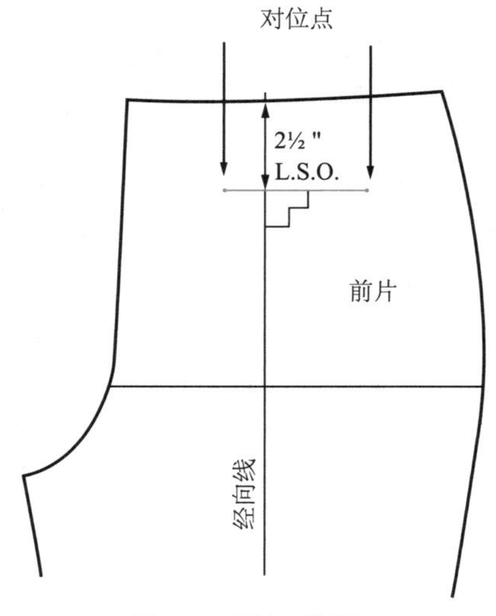

图10.26 设计口袋位置

长度变化

裤子的长度变化多样，见图 10.27 的身体模型。图 10.28 中，原型前片上标注了各种裤型的长度。锥形窄腿裤的长度必须在脚踝以上。裤脚口较宽松的裤子会更长一些。例如，靴裤的长度位于脚踝以下，裤脚口盖住鞋子或靴子，阔腿裤的裤腿非常宽松，长度接近地面。

- 短裤——裆至大腿之间。
- 运动裤——介于短裤与百慕大短裤之间。
- 百慕大短裤——膝盖上一点。
- 卡普里裤——小腿长度（大约在膝盖与脚踝的中点）。
- 九分裤——卡普里裤和截短裤之间。
- 截短裤——在脚踝以上。
- 及踝——脚踝长度。
- 及地——地面长度。

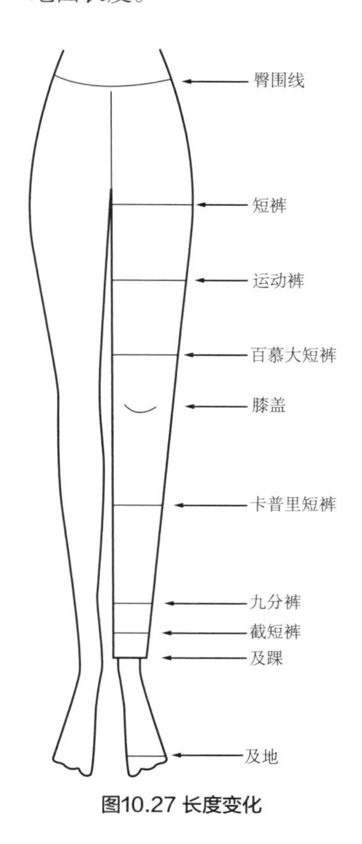

图10.27 长度变化

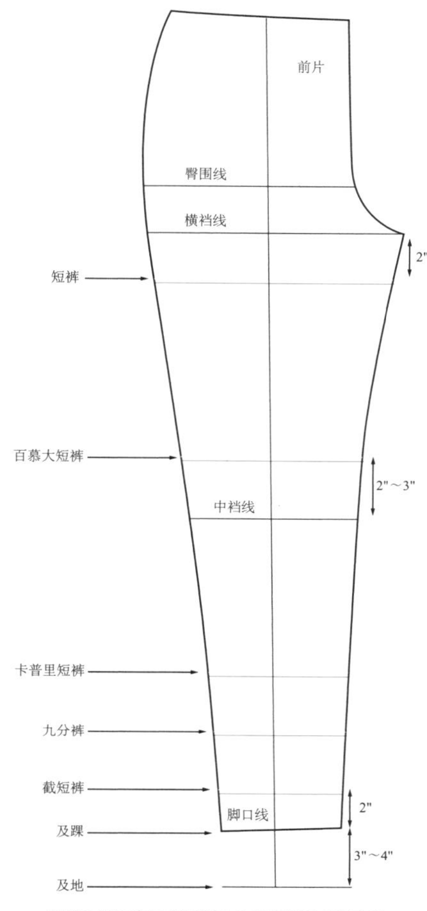

图10.28 在原型前片上标记出长度变化

短裤

图 10.11a 和图 10.11b 展示了合体和半合体款短裤。现在你可以制作这些短裤的纸样了。（绘制短款短裤的纸样，可参考第 11 章“平角短裤”部分的内容。）

制板小窍门10.2：
确定短裤长度

确定短裤长度时，需要从前下裆缝线向下测量。不要从后下裆线开始测量，因为后下裆线略高于C点。绘制完图10.4中的原型后片，裆缝／下裆缝线（crotch/inseam）会比前下裆线（front crotch line）略高，这样可以确保下裆缝线的长度正好吻合。

合体短裤

合体短裤的侧缝和下裆缝线是锥形的，形成了修身的效果，见图 10.1（a）。

1. 描出双面弹裤装原型的前／后片，长度到膝盖。转移臀围线、横裆线和经向线，标记 A 和 C。
2. 从下裆缝线 C 点向下标出短裤长度。平行于横裆线画出底边，标记为“底边”线。
3. B 和 D：在底边线以下、下裆缝线和侧缝内侧 1/4 英寸处做标记，见图 10.29a。
4. AB：重新绘制侧缝（可能需要在臀围处缩减一点，见图 10.29a。
5. CD：画一条直的下裆缝线。
6. BD：画一条弧形底边线。
7. 将前后片的侧缝放在一起比较。如果长度不等，就画一条新的底边线拉齐接缝，使长度相等，见图 10.29b。

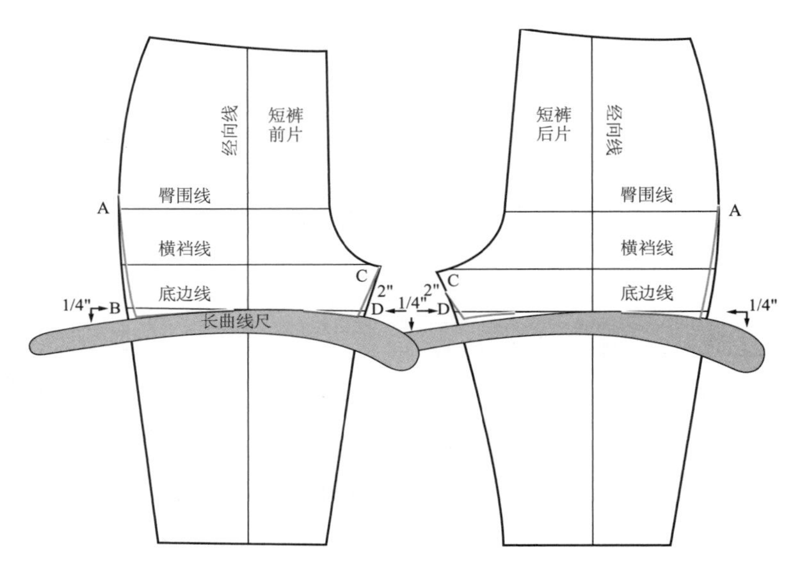

图10.29a 绘制合体短裤

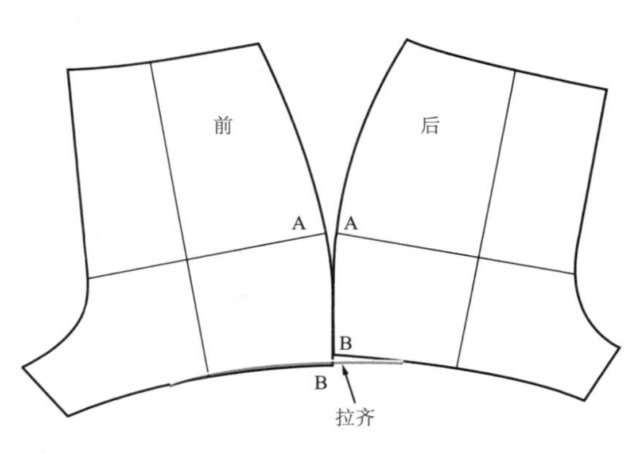

图10.29b 拉齐长度不等的接缝

加卷边

绘制卷边时，卷边必须有倒伏线。倒伏线能保证卷边翻折后不至于过紧。任何长度的裤子加放卷边时都应使用这一方法。

1. BD：在底边以上 1 英寸处做标记，画一条标识线。
2. 在底边以下 1 英寸加形状合适的卷边。
3. EF：将放码尺放在侧缝和下裆缝线的标识线上（如后片所示）。在底边边缘画线。
4. BE 和 DF：画出从底边到底边边缘的直线，见图 10.30a。

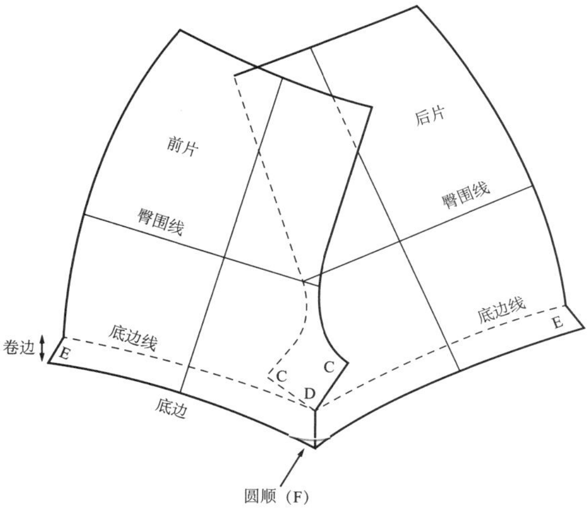

图10.30b 画出圆顺的底边边缘

拼合纸样

1. 拼合前／后片侧缝和下裆缝线，检查是否等长，如长度不等需调整。
2. 将卷边的下裆缝线和侧缝对在一起，然后画一条圆顺的底边边缘，见图 10.30b。

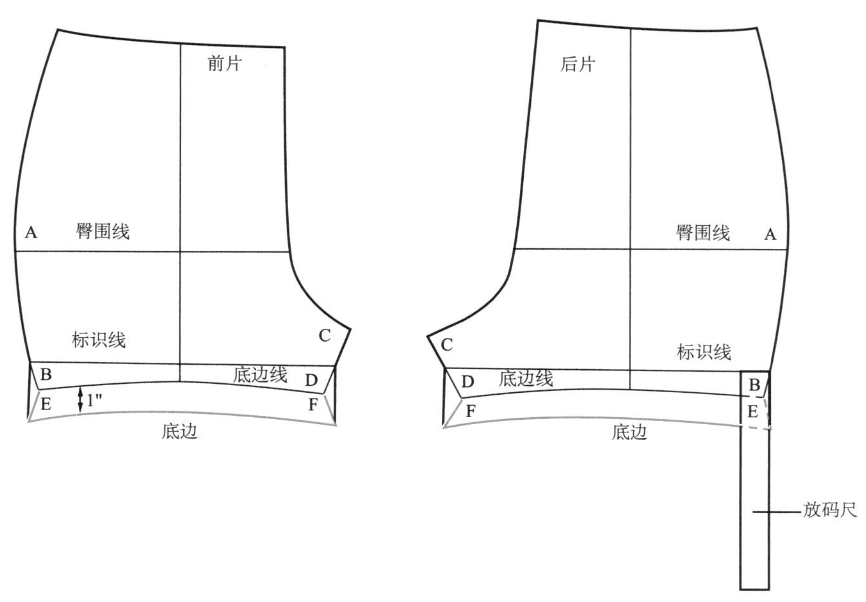

图10.30a 加放卷边

校样

1. 在下裆缝线、侧缝、直裆、腰围、腰头加 1/4 英寸缝份。
2. 将纸样标注为“合体短裤前 / 后片”。
3. 画出臀围线和经向线。
4. 记录弹性类别和需裁剪的样片数量，见图 10.31。
5. 图 9.58a 展示了合体独立腰头纸样。

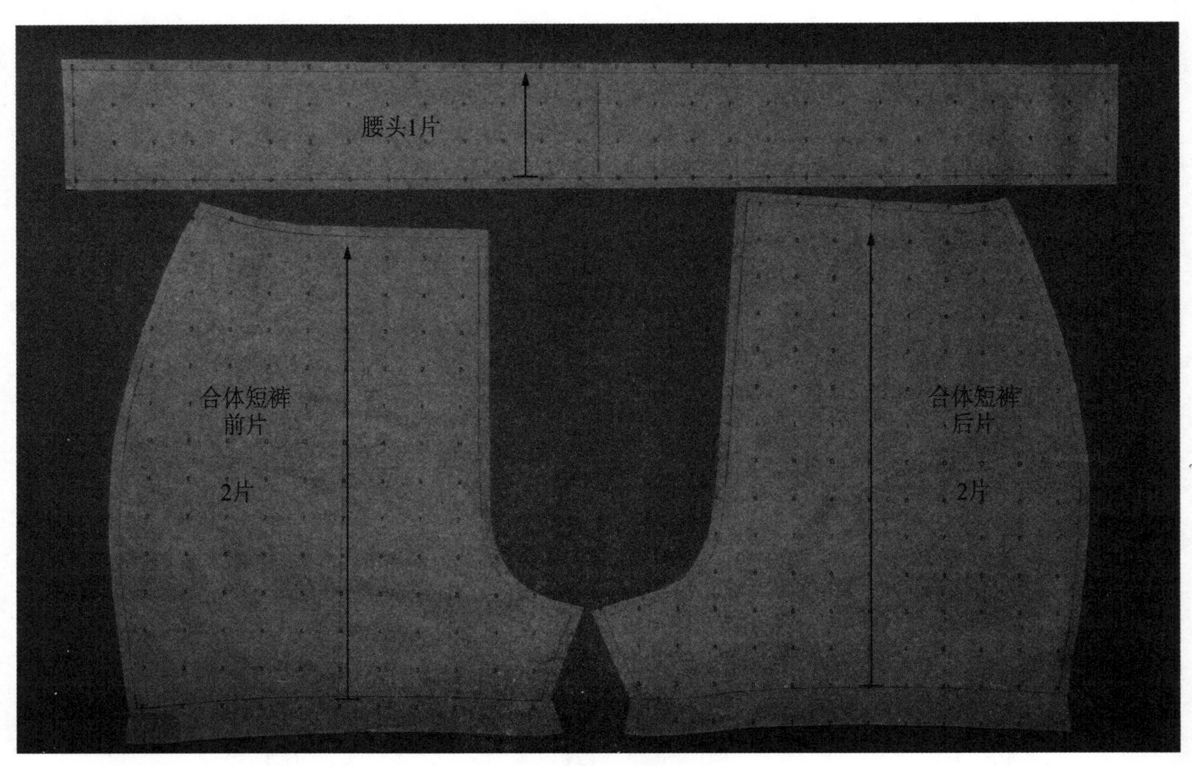

图10.31 合体短裤的校样

半合体短裤

半合体短裤比合体短裤更宽松，见图 10.1（b）。半合体短裤的纸样也可以用于制作短睡裤。这款短裤有连腰式腰头。

1. 描出双面弹原型的前后片，长度到膝盖。转移臀围线、横裆线和经向线。
2. 画一条垂直于经向线的标识线，从侧缝和腰围线的交点画到前／后中心线。向上延长前／后中心线到标识线，见图 10.32。
3. 从下裆缝线 C 点向下，标记短裤长度。画出平行于横裆线的底边，标记为“底边线”。
4. AB：将侧缝加宽 1 英寸。
5. EF：画出侧缝，将底边线延长至侧缝。
6. D：下裆缝线以外、底边线以下 1/4 英寸处。
7. CD：画一条直线作为下裆缝线。从经向线向 D 倾斜，画出弧形底边线，见图 10.32。

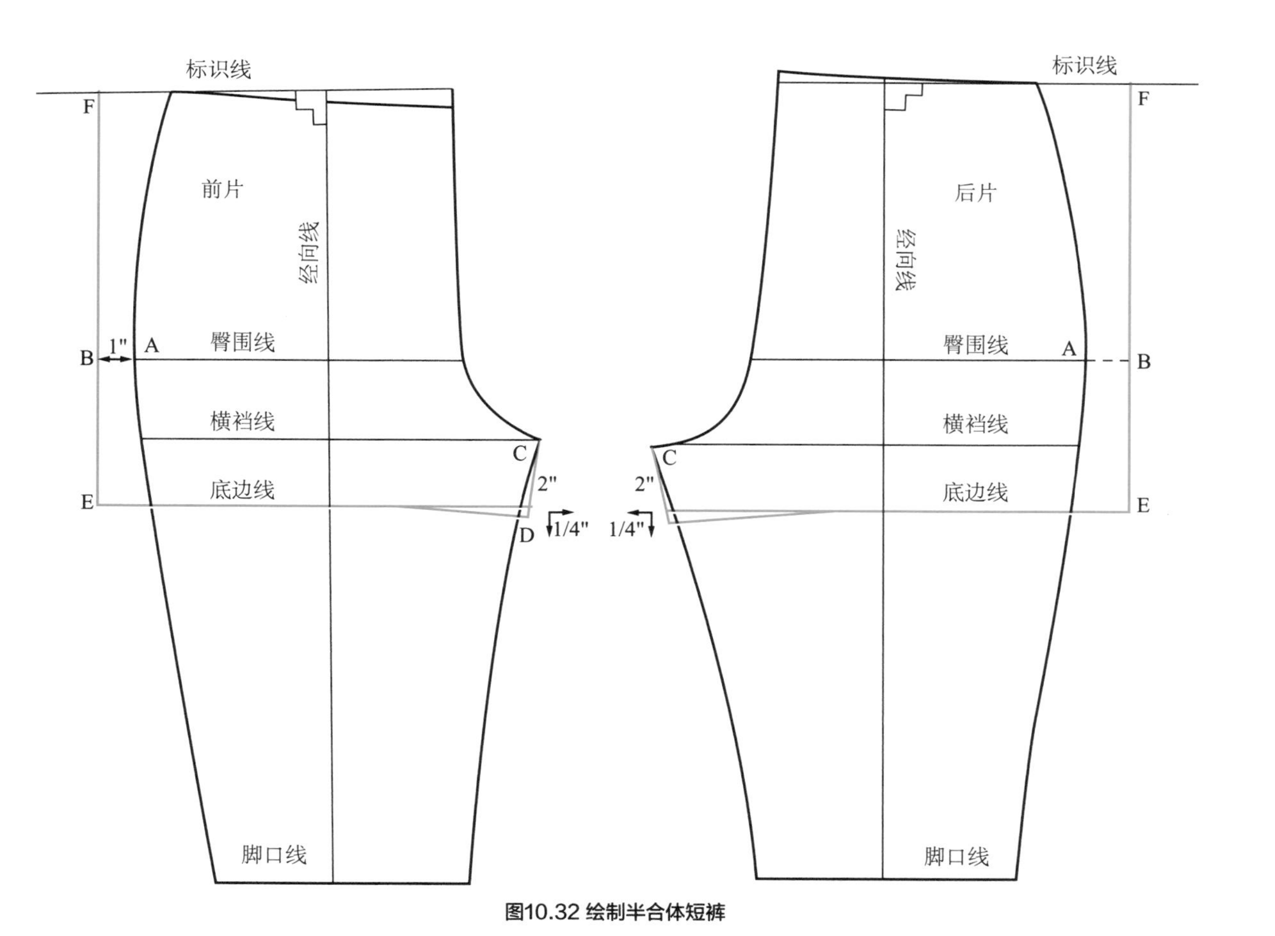

图10.32 绘制半合体短裤

8. FG：在前片增加连腰部分（标识线以上），宽度为松紧带宽度 2 倍加 1/2 英寸，见图 10.33。

9. FJ：在后中心线，原型腰围线以上加连腰部分，在标识线以上的侧缝处 GF 加连腰。

10. 在连腰的中心画一条线。

11. HI：将后中心线和侧缝延长至这条中心线。

12. GJ：与 HI 等长。

13. 比较侧缝长度。如不等长，就将后片侧缝长度调整至与前片侧缝等长。

14. 加 1 英寸卷边，方法见图 10.30a。

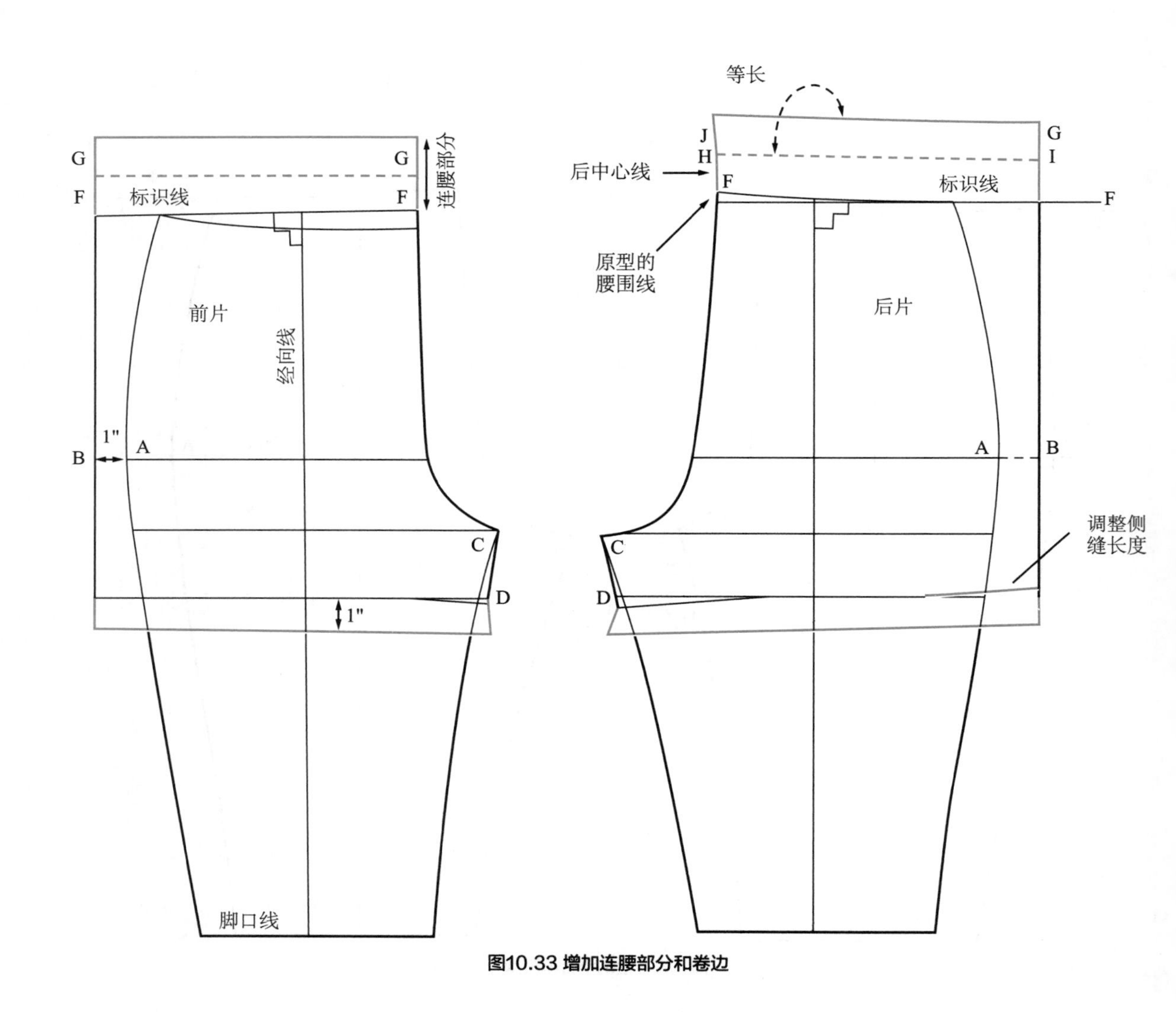

图10.33 增加连腰部分和卷边

校样

1. 在纸样上画出 F 线作为腰围线。
2. 在下裆缝线、侧缝、裆缝和腰头加放 1/4 英寸缝份。
3. 将纸样标记为“半合体短裤前 / 后片”。
4. 画出经向线并记录需裁剪的样片数量，见图 10.34。

制板小窍门10.3：
添加开衩底边

短裤、卡普里短裤或长度及踝的裤子的底边都有侧缝开衩，见图10.1（c）。制作裤装的开衩时，需按照图9.44绘制开衩半裙纸样的方法制板。在底边以上2英寸的侧缝处标记开衩的对位点。缝纫开衩底边时，可参考图9.45a。

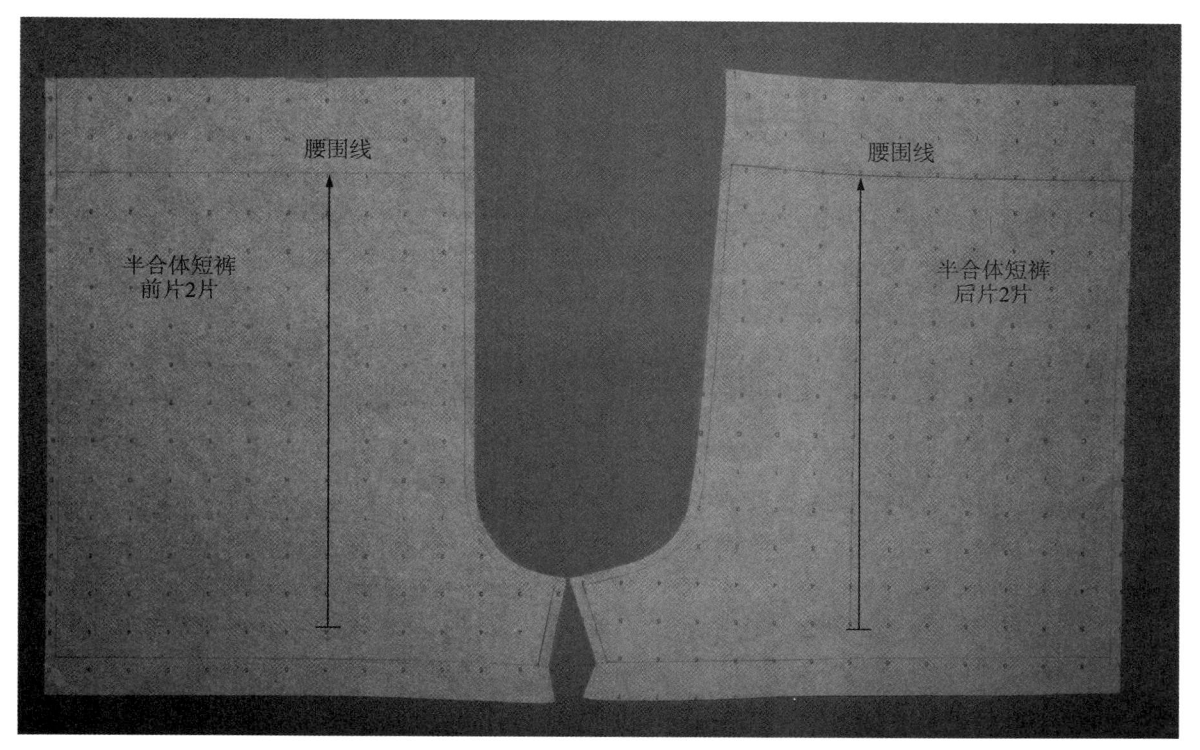

图10.34 半合体短裤的校样

百慕大短裤、卡普里短裤、九分裤和截短裤

图 10.28 中的原型前片展示了百慕大短裤、卡普里短裤、九分裤和截短裤的裁剪长度。如果短裤或裤子是修身款（slim-fit）并且从臀部到脚踝逐渐收紧，则参考图 10.29 中的制板方法来加放卷边。它们唯一的区别是长度不同，见图 10.35。

轮廓变化

通过对锥形短裤的原型进行修改，可以绘制出一系列不同轮廓的裤子，见图 10.36。同时参考图 10.1（a）到（k），了解不同的轮廓。

- 紧身裙——贴合腿部的轮廓（例如紧身裤等款式），见图 10.1（j）。
- 锥形裤——从臀部到脚踝收紧，见图 10.1（c）。
- 直筒裤——裤腿从臀部到底边呈直线型的，见图 10.1（d）。
- A 型裤——侧缝从臀部到底边向外倾斜，见图 10.1（f）。
- 阔腿裤——裤腿从臀部到底边逐渐展宽，见图 10.1（g）。
- 靴裤——膝部以上的裤腿成锥形，膝部以下到底边逐渐展宽，见图 10.1（e）。

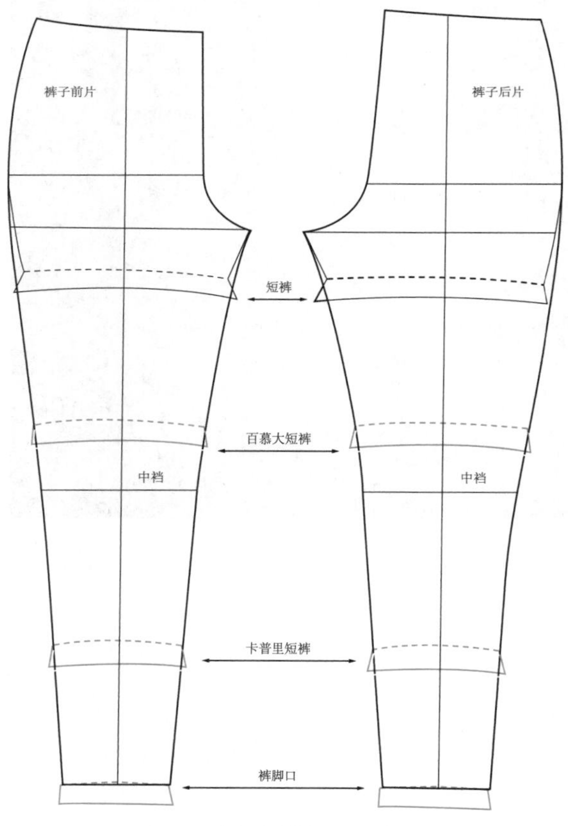

图10.35 为修身款锥形裤加放卷边

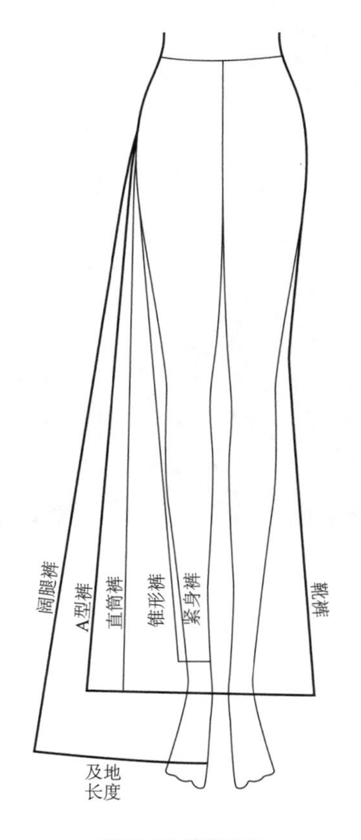

图10.36 轮廓变化

锥形裤和直筒裤

长款锥形裤和直筒裤的纸样也可以用于制作睡裤，这些裤子可以裁剪成任意长度，见图10.27。

绘制纸样

1. 在工作纸样上描下双面弹原型的完整前／后片。
2. 绘制图 10.32 和图 10.33 中的半合体短裤纸样和连腰部分。
3. CD：重新绘制锥形裤或直筒裤的下裆缝线。
4. HB：画出锥形裤侧缝的前／后片。
5. HI：画出前／后侧缝直线。
6. 将直筒裤额外加长 1 ~ $1^1/_2$ 英寸，见图 10.37。

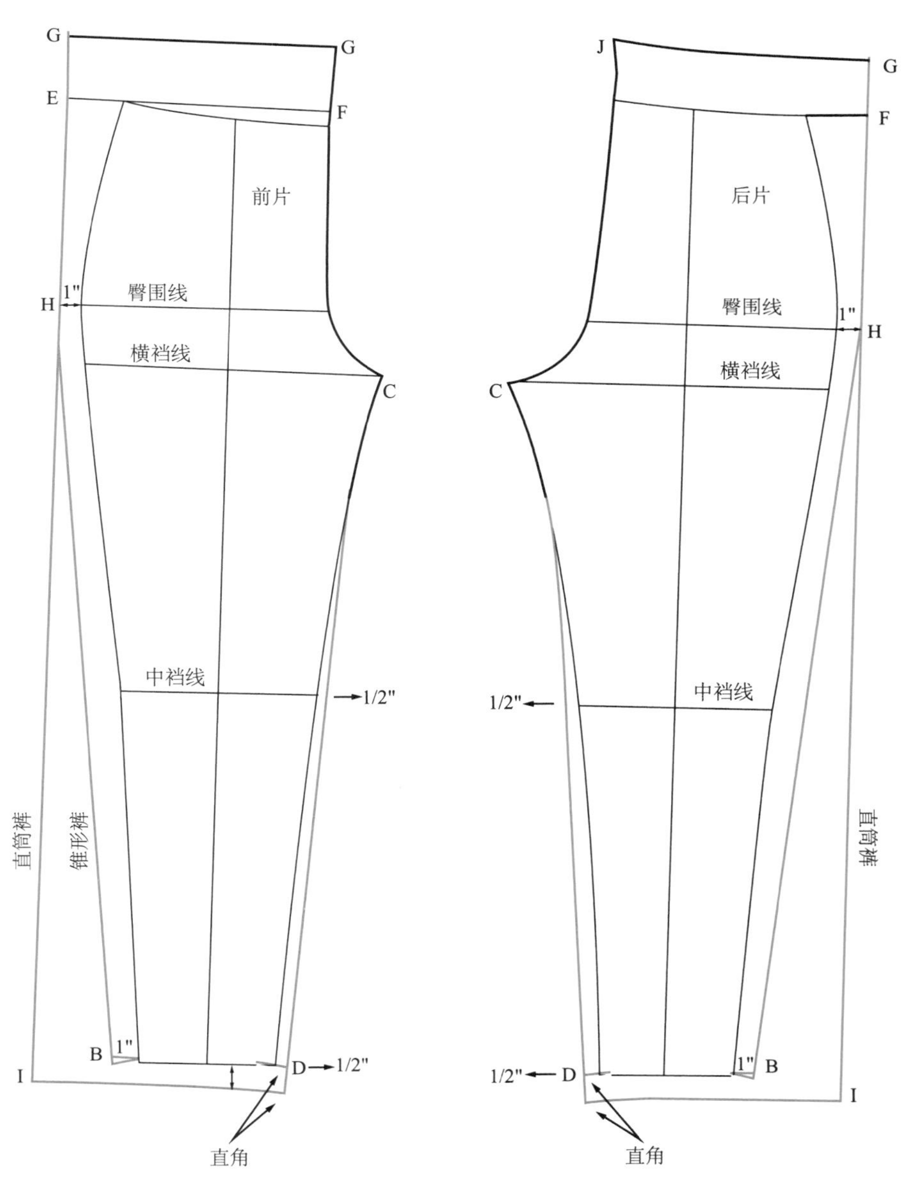

图10.37 绘制锥形裤和半合体的直筒裤

A 型裤

A 型裤的侧缝从臀部向底边逐渐展宽，下裆缝线处也增加了宽度。

绘制纸样

1. 在样板纸上描出双面弹裤装原型的前 / 后片。
2. 将底边线延长至下裆缝线和侧缝之外，见图 10.38。
3. CD：画出前 / 后下裆缝线。
4. HB：画出前 / 后侧缝。
5. 长度增加 1 ~ $1^1/_2$ 英寸。
6. 底边与侧缝垂直。

喇叭裤

在这部分中将绘制靴裤、裙裤和阔腿裤的纸样。图 10.1 中的这些款式都向外展宽形成了宽松的裤腿。

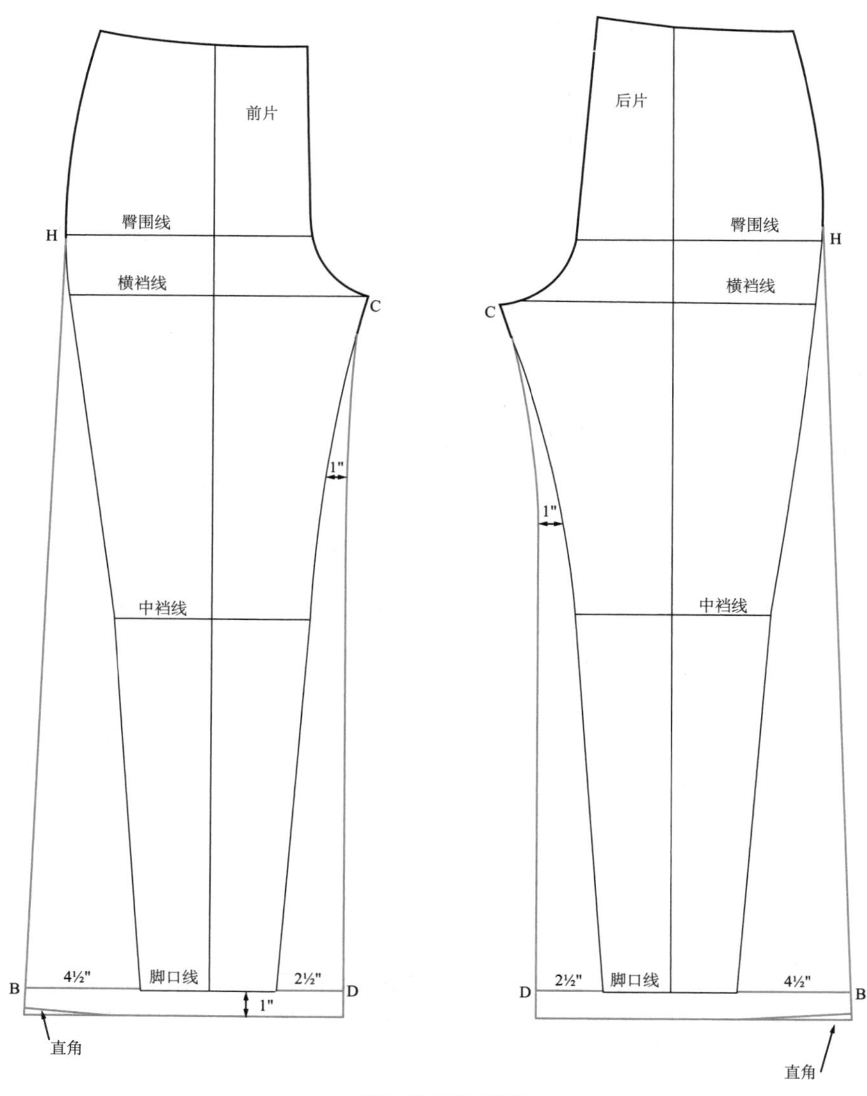

图10.38 绘制A型裤

靴裤

靴裤膝部以上呈锥形，膝部以下到底边逐渐展宽。传统的靴裤是套在靴子外穿着的。

绘制纸样

1. 在样板纸上描出双面弹裤装原型的前／后片。
2. CEB：画出锥形／喇叭形侧缝。
3. AD：画出从膝盖到底边的喇叭形下裆缝线。
4. 长度增加 1 ~ $1\frac{1}{2}$ 英寸，底边与下裆缝线／侧缝垂直。
5. 在膝盖位置画出圆顺的线条，见图 10.39。

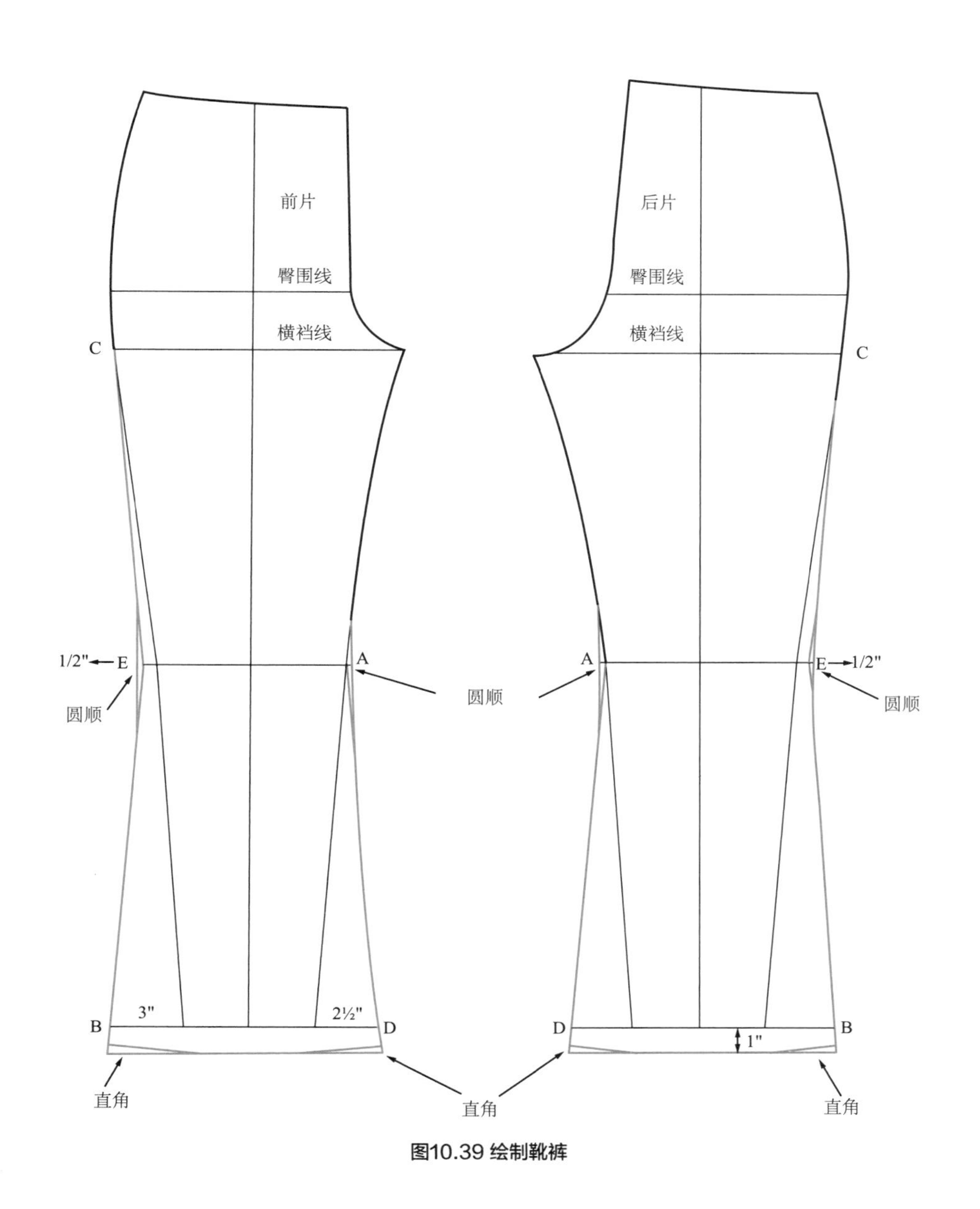

图10.39 绘制靴裤

裙裤

裙裤是喇叭形的开衩半裙，通常长度及膝或长及小腿。你可以根据双面弹半裙纸样绘制裙裤纸样。

绘制前片

图 10.40a 所示为绘制裙裤前片。

画出图 9.12a、图 9.12b 和图 9.13 中的喇叭裙纸样，然后绘制裙裤纸样前片。

1. AB：直裆深加 3/4 英寸（8 号 = $9^{3}/_{4}$ 英寸，10 号 = 10 英寸，12 号 = $10^{3}/_{4}$ 英寸）。
2. BC：下装基础纸样 HH1 的一半减去 3/4 英寸。
3. DE：与 BC 等长，在 D 点垂直。
4. CE：画一条直线。
5. X：AB 中点下方 1 英寸。
6. BY：在 45° 角上取 $1^{3}/_{2}$ 英寸。
7. XYC：画一条下裆弧线（curved crotch line）。

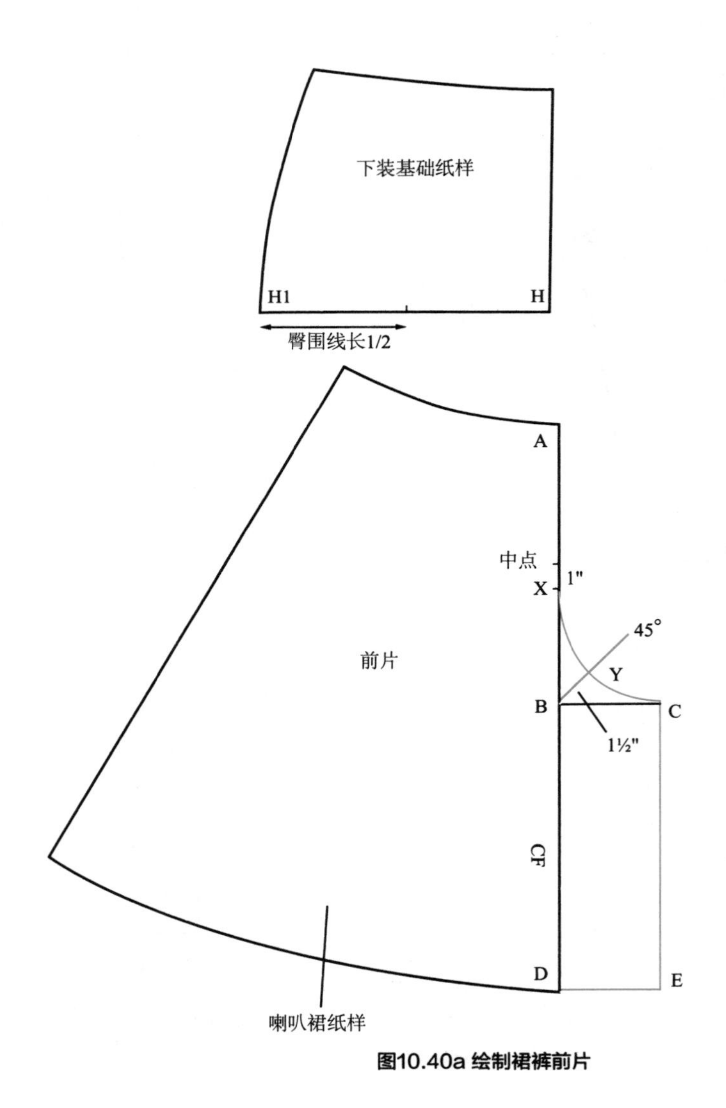

图10.40a 绘制裙裤前片

绘制后片

图 10.40b 所示为绘制裙裤后片。

1. ABD：同前片。
2. BF：下装基础纸样 HH1 的一半。
3. DG：与 BF 等长。
4. FG：画一条直线。
5. X：AB 中点。
6. BY：在 45° 角上取 1 英寸。
7. XYF：画一条下裆弧线。

拼合纸样

- 检查前后片的下裆缝线和侧缝是否等长。
- 检查 CE、FG 是否垂直。

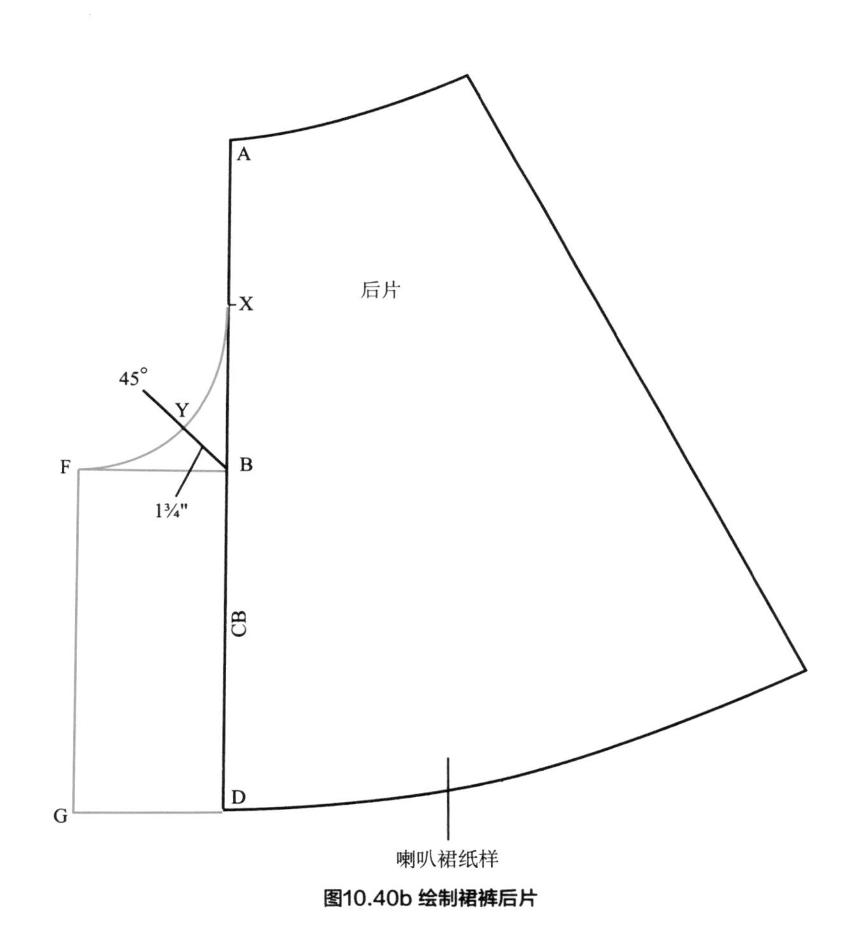

图10.40b 绘制裙裤后片

裁剪、缝纫和试样

裁剪、缝纫裙裤并进行试样（按照表 10.1 中的缝纫工序）。注意使用悬垂性良好、中等重量的针织面料制作裙裤可以获得优美的悬垂效果，坯布裙裤在人台上的试样见图 10.41。可对纸样进行必要的调整。

1. 加放 1/4 英寸缝份，将纸样绘制完整。
2. 加放 1/2 英寸卷边并用文字标注纸样（缝制底边可参考缝纫小窍门 10.1）。

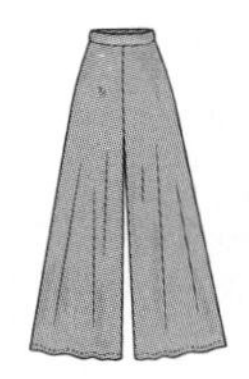

阔腿裤

阔腿裤是宽裤腿的、长度及地的裤子。你可以运用切开／展开的制板方法为底边增加宽松度。

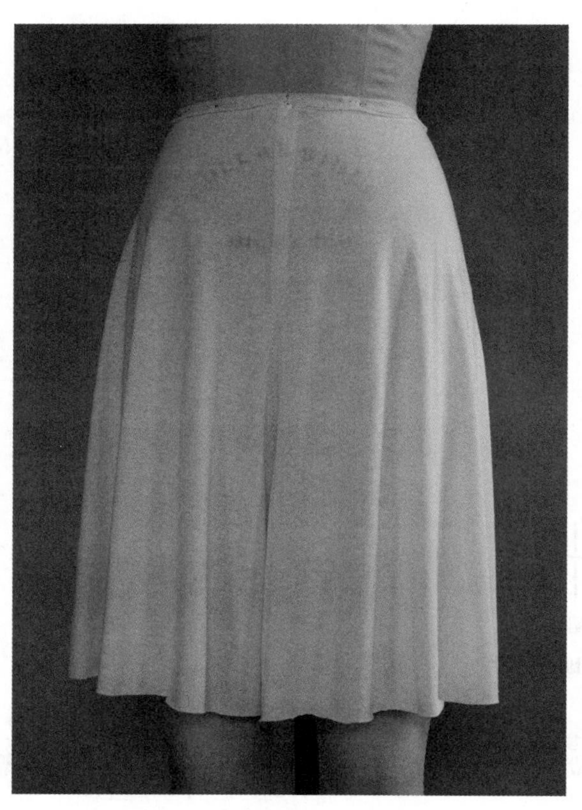

图10.41 坯布裙裤在人台上的试样

绘制纸样

本书只展示前片纸样，后片的绘制方法与前片相同。

1. 画出图 10.38 中的 A 型裤前／后片。
2. 将裤子加长到地面长度，在底边标记出中点。
3. 从底边中点到腰围线画一条平行于经向线的切割线，然后标注此线，见图 10.42。

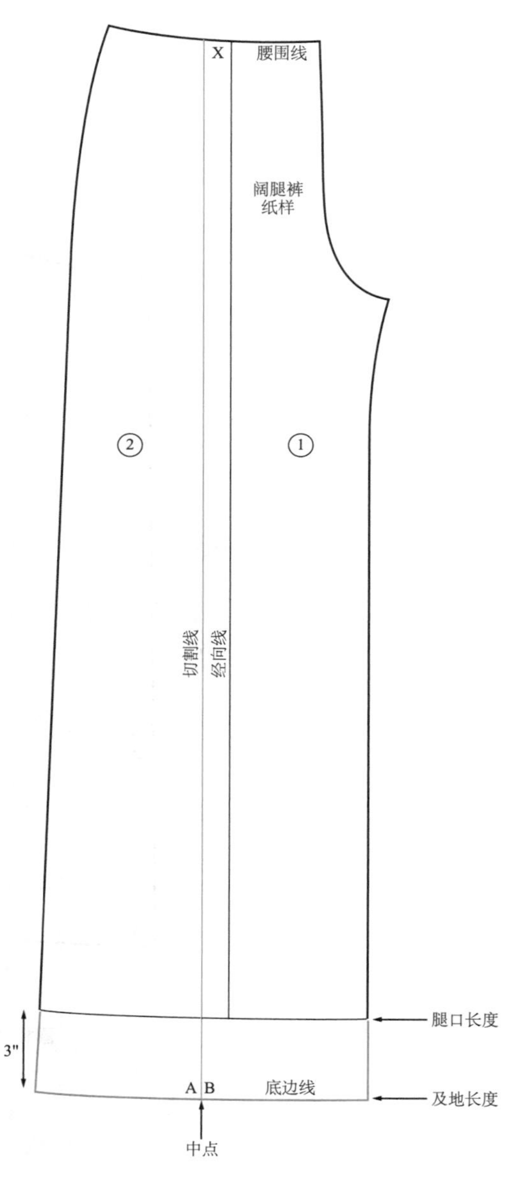

图10.42 绘制阔腿裤

切开／展开纸样

1. 切开／展开纸样，见图 10.43。

2. 画一条平滑圆顺的底边线。

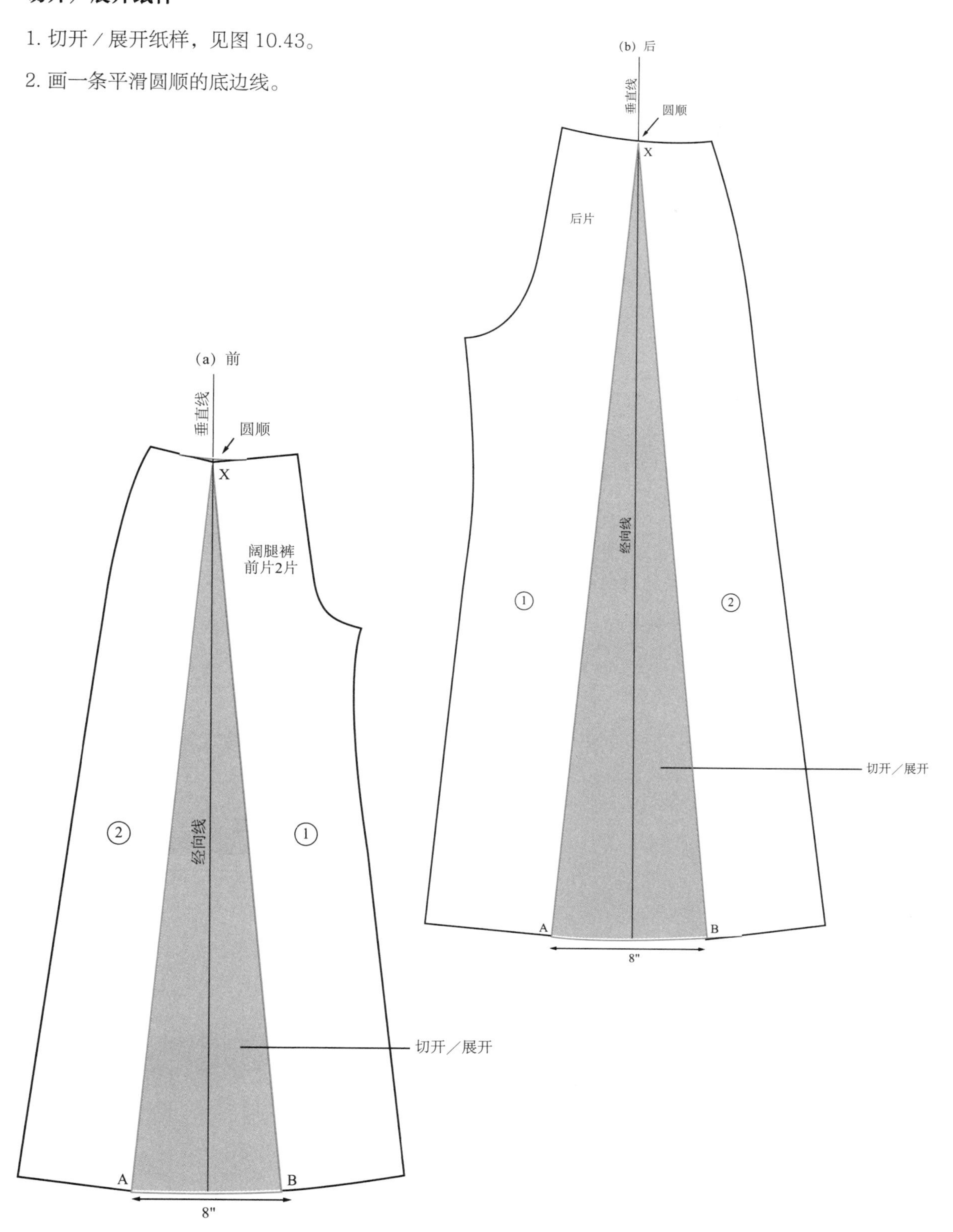

图10.43 切开／展开纸样

裁剪、缝纫和试样

裁剪、缝纫阔腿裤并进行试样（按照表 10.1 中的缝纫工序）。注意使用悬垂性良好的轻质或中等重量的针织面料制作阔腿可以获得优美的悬垂效果。

1. 在下裆缝线、侧缝、裆缝和腰围处加放 1/4 英寸缝份，将纸样绘制完整。
2. 加 1/2 英寸卷边，然后用文字标注纸样（可参考缝纫小窍门 10.1 缝制卷边），见图 10.44。

图10.44 坯布阔腿裤在人台上的试样

抽褶

这部分中绘制的运动裤在前腰围处抽褶，有合体腰头和裤脚镶边（ankle band），见图 10.1（h）。为呈现出修身效果，不需要在后腰围处抽褶。使用切开／展开的制板技术来增加宽松量。运动裤也可以是蓬松的宽松款。参考图 10.17 绘制原型。

绘制纸样

1. 将弹性类别合适的双面弹原型前／后片描在样板纸上并画出经向线（经向线同时也是切割线），见图 10.45a。
2. 长度加长 1 英寸（为了在装上镶边之后得到蓬松的效果需加长长度）。
3. GH：绘制裤脚镶边。
4. DE：画出侧缝直线。将下裆缝线延长至底边 EF。
5. 标记出前片的切割线 ABX 以及区域①和②。

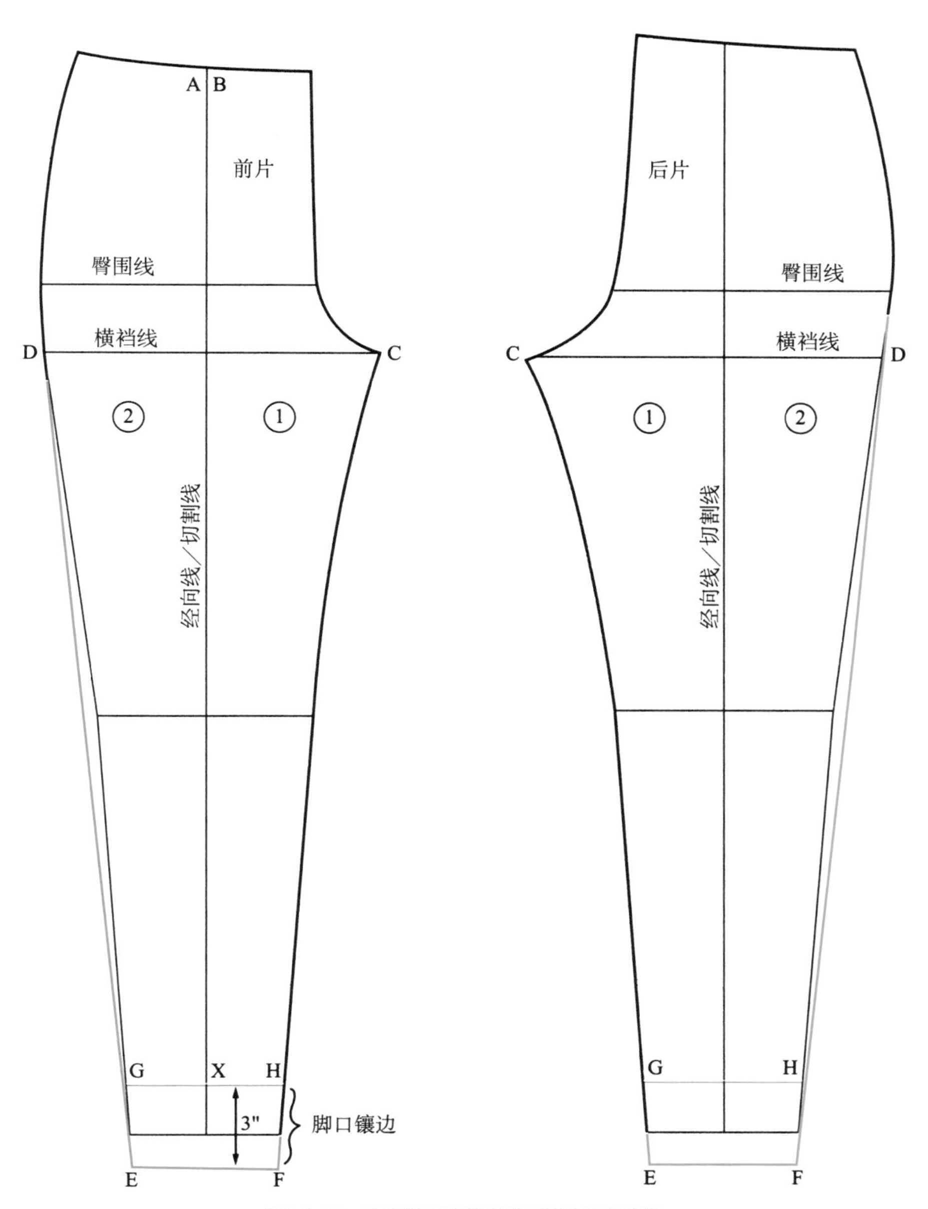

图10.45a 绘制腰部抽褶和脚口镶边的运动裤

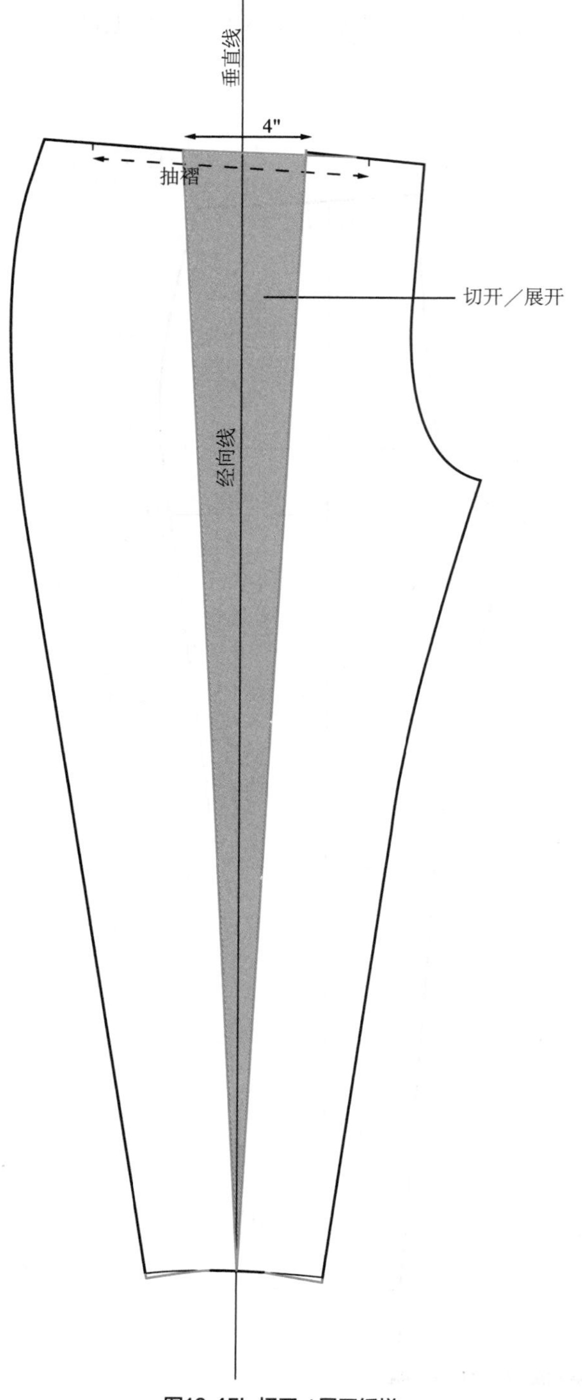

图10.45b 切开／展开纸样

切开／分开纸样

1. 如图 10.45b 所示将腰围线切开／展开。
2. 圆顺腰围线。在腰围抽褶的位置做剪口（如果运动裤有斜插袋，则从袋口后边 1/2 英寸处开始抽褶）。

绘制裤脚镶边

图 10.45c 所示为绘制脚口镶边。

1. GH：测量前／后片裤脚的总长。
2. 在样板纸上画一条与这个长度相等的线。
3. 将长度缩减 1/7。
4. 裤脚镶边的宽度为完成宽度的 2 倍，如图 10.45c 所示。
5. 在下裆缝线、侧缝、裆缝、裤脚口和腰围接缝加放 1/4 英寸缝份，完成运动裤纸样。
6. 在脚口镶边纸样的四周加放 1/4 英寸缝份。

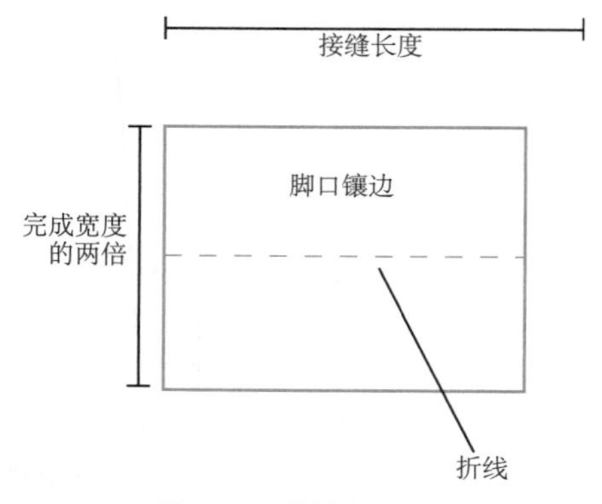

图10.45c 绘制脚口镶边

制作塔克

图 10.1（c）中的裤子的腰部有塔克的设计，塔克是通过将折叠的面料缝在固定位置形成的。在本章中的“抽褶”部分，在腰围部分加入了宽松量来制作抽褶。制作塔克使用的制板技术与抽褶相同，也要在纸样中加入宽松量。

1. 在腰围中心，将制作抽褶时添加的 4 英寸分成两个尺寸相同的塔克，见图 10.46。
2. 放缝之后，折叠塔克，然后剪开腰围线部分的纸样，用剪口标记塔克，见图 10.47。
3. 参考表 10.1 的缝纫工序来缝制塔克。

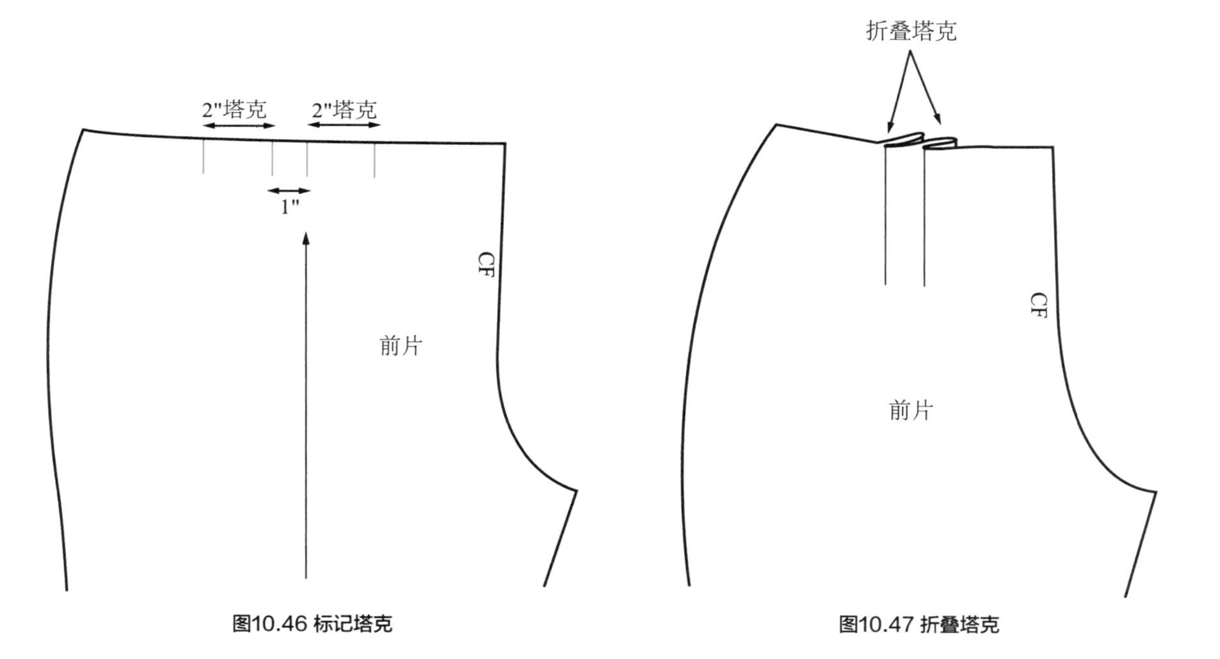

图10.46 标记塔克

图10.47 折叠塔克

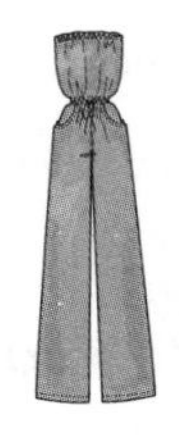

裤装的款式变化

裤装原型是制作紧身裤、连体裤、弹力紧身衣或女式紧身衣等裤装变化款式的基础。在表 2.2 中，这些服装都属于裤装系列。

连体裤

连体裤可以是有袖的，也可以是无袖或是无肩带的。连体裤可以是任意长度（短款、七分裤或及踝）。低领的连体裤无需拉链便可以轻松地套上身体。本部分阐释了如何将衣身基础纸样与裤装纸样结合，来制作连体裤纸样。

绘制纸样

绘制基础款连体裤纸样时，需要将双面弹衣身基础纸样前／后片与双面弹裤装原型的前／后片结合起来。连体裤不需要太过紧身。

1. 在样板纸上画一个直角。
2. 将衣身基础纸样的前／后中心线与垂直线对齐，腰围线 WW1 与水平线重合。描出基础纸样（不需要画水平线以下的腰部）。

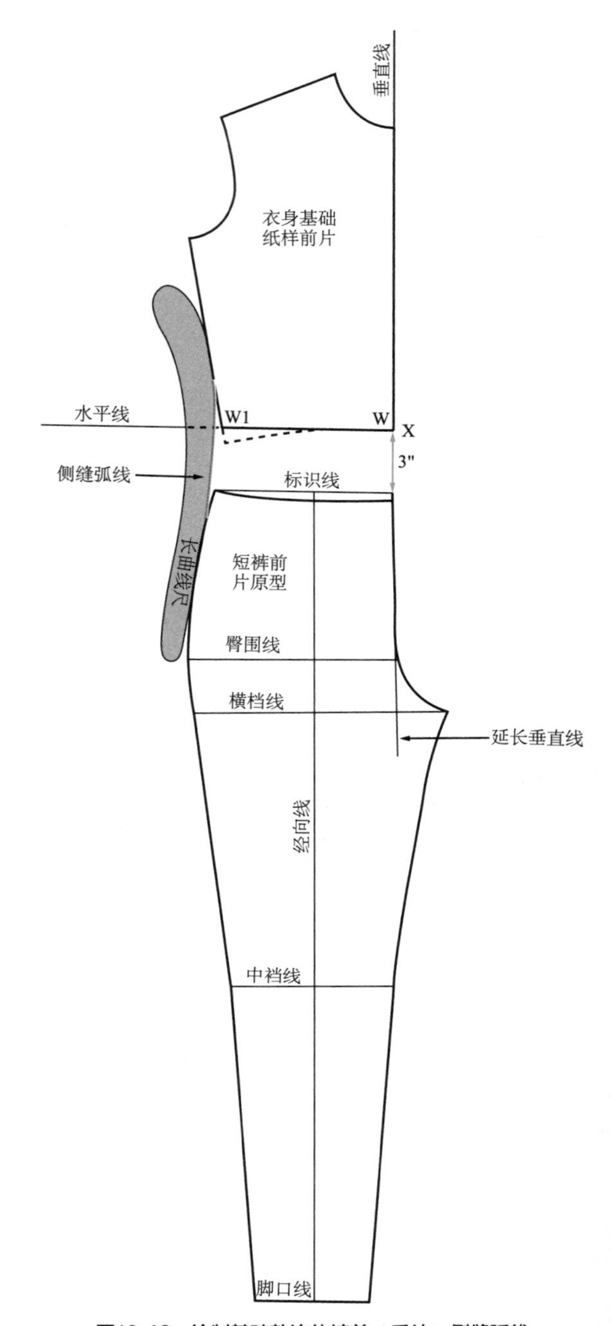

图10.48a 绘制基础款连体裤前／后片：侧缝弧线

3. 将垂直线延长至臀部以下。

4. 在 WW1 以下 3 英寸画一条平行的标识线（或者加长一些以获得蓬松的效果）。加长长度是为了在腰部做松紧带套管。

5. 将裤装原型前 / 后片的侧缝 / 腰围线与标识线对齐。描出原型（不需要描出标识线以上的后片区域）。

6. 转移经向线、臀围线、中裆线。

7. 画一条侧缝弧线或直线，将衣身基础纸样和裤装原型衔接成一整张纸样，见图 10.48a 和图 10.48b。如果侧缝是弧形的，就先画前侧缝线，然后将这个形状转移到后片。

8. 拼合前 / 后片的腋下角、腰围线和臀围线，确保长度一致。

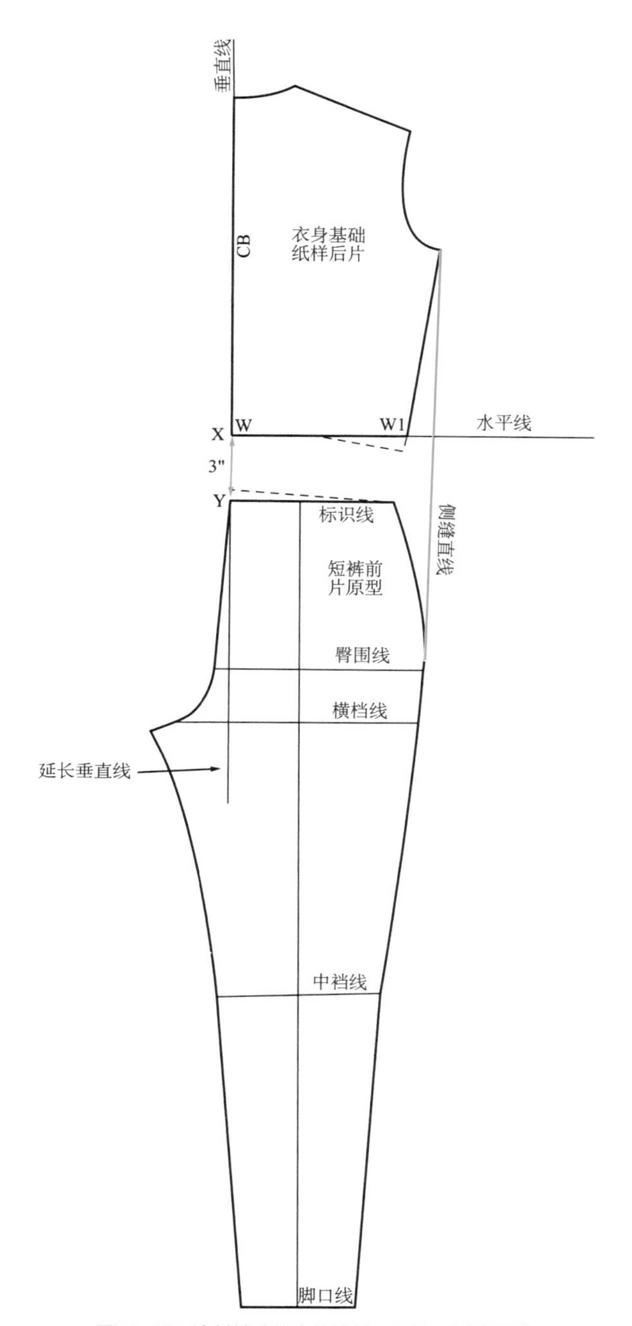

图10.48b 绘制基础款连体裤前 / 后片：侧缝直线

校样

用相同的方法完成连体裤纸样前/后片。

1. 在 XY 的中点画出腰围线。
2. 将经向线延长至肩部。
3. 连体裤的接缝较长，因此如图 10.49 所示做剪口。

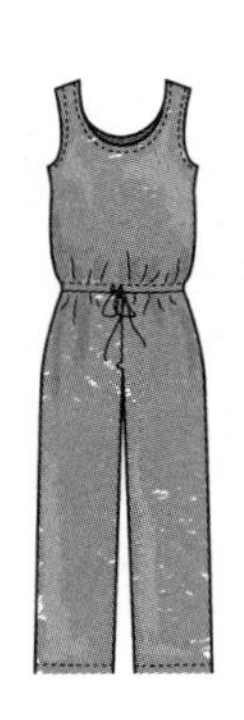

无袖圆领连体裤

无袖圆领连体裤有腰节接缝，因此衣身部分可以折叠裁剪。连体裤纸样的前/后片绘制方法相同。

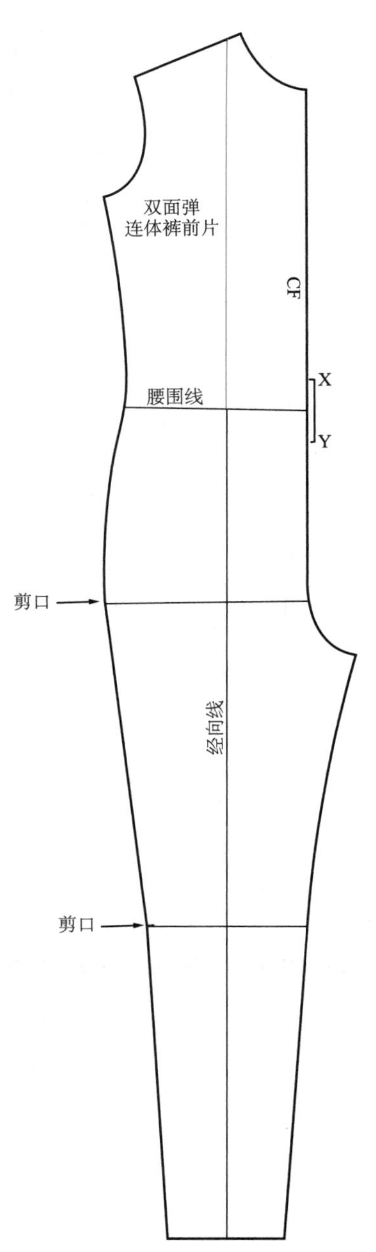

图10.49 完成基础款连体裤纸样

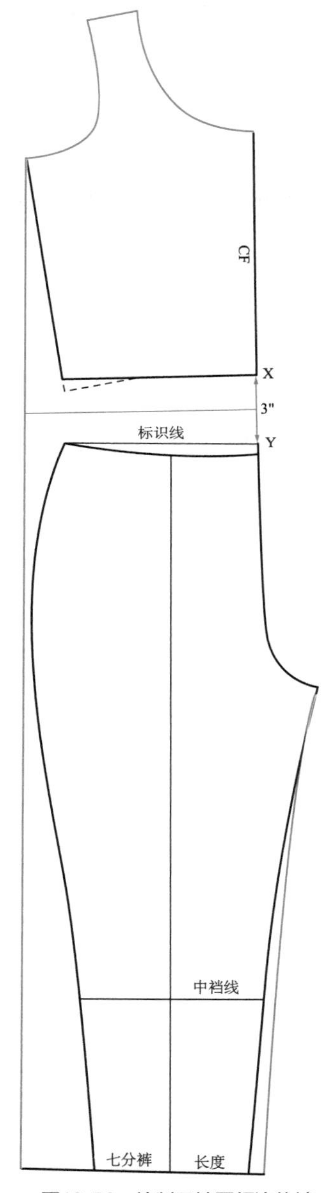

图10.50a 绘制无袖圆领连体裤

1. 参考图 6.24 绘制勺形领。
2. 参考图 6.18 将有袖的衣身纸样修改成无袖纸样。
3. 参考图 10.28 绘制七分裤。
4. 参考图 10.37 绘制直筒裤。
5. 在 XY 之间增加长度。
6. 绘制侧缝，将衣身和裤子纸样结合成连体裤纸样，见图 10.50a。
7. 在 XY 之间画出腰围线。
8. 描下纸样，加放缝份和卷边，见图 10.50b。
9. 在裤子腰围线上方加连腰部分（松紧带宽度加 1/4 英寸）制作套管，见图 10.50b。

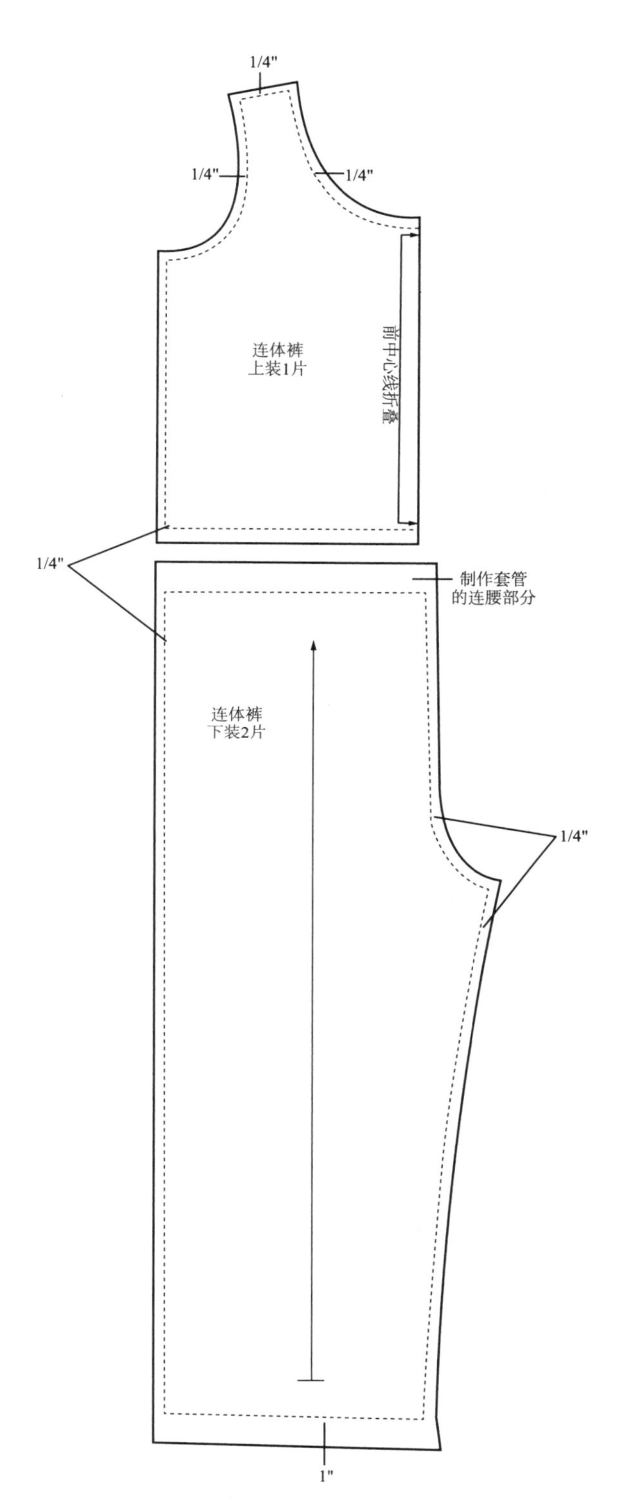

图10.50b 无袖圆领连体裤的校样纸样前片

缝纫小窍门10.5:
缝纫连体裤

如果连体裤有套管，则必须用坯布进行试样，来检查连体裤的长度是否合适。可以在腰部缝制松紧带套管或绑带（模仿套管）。

按照以下工序缝制连体裤：

1. 缝合衣身的肩缝和侧缝；
2. 缝合裤子的下裆缝线、侧缝和裆缝；
3. 缝合衣身和裤子的腰节接缝；
4. 缝制套管。

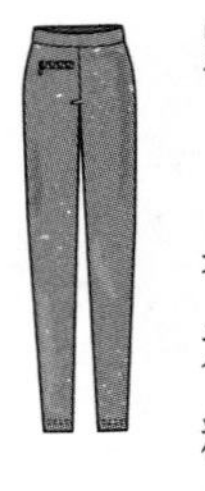

紧身裤

紧身裤是用四面弹针织面料制作的紧身裤子，如同第二层皮肤一样紧贴身体。无论是行走、跑步或运动，混纺莱卡的面料都能贴合身体，因此是制作紧身裤的理想面料。

绘制纸样

使用四面弹裤装原型的前片和后片绘制紧身裤纸样。将原型拼接在一起去掉侧缝，制成一张完整的紧身裤纸样。

1. 在样板纸上画一条垂直线。
2. 在原型的前／后臀围线上，从侧缝向里取 1 英寸，标记为 X，见图 10.51a。
3. 将前／后片的 X 与垂直线重合，裤脚口处的侧缝与垂直线重合。描出原型，见图 10.51b。
4. 画出新的腰围线并标记 AB。

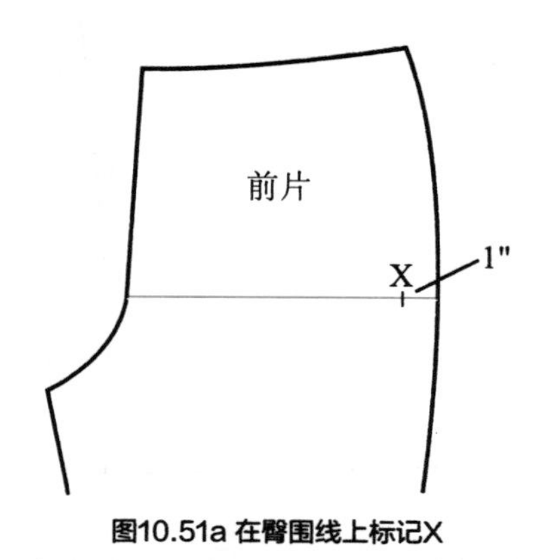

图10.51a 在臀围线上标记X

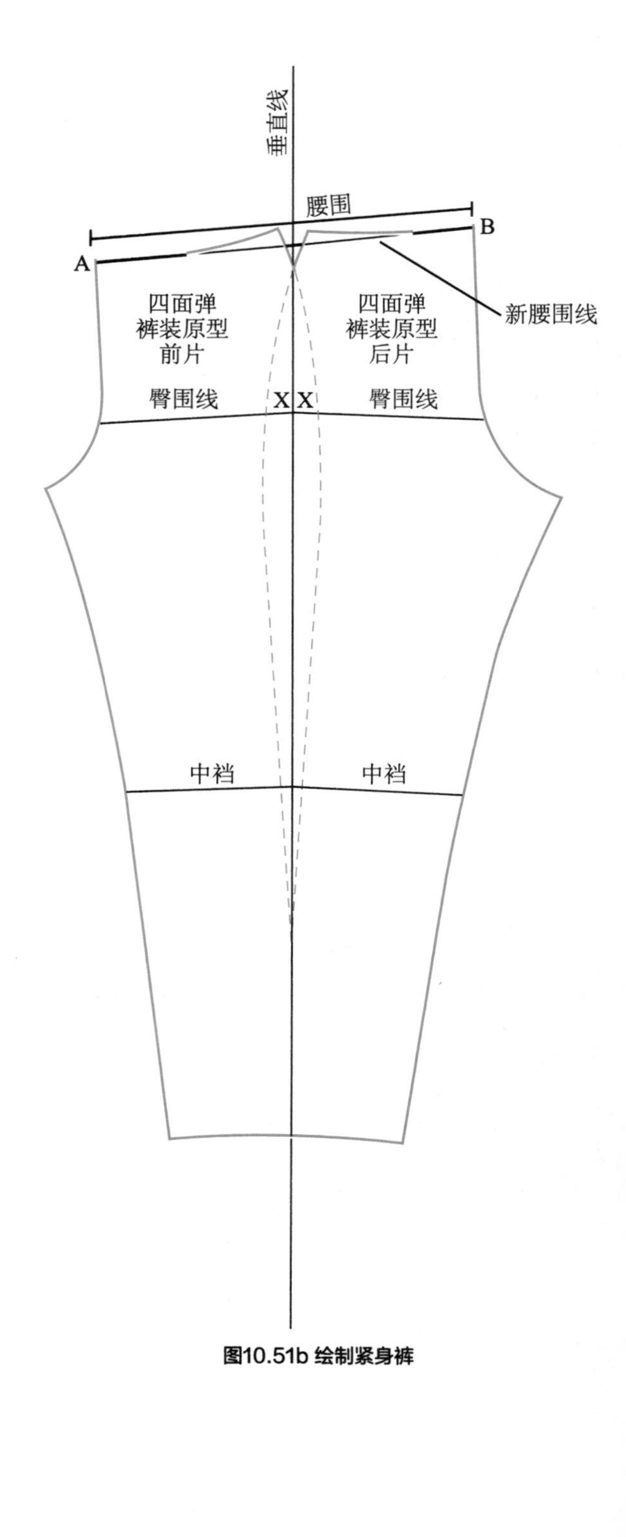

图10.51b 绘制紧身裤

减掉多余的腰围长度

接下来需要减掉腰围线上多出来的长度。

1. 测量腰围线 AB，见图 10.51b。将这个测量值乘以 2 得到腰围线总长。从这个长度中减掉人台（或人体）腰围，再除以 4。例如纸样腰围长度是 15×2=30 英寸，人台腰围为 28 英寸，纸样和人台腰围的差值是 2 英寸，除以 4 就是 1/2 英寸，这就是多余的长度。
2. AC 和 BD：减掉“多余长度”（在图 10.51c 里是 1/2 英寸）。
3. CD：将直角尺放在臀围线 CD 处然后提高到腰围线以上 1/4 英寸。画一条新的前／后中心线，用短垂线标记腰部。画一条圆顺的腰围线。
4. 检查两边的下裆缝线是否等长。如果不相等，就将下裆缝线拉齐，见图 10.51d。

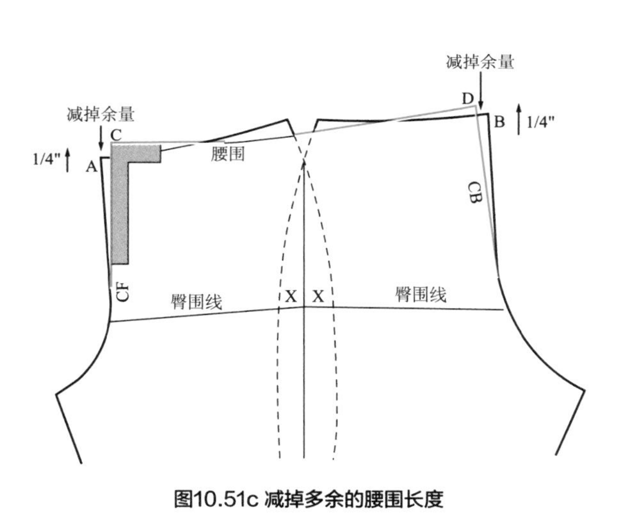

图10.51c 减掉多余的腰围长度

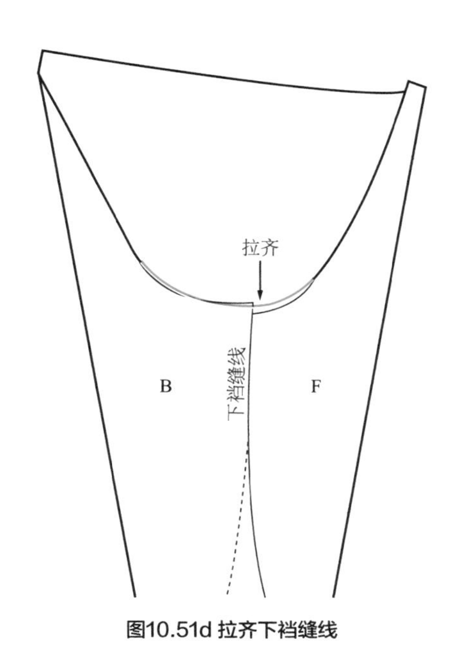

图10.51d 拉齐下裆缝线

紧身裤的腰头

要使紧身裤完全合体，必须缝制腰头。在这个纸样中，需在腰围线上方加连腰部分来制作明缝腰头。另外也可以选择独立腰头和连腰式腰头，来制作出时尚、平整的紧身裤。

1. 在腰围线 CD 以上加连腰部分，宽度为松紧带宽度加 1/4 英寸。将连腰线延伸至前 / 后中心线以外，见图 10.52。
2. EF：在腰围线下方的前 / 后中心线上标记出连腰部分的宽度。画一条直线作为标识线。
3. GH：将放码尺置于标识线的 EF 处，画出垂直线。
4. GCE 和 HDF：画直线连接各点，绘制出倒伏线。

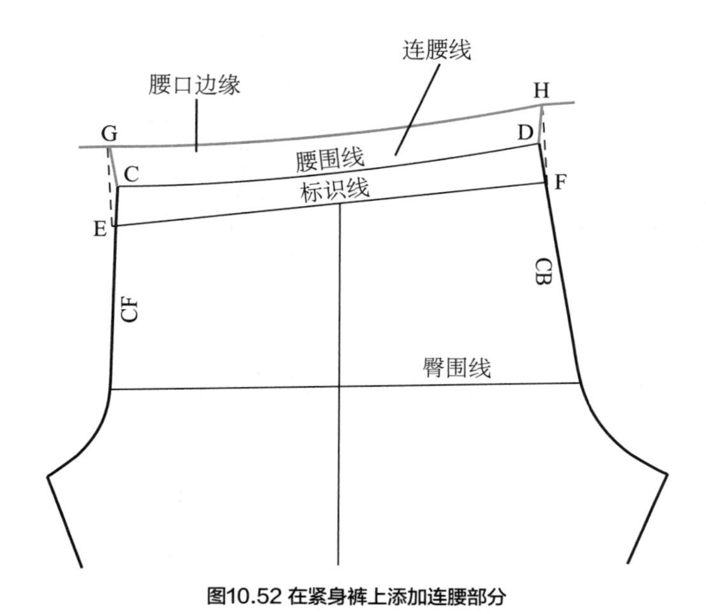

图10.52 在紧身裤上添加连腰部分

裁剪、缝纫和试样

从四面弹针织面料上裁剪下两片紧身裤裤片，来制作一条紧身裤。（参考图 4.14 的排料方法。）按照表 10.1 中的缝纫工序来缝制紧身裤（省略侧缝缝合的部分）。同时缝合腰头。将紧身裤穿在裤装人台或人体上，见图 10.15。用大头针固定需调整的地方并对纸样进行相应调整。

重点关注以下几点。

- 检查长度是否正确。
- 检查紧身裤是否紧密贴合身体。
- 检查腰头是否舒适。

校样

参考图 4.14，绘制出完整纸样。

1. 画出臀围线和横裆线。
2. 将纸样标注为“四面弹紧身裤”。
3. 记录弹性类别和需裁剪的样片数量。
4. 在纸样上标出短裤、运动短裤和锥形七分紧身裤的长度。

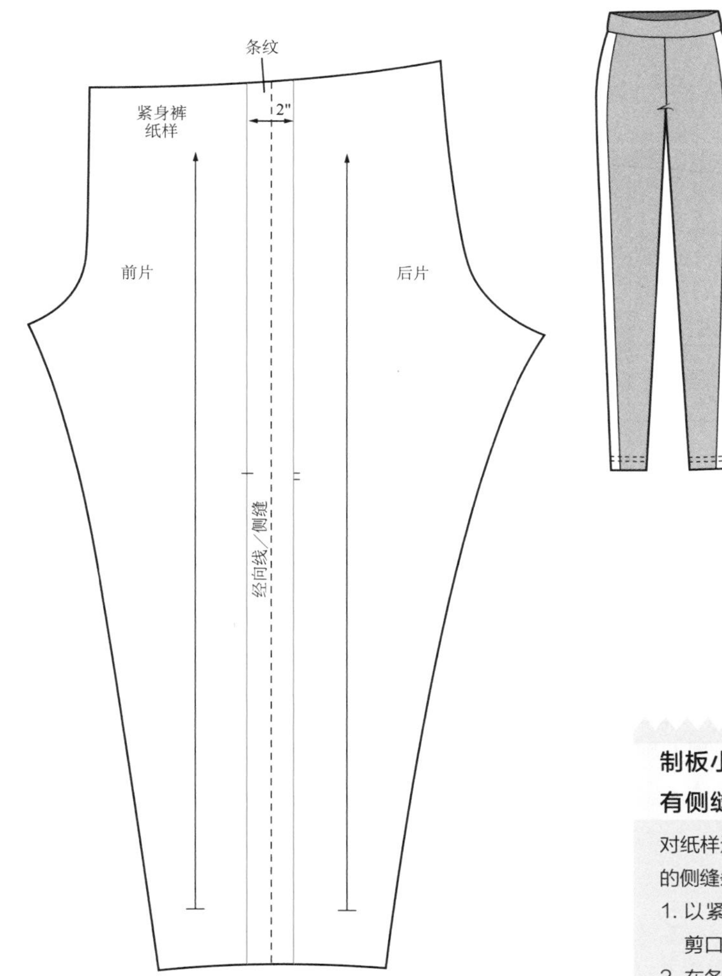

图10.53 有侧缝条纹的紧身裤

制板小窍门10.4:
有侧缝条纹（side seam stripes）的紧身裤

对纸样进行简单的调整就可以制作出对比鲜明、效果抢眼的侧缝条纹，见图10.53。

1. 以紧身裤纸样的侧缝为中心画出条纹。在缝线上做剪口。
2. 在各片纸样上画出经向线（平行于侧缝经向线）。
3. 从工作纸样上描下纸样，然后添加缝份和卷边。

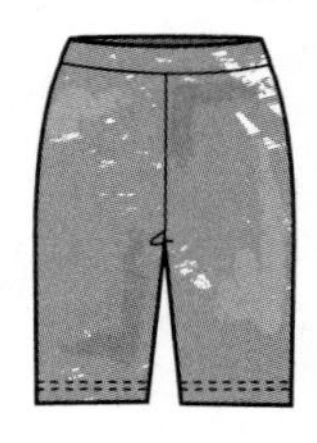

运动短裤

运动短裤比较贴身，可使用四面弹混纺氨纶的面料制作。在体育锻炼以外的场合穿着运动服也很时尚，弹性面料的服装穿着起来非常舒适。自行车短裤必须在裤脚口位置缝制夹片式松紧带，以便骑行时固定住底边的位置，见图10.56a。

绘制纸样

可以根据紧身裤纸样绘制运动短裤，见图10.54，只需对长度进行调整。

1. 标出短裤长度，见图4.14。
2. 画一条垂直于经向线的底边直线。
3. 缩短底边长度，重新画出形状合适的下裆缝线和底边线，这会使贴身款短裤的裤脚口长度缩短1英寸。
4. 短裤的卷边必须有倒伏线，来贴合底边以上下裆缝线的形状。为短裤加放卷边的方法可参考图10.30。

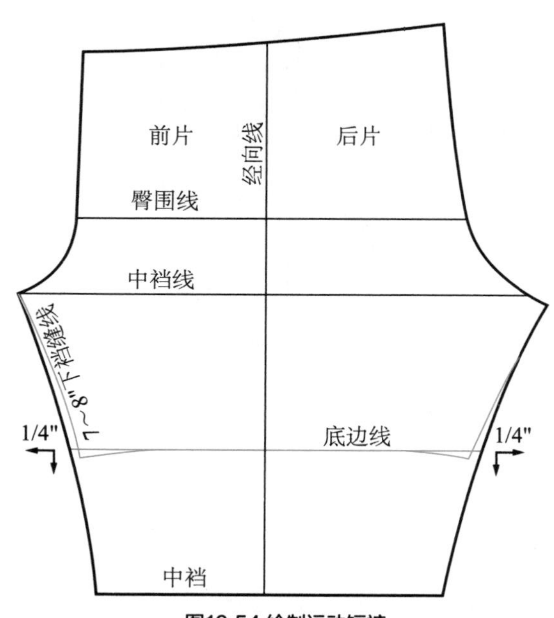

图10.54 绘制运动短裤

制板小窍门10.5:
有弧形接缝（curved seams）的运动短裤

可以通过设计接缝将裤片分割成不同形状，把图10.54中的基本款运动短裤转化成图10.55中的新设计。随着越来越多的人开始关注健康的生活方式，这样的健身短裤也可以日常穿着。

1. 在纸样上画出弧形分割线，将裤片分割成不同形状。
2. 在纸样后片接缝相交处做剪口。
3. 从工作纸样描下样片，加放缝份和卷边。

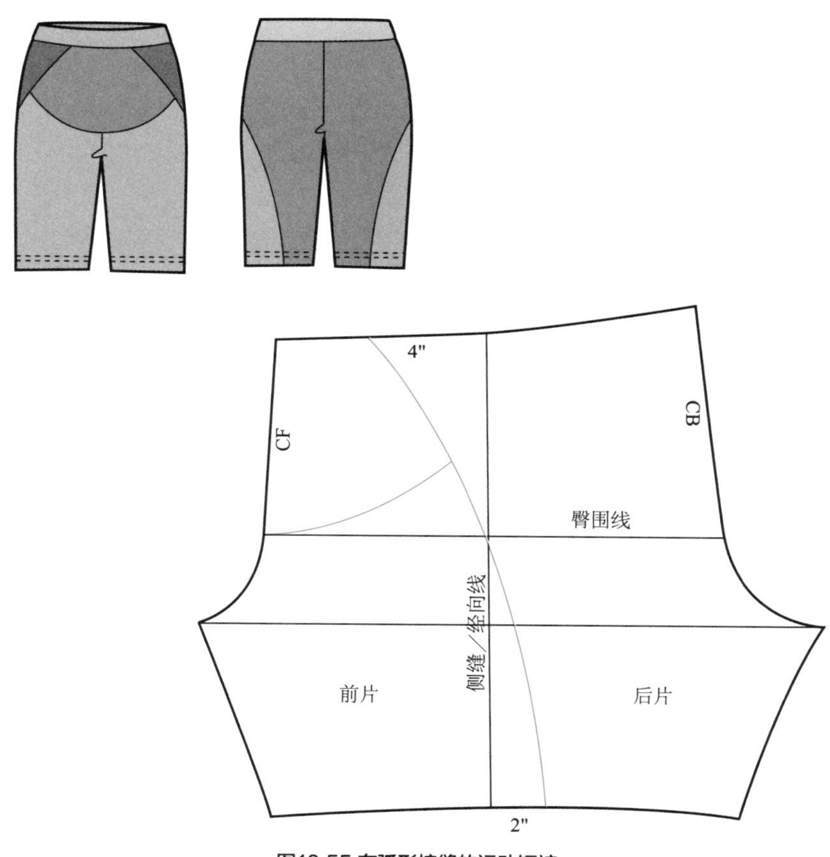

图10.55 有弧形接缝的运动短裤

缝纫小窍门10.6:
缝纫夹片式松紧带

夹片式松紧带的中心有一条硅胶条，见图3.2。裁剪松紧带之前，测量裤脚口并加1/4英寸。这个长度包括了松紧带两端3/4英寸的搭缝部分，见图10.56a。然后拉伸松紧带并将其缝在裤脚口。

1. 用粉笔标记出松紧带两端3/4英寸的搭缝部分。从这一点开始，将松紧带四等分，同时也将裤脚口四等分。将松紧带和底边拼合，见图10.56a。
2. 将松紧带包缝在裤脚口上，一边包缝一边拉伸四等分点之间的面料。底边应尽可能平整，所以将包缝留作底边边缘。
3. 用“之”字形线迹将松紧带的上沿缝在裤脚口，见图10.56b。

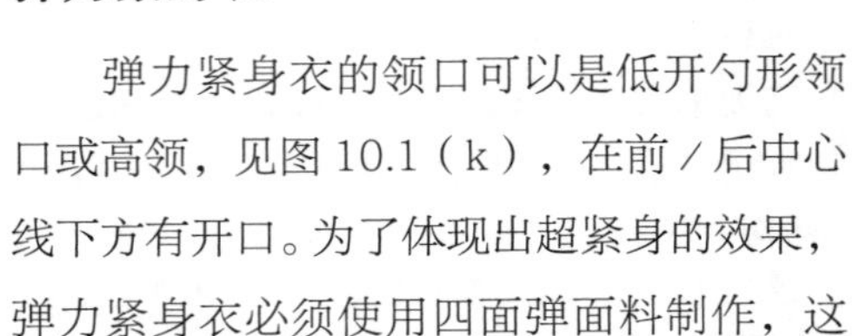

弹力紧身衣

弹力紧身衣的领口可以是低开勺形领口或高领，见图10.1（k），在前/后中心线下方有开口。为了体现出超紧身的效果，弹力紧身衣必须使用四面弹面料制作，这样才能保证空中飞人演员、体操运动员和其他运动员在表演时动作轻松敏捷。如果弹力紧身衣有袖子，可以参考第6章“将双面弹有袖原型改成四面弹原型”部分。

绘制纸样

弹力紧身衣是由四面弹衣身基础纸样前后片和四面弹裤装纸样组成的一张完整的纸样，见图10.57。

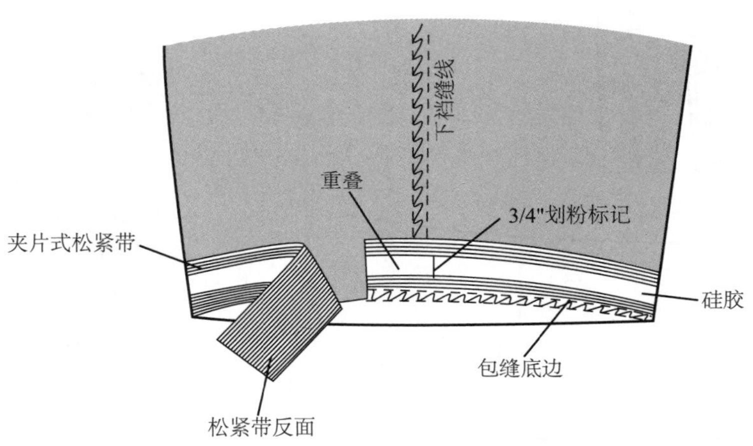

图10.56a 将松紧带包缝在裤脚口的反面

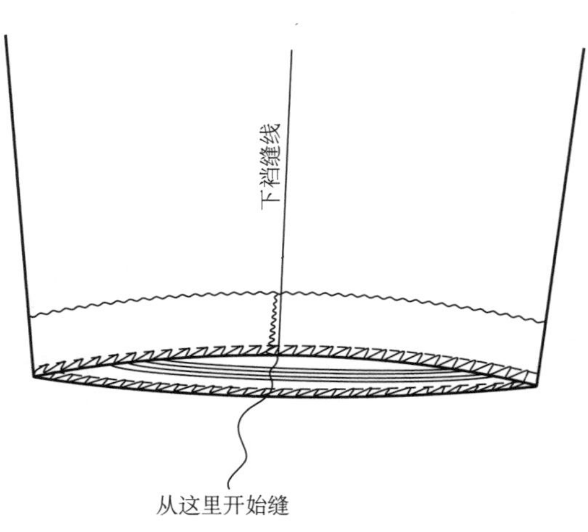

图10.56b 在松紧带上沿缉“之”字形线迹

1. 在样板纸上画一个直角，延长垂直线至相应的裤子原型的长度。
2. 将衣身基础纸样的前／后中心线与垂直线重合，腰围线 WW1 与水平线重合。然后描出原型（不要画出水平线以下的腰部）并标记 U。
3. 如果是无袖的弹力紧身衣，则需对袖窿进行相应的调整，见图 6.18a 和图 6.18b。
4. 将裤子的腰围线和侧缝的交点落在水平线上，经向线平行于垂直线。描出裤装原型，然后转移臀围线、横裆线、中裆线和经向线，标出裤脚口 A。
5. 画出侧缝弧线，衔接衣身基础纸样和裤装原型。
6. 将前片叠在后片上，对齐腋下角、侧缝、腰围线和臀围线，然后将前片的侧缝形状描在后片上。
7. 对齐前／后侧缝和下裆缝线，检查是否等长，水平线是否对齐。

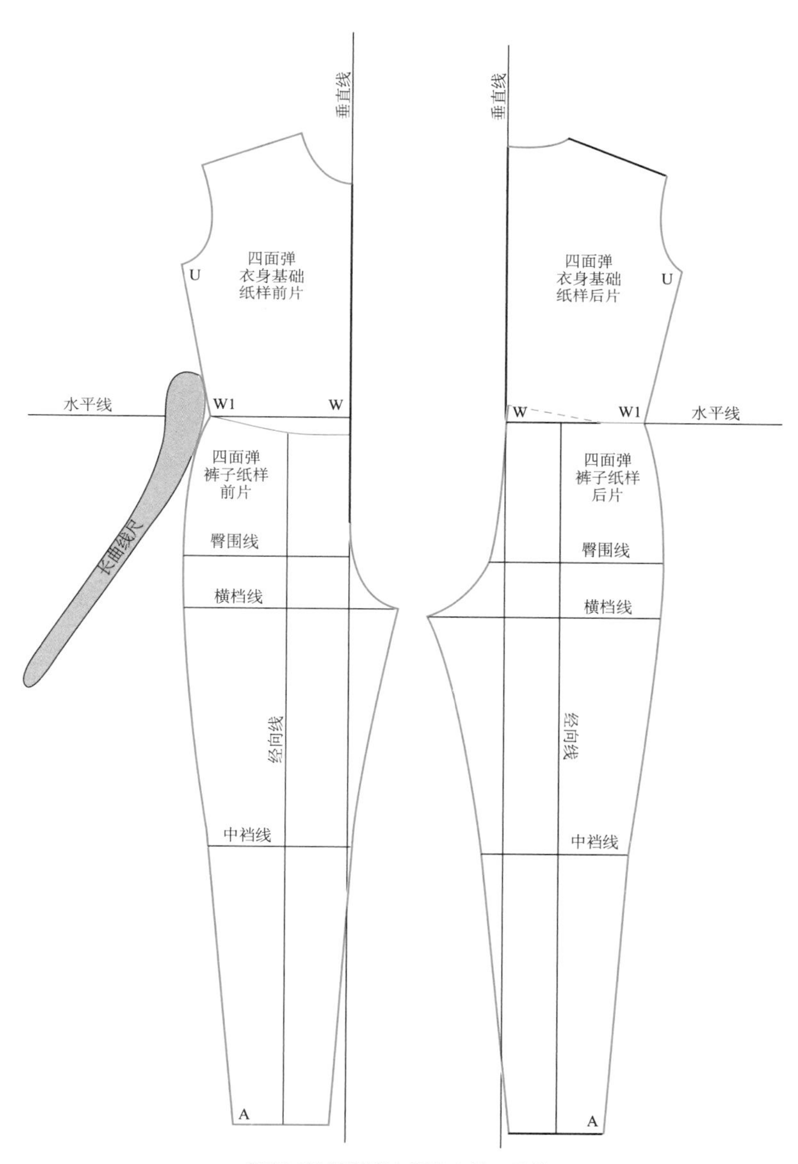

图10.57 绘制弹力紧身衣前／后片

去掉侧缝

弹力紧身衣最好不要有侧缝，以便体现出光滑流畅的轮廓。

1. 在样板纸上画一条垂直线。
2. 在前／后纸样的臀围线上，在前／后侧缝以内取 1 英寸，并标记为 X，见图 10.51a。
3. 将前／后侧缝 UXA 与垂直线重合（裤脚口也相叠），去掉侧缝。
4. 沿腰围线测量从两边侧缝到垂直线的多余部分。从腰围线的前／后中心线上减掉这个数值。
5. 如果侧缝上有余量（膝盖以下侧缝左右任一侧），则从下裆缝线减去这个数值，见图 10.58。

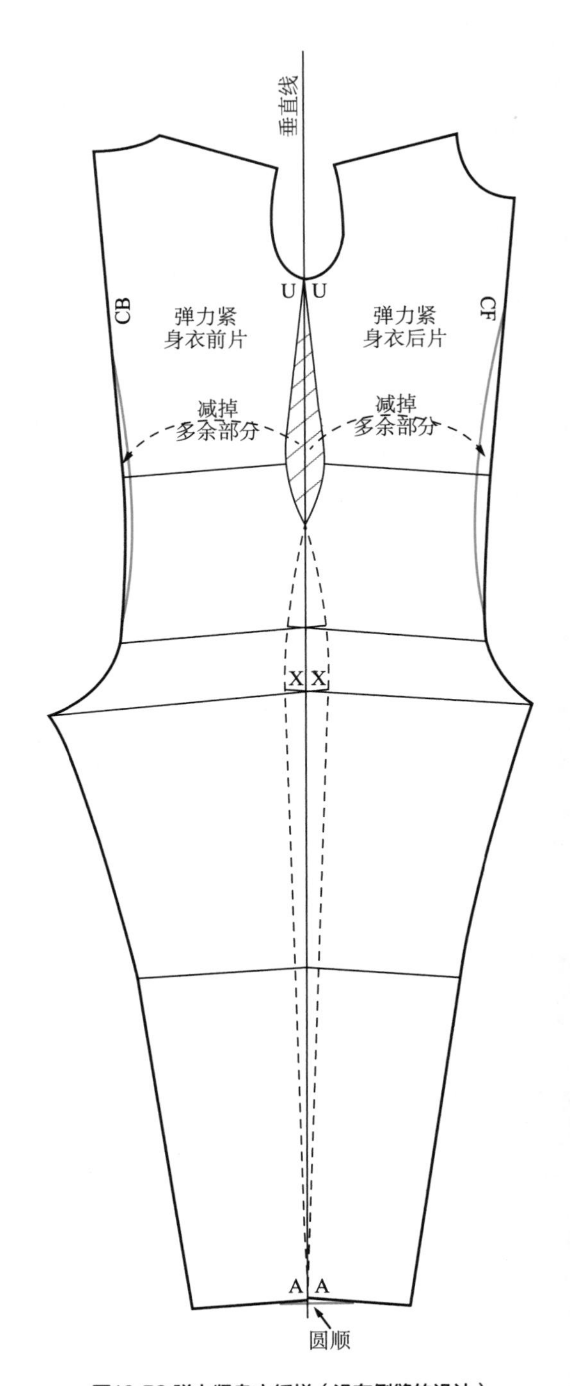

图10.58 弹力紧身衣纸样（没有侧缝的设计）

缝纫小窍门10.7：
缝纫弹力紧身衣

夹片式松紧带的中心有一条硅胶条，见图3.2。裁剪松紧带之前，测量裤脚口并加1/4英寸。这个长度包括了松紧带两端3/4英寸的搭缝部分，见图10.56a。然后拉伸松紧带并将其缝在裤脚口。

1. 购买一张面料，长度与纸样相同。
2. 将面料纵向折叠。按照图4.14的紧身裤排料方法裁剪弹力紧身衣的衣片。
3. 在肩线、裆缝和下裆缝线加1/4英寸缝份。
4. 标记前／后腰围线和中裆线，以便缝合时拼合接缝。
5. 按照表10.1中的步骤缝合下裆缝线和裆缝。沿后中心线从领口向下留出6英寸的开口，使得弹力紧身衣能够舒适地套穿在人台（或人体）上。
6. 拼接肩缝。
7. 如果弹力紧身衣有袖，则需缝合袖下接缝。袖子缝在原型袖窿上（不是平缝），因为弹力紧身衣没有侧缝。

试样

将弹力紧身衣穿在人体上，见图 10.59。用大头针固定需要调整的部位，让弹力紧身衣完全贴身。同时也请他人试穿弹力紧身衣。

重点关注以下几点：

- 检查身体运动时弹力紧身衣是否合体。
- 检查当手臂弯曲和伸展时衣袖是否合体。如果袖子过短，需增加袖口的长度。

校样

1. 将纸样标注为“四面弹弹力紧身衣前／后片”并记录弹性类别。
2. 沿腰围、臀围画出水平线，从前中心线画到后中心线。两条线应该都与垂直线（也就是经向线）构成直角，见图 10.60。

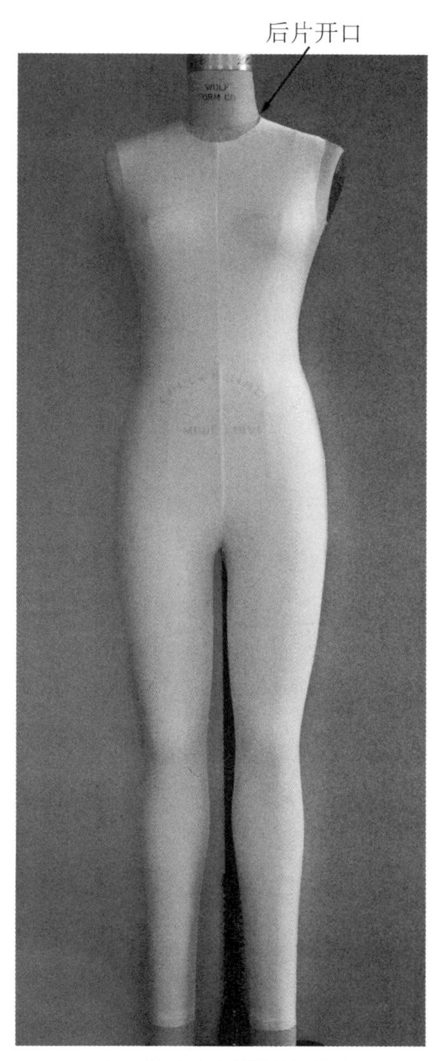

图10.59 人台上的弹力紧身衣

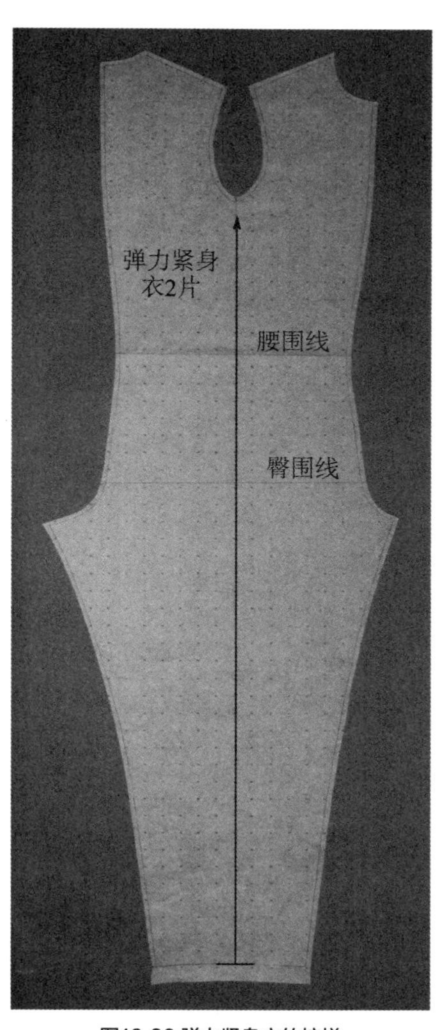

图10.60 弹力紧身衣的校样

高领弹力紧身衣

图 10.61 中的弹力紧身衣在后中心线处留有开口，衣服的高领用魔术贴 ®（Velcro 一种缝在服装上的尼龙搭扣）闭合。魔术贴一侧有刺毛（硬面），另一侧是圆毛（软面）。两面被压合在一起时便可固定。

绘制高领

绘制双层高领纸样，可参考第 6 章“高领”部分。

1. 将前领口降低 1 ／ 2 英寸，见图 10.62（a）。
2. 在后中心线用对位点标记出 6 英寸开口，然后加贴边，见图 10.62（b）。
3. 绘制双层高领纸样（完成宽度为 2 英寸最为合适）。
4. 在高领的一边加 1 英寸的延长区域并做剪口，见图 10.62（c）。
5. 在领子上加 1/4 英寸缝份。

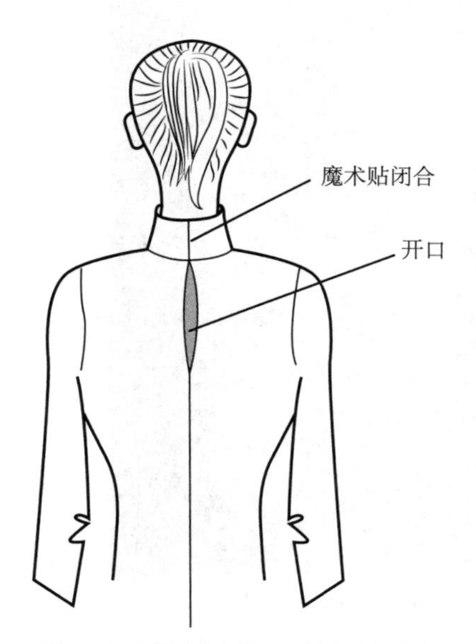

图10.61 高领后中心线开口的弹力紧身衣

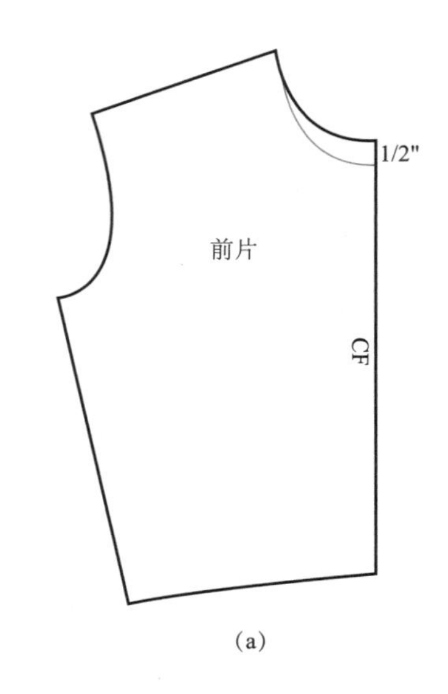

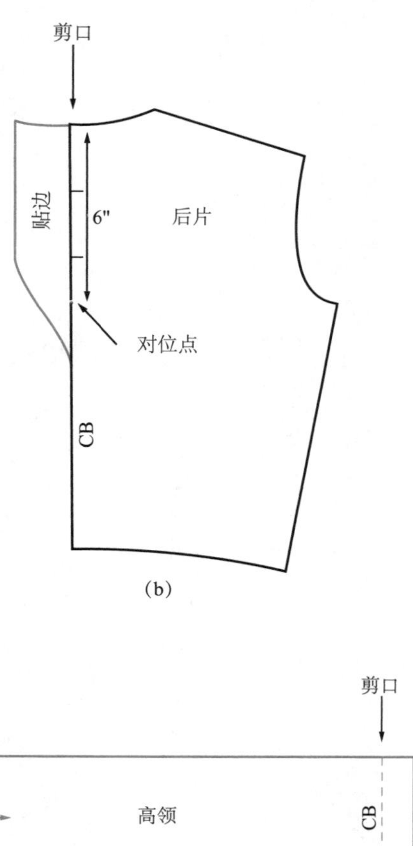

图10.62 绘制高领

缝纫小窍门10.8:

缝制高领

1. 裁剪$1^3/_4$英寸长的魔术贴。
2. 将硬面缝在高领的正面（没有延长区域的一边）。
3. 将衣领折叠，正面相对，缝合延长区域，见图10.63a。
4. 正面相对，缝合衣领的另一边，将领面翻出并熨烫。
5. 将尼龙搭扣固定在一起。
6. 用大头针将衣领两端拼合。轻轻将搭扣打开，用大头针将软面固定在延长区域，并将其缝在这个位置，见图10.63b。
7. 将衣领缝在弹力紧身衣上。

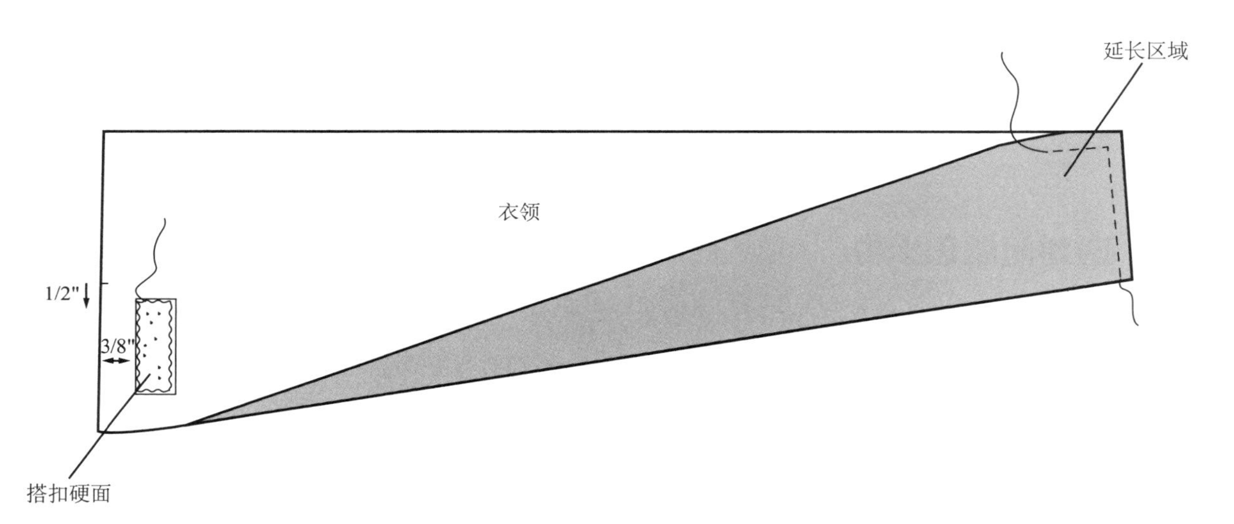

图10.63a 将魔术贴的硬面缝在高领上

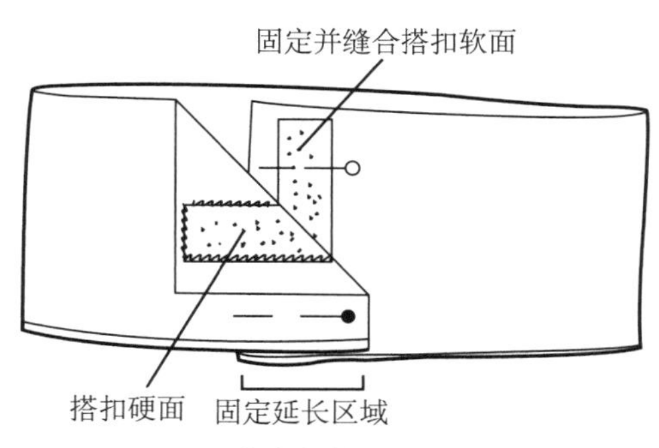

图10.63b 将魔术贴的软面缝在高领上

小结

下面这个清单总结了本章中讲解的裤装原型和纸样的知识。

- 裤装原型是根据下装基础纸样绘制的。
- 针织面料可以用双面弹和四面弹针织面料制作。
- 裤子可以是任意长度，轮廓多样，可以是对称的或不对称的。
- 使用弹性针织面料制作的裤子是“套腰”的，需要在腰口装松紧带。
- 裤子可以有腰头，也可以是无腰的。
- 腰头可以是合体的、半合体的或宽松的。
- 裤子可以加衬。

停：遇到问题怎么办

我用坯布制作的裤子（按照我自己的设计）太紧了怎么办？我可以把纸样推档放大吗？

可以。按照将原型推档为不同弹性类别纸样的推档方法对原型进行正向推档放大。参考“超宽松款”部分以及图 10.17。

……如果我想去掉图 10.32 中半合体短裤的侧缝应该怎么做？这样的纸样可以作为短睡裤纸样吗？

可以，将半合体短裤纸样的前后片拼接在一起以去掉侧缝。纸样的经向线会与侧缝重合。然后裁剪出两张衣片来制作一条短睡裤。

自测

1. 弹力紧身衣的制板过程中需绘制以下纸样，请排列出纸样的制作顺序（1、2、3、4 等）。

    ____ 双面弹下装基础纸样

    ____ 四面弹裤装原型

    ____ 四面弹衣身基础纸样

    ____ 紧身裤纸样

    ____ 双面弹衣身基础纸样

    ____ 双面弹裤装原型

    ____ 四面弹下装基础纸样

    ____ 双面弹裤装原型

    ____ 绘制弹力紧身衣纸样

2. 如何拼合裤装原型的前 / 后片纸样？
3. 有哪 3 种主要的口袋类型？
4. 如何为裤子绘制实用的口袋？
5. 要给图 10.43（a）中的阔腿裤加 4 个塔克，应如何修改纸样？
6. 如果顾客想要在阔腿裤上加口袋，见图 10.1（g），你会建议使用哪种类型的口袋？
7. 倒伏线是什么？为什么图 10.1（a）中的合体款短裤卷边需要倒伏线？（参考第 3 章中的“重要定义”。）
8. 你会去掉裤子纸样的侧缝吗？应该如何去掉侧缝？需要在什么位置画出经向线？（见“紧身裤”部分。）

重点术语	斜插袋
运动短裤	塔克
袋兜	弹力紧身衣
	比对纸样

第11章 女内衣原型和纸样

用奢华面料打造的女内衣十分优雅、舒适。内衣面料可以选用手感柔软奢华的丝绸、比马棉、竹纤维面料和莫代尔等。主要的款式有短裤、吊带背心、睡衣以及每一个衣柜都必不可少的连衫衬裤，见图 11.1（a）到（j）。

一点点蕾丝或缎纹饰边就能使一款平淡无奇的设计变得格外亮眼。本章涵盖了从绘制短裤、吊带背心纸样到缝纫技巧的诸多细节。内衣设计最重要的一点就是合身，因为一款内衣的成败取决于其舒适性和功能性。选择合适的面料以及正确长度的松紧带也是成功制作短裤和吊带背心的关键。

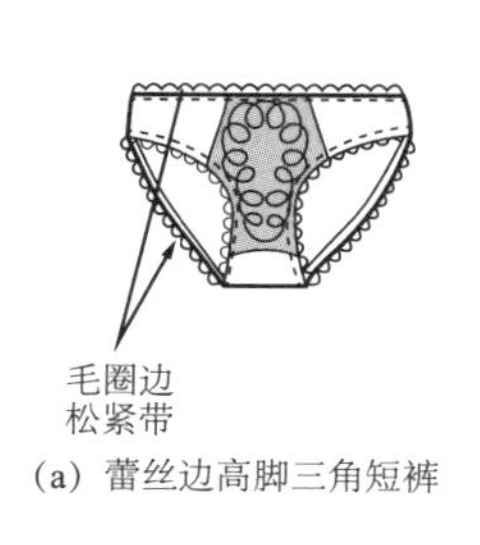

（a）蕾丝边高脚三角短裤

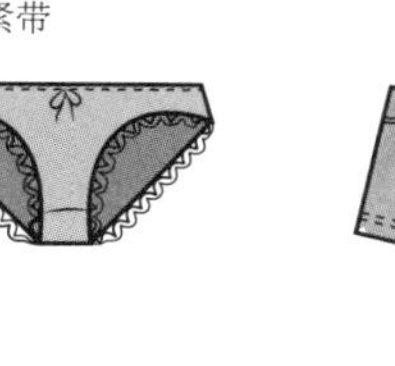

（b）低腰三角短裤

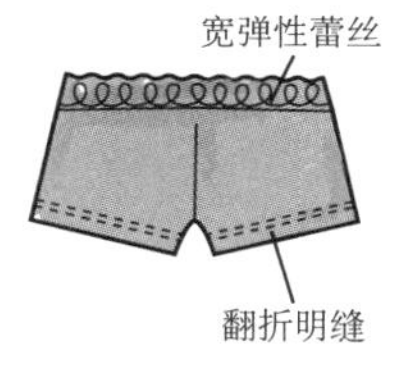

（c）月牙边蕾丝的平角短裤

（d）蕾丝边中腰平角短裤

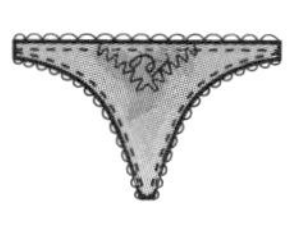
（e）贴花丁字裤

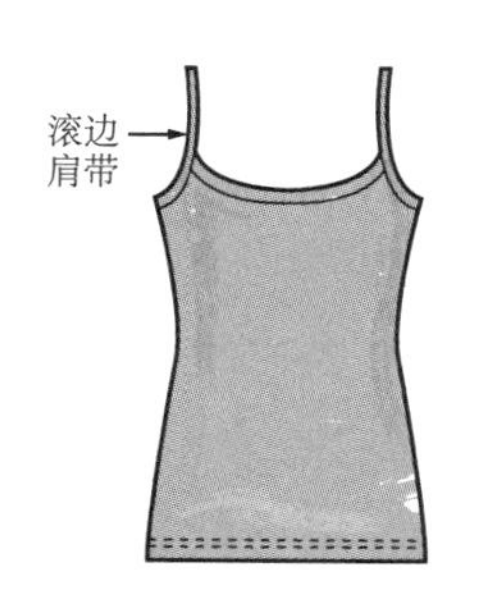

（f）滚边圆领吊带背心

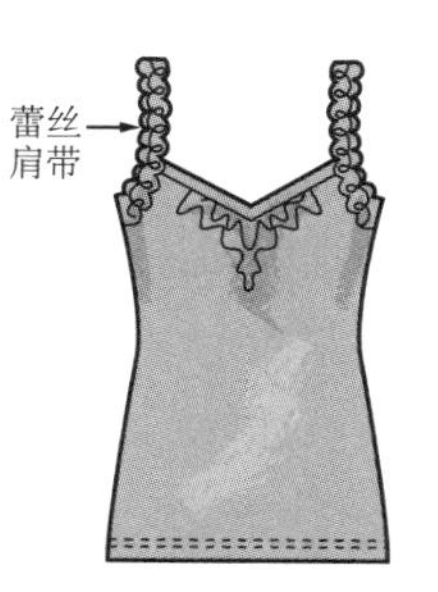

（g）蕾丝贴花V领吊带背心

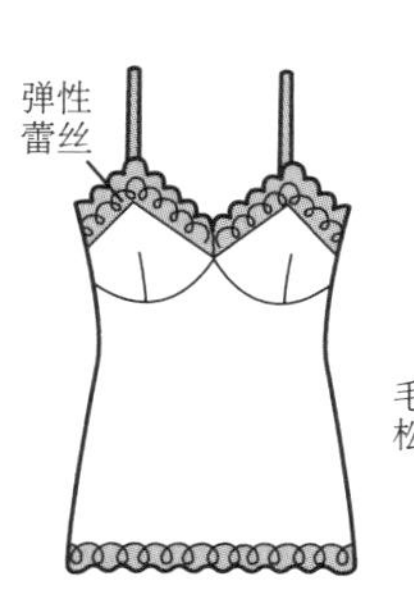

（h）蕾丝边胸罩式吊带背心的前面

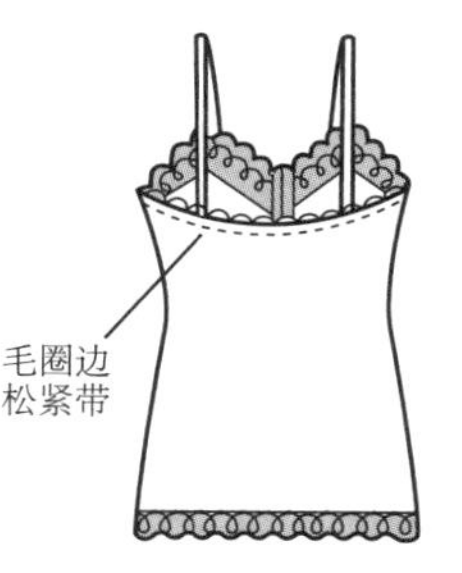

（i）胸罩式吊带背心的后面

（j）两片式胸罩喇叭形吊带背心

图11.1 女内衣款式

女内衣的材料

- 制作女内衣的面料贴身穿着时必须质地柔软。短裤需使用四面弹针织面料制作，使服装能够紧贴身体，活动时感觉舒适。而吊带背心（camisole）可以使用双面弹或四面弹面料制作，制作时必须考虑面料的弹性、重量、手感、悬垂性、透明度、颜色和表面质地。例如，选择蕾丝时需要考虑质地和颜色。蕾丝贴身穿着时可能会感觉粗糙，另外红色的蕾丝吊带可能不如肤色蕾丝吊带畅销。同时也需考虑面料的成分，因为内衣需要经常水洗。饰边的洗涤要求必须与内衣面料一致。
- 松紧带必须要柔软质轻、贴身舒适，同时必须是快干免烫的（wash-and-wear）。很多松紧带都有漂亮的饰边，很适合用于内衣，毛圈边、荷叶边和月牙边就是几款不错的选择。
- 月牙边的弹性蕾丝（elastic lace）也可以用作短裤、吊带背心或肩带的收边。吊带背心可以内穿或外穿，因此蕾丝边会为服装增色不少。吊带背心也简称为“吊带”。
- 可以在文胸内衬里插入罩杯（bra cups），作为吊带的一部分，增强对胸部的支撑。根据你设计的裙子尺寸（或人台尺寸）订购罩杯，并确保罩杯可以水洗。

选择原型

绘制内衣纸样前，先使用图 1.6 中的拉伸性量表确定所选用面料的拉伸能力。然后选择弹性类别合适的原型来绘制纸样。选择原型有两种方法，第一种是根据面料的拉伸性选择对应的原型，第二种是选择其他原型来制作宽松款的服装（见第 2 章“如何选择原型”了解更多内容）。此外，可以将原型加大以制作更宽松的服装。

短裤制板

可以根据短裤原型制作各种款式的短裤。图 11.1（a）到（e）展示了一些短裤的款式。在绘制短裤原型之前，需准备好图 3.1 中的制板工具。

将四面弹下装基础纸样转化成短裤原型

根据四面弹下装基础纸样（见图 2.1）绘制三角短裤（leg-line panty）和平角短裤（boy-cut panty）原型。图 11.1 中展示了这两种款式。三角短裤是裁剪到大腿跟部的短裤，脚口高度变化多样，见图 11.1（a）和（b）。平角短裤类似于男士短裤，裤腿延伸到裆部以下，见图 11.1（c）和（d）。短裤必须使用四面弹针织面料制作，这样服装才能够贴身合体，活动时感觉舒适。

三角短裤

在这部分中，将绘制三角短裤原型。三角短裤可以是高腰、中腰或低腰的，见图 11.1（a）和（b）。高腰落于腰围线，覆盖范围较大；中腰落于臀部上方，局部覆盖；低腰是落在臀部。短裤原型是根据四面弹下装基础纸样制作的。（保留工作纸样来制作丁字裤。）

绘制纸样

图 11.2a 所示为绘制三角短裤纸样。

1. 将四面超弹下装基础纸样与垂直线对齐。描出纸样并标记 WW1HH1，同时转移水平腰围线。
2. WS：$5^3/_4$ 英寸。
3. XS：平行于 HH1 画标识线 1。
4. XB：1/2 英寸。从 B 点向上画一条 1/2 英寸的垂线。

画出前脚口线

图 11.2b 所示为绘制前脚口线。

1. W1B：画一条新的臀部曲线。
2. 将 BS 四等分。
3. F：向上画一条 1/2 英寸的垂线。
4. R：向上画一条 3/8 英寸的垂线（没有用到另一个标记点）。
5. WD：直裆深（8 号 = 10 英寸，10 号 = $10^1/_4$ 英寸，12 号 = $10^1/_2$ 英寸）。
6. 将 SD 三等份。
7. 在以下点做垂线：

DT：裆宽为 $1^1/_2$ 英寸。

MN：$1^1/_8$ 英寸。

LO：$1^3/_8$ 英寸。

8. BFRONT：画出前脚口弧线。

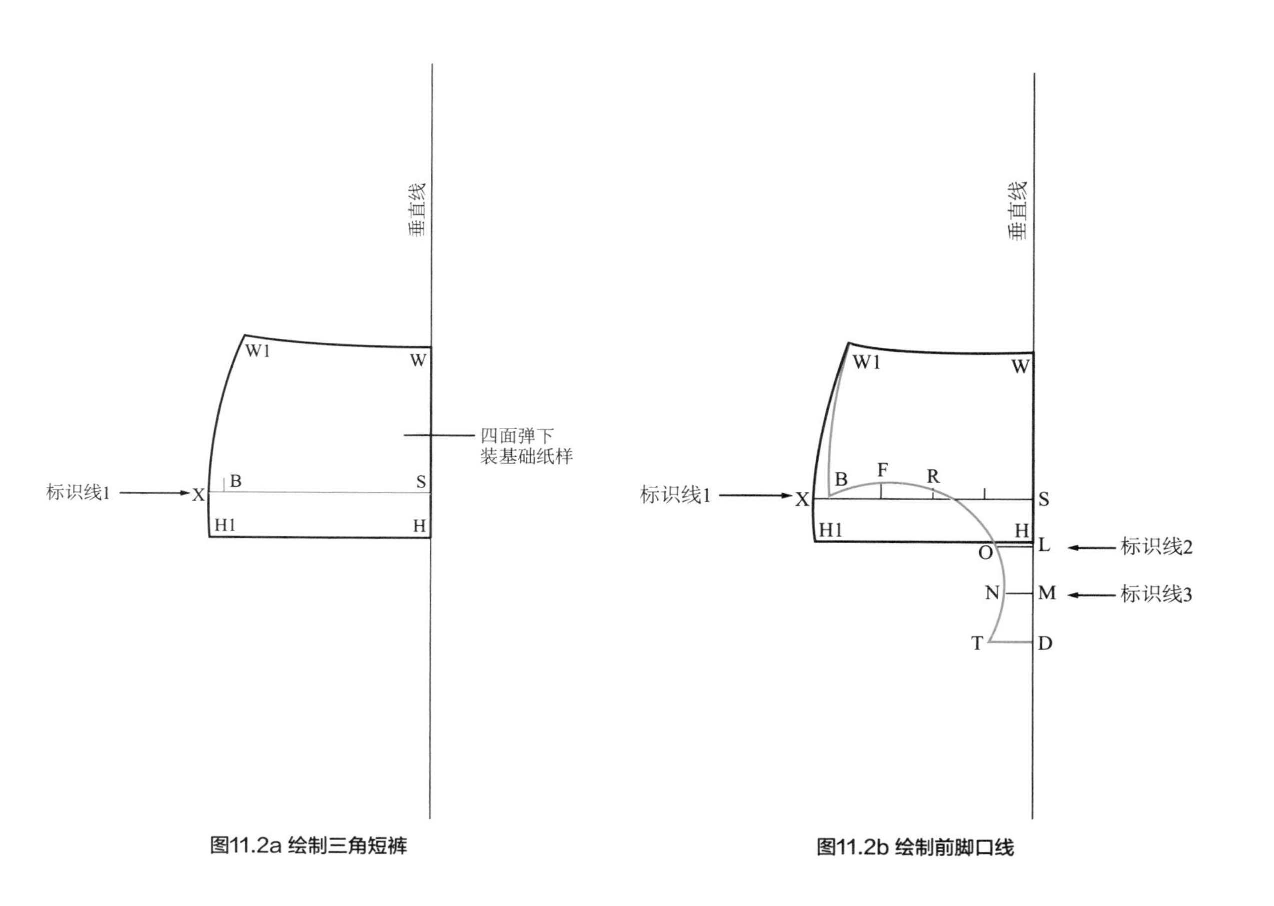

图11.2a 绘制三角短裤

图11.2b 绘制前脚口线

绘制后脚口线

根据前脚口线绘制后脚口线，见图 11.2c。

1. BT：如图 11.2c 所示画出标识线。
2. C：在标识线的中点画一条 5/8 英寸的垂线。
3. BA 和 TK：1/4 英寸。
4. BACKT：画出后脚口弧线。

绘制拼裆

图 11.3a 所示为绘制拼裆。

拼裆（crotch-piece）缝在短裤的内侧可起到保护、提高舒适性的作用。面料贴身穿着时必须透气、柔软。三角短裤的拼裆与短裤前后片拼接，形成两条接缝，见图 11.4c。（保留好工作纸样，你需要使用它绘制泳衣原型。第 12 章的泳衣只有一条后裆接缝。）

1. W1WDTB：在样板纸上描出短裤前片。标记裆 TD，然后将垂直的前中心线从 D 点向下延伸。
2. 将短裤后片与垂直线重合，裆线 TD 与前片 TD 重合。接下来，描出短裤后片。检查前 / 后脚口是否形成了平滑连续的线条。如不合适需调整。
3. DY：1 英寸。在 Y 点画一条平行于 TD 的标识线。
4. XY：$4^1/_2$ 英寸。在 X 点画一条平行于 TD 的标识线。
5. Z：向 T 移动 3/4 英寸。
6. E：向 T 移动 1/4 英寸。
7. ZY 和 EX：画出下裆弧线。
8. 描出拼裆 EXYZ，画出裆线 TD。

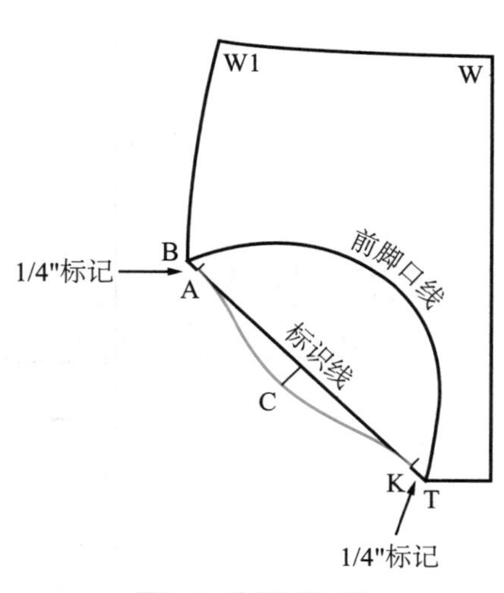

图11.2c 绘制后脚口线

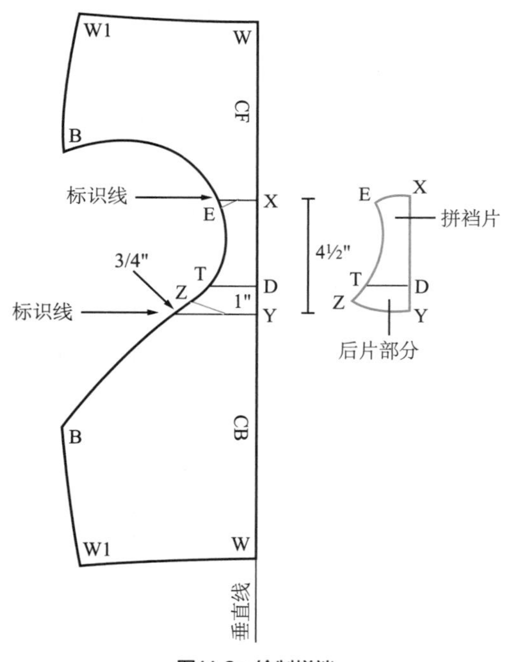

图11.3a 绘制拼裆

拼合纸样

如图 11.3b 所示将前 / 后片侧缝拼合。也可在前 / 后片纸样上画高脚裤的脚口线。高脚口线可以保证活动时的舒适性和自由度，同时能够起到拉长腿部线条的效果。

- 检查脚口线是否形成了一条连续的圆顺线条。如不合适需调整。
- 试样之后，如果臀部需增加长度，可以如图 11.3b 所示重新画出后脚口线。

需要用到的面料

购买 3/8 英寸的四面弹面料缝制坯布短裤进行试样。面料的弹性必须与原型的弹性类别相符才能确保服装准确合体。使用图 1.6 的拉伸性量表来确定面料的弹性。

裁剪与缝纫

1. 按照图 4.16 的排料方法裁剪短裤。
2. 在侧缝和裆缝处加放 1/4 英寸的缝份。
3. 按照表 11.1 中的缝纫工序来缝制短裤。

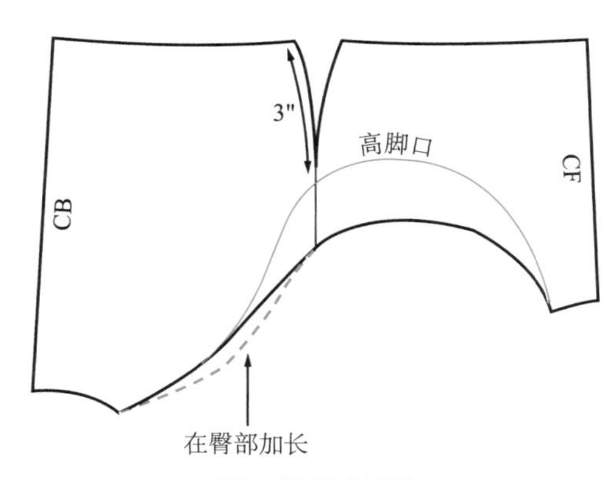

图11.3b 拼合纸样

缝纫小窍门11.1:

缝纫工序

表11.1～表11.3展示了三角短裤、平角短裤和吊带背心的缝纫工序。

表11.1　　三角短裤缝纫工序

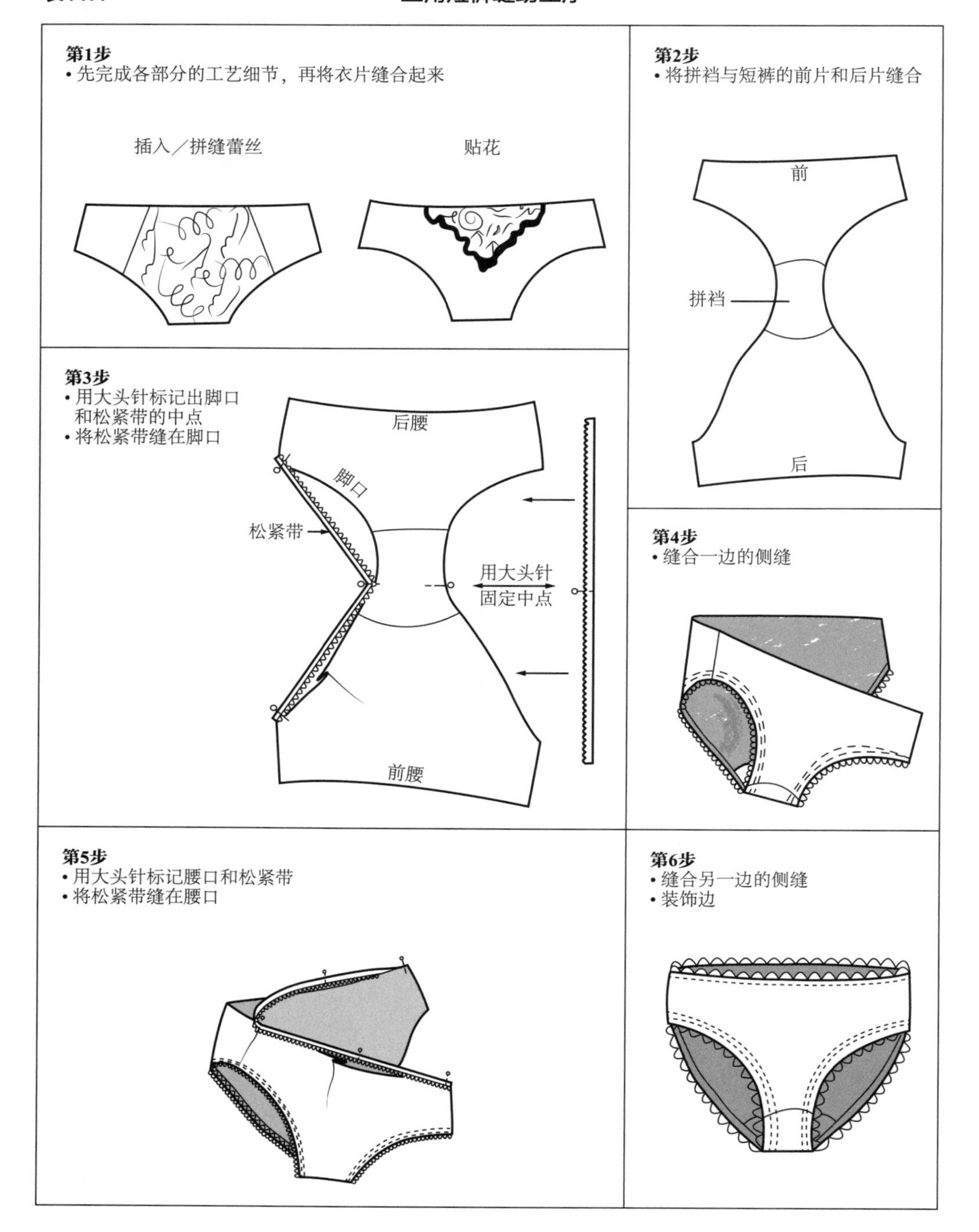

表11.2 **平角短裤缝纫工序**

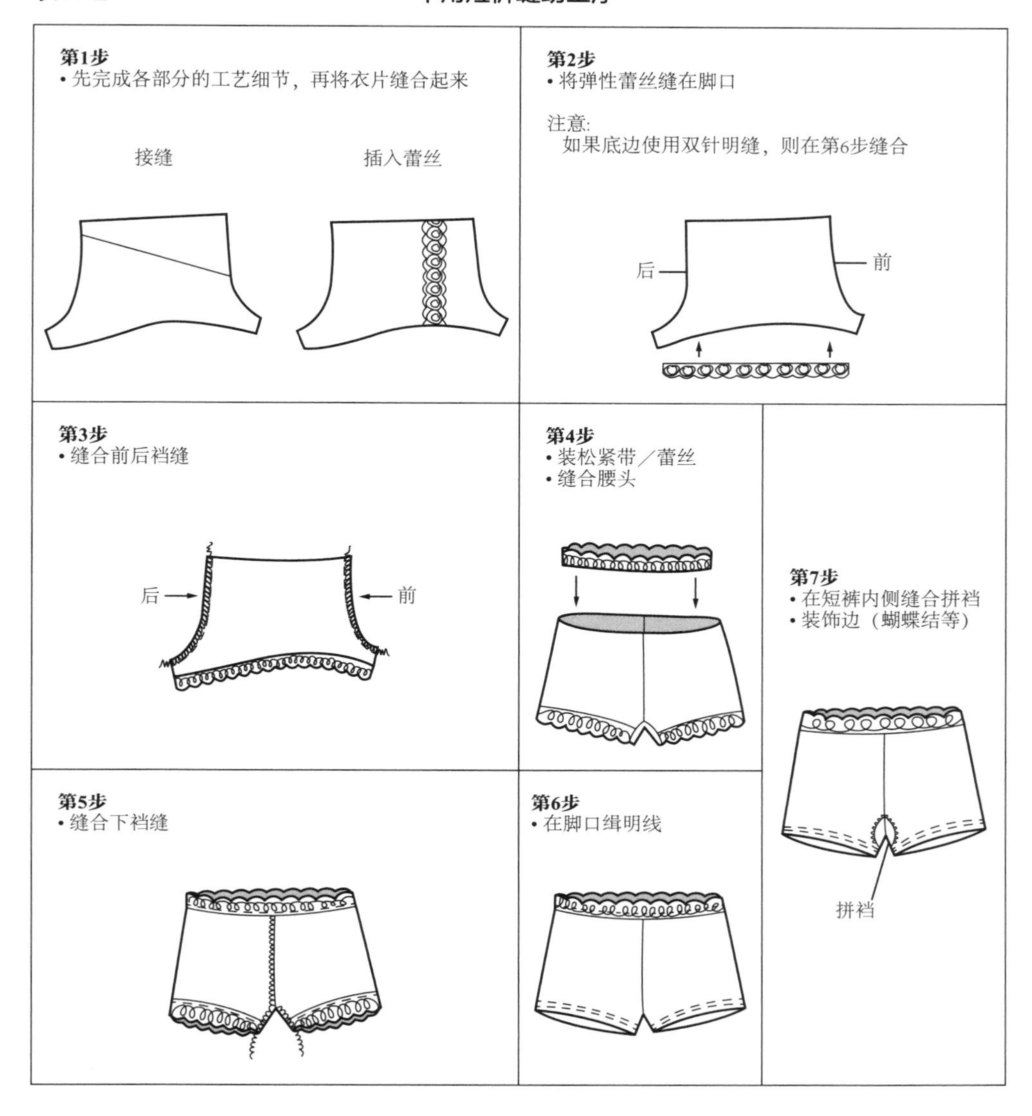

表11.3　　**吊带背心缝纫工序**

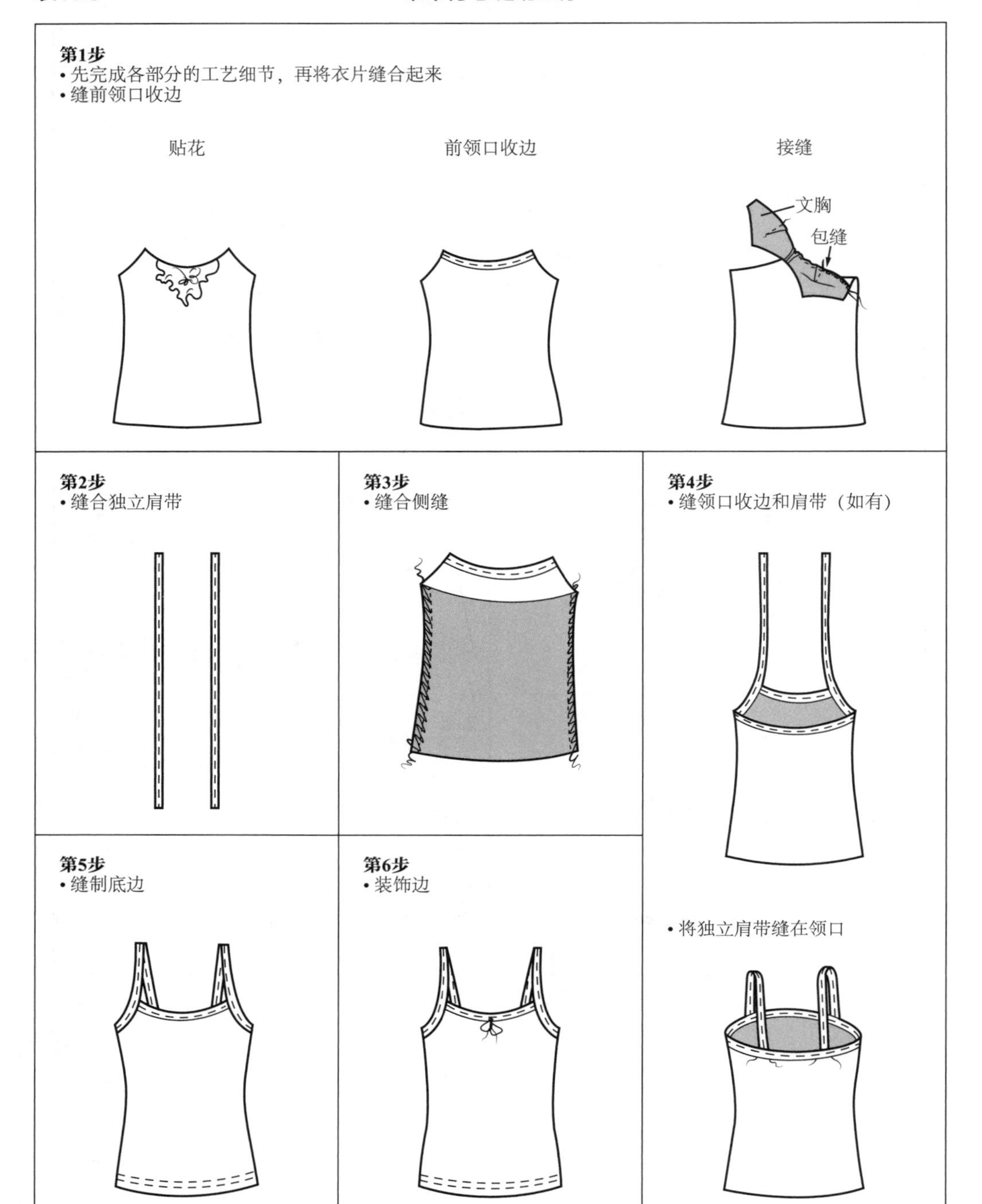

缝纫小窍门11.2：
缝合拼裆

表11.1缝纫工序中的第2步是将拼裆与三角短裤缝合。

1. 从面料上裁剪下三角短裤的前／后片。裁剪两片拼裆：一片为本料，一片为衬里面料，见图4.16。
2. 将短裤前片与拼裆叠在一起，正面相对。将拼裆衬里的正面放在短裤下边，面向反面。然后将三层面料用大头针固定并缝合，形成前裆缝，见图11.4a。
3. 将短裤后片与拼裆叠在一起，正面相对。将拼裆衬里的正面与短裤的反面相对，然后将三层面料用大头针固定并缝合，形成后裆缝，见图11.4b和图11.4c。

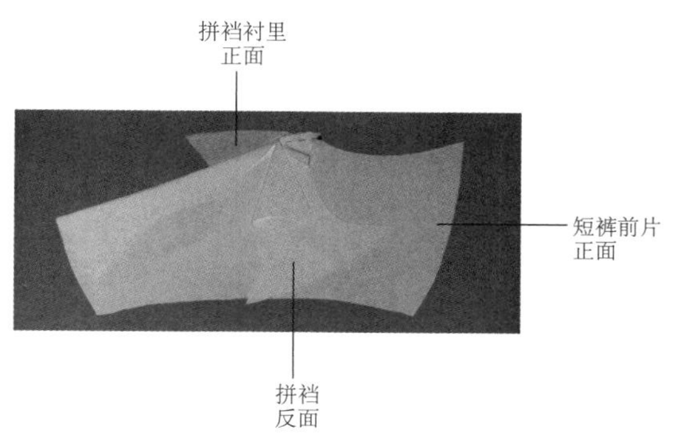

图11.4a 将拼裆缝在前片上

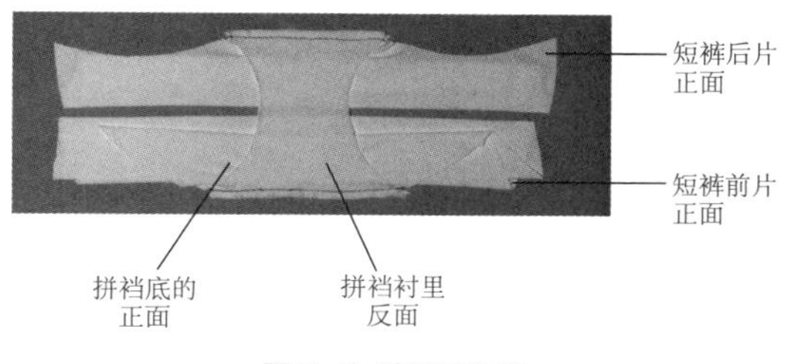

图11.4b 缝制后裆缝

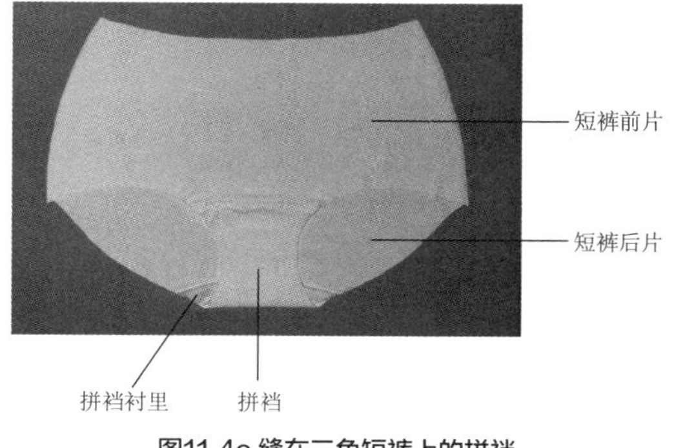

图11.4c 缝在三角短裤上的拼裆

试样

在人台上对短裤进行试样，同时也请他人试穿短裤。用大头针固定需要调整的部位，见图11.5。

重点关注以下几点。

- 检查腰部和臀部是否合身。
- 检查活动时裤子是否穿着舒适（行走、蹲下、弯腰）。
- 检查臀部是否被完全包裹住。

校样

1. 描出拼裆的两边形成一个完整的纸样。在前中心做剪口并标注，见图 4.16。
2. 标注出中腰和低腰，两者平行于腰围线且相距 $1^1/_2$ 英寸。高腰与腰围线重合。
3. 将原型标注为“三角短裤前／后片”，见图 4.16 中的排料图所示。

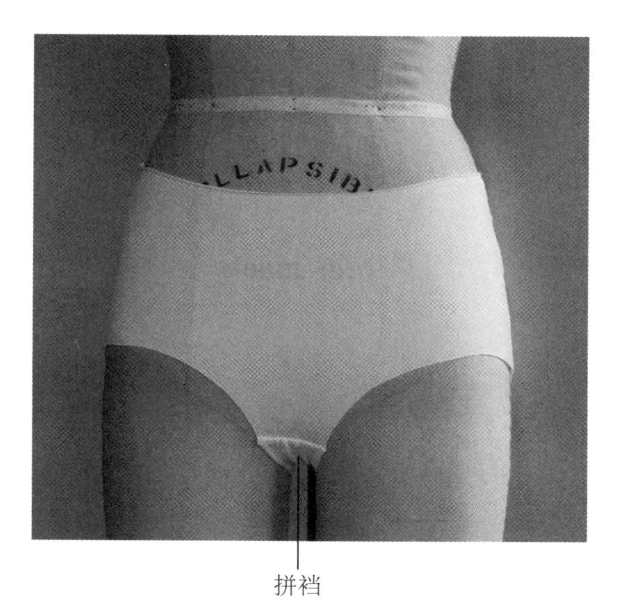

图11.5 三角短裤在人台上的试样

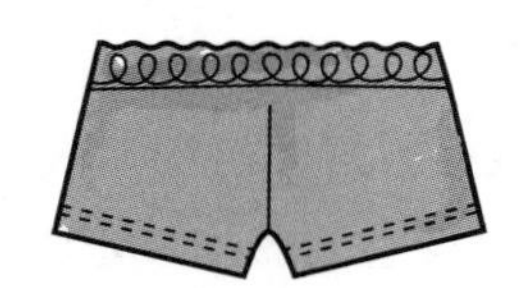

平角短裤

图 11.1（c）中的平角短裤完全覆盖了臀部前侧和后侧，穿在紧身的衣服里显得平整光滑。

绘制纸样

图 11.6a 所示为绘制平角短裤纸样。

1. 在样板纸上描出四面超弹的下装基础纸样，标注 WW1HH1。画出水平腰围线。
2. WC：直裆深（8 号 = 10 英寸，10 号 = $10^1/_4$ 英寸，12 号 = $10^1/_2$ 英寸）。
3. H1B：1/2 英寸。从 B 点向上画一条 1/2 英寸的垂线。
4. W1B：画一条新的臀部曲线。
5. CD：画一条与 HB 等长且平行的线。
6. BD：画一条直线。
7. CM：HH1 的 1/3。
8. CJ：在 45° 角上取 $1^1/_4$ 英寸。
9. H1A：1 英寸。
10. AJM：画出下裆弧线。

画出前／后下裆缝线

图 11.6b 所示为绘制前 / 后下裆缝线。

1. MY：$1^1/_8$ 英寸。从 M 向下画一条垂线作为标识线 1。
2. 在 Y 点画一条平行于 MD 的标识线 2。
3. YG：5/8 英寸。
4. MG：标出后下裆缝线。在下裆缝线放一把尺子，在 G 点画一条 1/4 英寸的垂线。
5. NE：在后下裆缝线 MG 以内 1 英寸的位置画一条平行的前下裆缝线。前下裆缝线与后下裆缝线等长。从 E 点画一条 1/4 英寸的垂线。
6. DL：$1^3/_4$ 英寸。在 L 点画一条 1/4 英寸的线。

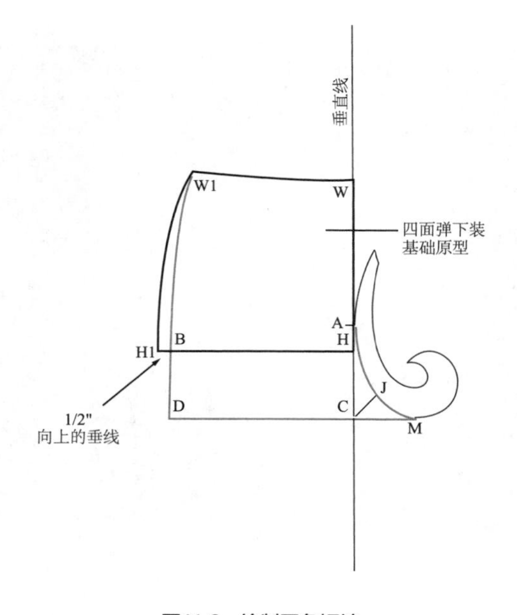

图11.6a 绘制平角短裤

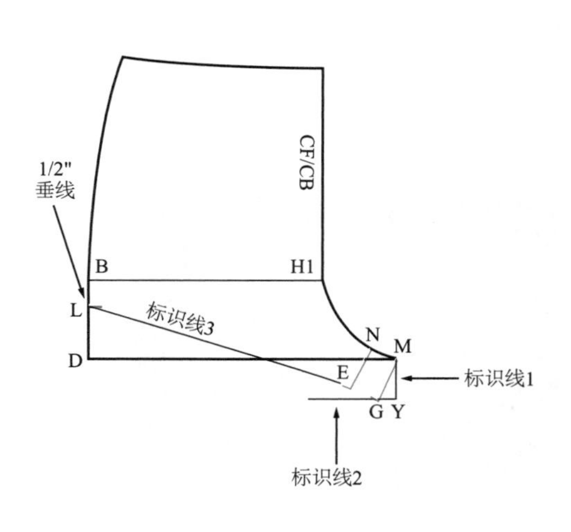

图11.6b 绘制前 / 后下裆缝线

画出前／后脚口线

图 11.6c 所示为绘制前 / 后脚口线。

1. LE：画一条从侧缝到前下裆缝线的标识线，不要沿 1/4 英寸的垂线画这条标识线。
2. 在标识线上标记出中点并画一条，再画一条相交的垂线。
3. O：向上画 5/8 英寸的垂线。
4. P：向下画 3/8 英寸的垂线。
5. LOE：沿 1/4 英寸的垂线 LE 画出前脚口线。
6. LPEG：沿 1/4 英寸的垂线 LE 画出后脚口线。调整长曲线尺的角度，画一条包裹臀部的弧形脚口线。

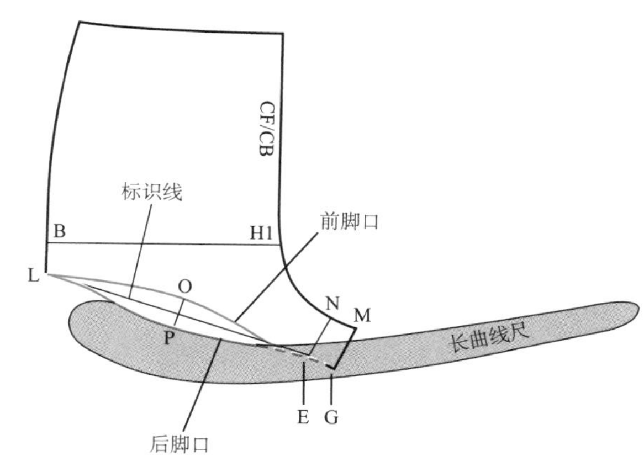

图11.6c 画出前后脚口线

拼合纸样

- 检查前后下裆缝线拼合在一起时是否等长。
- 检查侧缝线拼合在一起时脚口线是否形成圆顺弧线，见图 11.7。

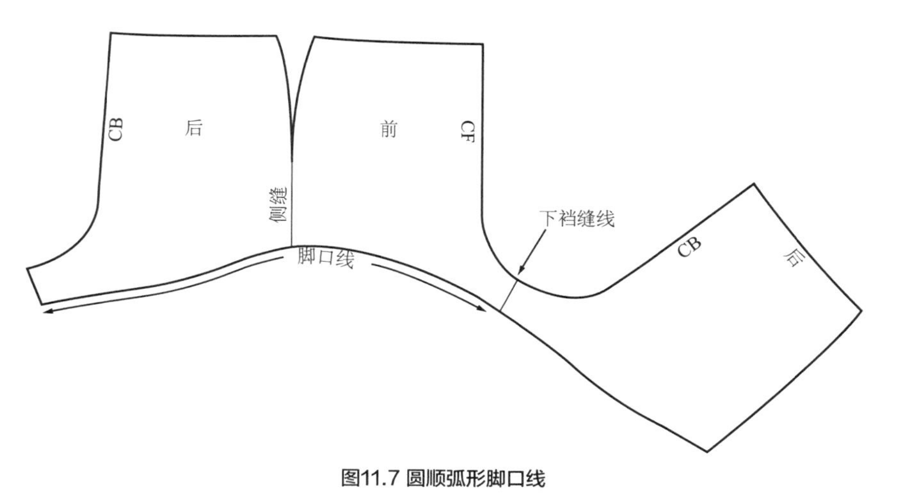

图11.7 圆顺弧形脚口线

去掉侧缝

1. 在样板纸上画一条水平线。
2. 将短裤前片的腰围线 WW1 与水平线对齐并描出纸样。
3. 将短裤后片的腰围线 WW1 与水平线对齐并描出纸样。调整纸样，使得腰口 WW1 处的余量与臀围线处相叠部分相同。描出短裤后片，见图 11.8a。

去掉腰围余量

这时，由于腰围线上出现了余量，因此腰围过长。

1. 测量 W1W1 之间的余量。将这个数值的一半标记在前 / 后中心线以内的腰围线上。
2. FB：将直角尺与前 / 后中心线上的余量标记对齐，位置比腰围线高 1/4 英寸。画一条新的前 / 后中心线，并在原腰围处画腰围弧线。
3. 画一条圆顺的脚口弧线。
4. 在样板纸上描出一片式平角短裤纸样，见图 11.8b。

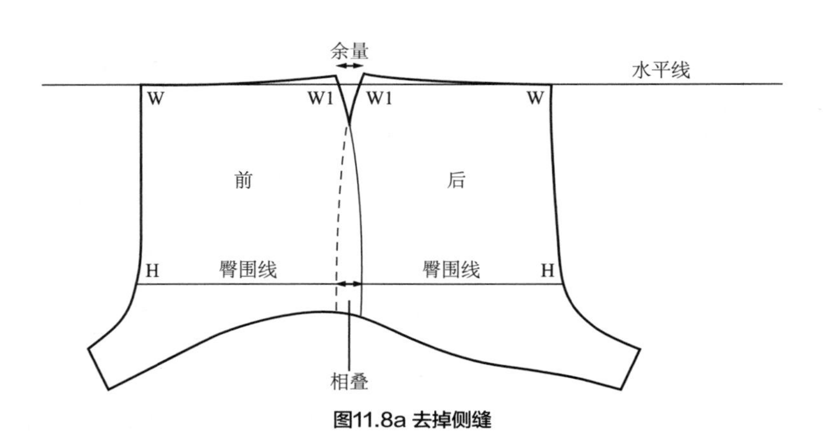

图11.8a 去掉侧缝

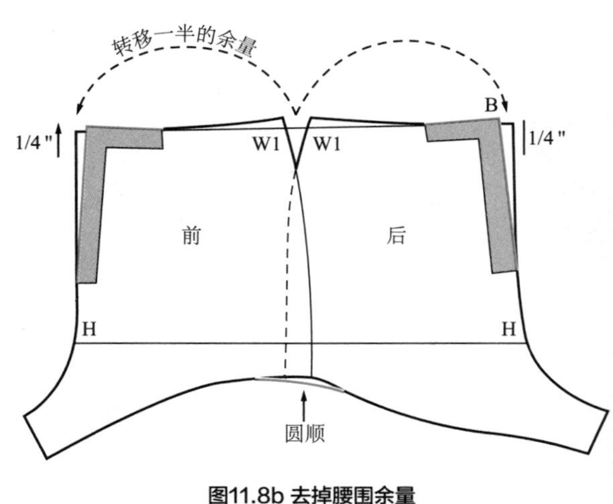

图11.8b 去掉腰围余量

确定经向线

1. 将前 / 后中心线处的臀围线对齐，将纸样对折。
2. 折线就是经向线，且与臀围线形成了直角，见图 11.8c。

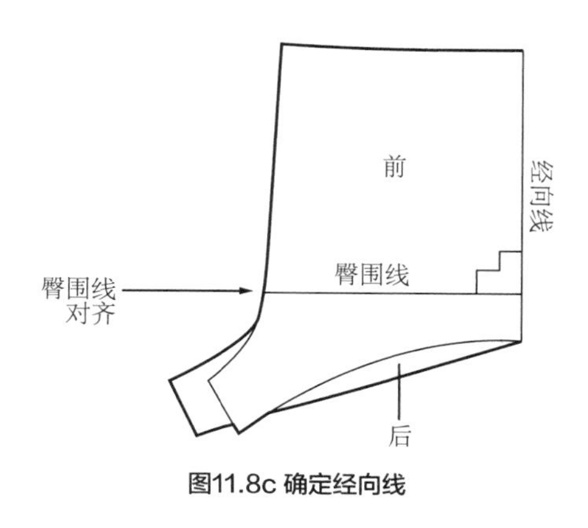

图11.8c 确定经向线

绘制拼裆

1. 在样板纸上画出相交线。
2. 如图 11.9 所示绘制拼裆。

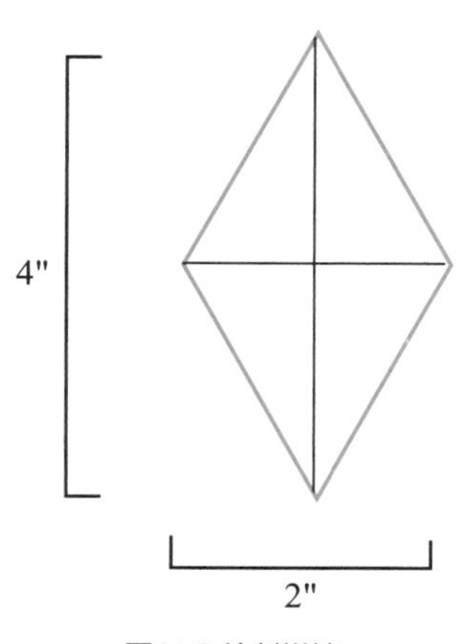

图11.9 绘制拼裆

需要用到的面料

购买 3/8 码的四面弹针织面料，弹性类别要与原型对应。使用图 1.6 中的拉伸性量表来确定面料的弹性。

裁剪与缝纫

1. 按照图 4.17 的排料方法裁剪短裤。
2. 在前中心线和下裆缝线处加放 1/4 英寸的缝份。
3. 按照表 11.2 中的缝纫工序来缝制短裤。
4. 将拼裆缝在平角短裤上，完成短裤（参考表 11.2 的缝纫工序）。

试样

在人台上对短裤进行试样，同时也请他人试穿裤子。用大头针固定需要调整的部位，见图 11.10。

重点关注以下几点。

- 检查腰部和臀部是否合身。
- 检查活动时裤子是否穿着舒适（行走、蹲下、弯腰）。
- 检查臀部是否被完全包裹住。

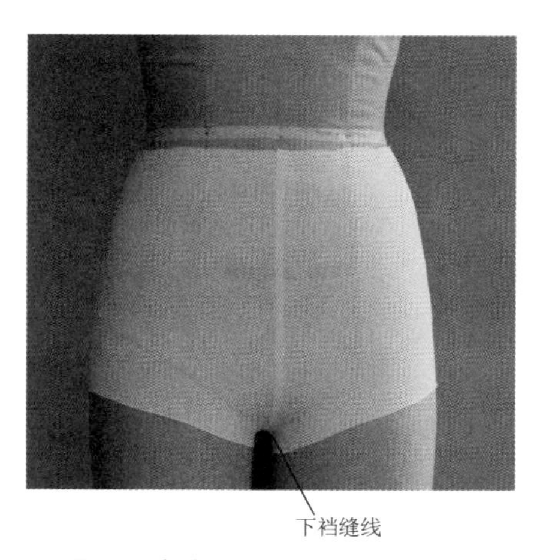

图11.10 坯布平角短裤在人台上的试样

校样

参考图 4.17 标注原型。

1. 将纸样标注为“平角短裤”。
2. 标注“拼裆 1 片。”
3. 转移经向线并记录弹性类别。
4. 在原型上标记中腰和低腰，方便日后设计使用。两条线与腰围线平行且相距 $1^1/_2$ 英寸。

短裤推档

这里展示的三角短裤和平角短裤原型都是为四面超弹面料的服装设计的。接下来，将推档出高弹和中弹原型。这里不会涉及微弹原型，因为微弹原型仅用于双面弹针织面料服装的制板。各个弹性类别的短裤拼裆尺寸均相同。将三角短裤和平角短裤纸样转移到黄板纸上。

三角短裤

制作高弹和中弹原型时需进行正向推档。

准备推档坐标轴

在样板纸上画出推档坐标轴。从 D 点开始，沿正向标出档差 E 和 F，见图 11.11。档差参考图 3.16。

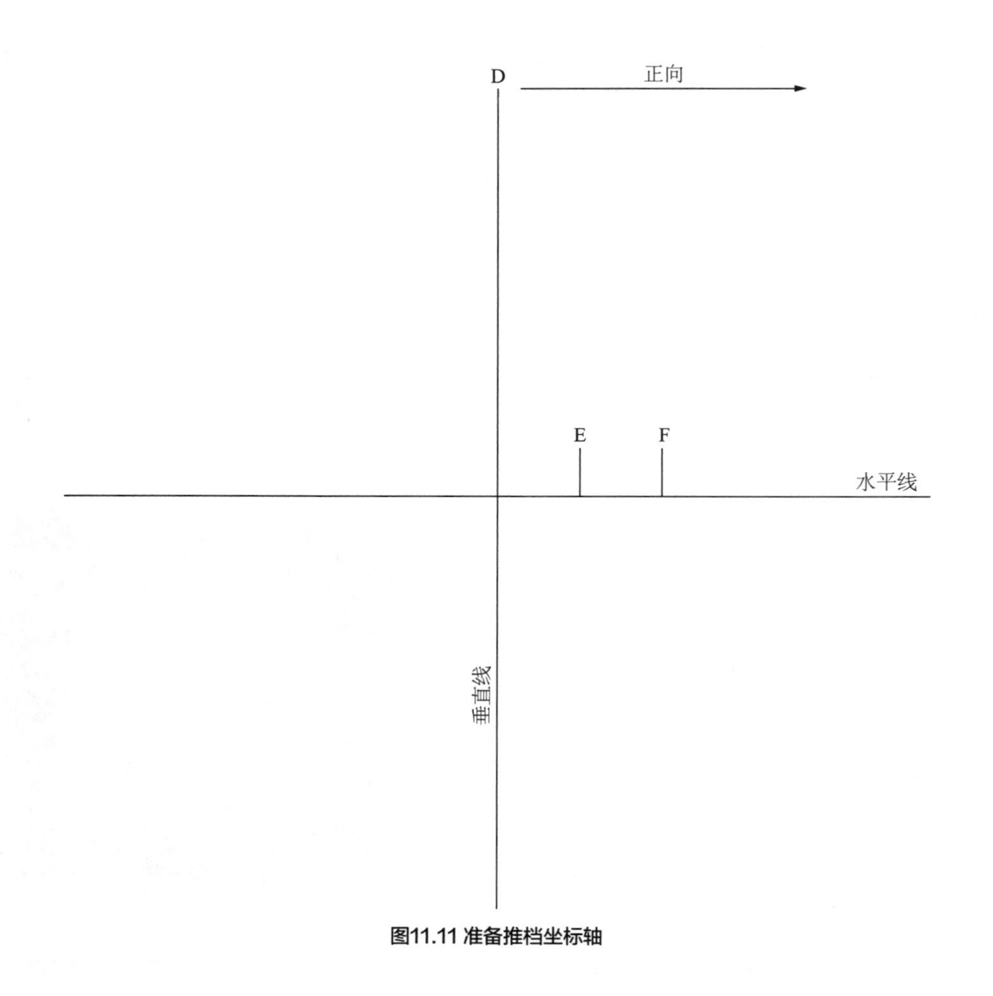

图11.11 准备推档坐标轴

画出水平公共线（HBL）

图 11.12 所示为在原型上画出水平公共线。

1. 将直角尺与原型的前中心线对齐，同时与侧缝 / 脚口线相交。画出水平公共线。
2. 垂直于后中心线，向侧缝 / 脚口线交点画出水平公共线。
3. 在原型上标出 X。

高弹

1. 原型的前 / 后中心线与垂直线 D 重合，水平公共线与水平线重合。在推档坐标轴上描出超弹原型的前 / 后片。
2. 将原型前 / 后片移动到 E。描出腰围线和与水平线相交的侧缝。描出 2 英寸的前脚口线和 1 英寸的后脚口线，见图 11.13a。

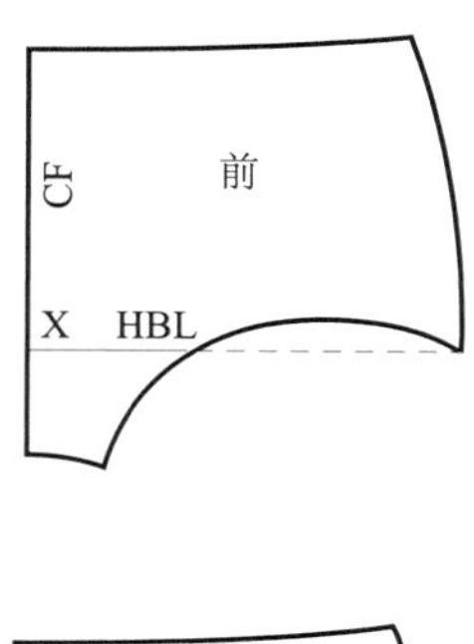

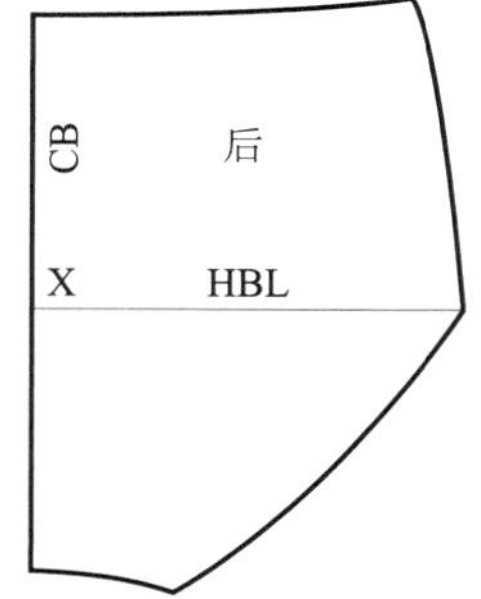

图11.12 在原型上画出水平公共线

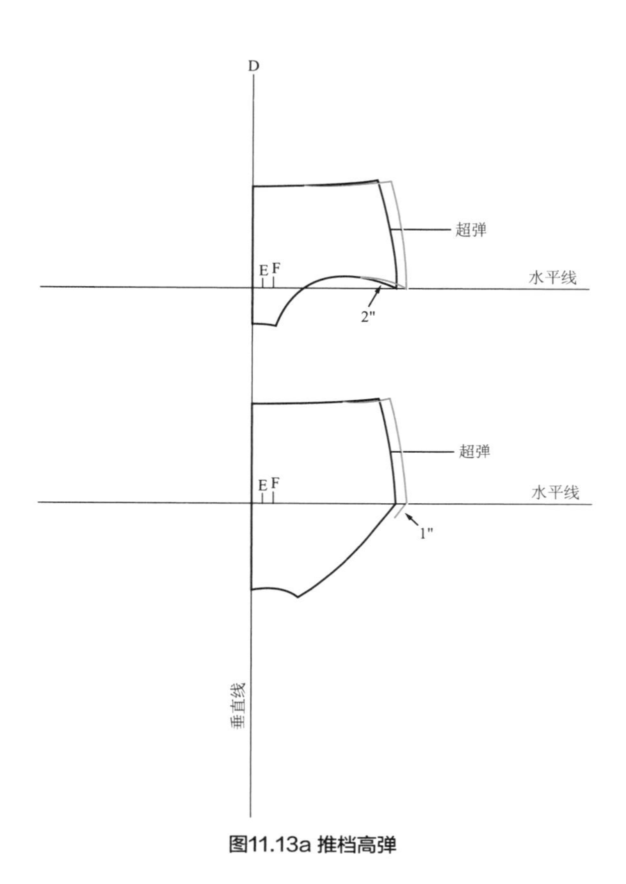

图11.13a 推档高弹

中弹

将原型前 / 后片 X 移动到 F，水平公共线与水平线重合。描出腰围线、侧缝和脚口线，见图 11.13b，方法同上。

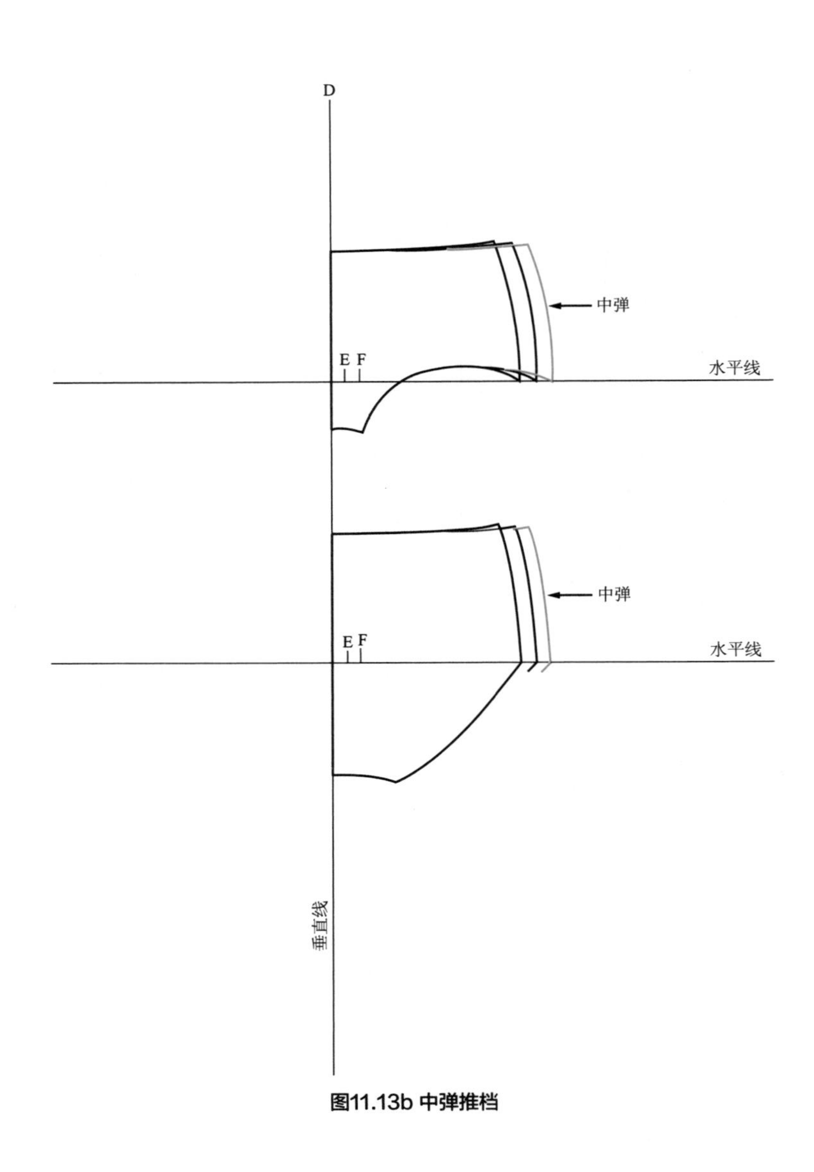

图11.13b 中弹推档

绘制前／后脚口线

1. 用长曲线尺画出前脚口线，将 2 英寸标记与脚口轮廓衔接。
2. 使用原型描出后脚口线的其余部分。将原型放在 1 英寸标记和裆线处。为每个弹性类别画一条圆顺的脚口线，见图 11.13c。

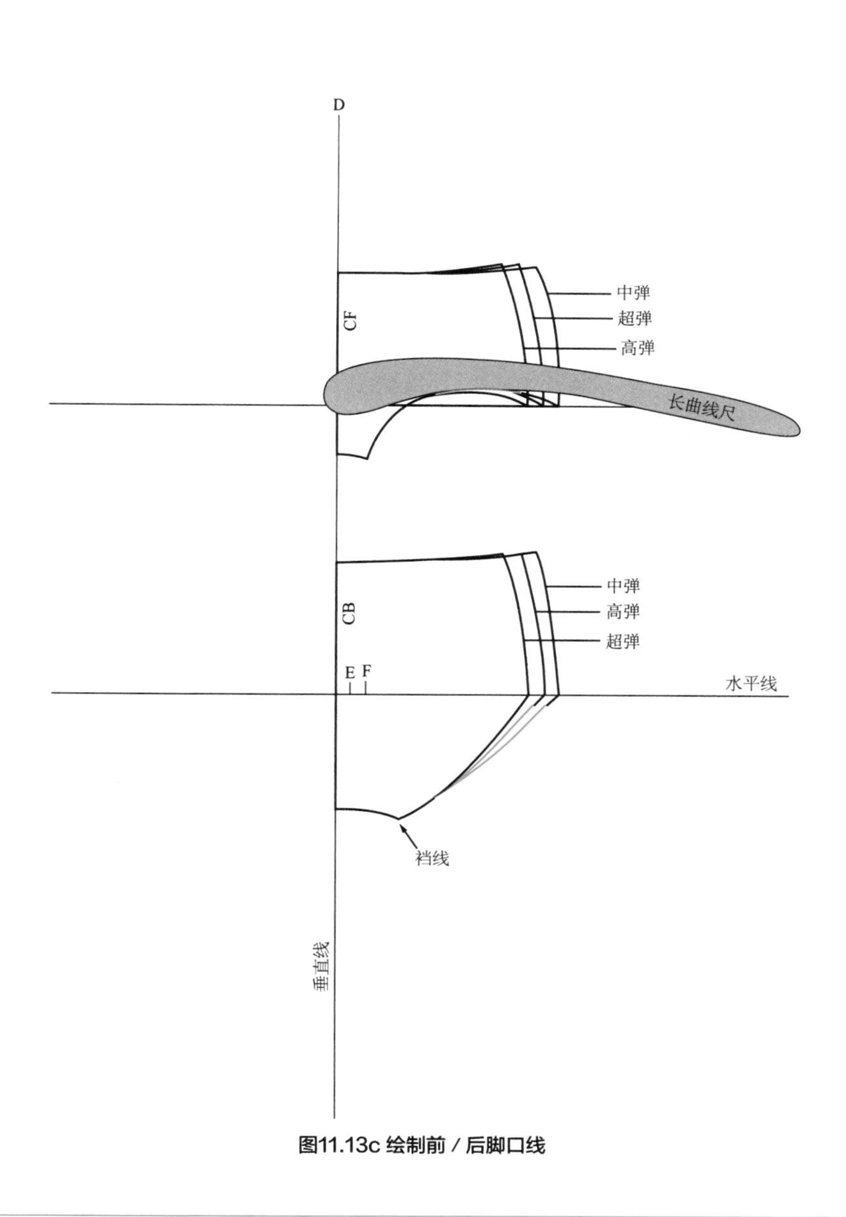

图11.13c 绘制前 / 后脚口线

裁剪原型

1. 在侧缝和腰围线的交点 W1 和侧缝和脚口线的交点 B 处逐一剪出各个弹性类别的轮廓，见图 11.14a。
2. 在黄板纸上描出中弹原型的前／后片。使用描线器转移推档出来的腰围线和脚口线，见图 11.14b，然后裁剪原型。
3. 最后裁剪出高弹原型。

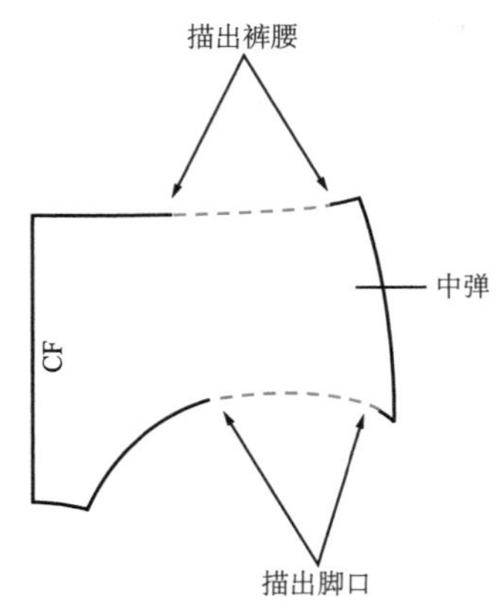

图11.14b 画出腰围弧线和裤腿弧线

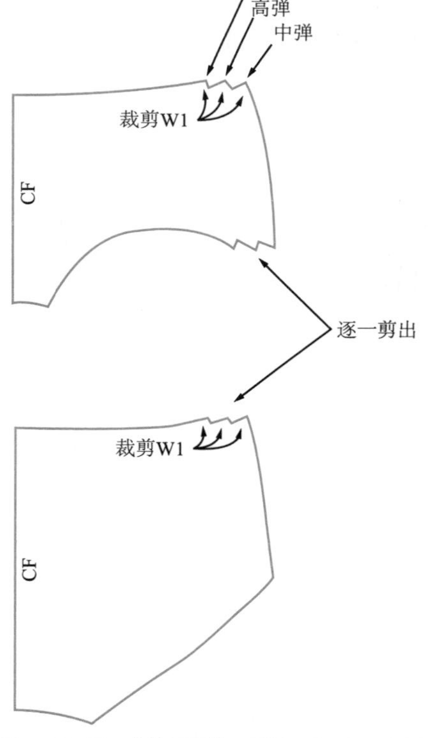

图11.14a 逐一裁剪腰围线／侧缝和脚口线／侧缝

拼合原型

检查裆侧缝和拼裆拼合在一起时，各弹性类别的前／后脚口线是否为圆顺弧线，见图 11.3b。

完成原型

用文字标注原型并记录弹性类别，见图 11.15。

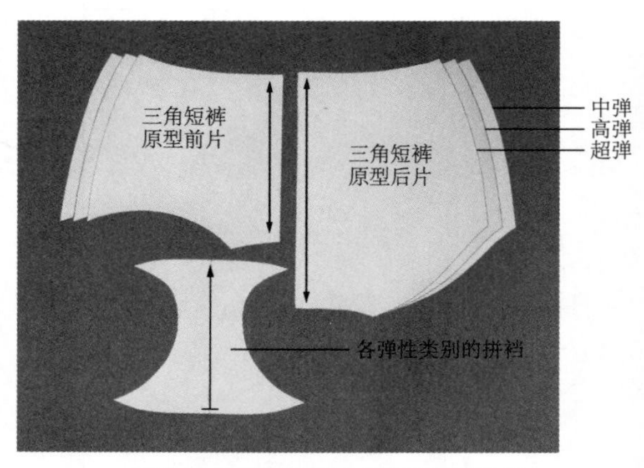

图11.15 各弹性类别的短裤裤腿原型推档

平角短裤

图 11.6 ~ 图 11.8 中展示了四面超弹平角短裤原型。平角短裤的纸样是一片式的，因此需要进行正向及负向的推档。在原型前片上标出 Y，后片上标出 Z，见图 11.16a。

准备推档坐标轴

首先将平角短裤原型画在坐标轴上。然后在坐标轴上标出档差。原型的水平公共线是臀围线。仅在原型上标出 ZY。每移动一次，都要确保水平公共线与水平线重合，见图 11.16a。

1. 在黄板纸上画出相交线。
2. 将原型水平公共线与水平线重合，经向线与垂直线重合。在坐标轴上描出原型。
3. 沿负向标记出 1/2 英寸的档差 BC。
4. 沿正向标出 1/2 英寸的档差 EF。

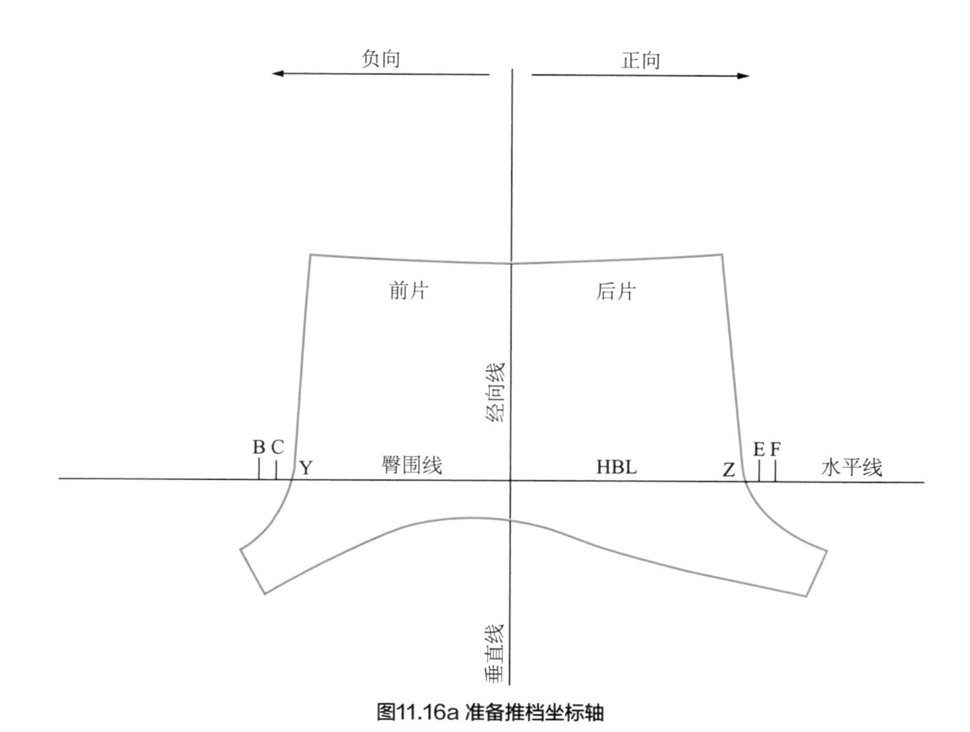

图11.16a 准备推档坐标轴

高弹

1. 将 Y 移动到 C。从经向线开始，描出腰围线、前中心线 / 裆、下裆缝线和脚口线直到距经向线 2 英寸的地方。
2. 将 Z 移动到 E。从经向线开始，描出腰围线、前中心线 / 裆、下裆缝线，以及 1/2 英寸的脚口线，见图 11.16b。

中弹

1. 将 Y 移动到 B。从经向线开始，描出腰围线、前中心线 / 裆、下裆缝线和脚口线直到距经向线 2 英寸的地方。
2. 将 Z 移动到 F。从经向线开始，描出腰围线、前中心线 / 裆、下裆缝线，以及 1/2 英寸的脚口线，见图 11.16b。

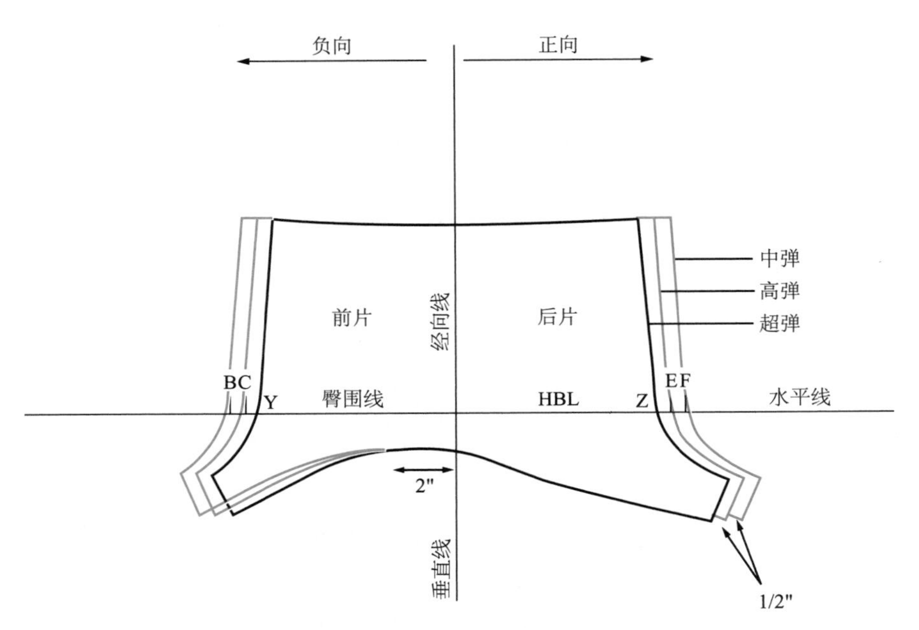

图11.16b 推档高弹和中弹原型

裁剪原型

1. 如图 11.17 所示，沿中弹原型的前后下裆缝线 / 脚口线轮廓逐一裁剪。
2. 在黄板纸上描出中弹原型，描出各个轮廓。
3. 用描线器描出前脚口线。
4. 将超弹原型后片放在 1/2 英寸脚口线标记处。然后调整原型角度，与原脚口线相交。画出中弹脚口线。
5. 裁剪高弹原型，然后转移脚口线，方法同上。
6. 检查下裆缝线拼合在一起时脚口线是否形成圆顺的弧线。

完成原型

将原型标记为“平角短裤”，画出经向线，记录弹性类别，见图 11.18。

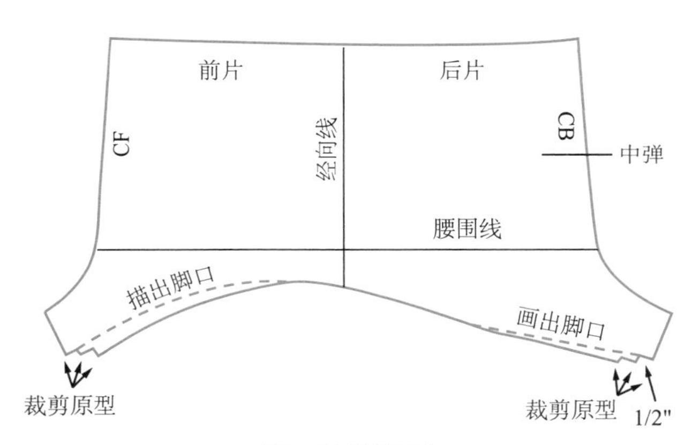

图11.17 裁剪原型

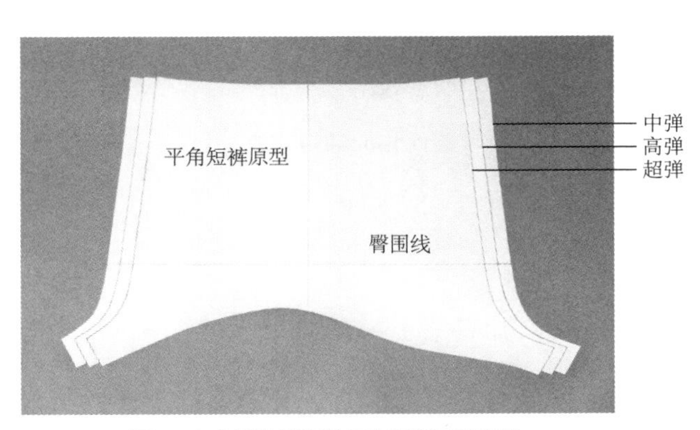

图11.18 各弹性类别的平角短裤原型推档

短裤的款式变化

你可以对三角短裤原型的轮廓进行修改来制作丁字裤。你也可以去掉平角短裤的前／后中心线接缝、增加分离的拼裆进行款式变化。

丁字裤

很多女性会觉得丁字裤穿起来既舒适又实用，因为穿在紧身的裤装和半裙里面时不会显现出内裤的边缘。

1. 从图 11.2c 的工作纸样上描下四面弹三角短裤的前／后片，将其修改成低腰款式（完成原型上的低腰线标记见图 4.16）。
2. SD：3/8 英寸（总裆宽为 3/4 英寸），见图 11.19a。
3. W1A：标记出 3/4 ~ $1^1/_2$ 英寸的侧缝。
4. AS：前脚口线的形状。
5. DE：画出拼裆的长度。
6. 裁剪、缝纫丁字裤，并在裤装人台上试样。加放 1/4 英寸的缝份。在这个阶段不需缝合拼裆。装上松紧带之后再缝合拼裆，并将其固定在脚口处。
7. 标注纸样，并画出经向线。记录纸样的弹性类别及需裁剪的样片数量，见图 11.19b。

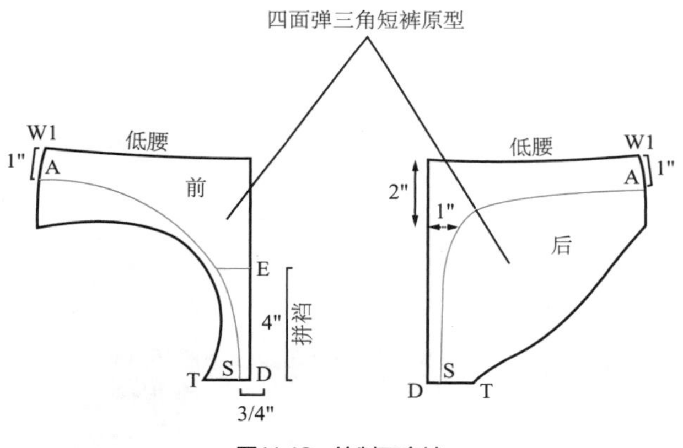

图11.19a 绘制丁字裤

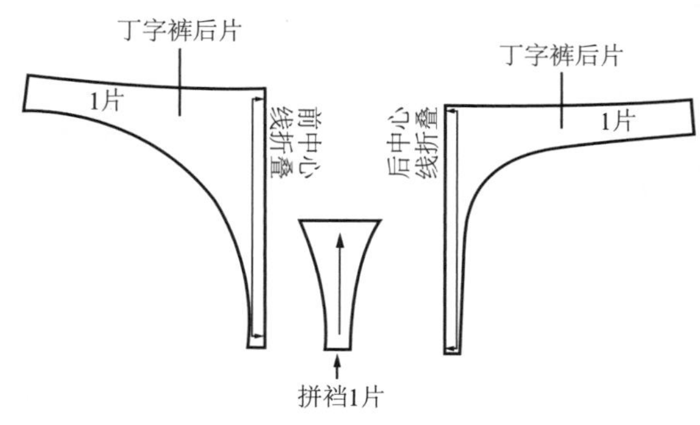

图11.19b 丁字裤的校样

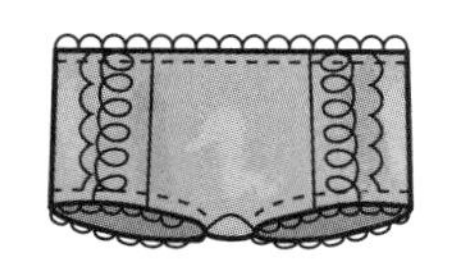

没有前／后中心线的平角短裤

图 11.1（d）展示了另一种有侧缝、但没有前／后中心线的平角短裤。可以使用基础款平角短裤纸样来制作这款短裤。

绘制纸样

1. 描出（或画出）平角短裤纸样的前／后片，见图 11.6c。这款短裤是中腰的。
2. 将前／后中心线延伸至裆以下。

前片

1. HY：臀围线以下 2 英寸。
2. YA：1 英寸的垂线。
3. YC：Y 以上 5/8 英寸。
4. AC：画出下裆弧线。
5. E：1/4 英寸。
6. AE：画出脚口线，将其抬高 1/4 英寸，如图 11.20 中弧线所示。

后片

1. HX：臀围线以下 $3^{1}/_{4}$ 英寸。
2. XB：$1^{1}/_{4}$ 英寸的垂线。
3. XD：X 点以上 1/4 英寸。
4. BD：画出下裆弧线。
5. E：1/4 英寸。
6. EB：使用长曲线尺画出脚口线弧线，如图 11.20 所示。
7. 测量（HC 和 HD）的长度。以 H 为起点，将这个长度标记在前／后弧形裆线上。测量裆缝／下裆缝线处剩下的“多余长度”。

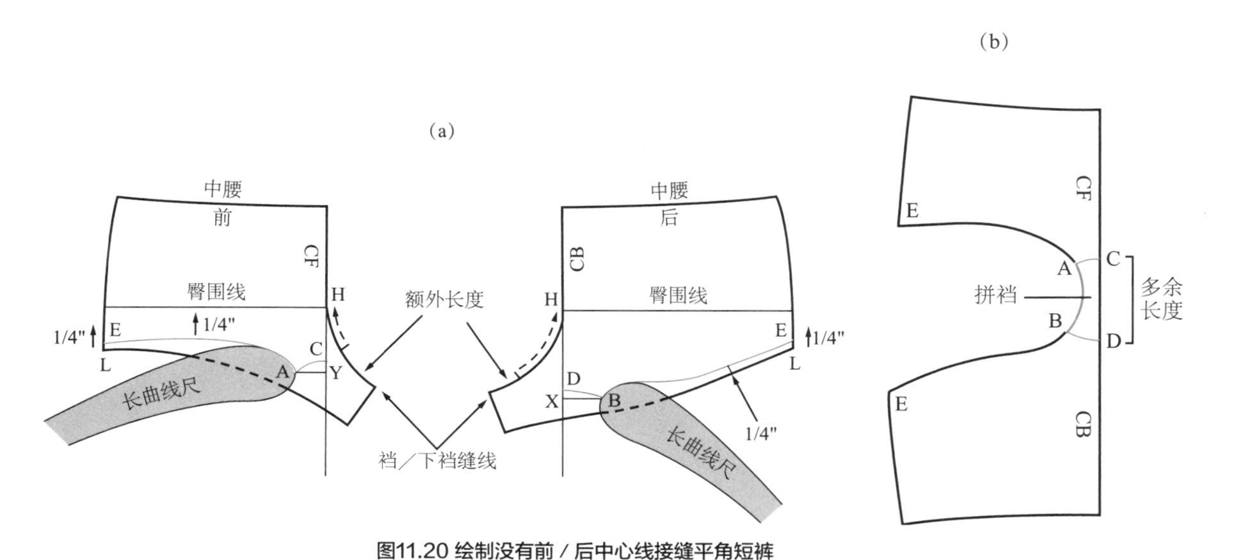

图11.20 绘制没有前／后中心线接缝平角短裤

绘制拼裆

1. 在样板纸上画一条垂直线。
2. 将短裤的前中心线与垂直线重合，然后描出并标记裆线 AC。从 C 点开始标记出“多余长度”。
3. 将后裆 D 与垂直线重合，长度与“多余长度”相等，然后描出短裤后片。

校样

1. 沿裆线 AC 和 BD 描出短裤纸样前／后片。
2. 将侧缝拼合在一起检查是否形成了圆顺的曲线。
3. ACDB：在一张折叠的样板纸上描出拼裆，然后裁剪出完整纸样。
4. 如图 11.21 所示标注纸样，记录弹性类别，画出经向线。

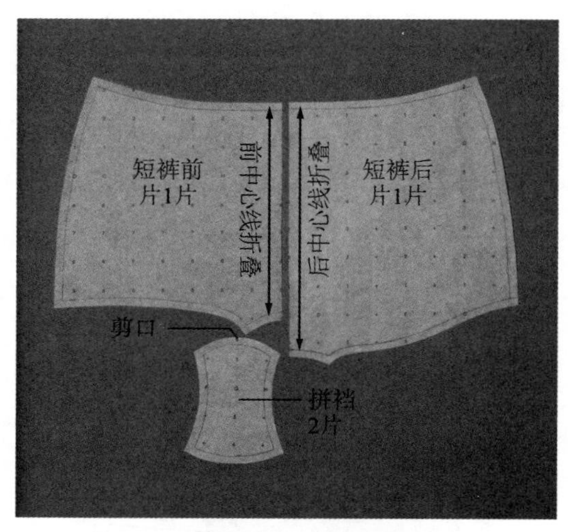

图11.21 没有前／后中心线接缝的平角短裤

短裤的收边

三角短裤和平角短裤的腰口必须装松紧带。三角短裤的脚口也必须装松紧带。平角短裤的脚口不需要松紧带，但也可以装上松紧带。腰口和脚口大多使用 3/8 英寸的窄毛圈松紧带或编织松紧带。弹性蕾丝（1 英寸和 3/8 英寸）也可以做出很漂亮的收边。（参考表 3.2 了解各种类型的松紧带。）

收边的长度

松紧带和弹性蕾丝的长度必须比脚口或腰口短。这样装上收边之后，可以确保开口处服贴平整。

计算收边的长度。

1. 测量纸样腰围线并将总长乘以 2，见图 11.22a 和图 11.22b。
2. 测量纸样脚口，见图 11.22b 和图 11.22c。
3. 将腰围长度减少 2 英寸，作为松紧带 / 蕾丝的长度，见图 11.22d。
4. 将脚口长度减少 $1^{1}/_{2}$ 英寸，作为松紧带 / 蕾丝的长度，见图 11.22d。

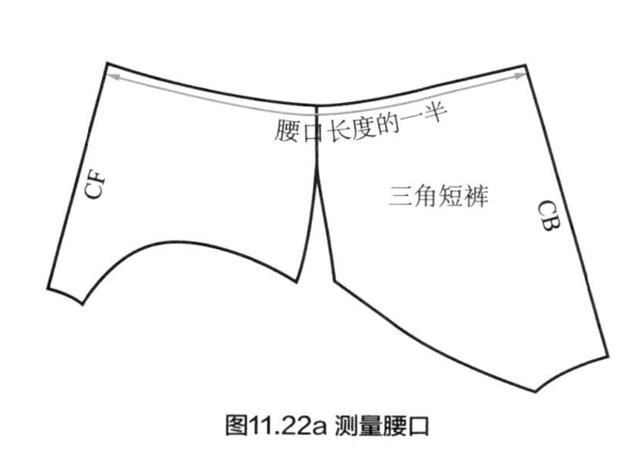

图11.22a 测量腰口

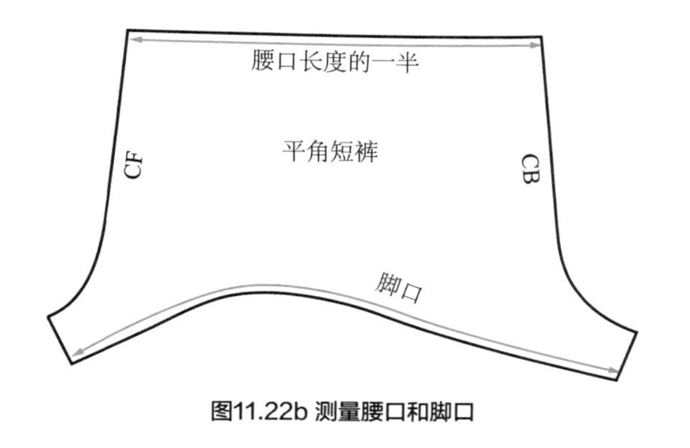

图11.22b 测量腰口和脚口

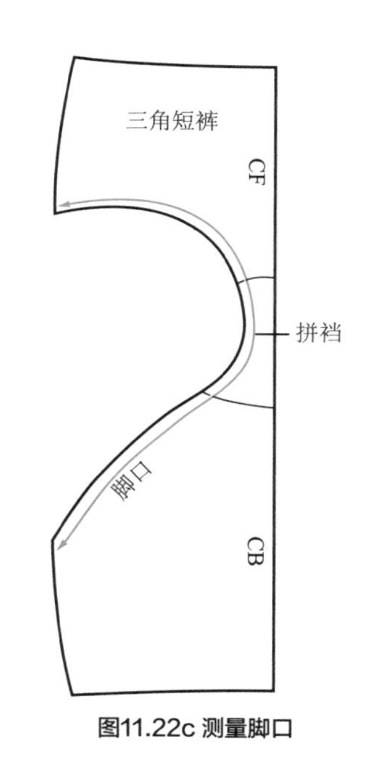

图11.22c 测量脚口

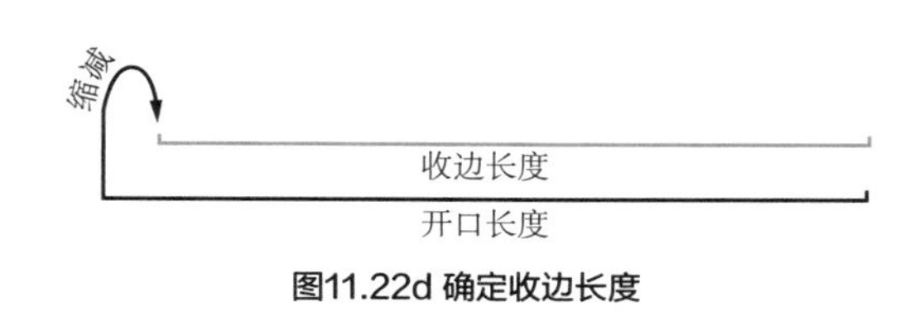

图11.22d 确定收边长度

缝制收边

缝制收边之前，需将脚口和腰口四等分，并用大头针固定。同时也需要将收边四等分。接下来，拼合大头针标记，拉伸收边，这样可以确保收边缝在开口处时面料保持平整（见表 11.1 和表 11.2）。

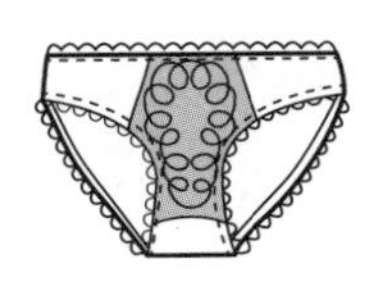

毛圈边松紧带

这种松紧带缝在腰口和脚口处之后，精致的毛圈饰边会从正面露出来，见图 11.1（a）。松紧带紧贴肌肤，因此需购买柔软的松紧带。

1. 如果松紧带的宽度为 3/8 英寸，则将这个宽度加到纸样上以便翻折。
2. 将松紧带置于面料的正面。
3. 用宽“之”字形线迹将松紧带缝在固定位置上（或包缝）。
4. 将松紧带翻向反面。在正面用略窄的“之”字形线迹对边缘进行翻折明缝，将松紧带边包在面料下面，见图 11.23。

包缝松紧带

如果松紧带与面料颜色不搭（如编织松紧带），最好的办法就是包缝。缝纫完成后，松紧带完全被包裹覆盖住，见图 11.1（b）。

1. 在短裤脚口 / 腰口加卷边，宽度与松紧带相同。
2. 将松紧带置于面料的反面。
3. 将松紧带用“之”字形线迹（宽）或包缝在开口。缝纫时将松紧带的外沿包裹起来，这样可以防止松紧带翻转。
4. 将松紧带和面料翻向反面。从正面用双针线迹（或“之”字形线迹）翻折明缝内沿，见图 11.24。

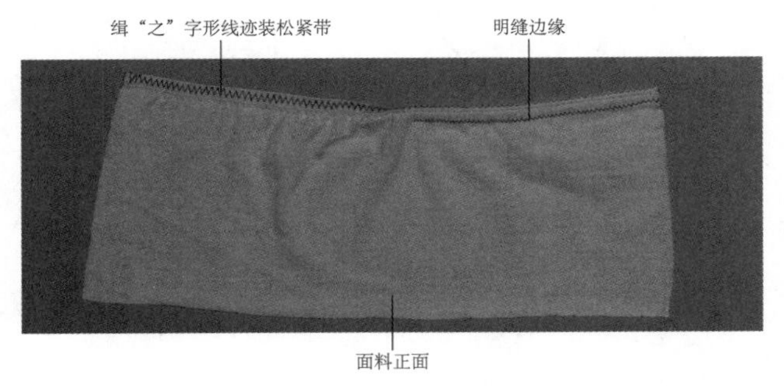

图11.23 缝制毛圈边松紧带

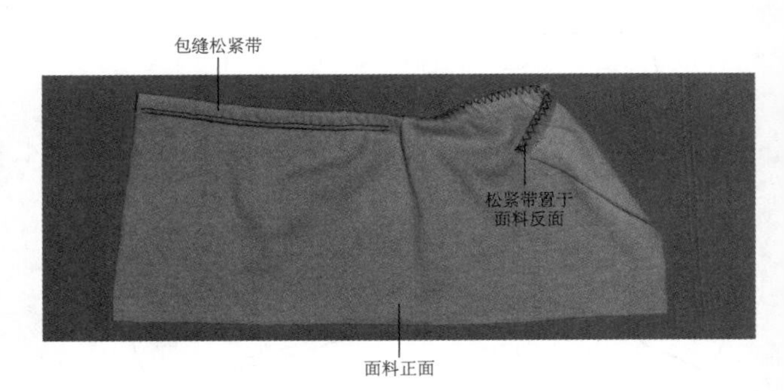

图11.24 包缝松紧带

弹性蕾丝

弹性蕾丝是短裤和吊带背心常用的一种饰边，见图 11.1（c）（h）（i）。用窄“之”字形线迹或三步“之”字形线迹缝纫蕾丝，因为这两种线迹比较适合蕾丝的材质。

窄蕾丝

三角短裤上的窄弹性蕾丝可参考图 11.1（b）。

1. 在短裤脚口 / 腰口加 1/4 英寸卷边。
2. 将蕾丝反面的 1/4 英寸置于面料边缘，见图 11.25。
3. 用“之”字形线迹将蕾丝边缘缝在短裤裤口。

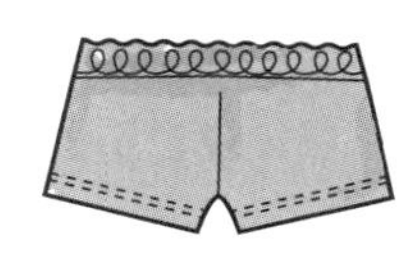

宽蕾丝边

1. 将蕾丝的反面与面料的正面相对。将蕾丝边缘与面料边缘对齐，用大头针固定，见图 11.26。
2. 用“之”字形线迹缝蕾丝的下沿，见图 11.26。这就是图 11.1（c）中将弹性蕾丝缝在平角短裤上的方法。
3. 如果蕾丝有月牙边，围绕月牙边缉线，见图 11.27。这就是图 11.1（h）和（i）中将弹性蕾丝缝在背心上的方法。
4. 将蕾丝下边靠近蕾丝边缘的面料裁掉（用贴花剪刀），见图 11.27。

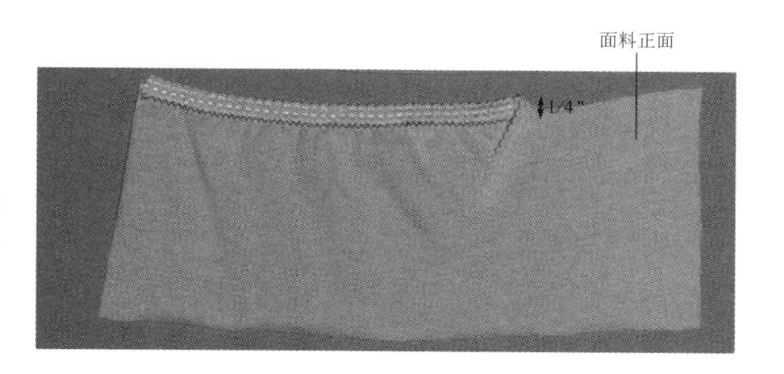

图11.25 缝纫窄弹性蕾丝

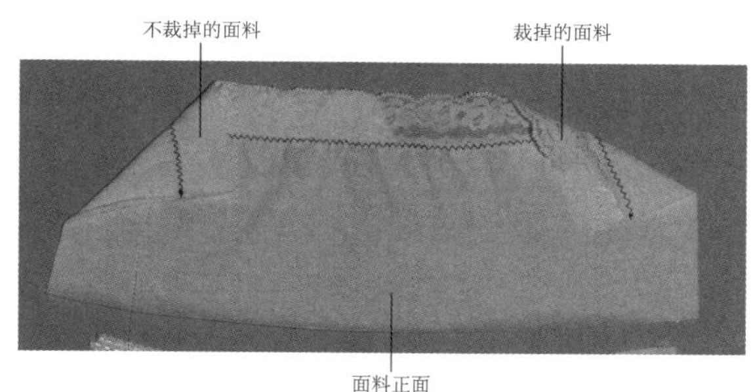

图11.26 缝纫宽弹性蕾丝

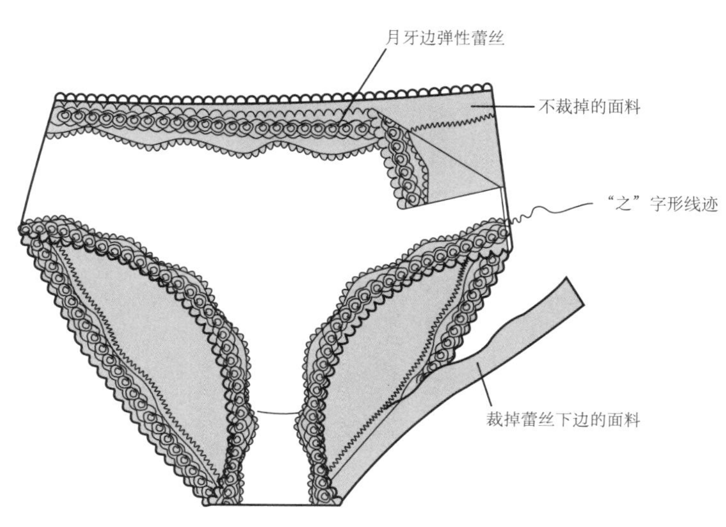

图11.27 将扇形边缘松紧带缝在短裤上

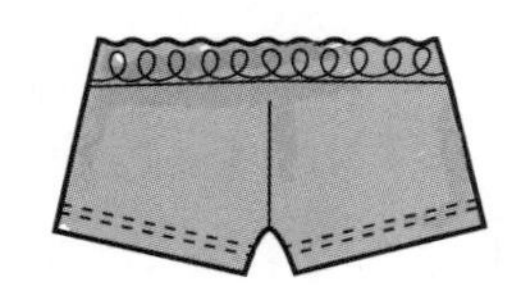

翻折明缝

如前所述，平角短裤的脚口不需要装松紧带，将脚口翻折明缝即可，见图 11.1（c）。在脚口加 1/2 英寸缝份。

1. 将卷边折向反面。

2. 用双针在脚口正面缉明线，见图 11.28。

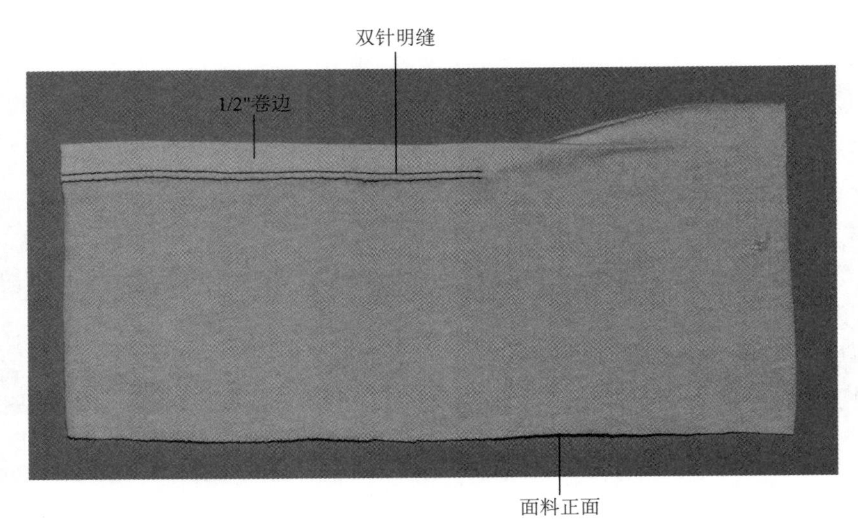

图11.28 翻折明缝

吊带背心的制板

吊带背心是一件用途很广的服装，可以穿在里层保暖，也可以作为睡衣或穿在正装外套下打底。吊带的设计可以是简单、贴身的，也可以加上罩杯、圆领、V 领、喇叭形轮廓或蕾丝饰边，见图 11.1（f）到（i）。

吊带背心可以使用微弹、中弹、高弹、超弹的双面弹或四面弹针织面料制作。吊带背心纸样是根据上衣原型制作的。见图 2.2“上衣原型”中的吊带背心。你需要使用无袖上衣原型来制作吊带背心纸样，参考第 6 章中的“无袖上衣原型”对纸样进行调整。

圆领

圆领吊带纸样的前、后片相同。

1. 选择合适的弹性类别，将双面弹无袖上衣原型纸样的前片描在样板纸上。标出腋下角 B。
2. F：侧缝和袖窿深线的交点 B 向内、向下取 1/4 英寸。
3. FE：画一条垂直的标识线。
4. EA：前中心线上 E 点向上 $1\frac{1}{2}$ 英寸。
5. SC：肩线长度的 1/3。
6. CDA：画一条直角形的标识线。
7. N：AE 中点。在 N 点画一条 1/4 英寸的垂线。
8. DU：1 英寸。
9. FUN：如图 11.29 所示画出领口弧线和袖底弧线。

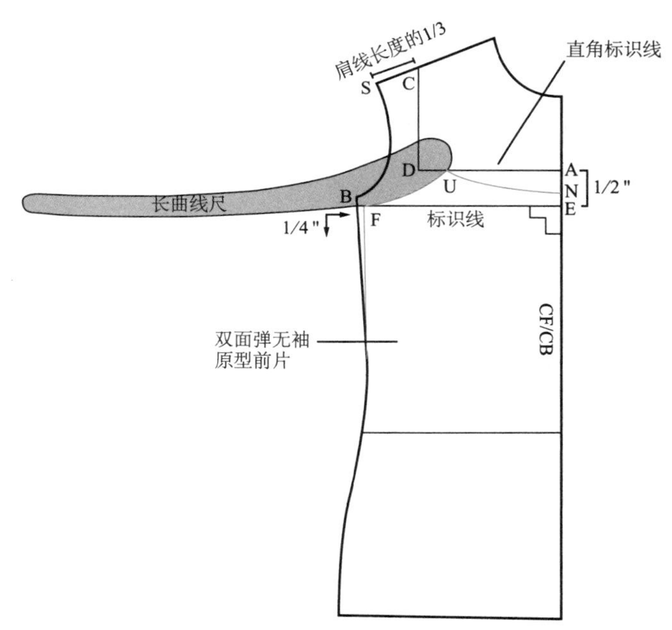

图11.29 绘制圆领吊带背心

需要用到的面料

购买 5/8 码轻质双面弹或四面弹平纹针织面料，面料的弹性类别应与纸样相同。使用图 1.6 中的拉伸性量表来确定面料的弹性。

裁剪与缝纫

1. 按照图 4.15 的排料方法裁剪吊带纸样。此时不需要裁剪缝纫领口收边。
2. 在侧缝加放 1/4 英寸缝份。

试样

将吊带穿在裙装人台上试样，见图 11.30。

重点关注以下两点。

- 检查领口的深度和形状是否正确。
- 检查肩带的长度，从前向后测量，并记录长度。

校样

裁剪一片足够大、能放下左前片和右前片的样板纸。折叠样板纸并描出吊带纸样。裁剪出一张完整纸样。

1. 将纸样标记为“前 / 后圆领背心”和“2 片”。
2. 加放 1/2 英寸缝份和 1/4 英寸卷边，为缝制领口收边加放的缝份取决于收边的类型。

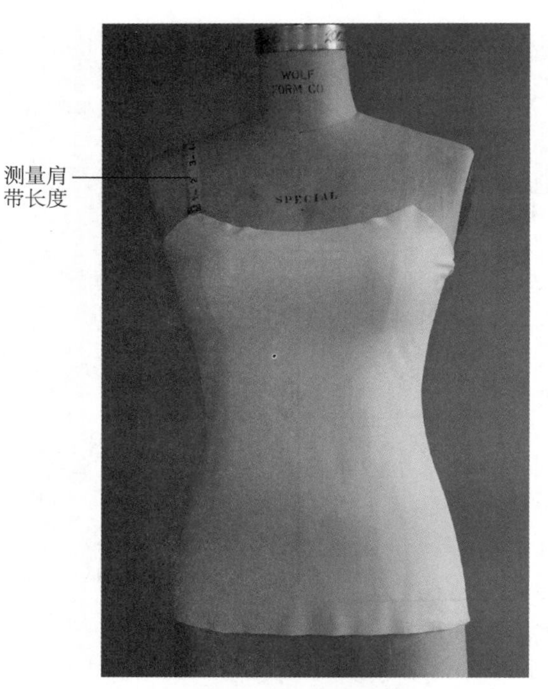

图11.30 圆领吊带背心在人台上的坯布试样

V 领

选择合适的弹性类别，将双面弹无袖上衣原型纸样的前片描在样板纸上。标出腋下角 B 并画出腰围线。如果接下来你打算绘制胸罩式吊带背心，可以在胸高点 A 出做十字标记。

1. F：侧缝 / 袖窿深线交点 B 向内、向下取 1/4 英寸。
2. FE：画一条垂直的标识线 1。
3. CD：在标识线 1 上方 2 英寸画标识线 2。
4. U：在 FN 的中点向上画一条垂直于标识线 2 的直线。
5. FUN：画出连接各点的直线。
6. 在 FU 和 UN 的中点向下画一条 1/8 英寸的垂线。在 1/8 英寸标记点的位置画出领口形状。
7. NE：2 英寸。在 E 点，画一条 2 英寸的垂线。从这点开始画出后领口弧线，见图 11.31a。
8. 将前 / 后侧缝拼合在一起时，检查领口是否圆顺衔接，见图 11.31b。

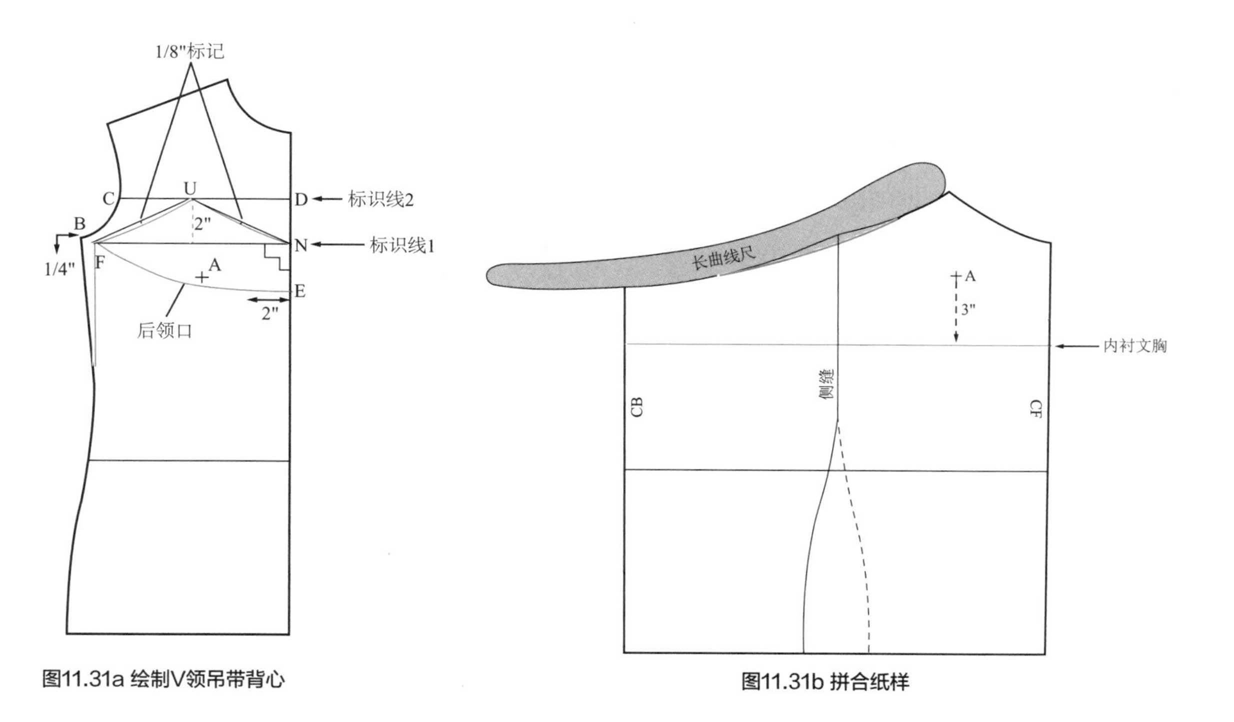

图11.31a 绘制V领吊带背心

图11.31b 拼合纸样

裁剪、缝纫和试样

进行裁剪、缝纫和试样时，可参考本章前面“圆领吊带背心”的部分，方法同上。从 V 领前领口沿肩部测量到后领口，确定肩带长度，见图 11.32。

校样

1. 在纸样后片肩带的位置做剪口。在前片标记出胸高点。
2. 标注纸样名称“V 领吊带”和需裁剪的样片数量。
3. 画出经向线并记录弹性类别，见图 11.33。

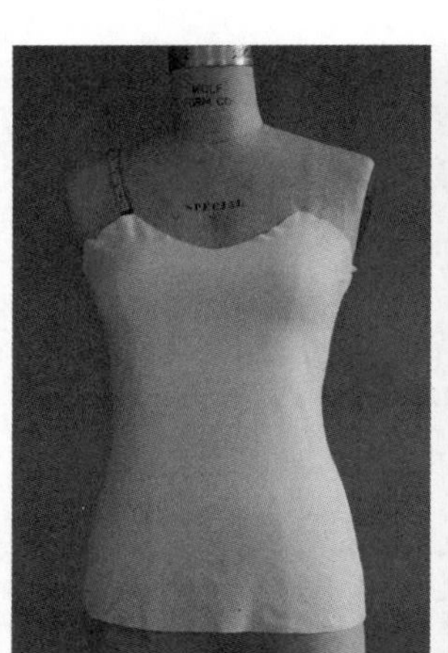

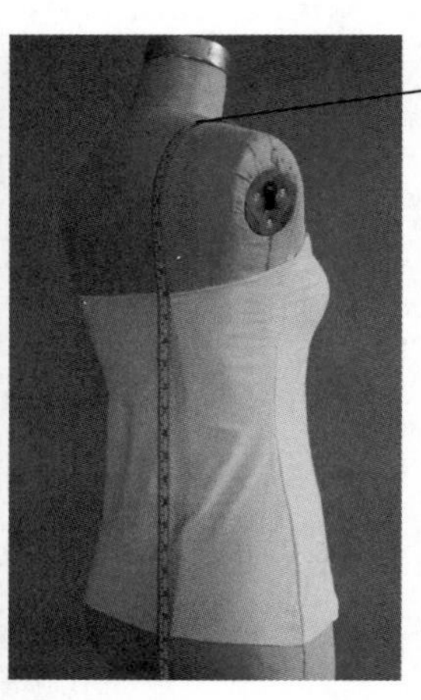

图11.32 测量肩带长度

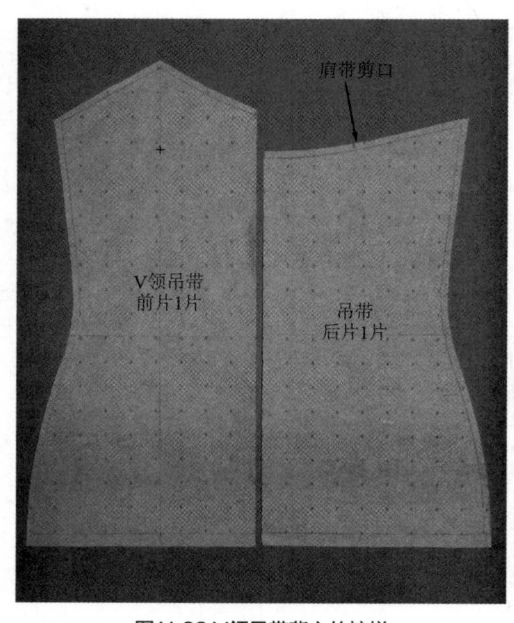

图11.33 V领吊带背心的校样

罩杯

罩杯（bra-top）是一个单独的部分，可以让吊带呈现出更明显的胸部轮廓，见图 11.1（h）和（i）。在罩杯边缘装上蕾丝边可以让服装显得更高档。

绘制纸样

图 11.34a 所示为绘制胸罩式吊带的纸样。

1. 画出 V 领吊带的前 / 后片，见图 11.31。画出腰围线并在胸高点 A 处做十字标记。
2. 降低领口 N。
3. BD：胸高点 A 以下 3 英寸。在 D 点画垂线。
4. AH：画一条从胸高点到底边、平行于前中心线的线条。将线条交点标记为 Z。
5. 在 Z 的两侧分别取 5/8 英寸。将胸高点 A 降低 1/2 英寸。画出从 K 到降低了的胸高点处的省柱。
6. LM：在 Z 的两侧取 1/4 英寸。画出到 H 的垂直线（这是需要去掉的“余量”）。
7. FC：2 英寸（或自定义）。
8. CK 和 KN：用长曲线尺或曲线板画出弧形的罩杯形状。

描绘纸样

1. FUNKC：从工作纸样上描下罩杯。
2. 向前中心线折叠省。裁剪胸罩纸样，在侧边留出一部分样板纸，见图 11.34b。

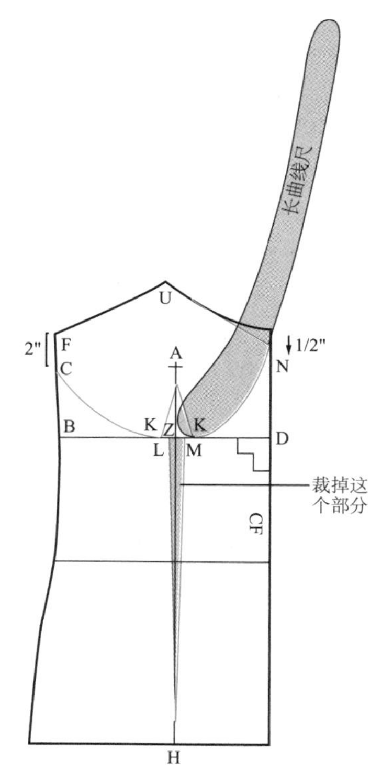

图11.34a 绘制胸罩式吊带

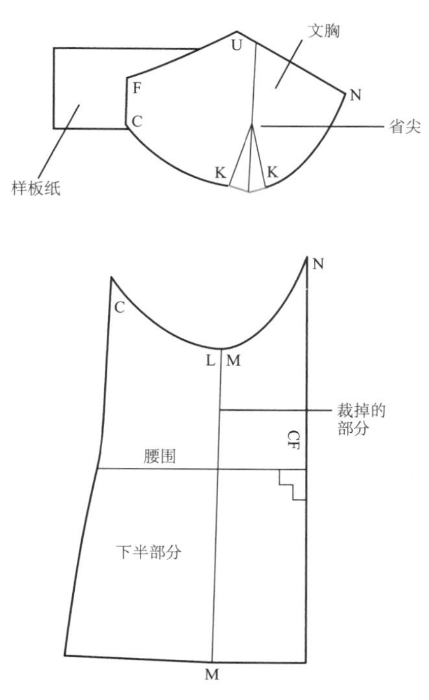

图11.34b 标出罩杯和下半部分

3. 描出吊带的下半部分。

4. 裁剪 L 到 H，然后将 L 与 M 对齐，去掉“多余部分”。

5. 从侧缝／腰围做一条垂直线到前中心线。

6. 前中心线处的底边线稍向下倾，这样可以将此处加长。

将罩杯部分与下半部分拼合

1. 折叠闭合省，并用大头针固定。

2. 将罩杯部分的接缝和下半部分的接缝进行比对（walk），比较长度。首先将前中心线对齐，然后用锥子固定罩杯部分的接缝，将纸样一点一点向侧缝移动。

3. 在下半部分标记出省柱的位置（在这里做剪口）。

4. 胸罩部分的侧缝会比下半部分短一些。

5. 将放码尺放在下半部分的侧缝处，延长线条来加宽 FB。

6. 拼合吊带纸样前／后片，然后画一条圆顺的领口，见图 11.34c。

裁剪、缝纫和试样

裁剪、缝纫背心并在裙装人台上进行试样，见图 11.35。在侧缝和胸罩接缝处加放 1/4 英寸的缝份。然后在下半部分用剪口标记出省的位置。（参考表 11.3 将胸罩与背心的下半部分缝合。）最后，对纸样进行调整。

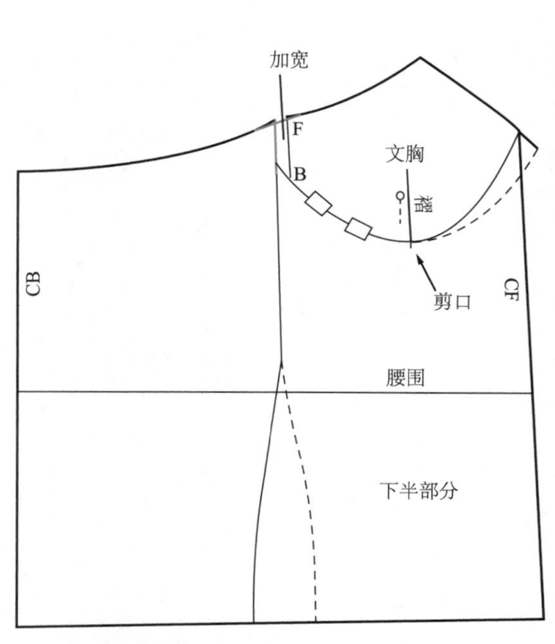

图11.34c 拼合胸罩部分和下半部分的接缝

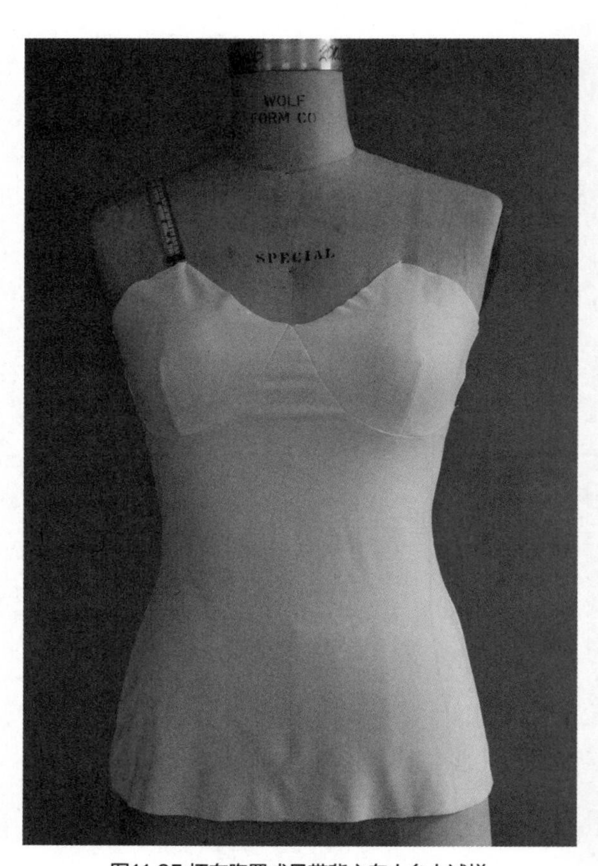

图11.35 坯布胸罩式吊带背心在人台上试样

校样

1. 将纸样标记为“胸罩式背心前／后片。”
2. 画出经向线，罩杯部分经向线是省中心线的延伸。
3. 在省柱做剪口，在罩杯纸样上标注省尖。
4. 然后在下半部分用剪口标记出省的位置。
5. 记录弹性类别和需裁剪的样片数量，见图11.36。

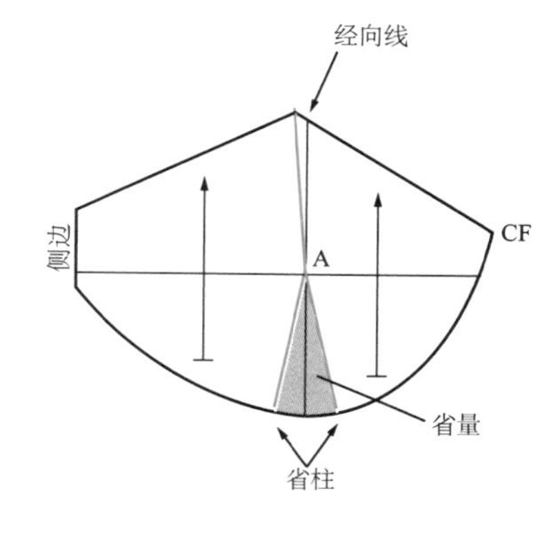

图11.37a 绘制两片式胸罩纸样

制板小窍门11.1:
绘制两片式罩杯

两片式罩杯可以有横向或纵向的接缝，将胸罩分成两部分，见图11.1（j）。

1. 描出图11.34中绘制的有省的罩杯纸样，画出经向线，并在胸高点A做十字标记，见图11.37a。
2. 画一条从胸高点到肩带的位置的垂直线。通过缩减省量将纸样分成两部分，见图11.37b。
3. 通过胸高点A做一条垂直于经向线的水平线，见图11.37a。沿其中一条省柱裁剪至胸高点。拼合省柱，将省闭合。画一条通过胸高点的圆顺线条，见图11.37c。
4. 如图所示在每张纸样上画出经向线，并标记纸样。

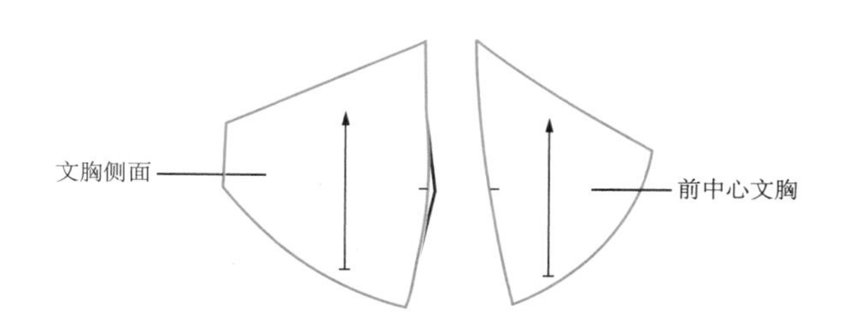

图11.37b 有纵向接缝的两片式胸罩

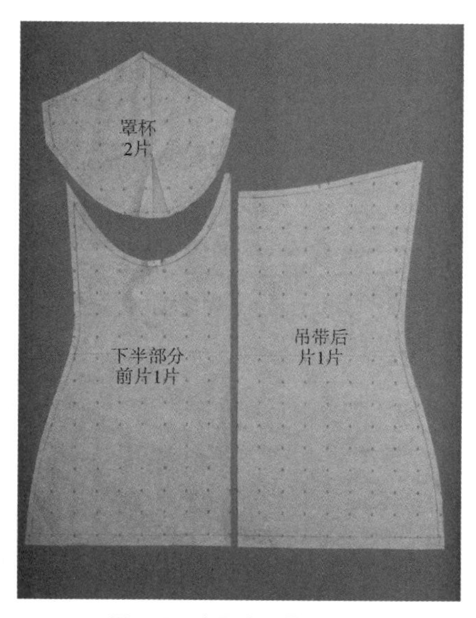

图11.36 胸罩式吊带的校样

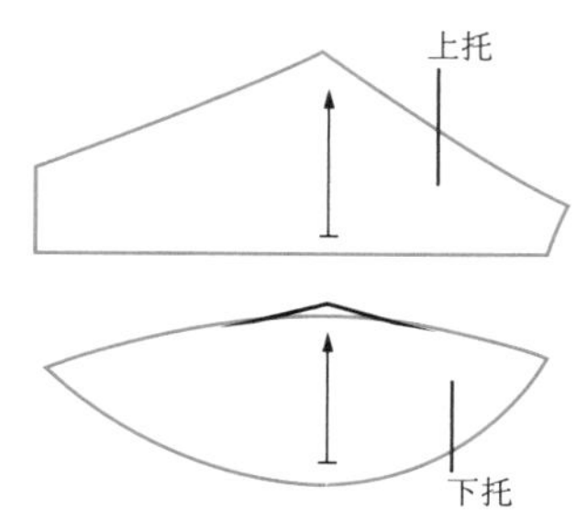

图11.37c 有横向接缝的两片式胸罩

内衬文胸

内衬文胸（shelf bra）是缝在吊带背心里面、贴合胸部形状以增加支撑的一种衬里。内衬文胸可以使用本料或针织面料的衬里制作。内衬文胸的下沿缝有松紧带，使服装能够贴紧下胸围，见图 11.38a。内衬文胸也可以在夹层中加入可拆卸的罩杯，见图 11.38b。应使用柔软的泡沫塑料罩杯，因为这种材料的轮廓光滑贴身。罩杯的形状和尺寸也各不相同。

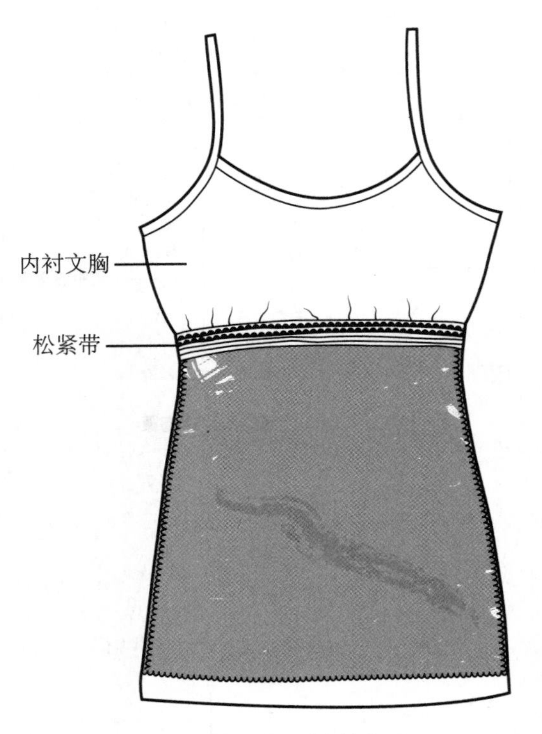

图11.38a 内衬文胸

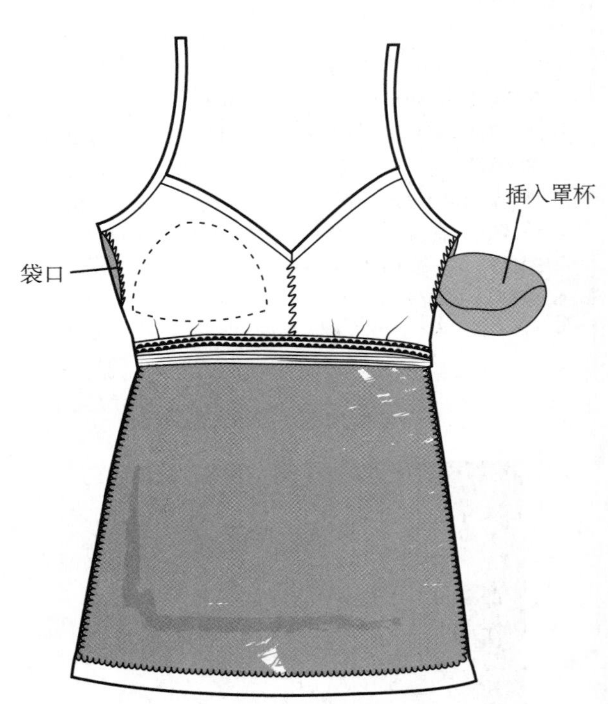

图11.38b 有可拆卸罩杯的内衬文胸

绘制纸样

你可以基于圆领或 V 领吊带纸样绘制内衬文胸的前／后片，见图 11.39。图 11.31b 中内衬文胸的深度在胸高点以下 3 英寸处。

1. 在样板纸上描出内衬文胸纸样的前／后片。
2. 在前片侧缝标记 $2^1/_2$ 英寸的开口，以便插入罩杯。
3. 在侧缝和底边加放 1/4 英寸缝份。根据领口收边类型为领口加放缝份。
4. 标记纸样，画出经向线，记录需裁剪的样片数量。如果内衬文胸有插入式的罩杯，则需裁剪 2 张前片和 1 张后片。

缝纫小窍门11.3:

缝纫有袋兜口的内衬文胸

图11.40为缝纫有袋兜口的罩杯内衬。

1. 包缝开口（沿侧缝），向反面折1/4英寸的折边，然后用“之”字形线迹明缝。
2. 将两张前片的反面相对，用大头针固定侧缝。用“之”字形线迹缝合前中心线。
3. 从开口将反面翻出。将前／后片的正面相对，缝合侧缝。
4. 将松紧带两端拼接缝合成环形（见图9.54）。
5. 包缝内衬文胸的下沿。将下沿和松紧带四等分，用大头针和划粉标记。
6. 将松紧带边缘的1/4英寸与包缝边缘相叠，拼合标记，用宽“之”字形线迹或双针线迹明缝（见图11.38）。

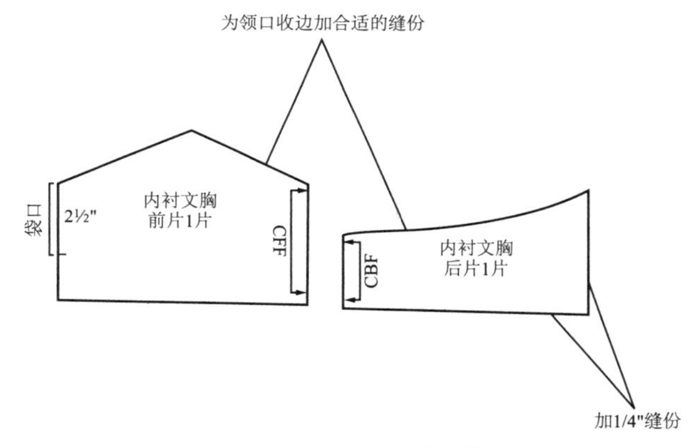

图11.39 绘制内衬文胸纸样

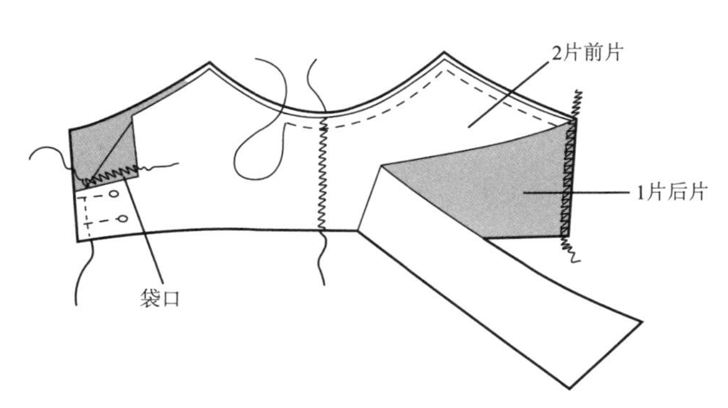

图11.40 缝纫有袋兜口的罩杯内衬

吊带背心的款式变化

吊带可以在领口或胸部接缝处抽褶。吊带的轮廓可以是 A 字形或喇叭形。你可以使用切开／展开制板技术，将图 11.34 中绘制的胸罩式吊带纸样修改成一种全新的款式。

1. 在罩杯下部的接缝处增加抽褶时，需将纸样切开／展开 3 英寸（包括省量），见图 11.41。
2. 绘制喇叭形轮廓，切开／展开纸样下部的（L/M-H）线，见图 11.34b，在底边增加宽松量，见图 11.41。

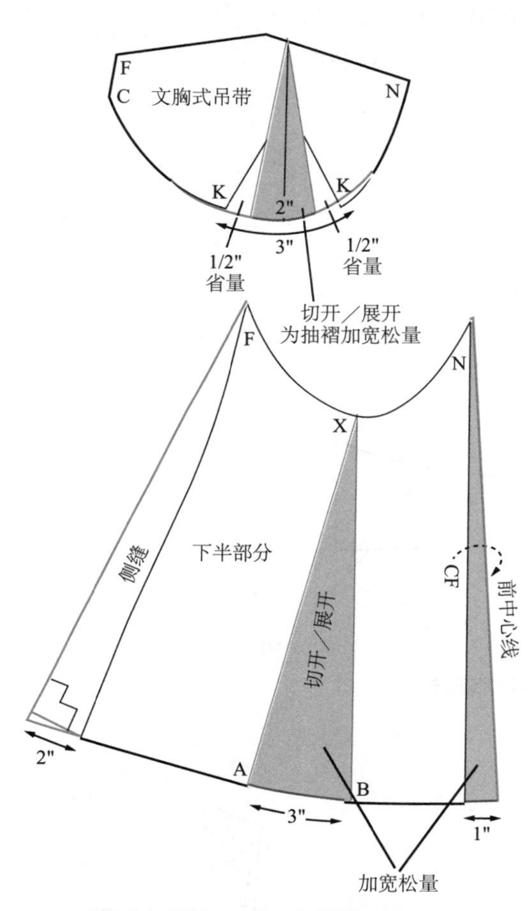

图11.41 用切开／展开技术进行吊带变化

吊带裙

吊带裙是连衣裙长度的吊带背心。绘制吊带裙时，在吊带纸样前后片的臀围线处加上图 7.3 中的裙片部分，见图 11.42。根据设计确定底边长度。

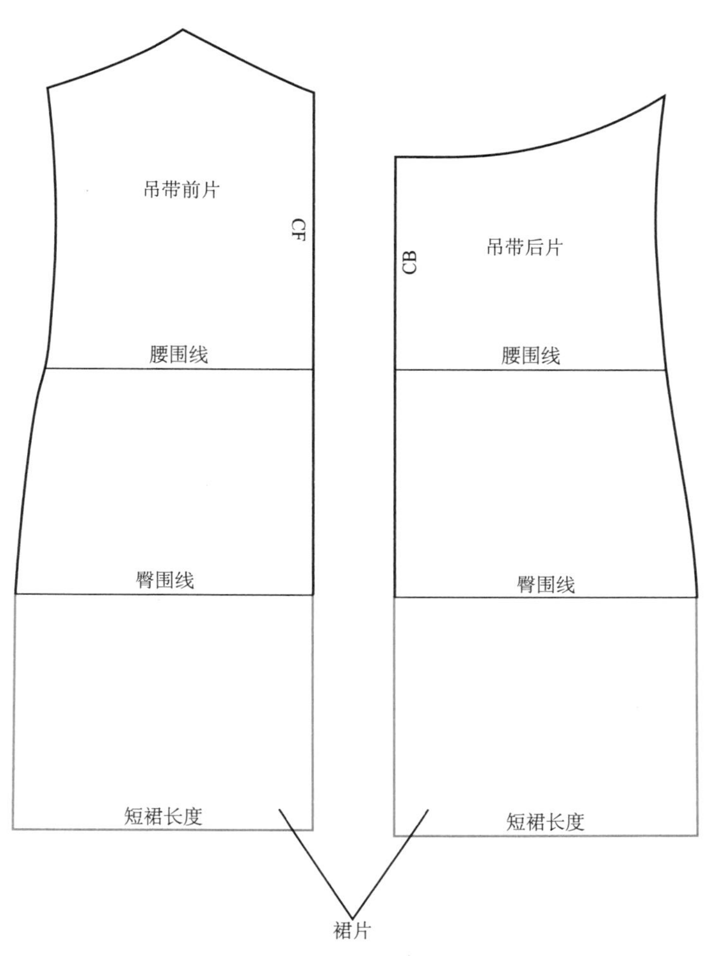

图11.42 绘制吊带裙纸样

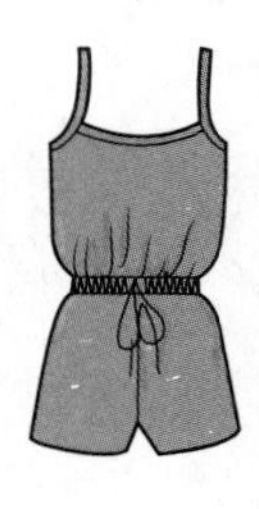

连衫衬裤

连衫衬裤是一款宽松的居家服。可以通过将吊带纸样的前后片和短裤原型的前/后片结合起来制作这款服装。需加长XY之间的长度以加入松紧带套管，这样可以使连衫衬裤穿着更舒适。连衫衬裤纸样也可以作为连体短裤纸样。连衫衬裤的腰围线位于XY的中点，见图11.43。可以将纸样切分开做出腰节接缝。吊带纸样的前中/后中片可以在折叠的面料上排料裁剪。

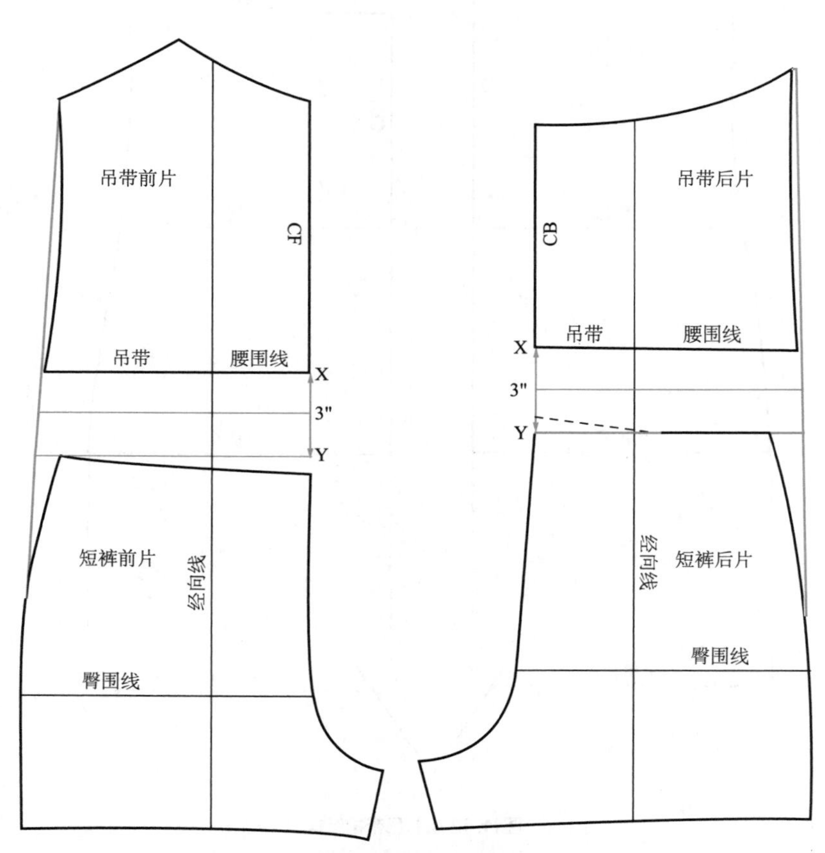

图11.43 绘制连衫衬裤纸样

领口收边

腰口和脚口收边使用的弹性蕾丝、毛圈松紧带和包缝松紧带（松紧带与面料的颜色不搭时）也可用于弹性领口（见本章前面的“短裤收边”部分）。你选择的收边必须能够让吊带随身体舒适地拉伸，不会感到紧绷或拘束。领口收边不需要全部用松紧带。可以在前领口用无弹蕾丝，后领口用松紧带，这样的组合可以制作出功能性强的吊带。滚边也理想的领口收边，这样收边不需要使用松紧带但仍具有弹性。参考图 11.1（f）~（j）了解各种类型的领口收边。

收边的长度

松紧带 / 蕾丝或滚边必须比领口长度短，这样才能确保缝好之后领口平整服贴。

1. 将前后片的侧缝对接在一起。然后分两部分测量领口纸样：前领口和侧 / 后领口，见图 11.44。
2. 缩减长度，以确定收边的长度。缩减的部分依收边种类而定。

缝纫收边

将吊带的后中心线用大头针固定在收边的中点上。然后将领口和收边的标记对齐，用大头针固定。将收边裁剪得比领口短一些，在缝纫时拉伸收边来对齐领口的标记。

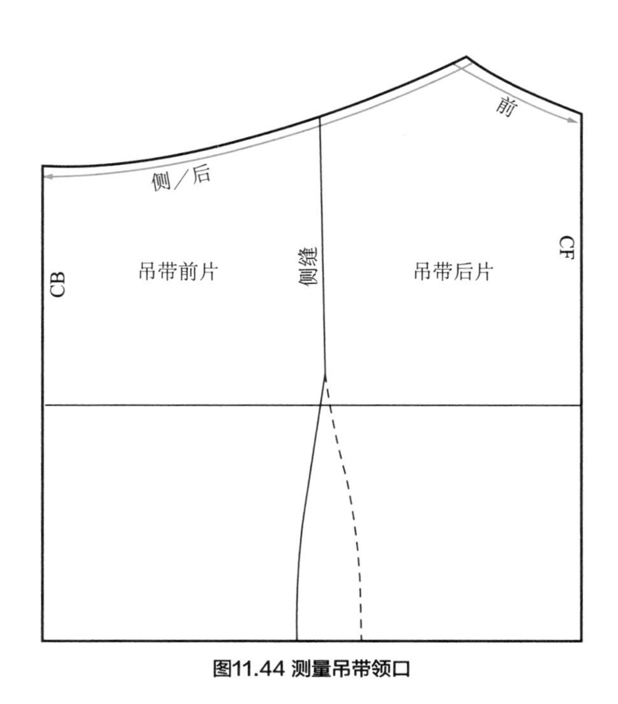

图11.44 测量吊带领口

弹性蕾丝

1. 测量完纸样领口之后，将长度缩减 $1^1/_2$ 英寸作为蕾丝的总长。前领口缩减 1/4 英寸（总共 1/2 英寸），侧 / 后领口缩减 $1^1/_2$ 英寸（总共 1 英寸）。底边缩减 $1^1/_2$ 英寸。
2. 加 1/2 英寸，以便遍拼接蕾丝。
3. 缝一道 1/4 英寸的接缝，然后用手指压开缝份，缉"之"字形线迹，将两侧固定。
4. 将蕾丝的反面与面料的正面相对，月牙边对齐领口边缘。用大头针固定蕾丝的下沿并缉窄"之"字形线迹缝合，见图 11.45。
5. 将蕾丝下面的面料裁掉，见图 11.27 中的短裤。

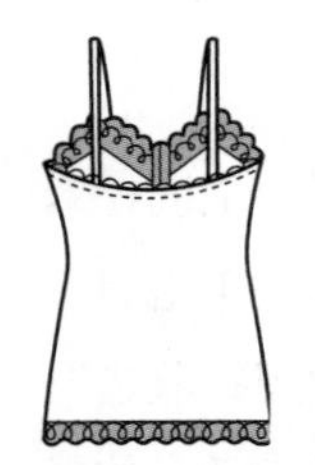

松紧带

吊带的领口全部装松紧带的话会感觉比较紧。可以在吊带后片装松紧带，前领口缝弹性蕾丝（或无弹蕾丝），见图 11.1（i）中的吊带。缝纫松紧带时，参考"短裤收边"部分，方法与缝纫毛圈边松紧边或包缝松紧带相同，见图 11.23 和图 11.24。

1. 将后领口长度缩短 1 英寸，作为松紧带长度。
2. 将松紧带缝合在侧缝时需加放 1/2 英寸缝份。

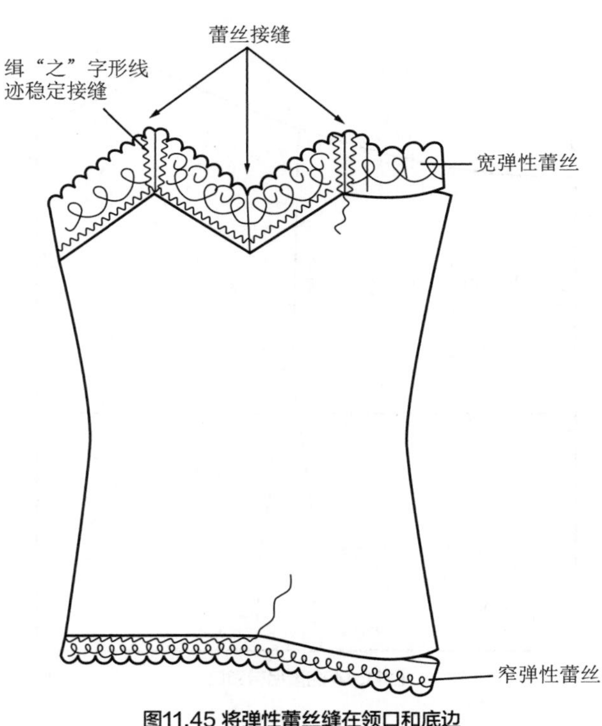

图11.45 将弹性蕾丝缝在领口和底边

滚边

滚边可以作为上衣、开襟毛衫和吊带背心的领口收边。加滚边时不需要在纸样边缘放缝，因为滚边会将毛边包裹起来。

1. 测量领口长度，见图 11.44。缩减 2 英寸作为滚边长度。前领口缩减 1/4 英寸（总共 1/2 英寸），侧／后领口缩减 1/2 英寸。
2. 绘制长度合适、$1^1/_4$ 英寸宽的滚边纸样。滚边的完成宽度大约为 1/4 英寸，见图 11.46。
3. 如果肩带和领口收边是一体的，就将肩带长度加到滚边纸样中，并在前领口肩带拼接处做剪口，见图 11.46。
4. 画出纸样的经向线。可以横向、纵向或斜裁滚边，见图 4.15。
5. 将滚边缝在领口，加 1/4 英寸缝份。先缝前领口，这是表 11.3 中缝纫工序中的第一步。
6. 缝侧／后领口滚边，在后领口留 1/2 英寸开口穿肩带，见图 11.47a。
7. 将肩带对折，正面相对并熨烫。将肩带的两侧向反面折 1/4 英寸的折边，见图 11.47b。
8. 将肩带对折，用手缝针假缝，见图 11.44a。
9. 在正面用双针或“之”字形线迹缝滚边，从肩带的一侧开始缝。在接近 1/2 英寸开口时，插入肩带并继续缝纫，见图 11.47a。
10. 将肩带向上折（朝向肩膀）然后明缝固定，见图 11.47a。

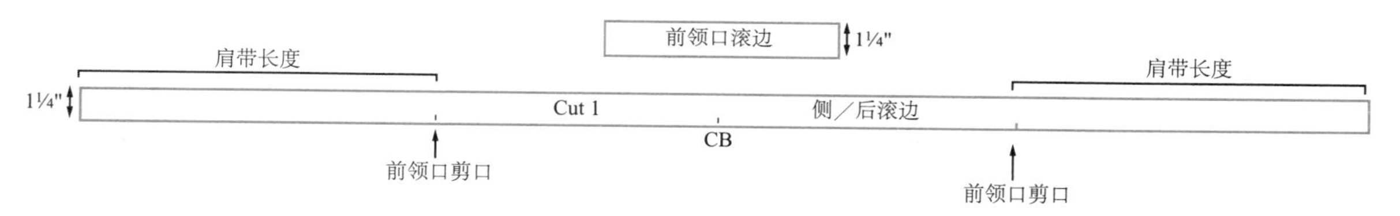

图11.46 绘制滚边纸样

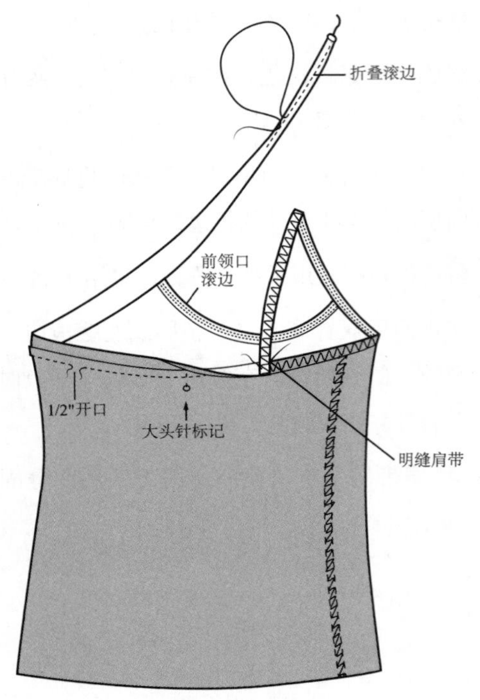

图11.47a 将滚边缝在领口

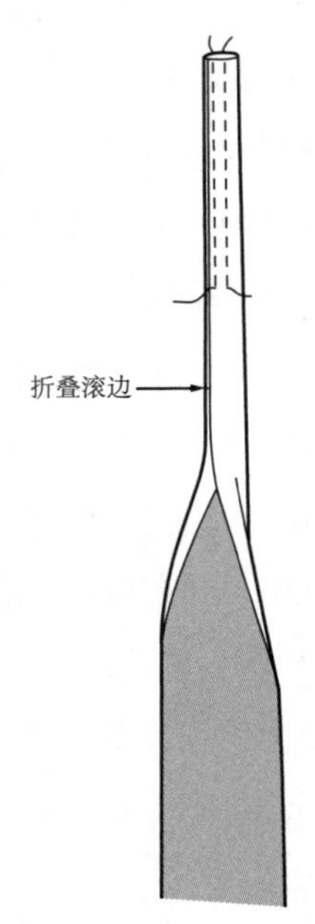

图11.47b 缝制滚边肩带

肩带

可以购买现成的肩带或使用长毛绒松紧带、弹性蕾丝或丝带，也可以用面料制作滚边肩带或细肩带。这些肩带都是没有松紧带的。肩带也可以独立在前/后领口。滚边领口也可以与肩带连为一体，见图 11.47。肩带长度大约为 15 英寸。可以在人台试样时确定肩带的长度，见图 11.30、图 11.32 和图 11.35。

滚边

在前面的部分我们讨论了如何将领口滚边与肩带相连。参考图 11.46 绘制肩带，参考图 11.47b 缝肩带。

弹性蕾丝

宽度为 1/2 英寸到 $1^1/_4$ 英寸的蕾丝非常适合用作吊带背心的肩带。这样的肩带不需要缝制，只需将其缝合在吊带的前／后领口即可。

1. 缝合肩带时加放 1/4 英寸缝份，然后修剪到 1/8 英寸。
2. 将肩带翻折向后，然后用“之”字形线迹明缝，见图 11.48。

细肩带

细肩带（spaghetti straps）是用面料缝制成的 1/4 英寸宽的窄肩带，见图 11.49。

1. 在一块双面弹针织面料上按所需长度沿纵向纹理裁剪下 1 英寸宽的布条。
2. 沿肩带的宽对折，正面相对并熨烫折边。
3. 将肩带边缘用宽线迹包缝在一起。肩带翻过来之后，包缝可以将肩带很好地垫起来。
4. 将翻带器从肩带中心穿过，勾住上边缘，将肩带通过套管拉回翻到正面。

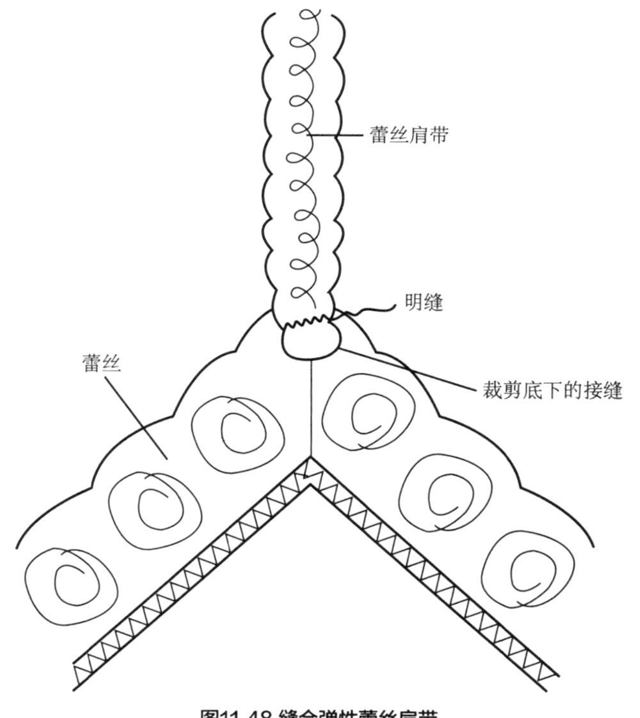

图11.48 缝合弹性蕾丝肩带

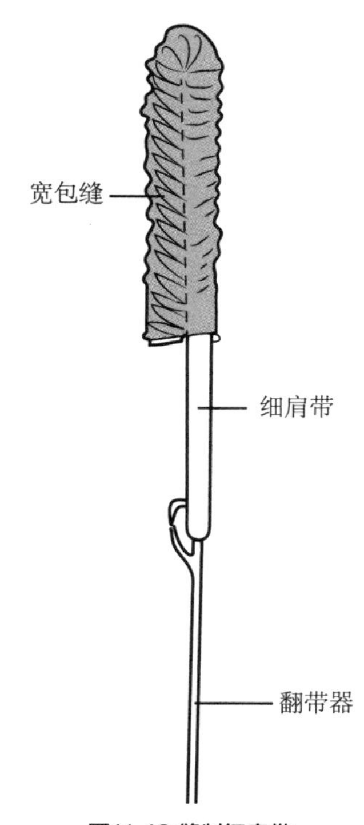

图11.49 缝制细肩带

小结

下面这个清单总结了本章中讲解的内衣纸样的制板知识。

- 短裤原型是根据下装基础纸样绘制的。
- 短裤必须使用四面弹针织面料制作。
- 短裤的腰口和脚口必须有松紧带。
- 吊带背心纸样是根据双面弹无袖上衣原型制作的。
- 吊带背心的肩带不需要装松紧带。
- 吊带背心可以用双面弹或四面弹针织面料制作。
- 吊带背心纸样可以修改为吊带裙或连衫衬裤的纸样。

停：遇到问题怎么办

……我如何绘制一片式的喇叭形平角短裤纸样？我可以在底边缝蕾丝边吗？

一片式的纸样可以用以下方法绘制。

1. 使用图 11.18 中的中弹平角短裤原型。
2. 在原型上从腰围到底边画两条垂直于腰围线且平均分布的切割线（用铅笔）。
3. 切开／展开纸样并在每条切割线的底边加 $1^1/_2$ 英寸作为宽松量（每条裤腿总共加 3 英寸）。
4. 画一条圆顺底边线，并拉齐线条。
5. 可以将轻质无弹蕾丝边缝在每条脚口的底边。

……我绘制的胸罩式吊带纸样胸部太小了怎么办？

1. 切开／展开纸样，加放省量。可以从 UA 到 Z 画一条切割线，见图 11.34a。
2. 将切割线裁剪至 U，展开再在切割线 Z 的两侧加 1/4 英寸。

自测

1. 选择内衣面料的标准是什么？
2. 应使用哪些原型绘制吊带纸样？
3. 如果选择无弹蕾丝边作为吊带的领口，要如何设计领口才能确保它有足够的弹性呢？
4. 在下表中为服装选择面料类型，在对应的面料下打勾。

服装	双面弹	四面弹
吊带		
三角短裤		
四角短裤		

5. 吊带的内衬文胸有什么作用？
6. 吊带背心的肩带需要装松紧带吗？
7. 可以用哪些纸样制作连衫衬裤纸样？为什么要在吊带和短裤纸样之间增加长度？
8. 将松紧带缝在短裤和裤子的腰口时，表 11.1 和表 10.1 中的缝纫步骤有何差别？

重点术语

平角短裤
吊带裙
吊带背心
拼裆
高裤腿
高腰
三角短裤
低腰
中腰
内衬文胸
细肩带
连衫衬裤

第12章 泳装原型及纸样

不论在泳池边休闲，还是海边度假，或是从事其他水上运动，泳装都是必备的时尚之选。泳装的款式多样，也可以在享用午餐和晚餐时作为无袖圆领衫，搭配裤子穿着。

泳装的设计也可以反映出当下流行的元素和款式，如抹胸、露背、垂褶斜肩领口；褶裥接缝；低背、挖剪露腰款式等。泳装可露骨也可保守。如果觉得一片式泳衣过于保守，而比基尼又露得太多，那么结合了泳裤或泳裙的坦基尼泳衣则是最理想的选择，见图 12.1（a）~（d）、图 12.2（a）~（e）和图 12.3（a）~（e）。

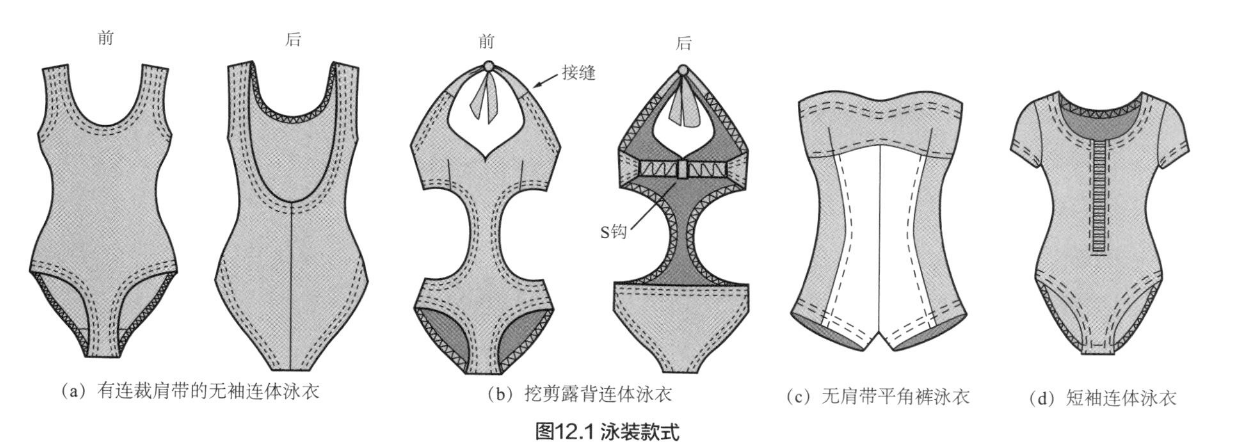

(a) 有连裁肩带的无袖连体泳衣　(b) 挖剪露背连体泳衣　(c) 无肩带平角裤泳衣　(d) 短袖连体泳衣

图12.1 泳装款式

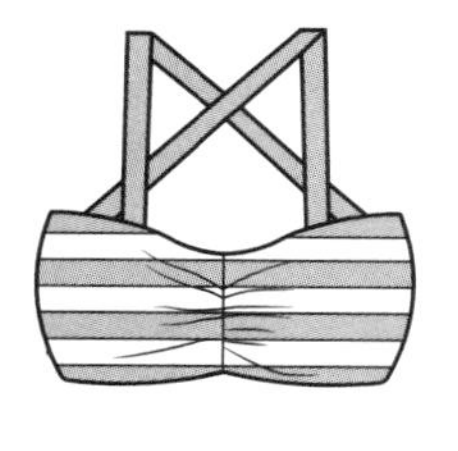
(a) 有可拆卸肩带的抹胸泳衣

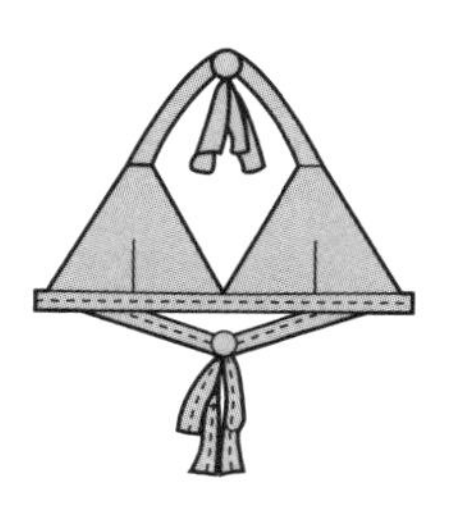
(b) 有绑带和胸省的三角比基尼

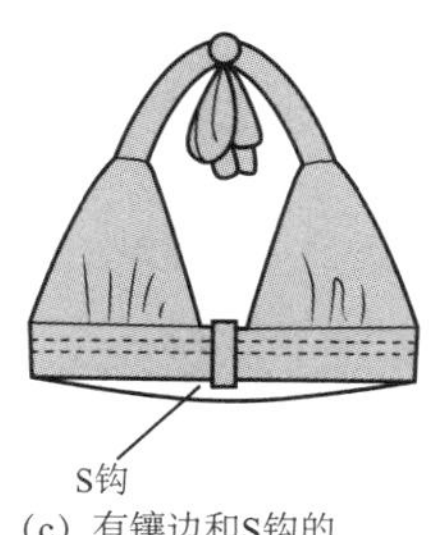

(c) 有镶边和S钩的抽褶三角比基尼

(d) 胸罩式分体泳衣

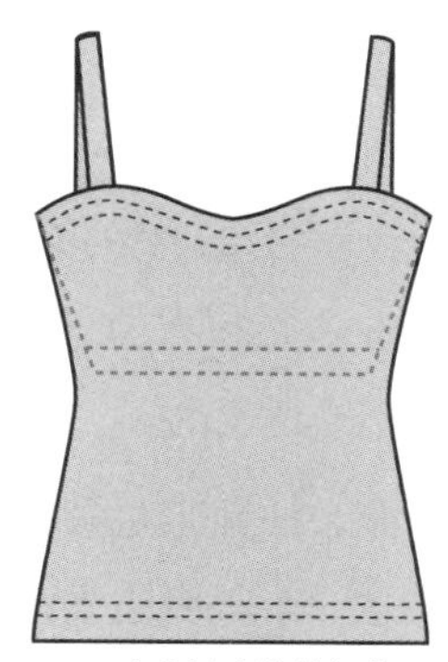
(e) 有内衬文胸的坦基尼

图12.2 比基尼上装和坦基尼

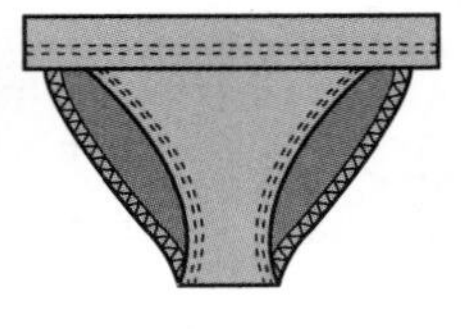
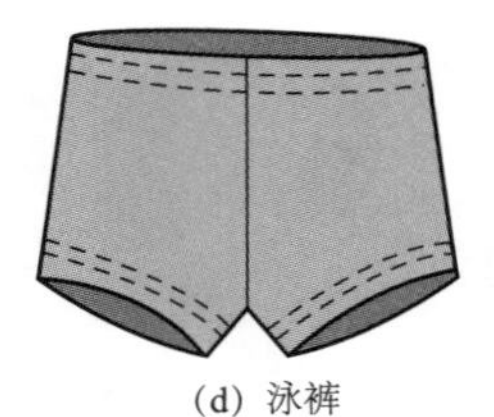
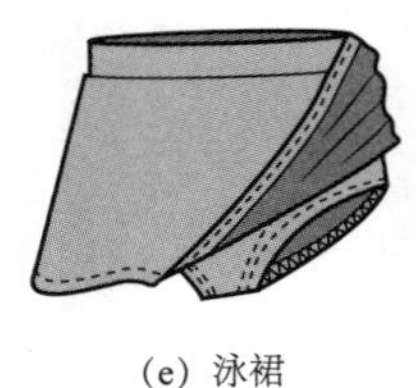

(a) 基本款比基尼　(b) 有绑带的三角比基尼　(c) 有腰头的三角比基尼　(d) 泳裤　(e) 泳裙

图12.3 比基尼下装

对于设计师来说，成功设计泳装的第一步是选择正确的面料，这样才能制作出完美合体、做工上乘的服装。优秀的设计追求的永远是泳装的可穿性、功能性，让女性随时可以下水畅游。

泳装的材料

泳衣是一件紧身的服装，适合游泳或日光浴时穿着。它可以是连体的，也可以是由文胸和短裤构成的两件套。泳衣需具有较强的实用性、可穿性，同时必须在身体上时刻保持稳定，便于游泳。要达到这一目的，必须购买正确的材料。

- 泳衣的面料必须是混纺尼龙/氨纶的四面弹面料，这种面料强韧速干，对泳池中的化学物质有耐受性。这种面料含有 15% ~ 50% 的氨纶成分。不要使用棉/氨纶混纺织物，这种面料着水之后会松懈且不能速干（见第 1 章的表 1.1 了解更多内容）。
- 衬里面料的弹性至少要与选用的泳装面料弹性相同（或更强）。
- 拼档衬里可以使用实际的泳装面料或衬里面料。拼裆必须有速干且耐氯侵蚀的特性（100% 棉不是速干的）。
- 泳装松紧带必须耐盐和氯化物。橡筋松紧带就是一个很合适的选择。另一种是无乳胶天然泳装松紧带，这种松紧带不含乳胶。（见图 3.2 和本章后面的“松紧带边”了解泳衣不同部位的松紧带宽度。）
- 泳装胸垫也与其他服装的胸垫类型相同。胸垫的形状多样，大小各异。需根据泳衣的领口形状购买胸垫。
- 闭合件可以用按扣（buckles）或 S 钩。1/2 英寸的小型 S 钩可以将可拆卸肩带固定在泳衣上。衣身后片需使用更宽的、1 英寸的闭合件。
- 无肩带式泳衣需要用骨胶（boning）作为支撑结构。购买 1/4 英寸（6mm）全包式塑料骨胶，这种支撑结构具有弹性。

绘制泳衣原型

绘制连体（one-piece）泳衣原型时，需将四面超弹衣身基础纸样和三角短裤或平角短裤原型结合，见图 2.1。可以使用这些原型绘制出各式各样的泳装款式，包括图 12.1 中展示的一些款式。你也可以使用泳装原型来绘制短款分体式**比基尼、坦尼基、泳裤、泳裙、连体泳衣或紧身连衣裤**。这些都是表 2.2 针织面料系列中列出的一些款式。参考图 12.2 了解各种比基尼上装和坦基尼。图 12.3 展示了一系列比基尼下装。

- 坦尼基是由无袖背心和比基尼下装组成的分体式泳装。
- 泳裤是类似于平角短裤的紧身短裤。

- 泳裙结合了比基尼下装和短裙。
- 连体泳衣是连体式的紧身服装，可有袖或无袖，有的裆部有钩扣或按扣。
- 紧身连衣裤是一片式的紧身服装，一般由杂技演员、体操运动员、舞蹈演员、花样滑冰表演者、运动员或杂技演员穿着。

将四面弹上衣原型和四面弹短裤转化成泳装原型

你可以使用三角短裤或平角短裤原型来制作泳衣原型。参考第 11 章绘制原型。制板前先准备好表 3.1 中展示的所有制板工具。

绘制纸样

图 12.4 所示为绘制四面弹衣身基础纸样和短裤原型。

1. 在样板纸上画一条水平线。垂直于水平线画两条相距 7 英寸的垂直线。
2. 将四面超弹的衣身基础纸样的前 / 后中心线与垂直线重合，腰围线 W 与水平线重合。描出基础纸样，然后标记 U 点。
3. 将短裤腰围线上的 W 与水平线重合，前 / 后中心线与垂直线重合。在样板纸上描出短裤原型。上衣和短裤的腰围线长度不等也没有关系。标记 D 和 L。

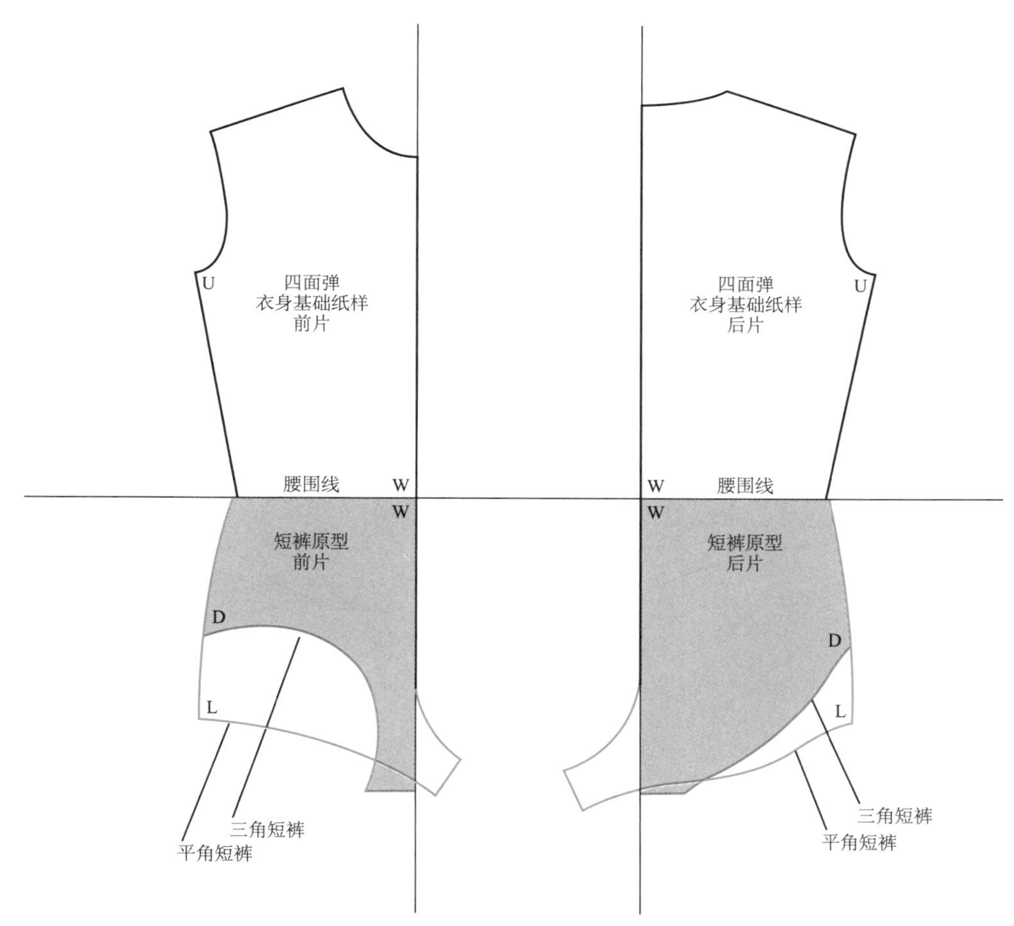

图12.4 描出四面弹衣身基础纸样和短裤原型

将上衣纸样修改成无袖纸样

第 5 章中的四面弹衣身基础纸样是为圆装袖上衣设计的。在第 6 章的“无袖上衣原型”中，我们将原型修改成了无袖上衣的原型。在这里使用相同的制板方法，将四面弹衣身基础纸样调整成无袖纸样，见图 12.5。也可参考图 6.18a 和图 6.18b。

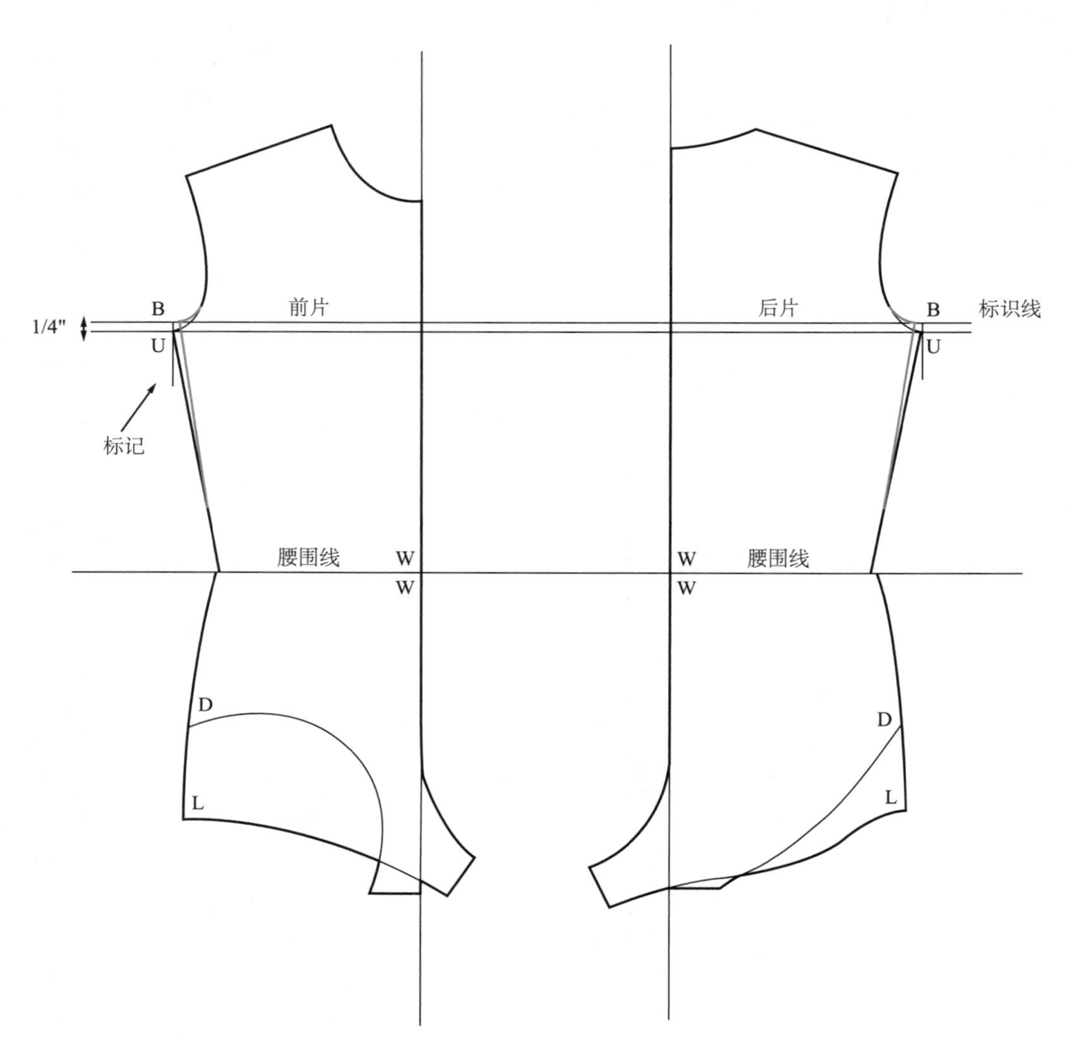

图12.5 将上衣修改成无袖

画出侧缝弧线

图 12.6 所示为绘制侧缝弧线。

1. 在侧缝上，腋下角以下 3 英寸处做标记。
2. 在腰围线以上 2 英寸画一条平行的标识线。
3. I：在侧缝以内的标识线上取 3/8 英寸做标记。
4. BID：仅画出前片的侧缝。首先，放置长曲线尺，在胸部 3 英寸标记点画一条弧形线条。然后调整长曲线尺位置，画出从胸围线到 I 的侧缝。最后，调整长曲线尺位置，画出臀部曲线。
5. 然后将前片侧缝的形状描在后片上。

绘制拼裆

图 12.7 所示为绘制拼裆。

如果泳衣没有衬里，则需要用拼裆加固，提高舒适度。首先，只把拼裆的一边与泳衣后片缝合。然后将拼裆固定在装了松紧带的前片脚口处。

1. 按照图 11.3a 中的方法画出拼裆，然后调整长度。
2. 将后裆部分 YZTD 转移到前裆。接下来，描出最终的拼裆 EXYZ，然后如图 12.7 所示描出另一边。
3. 也可以使用平角短裤的拼裆纸样来制作平角裤泳衣的拼裆（见图 11.9）。

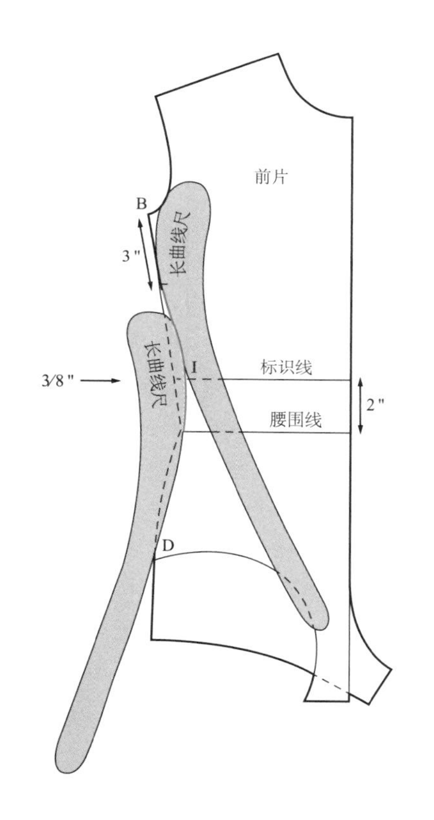

图12.6 画出侧缝弧线

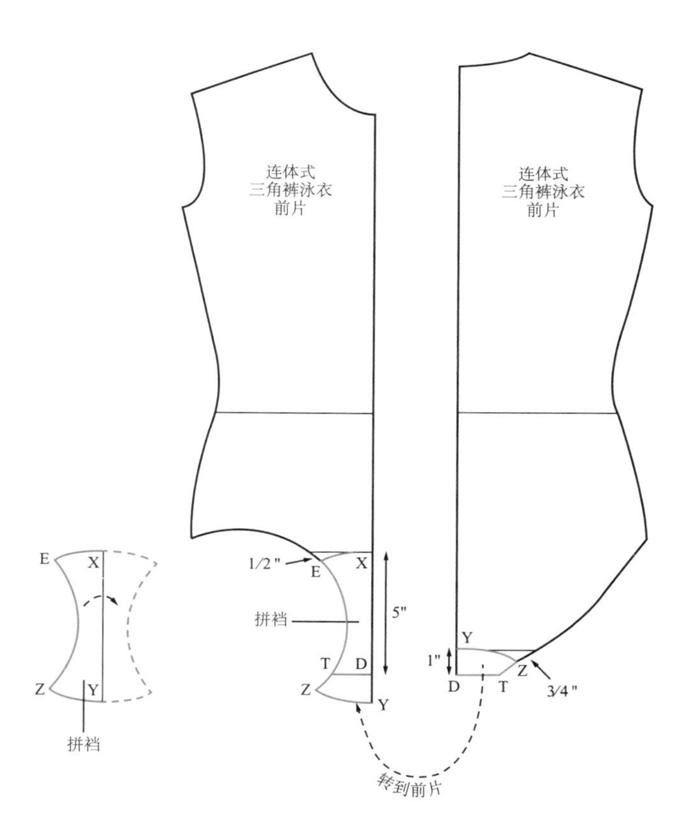

图12.7 绘制拼裆

有胸省的连体式泳衣原型

有省的泳衣可以留出更多空间，适合胸部丰满的女性。基于有省的泳装原型，你也可以绘制出其他需要做胸省的泳衣款式。例如，图 12.2（b）中的三角式比基尼上装就有胸省。此外，省也可以转化为胸部下边的抽褶。

绘制纸样

图 12.8a 所示为绘制标识线和切割线。

1. 可以使用三角短裤或平角短裤原型来制作有省的泳衣原型。本部分中，我们将使用图 12.7 中的三角式连体泳衣原型制作有省的泳衣原型。图 5.40 中的坯布四面弹衣身基础纸样上标记了胸高点。将原型描在样板纸上并在胸高点做十字标记。
2. 画一条垂直于前中心线的标识线，穿过胸高点连接到腋下。
3. BC：在袖窿周围标记 2 英寸。
4. E：标识线以下 1 英寸。
5. CAE：画一个三角形（切割线）。

做出胸省

图 12.8b 所示为做胸省。

1. 从工作纸样上裁下 CAE 部分。
2. 在 C 点重合 1/4 英寸并调整三角形的角度，直到 EF 之间形成 1 英寸的缺口，这一部分就是省量。
3. 在肩上方加 1/4 英寸，弥补 1/4 英寸的重合部分。
4. 画出从 EF 到胸高点处的省柱。

折叠省柱，画出侧缝弧线

图 12.8c 所示为折叠省柱，画出侧缝弧线。

1. 在胸高点向外 1/2 英寸的地方标记省尖，然后重新画出省柱。
2. 如图 12.8c 所示折叠胸省，在侧缝处再加一张样板纸。
3. 画出新的侧缝，拉齐，然后画一条圆顺的线与原侧缝衔接。在省量部分用描线器描出相同的侧缝形状。
4. 画出圆顺的袖窿弧线。
5. 折叠并闭合省，检查前 / 后侧缝是否等长。

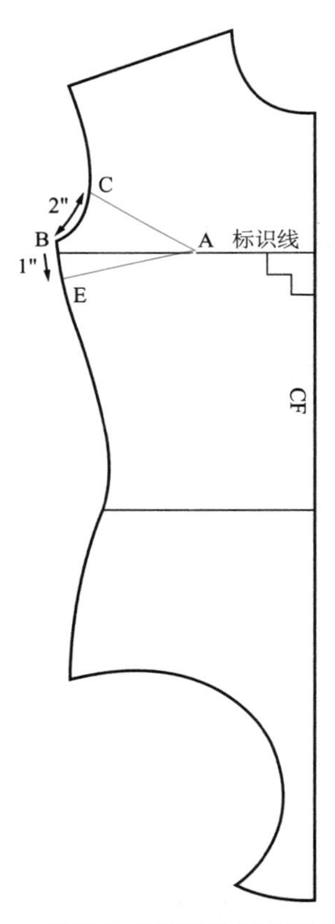

图12.8a 画出标识线和切割线

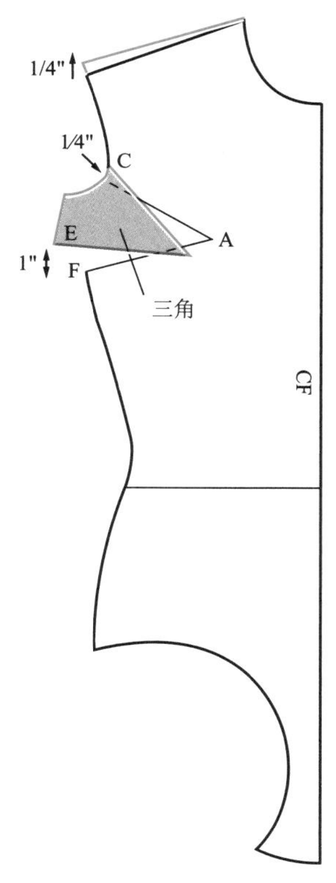

图12.8b 在侧缝做出省

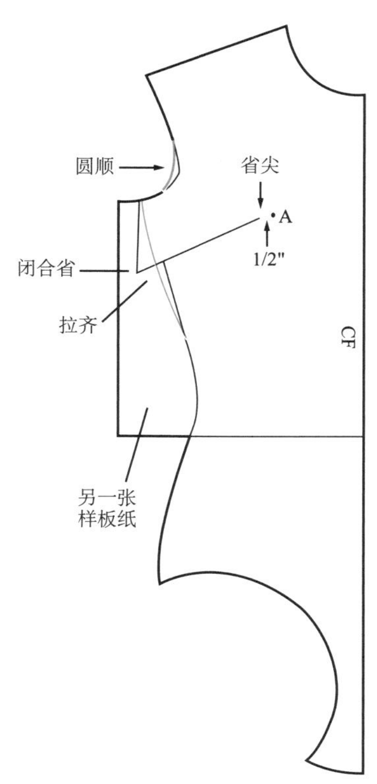

图12.8c 折叠省柱，画出侧缝弧线

拼合原型

- 检查前后侧缝拼合在一起时是否等长，且袖窿和脚口弧线是否圆顺。
- 检查腰围线是否对齐。

需要用到的面料

购买 1 码幅宽为 60 英寸的超弹泳装面料。

裁剪与缝纫

1. 按照图 4.18 的排料方法裁剪坯布泳衣。
2. 在侧缝、肩线、裆缝加 1/4 英寸缝份。这时不需要缝拼裆或松紧带。
3. 缝制坯布泳衣，见图 12.9a 和图 12.9b。留一边肩线不进行缝合，这样才能将泳衣穿在人台上。

试样

将泳衣穿在人台上，用大头针固定肩缝，见图 12.10a 到图 12.10c。同时也请他人试穿泳衣。用大头针固定需调整的部位，使泳衣紧贴身体。如果需缩短或加长长度，可参考后面的“长度调整”部分。

重点关注以下几点。

- 观察行走、蹲下、弯腰时泳衣是否合体。
- 检查泳衣是否够长。
- 检查臀部是否被完全包裹住。
- 检查胸高点的位置是否正确。
- 检查胸杯(有省的坯布泳衣)是否包裹住了胸部。泳衣拉伸时，胸杯应随之拉伸。

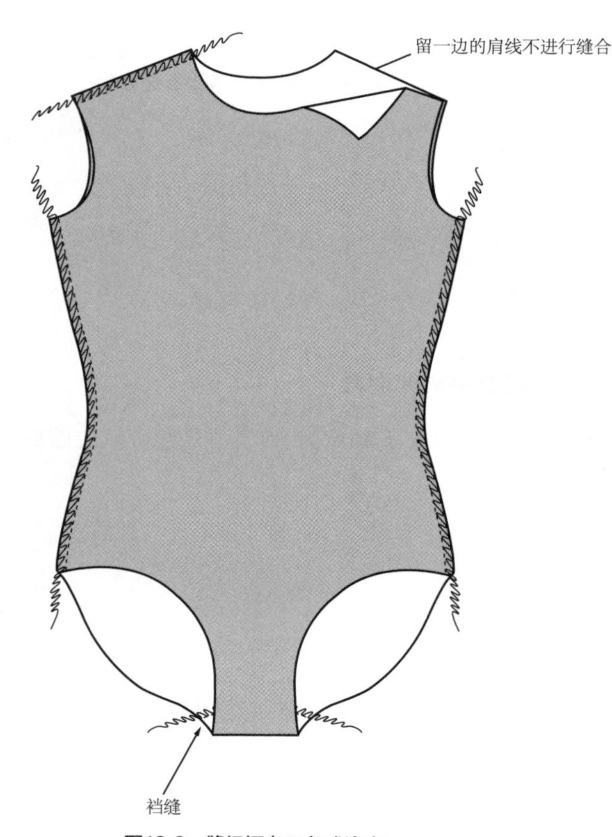

图12.9a 缝纫坯布三角式泳衣

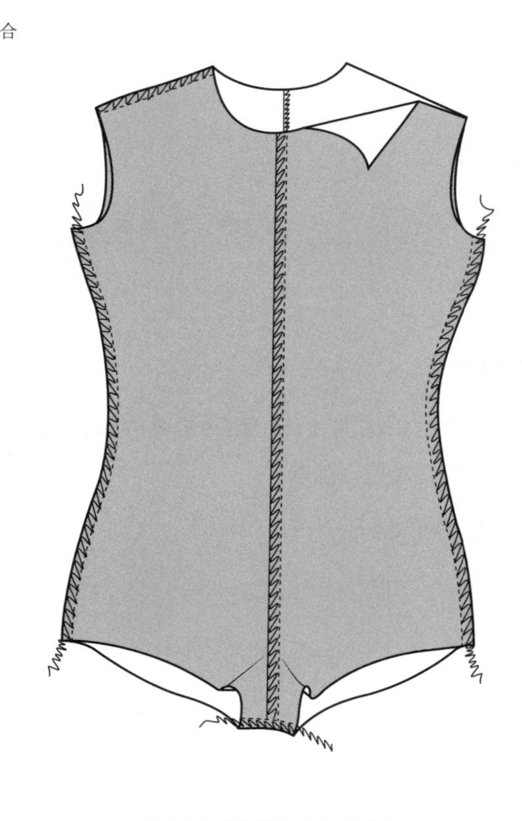

图12.9b 缝纫坯布平角式泳衣

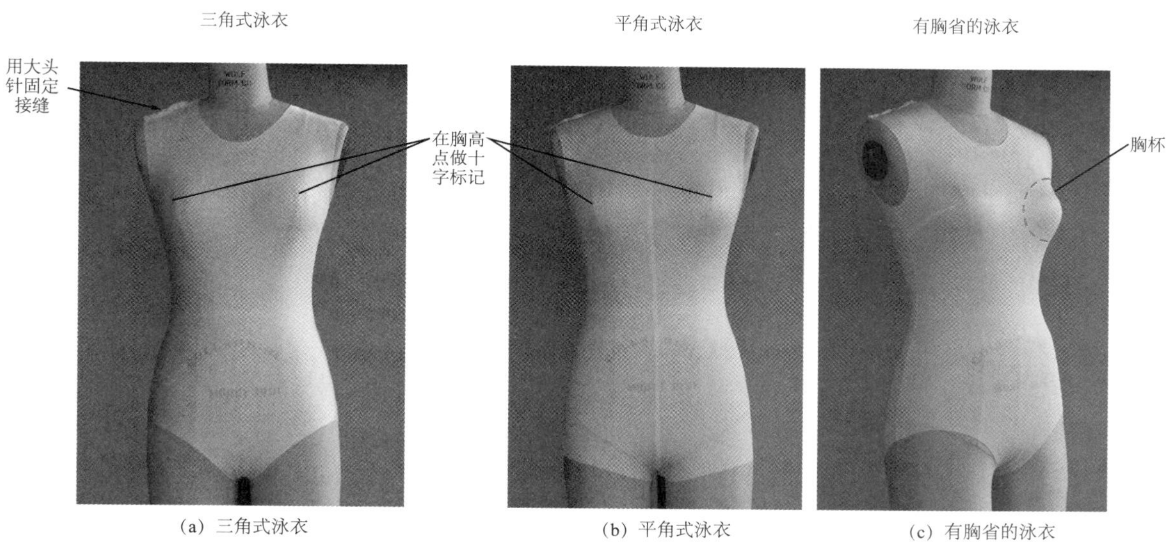

三角式泳衣　　平角式泳衣　　有胸省的泳衣

用大头针固定接缝

在胸高点做十字标记

胸杯

（a）三角式泳衣　　（b）平角式泳衣　　（c）有胸省的泳衣

图12.10 坯布泳衣在人台上的试样

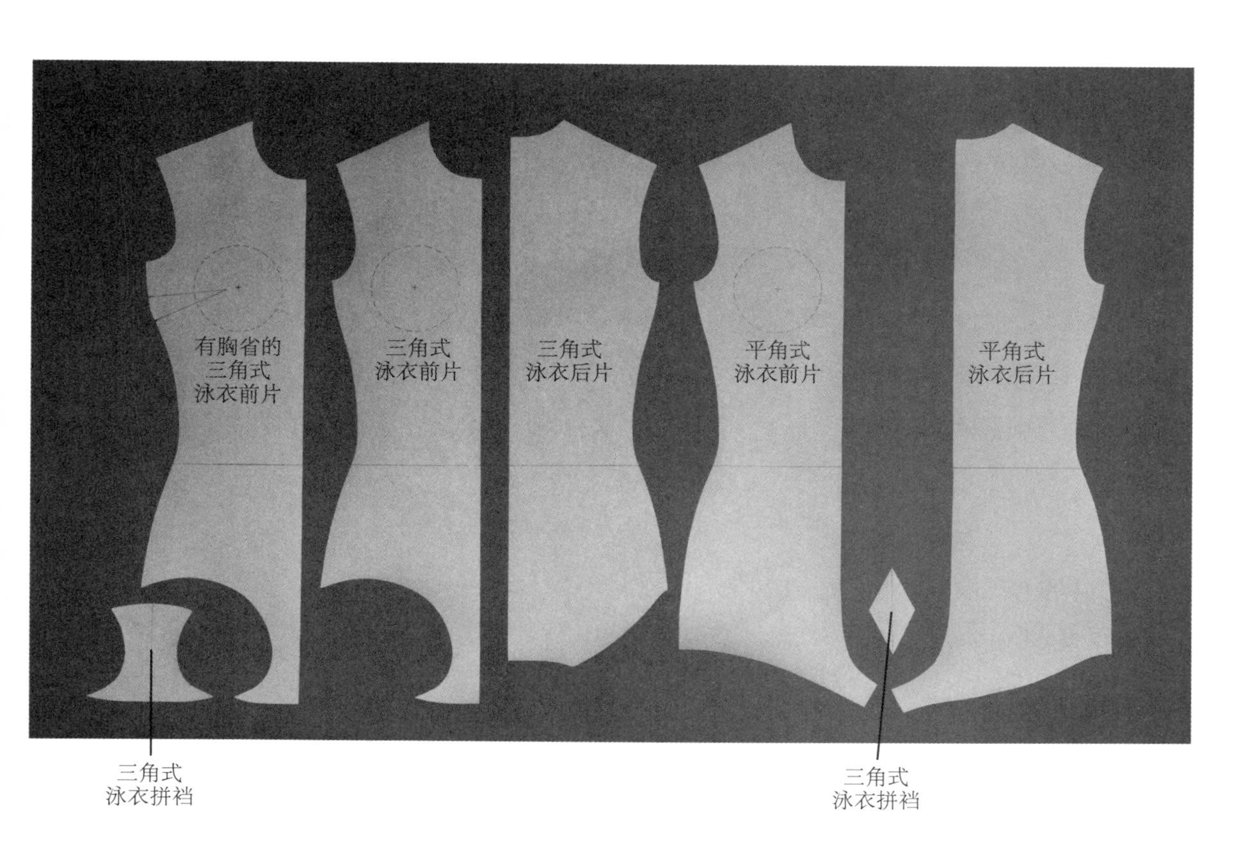

图12.11 三角式连体泳衣原型的校样

完成原型

1. 将纸样转移到黄板纸上，画出腰围线，并在胸高点处用锥子锥一个孔。
2. 平角式泳衣可以使用图 11.10 中绘制的拼裆。
3. 标记出胸杯（以胸高点为圆心，半径 2 英寸），作为前胸部分的标记。在降低领口、绘制比基尼上装或抹胸时需要参考这个标记。
4. 用文字标注原型并记录弹性类别，见图 12.11。

长度调整

泳装原型是按照平均身高绘制的。用坯布泳衣完成试样后，如果长度不准确，可加长或缩短原型。

1. 垂直于前 / 后中心线画两条水平的标识线，以便加长或缩短长度。
2. 将总长切分开来增加或缩减长度。

加长

总共将纸样加长 2 英寸，见图 12.12a。

1. 切开 / 展开纸样来增加纸样长度。
2. 画一条圆顺的侧缝并拉齐。

缩减

总共将纸样缩减 1 英寸，见图 12.12b。

1. 切开 / 重叠缩短的部分。
2. 画一条圆顺的侧缝并拉齐。

泳衣的款式变化

我们可以基于泳装原型绘制出各种各样时尚的泳衣款式。如绘制某些有袖的款式（如连体泳衣或紧身连衣裤），则需使用泳装原型和图 6.16a 的四面弹衣袖原型制板。

有些泳衣有跟衣身相连的**连裁式肩带**（**inbuilt straps**）。这种肩带可以是绕肩或是绕颈的。泳衣的肩带也可以是独立的，这种肩带是缝在衣身上的。无肩带式泳衣和抹胸一般都有**可拆卸肩带**（**detachable straps**）。这种肩带可以是绕肩的、交叉式的或在颈部后边打结。这些肩带通常都装有松紧带，并用 S 钩固定在泳衣上。

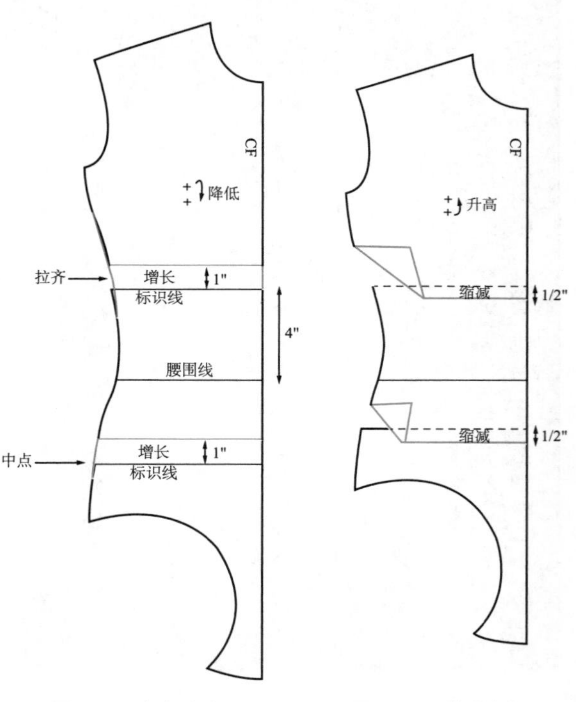

图12.12a 加长泳衣原型　　图12.12b 缩减泳衣原型

本章后边的“缝纫泳衣”部分阐述了如何缝纫泳衣的各个部分，包括衬里、可拆卸肩带、胶骨（无肩带式泳衣）和松紧带边。

缝纫小窍门12.1:
缝纫工序

后面的表12.1～表12.3中的缝纫工序展示了连体式泳衣、比基尼上装和比基尼下装的缝纫步骤。

- 在纸样接缝处加放的缝份是1/4英寸。
- 松紧带边（如领口、袖窿、脚口）需加放的缝份为松紧带宽度加1/8英寸。

表12.1　　连体式泳衣的缝纫工序

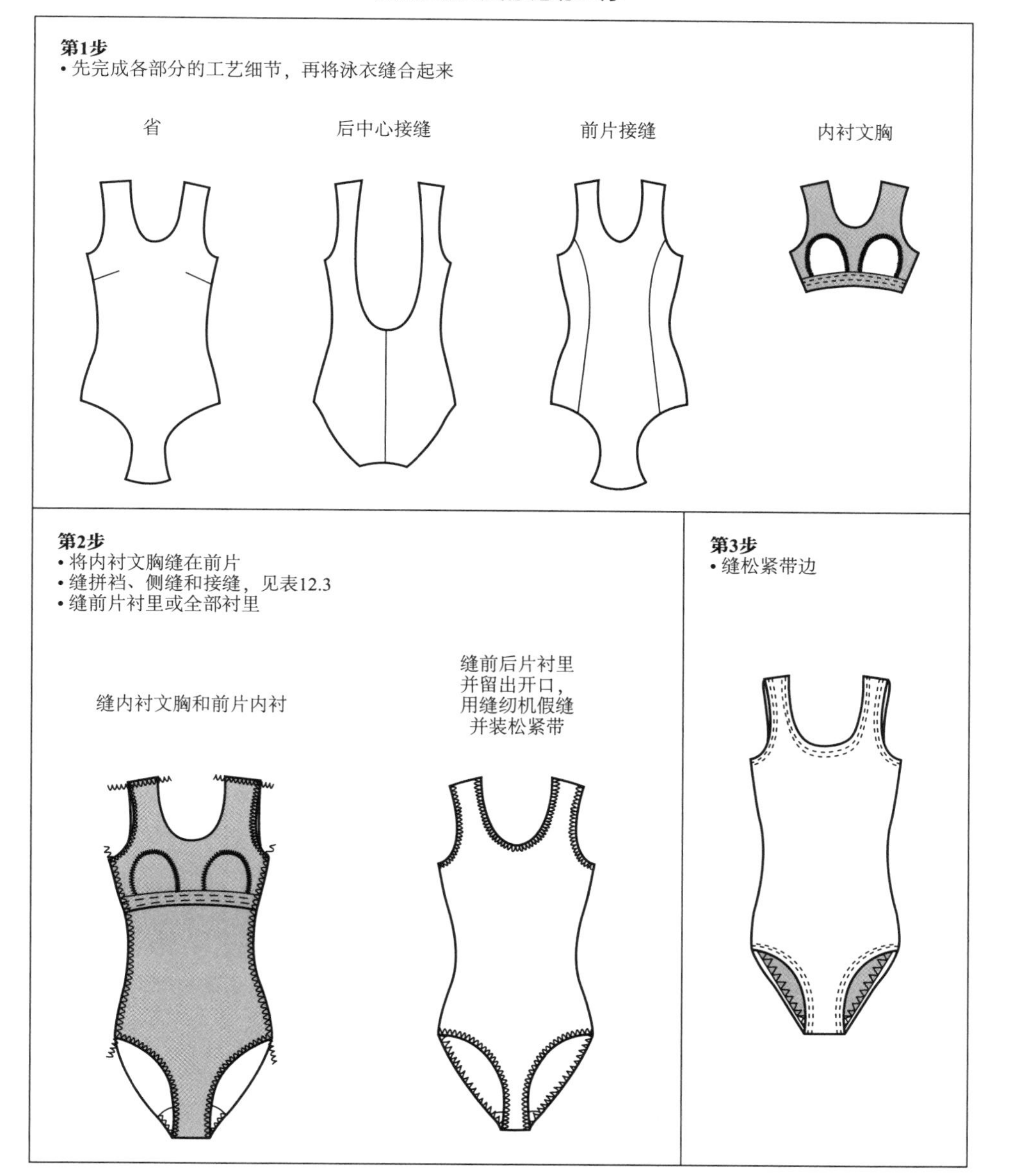

无袖连体泳衣

连裁肩带的无袖连体泳衣是一个经典的款式。高脚口会拉长腿部线条，特定形状的后中心线接缝（shaped center back seam）有助于使泳衣完全贴身。所有开口处都装有松紧带。

绘制纸样

图 12.13a 所示为连体式圆领无袖泳衣纸样。

1. 描出连体式泳衣的前／后片，画出胸杯，标记腋下角 B。
2. I：肩部前／后领口内侧取 $1^1/_4$ 英寸并降低 1/2 英寸。
3. IH：在前／后片上标记肩带的宽度，然后画出肩线。

前片

1. IE：画出领口形状，在前中心线处形成直角。
2. BC：将袖窿降低 1/2 英寸。
3. HC：画出前袖窿弧线。
4. DF：侧缝上取 $1^1/_2$ 英寸。
5. FZ：如图所示画出高腿口线。

后片

1. 从领口后中心线到后中心线以内 1 英寸的位置画一条标识线，标记 J 点。
2. GJ：2 英寸。
3. IG：平行于后中心线画出肩带，然后画出低背（low back）弧线并在 G 点形成直角。
4. HC：画出平行于领口线的后袖窿，然后画出连接到腋下角的弧线。
5. GJY：画出特定形状（shaped）的后中心线接缝。
6. 在后片上画出平行于后中心线的经向线。

拼合纸样

图 12.13b 所示为拼合纸样。

- 检查前／后肩缝拼合在一起时是否形成圆顺的袖窿弧线和领口弧线。
- 检查侧缝拼合在一起时前后片的脚口线是平滑衔接。如不合适需调整。

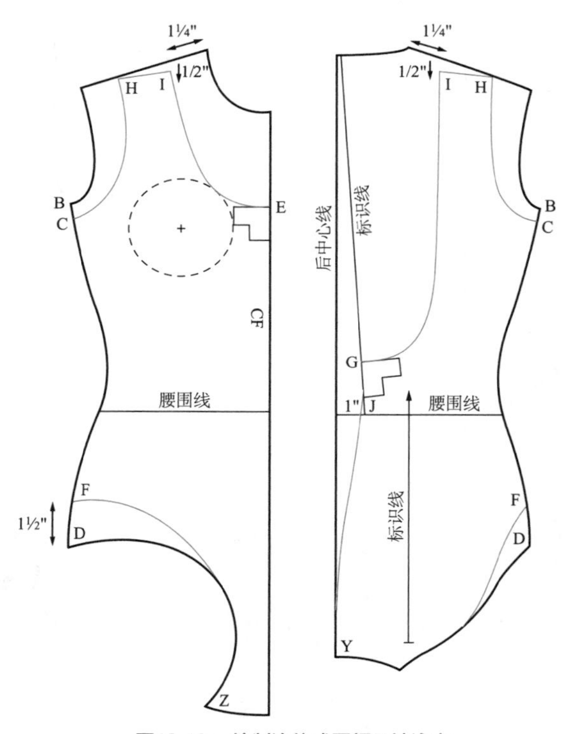

图12.13a 绘制连体式圆领无袖泳衣

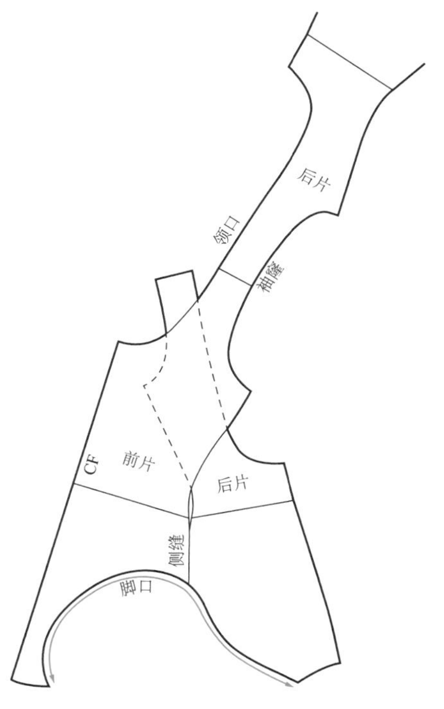

图12.13b 拼合纸样

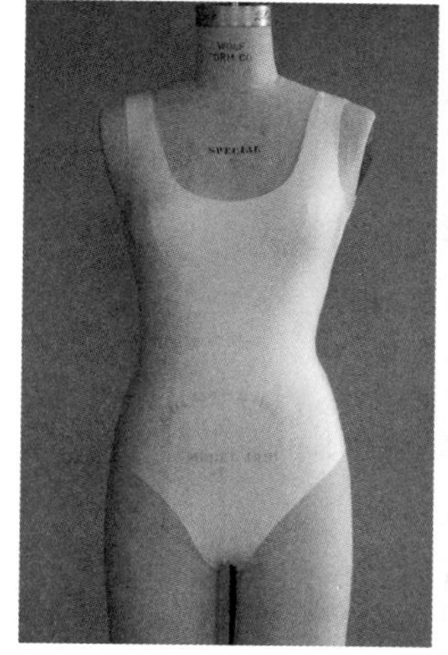

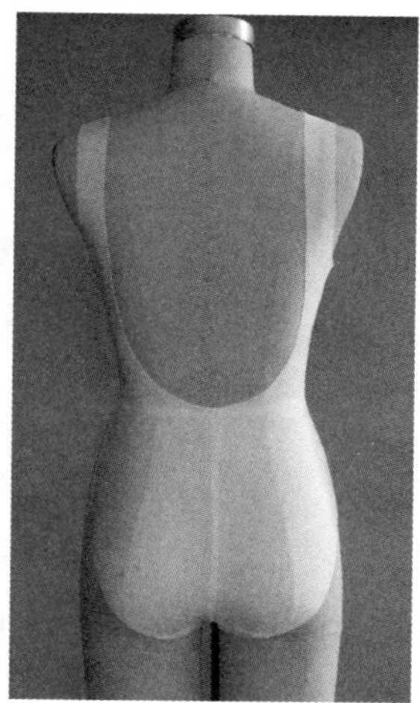

图12.14 连体式无袖圆领泳衣在人台上的试样

裁剪、缝纫和试样

购买 1 码幅宽为 60 英寸的超弹泳装面料。

1. 按照图 4.19 的排料方法裁剪泳衣。
2. 在侧缝、肩缝、裆缝加 1/4 英寸缝份。
3. 缝合肩缝、裆缝和侧缝。
4. 将泳衣穿在人台上进行试样，见图 12.14。用大头针固定需要调整的部位，确保泳衣合体。在纸样上标记出调整部位，最后裁剪泳衣。

重点关注以下几点。

- 前后领口和袖窿的形状 / 深度。如过松需调整。
- 后中心线接缝，如领口边缘过松需调整。

校样

参考图 4.19 的连体式无袖圆领泳衣纸样。

1. 加放 1/4 英寸的缝份。
2. 松紧带边加放的缝份为松紧带宽度加 1/8 英寸。
3. 标记纸样，画出经向线，记录需裁剪的样片数量，见图 4.19。

连体式挖剪露背泳衣

这款连体式泳衣因为有挖剪的部分，因此会露出更多肌肤。可以根据自己的设计画出挖剪区域和领口的形状。这款泳衣的开口处都需要装松紧带以确保服装紧贴身体。

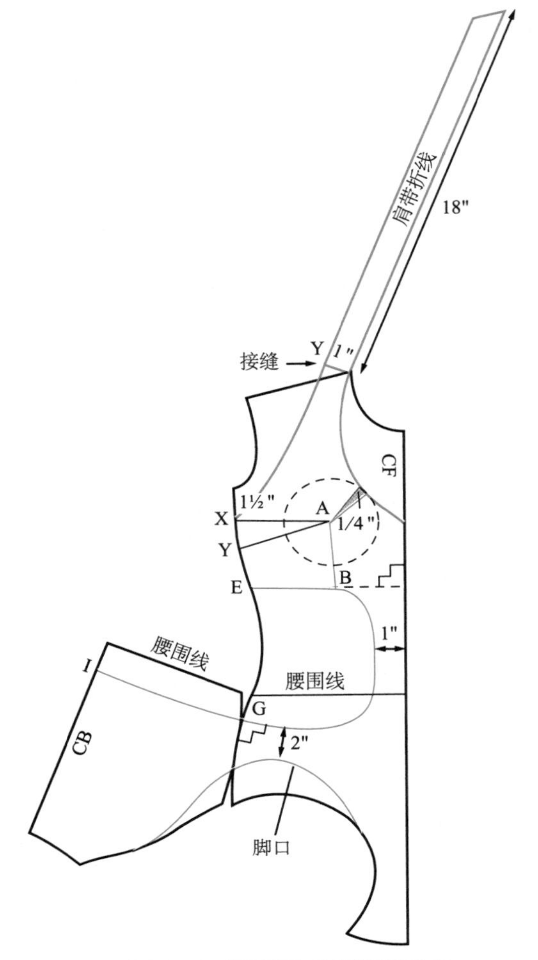

图12.15a 绘制连体式挖剪露背泳衣

绘制纸样

图 12.15a 所示为泳衣纸样。

1. 描出有胸省的三角式泳衣，然后画出省 AXY、腰围线和胸杯。
2. E：垂直于前中心线画一条到侧缝的线（胸高点以下 3 英寸）。
3. AB：向前中心线移动 1/4 英寸，画一条新的省。
4. 画出领口到肩点的形状。
5. 画出一个 1/4 英寸的区域，见图 12.15a 中的灰色区域，这个区域会被去掉，形成领口的轮廓。
6. BG：画出挖剪区域。在图 12.15a 中，G 点大约为腰围线以下 1 英寸，在侧缝处形成直角。
7. XY：画出袖窿和接缝。
8. 从肩点开始画出所需长度 / 宽度的肩带。
9. 在 G 点将泳衣原型后片和前片的侧缝拼合，描出腰围线。
10. 画出高脚口线。

移省道

本部分中，我们将省量转移到下胸围 B 处，见图 12.15b。

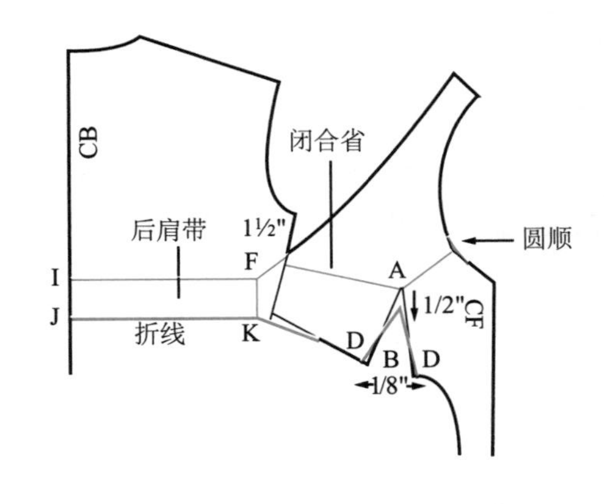

图12.15b 移省道：将侧缝的省转移到胸围线以下

1. 裁剪线条 XA 和 BA，在 A 点留出 1/16 英寸不剪断。接下来，闭合省 XY，见图 12.8b。现在省量转移到了 B。
2. 将线条 HA 和 CA 拼合在一起，减掉 1/4 英寸区域，见图 12.15c。圆顺领口线。
3. BD：在省柱的外部标记 1/8 英寸，然后将胸高点降低 1/2 英寸。
4. AD：从省尖画出两条新的省柱。
5. 拼合前后侧缝，见图 12.15b。
6. 将前袖窿延伸至 F。
7. FIJK：画出后片肩带。
8. KB：将省折叠闭合，圆顺胸围线下的线条。

裁剪、缝纫和试样

按照前文中“连体式无袖泳衣”的处理方法，裁剪、缝纫挖剪露背泳衣并进行试样，见图 12.16。

校样

1. 从工作纸样上描下前后片。描出肩带纸样，翻转并描出另一侧。
2. 加放 1/4 英寸的缝份。
3. 在松紧带边加放的缝份为松紧带宽度加 1/8 英寸。
4. 标记纸样，画出经向线，记录需裁剪的样片数量，见图 12.17。

前

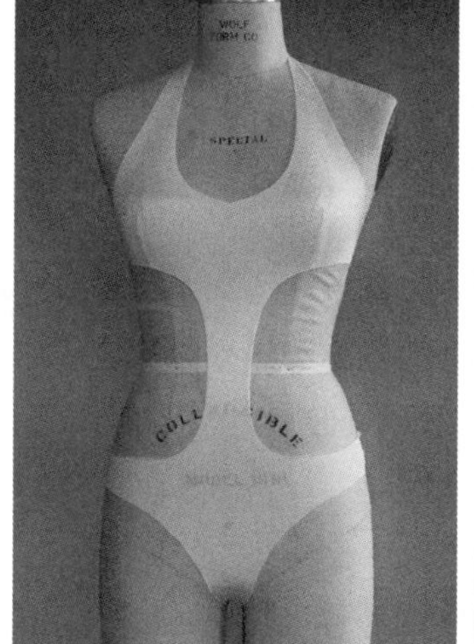

后

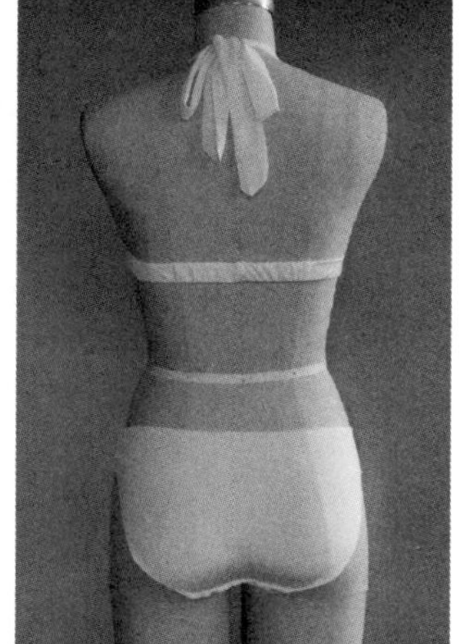

图12.16 连体式挖剪露背泳衣在人台上的试样

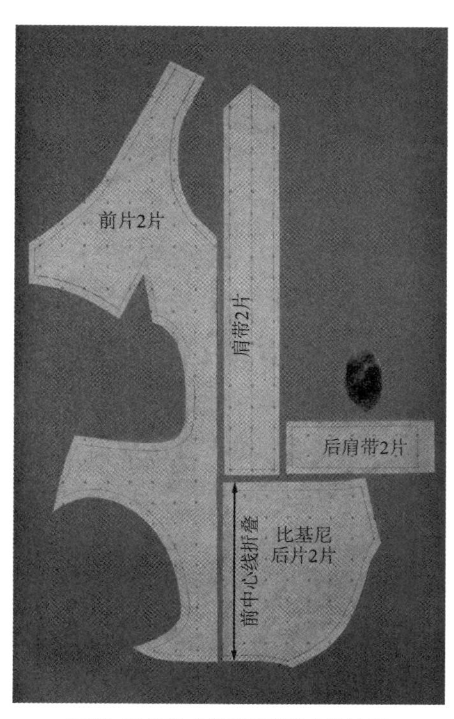

图12.17 连体式挖剪露背泳衣的校样

分体式泳衣

分体式泳衣是胸部和腰部之间分离的一种泳衣。这种泳衣不仅适合游泳，也适合在健身房锻炼时穿着。这里我们绘制的分体式泳衣是基本款。这款泳衣可以增加罩杯或造型线，也可以不添加这些设计（参考图 11.34a 到图 11.34c 及图 11.37 绘制罩杯）。

绘制纸样

1. 将泳衣原型的前后肩线拼合在一起，然后如图 12.18 所示描出腰节线。
2. AX：取胸高点以下 $4^1/_2$ 英寸。
3. HXB：画出前片的下胸围线条，垂直于侧缝和前中心线。
4. FEG：画出前 / 后领口。
5. CD：画出前袖窿弧线。
6. 沿肩线折叠纸样，拼合前 / 后中心线，然后在后片上描出分体泳衣轮廓。

制板小窍门12.1：

挖剪露背分体泳衣

分体式泳衣的后片可以设计成基本款式，也可以设计挖剪露背的造型，见图12.20。

1. 首先从后中心线GH的中点向袖窿K画一条垂线。
2. 画出挖剪部分的形状，线条在袖窿LK处相交。
3. 描出后片的上半部分和下半部分，绘制完成，见图 12.19。

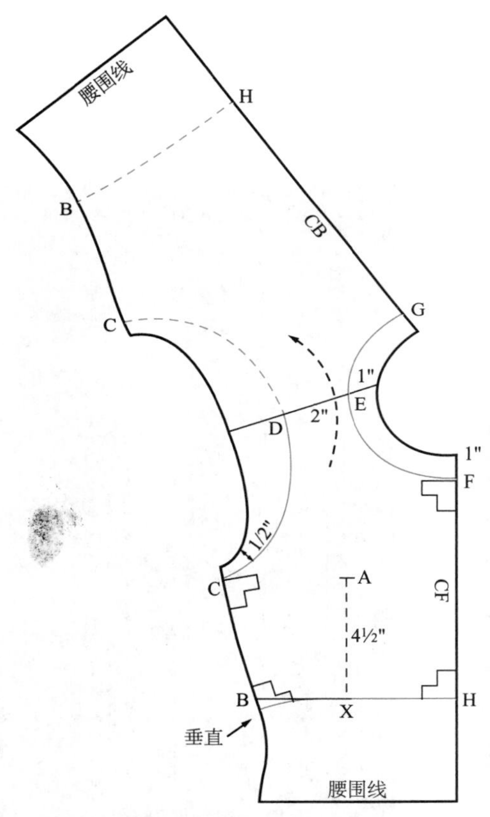

图12.18 绘制分体式泳衣纸样

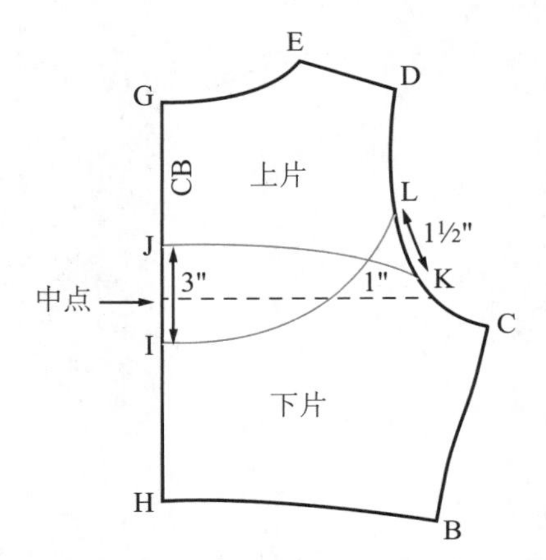

图12.19 绘制挖剪露背分体式泳衣纸样

裁剪、缝纫和试样

购买 1 码幅宽为 60 英寸的超弹泳装面料。

1. 按照图 4.18 的排料方法裁剪分体式泳衣。
2. 在侧缝和肩缝加 1/4 英寸缝份。
3. 在袖窿重合区域缉稳定线迹。缝合肩缝和侧缝。
4. 将分体式泳衣穿在人台上进行试样，见图 12.20。用大头针固定需要调整的部位，在纸样上标记出需调整的部位。

重点关注以下几点。

- 前后领口和袖窿的形状 / 深度，如过松需调整。
- 后背挖剪区域的形状，如过松需调整。

缝纫小窍门12.2:
缝制分体式泳衣

泳衣的所有开口处都需要装松紧带，包括后背的挖剪区域。缝纫松紧带可参考“缝纫泳衣”部分。

(a) 前　　(b) 后背挖剪

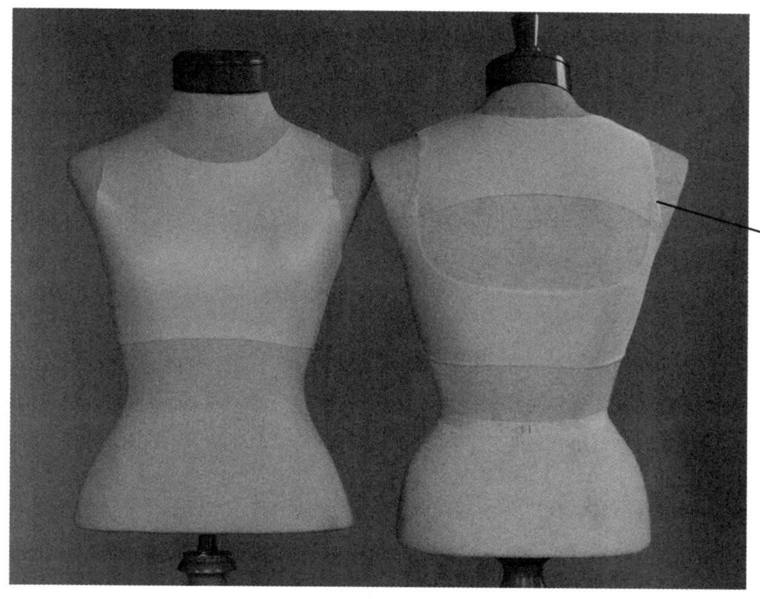

重叠部分
做剪口

图12.20 分体式泳衣在人台上的试样

坦尼基

坦尼基的款式变化多样：有抹胸的、合体的、喇叭形的、有褶裥的、接缝抽褶的或塔裙式的。坦基尼的长度一般覆盖上臀围。你可以基于第 6 章中的上衣纸样或第 11 章中的吊带纸样绘制坦尼基。例如，图 11.1（f）到（j）中展示的吊带背心用泳装面料制作时，都可以成为坦尼基。

抹胸

抹胸的款式多种多样。例如，可以在前胸（或侧缝）抽褶，可以无肩带或有肩带，也可以在前胸加绑带（tie），见图 12.25 中的抹胸。制作好基础款抹胸纸样之后，就可以利用切开 / 展开的制板技术绘制前胸抽褶的抹胸纸样了。

绘制纸样

抹胸纸样前后片是作为一个整体绘制的，然后再分成前后片。这里首先要画的是衬里纸样，见图 12.21a。然后根据衬里纸样绘制抹胸外层面料纸样，见图 12.21b。

1. 将原型的前 / 后侧缝拼合在一起。如图所示描出肩到腰节的部分。然后画出胸杯，见图 12.21a。
2. AX：取胸高点以下 4 英寸。
3. HX：画出前片的下胸围线条，垂直于侧缝和前中心线。再画一条垂直于侧缝的线条，并标记 B 点。
4. EB：从后中心线画一条垂线，连接到 B 点。圆顺到 H 的线条。
5. FCD：沿胸杯画出前片的领口弧线，一直延伸到后中心线。
6. 描出两套抹胸纸样的前 / 后片，将一套标记为“抹胸衬里纸样前 / 后片”。
7. 在另一套纸样的上、下边缘加 1/8 英寸。这一修改使得衬里纸样略小，这样抹胸缝制完成后，接缝会卷向衬里的方向，见图 12.21b。

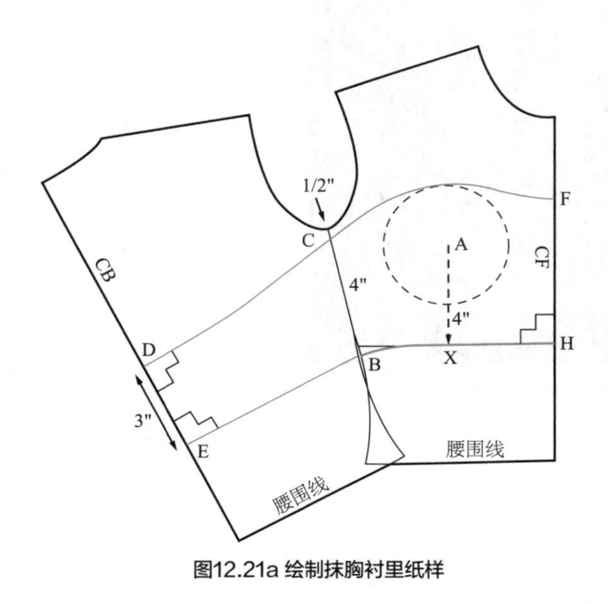

图12.21a 绘制抹胸衬里纸样

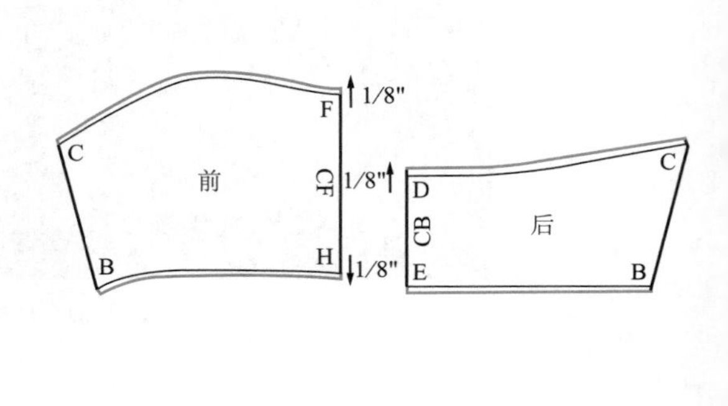

图12.21b 绘制抹胸外层面料纸样

裁剪、缝纫和试样

购买 1 码幅宽为 60 英寸的超弹泳装面料。抹胸和比基尼下装构成了图 12.22 中的分体式泳衣。我们暂时只讨论抹胸上装，比基尼下装将在后文中讨论。

1. 在侧缝和腰围处加放 1/4 英寸的缝份，再进行裁剪缝合。
2. 将抹胸穿在人台上进行试样，用大头针固定需要调整的部位，确保上衣舒适合体。将需要调整的部分转移到纸样上。

重点关注以下几点。

- 检查抹胸的长度 / 宽度。抹胸可能会有点肥，但缝制完成、加装松紧带并翻到正面之后就会收紧了。
- 对准人台公主线标记可拆卸肩带的位置，测量肩带长度。

校样

1. 在侧缝加放 1/4 英寸缝份。
2. 在松紧带边加放的缝份为松紧带宽度加 1/8 英寸。
3. 标记纸样的前 / 后片，画出经向线，记录需裁剪的样片数量，见图 12.23。

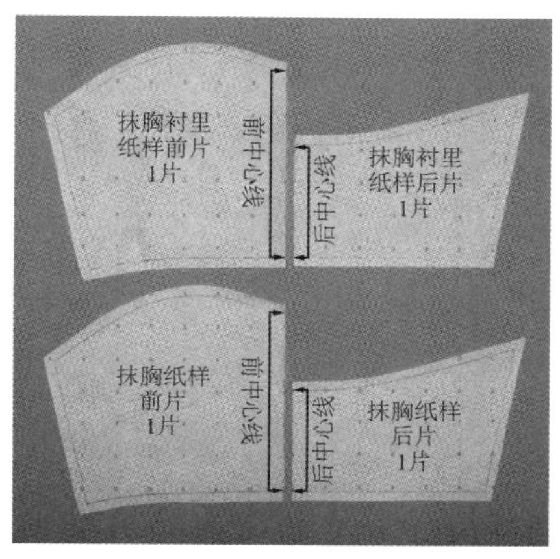

图12.23 抹胸的校样

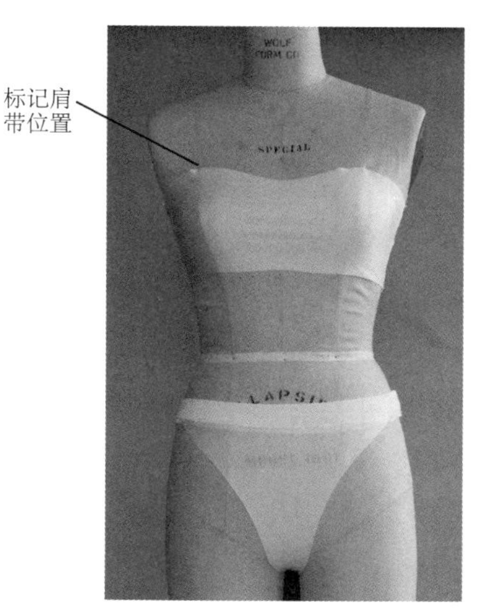

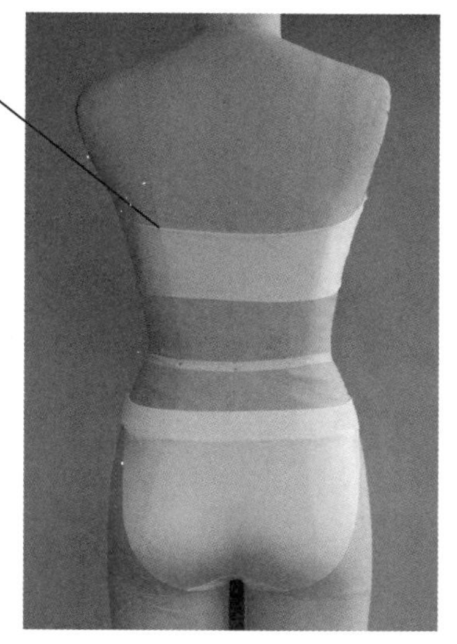

图12.22 抹胸和有腰头的比基尼下装在人台上的试样

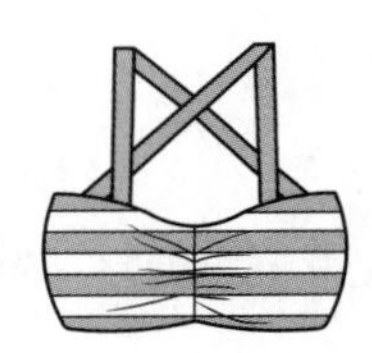

前胸抽褶的抹胸前片

根据图 12.23 中的抹胸衬里纸样绘制前部抽褶的抹胸。这里我们需要在纸样的前中心线加放额外的长度进行抽褶。可以在前片接缝处装松紧，或加绑带，打结之后就会呈现出抽褶的效果。（参考图 4.32 装松紧带的方法。）

绘制纸样

1. 描出一套图 12.23 中抹胸衬里的前片纸样。
2. 见图 12.24a，画出切割线并标注纸样。
3. 见图 12.24b，切开／展开纸样。
4. 画一条圆顺的前中心线。
5. 平行于区域②的前中心线画一条经向线。
6. 描两套纸样，将一套标记为“前胸抽褶的抹胸衬里前片”。
7. 在另一套纸样的上、下边缘加 1/8 英寸，见图 12.21b，将这套纸样标记为“前胸抽褶的抹胸纸样。”

绘制前胸绑带

1. 画出绑带纸样的一半，边缘为弧形（弧形边缘更容易包缝）。
2. 如图 12.24c 所示描出绑带的另一边。

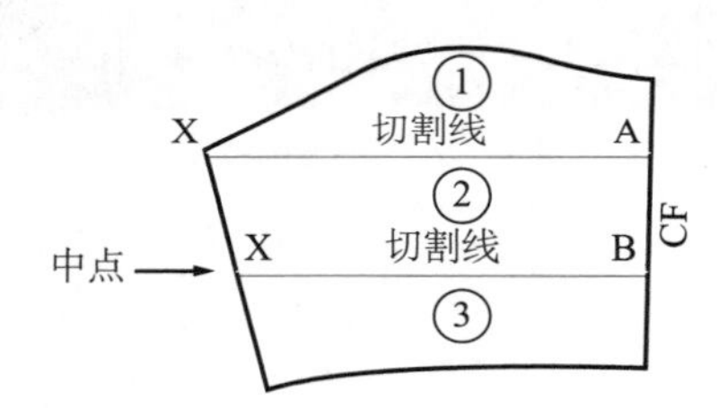

图12.24a 画出切割线

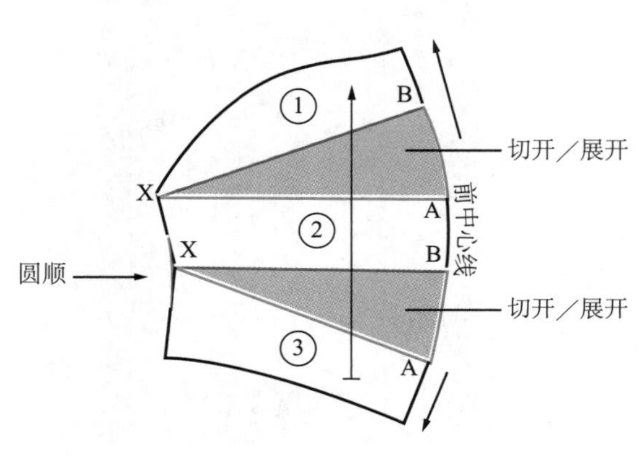

图12.24b 切开／展开纸样

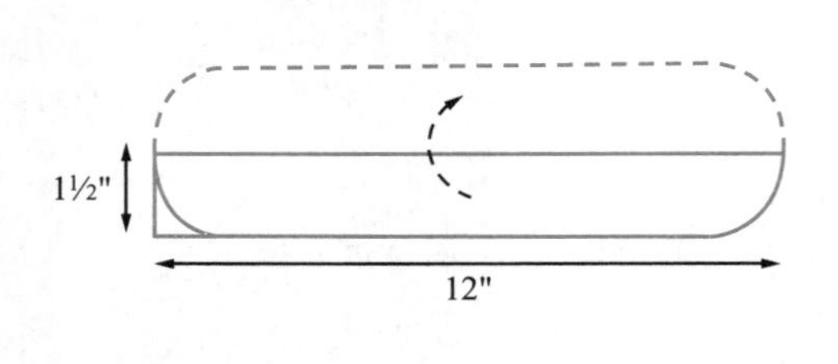

图12.24c 画出前胸绑带

裁剪、缝纫和试样

有绑带的抽褶抹胸和泳裙可以构成图 12.25 中的分体式泳衣。这里暂时只对抽褶抹胸进行试样。我们将在后文中对泳裙进行试样。

1. 裁剪、缝制抹胸并进行试样。将抹胸穿在人台上，检查抽褶的长度是否够长。同时也检查绑带的长度是否合适。
2. 在侧缝和绑带边缘加放 1/4 英寸缝份，将纸样绘制完整。在装松紧带的边缘加放 3/8 英寸缝份。

缝纫小窍门12.3:
缝制抹胸

- 抹胸前片和后片的上下沿必须加装松紧带。
- 绑带不需要装松紧带。

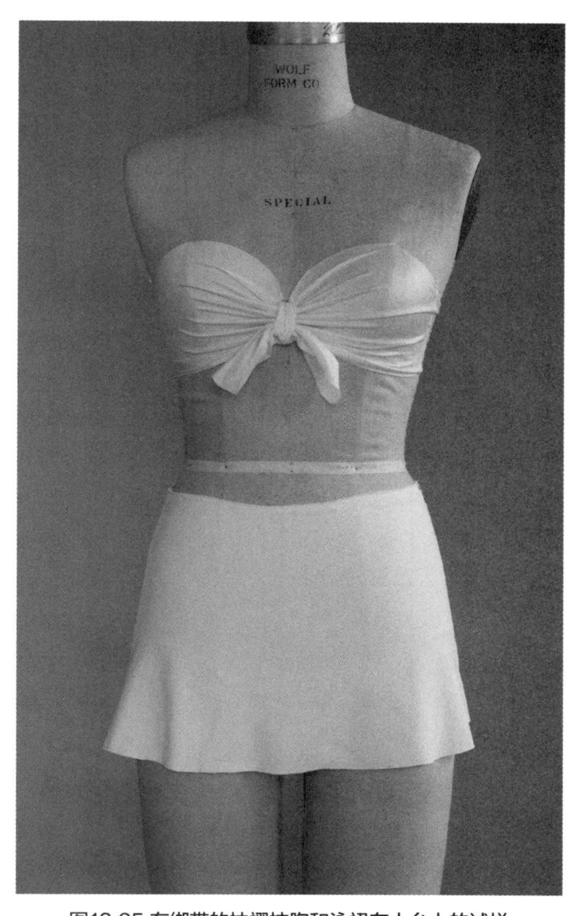

图12.25 有绑带的抽褶抹胸和泳裙在人台上的试样

无肩带泳衣

这款无肩带泳衣的脚口为平角式，同时设计了从下胸围到脚口的公主线。抹胸部分做胸省（也可以使用三角短裤原型制板）。

绘制纸样

图 12.26a 所示为纸样。

1. 描出原型前 / 后片并画出腰围线。
2. 画出抹胸纸样前 / 后片，标记胸高点，并标注纸样，见图 12.21a。
3. TH：3/4 英寸。画一条弧形下胸围线。
4. N 和 M: 分别为下胸围 TB 中点和后片 EB 中点。
5. 从 N 和 M 向脚口画一条平行于前 / 后中心线的标识线。
6. XANJK：穿过胸高点画出前片公主线。
7. MJO：画出后片公主线。

做胸省

图 12.26b 所示为做胸省。

1. 描出抹胸纸样的前片 FTBC。
2. 画出并裁剪 XAN，将纸样分成两部分。
3. 将领口边缘在 X 点重叠，在 N 点展开下胸围接缝作为省量。
4. 在胸高点下方标出低一点的省尖。
5. 画出新的省柱，将省折叠闭合，在这里描出原下胸围接缝的形状。圆顺 X 点处的领口线。
6. 将 C 点向侧缝外延伸 1/4 英寸。

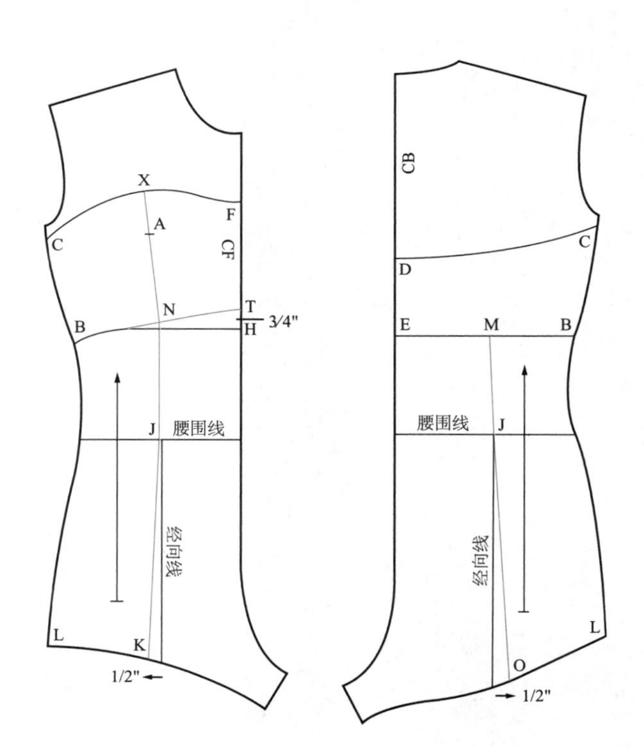

图12.26a 画出无肩带泳衣

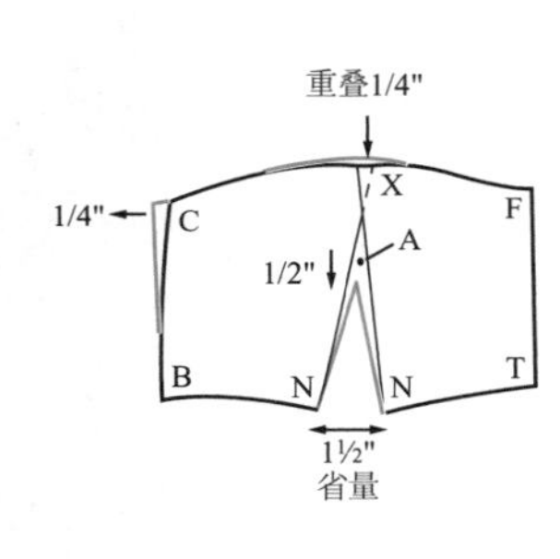

图12.26b 绘制胸省

校样

1. 从工作纸样上描下样片。
2. 抹胸纸样的前 / 后片就是衬里纸样。绘制抹胸外层面料纸样（见图 12.21b）。
3. 用文字标注纸样，画出经向线，加放合适的缝份，见图 12.27。
4. 每张纸样裁剪两片。

比基尼上装

比基尼上装款式多样，可以满足不同人群的品味。比基尼可以很短小也可以覆盖更多面积。可以在比基尼上做省或抽褶来贴合胸部的形状，见图 12.2（b）和（c）。（参考“停：遇到问题怎么办”部分绘制抽褶三角式比基尼纸样。）

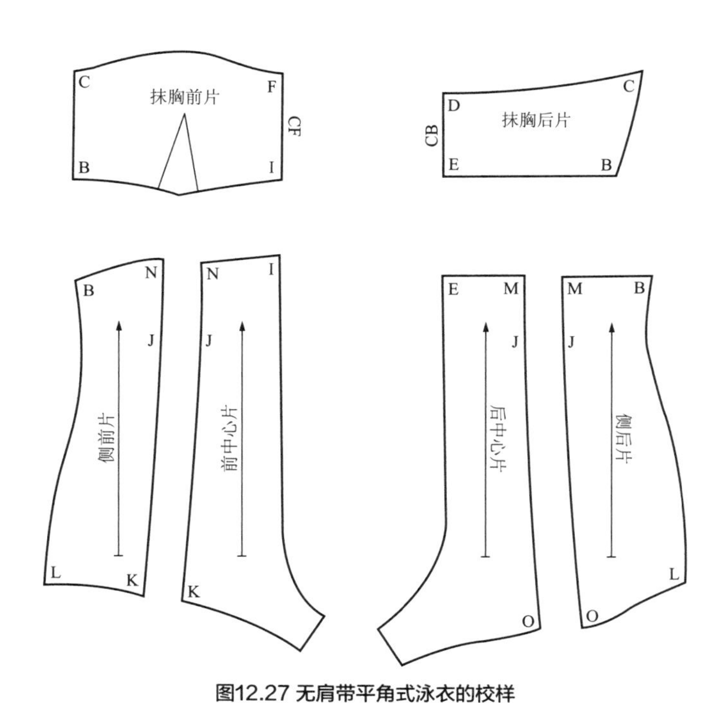

图12.27 无肩带平角式泳衣的校样

有胸省的三角式比基尼

三角比基尼上装的胸省可以为胸部留出更多空间，也可插入柔软的模杯（molded cup）。肩带在颈部后侧打结。比基尼的下沿可以用松紧带滚边或松紧带镶边作为收边。你可以基于有胸省的泳衣原型来绘制这款比基尼纸样。

移省道

1. 将省道从侧缝转移到腰部。
2. AB：画出新的省道位置。将这条线向前中心线倾斜 1/2 英寸。
3. 将 XY 重合，闭合省。这样省量被转移到了 BB 之间，见图 12.28。

绘制衬里纸样

首先绘制衬里纸样。

1. 穿过省的中心画一条到肩部的标识线，见图 12.29a。
2. 在胸杯以下 1/2 英寸处的省柱上做标记。垂直于省柱画两条线，与前中心线和侧缝相交于 F 点和 D 点。
3. AB：在原省柱外侧 1/4 英寸处画出新的省柱。
4. E：胸杯以上 1 英寸。垂直于标识线向两侧各取 1/4 英寸。
5. DE 和 FE：如图 12.29a 所示画一个向外弯曲的弧线三角。
6. 将三角部分置于人台上。如果领口过松，可用大头针固定多余的部分。这里通过做省去掉了 1/2 英寸的余量。然后圆顺 EF 画一条新的领口线，见图 12.29b。

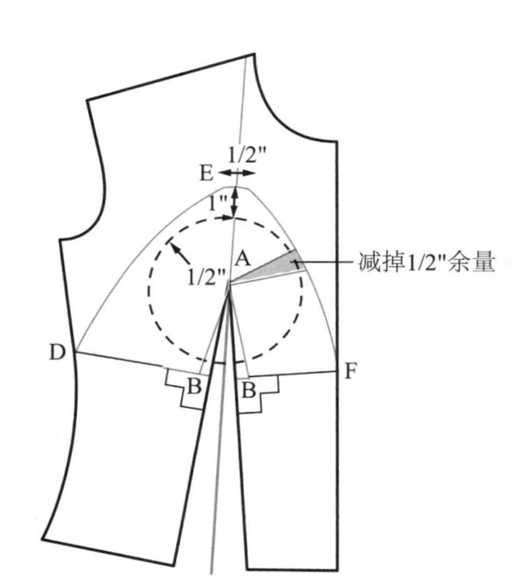

图12.29a 绘制三角式比基尼

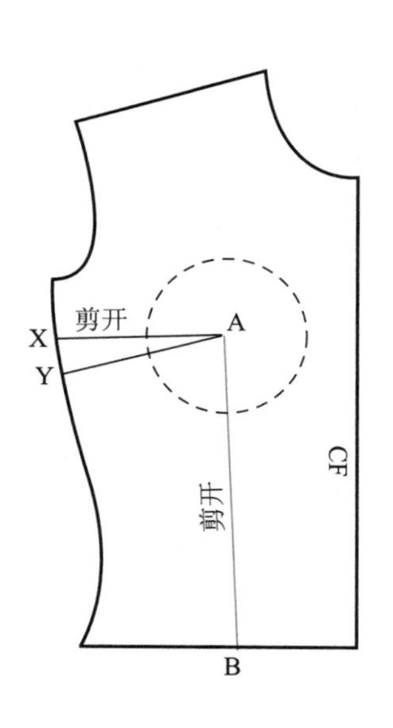

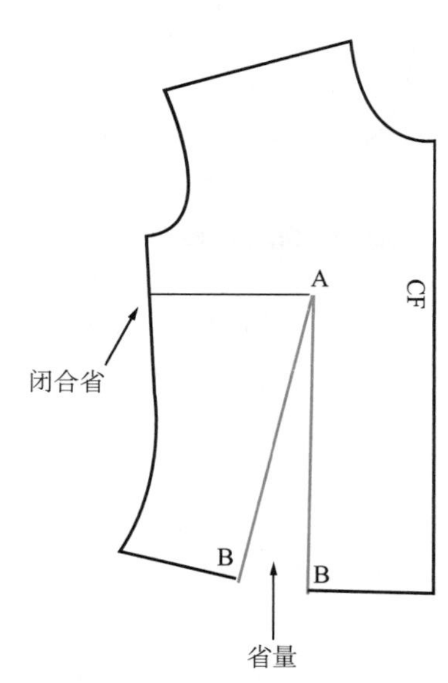

图12.28 操纵省：将侧缝的省转移到胸围线

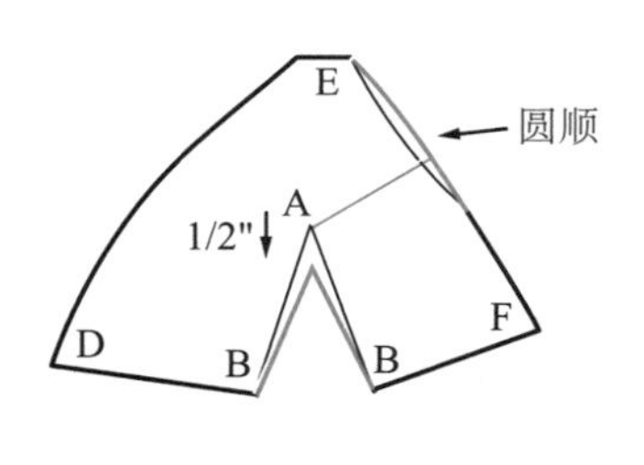

图12.29b 减掉1/2英寸余量

7. 在胸高点下方 1/2 英寸标记省尖。画出新的省柱。
8. 折叠闭合省，在下沿画一条直线，见图 12.29c。
9. 从省尖到 E 的中心画一条经向线。

画出外层三角

1. 描出三角部分的衬里纸样。
2. 从 E 到 F 和 D 点外 1/8 英寸处画两条线。
3. 绘制肩部绑带纸样，长 18 英寸，宽 2 英寸，见图 12.29d。

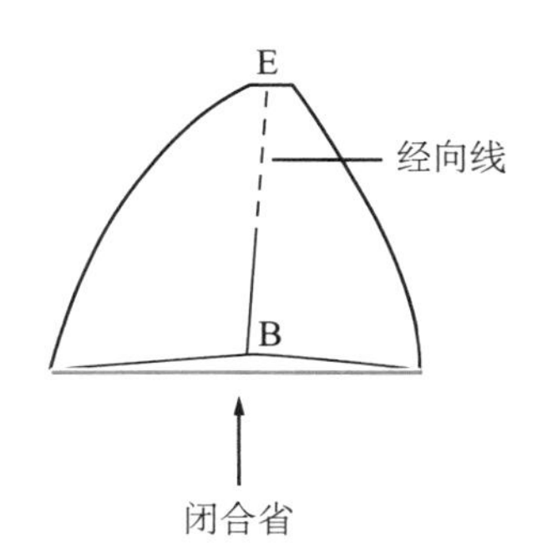

图12.29c 闭合省并重新画出下沿

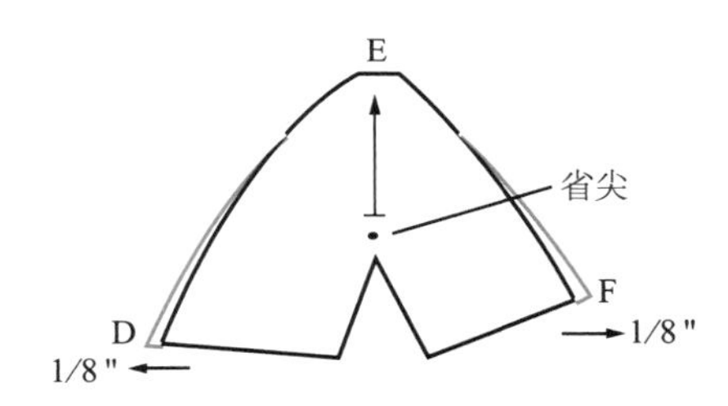

图12.29d 绘制三角式比基尼外层纸样

绘制滚边

比基尼三角部分的下沿有窄滚边作为收边。绘制完成滚边／镶边纸样，在滚边（或镶边）与侧前片拼接的位置做剪口，见图 12.30。纸样都沿面料的纵向纹理裁剪（见图 4.20）。参考图 12.32a 和图 12.32b 缝制滚边。

1. 下胸围处的滚边应比比基尼前片（侧缝到侧缝的距离）短 3/4 英寸。在这个长度上加上根据人台或人体估算出的绑带长度。（此图中每条绑带／肩带加 16 英寸）。
2. 滚边纸样的宽度为 $1^3/_4$ 英寸（这个宽度包括了缝份）。

需要用到的面料

购买 5/8 码幅宽为 60 英寸的泳装面料。用实际使用的面料进行试样，以保证得到准确的效果。

裁剪与缝纫

1. 按照图 4.20 的排料方法裁剪比基尼上装。
2. 在纸样边缘加 1/4 英寸缝份，省柱边缘也需放缝。
3. 为得到准确的效果，按照表 12.4 中的缝纫小窍门缝制比基尼。

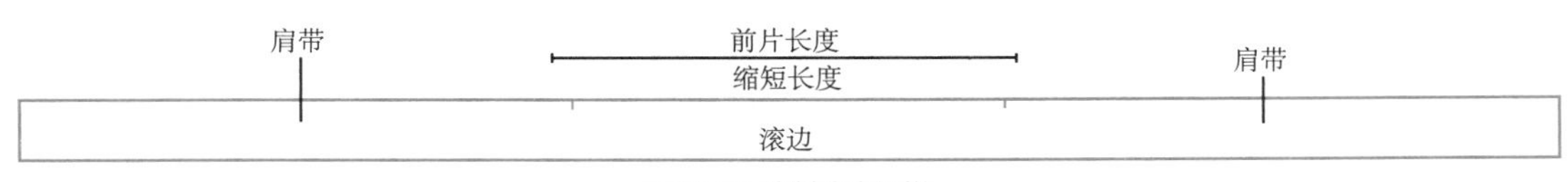

图12.30 绘制滚边纸样

试样

图 12.31 中展示的是分体式比基尼。我们暂时只讨论比基尼上装的试样。比基尼下装的试样会在后文中进行讨论。将比基尼穿在人台上，用大头针固定需要调整的部位，确保比基尼上装舒适合体。

重点关注以下几点。

- 省的位置——如果位置不正确，标记新的省尖。
- 领口和袖窿——如过松则用大头针固定。
- 肩带长度——如不合适需调整。

校样

1. 用文字标注纸样并记录需要裁剪的样片数量，见图 4.20。
2. 镶边处加 1/4 英寸缝份。如果使用滚边则不需加放缝份。
3. 在纸样上标出“前中心线”。

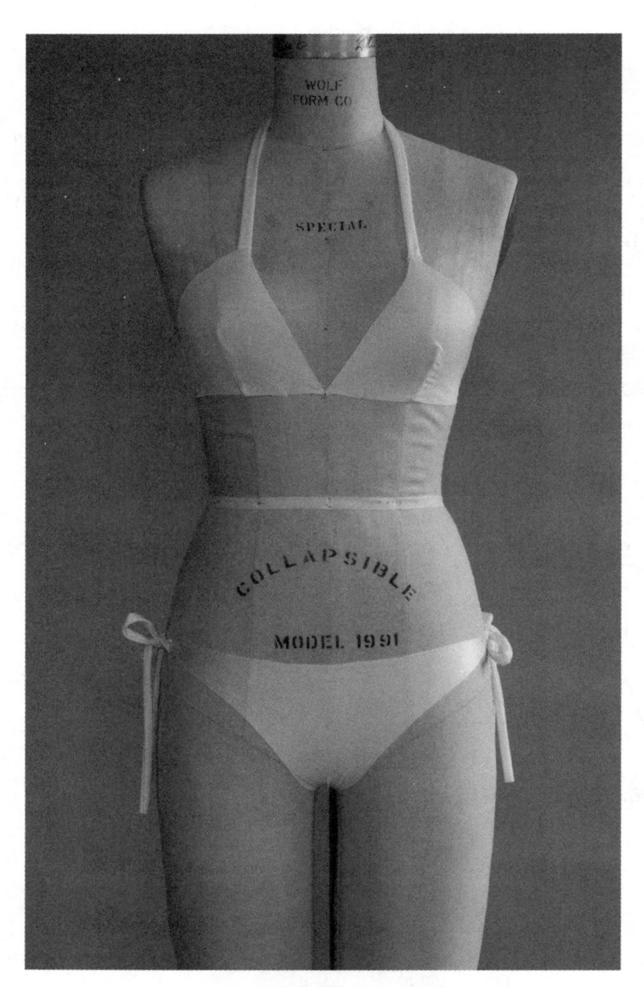

图12.31 分体式比基尼在人台上的试样

缝纫小窍门12.4:

缝制比基尼上装

参考表12.2中的缝纫工序来缝制比基尼。可以在比基尼泳装面料和衬里之间插入柔软的模杯。选择一个符合比基尼三角部分形状的杯型。比基尼也可以没有罩杯。下沿通常装松紧带以保证服装紧贴身体。滚边应与松紧带长度相同。（可以翻到后边“肩带”部分了解如何缝合肩带。）

1. 将肩带嵌入并缝在外层三角部分E点的位置，见图12.32a。
2. 将比基尼的外层边缘与衬里正面相对并缝在一起。如图所示在缝份处装透明松紧带（不拉伸）。
3. 将比基尼翻到正面并插入罩杯（如有）。
4. 在下沿包缝滚边，见图12.32b。
5. 将松紧带放置在缝份处，用“之”字形线迹缝合。用滚边包裹住松紧带，用大头针固定，然后缉双针明线。

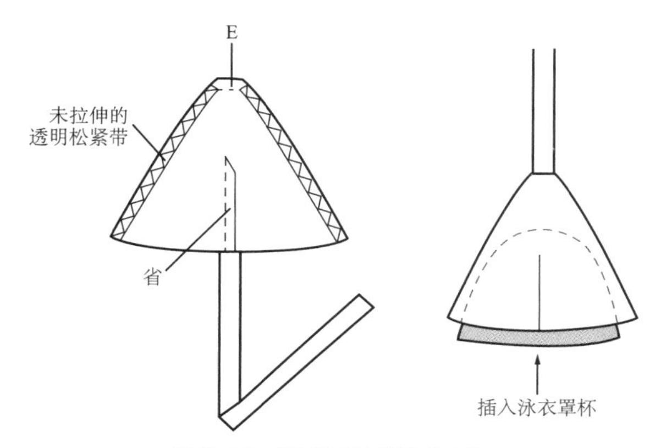

图12.32a 缝制比基尼并插入罩杯

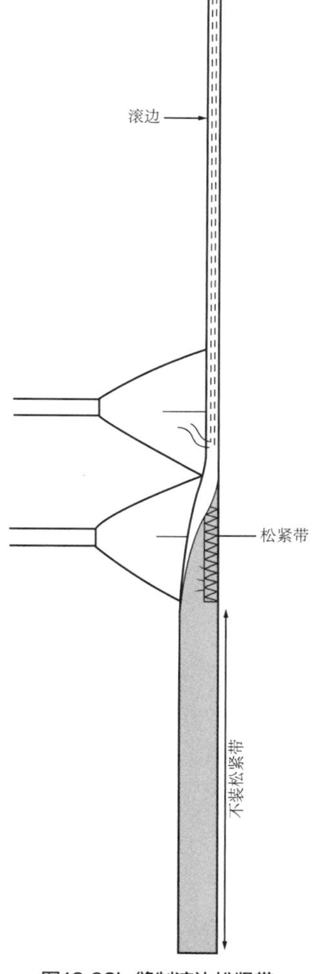

图12.32b 缝制滚边松紧带

表12.2 **比基尼上装的缝纫工序**

第1步
• 先完成各部分的工艺细节，再将比基尼缝合起来

省

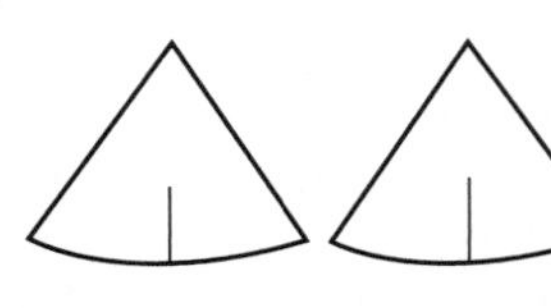

抽褶

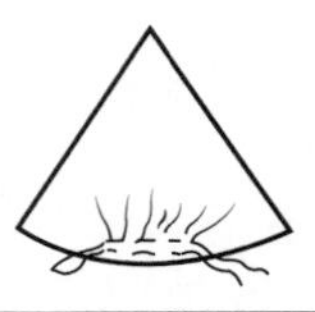

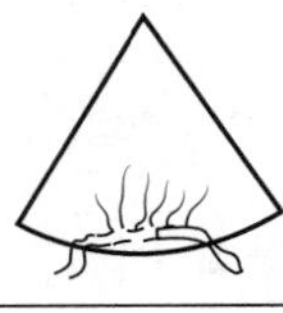

接缝

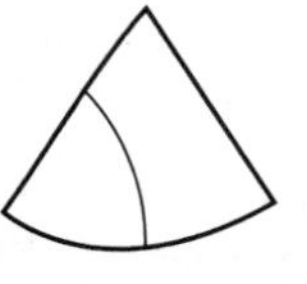

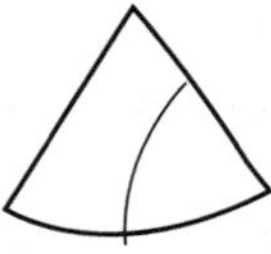

第2步
• 缝独立肩带（如有需要可装松紧带）
• 固定肩带并缝合衬里或缝合与收边连裁的肩带

独立肩带

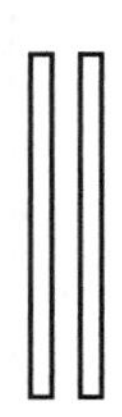

肩带与衬里连接

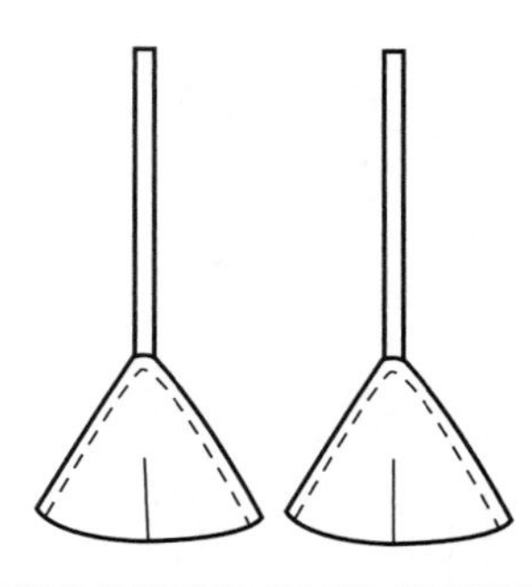

与收边连裁的肩带

第3步
• 在比基尼下沿缝松紧带收边

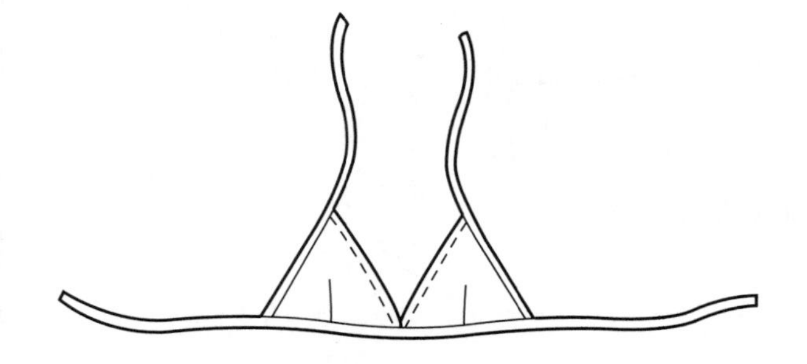

比基尼下装

比基尼下装款式多样，有全部覆盖住骨盆区域的，也有丁字裤，见图 12.3（a）到（c）。首先绘制图 12.3（a）中的基本款比基尼纸样。比基尼下装可以加衬里，也可以不加衬。如果选择不加衬，需要根据比基尼的形状绘制图 12.7 中的拼裆。

1. 裁剪比基尼时可参考图 4.16。
2. 按照表 12.3 中的缝纫工序缝制比基尼下装。
3. 在腰口和脚口装松紧带时，可参考“松紧带边”部分。

表12.3　比基尼下装的缝纫工序

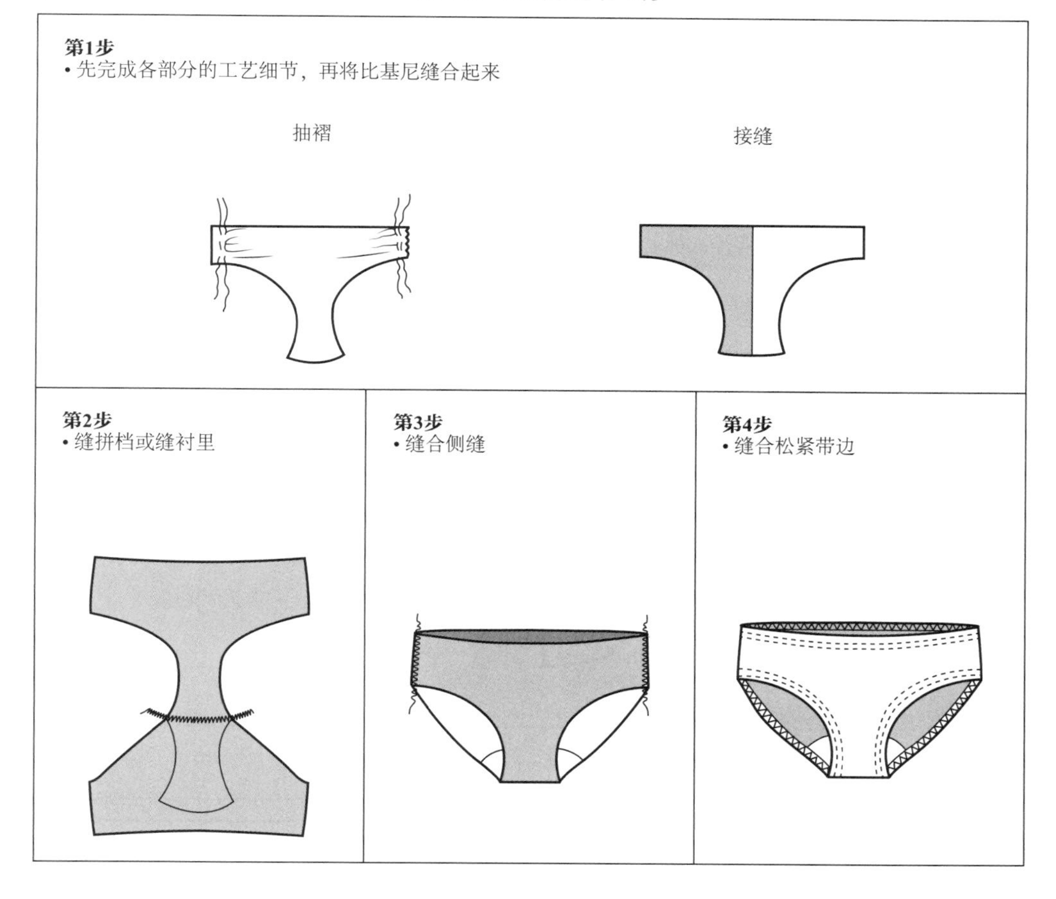

有腰头的三角式比基尼下装

图 12.33 所示为纸样。

你可以使用基本款比基尼纸样来绘制图 12.3（c）中有腰头的三角式比基尼下装。

1. 描出三角式泳衣原型的前／后片的低腰部分，见图 12.11。
2. 在腰围线／侧缝交点 W1 画一条垂线，然后与低腰腰线圆顺衔接。
3. 在前片上画一条直线作为标识线，从腰围线的 2 英寸标记点画到脚口线。接下来，如图所示画出弧形脚口线。
4. 在后片上，从腰围 1 英寸标记处向下画一条 1 英寸的垂线。如图所示用长曲线尺画出弧形脚口线。
5. 绘制腰头纸样，长度与前／后腰围总长相同，不要缩减长度。松紧带的长度应比腰头的完成长度短 1 英寸。

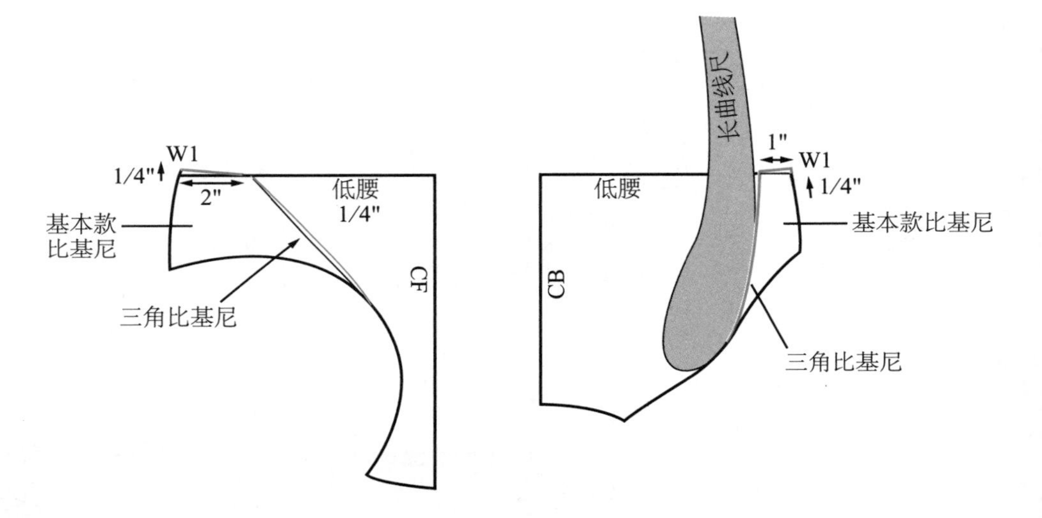

图12.33 画出比基尼和腰头纸样

裁剪、缝纫和试样

在坯布比基尼上缝松紧带腰口，检查腰围线周围是否合体。（参考图 9.59a 和图 9.59b 缝制腰头。）接下来，见图 12.22a，在裤装人台上进行比基尼下装的试样。

重点关注以下几点。

- 检查比基尼前片是否充分覆盖住了身体（长度／宽度）。
- 检查臀部是否被完全包裹。
- 检查腰头／松紧带长度是否合适。

校样

1. 画出经向线并加放缝份。
2. 标注纸样，标记出缝制有衬里的比基尼需要裁剪的样片数量，见图 12.34。

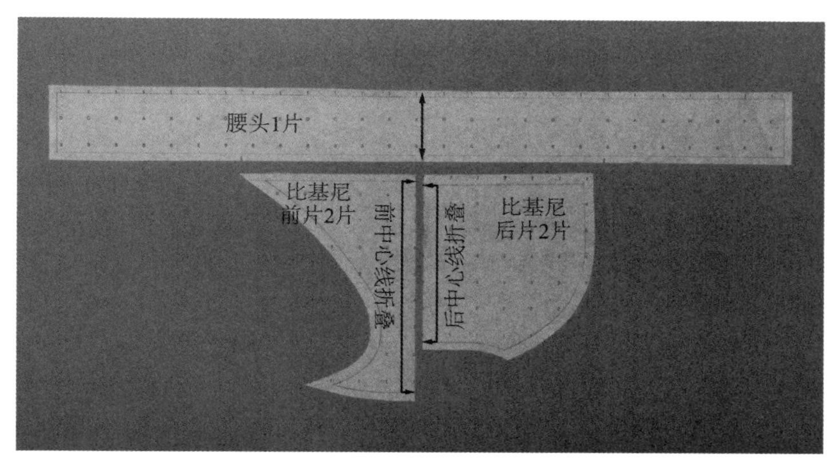

图12.34 有腰头的比基尼的校样

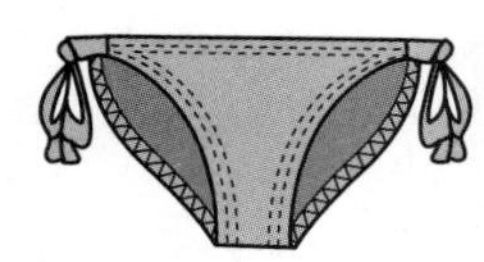

有绑带的三角式比基尼下装

这部分中将绘制的比基尼下装带有滚边绑带，见图 12.3（b）。图 12.31 展示了有绑带的分体式比基尼。绑带不需要加松紧带，但其他的边缘必须加松紧带。首先，绘制图 12.32 中基本款比基尼前 / 后片纸样。只需对前片纸样进行调整。

1. 从前片腰节垂直向下画一条线，长度与绑带宽度相同，见图 12.35a。
2. 绘制出绑带，长度要足够打结，见图 12.35b。参考图 12.35c 绘制镶边绑带。
3. 画出经向线并加放缝份。
4. 标注纸样，标记出制作有衬里的比基尼需要裁剪的样片数量。

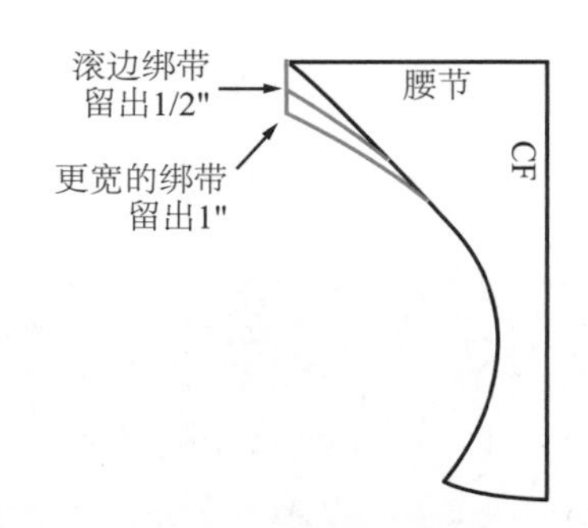

图12.35a 绘制比基尼前片纸样

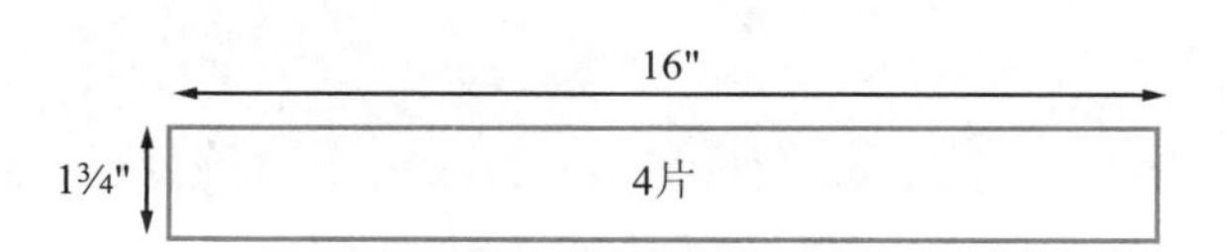

图12.35b 绘制滚边绑带

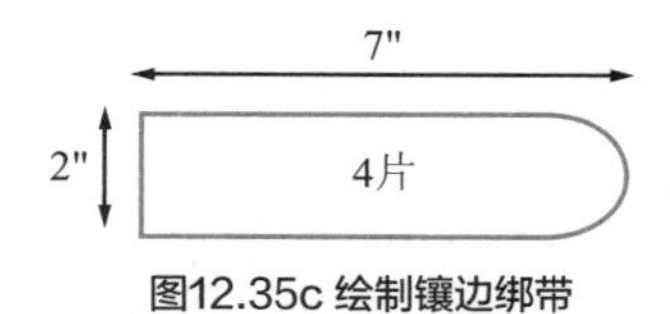

图12.35c 绘制镶边绑带

泳裤

可以基于第 11 章中的平角短裤纸样制作游泳短裤。

1. 参考图 4.17 的排料方法从泳装面料上裁剪泳裤样片。
2. 参考表 11.2 的缝纫工序来缝制泳裤。

泳裙

将短裤和短裙纸样结合起来绘制泳裙。泳裙的腰节可以位于自然腰围线或臀部（中腰），见图 4.16。这里绘制的短裙是喇叭形的，底边加出了额外的长度，防止大腿周围过紧。短裤不需要加衬里，因此需要绘制图 12.7 中的拼裆。

绘制纸样

使用半裙纸样绘制前后片。

1. 沿腰围线描出泳装原型的前 / 后片，见图 12.36a。
2. 按需要的长度画出 A 字裙纸样。在前中心线的底边外侧加 1/2 英寸。画出新的前中心线，垂直于腰围和底边。
3. 切开 / 展开纸样，见图 12.36b。

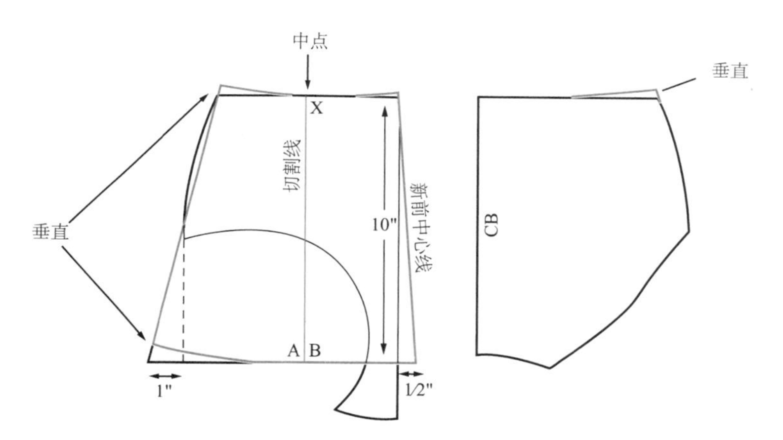

图12.36a 绘制泳裙纸样

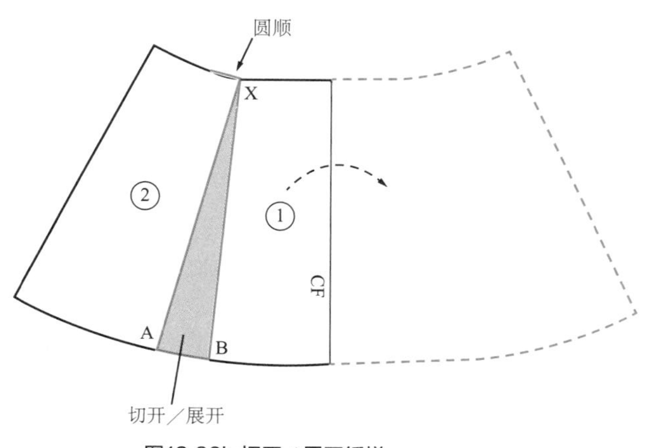

图12.36b 切开 / 展开纸样

裁剪、缝纫和试样

购买 5/8 码幅宽为 60 英寸的泳装面料。缝纫泳裙时在侧缝和裆缝处加放 1/4 英寸的缝份。图 12.25 展示了分体式泳裙在人台上的试样。这里只讨论泳裙的试样。将泳裙穿在人台上，用大头针固定需调整的部位。在纸样上标记出调整部位，然后裁剪出最终的泳裙。

重点关注以下几点。

- 检查臀部 / 大腿周围泳裙是否合体。如果裙子过紧，穿着时就会缩上去。
- 检查泳裙是否够长。

校样

在泳裙腰口翻折明缝 1/2 英寸宽的松紧带作为收边。

1. 翻折明缝时，在腰口加放松紧带宽度加 1/8 英寸的余量。在腰围余量的侧缝处画出倒伏线。
2. 在接缝处加放 1/4 英寸缝份。
3. 在松紧带裤脚口加放缝份，比松紧带宽度多 1/8 英寸（包括拼裆的裤腿线）。
4. 标记纸样，画出经向线，记录需裁剪的样片数量，见图 12.37。

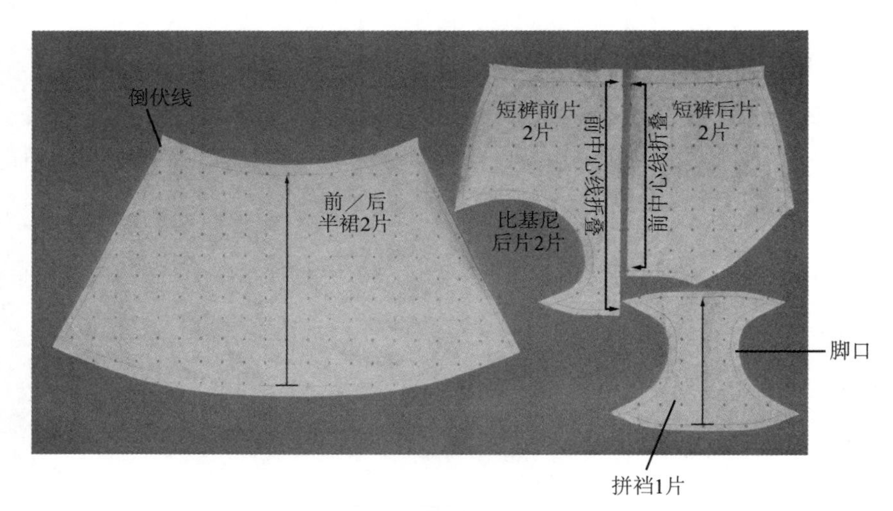

图12.37 泳裙的校样

缝制泳衣

缝制连体式和分体式比基尼时，需参考表12.1到表12.3中的缝纫工序。缝制泳衣的一个重要特点就是在开口处加松紧带。本部分内容将阐释如何缝纫泳衣的各个部分，包括松紧带开口。

泳衣衬里

衬里能够使泳衣更合体，防止泳衣变形。泳衣可以全部加衬（前、后）、部分加衬（仅前片）或不加衬。如果泳衣不加衬，则需要加拼裆；如果有衬，则不需要拼裆。衬里面料的弹性应与泳装面料相同，或者也可以加一层泳装面料作为衬里。使用泳衣纸样裁剪衬里。

前片衬里

用以下方法缝制的裆缝是隐形的，见图12.38。

1. 将前片和后片的正面相对，泳衣后片朝上。
2. 将前片衬里的正面与泳衣后片的反面相对。
3. 将三层面料对齐，缝合裆缝。
4. 将衬里翻到前片上边。
5. 先用缝纫机或手工在边缘进行假缝，再缝合泳衣。

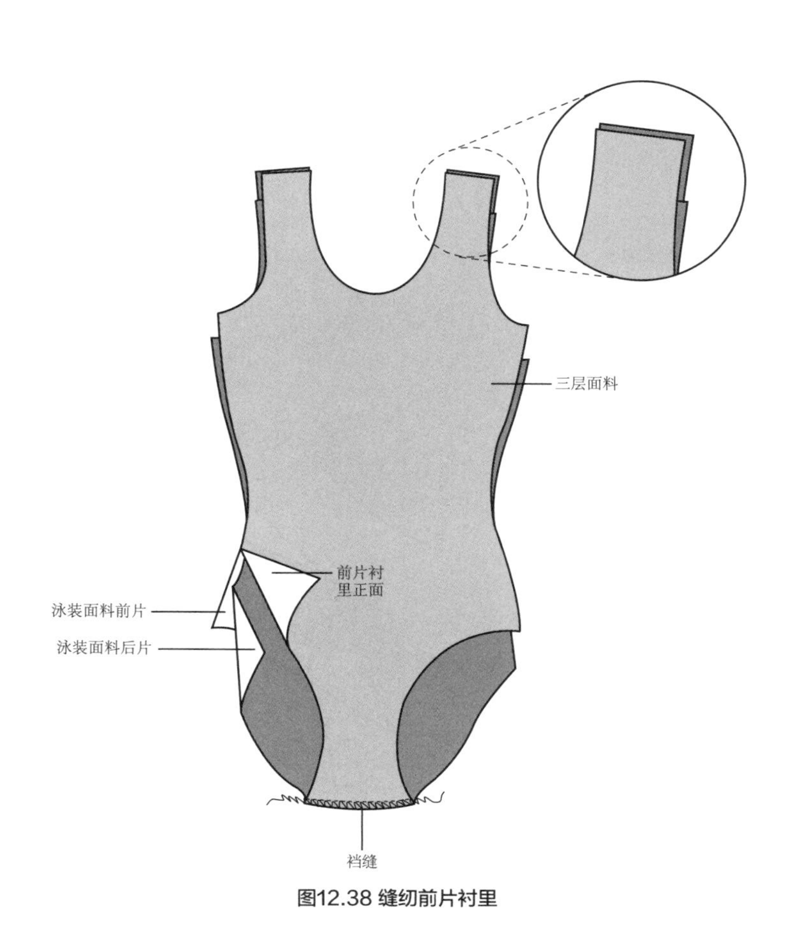

图12.38 缝纫前片衬里

前片和后片衬里

泳衣面料和衬里相叠，用这样的方法缝出来的接缝是被包裹在面料内部的，见图 12.39。

1. 将泳衣前片和后片正面相对。
2. 将衬里的前片和后片的正面相对。
3. 将衬里放在泳衣面料上面，泳衣后片和衬里后片反面相对。
4. 对齐边缘，用大头针固定四张面料。
5. 包缝肩缝、侧缝和裆缝。
6. 将前片衬里翻折，覆盖泳衣前片，然后将泳衣翻到正面。
7. 先用缝纫机或手工在边缘进行假缝，然后在开口装松紧带。

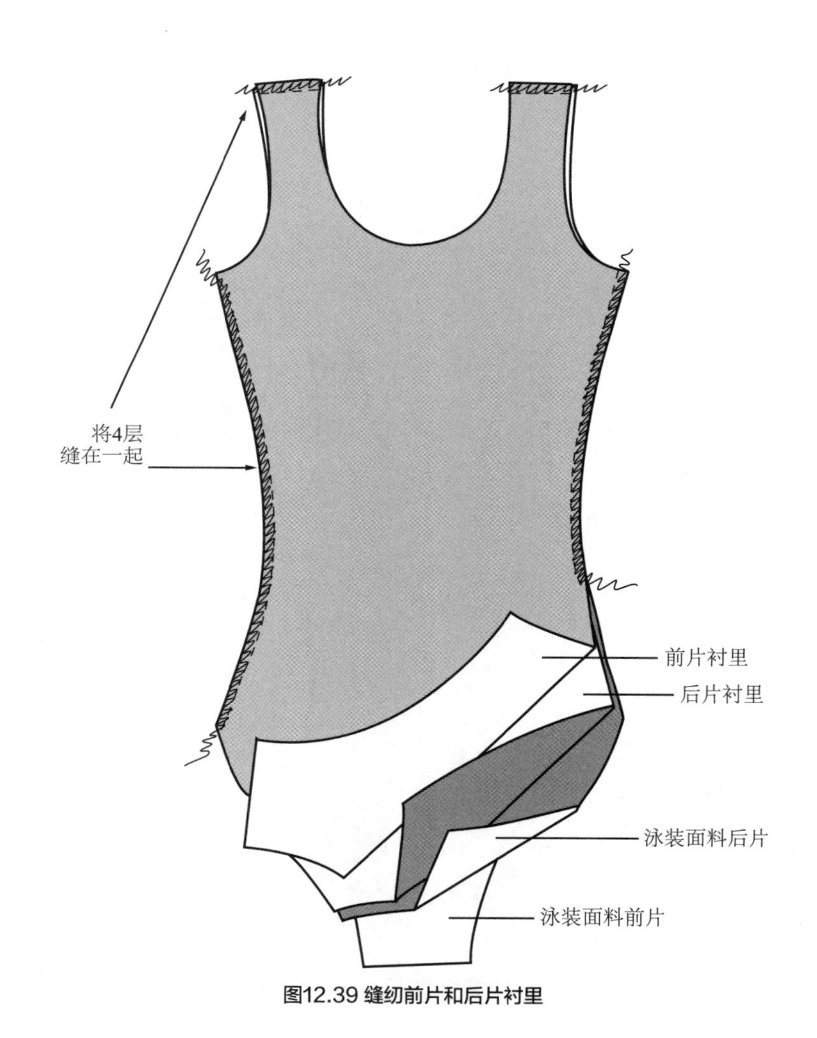

图12.39 缝纫前片和后片衬里

拼裆

不加衬的泳衣需要加拼裆。参考表 12.3 的缝纫工序来缝合拼裆。

肩带

时尚泳衣通常带有各种款式的肩带。如果泳衣或比基尼必须有肩带才能保证合体贴身，那么肩带必须要加松紧带。例如图 12.1（b）中的后片绑带（带 S 钩）就加上了松紧带，因为它是泳衣的一部分。露背装的颈部绑带不需要加松紧带。此外，图 12.2（b）中比基尼颈部后侧的绑带也不需加松紧带，因为肩带不影响比基尼的合体性。图 12.1（b）中，泳衣和肩带之间需要用接缝衔接。当袖窿有松紧带而肩带没有松紧带时，就需要这样处理。在这种情况下，需要画一张单独的肩带纸样，见图 12.15。

缝制有松紧带的肩带有几种方法。首先，绘制肩带纸样，宽度为松紧带宽度加缝份。然后沿纵向纹理裁剪肩带（见图 4.20）。

装松紧带

泳衣的肩带和后片绑带可以用窄带或宽带，见图 12.40（a）和（b）。

1. 窄带可以使用宽度为 3/8 英寸的橡筋松紧带。按所需长度、1 英寸宽度裁剪面料。
2. 宽带使用宽度为 1 英寸的编织松紧带。按所需长度、$2^1/_2$ 英寸宽度裁剪面料。
3. 折叠面料，正面相对，将松紧带置于面料的反面。
4. 将面料和松紧带边缘对齐，缉“之”字形线迹或包缝 1/4 英寸。
5. 将肩带转向正面。

不加松紧带

肩带和绑带也可以不加松紧带，见图 12.40（c）和（d）。图 12.2（b）和图 12.3（b）的比基尼上装和下装的绑带不需要加松紧带。

1. 裁剪肩带，宽度为完成宽度的两倍加上 1/4 英寸的包缝缝份。
2. 将面料正面相对，包缝，然后将肩带翻到正面。

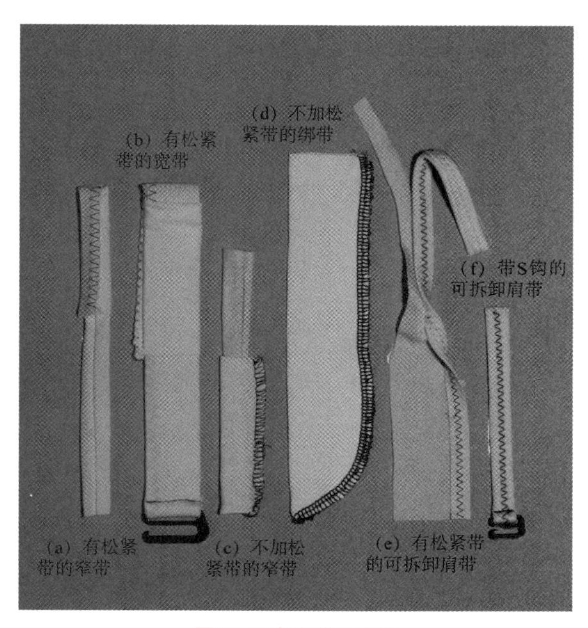

图12.40 松紧带和肩带

有松紧带的可拆卸肩带

可拆卸肩带一般用于无肩带泳衣或抹胸，见图 12.40（e）和图 12.40（f）。在前／后领口缝带袢（loop）用于固定肩带。这里制作的松紧带肩带也可以永久性地缝在泳衣上。

1. 肩带长度为完成长度加 5 英寸，加长的部分是肩带两端的 4 个带袢以及 S 钩的缝份。
2. 使用 3/8 英寸宽的橡筋松紧带。按照要求长度、$1^1/_2$ 英寸宽度裁剪面料，见图 12.40（e）。
3. 将松紧带置于面料的反面，然后将松紧带和面料的边缘对齐。
4. 用“之”字形线迹将松紧带缝在面料上（缝纫时不要拉伸松紧带）。
5. 将面料／松紧带翻折两次，然后在肩带中心缉“之”字形线迹（或双针）线迹。
6. 如图所示裁剪掉多余面料。
7. 将各条肩带穿过 S 钩的缺口并留出 1/2 英寸的翻折部分。用拉链压脚[1]（zipper foot）缝纫翻折部分并裁剪至 1/8 英寸，见图 12.40（f）。

缝纫小窍门12.5:

在领口缝带袢

如果泳衣有可拆卸肩带，需在前／后领口缝带袢，以便固定／拆卸肩带。裁剪4片图12.40（f）中7/8英寸宽的肩带制作带袢。

1. 在泳衣的正面缝带袢，见图12.41a。
2. 将松紧带（和带袢）包缝在领口边缘，见图12.41b。
3. 将缝好松紧的领口边缘翻向反面并明缝，见图12.41b。

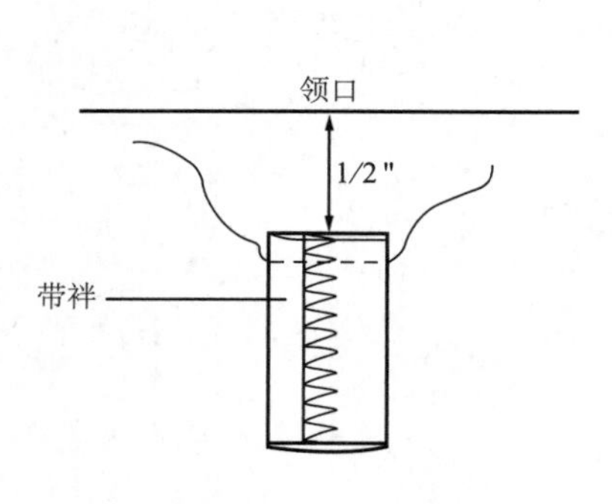

图12.41a 在领口边缘缝带袢

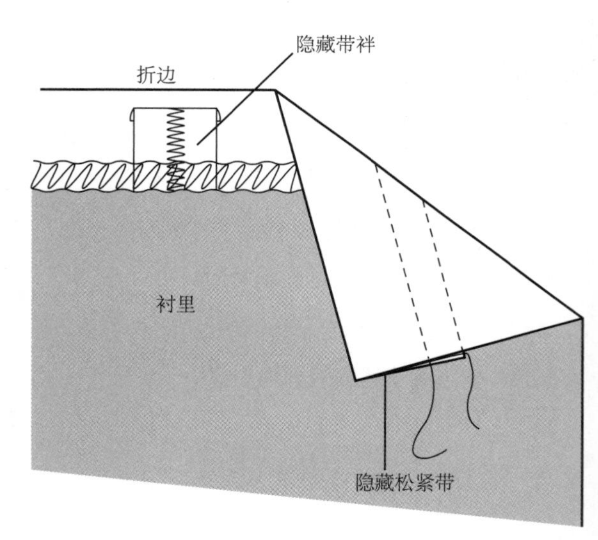

图12.41b 在领口边缘明缝固定带袢

1　专门用于缝拉链的一种缝纫机压脚——译者注。

胶骨

无肩带泳衣或抹胸需要在侧缝缝一小片胶骨作为支撑结构，每条侧缝用 3 英寸长的胶骨（包在套管中），见图 12.42。

1. 从套管中拆下胶骨。
2. 将套管置于缝份处，套管边缘与接缝对齐。
3. 将套管的一边缝在接缝处，旋转面料并缝合下沿。
4. 将胶骨穿回套管中。当翻折明缝领口缝份时，套管会被固定在领口上沿。

内衬文胸

内衬文胸是缝在泳衣内侧的衬里，可以提拉支撑胸部线条。内衬文胸的下沿缝有松紧带，使文胸能够紧贴住下胸围。可以设计有泳衣胸垫的内衬文胸，也可以没有胸垫的内衬。此外也可以设计胸垫可拆卸的内衬文胸，见图 11.38。表 12.1 的缝纫工序中展示了连裁肩带泳衣可以使用的另一种内衬文胸。

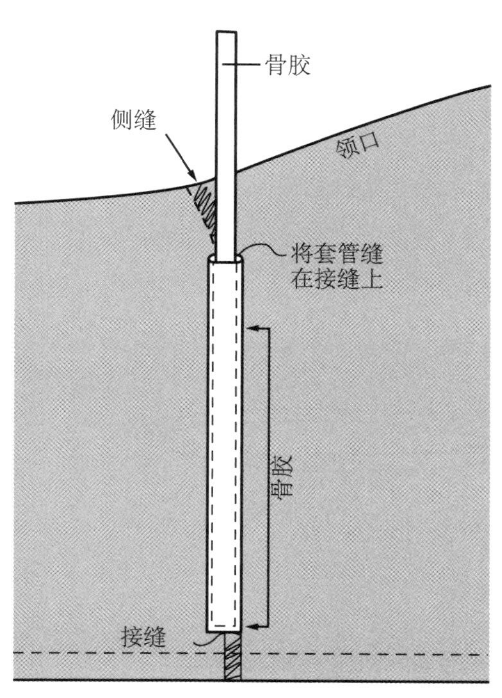

图12.42 将骨胶缝在接缝上

松紧带边

泳衣的所有开口（领口、袖窿、脚口、腰口和挖剪区域）都必须加松紧带，确保进行所有动作时泳衣都紧贴身体。装松紧带的目的不是为了拉紧泳衣使其合身。泳衣（装松紧带之前）穿在人台或人体上时本身应该是合身的。加装松紧带的目的是让泳衣紧贴身体，也使得开口边缘能够拉伸套穿在身体上。选择合适的松紧带类型、宽度和长度都非常重要。（参考“泳装材料”部分。）

在最终缝纫泳衣之前，先缝制一件加装松紧带的泳衣试样，确保松紧的长度合适。如果脚口的松紧带过紧，臀部就无法被漂亮地包裹住；如果松紧带过松，开口就会松垂。

松紧带缝份

在松紧带开口处加放的缝份为松紧带的宽度加 1/8 英寸。例如，1/4 英寸宽的松紧带缝份为 3/8 英寸，3/8 英寸宽的松紧带缝份为 1/2 英寸。

松紧带宽度

- 低开后领口、脚口和袖窿边缘——3/8 英寸宽的松紧带。
- 高圆领——1/4 英寸宽的松紧带。这里袖窿也可以使用 1/4 英寸宽的松紧带。
- 抹胸和无肩带领口——1/2 英寸 ~ 3/4 英寸宽。
- 挖剪区域——1/4 英寸宽的松紧带。
- 比基尼腰口——3/8 英寸宽的松紧带。
- 泳裤或泳裙的腰口——1/2 英寸 ~ 3/4 英寸宽的松紧带。

松紧带长度

松紧带的长度是泳衣成败的关键。确定长度不能靠猜！计算所需松紧带长度时，应测量纸样接缝长度的一半，然后用这个值乘以 2，得到接缝总长。

- 腰围线——拼合侧缝，见图 11.22a。
- 脚口线——拼合侧缝，见图 11.22a。
- 挖剪区域——拼合侧缝，见图 12.15a。
- 领口和袖窿——将前后片的肩缝拼在一起，见图 12.18。
- 无肩带领口和下胸围——将前后片的侧缝拼在一起，见图 12.21。

缩减长度

松紧带的长度必须比装松紧带的边缘短。如果不缩短长度，缝好之后就会不平整。计算好松紧带长度之后，为搭缝松紧带加 1/2 英寸。

松紧带缩减的长度如下。

- 脚口松紧带——减少 2 英寸。
- 低背低圆领——减少 2 英寸。
- 高裁领口——减少 2 英寸。
- 无肩带——减少 2 英寸。
- 袖窿——减少 2 英寸。
- 挖剪区域——减少 1 英寸（根据挖剪区域大小长度可变）。
- 腰口——减少 1 英寸。
- 肩缝——使用透明松紧带固定连体泳裤或紧身连衣裤的肩缝，防止拉伸。在装松紧带的时候不需要缩短长度或拉伸，见表 3.3。

拼接松紧带

有些部位需要先把松紧带拼接成环形再缝合（如脚口），将松紧带两端重叠 1/2 英寸，然后拼接成环状，见图 12.43a 和图 12.43b。

1. 用大头针固定或手缝橡皮筋松紧带，用锁缝线迹（overhand stitch）固定。
2. 用“之”字形线迹拼接无乳胶泳装松紧带。

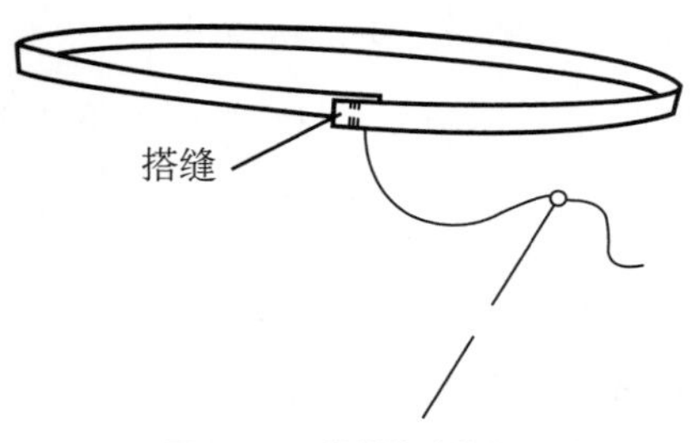

图12.43a 拼接橡皮筋松紧带

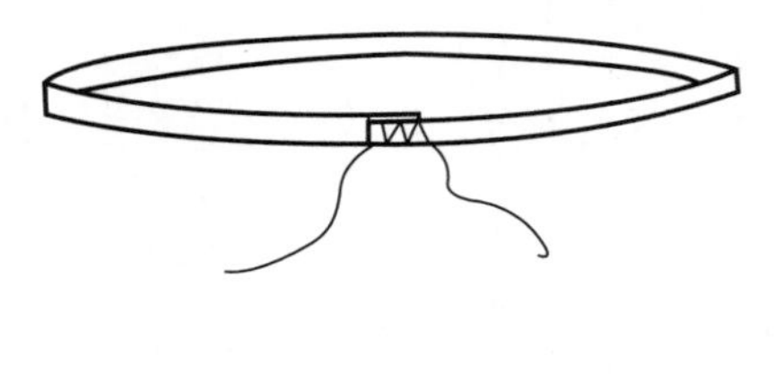
图12.43b 拼接无乳胶泳装松紧带

均分服装止口与收边

1. 为使松紧带分布均匀，需用大头针（或划粉）将开口和松紧带均分为几部分（领口和腰口分四部分，袖窿分两部分）。

2. 拼合松紧带和止口标记，并用大头针固定，见图 12.44a 和 12.44b。

3. 缝脚口松紧带时，将松紧带接缝与一侧的裆缝对齐，然后将松紧带均分，见图 12.45。

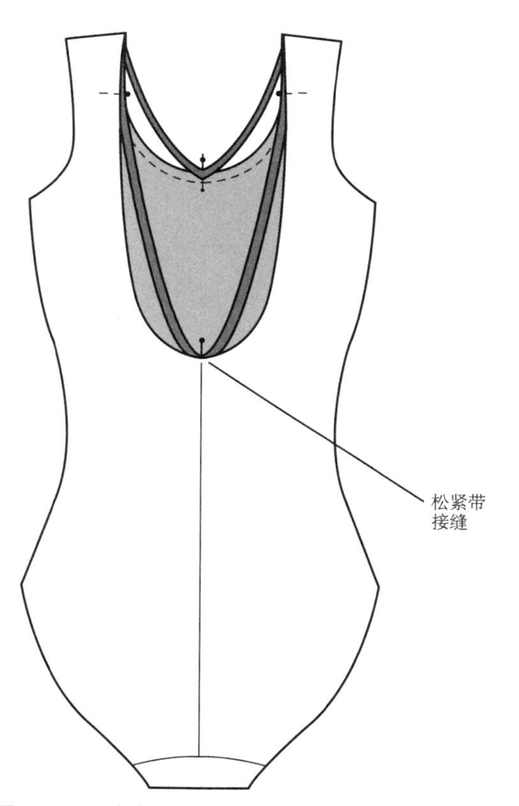

图12.44a 用大头针将松紧带固定在连体式泳衣的领口边缘

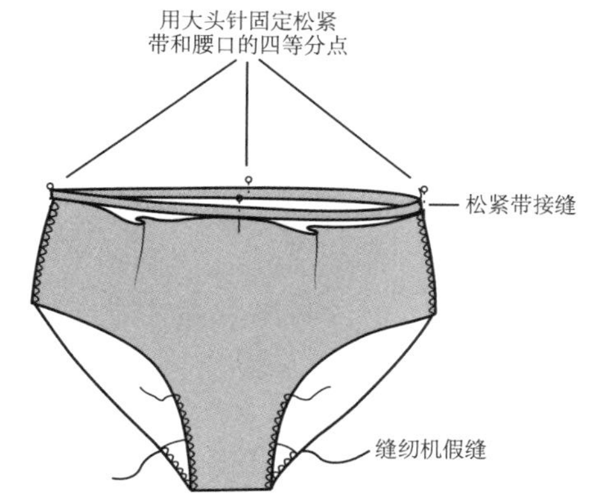

图12.44b 用大头针将松紧带固定在比基尼下装的腰口

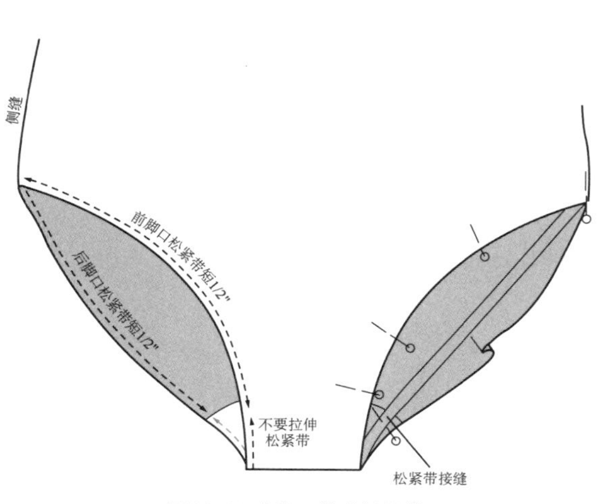

图12.45 在脚口均分松紧带

缝纫小窍门12.6:

缝纫松紧带边

1. 将松紧带包缝在开口（或缉“之”字形线迹）。从松紧带接缝处开始缝，拉伸开口处标记之间的松紧带。线迹必须包裹住面料和松紧带的边缘。
2. 将松紧带翻向泳装的反面。
3. 在止口正面缉双针明线或窄“之”字形明线。拉长针脚长度，从接缝处开始缝纫，见图12.46。

紧身连衣裤

根据泳装原型绘制紧身连衣裤纸样。如果领口是勺形的或足够宽，紧身连衣裤就可以像泳衣一样从臀部套穿在身体上；如果领口较高或设计为高领，则在后中心线或一侧肩膀处使用拉链或魔术贴（粘扣）。参考第10章“高领弹力紧身衣”部分。

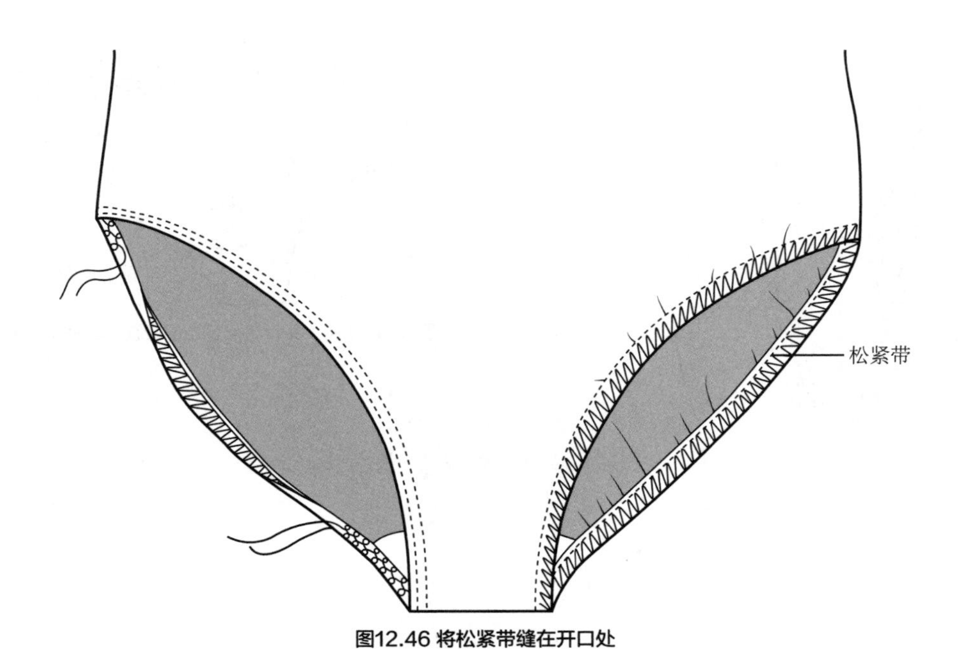

图12.46 将松紧带缝在开口处

连体衣

20 世纪 80 年代，唐娜·凯伦将连体衣普及了起来。她深知连体衣功能性强，可以穿着连体衣锻炼身体，也可以在其他场合搭配紧身裤和短款皮夹克[2]。连体衣的裆部有闭合件，方便如厕的时候打开。可以使用按扣（snap）或钩眼扣（hook-and-eye）作为闭合件。

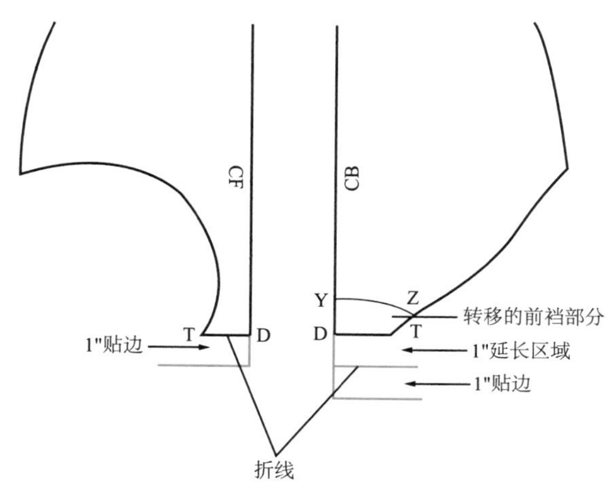

图12.47a 画出下裆闭合部分

绘制下裆闭合部分

图 12.47a 所示为绘制下裆闭合部分。

1. 在样板纸上描出三角式泳衣原型的前／后片。
2. 将前裆部分 YZTD 转移到后片，见图 12.7。
3. 在后裆加 1 英寸的延长区域，方便在裆部做开口。
4. 在前片 TD 线下方、延伸部分以下加 1 英寸贴边。
5. 折叠前裆和后裆延长区域以下的贴边（折线）。

2 Anamaria Wilson,"My List, Donna Karan in 24 Hours," *Harper's Bazaar*, September 2012, 237.

拼合下裆闭合部分

1. 将前后片 TD 线重合，见图 12.47b。在后片延长区域描出前脚口形状。
2. 按照裤腿线形状裁剪出贴边的倒伏线进行校样，见图 12.48。

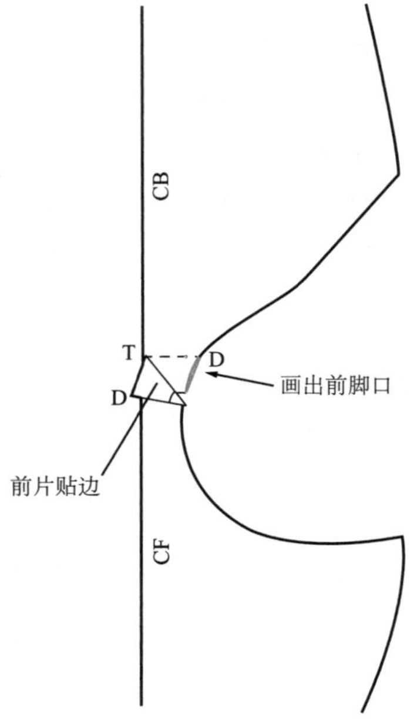

图12.47b 拼合下裆闭合部分

缝纫小窍门12.7:
缝纫下裆闭合部分

1. 在贴边加稳定性衬布。
2. 在脚口缝松紧带。
3. 在前片裆部和后片延长区域缝按扣。

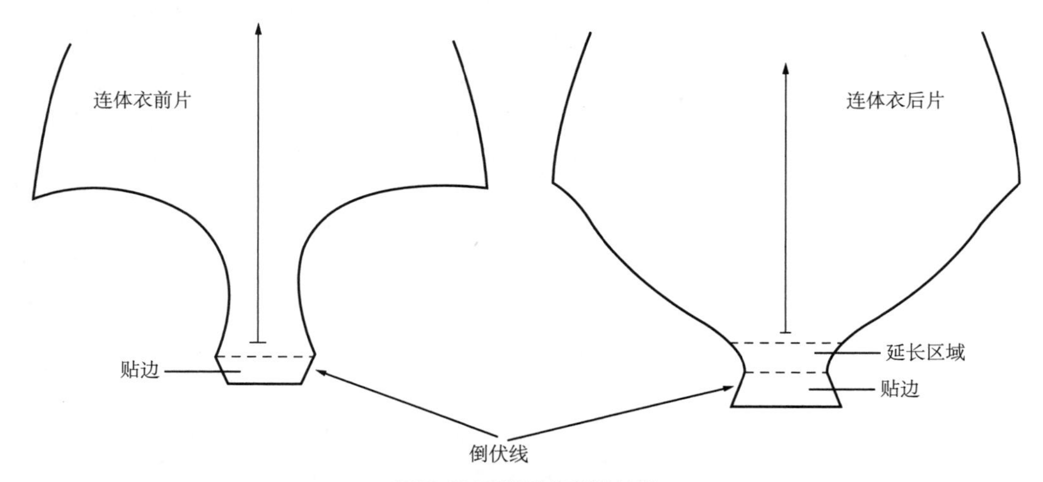

图12.48 下裆延长区域的校样

小结

下面这个清单总结了本章中讲解的泳衣纸样的制板知识。

- 泳装原型是根据四面弹下装基础纸样和短裤原型制作的。
- 泳衣必须使用混纺氨纶的四面弹泳装面料制作。
- 泳衣的开口（领口、袖窿、腰口和脚口等）必须装松紧带。
- 连体衣和紧身连衣裤纸样使根据泳装原型绘制的。
- 泳衣可以紧贴身体，因为泳装面料中的氨纶成分很高。

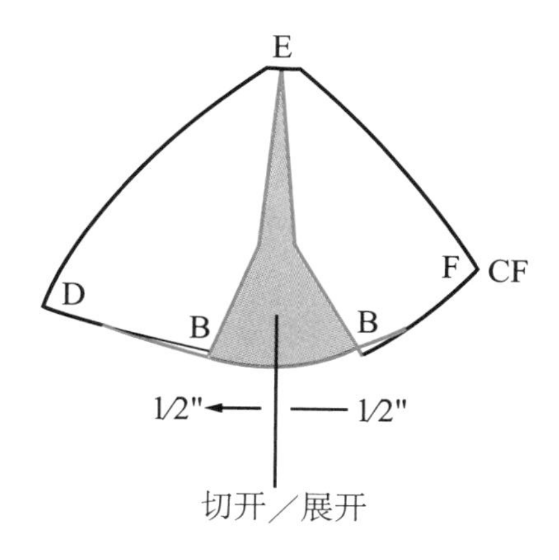

图12.49a 将省量转移到抽褶

停：遇到问题怎么办

我的泳衣穿在人台上过大怎么办？

想要缩小纸样，可以对纸样进行负向推档。参考表 3.4 中的“负向推档”。可以将总衣长缩短 2 英寸或 3 英寸。

我的比基尼上装的下胸围有图 12.2（c）中的抽褶。我该如何在图 12.29 的比基尼上纸样加入抽褶？

1. 从省的中心切开／展开纸样，以便加入宽松量制作抽褶，见图 12.49a。
2. 加放缝份之后，在接缝下部开始抽褶的地方（前中心线上）和收边处做剪口，见图 12.49b。

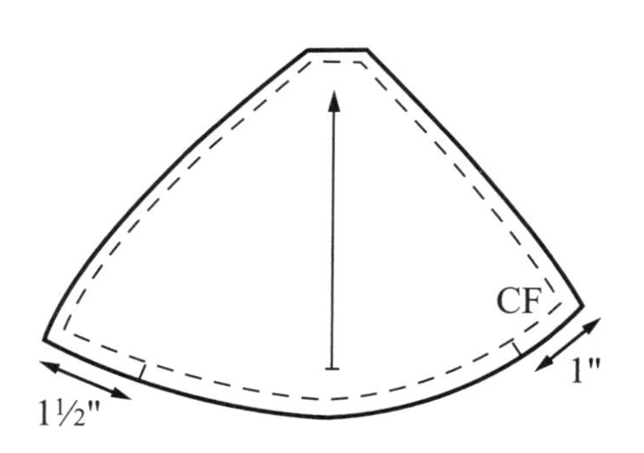

图12.49b 完成的抽褶三角式比基尼纸样

自测

1. 泳装需要使用什么类型的面料？（参考“泳装材料”部分。）
2. 绘制连体式泳衣。用箭头标记出泳衣的哪些部位需要加松紧带。
3. 应该使用什么样的松紧带？（见表 3.3。）
4. 装松紧带的目的是什么？（参考“松紧带边”部分。）
5. 缝松紧带边需要在纸样上加多宽的缝份？（参考“松紧带的缝份”部分。）
6. 明缝松紧带开口时应使用哪些线迹？（参考缝纫小窍门 12.6。）
7. 什么样的泳衣肩带需要加松紧带？图 12.1 和图 12.2 中哪些泳衣和泳衣上装需要加松紧带的肩带？
8. 应使用哪些原型绘制连体衣？

重点术语

抹胸	紧身连衣裤
比基尼	泳裤
连体衣	泳裙
可拆卸肩带	泳衣
连裁肩带	坦基尼